U0181677

高等数学
精选精解 1600 题

上册
（知识点视频版）

主　编　张天德　孙钦福
副主编　张歆秋　戎晓霞

中国教育出版传媒集团
高等教育出版社·北京

内容提要

　　为帮助高校大学生更好地学习大学数学课程，我们根据《大学数学课程教学基本要求》及《全国硕士研究生招生考试数学考试大纲》编写了《大学数学习题集》，本书是其中的《高等数学精选精解1600题（上册）》。

　　全书共分三章，分别为：函数、极限与连续，一元函数微分学，一元函数积分学，共约800道习题及参考解答，其中有340余道考研真题及60余道数学竞赛真题。本书深度融合信息技术，在解题前给出了本题所蕴含的知识点，读者可依知识点标号来获取知识点精讲视频（共170余个）；此外，还给出了90余道典型习题的精解视频。

　　本书适用于大学一至四年级学生，特别是有考研及数学竞赛需求，以及希望迅速提高高等数学成绩的学生。

图书在版编目（CIP）数据

高等数学精选精解1600题.上册／张天德，孙钦福主编.－－北京：高等教育出版社，2022.8（2024.12重印）
　ISBN 978－7－04－057724－2

　Ⅰ.①高… Ⅱ.①张… ②孙… Ⅲ.①高等数学－高等学校－题解 Ⅳ.① O13－44

　　中国版本图书馆CIP数据核字（2022）第019668号

Gaodeng Shuxue Jingxuan Jingjie 1600 Ti (Shangce)

项目策划	徐　可	策划编辑　徐　可	责任编辑　徐　可	封面设计　王凌波
版式设计	马　云	插图绘制　邓　超	责任校对　高　歌	责任印制　张益豪

出版发行	高等教育出版社	网　　址	http://www.hep.edu.cn
社　　址	北京市西城区德外大街4号		http://www.hep.com.cn
邮政编码	100120	网上订购	http://www.hepmall.com.cn
印　　刷	北京鑫海金澳胶印有限公司		http://www.hepmall.com
开　　本	787mm×1092mm　1/16		http//www.hepmall.cn
印　　张	24		
字　　数	510千字	版　　次	2022年8月第1版
购书热线	010－58581118	印　　次	2024年12月第5次印刷
咨询电话	400－810－0598	定　　价	48.20元

前　言

作为一名高校数学教师，每当看到学生畏惧大学数学课程，在考试、考研、竞赛中没有取得预期成绩，从而未能及时跨入人生的新阶段时，总感觉到我们应该再做点什么，用我们的积累和经验为有追求的学生做点力所能及的工作。

大学生虽然学习了多年数学，但大学数学课程的抽象特点及逻辑要求，导致学生对大学数学的基本内容欠缺理解、公式定理一知半解，解题思路缺失困顿、所学不能有效运用，自然就对考试有了极深的畏难情绪。为了解决以上问题，我们花费了 3 年时间，打造了《大学数学习题集》，其中的《高等数学精选精解 1600 题》分上、下两册出版。

本书有以下特点：

一、精心编排学习内容

全书按《全国硕士研究生招生考试数学考试大纲》及《大学数学课程教学基本要求》内容要求进行编排，并兼顾大学生学习高等数学实际进度。全书共分八章，分别为：函数、极限与连续，一元函数微分学，一元函数积分学，向量代数与空间解析几何，多元函数微分学，多元函数积分学，无穷级数和常微分方程，共 1600 多道习题及其解答。

本书每一章包括以下两部分内容：

1. 知识要点。对每一章所涉及的基本概念、基本定理和基本公式进行概括梳理，便于学生从宏观角度把握每一章的知识点，建立知识点的有机联系，明确目标，有的放矢。

2. 基本题型。对每一章常见的基本题型进行分类，这样的安排便于学生分类理解和掌握基本知识，迅速提高解题能力；每章的最后一节是综合提高题，这些题目综合性较强、难度较高，通过本节的学习，可以提高学生分析问题解决问题的能力，从而提升思维创新能力。

书中部分题目给出了一题多解，部分典型习题还给出了评注，意在指出解题过程中学生易忽略的知识点、易出错之处，或解题过程中知识点之间的衔接要点，学生可深入体会学习，进一步融会贯通。

二、深度融合信息技术

对于书中的每一道习题，我们通过"知识点睛"标识出一个或几个对应的知识点，学生可以先做题，如"卡壳"了则可根据"知识点睛"指向，观看相关知识点视频；学生也可先观看知识点视频再来做题。从而实现学中做、做中学、学做融合。

此外，我们还精心挑选了约 12%（共约 200 道）的典型题目给出了精解视频，便于学生更好地理解与习题有关的知识点并掌握相关的解题模板及解题思路。

三、纳入考研和竞赛元素

近几年来，大学生纷纷参加考研和大学生数学竞赛，为满足学生这一需求，我们收集了 600 多道历届考研真题（在题目中标注了"🅺"）、130 多道历届大学生数学竞赛真题（在题目中标注了"🎵"），这些真题都是全国硕士研究生招生考试数学命题组及全国大学生数学竞赛组委会专家经充分研究论证后命制的试题，这些试题考查基本理论、学习针对性强,望学生充分重视。我们也希望大学生从进入大学校门伊始,就有更高的学习目标,在学习训练中不断提高自身能力,在考研和竞赛中取得满意的成绩。

本书适用于大学一至四年级学生,可作为同步学习"高等数学"的辅导书,特别适用于有考研及数学竞赛需求的学生。良书在手,香溢四方,希望本书成为您学习"高等数学"的好助手,祝每一位学生都能顺利地进入下一个人生阶段,开创新的辉煌。

本书由山东大学张天德、曲阜师范大学孙钦福任主编。书中不当之处,恳请读者指正。

编者

2022 年 7 月 30 日

《高等数学精选精解1600题》（上册）

（知识点视频版）

配 套 资 源

高等数学(上册)
知识点视频

高等数学(下册)
知识点视频

1-3章习题集

注：用封四防伪码激活后即可浏览全书资源

目　录

第1章
函数、极限与连续

知识要点

一、函数

1.函数的概念　设有两个变量 x 与 y，如果变量 x 在其变化范围 D 内任取一个确定的数值时，变量 y 按照一定的规则 f 总有唯一确定的数值和它对应，则称变量 y 是变量 x 的函数，记为 $y=f(x)$，x 称为自变量，y 称为因变量，D 称为函数的定义域，f 表示由 x 确定 y 的对应规则.

2.函数的主要性质

（1）有界性　设函数 $f(x)$ 在集合 D 上有定义，如果存在一个正常数 M，使得对于 x 在 D 上的任意取值，均有 $|f(x)| \leqslant M$，则称函数 $f(x)$ 在 D 上有界，否则称 $f(x)$ 在 D 上无界.

（2）单调性　设函数 $f(x)$ 在某区间 D 上有定义，如果对于 D 上任意两点 x_1，x_2，且 $x_1 < x_2$，均有 $f(x_1) < f(x_2)$（或 $f(x_1) > f(x_2)$），则称函数 $f(x)$ 在 D 上单调增加（或单调减少）.单调增加与单调减少函数统称为单调函数.

（3）奇偶性　设函数 $f(x)$ 在关于原点对称的区间 D 上有定义，如果对 D 上任意点 x，均有 $f(-x)=f(x)$（或 $f(-x)=-f(x)$），则称函数 $f(x)$ 为偶函数（或奇函数）.奇函数的图像关于原点对称，偶函数的图像关于 y 轴对称.

（4）周期性　设函数 $f(x)$ 在集合 D 上有定义，如果存在正常数 T，使得对于 D 上任意 x，均有 $f(x+T)=f(x)$，则称 $f(x)$ 为周期函数，使上式成立的最小正数为周期函数的最小正周期.并不是每一个周期函数都有最小正周期.

3.基本初等函数与初等函数　常数函数 $y=c$（c 为常数），幂函数 $y=x^{\alpha}$（$\alpha \in \mathbf{R}$），指数函数 $y=a^x$（$a \neq 1$，$a > 0$），对数函数 $y=\log_a x$（$a \neq 1$，$a > 0$），三角函数和反三角函数称为基本初等函数.由基本初等函数经过有限次四则运算或有限次复合，并由一个式子表示的函数称为初等函数.

4.几个常用的特殊函数

（1）绝对值函数：$y=|x|$.

（2）取整函数：$y=[x]$，表示不超过 x 的最大整数.

（3）狄利克雷函数：$D(x)=\begin{cases} 1, & x \text{ 为有理数,} \\ 0, & x \text{ 为无理数.} \end{cases}$

二、数列的极限

1.数列　一个定义在正整数集合上的函数 $a_n=f(n)$（称为整标函数），当自变量 n 按正整数 $1,2,3,\cdots$ 依次增大的顺序取值时，函数按相应的顺序排成一串数：

$$f(1), f(2), f(3), \cdots, f(n), \cdots$$

称为一个无穷数列,简称数列.数列中的每一个数称为数列的项,$f(n)$ 称为数列的一般项或通项.

2.数列极限的定义

(1)设 $\{a_n\}$ 是一数列,如果存在常数 a,当 n 无限增大时,a_n 无限接近(或趋近)于 a,则称数列 $\{a_n\}$ 收敛,a 称为数列 $\{a_n\}$ 的极限,或称数列 $\{a_n\}$ 收敛于 a,记为 $\lim\limits_{n\to\infty} a_n = a$,或 $a_n \to a$,$n\to\infty$.当 $n\to\infty$ 时,若不存在这样的常数 a,则称数列 $\{a_n\}$ 发散或不收敛,也可以说极限 $\lim\limits_{n\to\infty} a_n$ 不存在.

(2)设 $\{a_n\}$ 为一个数列,a 为一个常数.若对任意给定的 $\varepsilon>0$,都存在一个正整数 N,使得当 $n>N$ 时,有 $|a_n - a| < \varepsilon$,则称 a 为数列 $\{a_n\}$ 的极限,记为

$$\lim\limits_{n\to\infty} a_n = a.$$

3.数列极限的性质

唯一性:收敛数列的极限是唯一的.即若数列 $\{a_n\}$ 收敛,且 $\lim\limits_{n\to\infty} a_n = a$ 和 $\lim\limits_{n\to\infty} a_n = b$,则 $a = b$.

有界性:设数列 $\{a_n\}$ 收敛,则数列 $\{a_n\}$ 有界,即存在常数 $M>0$,使得 $|a_n| < M$(任意 $n \in N$).这个性质中的 M 显然不是唯一的.重要的是它的存在性.

保号性:设数列 $\{a_n\}$ 收敛,其极限为 a.

(1)若有正整数 N,使得当 $n>N$ 时,有 $a_n>0$(或 <0),则 $a \geqslant 0$(或 $\leqslant 0$).

(2)若 $a>0$(或 <0),则有正整数 N,使得当 $n>N$ 时,有 $a_n>0$(或 <0).

4.极限存在的两个准则

(1)夹逼定理

定理 若 $\exists N$,使得当 $n>N$ 时有 $y_n \leqslant x_n \leqslant z_n$,且 $\lim\limits_{n\to\infty} y_n = \lim\limits_{n\to\infty} z_n = a$,则 $\lim\limits_{n\to\infty} x_n = a$.

(2)单调有界数列必收敛定理

定理 若数列 $\{x_n\}$ 单调上升有上界,即 $x_{n+1} \geqslant x_n (n=1, 2, \cdots)$,并存在一个数 M 使得对一切 n 有 $x_n \leqslant M$,则 $\{x_n\}$ 收敛.即存在一个数 a,使得 $\lim\limits_{n\to\infty} x_n = a$,且有 $x_n \leqslant a(n=1, 2, \cdots)$.

若数列 $\{x_n\}$ 单调下降有下界,即 $x_{n+1} \leqslant x_n (n=1,2,\cdots)$,并存在一个数 m 使得对一切 n 有 $x_n \geqslant m$,则 $\{x_n\}$ 收敛.即存在一个数 a,使得 $\lim\limits_{n\to\infty} x_n = a$,且有 $x_n \geqslant a(n=1,2,\cdots)$.

5.数列极限存在的一个充要条件

定理 $\lim\limits_{n\to\infty} x_n = a \Leftrightarrow \lim\limits_{n\to\infty} x_{2n} = \lim\limits_{n\to\infty} x_{2n-1} = a$.

三、函数的极限

1.函数极限的定义 设函数 $f(x)$ 在点 x_0 的邻域内(点 x_0 可除外)有定义.A 为一个常数.若对任意给定的 $\varepsilon>0$,都存在一个正数 δ,当 $0<|x-x_0|<\delta$ 时,有 $|f(x)-A|<\varepsilon$,则称 A 为函数 $f(x)$ 当 $x\to x_0$ 时的极限,记为

$$\lim\limits_{x\to x_0} f(x) = A.$$

2.左极限和右极限的定义 若对于满足 $0<x_0-x<\delta(0<x-x_0<\delta)$ 的一切 x 所对应的 $f(x)$ 都满足不等式 $|f(x)-A|<\varepsilon$,则称 A 为函数 $f(x)$ 当 x 自 x_0 左(右)侧趋于 x_0 时的极

限,即左(右)极限,分别记为

$$\lim_{x \to x_0^-} f(x) = f(x_0 - 0) = A \quad (\lim_{x \to x_0^+} f(x) = f(x_0 + 0) = A).$$

类似地,可以给出当 $x \to \infty$, $x \to +\infty$, $x \to -\infty$ 时, $f(x)$ 的极限为 A 的定义.

3. 极限的性质

(1)唯一性　若 $\lim\limits_{x \to x_0} f(x) = A$,则 A 必唯一.

(2)有界性　若 $\lim\limits_{x \to x_0} f(x) = A$,则 $f(x)$ 在点 x_0 的某一去心邻域内有界.

(3)保号性　设 $f(x)$ 在 x_0 的某去心邻域内均有 $f(x) \geqslant 0$ (或 $f(x) \leqslant 0$),且 $\lim\limits_{x \to x_0} f(x) = A$,则 $A \geqslant 0$ (或 $A \leqslant 0$).

4. 充要条件

(1) $\lim\limits_{x \to x_0} f(x) = A \Leftrightarrow \lim\limits_{x \to x_0^-} f(x) = \lim\limits_{x \to x_0^+} f(x) = A.$

(2) $\lim\limits_{x \to \infty} f(x) = A \Leftrightarrow \lim\limits_{x \to -\infty} f(x) = \lim\limits_{x \to +\infty} f(x) = A.$

5. 证明函数 $f(x)$ 的极限不存在的方法

(1)若 $f(x_0 - 0) \neq f(x_0 + 0)$,则 $\lim\limits_{x \to x_0}$ 不存在. 当 $x \to \infty$ 时,对含有 $a^x (a > 0, a \neq 1)$ 或 arctan x 或 arccot x 的函数极限,一定要对 $x \to +\infty$ 与 $x \to -\infty$ 分别求极限,若两者的极限值相等,则 $x \to \infty$ 时极限存在,否则不存在.

(2)若存在数列 $\{x_n\}: x_n \to x_0$, $x_n \neq x_0$,使得 $\lim\limits_{n \to \infty} f(x_n)$ 不存在;或有两个数列 $\{x_n\}$ 与 $\{y_n\}$,满足 $x_n \to x_0 (x_n \neq x_0)$, $y_n \to y_0 (y_n \neq y_0)$ 使得 $\lim\limits_{n \to \infty} f(x_n) \neq \lim\limits_{n \to \infty} f(y_n)$,则 $\lim\limits_{x \to x_0} f(x)$ 不存在.

(3)利用结论:设 $\lim\limits_{x \to x_0} f(x) = A$, $\lim\limits_{x \to x_0} g(x)$ 不存在,则 $\lim\limits_{x \to x_0} [f(x) + g(x)]$ 不存在;若又有 $A \neq 0$,则 $\lim\limits_{x \to x_0} f(x) g(x)$ 不存在.

6. 夹逼定理

定理　若 $\exists \delta > 0$,使得当 $0 < |x - x_0| < \delta$ 时有 $h(x) \leqslant f(x) \leqslant g(x)$,且 $\lim\limits_{x \to x_0} h(x) = \lim\limits_{x \to x_0} g(x) = A$,则 $\lim\limits_{x \to x_0} f(x) = A.$

四、无穷小量与无穷大量

1. 无穷小量与无穷大量的定义

(1)无穷小量的定义　若 $\lim\limits_{\substack{x \to x_0 \\ (x \to \infty)}} f(x) = 0$,则称 $f(x)$ 为当 $x \to x_0 (x \to \infty)$ 时的无穷小量.

(2)无穷大量的定义　若对任意给定的 $M > 0$,都存在一个正数 $\delta(X)$,当 $0 < |x - x_0| < \delta(|x| > X)$ 时,有 $|f(x)| > M$,则称 $f(x)$ 为当 $x \to x_0 (x \to \infty)$ 时的无穷大量. 记为

$$\lim_{\substack{x \to x_0 \\ (x \to \infty)}} f(x) = \infty.$$

2. 无穷小量与无穷大量的关系(以下所讨论的极限,都是在自变量同一变化过程中的极限)

若 $\lim f(x) = 0 (f(x) \neq 0)$,则 $\lim \dfrac{1}{f(x)} = \infty$;

若 $\lim f(x) = \infty$，则 $\lim \dfrac{1}{f(x)} = 0$.

3.无穷小量的阶 设 α、β 都是无穷小量，若 $\lim \dfrac{\beta}{\alpha} = 0$，则称 β 是比 α 高阶的无穷小量，记作 $\beta = o(\alpha)$；若 $\lim \dfrac{\beta}{\alpha} = \infty$，则称 β 是比 α 低阶的无穷小量；若 $\lim \dfrac{\beta}{\alpha} = c \neq 0$，则称 β 与 α 是同阶无穷小量，记作 $\beta = O(\alpha)$；特别地，当 $c = 1$ 时，则称 β 与 α 是等价无穷小量，记作 $\alpha \sim \beta$.

给定无穷小量 β，若存在无穷小量 α，使它们的差 $\beta - \alpha$ 是比 α 较高阶的无穷小量，即

$$\beta - \alpha = o(\alpha) \quad 或 \quad \beta = \alpha + o(\alpha)$$

则称 α 是无穷小量 β 的主部.

若 β 和 $\alpha^k (k>0)$ 是同阶无穷小量，则称 β 是 α 的 k 阶无穷小量.

4.等价无穷小代换定理 若 $\alpha \sim \alpha'$，$\beta \sim \beta'$，且 $\lim \dfrac{\alpha'}{\beta'} = A$，则

$$\lim \frac{\alpha}{\beta} = \lim \frac{\alpha'}{\beta'} = A.$$

［注］ 只有乘除时可用等价无穷小代换，加减时就不可以.

5.常见的等价无穷小量 设 $\alpha(x) \to 0$，则

$\sin\alpha(x) \sim \tan\alpha(x) \sim \arctan\alpha(x) \sim \arcsin\alpha(x) \sim e^{\alpha(x)} - 1 \sim \ln[1+\alpha(x)] \sim \alpha(x)$,

$1 - \cos\alpha(x) \sim \dfrac{1}{2}[\alpha(x)]^2$，$[1+\alpha(x)]^k - 1 \sim k\alpha(x) \ (k \neq 0)$,

$\alpha(x) - \sin\alpha(x) \sim \dfrac{1}{6}\alpha^3(x)$，$\tan\alpha(x) - \alpha(x) \sim \dfrac{1}{3}\alpha^3(x)$，$\tan\alpha(x) - \sin\alpha(x) \sim \dfrac{1}{2}\alpha^3(x)$.

五、极限运算法则

1.运算法则 设 $\lim f(x)$ 与 $\lim g(x)$ 均存在，则

$$\lim[f(x) \pm g(x)] = \lim f(x) \pm \lim g(x),$$
$$\lim[f(x) \cdot g(x)] = \lim f(x) \cdot \lim g(x),$$
$$\lim \frac{f(x)}{g(x)} = \frac{\lim f(x)}{\lim g(x)} \quad (\lim g(x) \neq 0).$$

2.四则运算法则的推广

（1）设 $\lim\limits_{x \to a} f(x) = 0$，且当 $0 < |x-a| < \delta$ 时 $g(x)$ 有界，则 $\lim\limits_{x \to a}[f(x)g(x)] = 0$.

（2）设 $\lim\limits_{x \to a} f(x) = \infty (+\infty, -\infty)$，且当 $0 < |x-a| < \delta$ 时 $g(x)$ 有界或 $\lim\limits_{x \to a} g(x) = A$，则 $\lim\limits_{x \to a}[f(x) + g(x)] = \infty (+\infty, -\infty)$.

（3）设 $\lim\limits_{x \to a} f(x) = \infty (+\infty)$，且当 $0 < |x-a| < \delta$ 时 $|g(x)| \geqslant A > 0 (g(x) \geqslant A > 0)$，或 $\lim\limits_{x \to a} g(x) = A \neq 0 (A>0)$，或 $\lim\limits_{x \to a} g(x) = \infty (+\infty)$，则 $\lim\limits_{x \to a}[f(x)g(x)] = \infty (+\infty)$.

（4）设 $\lim\limits_{x \to a} f(x) = \infty$，$\lim\limits_{x \to a} g(x) = \infty$，又当 $0 < |x-a| < \delta$ 时 $f(x)g(x) > 0$，则 $\lim\limits_{x \to a}[f(x) + g(x)] = \infty$.

［注］ 若 $\lim\limits_{x \to a} f(x) = A$, $\lim\limits_{x \to a} g(x)$ 不存在也不为 ∞, 则 $\lim\limits_{x \to a}[f(x) \pm g(x)]$ 不存在也不为 ∞; 若又有 $A \neq 0$, 则 $\lim\limits_{x \to a} f(x)g(x)$, $\lim\limits_{x \to a} \dfrac{g(x)}{f(x)}$ 均不存在也不为 ∞. 但是, 当 $\lim\limits_{x \to a} f(x)$ 与 $\lim\limits_{x \to a} g(x)$ 都不存在且不为 ∞ 时, 求 $f(x) \pm g(x)$, $f(x)g(x)$, $\dfrac{g(x)}{f(x)}$ 的极限则必须作具体分析.

3.幂指数函数的极限运算法则及其推广

定理 设 $\lim\limits_{x \to a} f(x) = A > 0$, $\lim\limits_{x \to a} g(x) = B$, 则 $\lim\limits_{x \to a} f(x)^{g(x)} = A^B (A > 0)$.

幂指数运算法则的推广:

(1)设 $\lim\limits_{x \to a} f(x) = A > 0$, 且 $A \neq 1$(或 $+\infty$), $\lim\limits_{x \to a} g(x) = +\infty$, 则

$$\lim_{x \to a} f(x)^{g(x)} = \begin{cases} 0, & 0 < A < 1, \\ +\infty, & A > 1(或 +\infty). \end{cases}$$

(2)设 $\lim\limits_{x \to a} f(x) = 0$, $f(x) > 0 (0 < |x - a| < \delta)$, $\lim\limits_{x \to a} g(x) = B \neq 0$(或 $\pm\infty$), 则

$$\lim_{x \to a} f(x)^{g(x)} = \begin{cases} 0, & B > 0(或 +\infty), \\ +\infty, & B < 0(或 -\infty). \end{cases}$$

(3)设 $\lim\limits_{x \to a} f(x) = +\infty$, $\lim\limits_{x \to a} g(x) = A \neq 0$(或 $\pm\infty$), 则

$$\lim_{x \to a} f(x)^{g(x)} = \begin{cases} +\infty, & A > 0(或 +\infty), \\ 0, & A < 0(或 -\infty). \end{cases}$$

4. 对 $\dfrac{0}{0}$, $\dfrac{\infty}{\infty}$, $0 \cdot \infty$, $\infty - \infty$, 0^0, 1^∞, ∞^0 等各类未定式不能直接用上述运算法则

最基本的是 $\dfrac{0}{0}$ 与 $\dfrac{\infty}{\infty}$ 型, 其他类型应经**恒等变形**转化为 $\dfrac{0}{0}$ 或 $\dfrac{\infty}{\infty}$ 型未定式.

5.无穷小量运算法则

(1)有限多个无穷小量之和仍是无穷小量;

(2)有限多个无穷小量之积仍是无穷小量;

(3)有界变量与无穷小量之积仍为无穷小量.

6.无穷小量与函数极限之间的关系 在一个极限过程中, 函数 $f(x)$ 的极限为 A 的充分必要条件是 $f(x) = A + \alpha$, 其中 α 为这个极限过程中的无穷小量(即 $\lim \alpha = 0$).

六、两个重要极限

1. $\lim\limits_{x \to 0} \dfrac{\sin x}{x} = 1.$ 推广: $\lim\limits_{u(x) \to 0} \dfrac{\sin u(x)}{u(x)} = 1.$

2. $\lim\limits_{x \to \infty} \left(1 + \dfrac{1}{x}\right)^x = \mathrm{e}$ 或 $\lim\limits_{x \to 0}(1 + x)^{\frac{1}{x}} = \mathrm{e}.$

推广: $\lim\limits_{u(x) \to \infty} \left[1 + \dfrac{1}{u(x)}\right]^{u(x)} = \mathrm{e}$ 或 $\lim\limits_{u(x) \to 0}(1 + u(x))^{\frac{1}{u(x)}} = \mathrm{e}.$

七、连续函数

1.函数连续的概念 若 $\lim\limits_{x \to x_0} f(x) = f(x_0)$, 则称函数 $f(x)$ 在点 x_0 处连续. 若函数 $f(x)$ 在区间 I 内每一点都连续, 则称函数 $f(x)$ 在区间 I 内连续.

若 $\lim\limits_{x \to x_0^-} f(x) = f(x_0)$,则称函数 $f(x)$ 在点 x_0 处左连续;若 $\lim\limits_{x \to x_0^+} f(x) = f(x_0)$,则称函数 $f(x)$ 在点 x_0 处右连续.

充要条件 $f(x)$ 在点 x_0 处连续 $\Leftrightarrow f(x)$ 在点 x_0 处既左连续又右连续.

2.间断点的概念 若函数 $f(x)$ 在点 x_0 不满足下列三个条件之一:$f(x)$ 在点 x_0 有定义,$\lim\limits_{x \to x_0} f(x)$ 存在,$\lim\limits_{x \to x_0} f(x) = f(x_0)$,则称点 x_0 是函数 $f(x)$ 的间断点.

间断点分为:

第一类间断点 左、右极限都存在的间断点;左、右极限不仅存在而且相等的间断点又称为可去间断点;左、右极限都存在但不相等的间断点又称为跳跃间断点.

第二类间断点 左、右极限至少有一个不存在的间断点.

3.连续函数的四则运算性质及初等函数的连续性

(1)连续函数的四则运算性质 若函数 $f(x)$,$g(x)$ 在点 x_0 处连续,则

$$f(x) \pm g(x), f(x)g(x), \frac{f(x)}{g(x)} \quad (g(x_0) \neq 0)$$

在点 x_0 处也连续.

(2)复合函数的连续性 若函数 $u = \varphi(x)$ 在点 x_0 处连续,函数 $y = f(u)$ 在点 $u_0 = \varphi(x_0)$ 连续,则函数 $y = f[\varphi(x)]$ 在点 x_0 处连续.

(3)初等函数的连续性 初等函数在其定义区间内均连续.

(4)反函数的连续性 设函数 $y = f(x)$ 在区间 (a, b) 内为单调增(减)的连续函数,其值域为 (A, B),则必存在反函数 $x = f^{-1}(y)$,且 $x = f^{-1}(y)$ 在 (A, B) 内为单调增(减)的连续函数.

4.闭区间上连续函数的性质

(1)最大值和最小值定理 闭区间上的连续函数必取得最大值和最小值.

(2)有界性定理 闭区间上的连续函数在该区间上有界.

(3)介值定理 闭区间上的连续函数必取得介于它的最大值和最小值之间的一切值.

零点定理 设函数 $f(x)$ 在 $[a, b]$ 上连续,且 $f(a) \cdot f(b) < 0$,则在 (a, b) 内至少存在一点 ξ,使 $f(\xi) = 0$.

§1.1 复合函数及函数的几种特性

$\mathbb{K}$ 2001 数学二,
3分

1 设 $f(x) = \begin{cases} 1, & |x| \leq 1, \\ 0, & |x| > 1, \end{cases}$ 则 $f(f(f(x)))$ 等于( ).

(A) 0

(B) 1

(C) $\begin{cases} 1, & |x| \leq 1, \\ 0, & |x| > 1 \end{cases}$

(D) $\begin{cases} 0, & |x| \leq 1, \\ 1, & |x| > 1 \end{cases}$

知识点睛 0103 复合函数,分段函数

解 先求 $f(f(x))$,由于当 $|x| \leq 1$ 时,$f(x) = 1$,即 $|f(x)| \leq 1$,则 $f(f(x)) = 1$;当 $|x| > 1$ 时,$f(x) = 0$,此时 $|f(x)| \leq 1$,则 $f(f(x)) = 1$,从而对一切的 x,$f(f(x)) = 1$,故 $f(f(f(x))) = 1$.

应选(B).

2 设函数 $f(x) = x\tan x\mathrm{e}^{\sin x}$,则 $f(x)$ 是( ).

Ⓚ 1990 数学三,3 分

(A)偶函数　　　　(B)无界函数　　　　(C)周期函数　　　　(D)单调函数

知识点睛 0102 函数的有界性

解 由于 $\lim\limits_{x\to\frac{\pi}{2}}f(x)=\lim\limits_{x\to\frac{\pi}{2}}x\tan x\mathrm{e}^{\sin x}=\infty$,则 $f(x)$ 无界,应选(B).

3 $f(x)=|x\sin x|\mathrm{e}^{\cos x}$ $(-\infty<x<+\infty)$ 是( ).

Ⓚ 1987 数学二,4 分

(A)有界函数　　　　(B)单调函数　　　　(C)周期函数　　　　(D)偶函数

知识点睛 0101 绝对值函数,0102 函数的奇偶性

解 由于 $|x\sin x|$ 和 $\mathrm{e}^{\cos x}$ 都是偶函数,则其乘积 $f(x)=|x\sin x|\mathrm{e}^{\cos x}$ 是偶函数,故应选(D).

4 函数 $f(x)=\dfrac{|x|\sin(x-2)}{x(x-1)(x-2)^2}$ 在下列哪个区间内有界?

Ⓚ 2004 数学三,4 分

(A)$(-1,0)$　　　　(B)$(0,1)$　　　　(C)$(1,2)$　　　　(D)$(2,3)$

知识点睛 0102 函数的有界性

解法 1 由于 $\lim\limits_{x\to1^-}f(x)=\lim\limits_{x\to1^+}f(x)=\infty$,则 $f(x)$ 在 $(0,1)$ 和 $(1,2)$ 内无界;又

$$\lim_{x\to2^+}f(x)=\lim_{x\to2^+}\frac{|x|(x-2)}{x(x-1)(x-2)^2}\quad(\text{等价无穷小代换})$$

$$=\lim_{x\to2^+}\frac{|x|}{x(x-1)(x-2)}=\infty,$$

则 $f(x)$ 在 $(2,3)$ 内无界,应选(A).

解法 2 我们知道,若 $f(x)$ 在闭区间 $[a,b]$ 上连续,则 $f(x)$ 在区间 $[a,b]$ 上有界. 但若 $f(x)$ 在开区间 (a,b) 内连续,则 $f(x)$ 未必在 (a,b) 内有界,而如果再附加条件 $\lim\limits_{x\to a^+}f(x)$ 和 $\lim\limits_{x\to b^-}f(x)$ 都存在,那么 $f(x)$ 在 (a,b) 内有界.

显然 $f(x)=\dfrac{|x|\sin(x-2)}{x(x-1)(x-2)^2}$ 在 $(-1,0)$ 内连续,且 $\lim\limits_{x\to-1^+}f(x)$ 存在,

$$\lim_{x\to0^-}f(x)=\lim_{x\to0^-}\frac{-x\sin(x-2)}{x(x-1)(x-2)^2}=-\frac{\sin 2}{4}$$

也存在,则 $f(x)$ 在 $(-1,0)$ 内有界,故应选(A).

【评注】(1)用排除法解考研试卷中的选择题,即如果能判定其中的三个选项是错的,那么剩余的一个选项必正确.

(2)若 $f(x)$ 在开区间 (a,b) 内连续,且 $\lim\limits_{x\to a^+}f(x)$ 和 $\lim\limits_{x\to b^-}f(x)$ 都存在,则 $f(x)$ 在 (a,b) 内有界.这是常用的基本结论.

5 设 $g(x)=\begin{cases}2-x, & x\leqslant0, \\ x+2, & x>0,\end{cases}$ $f(x)=\begin{cases}x^2, & x<0, \\ -x, & x\geqslant0,\end{cases}$ 则 $g(f(x))=($).

(A)$\begin{cases}2+x^2, & x<0, \\ 2-x, & x\geqslant0\end{cases}$　　　　　　(B)$\begin{cases}2-x^2, & x<0, \\ 2+x, & x\geqslant0\end{cases}$

(C) $\begin{cases}2-x^2, & x<0, \\ 2-x, & x\geqslant 0\end{cases}$ （D）$\begin{cases}2+x^2, & x<0, \\ 2+x, & x\geqslant 0\end{cases}$

知识点睛 0103 复合函数,分段函数

解 $g(f(x))=\begin{cases}2-f(x), & f(x)\leqslant 0 \\ f(x)+2, & f(x)>0\end{cases}=\begin{cases}2+x, & x\geqslant 0 \\ x^2+2, & x<0\end{cases}=\begin{cases}2+x^2, & x<0, \\ 2+x, & x\geqslant 0.\end{cases}$

故应选（D）.

6 下列函数中非奇非偶函数是（　　）.

（A）$f(x)=3^x-3^{-x}$ （B）$f(x)=x(1-x)$

（C）$f(x)=\ln\dfrac{x+1}{x-1}$ （D）$f(x)=x^2\cos x$

知识点睛 0102 函数的奇偶性

解 易验证（A）为奇函数,（B）为非奇非偶函数,（C）为奇函数,（D）为偶函数.应选（B）.

7 设 $[x]$ 表示不超过 x 的最大整数,则 $y=x-[x]$ 是（　　）.

（A）无界函数 （B）周期为1的周期函数

（C）单调函数 （D）偶函数

知识点睛 0101 取整函数, 0102 函数的周期性

解 $y=x-[x]$ 的图像如7题图所示.应选（B）.

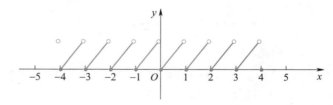

7题图

8 函数 $f(x)=\dfrac{1}{1+\dfrac{1}{1+\dfrac{1}{x}}}$ 的定义域为（　　）.

（A）$x\in\mathbf{R}$,但 $x\neq 0$ （B）$x\in\mathbf{R}$,但 $1+\dfrac{1}{x}\neq 0$

（C）$x\in\mathbf{R}$,但 $x\neq 0,-1,-\dfrac{1}{2}$ （D）$x\in\mathbf{R}$,但 $x\neq 0,-1$

知识点睛 0101 函数的概念, 0104 初等函数

解 由 $x\neq 0$, $1+\dfrac{1}{x}\neq 0$, $1+\dfrac{1}{1+\dfrac{1}{x}}\neq 0$,得 $x\neq 0,-1,-\dfrac{1}{2}$.应选（C）.

9 函数 $y=\dfrac{1}{\sqrt{25-x^2}}+\arcsin\dfrac{x-1}{5}$ 的定义域为_____.

知识点睛 0101 函数的概念, 0104 初等函数

解 要使函数有意义,变量 x 必须同时满足

$$\begin{cases} 25 - x^2 > 0, \\ \left| \dfrac{x-1}{5} \right| \leqslant 1, \end{cases} \quad 即 \quad \begin{cases} 25 - x^2 > 0, \\ -1 \leqslant \dfrac{x-1}{5} \leqslant 1. \end{cases}$$

解得 $-4 \leqslant x < 5$,因此定义域为 $[-4, 5)$.应填 $[-4, 5)$.

10 已知 $f(x) = e^{x^2}$,$f(\varphi(x)) = 1 - x$,且 $\varphi(x) \geqslant 0$,则 $\varphi(x) = $ _____,定义域为 _____.

知识点睛 0103 复合函数

解 因为 $f(x) = e^{x^2}$,所以 $f(\varphi(x)) = e^{[\varphi(x)]^2}$,而 $f(\varphi(x)) = 1 - x$,因此 $e^{[\varphi(x)]^2} = 1 - x$.对上式两端取对数,得 $\varphi(x) = \sqrt{\ln(1-x)}$.由 $\ln(1-x) \geqslant 0$,有 $1 - x \geqslant 1$,即 $x \leqslant 0$.

故应填 $\sqrt{\ln(1-x)}$, $(-\infty, 0]$.

11 设 $f(x) = \tan x$,$f(g(x)) = x^2 - 2$,且 $|g(x)| \leqslant \dfrac{\pi}{4}$,则 $g(x)$ 的定义域为 _____.

知识点睛 0103 反函数

解 $f(g(x)) = \tan g(x) = x^2 - 2$,所以 $g(x) = \arctan(x^2 - 2)$.

因为 $|g(x)| \leqslant \dfrac{\pi}{4}$,所以 $-1 \leqslant x^2 - 2 \leqslant 1$,因此 $-\sqrt{3} \leqslant x \leqslant -1$ 或 $1 \leqslant x \leqslant \sqrt{3}$.

故应填 $[-\sqrt{3}, -1] \cup [1, \sqrt{3}]$.

12 设 $f(x)$ 满足 $f^2(\ln x) - 2x f(\ln x) + x^2 \ln x = 0$,且 $f(0) = 0$,求 $f(x)$.

知识点睛 0104 初等函数

解 令 $t = \ln x$,即 $x = e^t$,则有 $f^2(t) - 2e^t f(t) + t e^{2t} = 0$,由此可解得

$$f(t) = e^t \pm \sqrt{e^{2t} - t e^{2t}} = e^t(1 \pm \sqrt{1 - t}).$$

因为 $f(0) = 0$,由上式可得 $f(t) = e^t(1 - \sqrt{1-t})$,$t \leqslant 1$.即所求的函数为

$$f(x) = e^x(1 - \sqrt{1-x}), \quad x \leqslant 1.$$

13 设 $f(x)$,$g(x)$,$h(x)$ 是定义在 $(-\infty, +\infty)$ 上的单调增加函数,且 $f(x) \leqslant g(x) \leqslant h(x)$,证明 $f(f(x)) \leqslant g(g(x)) \leqslant h(h(x))$.

知识点睛 0102 函数的增减性

证 因为 $f(x)$,$g(x)$,$h(x)$ 在 $(-\infty, +\infty)$ 上单调增加,所以对任意 $x_1, x_2 \in (-\infty, +\infty)$,$x_2 > x_1$,有 $f(x_1) \leqslant f(x_2)$,$g(x_1) \leqslant g(x_2)$,$h(x_1) \leqslant h(x_2)$.

又对任意 $x \in (-\infty, +\infty)$,有 $f(x) \leqslant g(x) \leqslant h(x)$,所以

$$f(f(x)) \leqslant f(g(x)) \leqslant g(g(x)) \leqslant g(h(x)) \leqslant h(h(x))$$

即 $f(f(x)) \leqslant g(g(x)) \leqslant h(h(x))$.

14 设 $f(x)$ 在 $(-\infty, +\infty)$ 上有定义,且对任意 $x, y \in (-\infty, +\infty)$ $(x \neq y)$ 有 $|f(x) - f(y)| < |x - y|$,证明 $F(x) = f(x) + x$ 在 $(-\infty, +\infty)$ 上单调增加.

知识点睛 0102 函数的增减性

证 任意 $x_1, x_2 \in (-\infty, +\infty)$,$x_2 > x_1$,有

$$|f(x_2) - f(x_1)| < |x_2 - x_1| = x_2 - x_1,$$

而

$$f(x_1) - f(x_2) \leqslant |f(x_2) - f(x_1)| < x_2 - x_1,$$

因而

$$f(x_1) + x_1 < f(x_2) + x_2,$$

所以

$$F(x_1) < F(x_2),$$

即 $F(x)$ 在 $(-\infty, +\infty)$ 上单调增加.

15　求 $y=f(x)=\begin{cases} 3-x^3, & x<-2, \\ 5-x, & -2 \leqslant x \leqslant 2, \\ 1-(x-2)^2, & x>2 \end{cases}$ 的值域,并求它的反函数.

知识点睛　0103 反函数

解　当 $x<-2$ 时,$y=3-x^3$,$x=\sqrt[3]{3-y}$,且 $y>3+8=11$;

当 $-2 \leqslant x \leqslant 2$ 时,$y=5-x$,$x=5-y$,且 $3 \leqslant y \leqslant 7$;

当 $x>2$ 时,$y=1-(x-2)^2$,$x=2+\sqrt{1-y}$,且 $y<1$.

所以,$y=f(x)$ 的值域为 $(-\infty, 1) \cup [3,7] \cup (11, +\infty)$. $y=f(x)$ 的反函数为

$$y = \begin{cases} 2 + \sqrt{1-x}, & x < 1, \\ 5 - x, & 3 \leqslant x \leqslant 7, \\ \sqrt[3]{3-x}, & x > 11. \end{cases}$$

§1.2　极限的概念、性质及存在准则

2014 数学三,
4 分

16　设 $\lim\limits_{n \to \infty} a_n = a$,且 $a \neq 0$,则当 n 充分大时有(　　).

(A) $|a_n| > \dfrac{|a|}{2}$　　　(B) $|a_n| < \dfrac{|a|}{2}$　　　(C) $a_n > a - \dfrac{1}{n}$　　　(D) $a_n < a + \dfrac{1}{n}$

知识点睛　0105 数列极限的定义

解法 1　因为 $\lim\limits_{n \to \infty} a_n = a \neq 0$,所以 $\forall \varepsilon > 0$,$\exists$ 正整数 N,当 $n > N$ 时,有 $|a_n - a| < \varepsilon$,即 $a - \varepsilon < a_n < a + \varepsilon$,则 $|a| - \varepsilon < |a_n| \leqslant |a| + \varepsilon$,取 $\varepsilon = \dfrac{|a|}{2}$,则知 $|a_n| > \dfrac{|a|}{2}$.

解法 2　排除法:若取 $a_n = 2 + \dfrac{2}{n}$,显然 $a=2$,且(B)和(D)都不正确;若取 $a_n = 2 - \dfrac{2}{n}$,显然 $a=2$,且(C)不正确.故本题应选(A).

【评注】本题也可以利用极限的保号性推论:若 $\lim\limits_{n \to \infty} a_n = a \neq 0$,则 $\exists$ 正整数 N,当 $n > N$ 时,

$$|a_n| > \lambda |a| \quad (0 < \lambda < 1).$$

1999 数学二,
3 分

17　"对任意给定的 $\varepsilon \in (0,1)$,总存在正整数 N,当 $n \geqslant N$ 时,恒有 $|x_n - a| \leqslant 2\varepsilon$" 是数列 $\{x_n\}$ 收敛于 a 的(　　).

(A)充分条件但非必要条件　　　　　(B)必要条件但非充分条件

(C)充分必要条件　　　　　　　　　(D)既非充分条件又非必要条件

知识点睛　0105 数列极限的定义

解　本题应选(C).

18 设$\{a_n\}$,$\{b_n\}$,$\{c_n\}$均为非负数列,且$\lim\limits_{n\to\infty}a_n=0$,$\lim\limits_{n\to\infty}b_n=1$,$\lim\limits_{n\to\infty}c_n=\infty$,则必有(　　). ▨2003 数学一、数学二,4 分

(A)$a_n<b_n$对任意 n 成立　　　　(B)$b_n<c_n$对任意 n 成立

(C)极限$\lim\limits_{n\to\infty}a_nc_n$不存在　　　(D)极限$\lim\limits_{n\to\infty}b_nc_n$不存在

知识点睛　0105 数列极限的定义

解　取$a_n=\dfrac{2}{n}$,$b_n=1$,$c_n=\dfrac{n}{2}$,$n=1,2,\cdots$,则选项(A)、(B)、(C)均可排除.

对于选项(D),由$\lim\limits_{n\to\infty}b_n=1$,$\lim\limits_{n\to\infty}c_n=\infty$知$\lim\limits_{n\to\infty}\dfrac{1}{b_nc_n}=\lim\limits_{n\to\infty}\dfrac{1}{b_n}\cdot\lim\limits_{n\to\infty}\dfrac{1}{c_n}=0$,从而$\lim\limits_{n\to\infty}b_nc_n=\infty$.即$\lim\limits_{n\to\infty}b_nc_n$不存在.故应选(D).

【评注】为了正确而迅速地解答选择题,首先要对题意和备选项进行整体的对比考查,弄清题目的考查目标,从题干和备选项中获得解决问题的充分信息,其次选择适当的解题方法.下面归纳几种解题方法,供读者参考.

直接法:直接从题目的已知条件出发,经过严密的推导、合理的运算从而得出判断的方法和结果,其选择过程是先计算,然后将计算的结果与备选项对照,找到正确选项.当题目中给出已知条件,备选答案列出所需求的结果时,一般首先考虑直接法.

验证法:把可供选择的各备选项代入题目中的已知条件或将题干中的条件代入备选项进行验算,从而得到正确选项的方法.

图像法:通过画出直观的几何图形,帮助分析,便于做出正确的选择.

每种方法都不是孤立的,有时同一试题可用多种方法求解,有时需借用几种方法综合求解.

19 设函数$f(x)$在$(-\infty,+\infty)$内单调有界,$\{x_n\}$为数列,下列命题正确的是(　　). ▨2008 数学一、数学二,4 分

(A)若$\{x_n\}$收敛,则$\{f(x_n)\}$收敛

(B)若$\{x_n\}$单调,则$\{f(x_n)\}$收敛

(C)若$\{f(x_n)\}$收敛,则$\{x_n\}$收敛

(D)若$\{f(x_n)\}$单调,则$\{x_n\}$收敛

知识点睛　0108 数列极限的准则

解法1　若$\{x_n\}$单调,$f(x)$单调有界,则数列$\{f(x_n)\}$单调有界,因此数列$\{f(x_n)\}$收敛,故应选(B).

解法2　排除法:若取$f(x)=\begin{cases}1,&x\geqslant 0,\\-1,&x<0,\end{cases}$和$x_n=\dfrac{(-1)^n}{n}$,则显然$f(x)$单调有界,$\{x_n\}$收敛,但$f(x_n)=\begin{cases}1,&n\text{ 为偶数},\\-1,&n\text{ 为奇数},\end{cases}$显然$\{f(x_n)\}$不收敛,这样就排除了(A).

若取 $f(x)=\arctan x$，$x_n=n$，则 $f(x_n)=\arctan n$，显然 $\{f(x_n)\}$ 收敛且单调，但 $\{x_n\}$ 不收敛，这样就排除了（C）和（D），故应选（B）.

2017 数学二，4 分

20　设数列 $\{x_n\}$ 收敛，则（　　）.

（A）当 $\lim\limits_{n\to\infty}\sin x_n=0$ 时，$\lim\limits_{n\to\infty}x_n=0$

（B）当 $\lim\limits_{n\to\infty}(x_n+\sqrt{|x_n|})=0$ 时，$\lim\limits_{n\to\infty}x_n=0$

（C）当 $\lim\limits_{n\to\infty}(x_n+x_n^2)=0$ 时，$\lim\limits_{n\to\infty}x_n=0$

（D）当 $\lim\limits_{n\to\infty}(x_n+\sin x_n)=0$ 时，$\lim\limits_{n\to\infty}x_n=0$

知识点睛　0107 数列极限的性质

解　由于 $\{x_n\}$ 收敛，令 $\lim\limits_{n\to\infty}x_n=a$，则由（A）知 $\sin a=0$，此时 a 不一定为零，a 可等于 $\pi,2\pi$ 等.则（A）不正确，同理（B）、（C）不正确，而由（D）知

$$\sin a=-a.$$

此时，只有 $a=0$，故应选（D）.

2022 数学一、数学二，5 分

21　设有数列 $\{x_n\}$，其中 $\{x_n\}$ 满足 $-\dfrac{\pi}{2}\leqslant x_n\leqslant\dfrac{\pi}{2}$，则（　　）.

（A）若 $\lim\limits_{n\to\infty}\cos(\sin x_n)$ 存在，则 $\lim\limits_{n\to\infty}x_n$ 存在.

（B）若 $\lim\limits_{n\to\infty}\sin(\cos x_n)$ 存在，则 $\lim\limits_{n\to\infty}x_n$ 存在.

（C）若 $\lim\limits_{n\to\infty}\cos(\sin x_n)$ 存在，则 $\lim\limits_{n\to\infty}\sin x_n$ 存在，但 $\lim\limits_{n\to\infty}x_n$ 不一定存在.

（D）若 $\lim\limits_{n\to\infty}\sin(\cos x_n)$ 存在，则 $\lim\limits_{n\to\infty}\cos x_n$ 存在，但 $\lim\limits_{n\to\infty}x_n$ 不一定存在.

知识点睛　0107 数列极限的性质

解　取 $x_n=(-1)^n$，则可以直接判定（A）、（B）、（C）不正确.对于选项（D），由题意 $\lim\limits_{n\to\infty}\sin(\cos x_n)$ 存在，设 $\lim\limits_{n\to\infty}\sin(\cos x_n)=A$，由于函数 $y=\sin x$ 在区间 $\left[-\dfrac{\pi}{2},\dfrac{\pi}{2}\right]$ 单调增加，所以有 $\lim\limits_{n\to\infty}\cos x_n=\arcsin A$，但如果取 $x_n=(-1)^n$，可发现 $\lim\limits_{n\to\infty}x_n$ 不一定存在.应选（D）.

2015 数学三，4 分

22　设 $\{x_n\}$ 是数列，下列命题中不正确的是（　　）.

（A）若 $\lim\limits_{n\to\infty}x_n=a$，则 $\lim\limits_{n\to\infty}x_{2n}=\lim\limits_{n\to\infty}x_{2n+1}=a$

（B）若 $\lim\limits_{n\to\infty}x_{2n}=\lim\limits_{n\to\infty}x_{2n+1}=a$，则 $\lim\limits_{n\to\infty}x_n=a$

（C）若 $\lim\limits_{n\to\infty}x_n=a$，则 $\lim\limits_{n\to\infty}x_{3n}=\lim\limits_{n\to\infty}x_{3n+1}=a$

（D）若 $\lim\limits_{n\to\infty}x_{3n}=\lim\limits_{n\to\infty}x_{3n+1}=a$，则 $\lim\limits_{n\to\infty}x_n=a$

知识点睛　0105 数列与其子列极限之间的关系

解　如 $x_{3n}=1+\dfrac{1}{3n}$，$x_{3n+1}=1+\dfrac{1}{3n+1}$，$x_{3n+2}=2+\dfrac{1}{3n+2}$，则 $\lim\limits_{n\to\infty}x_{3n}=1$，$\lim\limits_{n\to\infty}x_{3n+1}=1$，但 $\lim\limits_{n\to\infty}x_{3n+2}=2$，故 $\lim\limits_{n\to\infty}x_n\neq1$.故应选（D）.

【评注】由数列极限存在的充要条件，即

$$\lim\limits_{n\to\infty}x_n=a\Leftrightarrow\lim\limits_{n\to\infty}x_{2n}=\lim\limits_{n\to\infty}x_{2n+1}=a\Leftrightarrow\lim\limits_{n\to\infty}x_{3n}=\lim\limits_{n\to\infty}x_{3n+1}=\lim\limits_{n\to\infty}x_{3n+2}=a,$$

可知（A）、（B）、（C）正确，（D）错误.

Ⓚ 2010 数学三，4 分

23 设 $f(x)=\ln^{10}x$，$g(x)=x$，$h(x)=e^{\frac{x}{10}}$，则当 x 充分大时，有（　　）.

(A) $g(x)<h(x)<f(x)$ 　　　　　　(B) $h(x)<g(x)<f(x)$

(C) $f(x)<g(x)<h(x)$ 　　　　　　(D) $g(x)<f(x)<h(x)$

知识点睛　0107 函数极限的性质

解　求解本题的依据是极限的保序性：设 $F(x)>0$，$G(x)>0$，

(1) 若 $\lim\limits_{x\to+\infty}\dfrac{F(x)}{G(x)}=a<1$，则当 x 充分大时，$\dfrac{F(x)}{G(x)}<1$，从而 $F(x)<G(x)$.

(2) 若 $\lim\limits_{x\to+\infty}\dfrac{F(x)}{G(x)}=a>1$，则当 x 充分大时，$\dfrac{F(x)}{G(x)}>1$，从而 $F(x)>G(x)$.

当 $x>1$ 时，$f(x)=\ln^{10}x$，$g(x)=x$ 与 $h(x)=e^{\frac{x}{10}}$ 都为正值函数，且

$$\lim_{x\to+\infty}\frac{f(x)}{g(x)}=\lim_{x\to+\infty}\frac{\ln^{10}x}{x}=10\lim_{x\to+\infty}\frac{\ln^9x}{x}=10\times9\lim_{x\to+\infty}\frac{\ln^8x}{x}=\cdots=(10\,!)\lim_{x\to+\infty}\frac{1}{x}=0<1,$$

则当 x 充分大时 $f(x)<g(x)$.

又 $\lim\limits_{x\to+\infty}\dfrac{h(x)}{g(x)}=\lim\limits_{x\to+\infty}\dfrac{e^{\frac{x}{10}}}{x}=\dfrac{1}{10}\lim\limits_{x\to+\infty}e^{\frac{x}{10}}=+\infty>1$，则当 x 充分大时 $h(x)>g(x)$，故应选（C）.

【评注】本题本质上是无穷大量阶的比较.当 $x\to+\infty$ 时，幂函数 $x^\alpha(\alpha>0)$，对数函数 $\ln x$，指数函数 $a^x(a>1)$ 都趋向无穷大，且

$$\ln x\ll x^\alpha\ll a^x\quad(\alpha>0,a>1),$$

其中 $\ln x\ll x^\alpha$ 表示当 $x\to+\infty$ 时，x^α 是比 $\ln x$ 更高阶的无穷大，即 $\lim\limits_{x\to+\infty}\dfrac{x^\alpha}{\ln x}=+\infty$，从而当 x 充分大时 $\ln x<x^\alpha$，本题利用以上结论立刻得到正确选项.

Ⓚ 2000 数学三，3 分

24 设对任意 x，总有 $\varphi(x)\le f(x)\le g(x)$，且 $\lim\limits_{x\to\infty}[g(x)-\varphi(x)]=0$，则 $\lim\limits_{x\to\infty}f(x)$（　　）.

(A) 存在且等于零 　　　　　　(B) 存在但不一定为零

(C) 一定不存在 　　　　　　　(D) 不一定存在

知识点睛　0108 函数极限的存在准则

解　本题中所给条件比夹逼准则的条件弱.事实上，若 $\lim\limits_{x\to\infty}g(x)=\lim\limits_{x\to\infty}\varphi(x)=A$（有限），则必有 $\lim\limits_{x\to\infty}[g(x)-\varphi(x)]=0$，反之则不然，因为当 $\lim\limits_{x\to\infty}[g(x)-\varphi(x)]=0$ 时，极限 $\lim\limits_{x\to\infty}g(x)$ 和 $\lim\limits_{x\to\infty}\varphi(x)$ 可以都不存在，如 $g(x)=\varphi(x)=x$.

(1) 若取 $\varphi(x)=x-\dfrac{1}{x^2}$，$f(x)=x$，$g(x)=x+\dfrac{1}{x^2}$，显然有 $\varphi(x)\le f(x)\le g(x)$，且 $\lim\limits_{x\to\infty}[g(x)-\varphi(x)]=0$，但 $\lim\limits_{x\to\infty}f(x)$ 不存在，则排除选项（A）和（B）.

(2) 若取 $\varphi(x)=1$，$f(x)=1$，$g(x)=1$，显然满足题设条件，但 $\lim\limits_{x\to\infty}f(x)=1$ 存在.则排除选项（C），故应选（D）.

【评注】本题考查的是夹逼准则的外延.

2012数学二,
4分

25 设 $a_n > 0(n=1,2,\cdots)$，$S_n = a_1 + a_2 + \cdots + a_n$，则数列 $\{S_n\}$ 有界是数列 $\{a_n\}$ 收敛的（　　）.

（A）充分必要条件　　　　　　　　（B）充分非必要条件

（C）必要非充分条件　　　　　　　（D）既非充分也非必要条件

知识点睛 0108 数列极限存在准则

解 因为 $a_n > 0(n=1,2,\cdots)$，所以数列 $\{S_n\}$ 是单调增加的.

如果 $\{S_n\}$ 有界，则由单调有界准则知 $\{S_n\}$ 的极限存在，记为 $\lim\limits_{n\to\infty} S_n = S$. 由此可得

$$\lim_{n\to\infty} a_n = \lim_{n\to\infty} S_n - \lim_{n\to\infty} S_{n-1} = S - S = 0,$$

即数列 $\{a_n\}$ 收敛.

反之，当 $\{a_n\}$ 收敛时，$\{S_n\}$ 却未必有界. 例如，取 $a_n = 1(n=1,2,\cdots)$，显然有 $\{a_n\}$ 收敛，但 $S_n = n$ 无界. 可见 $\{S_n\}$ 有界是数列 $\{a_n\}$ 收敛的充分非必要条件. 故应选（B）.

26 设 $a_n = \left(1 + \dfrac{1}{n}\right)\sin\dfrac{n\pi}{2}$，证明数列 $\{a_n\}$ 没有极限.

知识点睛 数列极限与子列极限之间的关系

分析 若数列 $\{a_n\}$ 有极限，则由极限性质知道极限应是唯一的，要证明 $\{a_n\}$ 没有极限，只要找到两个子列分别收敛到不同的值即可.

证 设 k 为正整数，若 $n=4k$，则

$$a_{4k} = \left(1 + \frac{1}{4k}\right)\sin\frac{4k\pi}{2} = \left(1 + \frac{1}{4k}\right)\sin 2k\pi = 0;$$

若 $n=4k+1$，则

$$a_{4k+1} = \left(1 + \frac{1}{4k+1}\right)\sin\left(\frac{4k\pi}{2} + \frac{\pi}{2}\right) = \left(1 + \frac{1}{4k+1}\right)\sin\frac{\pi}{2} = 1 + \frac{1}{4k+1} \to 1 \ (k\to\infty).$$

因此 $\{a_n\}$ 没有极限.

27 设 $x_n = (-1)^n \cdot \dfrac{n+1}{n}$，证明：数列 $\{x_n\}$ 发散.

知识点睛 数列极限与子列极限之间的关系

证 考察子列

$$x_{2n} = \frac{2n+1}{2n} = 1 + \frac{1}{2n} \to 1 \ (n\to\infty),$$

$$x_{2n+1} = -\frac{2n+2}{2n+1} = -1 - \frac{1}{2n+1} \to -1 \ (n\to\infty).$$

由数列与子列的收敛性，可知 $\lim\limits_{n\to\infty} x_n$ 不存在.

【评注】在证明数列发散时，可采用下列两种方法：

（1）找两个极限不同的子列.

（2）找一个发散的子列.

28 设 $f(x) = \begin{cases} x, & |x| \le 1, \\ x-2, & |x| > 1, \end{cases}$ 试讨论 $\lim\limits_{x\to 1} f(x)$ 及 $\lim\limits_{x\to -1} f(x)$.

知识点睛 0106 函数左、右极限及其与函数极限存在的关系

分析 本题中函数是分段表达的,因此要讨论 $x \to 1$ 时 $f(x)$ 的极限必须从左、右极限入手.

解 (1)由题目条件知

$$f(x) = \begin{cases} x - 2, & x < -1, \\ x, & -1 \leq x \leq 1, \\ x - 2, & x > 1. \end{cases}$$

因为

$$\lim_{x \to 1^+} f(x) = \lim_{x \to 1^+}(x - 2) = -1, \lim_{x \to 1^-} f(x) = \lim_{x \to 1^-} x = 1,$$

从而 $\lim\limits_{x \to 1^+} f(x) \neq \lim\limits_{x \to 1^-} f(x)$,所以 $\lim\limits_{x \to 1} f(x)$ 不存在.

(2)因为

$$\lim_{x \to -1^+} f(x) = \lim_{x \to -1^+} x = -1, \lim_{x \to -1^-} f(x) = \lim_{x \to -1^-}(x - 2) = -3,$$

从而 $\lim\limits_{x \to -1^+} f(x) \neq \lim\limits_{x \to -1^-} f(x)$,所以 $\lim\limits_{x \to -1} f(x)$ 不存在.

29 求函数

$$f(x) = \frac{|x|}{x}, \qquad g(x) = \frac{1 - a^{\frac{1}{x}}}{1 + a^{\frac{1}{x}}} \quad (a > 1)$$

当 $x \to 0$ 时的左、右极限,并说明 $x \to 0$ 时极限是否存在.

知识点睛 0106 函数左、右极限及其与函数极限存在的关系

解 $\lim\limits_{x \to 0^+} f(x) = \lim\limits_{x \to 0^+} \dfrac{x}{x} = 1, \lim\limits_{x \to 0^-} f(x) = \lim\limits_{x \to 0^-} \dfrac{-x}{x} = -1.$

$$\lim_{x \to 0^+} g(x) = \lim_{x \to 0^+} \frac{1 - a^{\frac{1}{x}}}{1 + a^{\frac{1}{x}}} = \lim_{x \to 0^+} \frac{a^{-\frac{1}{x}} - 1}{a^{-\frac{1}{x}} + 1} = -1, \lim_{x \to 0^-} g(x) = \lim_{x \to 0^-} \frac{1 - a^{\frac{1}{x}}}{1 + a^{\frac{1}{x}}} = 1.$$

所以 $\lim\limits_{x \to 0} f(x), \lim\limits_{x \to 0} g(x)$ 都不存在.

【评注】(1) $\lim\limits_{x \to \infty} f(x) = A \Leftrightarrow \lim\limits_{x \to +\infty} f(x) = \lim\limits_{x \to -\infty} f(x) = A.$

(2) $\lim\limits_{x \to x_0} f(x) = A \Leftrightarrow \lim\limits_{x \to x_0^+} f(x) = \lim\limits_{x \to x_0^-} f(x) = A.$

30 证明 $\lim\limits_{x \to +\infty} x\sin x$ 不存在.

知识点睛 0105 函数极限与数列极限的关系

证 设 $f(x) = x\sin x$,取 $x_n = n\pi$ 及 $y_n = 2n\pi + \dfrac{\pi}{2}$,显然有 $x_n \to +\infty$,$y_n \to +\infty$ $(n \to \infty)$,但是 $\lim\limits_{n \to \infty} f(x_n) = \lim\limits_{n \to \infty} n\pi\sin n\pi = 0$,$\lim\limits_{n \to \infty} f(y_n) = \lim\limits_{n \to \infty}\left(2n\pi + \dfrac{\pi}{2}\right)\sin\left(2n\pi + \dfrac{\pi}{2}\right) = +\infty$.

故 $\lim\limits_{x \to +\infty} x\sin x$ 不存在.

【评注】证明极限不存在常用的办法就是从证明左、右极限入手,或者说明一个极限不存在,或者说明二者存在但不相等.为了简化过程,这时通常取特殊子列进行讨论.

§1.3 函数极限的求法

31 求 $\lim\limits_{x\to-\infty} x(\sqrt{x^2+100}+x)$.

知识点睛 分子有理化

解 原式 $= \lim\limits_{x\to-\infty} \dfrac{100x}{\sqrt{x^2+100}-x} = \lim\limits_{x\to-\infty} \dfrac{100}{-\sqrt{1+\dfrac{100}{x^2}}-1} = -50$.

32 $\lim\limits_{x\to 1} \dfrac{\sqrt{3-x}-\sqrt{1+x}}{x^2+x-2} = \underline{\qquad}$.

知识点睛 分子有理化

解 原式 $= \lim\limits_{x\to 1} \dfrac{\sqrt{3-x}-\sqrt{1+x}}{(x+2)(x-1)} = \lim\limits_{x\to 1} \dfrac{2(1-x)}{(x+2)(x-1)} \cdot \lim\limits_{x\to 1} \dfrac{1}{\sqrt{3-x}+\sqrt{1+x}}$

$= \lim\limits_{x\to 1} \dfrac{-2}{x+2} \cdot \lim\limits_{x\to 1} \dfrac{1}{\sqrt{3-x}+\sqrt{1+x}} = -\dfrac{\sqrt{2}}{6}$.

故应填 $-\dfrac{\sqrt{2}}{6}$.

33 $\lim\limits_{x\to\infty} \dfrac{3x^2+5}{5x+3}\sin\dfrac{2}{x} = \underline{\qquad}$.

知识点睛 0109 两个重要极限

解 原式 $= \lim\limits_{x\to\infty} \dfrac{(3x^2+5)2}{(5x+3)x} \cdot \dfrac{\sin\dfrac{2}{x}}{\dfrac{2}{x}} = \dfrac{6}{5}$. 故应填 $\dfrac{6}{5}$.

34 $\lim\limits_{x\to 0} \dfrac{3\sin x+x^2\cos\dfrac{1}{x}}{(1+\cos x)\ln(1+x)} = \underline{\qquad}$.

知识点睛 0109 两个重要极限, 0111 无穷小量的性质

解 原式 $= \lim\limits_{x\to 0} \dfrac{1}{1+\cos x} \cdot \lim\limits_{x\to 0} \dfrac{3\sin x+x^2\cos\dfrac{1}{x}}{\ln(1+x)} = \dfrac{1}{2} \cdot \lim\limits_{x\to 0} \dfrac{3\sin x+x^2\cos\dfrac{1}{x}}{x}$

$= \dfrac{1}{2}\left(\lim\limits_{x\to 0} \dfrac{3\sin x}{x} + \lim\limits_{x\to 0} x\cos\dfrac{1}{x}\right) = \dfrac{3}{2}$.

故应填 $\dfrac{3}{2}$.

35 $\lim\limits_{x\to 0} (1+x)^{\frac{2}{x}} = \underline{\qquad}$.

知识点睛 0109 两个重要极限

解　原式 $= \lim\limits_{x\to0}\left[(1+x)^{\frac{1}{x}}\right]^2 = \left[\lim\limits_{x\to0}(1+x)^{\frac{1}{x}}\right]^2 = e^2$. 故应填 e^2.

36　设 $\lim\limits_{x\to\infty}\left(\dfrac{x+2a}{x-a}\right)^x = 8$，则 $a =$ _____.

知识点睛　0109 两个重要极限

解　左边 $= \lim\limits_{x\to\infty}\left(1+\dfrac{3a}{x-a}\right)^{\frac{x-a}{3a}\cdot 3a + a}$

$\qquad = \left[\lim\limits_{x\to\infty}\left(1+\dfrac{3a}{x-a}\right)^{\frac{x-a}{3a}}\right]^{3a} \cdot \lim\limits_{x\to\infty}\left(1+\dfrac{3a}{x-a}\right)^a = e^{3a}$.

由 $e^{3a} = 8$，得 $a = \ln 2$. 故应填 $\ln 2$.

37　求 $\lim\limits_{x\to-\infty}\dfrac{\sqrt{4x^2+x-1}+x+1}{\sqrt{x^2+\sin x}}$.

知识点睛　分子有理化

解　原式 $= \lim\limits_{x\to-\infty}\dfrac{3x^2-x-2}{\sqrt{x^2+\sin x}\left(\sqrt{4x^2+x-1}-x-1\right)}$

$\qquad = \lim\limits_{x\to-\infty}\dfrac{3-\dfrac{1}{x}-\dfrac{2}{x^2}}{\sqrt{1+\dfrac{\sin x}{x^2}}\left(\sqrt{4+\dfrac{1}{x}-\dfrac{1}{x^2}}+1+\dfrac{1}{x}\right)} = 1$.

37 题精解视频

38　极限 $\lim\limits_{x\to\infty}\left[\dfrac{x^2}{(x-a)(x+b)}\right]^x = ($ 　　 $)$.

K 2010 数学一，4 分

(A) 1　　　　　　(B) e　　　　　　(C) e^{a-b}　　　　　　(D) e^{b-a}

知识点睛　0109 两个重要极限，0113 1^∞ 型极限

解法 1　这是一个"1^∞"型极限，直接有

$$\lim\limits_{x\to\infty}\left[\dfrac{x^2}{(x-a)(x+b)}\right]^x = \lim\limits_{x\to\infty}\left\{\left[1+\dfrac{(a-b)x+ab}{(x-a)(x+b)}\right]^{\frac{(x-a)(x+b)}{(a-b)x+ab}}\right\}^{\frac{(a-b)x+ab}{(x-a)(x+b)}\cdot x} = e^{a-b}.$$

解法 2　原式 $= \lim\limits_{x\to\infty}e^{x\ln\frac{x^2}{(x-a)(x+b)}}$，而

$$\lim\limits_{x\to\infty}x\ln\dfrac{x^2}{(x-a)(x+b)} = \lim\limits_{x\to\infty}x\ln\left[1+\dfrac{(a-b)x+ab}{(x-a)(x+b)}\right]$$

$$= \lim\limits_{x\to\infty}x\cdot\dfrac{(a-b)x+ab}{(x-a)(x+b)} = a-b \quad (\text{等价无穷小代换}),$$

故 $\lim\limits_{x\to\infty}\left[\dfrac{x^2}{(x-a)(x+b)}\right]^x = e^{a-b}$.

解法 3　对于 1^∞ 型极限可利用如下基本结论：

若 $\lim\alpha(x) = 0$，$\lim\beta(x) = \infty$，且 $\lim\alpha(x)\beta(x) = A$，则 $\lim[1+\alpha(x)]^{\beta(x)} = e^A$（请读者牢记）.

考虑 $\alpha(x)=\dfrac{x^2-(x-a)(x+b)}{(x-a)(x+b)}$，$\beta(x)=x$，由于

$$\lim_{x\to\infty}\alpha(x)\beta(x)=\lim_{x\to\infty}\frac{x^2-(x-a)(x+b)}{(x-a)(x+b)}\cdot x$$

$$=\lim_{x\to\infty}\frac{(a-b)x^2+abx}{(x-a)(x+b)}=a-b,$$

故 $\lim\limits_{x\to\infty}\left[\dfrac{x^2}{(x-a)(x+b)}\right]^x=\mathrm{e}^{a-b}.$

解法 4　$\lim\limits_{x\to\infty}\left[\dfrac{x^2}{(x-a)(x+b)}\right]^x=\lim\limits_{x\to\infty}\left[\dfrac{(x-a)(x+b)}{x^2}\right]^{-x}$

$$=\lim_{x\to\infty}\left(1-\frac{a}{x}\right)^{-x}\cdot\lim_{x\to\infty}\left(1+\frac{b}{x}\right)^{-x}=\mathrm{e}^a\cdot\mathrm{e}^{-b}=\mathrm{e}^{a-b}.$$

故 $\lim\limits_{x\to\infty}\left[\dfrac{x^2}{(x-a)(x+b)}\right]^x=\mathrm{e}^{a-b}.$故应选（C）.

【评注】本题是一个 1^∞ 型极限，解法 1 是将所求极限凑成重要极限 $\lim\limits_{x\to 0}(1+x)^{\frac{1}{x}}=\mathrm{e}$ 的形式后求极限；解法 2 是将原式改写成指数形式，然后用等价无穷小代换（或用洛必达法则）；解法 3 和解法 4 都是利用关于 1^∞ 型极限的基本结论求极限.以上 4 种解法是求 1^∞ 型极限常用的 4 种方法，往往第 3 种解法最简单，而第 3 种解法所用的关于 1^∞ 型极限的结论也很容易证明：

$$\lim[1+\alpha(x)]^{\beta(x)}=\lim\left\{\left[1+\alpha(x)\right]^{\frac{1}{\alpha(x)}}\right\}^{\alpha(x)\beta(x)}=\mathrm{e}^A,$$

该结论在以后求 1^∞ 型极限时可直接用.

2000 数学二，4 分

39 题精解视频

39　若 $\lim\limits_{x\to 0}\dfrac{\sin 6x+xf(x)}{x^3}=0$，则 $\lim\limits_{x\to 0}\dfrac{6+f(x)}{x^2}=(\qquad)$.

（A）0　　　　　（B）6　　　　　（C）36　　　　　（D）∞

知识点睛　0107 极限的四则运算法则，0216 泰勒公式

解法 1　$\lim\limits_{x\to 0}\dfrac{xf(x)+\sin 6x}{x^3}=\lim\limits_{x\to 0}\dfrac{xf(x)+\left[6x-\dfrac{1}{3!}(6x)^3+o(x^3)\right]}{x^3}$

$$=\lim_{x\to 0}\frac{f(x)+6}{x^2}-36=0,$$

故 $\lim\limits_{x\to 0}\dfrac{6+f(x)}{x^2}=36.$

解法 2　由 $\lim\limits_{x\to 0}\dfrac{xf(x)+\sin 6x}{x^3}=\lim\limits_{x\to 0}\dfrac{[xf(x)+6x]+(\sin 6x-6x)}{x^3}=0$，有

$$\lim_{x\to 0}\frac{f(x)+6}{x^2}=\lim_{x\to 0}\frac{6x-\sin 6x}{x^3}$$

$$= \lim_{x \to 0} \frac{\frac{1}{6}(6x)^3}{x^3} \quad \left(当 x \to 0 时, x - \sin x \sim \frac{1}{6}x^3 \right)$$

$$= 36.$$

解法 3 由 $\lim\limits_{x \to 0} \dfrac{x f(x) + \sin 6x}{x^3} = 0$ 知, 当 $x \to 0$ 时, $x f(x) + \sin 6x = o(x^3)$, 则

$$f(x) = -\frac{\sin 6x}{x} + o(x^2),$$

$$\lim_{x \to 0} \frac{f(x) + 6}{x^2} = \lim_{x \to 0} \frac{6 - \frac{\sin 6x}{x} + o(x^2)}{x^2} = \lim_{x \to 0} \frac{6 - \frac{\sin 6x}{x}}{x^2}$$

$$= \lim_{x \to 0} \frac{6x - \sin 6x}{x^3} = 36.$$

解法 4 用排除法. 令 $x f(x) + \sin 6x = 0$, 显然有 $\lim\limits_{x \to 0} \dfrac{x f(x) + \sin 6x}{x^3} = 0$, 此时

$f(x) = -\dfrac{\sin 6x}{x}$, 所以

$$\lim_{x \to 0} \frac{f(x) + 6}{x^2} = \lim_{x \to 0} \frac{6 - \frac{\sin 6x}{x}}{x^2} = \lim_{x \to 0} \frac{6x - \sin 6x}{x^3} = 36.$$

显然 (A), (B), (D) 均不正确, 故应选 (C).

40 设函数 $f(x) = \arctan x$, 若 $f(x) = x f'(\xi)$, 则 $\lim\limits_{x \to 0} \dfrac{\xi^2}{x^2} = ($).   K 2014 数学二,
4 分

(A) 1   (B) $\dfrac{2}{3}$ (C) $\dfrac{1}{2}$ (D) $\dfrac{1}{3}$

知识点睛 0112 等价无穷小量, 0217 洛必达法则

解 由题设, $f'(\xi) = \dfrac{1}{1+\xi^2}$, 从而有

$$\arctan x = \frac{x}{1 + \xi^2}, \quad \xi \in (0, x),$$

解得 $\xi^2 = \dfrac{x}{\arctan x} - 1$, 于是

$$\lim_{x \to 0} \frac{\xi^2}{x^2} = \lim_{x \to 0} \frac{\frac{x}{\arctan x} - 1}{x^2} = \lim_{x \to 0} \frac{x - \arctan x}{x^2 \arctan x}$$

$$= \lim_{x \to 0} \frac{x - \arctan x}{x^3} = \lim_{x \to 0} \frac{1 - \frac{1}{1 + x^2}}{3x^2}$$

$$= \lim_{x \to 0} \frac{1}{3(1 + x^2)} = \frac{1}{3},$$

故应选(D).

【评注】本题虽然是利用拉格朗日中值定理,但实质是求函数极限.

K 2006 数学一,
4 分

41 $\lim\limits_{x \to 0} \dfrac{x\ln(1+x)}{1-\cos x} = $ _____.

知识点睛　0112 等价无穷小量

解　本题是求 $\dfrac{0}{0}$ 型极限.用等价无穷小代换很方便.当 $x \to 0$ 时,$\ln(1+x) \sim x$,$1-\cos x \sim \dfrac{1}{2}x^2$,则

$$\lim_{x \to 0} \frac{x\ln(1+x)}{1-\cos x} = \lim_{x \to 0} \frac{x^2}{\frac{1}{2}x^2} = 2.$$

故应填 2.

K 2015 数学一、
数学三,4 分

42 $\lim\limits_{x \to 0} \dfrac{\ln(\cos x)}{x^2} = $ _____.

知识点睛　0112 等价无穷小量

解　$\lim\limits_{x \to 0} \dfrac{\ln(\cos x)}{x^2} = \lim\limits_{x \to 0} \dfrac{\ln[1+(\cos x-1)]}{x^2}$

$$= \lim_{x \to 0} \frac{\cos x-1}{x^2} = \lim_{x \to 0} \frac{-\frac{1}{2}x^2}{x^2} = -\frac{1}{2},$$

或 $\lim\limits_{x \to 0} \dfrac{\ln(\cos x)}{x^2} = \lim\limits_{x \to 0} \dfrac{\frac{-\sin x}{\cos x}}{2x} = \lim\limits_{x \to 0} \dfrac{-\tan x}{2x} = -\dfrac{1}{2}$.应填 $-\dfrac{1}{2}$.

K 2016 数学一,
4 分

43 $\lim\limits_{x \to 0} \dfrac{\displaystyle\int_0^x t\ln(1+t\sin t)\,\mathrm{d}t}{1-\cos x^2} = $ _____.

知识点睛　0112 等价无穷小量,0217 洛必达法则

解　$\lim\limits_{x \to 0} \dfrac{\displaystyle\int_0^x t\ln(1+t\sin t)\,\mathrm{d}t}{1-\cos x^2} = \lim\limits_{x \to 0} \dfrac{\displaystyle\int_0^x t\ln(1+t\sin t)\,\mathrm{d}t}{\frac{1}{2}x^4}$

$$= \lim_{x \to 0} \frac{x\ln(1+x\sin x)}{2x^3} = \lim_{x \to 0} \frac{x^2\sin x}{2x^3} = \frac{1}{2}.$$

故应填 $\dfrac{1}{2}$.

K 2003 数学一,
4 分

44 $\lim\limits_{x \to 0} (\cos x)^{\frac{1}{\ln(1+x^2)}} = $ _____.

知识点睛　0112 等价无穷小量, 0109 两个重要极限

解　由于 $(\cos x)^{\frac{1}{\ln(1+x^2)}} = \left[1+(\cos x-1)\right]^{\frac{1}{\ln(1+x^2)}}$,而

$$\lim_{x\to0}\frac{\cos x-1}{\ln(1+x^2)} = \lim_{x\to0}\frac{-\frac{1}{2}x^2}{x^2} = -\frac{1}{2} \quad (\text{等价无穷小代换}),$$

则 $\lim\limits_{x\to0}(\cos x)^{\frac{1}{\ln(1+x^2)}} = \mathrm{e}^{-\frac{1}{2}}$.故应填 $\mathrm{e}^{-\frac{1}{2}}$.

45 $\lim\limits_{x\to0}\left(\dfrac{1+\mathrm{e}^x}{2}\right)^{\cot x} = \underline{\qquad}$.

K 2022 数学二、数学三,5 分

知识点睛　0112 等价无穷小量

解　原式 $=\mathrm{e}^{\lim\limits_{x\to0}\frac{1}{\tan x}\ln\left(\frac{1+\mathrm{e}^x}{2}\right)} = \mathrm{e}^{\lim\limits_{x\to0}\frac{1}{\tan x}\ln\left(1+\frac{\mathrm{e}^x-1}{2}\right)} = \mathrm{e}^{\lim\limits_{x\to0}\frac{1}{\tan x}\cdot\frac{\mathrm{e}^x-1}{2}} = \mathrm{e}^{\frac{1}{2}}$.应填 $\mathrm{e}^{\frac{1}{2}}$.

46 已知函数 $f(x)$ 连续,且 $\lim\limits_{x\to0}\dfrac{1-\cos(xf(x))}{(\mathrm{e}^{x^2}-1)f(x)} = 1$,则 $f(0) = \underline{\qquad}$.

K 2008 数学二,4 分

知识点睛　0112 等价无穷小量, 0114 函数的连续性

解　由于函数 $f(x)$ 连续,故 $\lim\limits_{x\to0}f(x)=f(0)$,从而 $\lim\limits_{x\to0}xf(x)=0$,则当 $x\to0$ 时,

$$1-\cos(xf(x)) \sim \frac{1}{2}x^2f^2(x),$$

故

$$\lim_{x\to0}\frac{1-\cos(xf(x))}{(\mathrm{e}^{x^2}-1)f(x)} = \lim_{x\to0}\frac{\frac{1}{2}x^2f^2(x)}{x^2f(x)} = \frac{1}{2}\lim_{x\to0}f(x) = \frac{1}{2}f(0) = 1,$$

从而 $f(0)=2$.应填 2.

【评注】(1) 46 题是 $\dfrac{0}{0}$ 型极限,44,45 两题都可转化为 $\dfrac{0}{0}$ 型极限,主要是利用等价无穷小代换求解.

常用的等价无穷小:当 $x\to0$ 时,

$$x\sim\sin x\sim\tan x\sim\arcsin x\sim\arctan x\sim\ln(1+x)\sim\mathrm{e}^x-1, \log_a(1+x)\sim\frac{x}{\ln a},$$

$$1-\cos x\sim\frac{1}{2}x^2, (1+x)^{\alpha}-1\sim\alpha x, (1+\beta x)^{\alpha}-1\sim\alpha\beta x, \sqrt[b]{1+ax}-1\sim\frac{a}{b}x,$$

$$a^x-1\sim x\ln a(a>0,a\neq1), \sqrt{1+x}-\sqrt{1-x}\sim x,$$

$$x-\ln(1+x)\sim\frac{x^2}{2}, \tan x-\sin x\sim\frac{x^3}{2}, \tan x-x\sim\frac{x^3}{3},$$

$$x-\arctan x\sim\frac{x^3}{3}, \arcsin x-x\sim\frac{x^3}{6}, x-\sin x\sim\frac{1}{6}x^3.$$

还有,若 $a(x)\to0$,则

$$a(x)+o(a(x))\sim a(x).$$

(2)注意:只有乘除时可利用等价无穷小代换,而在加减运算中不能用等价无穷小代换,初学者易犯此错误.

K 2007 数学二,
4 分

47 $\lim\limits_{x\to 0}\dfrac{\arctan x-\sin x}{x^3}=$ _____.

知识点睛　0112 等价无穷小量, 0216 泰勒公式, 0217 洛必达法则

解法 1　这是一个 $\dfrac{0}{0}$ 型极限, 一种方法是用洛必达法则, 另一种方法是用泰勒公式. 本题不能对 $\arctan x$ 和 $\sin x$ 用等价无穷小代换, 因为它们是相减的关系.

$$\lim\limits_{x\to 0}\frac{\arctan x-\sin x}{x^3}=\lim\limits_{x\to 0}\frac{\dfrac{1}{1+x^2}-\cos x}{3x^2}\quad(\text{洛必达法则})$$

$$=\frac{1}{3}\lim\limits_{x\to 0}\frac{1-\cos x-x^2\cos x}{x^2(1+x^2)}$$

$$=\frac{1}{3}\lim\limits_{x\to 0}\left(\frac{1-\cos x}{x^2}-\cos x\right)$$

$$=\frac{1}{3}\left(\frac{1}{2}-1\right)=-\frac{1}{6}.$$

解法 2　利用泰勒公式

$$\sin x=x-\frac{x^3}{3!}+o(x^3),$$

而 $(\arctan x)'=\dfrac{1}{1+x^2}=1-x^2+o(x^2)$, 则

$$\arctan x=x-\frac{1}{3}x^3+o(x^3),$$

从而

$$\lim\limits_{x\to 0}\frac{\arctan x-\sin x}{x^3}=\lim\limits_{x\to 0}\frac{\left[x-\dfrac{1}{3}x^3+o(x^3)\right]-\left[x-\dfrac{x^3}{3!}+o(x^3)\right]}{x^3}$$

$$=\lim\limits_{x\to 0}\frac{\left(\dfrac{1}{3!}-\dfrac{1}{3}\right)x^3+o(x^3)}{x^3}=-\frac{1}{6}.$$

故应填 $-\dfrac{1}{6}$.

K 2011 数学二,
4 分

48 $\lim\limits_{x\to 0}\left(\dfrac{1+2^x}{2}\right)^{\frac{1}{x}}=$ _____.

知识点睛　0113 1^∞ 型极限, 0109 两个重要极限

解法 1　$\lim\limits_{x\to 0}\left(\dfrac{1+2^x}{2}\right)^{\frac{1}{x}}=\lim\limits_{x\to 0}\left[\left(1+\dfrac{2^x-1}{2}\right)^{\frac{2}{2^x-1}}\right]^{\frac{2^x-1}{2x}}=\mathrm{e}^{\frac{\ln 2}{2}}=\sqrt{2}\,,$

其中

$$\lim\limits_{x\to 0}\frac{2^x-1}{2x}=\lim\limits_{x\to 0}\frac{x\ln 2}{2x}=\frac{\ln 2}{2}.$$

解法 2 $\quad \lim\limits_{x\to 0}\left(\dfrac{1+2^x}{2}\right)^{\frac{1}{x}}=\mathrm{e}^{\lim\limits_{x\to 0}\frac{\ln\frac{1+2^x}{2}}{x}}=\mathrm{e}^{\lim\limits_{x\to 0}\frac{\ln(1+2^x)-\ln 2}{x}}$

$$=\mathrm{e}^{\lim\limits_{x\to 0}\frac{2^x\ln 2}{1+2^x}}=\mathrm{e}^{\frac{\ln 2}{2}}=\sqrt{2}.$$

故应填 $\sqrt{2}$.

49 $\quad \lim\limits_{x\to 0}\left[2-\dfrac{\ln(1+x)}{x}\right]^{\frac{1}{x}}=\underline{\qquad\qquad}.$

Ⓚ 2013 数学二，4 分

知识点睛 0113 1^{∞} 型极限，0217 洛必达法则

解法 1 $\quad \lim\limits_{x\to 0}\left[2-\dfrac{\ln(1+x)}{x}\right]^{\frac{1}{x}}=\lim\limits_{x\to 0}\left[1+\dfrac{x-\ln(1+x)}{x}\right]^{\frac{1}{x}}$

$$=\lim\limits_{x\to 0}\left\{\left[1+\dfrac{x-\ln(1+x)}{x}\right]^{\frac{x}{x-\ln(1+x)}}\right\}^{\frac{x-\ln(1+x)}{x^2}}=\mathrm{e}^{\frac{1}{2}}=\sqrt{\mathrm{e}},$$

其中

$$\lim\limits_{x\to 0}\frac{x-\ln(1+x)}{x^2}=\lim\limits_{x\to 0}\frac{1-\dfrac{1}{1+x}}{2x}=\frac{1}{2}.$$

解法 2 $\quad \lim\limits_{x\to 0}\left[2-\dfrac{\ln(1+x)}{x}\right]^{\frac{1}{x}}=\mathrm{e}^{\lim\limits_{x\to 0}\frac{\ln\left[2-\frac{\ln(1+x)}{x}\right]}{x}}$

$$=\mathrm{e}^{\lim\limits_{x\to 0}\frac{\ln\left\{1+\left[1-\frac{\ln(1+x)}{x}\right]\right\}}{x}}=\mathrm{e}^{\lim\limits_{x\to 0}\frac{1-\frac{\ln(1+x)}{x}}{x}}$$

$$=\mathrm{e}^{\lim\limits_{x\to 0}\frac{x-\ln(1+x)}{x^2}}=\mathrm{e}^{\lim\limits_{x\to 0}\frac{1-\frac{1}{1+x}}{2x}}=\mathrm{e}^{\frac{1}{2}}=\sqrt{\mathrm{e}}.$$

故应填 $\sqrt{\mathrm{e}}$.

50 $\quad \lim\limits_{x\to 0}(x+2^x)^{\frac{2}{x}}=\underline{\qquad\qquad}.$

Ⓚ 2019 数学二，4 分

知识点睛 0109 两个重要极限，0113 1^{∞} 型极限

解法 1 $\quad \lim\limits_{x\to 0}(x+2^x)^{\frac{2}{x}}=\lim\limits_{x\to 0}\left\{\left[1+(2^x+x-1)\right]^{\frac{1}{2^x+x-1}}\right\}^{\frac{2(2^x+x-1)}{x}}=\mathrm{e}^{2(1+\ln 2)}=4\mathrm{e}^2,$

其中

$$\lim\limits_{x\to 0}\frac{2(2^x+x-1)}{x}=2\lim\limits_{x\to 0}\left(\frac{2^x-1}{x}+1\right)=2(1+\ln 2).$$

解法 2 $\quad \lim\limits_{x\to 0}(x+2^x)^{\frac{2}{x}}=\mathrm{e}^{\lim\limits_{x\to 0}\frac{2\ln(x+2^x)}{x}}=\mathrm{e}^{2\lim\limits_{x\to 0}\frac{1+2^x\ln 2}{x+2^x}}=\mathrm{e}^{2(1+\ln 2)}=4\mathrm{e}^2.$ 故应填 $4\mathrm{e}^2$.

【评注】48,49,50 三题采用的方法一样,解法 1 都是利用重要极限 $\lim\limits_{x\to 0}(1+x)^{\frac{1}{x}}=\mathrm{e}$；解法 2 都是利用幂指函数关系式 $u(x)^{v(x)}=\mathrm{e}^{v(x)\ln u(x)}\ (u(x)>0)$.

51 $\lim\limits_{x\to 0}\dfrac{\sin^2 x - x^2\cos^2 x}{x^2\sin^2 x} = $ _____.

知识点睛　0109 两个重要极限，0217 洛必达法则

解　$\lim\limits_{x\to 0}\dfrac{\sin^2 x - x^2\cos^2 x}{x^2\sin^2 x} = \lim\limits_{x\to 0}\dfrac{\sin^2 x - x^2\cos^2 x}{x^4}$

$\qquad = \lim\limits_{x\to 0}\dfrac{\sin x + x\cos x}{x}\cdot\lim\limits_{x\to 0}\dfrac{\sin x - x\cos x}{x^3}$

$\qquad = 2\lim\limits_{x\to 0}\dfrac{x\sin x}{3x^2} = \dfrac{2}{3}\lim\limits_{x\to 0}\dfrac{\sin x}{x} = \dfrac{2}{3}.$

故应填 $\dfrac{2}{3}$.

52 $\lim\limits_{x\to 0}\left(\dfrac{\sin x}{x}\right)^{\frac{1}{1-\cos x}} = $ _____.

知识点睛　0113 1^∞ 型极限

解　原式 $= e^{\lim\limits_{x\to 0}\frac{1}{1-\cos x}\left(\frac{\sin x}{x}-1\right)} = e^{\lim\limits_{x\to 0}\frac{1}{1-\cos x}\cdot\frac{\sin x - x}{x}} = e^{\lim\limits_{x\to 0}\frac{-\frac{1}{6}x^3}{\frac{1}{2}x^3}} = e^{-\frac{1}{3}}.$ 应填 $e^{-\frac{1}{3}}$.

53　求极限 $\lim\limits_{x\to 0}\left(\dfrac{e^x + e^{2x} + \cdots + e^{nx}}{n}\right)^{\frac{e}{x}}$，其中 n 是给定的正整数.

知识点睛　0113 1^∞ 型极限，0217 洛必达法则

解　$\lim\limits_{x\to 0}\left(\dfrac{e^x + e^{2x} + \cdots + e^{nx}}{n}\right)^{\frac{e}{x}} = \lim\limits_{x\to 0}\exp\left\{\dfrac{e}{x}\ln\left(\dfrac{e^x + e^{2x} + \cdots + e^{nx}}{n}\right)\right\}$

$\qquad = \exp\left\{\lim\limits_{x\to 0}\dfrac{e\left[\ln\left(e^x + e^{2x} + \cdots + e^{nx}\right) - \ln n\right]}{x}\right\}.$

其中大括号内的极限是 $\dfrac{0}{0}$ 型未定式. 由洛必达法则，有

$$\lim\limits_{x\to 0}\dfrac{e\left[\ln\left(e^x + e^{2x} + \cdots + e^{nx}\right) - \ln n\right]}{x} = \lim\limits_{x\to 0}\dfrac{e\left(e^x + 2e^{2x} + \cdots + ne^{nx}\right)}{e^x + e^{2x} + \cdots + e^{nx}}$$

$$= \dfrac{e(1 + 2 + \cdots + n)}{n} = \dfrac{n+1}{2}e,$$

于是

$$\lim\limits_{x\to 0}\left(\dfrac{e^x + e^{2x} + \cdots + e^{nx}}{n}\right)^{\frac{e}{x}} = e^{\frac{n+1}{2}e}.$$

54　极限 $\lim\limits_{x\to 0}\dfrac{(x-\sin x)e^{-x^2}}{\sqrt{1-x^3}-1} = $ _____.

知识点睛　0112 等价无穷小代换

解　利用等价无穷小：当 $x\to 0$ 时，有 $\sqrt{1-x^3}-1\sim -\dfrac{1}{2}x^3$，所以

$$\lim\limits_{x\to 0}\dfrac{(x-\sin x)e^{-x^2}}{\sqrt{1-x^3}-1} = -2\lim\limits_{x\to 0}\dfrac{x-\sin x}{x^3} = -2\lim\limits_{x\to 0}\dfrac{1-\cos x}{3x^2} = -\dfrac{1}{3}.$$

故应填$-\dfrac{1}{3}$.

55 极限$\lim\limits_{x\to 0}\dfrac{\tan x-\sin x}{x\ln\left(1+\sin^2 x\right)}=$ _____.

第九届数学
竞赛决赛, 6分

知识点睛 0112 等价无穷小代换

解 $\lim\limits_{x\to 0}\dfrac{\tan x-\sin x}{x\ln\left(1+\sin^2 x\right)}=\lim\limits_{x\to 0}\dfrac{\tan x\left(1-\cos x\right)}{x\cdot x^2}=\lim\limits_{x\to 0}\dfrac{x\cdot\dfrac{x^2}{2}}{x^3}=\dfrac{1}{2}$. 应填$\dfrac{1}{2}$.

56 设$\lim\limits_{x\to 0}\dfrac{\ln\left[1+\dfrac{f(x)}{\sin x}\right]}{a^x-1}=A$ $\left(a>0,a\neq 1\right)$, 求$\lim\limits_{x\to 0}\dfrac{f(x)}{x^2}$.

知识点睛 0112 等价无穷小代换

解 因为$\lim\limits_{x\to 0}\dfrac{\ln\left[1+\dfrac{f(x)}{\sin x}\right]}{a^x-1}=A$, 所以$\dfrac{\ln\left[1+\dfrac{f(x)}{\sin x}\right]}{a^x-1}=A+\alpha$, 其中$\lim\limits_{x\to 0}\alpha=0$. 又因为

$a^x-1=\mathrm{e}^{x\ln a}-1\sim x\ln a$（当$x\to 0$时）, 所以$\ln\left[1+\dfrac{f(x)}{\sin x}\right]\sim Ax\ln a+\alpha x\ln a$, 因此

$$1+\dfrac{f(x)}{\sin x}\sim a^{(A+\alpha)x},\qquad f(x)\sim\left[a^{(A+\alpha)x}-1\right]\sin x\sim(A+\alpha)x\ln a\cdot\sin x,$$

所以

$$\lim\limits_{x\to 0}\dfrac{f(x)}{x^2}=\lim\limits_{x\to 0}\dfrac{(A+\alpha)\ln a\cdot x\sin x}{x^2}=A\ln a.$$

【评注】这类由已知的极限表示来求解新的极限的命题, 切忌用洛必达法则. 一般来讲, 这类题是利用"逐步分析法", 使用函数的极限与无穷小的关系定理, 等价无穷小代换定理等方法来解决.

57 求$\lim\limits_{x\to 0^+}\dfrac{\displaystyle\int_0^x\sqrt{x-t}\,\mathrm{e}^t\mathrm{d}t}{\sqrt{x^3}}$.

2017 数学二、
数学三, 10分

知识点睛 0217 洛必达法则

解 $\displaystyle\int_0^x\sqrt{x-t}\,\mathrm{e}^t\mathrm{d}t\xlongequal{x-t=u}\int_0^x\sqrt{u}\,\mathrm{e}^{x-u}\mathrm{d}u=\mathrm{e}^x\int_0^x\sqrt{u}\,\mathrm{e}^{-u}\mathrm{d}u$,

57 题精解视频

$$\lim\limits_{x\to 0^+}\dfrac{\displaystyle\int_0^x\sqrt{x-t}\,\mathrm{e}^t\mathrm{d}t}{\sqrt{x^3}}=\lim\limits_{x\to 0^+}\dfrac{\mathrm{e}^x\displaystyle\int_0^x\sqrt{u}\,\mathrm{e}^{-u}\mathrm{d}u}{x^{\frac{3}{2}}}$$

$$=\lim\limits_{x\to 0^+}\dfrac{\displaystyle\int_0^x\sqrt{u}\,\mathrm{e}^{-u}\mathrm{d}u}{x^{\frac{3}{2}}}\quad\left(\lim\limits_{x\to 0^+}\mathrm{e}^x=1\right)$$

$$=\lim\limits_{x\to 0^+}\dfrac{\sqrt{x}\,\mathrm{e}^{-x}}{\dfrac{3}{2}x^{\frac{1}{2}}}=\dfrac{2}{3}.$$

K 2009 数学三，
4分

58 $\lim\limits_{x\to 0}\dfrac{e-e^{\cos x}}{\sqrt[3]{1+x^2}-1}=$ _____.

知识点睛 0217 洛必达法则，0112 等价无穷小代换

解法1 $\lim\limits_{x\to 0}\dfrac{e-e^{\cos x}}{\sqrt[3]{1+x^2}-1}=\lim\limits_{x\to 0}\dfrac{e^{\cos x}\sin x}{\dfrac{1}{3}(1+x^2)^{-\frac{2}{3}}\cdot 2x}$ （洛必达法则）

$$=\frac{3}{2}\lim\limits_{x\to 0}e^{\cos x}(1+x^2)^{\frac{2}{3}}=\frac{3e}{2}.$$

解法2 当 $x\to 0$ 时，$\sqrt[3]{1+x^2}-1\sim\dfrac{1}{3}x^2$，则

$$\lim\limits_{x\to 0}\frac{e-e^{\cos x}}{\sqrt[3]{1+x^2}-1}=\lim\limits_{x\to 0}\frac{e-e^{\cos x}}{\dfrac{1}{3}x^2}\quad\text{（等价无穷小代换）}$$

$$=\lim\limits_{x\to 0}\frac{e^{\cos x}\sin x}{\dfrac{2}{3}x}\quad\text{（洛必达法则）}$$

$$=\frac{3e}{2}.$$

解法3 由于当 $x\to 0$ 时，有

$$e^x-1\sim x,\ 1-\cos x\sim\frac{x^2}{2},\ (1+x)^{\alpha}-1\sim\alpha x,$$

所以 $e-e^{\cos x}=e^{\cos x}(e^{1-\cos x}-1)\sim e(1-\cos x)\sim\dfrac{e}{2}x^2$，$\sqrt[3]{1+x^2}-1\sim\dfrac{1}{3}x^2$，则

$$\lim\limits_{x\to 0}\frac{e-e^{\cos x}}{\sqrt[3]{1+x^2}-1}=\lim\limits_{x\to 0}\frac{\dfrac{e}{2}x^2}{\dfrac{1}{3}x^2}=\frac{3e}{2}.$$

故应填 $\dfrac{3e}{2}$.

K 2011 数学三，
10分

59 求极限 $\lim\limits_{x\to 0}\dfrac{\sqrt{1+2\sin x}-x-1}{x\ln(1+x)}$.

知识点睛 分子有理化，0112 等价无穷小代换，0217 洛必达法则

解法1 $\lim\limits_{x\to 0}\dfrac{\sqrt{1+2\sin x}-x-1}{x\ln(1+x)}=\lim\limits_{x\to 0}\dfrac{\sqrt{1+2\sin x}-x-1}{x^2}$ （等价无穷小代换）

$$=\lim\limits_{x\to 0}\frac{\dfrac{\cos x}{\sqrt{1+2\sin x}}-1}{2x}\quad\text{（洛必达法则）}$$

$$=\frac{1}{2}\lim\limits_{x\to 0}\frac{\cos x-\sqrt{1+2\sin x}}{x}$$

（先求非零常数因子的极限）

$$= \frac{1}{2} \lim_{x \to 0} \frac{-\sin x - \dfrac{\cos x}{\sqrt{1+2\sin x}}}{1} \quad （洛必达法则）$$

$$= -\frac{1}{2}.$$

解法 2
$$\lim_{x \to 0} \frac{\sqrt{1+2\sin x} - x - 1}{x\ln(1+x)} = \lim_{x \to 0} \frac{\sqrt{1+2\sin x} - x - 1}{x^2} \quad （等价无穷小代换）$$

$$= \lim_{x \to 0} \frac{1+2\sin x - (x+1)^2}{2x^2} \quad （分子有理化）$$

$$= \frac{1}{2} \lim_{x \to 0} \frac{2\sin x - x^2 - 2x}{x^2}$$

$$= -\frac{1}{2} + \lim_{x \to 0} \frac{\sin x - x}{x^2} = -\frac{1}{2}.$$

【评注】当 $x \to 0$ 时，$\sin x - x$ 是 x 的三阶无穷小，则有 $\lim\limits_{x \to 0} \dfrac{\sin x - x}{x^2} = 0.$

60 求极限 $\lim\limits_{x \to 0} \dfrac{1}{x^2} \ln \dfrac{\sin x}{x}.$

Ⓚ 2008 数学三，9 分

知识点睛 0112 等价无穷小代换，0217 洛必达法则

解法 1 这是一个 $\infty \cdot 0$ 型极限，可化为 $\dfrac{0}{0}$ 型后用洛必达法则.

$$\lim_{x \to 0} \frac{\ln \dfrac{\sin x}{x}}{x^2} = \lim_{x \to 0} \frac{\dfrac{x}{\sin x} \cdot \dfrac{x\cos x - \sin x}{x^2}}{2x} \quad （洛必达法则）$$

$$= \frac{1}{2} \lim_{x \to 0} \frac{x\cos x - \sin x}{x^3}$$

$$= \frac{1}{2} \lim_{x \to 0} \frac{\cos x - x\sin x - \cos x}{3x^2} \quad （洛必达法则）$$

$$= \frac{1}{6} \lim_{x \to 0} \frac{-x\sin x}{x^2} = -\frac{1}{6}.$$

解法 2
$$\lim_{x \to 0} \frac{1}{x^2} \ln \frac{\sin x}{x} = \lim_{x \to 0} \frac{1}{x^2} \ln \left(1 + \frac{\sin x - x}{x}\right)$$

$$= \lim_{x \to 0} \frac{\sin x - x}{x^3} \quad （等价无穷小代换）$$

$$= \lim_{x \to 0} \frac{\cos x - 1}{3x^2} = \lim_{x \to 0} \frac{-\dfrac{1}{2}x^2}{3x^2}$$

$$= -\frac{1}{6}.$$

K 2012 数学三，
4 分

61 $\lim\limits_{x \to \frac{\pi}{4}} (\tan x)^{\frac{1}{\cos x - \sin x}} = $ _____.

知识点睛　0113 1^{∞} 型极限

解　这是一个 1^{∞} 型极限，由于

$$(\tan x)^{\frac{1}{\cos x - \sin x}} = [1 + (\tan x - 1)]^{\frac{1}{\cos x - \sin x}},$$

$$\lim\limits_{x \to \frac{\pi}{4}} \frac{\tan x - 1}{\cos x - \sin x} = \lim\limits_{x \to \frac{\pi}{4}} \frac{\tan x - 1}{\cos x (1 - \tan x)} = \lim\limits_{x \to \frac{\pi}{4}} \frac{-1}{\cos x} = -\sqrt{2},$$

故 $\lim\limits_{x \to \frac{\pi}{4}} (\tan x)^{\frac{1}{\cos x - \sin x}} = \mathrm{e}^{-\sqrt{2}}$. 应填 $\mathrm{e}^{-\sqrt{2}}$.

K 2004 数学三，
8 分

62　求极限 $\lim\limits_{x \to 0} \left(\dfrac{1}{\sin^2 x} - \dfrac{\cos^2 x}{x^2} \right)$.

知识点睛　0113 $\infty - \infty$ 型极限，0217 洛必达法则

分析　本题是 $\infty - \infty$ 型极限，首先通分化为 $\dfrac{0}{0}$ 型，然后用洛必达法则.

解法 1　$\lim\limits_{x \to 0} \left(\dfrac{1}{\sin^2 x} - \dfrac{\cos^2 x}{x^2} \right) = \lim\limits_{x \to 0} \dfrac{x^2 - \sin^2 x \cos^2 x}{x^2 \sin^2 x}$

$$= \lim\limits_{x \to 0} \frac{x^2 - \frac{1}{4} \sin^2 2x}{x^4}$$

$$= \lim\limits_{x \to 0} \frac{2x - \sin 2x \cos 2x}{4x^3} \quad (\text{洛必达法则})$$

$$= \lim\limits_{x \to 0} \frac{x - \frac{1}{4} \sin 4x}{2x^3} = \lim\limits_{x \to 0} \frac{1 - \cos 4x}{6x^2} \quad (\text{洛必达法则})$$

$$= \lim\limits_{x \to 0} \frac{\frac{1}{2} (4x)^2}{6x^2} = \frac{4}{3}.$$

解法 2　$\lim\limits_{x \to 0} \left(\dfrac{1}{\sin^2 x} - \dfrac{\cos^2 x}{x^2} \right) = \lim\limits_{x \to 0} \dfrac{x^2 - \sin^2 x \cos^2 x}{x^4}$

$$= \lim\limits_{x \to 0} \frac{x + \sin x \cos x}{x} \cdot \frac{x - \frac{1}{2} \sin 2x}{x^3}$$

$$= 2 \lim\limits_{x \to 0} \frac{1 - \cos 2x}{3x^2} = \frac{2}{3} \lim\limits_{x \to 0} \frac{\frac{1}{2} (2x)^2}{x^2}$$

$$= \frac{4}{3}.$$

§1.4 数列极限的求法

63 设 $x_n = \dfrac{1}{3} + \dfrac{1}{15} + \cdots + \dfrac{1}{4n^2-1}$，求 $\lim\limits_{n\to\infty} x_n$.

知识点睛 拆项求和

解 $\dfrac{1}{4n^2-1} = \dfrac{1}{2}\left(\dfrac{1}{2n-1} - \dfrac{1}{2n+1}\right)$，

$$x_n = \dfrac{1}{2}\left[\left(1-\dfrac{1}{3}\right) + \left(\dfrac{1}{3}-\dfrac{1}{5}\right) + \cdots + \left(\dfrac{1}{2n-1} - \dfrac{1}{2n+1}\right)\right] = \dfrac{1}{2}\left(1-\dfrac{1}{2n+1}\right),$$

故 $\lim\limits_{n\to\infty} x_n = \dfrac{1}{2}$.

64 $\lim\limits_{n\to\infty}\left[\sqrt{1+2+\cdots+n} - \sqrt{1+2+\cdots+(n-1)}\right] = \underline{\qquad}$.

知识点睛 分子有理化

解 原式 $= \lim\limits_{n\to\infty} \dfrac{n}{\sqrt{1+2+\cdots+n} + \sqrt{1+2+\cdots+(n-1)}}$

$$= \lim\limits_{n\to\infty} \dfrac{n}{\sqrt{\dfrac{n(n+1)}{2}} + \sqrt{\dfrac{n(n-1)}{2}}} = \dfrac{1}{\sqrt{2}},$$

应填 $\dfrac{1}{\sqrt{2}}$.

65 求 $\lim\limits_{n\to\infty}(1+x)(1+x^2)(1+x^4)\cdots(1+x^{2^n})$，$|x|<1$.

知识点睛 $\lim\limits_{n\to\infty} q^n = 0\,(|q|<1)$.

解 原式 $= \lim\limits_{n\to\infty} \dfrac{(1-x)(1+x)(1+x^2)(1+x^4)\cdots(1+x^{2^n})}{1-x}$

$$= \lim\limits_{n\to\infty} \dfrac{(1-x^2)(1+x^2)(1+x^4)\cdots(1+x^{2^n})}{1-x}$$

$$= \lim\limits_{n\to\infty} \dfrac{(1-x^4)(1+x^4)\cdots(1+x^{2^n})}{1-x}$$

$$= \cdots$$

$$= \lim\limits_{n\to\infty} \dfrac{1-(x^{2^n})^2}{1-x} = \dfrac{1}{1-x} \quad (|x|<1).$$

66 利用极限存在准则证明 $\lim\limits_{n\to\infty}\left(\dfrac{n}{n^2+\pi} + \dfrac{n}{n^2+2\pi} + \cdots + \dfrac{n}{n^2+n\pi}\right) = 1$.

问：本题能否用求极限的四则运算法则求解？

知识点睛 0108 数列极限存在准则——夹逼准则

解 $\dfrac{n^2}{n^2+n\pi} \leqslant \dfrac{n}{n^2+\pi} + \dfrac{n}{n^2+2\pi} + \cdots + \dfrac{n}{n^2+n\pi} \leqslant \dfrac{n^2}{n^2+\pi}$，而 $\lim\limits_{n\to\infty} \dfrac{n^2}{n^2+n\pi} = 1$，$\lim\limits_{n\to\infty} \dfrac{n^2}{n^2+\pi} = 1$，所以

由夹逼准则得 $\lim\limits_{n\to\infty}\left(\dfrac{n}{n^2+\pi}+\dfrac{n}{n^2+2\pi}+\cdots+\dfrac{n}{n^2+n\pi}\right)=1$.

本题不能使用求极限的四则运算法则求解,因为当 $n\to\infty$ 时,本题实际为无穷项相加求和,而求极限的四则运算法则中指的是有限项相加求极限可以分别求极限再相加.

Ⓚ 2019 数学三,
4 分

67　$\lim\limits_{n\to\infty}\left[\dfrac{1}{1\cdot 2}+\dfrac{1}{2\cdot 3}+\cdots+\dfrac{1}{n(n+1)}\right]^n=$ _____.

知识点睛　拆项求和,0109 两个重要极限

解　$\dfrac{1}{1\cdot 2}+\dfrac{1}{2\cdot 3}+\cdots+\dfrac{1}{n(n+1)}=\left(1-\dfrac{1}{2}\right)+\left(\dfrac{1}{2}-\dfrac{1}{3}\right)+\cdots+\left(\dfrac{1}{n}-\dfrac{1}{n+1}\right)=1-\dfrac{1}{n+1}$,

$$\lim_{n\to\infty}\left[\dfrac{1}{1\cdot 2}+\dfrac{1}{2\cdot 3}+\cdots+\dfrac{1}{n(n+1)}\right]^n=\lim_{n\to\infty}\left(1-\dfrac{1}{n+1}\right)^n=\mathrm{e}^{-1}=\dfrac{1}{\mathrm{e}}.$$

故应填 $\dfrac{1}{\mathrm{e}}$.

68　设 $x_{n+1}=\dfrac{1}{2}\left(x_n+\dfrac{a}{x_n}\right)$,其中 $a>0$, $x_0>0$,求 $\lim\limits_{n\to\infty}x_n$.

知识点睛　0108 数列极限存在准则——单调有界准则

解　因为 $x_{n+1}=\dfrac{1}{2}\left(x_n+\dfrac{a}{x_n}\right)\geqslant\sqrt{x_n\cdot\dfrac{a}{x_n}}=\sqrt{a}$,所以 $\{x_n\}$ 有下界.又因为

$$\dfrac{x_{n+1}}{x_n}=\dfrac{1}{2}\left(1+\dfrac{a}{x_n^2}\right)\leqslant\dfrac{1}{2}\left[1+\dfrac{a}{(\sqrt{a})^2}\right]=1\quad(n\geqslant 1),$$

所以 $\{x_n\}$ 单调减少.根据单调有界数列必有极限知 $\lim\limits_{n\to\infty}x_n$ 存在.

令 $\lim\limits_{n\to\infty}x_n=l$,则 $\lim\limits_{n\to\infty}x_{n+1}=\lim\limits_{n\to\infty}\dfrac{1}{2}\left(x_n+\dfrac{a}{x_n}\right)$,即 $l=\dfrac{1}{2}\left(l+\dfrac{a}{l}\right)$,所以 $l=\sqrt{a}$,也即 $\lim\limits_{n\to\infty}x_n=\sqrt{a}$.

69　证明数列 $\sqrt{2}$, $\sqrt{2+\sqrt{2}}$, $\sqrt{2+\sqrt{2+\sqrt{2}}}$, $\cdots$ 的极限存在,并求该极限.

知识点睛　0108 数列极限存在准则——单调有界准则

解　$x_1=\sqrt{2}$, $x_2=\sqrt{2+x_1}$, $\cdots$, $x_n=\sqrt{2+x_{n-1}}\,(n\geqslant 2)$.

首先,$0<x_n<\sqrt{2+2}=2$,即数列 $\{x_n\}$ 有界;其次,由于 $x_1>0$,所以 $x_2=\sqrt{2+x_1}>\sqrt{2}=x_1$;假设 $x_k>x_{k-1}$,则有 $x_{k+1}=\sqrt{2+x_k}>\sqrt{2+x_{k-1}}=x_k$.

故由数学归纳法知 $\{x_n\}$ 是单调递增数列.根据单调有界数列必有极限知数列 $\{x_n\}$ 的极限存在.

设 $\lim\limits_{n\to\infty}x_n=a$,在 $x_n=\sqrt{2+x_{n-1}}$ 两端同时取极限,得 $a=\sqrt{2+a}$,解得 $a=2$ 或 $a=-1$(舍去).故 $\lim\limits_{n\to\infty}x_n=2$.

70　求 $\lim\limits_{n\to\infty}\dfrac{1!+2!+\cdots+n!}{n!}$.

知识点睛　0108 数列极限存在准则——夹逼准则

解　$\dfrac{1!+2!+\cdots+n!}{n!}=1+\dfrac{1!+2!+\cdots+(n-1)!}{n!}$.由于

$$0 < \frac{1! + 2! + \cdots + (n-1)!}{n!} = \frac{1! + 2! + \cdots + (n-2)! + (n-1)!}{n!}$$

$$< \frac{(n-2)(n-2)! + (n-1)!}{n!} < \frac{2(n-1)!}{n!} = \frac{2}{n},$$

而且 $\frac{2}{n} \to 0 (n \to \infty)$，所以由夹逼准则得 $\lim\limits_{n \to \infty} \frac{1!+2!+\cdots+(n-1)!}{n!} = 0$，故

$$\lim_{n \to \infty} \frac{1! + 2! + \cdots + n!}{n!} = 1.$$

71 求 $\lim\limits_{n \to \infty} \left[\sqrt{n}(\sqrt{n+1} - \sqrt{n}) + \frac{1}{2} \right]^{\frac{\sqrt{n+1}+\sqrt{n}}{\sqrt{n+1}-\sqrt{n}}}$.

知识点睛 0109 两个重要极限

解 $\sqrt{n}(\sqrt{n+1} - \sqrt{n}) + \frac{1}{2} = \frac{\sqrt{n}}{\sqrt{n+1}+\sqrt{n}} + \frac{1}{2} = 1 + \frac{\sqrt{n}-\sqrt{n+1}}{2(\sqrt{n+1}+\sqrt{n})},$

而 $\lim\limits_{n \to \infty} \frac{\sqrt{n}-\sqrt{n+1}}{2(\sqrt{n+1}+\sqrt{n})} = \lim\limits_{n \to \infty} \frac{1-\sqrt{1+\frac{1}{n}}}{2\left(\sqrt{1+\frac{1}{n}}+1\right)} = 0.$ 所以

$$原式 = \lim_{n \to \infty} \left[1 + \frac{\sqrt{n}-\sqrt{n+1}}{2(\sqrt{n+1}+\sqrt{n})} \right]^{\frac{\sqrt{n+1}+\sqrt{n}}{\sqrt{n+1}-\sqrt{n}}}$$

$$= \lim_{n \to \infty} \left[1 + \frac{\sqrt{n}-\sqrt{n+1}}{2(\sqrt{n+1}+\sqrt{n})} \right]^{\frac{2(\sqrt{n+1}+\sqrt{n})}{\sqrt{n}-\sqrt{n+1}} \cdot (-\frac{1}{2})} = e^{-\frac{1}{2}}.$$

72 设 $u_n = \left[\sum\limits_{k=1}^{n} \frac{1}{2(1+2+\cdots+k)} \right]^n$，求 $\lim\limits_{n \to \infty} u_n$.

知识点睛 0109 两个重要极限

解 因为 $u_n = \left[\sum\limits_{k=1}^{n} \frac{1}{2(1+2+\cdots+k)} \right]^n = \left[\sum\limits_{k=1}^{n} \frac{1}{k(k+1)} \right]^n = \left(1 - \frac{1}{n+1} \right)^n$，故

$$\lim_{n \to \infty} u_n = \lim_{n \to \infty} \left(1 - \frac{1}{n+1} \right)^n = \lim_{n \to \infty} \left(1 - \frac{1}{n+1} \right)^{-(n+1) \cdot \frac{n}{-(n+1)}} = e^{-1}.$$

73 设 $0 < x_1 < 3$，$x_{n+1} = \sqrt{x_n(3-x_n)}$ $(n=1,2,\cdots)$，证明数列 $\{x_n\}$ 的极限存在，并求此极限.

知识点睛 0108 数列极限存在准则——单调有界准则

解 由 $0 < x_1 < 3$，知 x_1，$3-x_1$ 均为正数，故

$$0 < x_2 = \sqrt{x_1(3-x_1)} \leqslant \frac{1}{2}(x_1 + 3 - x_1) = \frac{3}{2}.$$

设 $0 < x_k \leqslant \frac{3}{2} (k > 1)$，则

$$0 < x_{k+1} = \sqrt{x_k(3-x_k)} \leqslant \frac{1}{2}(x_k + 3 - x_k) = \frac{3}{2}.$$

由数学归纳法知,对任意正整数 $n>1$ 均有 $0<x_n\leqslant\dfrac{3}{2}$,因而数列 $\{x_n\}$ 有界.

又当 $n>1$ 时,

$$x_{n+1}-x_n=\sqrt{x_n(3-x_n)}-x_n=\sqrt{x_n}\left(\sqrt{3-x_n}-\sqrt{x_n}\right)=\frac{\sqrt{x_n}\,(3-2x_n)}{\sqrt{3-x_n}+\sqrt{x_n}}\geqslant 0,$$

因而有 $x_{n+1}\geqslant x_n(n>1)$,即数列 $\{x_n\}$ 单调增加.

由单调有界数列必有极限知 $\lim\limits_{n\to\infty}x_n$ 存在.设 $\lim\limits_{n\to\infty}x_n=a$,在 $x_{n+1}=\sqrt{x_n(3-x_n)}$ 两边取极限,得 $a=\sqrt{a(3-a)}$,解之得 $a=\dfrac{3}{2}$,$a=0$(舍去).故 $\lim\limits_{n\to\infty}x_n=\dfrac{3}{2}$.

1998 数学四,6 分

74 求极限 $\lim\limits_{n\to\infty}\left(n\tan\dfrac{1}{n}\right)^{n^2}$($n$ 为正整数).

知识点睛 0113 1^∞ 型极限

分析 本题是一个 1^∞ 型极限,可利用 1^∞ 型极限的基本结论求该极限.

解 由于

$$\left(n\tan\frac{1}{n}\right)^{n^2}=\left(\frac{\tan\dfrac{1}{n}}{\dfrac{1}{n}}\right)^{n^2}=\left(1+\frac{\tan\dfrac{1}{n}-\dfrac{1}{n}}{\dfrac{1}{n}}\right)^{n^2},$$

而 $\lim\limits_{n\to\infty}\dfrac{\tan\dfrac{1}{n}-\dfrac{1}{n}}{\dfrac{1}{n}}\cdot n^2=\lim\limits_{n\to\infty}\dfrac{\tan\dfrac{1}{n}-\dfrac{1}{n}}{\left(\dfrac{1}{n}\right)^3}$,这是一个 $\dfrac{0}{0}$ 型数列极限,不能直接用洛必达法则,

通常是化为相应的函数极限后再用洛必达法则.为此考虑极限

$$\lim\limits_{x\to 0}\frac{\tan x-x}{x^3}=\lim\limits_{x\to 0}\frac{\sec^2 x-1}{3x^2}=\lim\limits_{x\to 0}\frac{\tan^2 x}{3x^2}=\lim\limits_{x\to 0}\frac{x^2}{3x^2}=\frac{1}{3},$$

则 $\lim\limits_{n\to\infty}\dfrac{\tan\dfrac{1}{n}-\dfrac{1}{n}}{\left(\dfrac{1}{n}\right)^3}=\dfrac{1}{3}$,故 $\lim\limits_{n\to\infty}\left(n\tan\dfrac{1}{n}\right)^{n^2}=\mathrm{e}^{\frac{1}{3}}$.

【评注】事实上,$\lim\limits_{n\to\infty}\dfrac{\tan\dfrac{1}{n}-\dfrac{1}{n}}{\left(\dfrac{1}{n}\right)^3}=\lim\limits_{n\to\infty}\dfrac{\dfrac{1}{3}\left(\dfrac{1}{n}\right)^3}{\left(\dfrac{1}{n}\right)^3}=\dfrac{1}{3}$,这是利用了等价无穷小代换,$\tan x-x\sim\dfrac{1}{3}x^3(x\to 0)$,这也是一个常用的结论,在本章第 46 题评注中亦有所提及.

2008 数学四,4 分

75 设 $0<a<b$,则 $\lim\limits_{n\to\infty}\left(a^{-n}+b^{-n}\right)^{\frac{1}{n}}=$(　　　).

(A) a 　　　　(B) a^{-1} 　　　　(C) b 　　　　(D) b^{-1}

知识点睛 0108 数列极限存在准则——夹逼准则

解法1 由于 $0<a<b$，则

$$\lim_{n\to\infty}(a^{-n}+b^{-n})^{\frac{1}{n}}=a^{-1}\lim_{n\to\infty}\left[1+\left(\frac{a}{b}\right)^n\right]^{\frac{1}{n}}$$

$$=a^{-1}\left(\text{其中}\lim_{n\to\infty}\left(\frac{a}{b}\right)^n=0\right).$$

解法2 利用夹逼准则求极限，由于 $0<a<b$，且

$$(a^{-n}+b^{-n})^{\frac{1}{n}}=\sqrt[n]{\left(\frac{1}{a}\right)^n+\left(\frac{1}{b}\right)^n},$$

$$\frac{1}{a}=\sqrt[n]{\left(\frac{1}{a}\right)^n}<\sqrt[n]{\left(\frac{1}{a}\right)^n+\left(\frac{1}{b}\right)^n}<\sqrt[n]{2\left(\frac{1}{a}\right)^n}=\frac{1}{a}\cdot\sqrt[n]{2},$$

又 $\lim\limits_{n\to\infty}\sqrt[n]{2}=1$，则 $\lim\limits_{n\to\infty}(a^{-n}+b^{-n})^{\frac{1}{n}}=\dfrac{1}{a}$.

解法3 利用此类极限的一个常用结论：

$$\lim_{n\to\infty}\sqrt[n]{a_1^n+a_2^n+\cdots+a_m^n}=\max_{1\leqslant i\leqslant m}\{a_i\},\text{其中}\ a_i>0(i=1,2,\cdots,m),$$

由于 $0<a<b$，则 $\dfrac{1}{a}>\dfrac{1}{b}$，

$$\lim_{n\to\infty}(a^{-n}+b^{-n})^{\frac{1}{n}}=\lim_{n\to\infty}\sqrt[n]{\left(\frac{1}{a}\right)^n+\left(\frac{1}{b}\right)^n}=\frac{1}{a}.$$

应选（B）.

【评注】本题属 $\lim\limits_{n\to\infty}\sqrt[n]{a_1^n+a_2^n+\cdots+a_m^n}\ (a_i>0)$ 型极限. 解法 1 是将底数中最大的提出来；解法 2 是利用夹逼准则；解法 3 是利用此类极限的一个常用结论，该结论可用解法 1 和解法 2 中的两种方法来证明，以后该结论可直接用，会给我们带来方便. 如

$$\lim_{n\to\infty}\sqrt[n]{1+2^n+3^n},\quad\lim_{n\to\infty}\sqrt[n]{1+x^n+\left(\frac{x^2}{2}\right)^n}\ (x\geqslant0)$$

都可用该结论求出.

76 $\lim\limits_{n\to\infty}\left(\dfrac{1}{n^2+n+1}+\dfrac{2}{n^2+n+2}+\cdots+\dfrac{n}{n^2+n+n}\right)=\underline{\qquad}.$ **K** 1995 数学二，3 分

知识点睛 0108 数列极限存在准则——夹逼准则

解 这是一个 n 项和的数列极限，常用的是两种方法——夹逼准则和定积分定义. 由于

$$\frac{\frac{1}{2}n(n+1)}{n^2+n+n}<\frac{1}{n^2+n+1}+\frac{2}{n^2+n+2}+\cdots+\frac{n}{n^2+n+n}<\frac{\frac{1}{2}n(n+1)}{n^2+n+1},$$

且 $\lim\limits_{n\to\infty}\dfrac{\frac{1}{2}n(n+1)}{n^2+n+n}=\dfrac{1}{2},\lim\limits_{n\to\infty}\dfrac{\frac{1}{2}n(n+1)}{n^2+n+1}=\dfrac{1}{2}$，则

$$\lim_{n\to\infty}\left(\frac{1}{n^2+n+1}+\frac{2}{n^2+n+2}+\cdots+\frac{n}{n^2+n+n}\right)=\frac{1}{2}.$$

应填 $\frac{1}{2}$.

【评注】本题用到常用求和公式 $1+2+\cdots+n=\frac{1}{2}n(n+1)$.

1998 数学一，
6 分

77 题精解视频

77 求极限 $\lim\limits_{n\to\infty}\left(\dfrac{\sin\dfrac{\pi}{n}}{n+1}+\dfrac{\sin\dfrac{2\pi}{n}}{n+\dfrac{1}{2}}+\cdots+\dfrac{\sin\pi}{n+\dfrac{1}{n}}\right)$.

知识点睛 0108 数列极限存在准则——夹逼准则，0303 利用定积分求数列极限

解 这是一个 n 项和的极限，如果分母都是 n，则和式

$$\delta_n=\frac{\sin\dfrac{\pi}{n}}{n}+\frac{\sin\dfrac{2\pi}{n}}{n}+\cdots+\frac{\sin\pi}{n}$$

是函数 $\sin\pi x$ 在区间 $[0,1]$ 上的积分和，即

$$\lim_{n\to\infty}\delta_n=\int_0^1\sin\pi x\,\mathrm{d}x.$$

为了求得本题的极限，可对其分母进行适当的放缩，用夹逼准则求该极限.

$$\frac{1}{n+1}\left(\sin\frac{\pi}{n}+\sin\frac{2\pi}{n}+\cdots+\sin\pi\right)\leqslant\frac{\sin\dfrac{\pi}{n}}{n+1}+\frac{\sin\dfrac{2\pi}{n}}{n+\dfrac{1}{2}}+\cdots+\frac{\sin\pi}{n+\dfrac{1}{n}}$$

$$\leqslant\frac{1}{n+\dfrac{1}{n}}\left(\sin\frac{\pi}{n}+\sin\frac{2\pi}{n}+\cdots+\sin\pi\right)$$

$$\leqslant\frac{1}{n}\left(\sin\frac{\pi}{n}+\sin\frac{2\pi}{n}+\cdots+\sin\pi\right),$$

而

$$\lim_{n\to\infty}\frac{1}{n}\left(\sin\frac{\pi}{n}+\sin\frac{2\pi}{n}+\cdots+\sin\pi\right)=\int_0^1\sin\pi x\,\mathrm{d}x=\frac{2}{\pi},$$

$$\lim_{n\to\infty}\frac{1}{n+1}\left(\sin\frac{\pi}{n}+\sin\frac{2\pi}{n}+\cdots+\sin\pi\right)=\lim_{n\to\infty}\frac{n}{n+1}\cdot\frac{1}{n}\left(\sin\frac{\pi}{n}+\sin\frac{2\pi}{n}+\cdots+\sin\pi\right)$$

$$=\int_0^1\sin\pi x\,\mathrm{d}x=\frac{2}{\pi}.$$

由夹逼准则知，原式 $=\dfrac{2}{\pi}$.

【评注】本题是一个 n 项和的数列极限问题，解决此类问题常用两种方法——夹逼准则和定积分的定义.

2016 数学三，
4 分

78 求 $\lim\limits_{n\to\infty}\dfrac{1}{n^2}\left(\sin\dfrac{1}{n}+2\sin\dfrac{2}{n}+\cdots+n\sin\dfrac{n}{n}\right)$.

知识点睛 0303 利用定积分求数列极限, 0305 分部积分法

解 $\lim\limits_{n\to\infty}\dfrac{1}{n^2}\left(\sin\dfrac{1}{n}+2\sin\dfrac{2}{n}+\cdots+n\sin\dfrac{n}{n}\right)$

$=\lim\limits_{n\to\infty}\dfrac{1}{n}\left(\dfrac{1}{n}\sin\dfrac{1}{n}+\dfrac{2}{n}\sin\dfrac{2}{n}+\cdots+\dfrac{n}{n}\sin\dfrac{n}{n}\right)$

$=\displaystyle\int_0^1 x\sin x\,\mathrm{d}x=-x\cos x\,\Big|_0^1+\int_0^1\cos x\,\mathrm{d}x=\sin 1-\cos 1.$

故答案为 $\sin 1-\cos 1$.

79 求 $\lim\limits_{n\to\infty}\sum\limits_{k=1}^{n}\dfrac{k}{n^2}\ln\left(1+\dfrac{k}{n}\right)$.

Ⓚ 2017 数学一、数学三 10 分

知识点睛 0303 利用定积分求数列极限, 0305 分部积分法

解 原式 $=\lim\limits_{n\to\infty}\dfrac{1}{n}\sum\limits_{k=1}^{n}\dfrac{k}{n}\ln\left(1+\dfrac{k}{n}\right)$

$=\displaystyle\int_0^1 x\ln(1+x)\,\mathrm{d}x=\dfrac{1}{2}\int_0^1\ln(1+x)\,\mathrm{d}x^2$

$=\dfrac{1}{2}x^2\ln(1+x)\,\Big|_0^1-\dfrac{1}{2}\displaystyle\int_0^1\dfrac{x^2}{1+x}\,\mathrm{d}x$

$=\dfrac{1}{2}\ln 2-\dfrac{1}{2}\displaystyle\int_0^1\dfrac{(x^2-1)+1}{1+x}\,\mathrm{d}x$

$=\dfrac{1}{2}\ln 2-\dfrac{1}{2}\displaystyle\int_0^1(x-1)\,\mathrm{d}x-\dfrac{1}{2}\int_0^1\dfrac{1}{x+1}\,\mathrm{d}x$

$=\dfrac{1}{2}\ln 2-\dfrac{1}{4}(x-1)^2\,\Big|_0^1-\dfrac{1}{2}\ln(1+x)\,\Big|_0^1=\dfrac{1}{4}.$

80 $\lim\limits_{n\to\infty}n\left(\dfrac{1}{1+n^2}+\dfrac{1}{2^2+n^2}+\cdots+\dfrac{1}{n^2+n^2}\right)=$ _____.

Ⓚ 2012 数学二, 4 分

知识点睛 0303 利用定积分求数列极限

解 这是一个 n 项和的极限, 提取一个 $\dfrac{1}{n^2}$ 的因子, 知原式为一个积分和式.

$$\lim\limits_{n\to\infty}n\left(\dfrac{1}{1+n^2}+\dfrac{1}{2^2+n^2}+\cdots+\dfrac{1}{n^2+n^2}\right)$$

$$=\lim\limits_{n\to\infty}\dfrac{1}{n}\left[\dfrac{1}{1+\left(\dfrac{1}{n}\right)^2}+\dfrac{1}{1+\left(\dfrac{2}{n}\right)^2}+\cdots+\dfrac{1}{1+\left(\dfrac{n}{n}\right)^2}\right]$$

$$=\int_0^1\dfrac{\mathrm{d}x}{1+x^2}=\arctan x\,\Big|_0^1=\dfrac{\pi}{4}.$$

应填 $\dfrac{\pi}{4}$.

81 $\lim\limits_{n\to\infty}\displaystyle\int_0^1\mathrm{e}^{-x}\sin nx\,\mathrm{d}x=$ _____.

Ⓚ 2009 数学二, 4 分

知识点睛 0305 分部积分法

解法 1 首先用分部积分法算出积分 $\displaystyle\int_0^1\mathrm{e}^{-x}\sin nx\,\mathrm{d}x$, 然后再求极限.

令

$$I_n = \int e^{-x} \sin nx \, dx = -e^{-x} \sin nx + n \int e^{-x} \cos nx \, dx$$

$$= -e^{-x} \sin nx - ne^{-x} \cos nx - n^2 I_n,$$

所以 $I_n = -\dfrac{(\sin nx + n\cos nx)e^{-x}}{n^2 + 1} + C$，即

$$\lim_{n\to\infty} \int_0^1 e^{-x} \sin nx \, dx = \lim_{n\to\infty} \left[-\frac{(\sin nx + n\cos nx)e^{-x}}{n^2 + 1} \bigg|_0^1 \right]$$

$$= \lim_{n\to\infty} \left[-\frac{(\sin n + n\cos n)e^{-1}}{n^2 + 1} + \frac{n}{n^2 + 1} \right] = 0.$$

解法 2 $\displaystyle\int_0^1 e^{-x} \sin nx \, dx = -\frac{1}{n} \int_0^1 e^{-x} d\cos nx$

$$= -\frac{1}{n} e^{-x} \cos nx \bigg|_0^1 - \frac{1}{n} \int_0^1 e^{-x} \cos nx \, dx$$

$$= \left(-\frac{e^{-1}\cos n}{n} + \frac{1}{n} \right) - \frac{1}{n} \int_0^1 e^{-x} \cos nx \, dx.$$

因为 $\displaystyle\lim_{n\to\infty} \left(-\frac{e^{-1}\cos n}{n} + \frac{1}{n} \right) = 0$；又因为

$$\left| \int_0^1 e^{-x} \cos nx \, dx \right| \leqslant \int_0^1 |e^{-x} \cos nx| \, dx \leqslant 1 \ (因为被积函数的绝对值 \leqslant 1),$$

即有界，则 $\displaystyle\lim_{n\to\infty} \frac{1}{n} \int_0^1 e^{-x} \cos nx \, dx = 0.$ 故 $\displaystyle\lim_{n\to\infty} \int_0^1 e^{-x} \sin nx \, dx = 0.$ 应填 0.

K 2014 数学二，11 分 **82** 设函数 $f(x) = \dfrac{x}{1+x}, x \in [0,1]$，定义函数列：

$$f_1(x) = f(x), f_2(x) = f(f_1(x)), \cdots, f_n(x) = f(f_{n-1}(x)), \cdots.$$

记 S_n 是由曲线 $y = f_n(x)$，直线 $x = 1$ 及 x 轴所围平面图形的面积，求极限 $\displaystyle\lim_{n\to\infty} nS_n$.

知识点睛 0310 利用定积分计算平面图形的面积

解 $f_2(x) = f(f_1(x)) = \dfrac{f_1(x)}{1 + f_1(x)} = \dfrac{\dfrac{x}{1+x}}{1 + \dfrac{x}{1+x}} = \dfrac{x}{1+2x},$

$$f_3(x) = f(f_2(x)) = \frac{f_2(x)}{1 + f_2(x)} = \frac{x}{1+3x}, \cdots,$$

由数学归纳法得 $f_n(x) = \dfrac{x}{1+nx} \ (n = 1,2,3,\cdots).$ 于是

$$S_n = \int_0^1 \frac{x}{1+nx} \, dx = \frac{1}{n} \int_0^1 \left(1 - \frac{1}{1+nx} \right) dx = \frac{1}{n} - \frac{\ln(1+n)}{n^2}.$$

故 $\displaystyle\lim_{n\to\infty} nS_n = \lim_{n\to\infty} \left[1 - \frac{\ln(1+n)}{n} \right] = 1.$

K 2006 数学三,
4 分

83 $\lim\limits_{n\to\infty}\left(\dfrac{n+1}{n}\right)^{(-1)^n}=$ _____ .

知识点睛 0108 数列极限存在准则——夹逼准则

解法 1   记 $x_n=\left(\dfrac{n+1}{n}\right)^{(-1)^n}$,因为

$$\lim\limits_{k\to\infty}x_{2k}=\lim\limits_{k\to\infty}\dfrac{2k+1}{2k}=1,\text{且}\lim\limits_{k\to\infty}x_{2k+1}=\lim\limits_{k\to\infty}\left(\dfrac{2k+2}{2k+1}\right)^{-1}=1,$$

故 $\lim\limits_{n\to\infty}x_n=1.$ 应填 1.

解法 2 $\lim\limits_{n\to\infty}\left(\dfrac{n+1}{n}\right)^{(-1)^n}=\lim\limits_{n\to\infty}\mathrm{e}^{(-1)^n\ln\frac{n+1}{n}}.$ 而 $\lim\limits_{n\to\infty}\ln\dfrac{n+1}{n}=\lim\limits_{n\to\infty}\ln\left(1+\dfrac{1}{n}\right)=0$（无穷小量）, $(-1)^n$ 有界,则原式 $=\mathrm{e}^0=1.$ 应填 1.

解法 3   由于

$$\left(\dfrac{n+1}{n}\right)^{-1}\leqslant\left(\dfrac{n+1}{n}\right)^{(-1)^n}\leqslant\dfrac{n+1}{n},$$

而 $\lim\limits_{n\to\infty}\left(\dfrac{n+1}{n}\right)^{-1}=1,$ 且 $\lim\limits_{n\to\infty}\dfrac{n+1}{n}=1,$ 由夹逼准则知 $\lim\limits_{n\to\infty}\left(\dfrac{n+1}{n}\right)^{(-1)^n}=1.$

应填 1.

【评注】解法 1 中用到一个常用的结论: $\lim\limits_{n\to\infty}x_n=a\Leftrightarrow\lim\limits_{k\to\infty}x_{2k}=a$ 且 $\lim\limits_{k\to\infty}x_{2k+1}=a.$

【易错点】典型的错误是一些读者由极限 $\lim\limits_{n\to\infty}(-1)^n$ 不存在推知本题极限不存在.

§1.5   极限中参数的确定

84 n 为正整数, a 为某实数, $a\neq0,$ 且 $\lim\limits_{x\to+\infty}\dfrac{x^{2\,021}}{x^n-(x-1)^n}=\dfrac{1}{a},$ 则 $n=$ _____ ,并且

$a=$ _____ .

知识点睛   二项式定理 $(a+b)^n=\sum\limits_{r=0}^{n}\mathrm{C}_n^r a^{n-r}b^r$

解   由

$$\lim\limits_{x\to+\infty}\dfrac{x^{2\,021}}{x^n-(x-1)^n}=\lim\limits_{x\to+\infty}\dfrac{x^{2\,021}}{nx^{n-1}-\dfrac{n(n-1)}{2}x^{n-2}+\cdots+(-1)^{n+1}}$$

存在,知 x^{n-1} 与 $x^{2\,021}$ 同阶,从而 $n=2\,022.$ 并由此时极限值 $=\dfrac{1}{n}=\dfrac{1}{a}$ 得 $a=2\,022.$

故应填 2 022,2 022.

85 试确定常数 a 和 b 使下式成立:

$$\lim\limits_{x\to\infty}\left(\sqrt[3]{1-x^6}-ax^2-b\right)=0.$$

知识点睛   0113 $\infty-\infty$ 型极限

解 因为 $\sqrt[3]{1-x^6}-ax^2-b=x^2\left(\sqrt[3]{x^{-6}-1}-a-bx^{-2}\right)$, 而 $\lim\limits_{x\to\infty}\left(\sqrt[3]{1-x^6}-ax^2-b\right)=0$,

$\lim\limits_{x\to\infty}x^2=\infty$, 所以 $\lim\limits_{x\to\infty}\left(\sqrt[3]{x^{-6}-1}-a-bx^{-2}\right)=0$, 故 $a=-1$.

从而

$$b=\lim_{x\to\infty}\left(\sqrt[3]{1-x^6}+x^2\right)=\lim_{x\to\infty}\frac{1}{\sqrt[3]{(1-x^6)^2}-x^2\sqrt[3]{1-x^6}+x^4}=0,$$

故 $a=-1$, $b=0$.

86 已知 $\lim\limits_{x\to\infty}\left(\dfrac{x^2}{x+1}-ax-b\right)=0$, 其中 a, b 是常数, 则( ).

(A) $a=1,b=1$　　　(B) $a=-1,b=1$　　　(C) $a=1,b=-1$　　　(D) $a=-1,b=-1$

知识点睛 0113 $\infty-\infty$ 型极限

解 $\quad\lim\limits_{x\to\infty}\left(\dfrac{x^2}{x+1}-ax-b\right)=\lim\limits_{x\to\infty}\left[\dfrac{1+(x^2-1)}{x+1}-ax-b\right]$

$\qquad=\lim\limits_{x\to\infty}\dfrac{1}{x+1}+\lim\limits_{x\to\infty}(x-ax-1-b)=\lim\limits_{x\to\infty}\left[(1-a)x-(1+b)\right]=0,$

由于 a, b 是常数, 故当且仅当 $\begin{cases}1-a=0,\\1+b=0\end{cases}$ 时上式成立, 因此 $a=1,b=-1$. 应选(C).

K 2010 数学三, 4 分

87 若 $\lim\limits_{x\to0}\left[\dfrac{1}{x}-\left(\dfrac{1}{x}-a\right)\mathrm{e}^x\right]=1$, 则 a 等于( ).

(A) 0　　　　　　　(B) 1　　　　　　　(C) 2　　　　　　　(D) 3

知识点睛 0113 $\infty-\infty$ 型极限

解法 1 该题中的极限是 $\infty-\infty$ 型, 通常是通分化成 $\dfrac{0}{0}$ 型再求.

$$\lim_{x\to0}\left[\frac{1}{x}-\left(\frac{1}{x}-a\right)\mathrm{e}^x\right]=\lim_{x\to0}\frac{1-(1-ax)\mathrm{e}^x}{x}\quad\left(\frac{0}{0}\ 型\right)$$

$$=\lim_{x\to0}\frac{a\mathrm{e}^x-(1-ax)\mathrm{e}^x}{1}\quad(洛必达法则)$$

$$=a-1=1,$$

则 $a=2$. 故应选(C).

解法 2 左端极限可拆成两项(前提是两项极限都存在)分别求.

$$\lim_{x\to0}\left[\frac{1}{x}-\left(\frac{1}{x}-a\right)\mathrm{e}^x\right]=\lim_{x\to0}\frac{1-\mathrm{e}^x}{x}+\lim_{x\to0}a\mathrm{e}^x$$

$$=\lim_{x\to0}\frac{-x}{x}+a\quad(等价无穷小代换\ \mathrm{e}^x-1\sim x)$$

$$=-1+a=1,$$

则 $a=2$. 故应选(C).

K 2013 数学一, 4 分

88 已知极限 $\lim\limits_{x\to0}\dfrac{x-\arctan x}{x^k}=c$, 其中 k, c 为常数, 且 $c\neq0$, 则( ).

(A) $k=2,c=-\dfrac{1}{2}$　　　　　　　　　　　(B) $k=2,c=\dfrac{1}{2}$

（C）$k=3,c=-\dfrac{1}{3}$ （D）$k=3,c=\dfrac{1}{3}$

知识点睛 0112 等价无穷小代换，0113 $\dfrac{0}{0}$ 型极限

解法 1 由 $\lim\limits_{x\to0}\dfrac{x-\arctan x}{x^k}=\lim\limits_{x\to0}\dfrac{\dfrac{1}{3}x^3}{x^k}=c\neq0$ 知 $k=3,c=\dfrac{1}{3}$.

解法 2 $\lim\limits_{x\to0}\dfrac{x-\arctan x}{x^k}=\lim\limits_{x\to0}\dfrac{1-\dfrac{1}{1+x^2}}{kx^{k-1}}$（洛必达法则）

$$=\lim\limits_{x\to0}\dfrac{x^2}{kx^{k-1}}\left(1-\dfrac{1}{1+x^2}=1-(1+x^2)^{-1}\sim x^2\right),$$

由题设 $\lim\limits_{x\to0}\dfrac{x-\arctan x}{x^k}=c$，其中 k，c 为常数，且 $c\neq0$，可知 $k=3,c=\dfrac{1}{3}$.应选（D）.

【评注】以上两种方法中显然解法 1 简单.本题用到一个常用等价无穷小，当 $x\to0$ 时，$x-\arctan x\sim\dfrac{1}{3}x^3$，在本章第 46 题之后的评注中亦有提及.

89 若 $\lim\limits_{x\to0}\left(\dfrac{1-\tan x}{1+\tan x}\right)^{\frac{1}{\sin kx}}=e$，则 $k=$ _____. K 2018 数学一，4 分

知识点睛 0109 两个重要极限

解 $\lim\limits_{x\to0}\left(\dfrac{1-\tan x}{1+\tan x}\right)^{\frac{1}{\sin kx}}=\lim\limits_{x\to0}\left(1+\dfrac{-2\tan x}{1+\tan x}\right)^{\frac{1}{\sin kx}}$，

$\lim\limits_{x\to0}\dfrac{-2\tan x}{(1+\tan x)\sin kx}=\lim\limits_{x\to0}\dfrac{-2x}{kx}=-\dfrac{2}{k}$，

则 $\lim\limits_{x\to0}\left(\dfrac{1-\tan x}{1+\tan x}\right)^{\frac{1}{\sin kx}}=e^{-\frac{2}{k}}$，从而 $-\dfrac{2}{k}=1$，$k=-2$.故应填 -2.

90 设 $\lim\limits_{x\to0}\dfrac{\ln(1+x)-(ax+bx^2)}{x^2}=2$，则（　　）. K 1994 数学二，4 分

（A）$a=1,b=-\dfrac{5}{2}$ （B）$a=0,b=-2$

（C）$a=0,b=-\dfrac{5}{2}$ （D）$a=1,b=-2$

知识点睛 0217 洛必达法则

解法 1 $\lim\limits_{x\to0}\dfrac{\ln(1+x)-(ax+bx^2)}{x^2}$

$$=\lim\limits_{x\to0}\dfrac{\dfrac{1}{1+x}-(a+2bx)}{2x}\quad(\text{洛必达法则})$$

$$= \lim_{x \to 0} \frac{\frac{1}{1+x} - (1+2bx)}{2x} \quad (a=1,\text{否则原式极限为} \infty)$$

$$= \lim_{x \to 0} \frac{-\frac{1}{(1+x)^2} - 2b}{2} \quad (\text{洛必达法则})$$

$$= -\frac{1+2b}{2} = 2,$$

则 $b = -\dfrac{5}{2}$. 应选（A）.

解法 2 $\displaystyle\lim_{x \to 0} \frac{\ln(1+x) - (ax + bx^2)}{x^2} = \lim_{x \to 0} \frac{\ln(1+x) - ax}{x^2} - b$

$$= \lim_{x \to 0} \frac{\frac{1}{1+x} - a}{2x} - b \quad (\text{洛必达法则})$$

$$= \lim_{x \to 0} \frac{\frac{1}{1+x} - 1}{2x} - b \quad (a=1,\text{否则原式极限为} \infty)$$

$$= \lim_{x \to 0} \frac{-x}{2x(1+x)} - b = -\frac{1}{2} - b = 2,$$

则 $b = -\dfrac{5}{2}$. 应选（A）.

解法 3 由泰勒公式知 $\ln(1+x) = x - \dfrac{x^2}{2} + o(x^2)$，则

$$\lim_{x \to 0} \frac{\ln(1+x) - (ax + bx^2)}{x^2} = \lim_{x \to 0} \frac{(1-a)x - \left(\frac{1}{2} + b\right)x^2 + o(x^2)}{x^2} = 2,$$

由此可得 $\begin{cases} 1-a=0, \\ -\left(\dfrac{1}{2}+b\right)=2, \end{cases}$ 解得 $a=1, b=-\dfrac{5}{2}$. 故应选（A）.

Ⓚ 2022 数学一，
5 分

91 已知 $f(x)$ 满足 $\displaystyle\lim_{x \to 1} \frac{f(x)}{\ln x} = 1$，则（　　）.

(A) $f(1) = 0$ 　　(B) $\displaystyle\lim_{x \to 1} f(x) = 0$ 　　(C) $f'(1) = 1$ 　　(D) $\displaystyle\lim_{x \to 1} f'(x) = 1$

知识点睛 0107 函数极限的性质

解 由 $\displaystyle\lim_{x \to 1} \frac{f(x)}{\ln x} = 1$ 及 $\displaystyle\lim_{x \to 1} \ln x = 0$，可知 $\displaystyle\lim_{x \to 1} f(x) = 0$. 应选（B）.

Ⓚ 2011 数学二，
10 分

92 已知函数 $F(x) = \dfrac{\displaystyle\int_0^x \ln(1+t^2)\,\mathrm{d}t}{x^\alpha}$，设 $\displaystyle\lim_{x \to +\infty} F(x) = \lim_{x \to 0^+} F(x) = 0$，试求 α 的取值范围.

知识点睛 0217 洛必达法则

解 因为 $\lim\limits_{x\to+\infty} F(x) = \lim\limits_{x\to+\infty} \dfrac{\int_0^x \ln(1+t^2)\,\mathrm{d}t}{x^\alpha} = \lim\limits_{x\to+\infty} \dfrac{\ln(1+x^2)}{\alpha x^{\alpha-1}}$

$$= \lim\limits_{x\to+\infty} \dfrac{\dfrac{2x^2}{1+x^2}}{\alpha(\alpha-1)x^{\alpha-1}} = \dfrac{2}{\alpha(\alpha-1)} \lim\limits_{x\to+\infty} \dfrac{1}{x^{\alpha-1}},$$

由题意 $\lim\limits_{x\to+\infty} F(x) = 0$，得 $\alpha>1$.

又因为 $\lim\limits_{x\to 0^+} F(x) = \lim\limits_{x\to 0^+} \dfrac{\int_0^x \ln(1+t^2)\,\mathrm{d}t}{x^\alpha} = \lim\limits_{x\to 0^+} \dfrac{\ln(1+x^2)}{\alpha x^{\alpha-1}}$

$$= \lim\limits_{x\to 0^+} \dfrac{x^2}{\alpha x^{a-1}} = \dfrac{1}{\alpha} \lim\limits_{x\to 0^+} x^{3-\alpha},$$

由题意 $\lim\limits_{x\to 0^+} F(x) = 0$，得 $\alpha<3$. 综上所述，$1<\alpha<3$.

【评注】本题主要考查用洛必达法则和等价无穷小代换求极限及变上限积分求导.

93 确定常数 a，b，c 的值，使 $\lim\limits_{x\to 0} \dfrac{ax - \sin x}{\displaystyle\int_b^x \dfrac{\ln(1+t^3)}{t}\mathrm{d}t} = c$ $(c\neq 0)$.   Ⓚ 1998 数学二，5 分

知识点睛 0217 洛必达法则，0112 等价无穷小代换

解 由于 $\lim\limits_{x\to 0} \dfrac{ax - \sin x}{\displaystyle\int_b^x \dfrac{\ln(1+t^3)}{t}\mathrm{d}t} = c \neq 0$，且 $\lim\limits_{x\to 0}(ax-\sin x) = 0$，则

$$\lim\limits_{x\to 0} \int_b^x \dfrac{\ln(1+t^3)}{t}\mathrm{d}t = 0,$$

从而 $b = 0$.

$$\lim\limits_{x\to 0} \dfrac{ax - \sin x}{\displaystyle\int_0^x \dfrac{\ln(1+t^3)}{t}\mathrm{d}t} = \lim\limits_{x\to 0} \dfrac{a - \cos x}{\dfrac{\ln(1+x^3)}{x}} \quad (\text{洛必达法则})$$

$$= \lim\limits_{x\to 0} \dfrac{a - \cos x}{x^2} \quad (\text{等价无穷小代换} \ln(1+x^3) \sim x^3)$$

$$= \lim\limits_{x\to 0} \dfrac{1 - \cos x}{x^2} \quad (a=1,\text{否则原式极限为} \infty)$$

$$= \lim\limits_{x\to 0} \dfrac{\dfrac{1}{2}x^2}{x^2} \quad (\text{等价无穷小代换})$$

$$= \dfrac{1}{2} = c,$$

故 $a=1$，$b=0$，$c=\dfrac{1}{2}$.

【评注】本题中用到两个常用的基本结论：

（1）若 $\lim \dfrac{f(x)}{g(x)}$ 存在，且 $\lim g(x)=0$，则 $\lim f(x)=0$，本题中由此结论得 $a=1$.

（2）若 $\lim \dfrac{f(x)}{g(x)}$ 存在但不为零，且 $\lim f(x)=0$，则 $\lim g(x)=0$，本题中由此结论得 $b=0$.

2014数学三，4分

94 设 $p(x)=a+bx+cx^2+dx^3$. 当 $x\to 0$ 时，若 $p(x)-\tan x$ 是比 x^3 高阶的无穷小，则下列选项中错误的是（　　）.

（A）$a=0$ 　　　　（B）$b=1$ 　　　　（C）$c=0$ 　　　　（D）$d=\dfrac{1}{6}$

知识点睛　0111 无穷小的比较

解法1　由 $x\to 0$ 时，$\tan x-x\sim\dfrac{1}{3}x^3$，知 $\tan x$ 的泰勒公式为

$$\tan x=x+\dfrac{1}{3}x^3+o(x^3).$$

又

$$\lim_{x\to 0}\dfrac{p(x)-\tan x}{x^3}=\lim_{x\to 0}\dfrac{a+(b-1)x+cx^2+\left(d-\dfrac{1}{3}\right)x^3+o(x^3)}{x^3}=0,$$

所以 $a=0$，$b=1$，$c=0$，$d=\dfrac{1}{3}$.

解法2　显然，$a=0$，此时

$$\lim_{x\to 0}\dfrac{p(x)-\tan x}{x^3}=\lim_{x\to 0}\dfrac{bx+cx^2+dx^3-\tan x}{x^3}=\lim_{x\to 0}\dfrac{b+2cx+3dx^2-\sec^2 x}{3x^2}.$$

由上式可知，$b=1$，否则，等式右端极限为 ∞，则左端极限也为 ∞，与题设矛盾.

$$\lim_{x\to 0}\dfrac{p(x)-\tan x}{x^3}=\lim_{x\to 0}\dfrac{1+2cx+3dx^2-\sec^2 x}{3x^2}=\lim_{x\to 0}\dfrac{2c}{3x}+d-\dfrac{1}{3},$$

则 $c=0$，$d=\dfrac{1}{3}$. 故应选（D）.

2013数学二、数学三，10分

95 题精解视频

95 当 $x\to 0$ 时，$1-\cos x\cdot\cos 2x\cdot\cos 3x$ 与 ax^n 为等价无穷小，求 n 与 a 的值.

知识点睛　0111 无穷小量的比较，0216 泰勒公式

解法1　由题意知

$$1=\lim_{x\to 0}\dfrac{1-\cos x\cdot\cos 2x\cdot\cos 3x}{ax^n}$$

$$=\lim_{x\to 0}\dfrac{\sin x\cdot\cos 2x\cdot\cos 3x+2\sin 2x\cdot\cos x\cdot\cos 3x+3\sin 3x\cdot\cos x\cdot\cos 2x}{nax^{n-1}}$$

$$=\lim_{x\to 0}\dfrac{\sin x\cdot\cos 2x\cdot\cos 3x+2\sin 2x\cdot\cos x\cdot\cos 3x+3\sin 3x\cdot\cos x\cdot\cos 2x}{2ax}(n=2)$$

$$=\dfrac{1+4+9}{2a}=\dfrac{7}{a},$$

则 $a=7$.

解法 2 由题意知

$$1 = \lim_{x \to 0} \frac{1 - \cos x \cdot \cos 2x \cdot \cos 3x}{ax^n}$$

$$= \lim_{x \to 0} \frac{1 - \left[1 - \dfrac{x^2}{2} + o(x^2)\right]\left[1 - \dfrac{(2x)^2}{2} + o(x^2)\right]\left[1 - \dfrac{(3x)^2}{2} + o(x^2)\right]}{ax^n} \quad (\text{泰勒公式})$$

$$= \lim_{x \to 0} \frac{\dfrac{x^2}{2} + \dfrac{(2x)^2}{2} + \dfrac{(3x)^2}{2} + o(x^2)}{ax^n} = \lim_{x \to 0} \frac{14x^2 + o(x^2)}{2ax^n},$$

则 $n = 2, a = 7$.

解法 3 由题意知

$$1 = \lim_{x \to 0} \frac{1 - \cos x \cdot \cos 2x \cdot \cos 3x}{ax^n}$$

$$= \lim_{x \to 0} \frac{(1 - \cos x) + \cos x(1 - \cos 2x) + \cos x \cos 2x(1 - \cos 3x)}{ax^n}$$

$$= \frac{1}{a}\left[\lim_{x \to 0} \frac{1 - \cos x}{x^2} + \lim_{x \to 0} \frac{\cos x(1 - \cos 2x)}{x^2} + \lim_{x \to 0} \frac{\cos x \cos 2x(1 - \cos 3x)}{x^2}\right] \quad (n = 2)$$

$$= \frac{1}{a}\left(\frac{1}{2} + \frac{2^2}{2} + \frac{3^2}{2}\right) = \frac{7}{a},$$

则 $a = 7$.

96 若 $\lim\limits_{x \to 0} (e^x + ax^2 + bx)^{\frac{1}{x^2}} = 1$, 则（　　　）.

K 2018 数学二，4 分

(A) $a = \dfrac{1}{2}, b = -1$　　　　　　　　　(B) $a = -\dfrac{1}{2}, b = -1$

(C) $a = \dfrac{1}{2}, b = 1$　　　　　　　　　(D) $a = -\dfrac{1}{2}, b = 1$

知识点睛　0217 洛必达法则

解　$\lim\limits_{x \to 0} (e^x + ax^2 + bx)^{\frac{1}{x^2}} = \lim\limits_{x \to 0}\left[1 + (e^x - 1 + ax^2 + bx)\right]^{\frac{1}{e^x - 1 + ax^2 + bx} \cdot \frac{e^x - 1 + ax^2 + bx}{x^2}} = 1 = e^0$, 则

$$\lim_{x \to 0} \frac{e^x - 1 + ax^2 + bx}{x^2} = 0,$$

即

$$a = -\lim_{x \to 0} \frac{e^x - 1 + bx}{x^2} = -\lim_{x \to 0} \frac{e^x + b}{2x} \quad (\text{洛必达法则})$$

$$= -\lim_{x \to 0} \frac{e^x - 1}{2x} \quad (b = -1) = -\frac{1}{2},$$

则 $a = -\dfrac{1}{2}, b = -1$, 故应选（B）.

97 已知实数 a, b 满足 $\lim\limits_{x \to +\infty}\left[(ax + b)e^{\frac{1}{x}} - x\right] = 2$, 求 a, b.

K 2018 数学三，10 分

知识点睛 0112 等价无穷小代换

解 $2 = \lim\limits_{x \to +\infty} \left[(ax+b) e^{\frac{1}{x}} - x \right] = \lim\limits_{x \to +\infty} b e^{\frac{1}{x}} + \lim\limits_{x \to +\infty} (ax e^{\frac{1}{x}} - x)$

$\quad = b + \lim\limits_{x \to +\infty} x(a e^{\frac{1}{x}} - 1)$,

即 $2 - b = \lim\limits_{x \to +\infty} x(a e^{\frac{1}{x}} - 1)$

$\quad\quad = \lim\limits_{x \to +\infty} x(e^{\frac{1}{x}} - 1) \quad (a = 1)$

$\quad\quad = \lim\limits_{x \to +\infty} x \cdot \frac{1}{x} \quad (\text{等价无穷小代换})$

$\quad\quad = 1$,

则 $a = b = 1$.

§1.6　无穷小量及其阶的比较

Ⓚ2019 数学一、数学二、数学三，4 分

98　当 $x \to 0$ 时，若 $x - \tan x$ 与 x^k 是同阶无穷小，则 $k = ($　　$)$.

(A) 1　　　　　(B) 2　　　　　(C) 3　　　　　(D) 4

知识点睛 0111 无穷小的比较

解 由于当 $x \to 0$ 时，$x - \tan x \sim -\dfrac{1}{3} x^3$，则

$$\lim_{x \to 0} \frac{x - \tan x}{x^3} = -\frac{1}{3},$$

所以 $k = 3$，故应选(C).

99　当 $x \to 0$ 时，下列 4 个无穷小量中比其他 3 个更高阶的无穷小量是(　　).

(A) $\ln(1+x)$　　(B) $e^x - 1$　　(C) $\tan x - \sin x$　　(D) $1 - \cos x$

知识点睛 0111 无穷小的比较

解 因为 $x \to 0$ 时，$\ln(1+x) \sim x$，$e^x - 1 \sim x$，$1 - \cos x \sim \dfrac{1}{2} x^2$，$\tan x - \sin x \sim \dfrac{1}{2} x^3$.

故应选(C).

100　若 $x \to 0$ 时，$(1 - ax^2)^{\frac{1}{4}} - 1$ 与 $x \sin x$ 是等价无穷小，则 $a = $ _____.

知识点睛 0111 无穷小比较

解 当 $x \to 0$ 时，$(1 - ax^2)^{\frac{1}{4}} - 1 \sim -\dfrac{1}{4} ax^2$，$x \sin x \sim x^2$. 于是，根据题设有 $-\dfrac{1}{4} a = 1$，所以 $a = -4$. 故应填 -4.

101　设 $x \to 0$ 时，$e^{x \cos x^2} - e^x$ 与 x^n 是同阶无穷小，则 n 为(　　).

(A) 5　　　　　(B) 4　　　　　(C) $\dfrac{5}{2}$　　　　　(D) 2

知识点睛 0111 无穷小的比较

解 因为 $e^{x \cos x^2} - e^x = e^x [e^{x(\cos x^2 - 1)} - 1]$，当 $x \to 0$ 时，

$$\mathrm{e}^{x(\cos x^2-1)}-1\sim x(\cos x^2-1)\sim x\left(-\frac{x^4}{2}\right),$$

所以 $n=5$. 故应选(A).

102 设当 $x\to 0$ 时,$(1-\cos x)\ln(1+x^2)$ 是比 $x\sin x^n$ 高阶的无穷小,而 $x\sin x^n$ 是比 $\mathrm{e}^{x^2}-1$ 高阶的无穷小,则正整数 $n=(\qquad)$.

K 2001 数学二,3分

(A) 1　　　　　(B) 2　　　　　(C) 3　　　　　(D) 4

知识点睛　0111 无穷小的比较

解法 1　$\lim\limits_{x\to 0}\dfrac{(1-\cos x)\ln(1+x^2)}{x\sin x^n}=\lim\limits_{x\to 0}\dfrac{\frac{1}{2}x^2\cdot x^2}{x^{n+1}}=\dfrac{1}{2}\lim\limits_{x\to 0}\dfrac{x^4}{x^{n+1}}=\dfrac{1}{2}\lim\limits_{x\to 0}\dfrac{1}{x^{n-3}}=0$,故 $n<3$.

而 $\lim\limits_{x\to 0}\dfrac{x\sin x^n}{\mathrm{e}^{x^2}-1}=\lim\limits_{x\to 0}\dfrac{x^{n+1}}{x^2}=\lim\limits_{x\to 0}x^{n-1}=0$,故 $n>1$.综上,$n=2$.故应选(B).

解法 2　$(1-\cos x)\ln(1+x^2)\sim\dfrac{x^2}{2}\cdot x^2=\dfrac{x^4}{2}$,$x\sin x^n\sim x^{n+1}$,$\mathrm{e}^{x^2}-1\sim x^2$,由题意知 $4>n+1$ 且 $n+1>2$,所以 $n=2$.应选(B).

103 求 $\lim\limits_{x\to+\infty}\ln(1+2^x)\ln\left(1+\dfrac{3}{x}\right)$.

知识点睛　0112 等价无穷小代换

解　$\lim\limits_{x\to+\infty}\ln(1+2^x)\ln\left(1+\dfrac{3}{x}\right)=\lim\limits_{x\to+\infty}\ln[2^x(2^{-x}+1)]\cdot\dfrac{3}{x}$

$=\lim\limits_{x\to+\infty}[x\ln 2+\ln(1+2^{-x})]\cdot\dfrac{3}{x}=3\ln 2+\lim\limits_{x\to+\infty}2^{-x}\cdot\dfrac{3}{x}=3\ln 2.$

104 当 $x\to 0$ 时,$\displaystyle\int_0^{x^2}(\mathrm{e}^{t^3}-1)\mathrm{d}t$ 是 x^7 的($\qquad$).

K 2021 数学三,5分

(A)低阶无穷小　　　　　　　　(B)等价无穷小

(C)高阶无穷小　　　　　　　　(D)同阶但非等价无穷小

知识点睛　0112 等价无穷小代换

解　结合积分上限函数的求导公式,运用洛必达法则,得

$$\lim\limits_{x\to 0}\frac{\displaystyle\int_0^{x^2}(\mathrm{e}^{t^3}-1)\mathrm{d}t}{x^7}=\lim\limits_{x\to 0}\frac{(\mathrm{e}^{x^6}-1)\cdot(x^2)'}{7x^6}=\lim\limits_{x\to 0}\frac{x^6\cdot 2x}{7x^6}=0.$$

所以,当 $x\to 0$ 时,$\displaystyle\int_0^{x^2}(\mathrm{e}^{t^3}-1)\mathrm{d}t$ 是 x^7 的高阶无穷小,故应选(C).

【评注】熟悉积分上限函数的导数的求法,设 $f(x)$ 连续,$\varphi(x)$ 可导,则 $\displaystyle\int_0^{\varphi(x)}f(t)\mathrm{d}t$ 可导,且

$$\left(\int_0^{\varphi(x)}f(t)\mathrm{d}t\right)'=f[\varphi(x)]\cdot\varphi'(x).$$

105 当 $x\to 0^+$ 时,与 $\sqrt{x}$ 等价的无穷小量是($\qquad$).

K 2007 数学一、数学二、数学三,4分

(A) $1-\mathrm{e}^{\sqrt{x}}$　　　(B) $\ln\dfrac{1+x}{1-\sqrt{x}}$　　　(C) $\sqrt{1+\sqrt{x}}-1$　　　(D) $1-\cos\sqrt{x}$

知识点睛 0112 等价无穷小量

解法 1 $\ln\dfrac{1+x}{1-\sqrt{x}}=\left[\ln(1+x)-\ln(1-\sqrt{x})\right]\sim\sqrt{x}$（当 $x\to0^{+}$ 时）.

事实上，$\ln(1+x)\sim x$，即当 $x\to0^{+}$ 时，$\ln(1+x)$ 是 x 的一阶无穷小，$-\ln(1-\sqrt{x})\sim\sqrt{x}$，即 $-\ln(1-\sqrt{x})$ 是 x 的 $\dfrac{1}{2}$ 阶无穷小，几个不同阶无穷小量的代数和的阶数由其中阶数最低的项来决定. 故应选(B).

解法 2 当 $x\to0^{+}$ 时，

$$1-e^{\sqrt{x}}\sim-\sqrt{x},\quad\sqrt{1+\sqrt{x}}-1\sim\frac{1}{2}\sqrt{x},\quad1-\cos\sqrt{x}\sim\frac{1}{2}x,$$

则选项(A)、(C)、(D)均不正确,故应选(B).

2004 数学一、数学二,4 分

106 把 $x\to0^{+}$ 时的无穷小 $\alpha=\displaystyle\int_{0}^{x}\cos t^{2}\mathrm{d}t,\beta=\int_{0}^{x^{2}}\tan\sqrt{t}\,\mathrm{d}t,\gamma=\int_{0}^{\sqrt{x}}\sin t^{3}\mathrm{d}t$ 排列起来,使排在后面的一个是前一个的高阶无穷小,则正确的排列次序是( ).

(A) α,β,γ (B) α,γ,β (C) β,α,γ (D) β,γ,α

知识点睛 0111 无穷小的比较

分析 对题中的三个无穷小量进行比较便可得到正确的结论.常用的方法有两种:一种是两两进行比较;另一种是都与 x^{k} 进行比较.

解法 1

$$\lim_{x\to0^{+}}\frac{\beta}{\gamma}=\lim_{x\to0^{+}}\frac{\displaystyle\int_{0}^{x^{2}}\tan\sqrt{t}\,\mathrm{d}t}{\displaystyle\int_{0}^{\sqrt{x}}\sin t^{3}\mathrm{d}t}=\lim_{x\to0^{+}}\frac{2x\tan x}{\dfrac{1}{2\sqrt{x}}\sin x^{\frac{3}{2}}}\quad(\text{洛必达法则})$$

$$=\lim_{x\to0^{+}}\frac{2x^{2}}{\dfrac{1}{2}x}\quad(\text{等价无穷小代换})$$

$$=0,$$

即 β 为 γ 的高阶无穷小,β 应排在 γ 后面,显然选项(A)、(C)、(D)都不正确,故应选(B).

解法 2 由于

$$\lim_{x\to0^{+}}\frac{\displaystyle\int_{0}^{x}\cos t^{2}\mathrm{d}t}{x^{k}}=\lim_{x\to0^{+}}\frac{\cos x^{2}}{kx^{k-1}}=1,k=1,$$

则 $x\to0^{+}$ 时,α 是 x 的一阶无穷小.由于

$$\lim_{x\to0^{+}}\frac{\displaystyle\int_{0}^{x^{2}}\tan\sqrt{t}\,\mathrm{d}t}{x^{k}}=\lim_{x\to0^{+}}\frac{2x\tan x}{kx^{k-1}}=\lim_{x\to0^{+}}\frac{2x^{2}}{kx^{k-1}}=\frac{2}{3},k=3,$$

则当 $x\to0^{+}$ 时,β 是 x 的三阶无穷小.由于

$$\lim_{x\to0^{+}}\frac{\displaystyle\int_{0}^{\sqrt{x}}\sin t^{3}\mathrm{d}t}{x^{k}}=\lim_{x\to0^{+}}\frac{\dfrac{1}{2\sqrt{x}}\sin x^{\frac{3}{2}}}{kx^{k-1}}=\lim_{x\to0^{+}}\frac{\dfrac{1}{2\sqrt{x}}\cdot x^{\frac{3}{2}}}{kx^{k-1}}=\lim_{x\to0^{+}}\frac{\dfrac{1}{2}x}{kx^{k-1}}=\frac{1}{4},\ k=2,$$

则当 $x\to0^{+}$ 时,γ 是 x 的二阶无穷小.故正确的排序为 α,γ,β,应选(B).

107 已知当 $x \to 0$ 时, $f(x) = 3\sin x - \sin 3x$ 与 cx^k 是等价无穷小,则( ). Ⓚ 2011 数学二、数学三,4 分

(A) $k=1$, $c=4$ 　　　　　　(B) $k=1$, $c=-4$

(C) $k=3$, $c=4$ 　　　　　　(D) $k=3$, $c=-4$

知识点睛 0112 等价无穷小量, 0216 泰勒公式

解法 1 　$\displaystyle\lim_{x\to 0}\frac{3\sin x - \sin 3x}{cx^k} = \lim_{x\to 0}\frac{3\cos x - 3\cos 3x}{ckx^{k-1}}$ （洛必达法则）

$$= 3\lim_{x\to 0}\frac{-\sin x + 3\sin 3x}{ck(k-1)x^{k-2}}$$ （洛必达法则）

$$= \frac{1}{c}\left(\lim_{x\to 0}\frac{-\sin x}{2x} + \lim_{x\to 0}\frac{3\sin 3x}{2x}\right) \quad (k=3)$$

$$= \frac{1}{c}\left(-\frac{1}{2} + \frac{9}{2}\right) = 1,$$

由此得 $c=4$.

解法 2 　由泰勒公式知

$$\sin x = x - \frac{x^3}{3!} + o(x^3),$$

$$\sin 3x = 3x - \frac{(3x)^3}{3!} + o(x^3),$$

则

$$f(x) = 3\sin x - \sin 3x = 3x - \frac{x^3}{2} - 3x + \frac{(3x)^3}{3!} + o(x^3)$$

$$= 4x^3 + o(x^3) \sim 4x^3 (当 x \to 0 时).$$

故 $k=3$, $c=4$. 故应选(C).

108 设 $\cos x - 1 = x\sin\alpha(x)$, 其中 $|\alpha(x)| < \dfrac{\pi}{2}$, 则当 $x \to 0$ 时, $\alpha(x)$ 是( ). Ⓚ 2013 数学二, 4 分

(A) 比 x 高阶的无穷小. 　　　(B) 比 x 低阶的无穷小.

(C) 与 x 同阶但不等价的无穷小. 　(D) 与 x 等价的无穷小

知识点睛 0111 无穷小量的比较

解 　因为 $\cos x - 1 = x\sin\alpha(x)$, 所以

$$\lim_{x\to 0}\frac{\sin\alpha(x)}{x} = \lim_{x\to 0}\frac{\cos x - 1}{x^2} = \lim_{x\to 0}\frac{-\dfrac{1}{2}x^2}{x^2} = -\frac{1}{2},$$

则有 $\displaystyle\lim_{x\to 0}\sin\alpha(x) = 0$, 又 $|\alpha(x)| < \dfrac{\pi}{2}$, 则 $\displaystyle\lim_{x\to 0}\alpha(x) = 0$, 所以

$$\lim_{x\to 0}\frac{\sin\alpha(x)}{x} = \lim_{x\to 0}\frac{\alpha(x)}{x} = -\frac{1}{2}.$$

故应选(C).

109 当 $x \to 0^+$ 时, 若 $\ln^\alpha(1+2x)$, $(1-\cos x)^{\frac{1}{\alpha}}$ 均是比 x 高阶的无穷小, 则 α 的取值范围是( ). Ⓚ 2014 数学二, 4 分

(A) $(2, +\infty)$ 　　　　　　(B) $(1, 2)$

$(C)\left(\dfrac{1}{2},1\right)$ $(D)\left(0,\dfrac{1}{2}\right)$

知识点睛 0111 无穷小量的比较

解法 1 因为 $\ln^{\alpha}(1+2x),(1-\cos x)^{\frac{1}{\alpha}}$ 均是比 x 高阶的无穷小,且当 $x\to 0^{+}$ 时,

$$\ln^{\alpha}(1+2x)\sim(2x)^{\alpha}=2^{\alpha}x^{\alpha},$$

$$(1-\cos x)^{\frac{1}{\alpha}}\sim\left(\dfrac{1}{2}x^{2}\right)^{\frac{1}{\alpha}}=\left(\dfrac{1}{2}\right)^{\frac{1}{\alpha}}x^{\frac{2}{\alpha}},$$

则 $\alpha>1$,且 $\dfrac{2}{\alpha}>1$.由此可得 $1<\alpha<2$.

解法 2 由于当 $x\to 0^{+}$ 时,$\ln(1+2x)\sim 2x,1-\cos x\sim\dfrac{1}{2}x^{2}$,所以,只需同时满足 $\alpha>1$ 与 $\dfrac{2}{\alpha}>1$ 即可.此二不等式联立即得 $1<\alpha<2$,可知选项(B)是正确的.此外,当 $\alpha\in(2,+\infty)$ 时,因 $\dfrac{2}{\alpha}<1$,无穷小 $(1-\cos x)^{\frac{1}{\alpha}}$ 是比 x 低阶的无穷小;而当 α 在 $\left(0,\dfrac{1}{2}\right)$ 或 $\left(\dfrac{1}{2},1\right)$ 内取值时,因 $\alpha<1$,$\ln^{\alpha}(1+2x)$ 都是比 x 低阶的无穷小.所以选项(A)、(C)、(D)都不符合题意,从而是错误的.故应选(B).

【评注】本题考查的是无穷小的比较中参数取值范围的确定.解题要点是善于利用等价无穷小.

K 2009 数学一、数学二、数学三,4 分

110 题精解视频

110 当 $x\to 0$ 时,$f(x)=x-\sin ax$ 与 $g(x)=x^{2}\ln(1-bx)$ 是等价无穷小量,则(　　).

$(A)a=1,b=-\dfrac{1}{6}$ $(B)a=1,b=\dfrac{1}{6}$

$(C)a=-1,b=-\dfrac{1}{6}$ $(D)a=-1,b=\dfrac{1}{6}$

知识点睛 0112 等价无穷小

解法 1 由题设知 $\lim\limits_{x\to 0}\dfrac{x-\sin ax}{x^{2}\ln(1-bx)}=1$.又

$$\lim_{x\to 0}\dfrac{x-\sin ax}{x^{2}\ln(1-bx)}=\lim_{x\to 0}\dfrac{x-\sin ax}{-bx^{3}}\quad\text{(等价无穷小代换)}$$

$$=\lim_{x\to 0}\dfrac{1-a\cos ax}{-3bx^{2}}\quad\text{(洛必达法则)}$$

$$=\lim_{x\to 0}\dfrac{1-\cos x}{-3bx^{2}}\quad(a=1,\text{否则与题设矛盾})$$

$$=\lim_{x\to 0}\dfrac{\dfrac{1}{2}x^{2}}{-3bx^{2}}\quad\text{(等价无穷小代换)}$$

$$= -\frac{1}{6b} = 1,$$

则 $b = -\frac{1}{6}$.

解法2　由泰勒公式知 $\sin ax = ax - \frac{(ax)^3}{3!} + o(x^3)$，由题意得

$$\lim_{x \to 0} \frac{x - \sin ax}{x^2 \ln(1 - bx)} = \lim_{x \to 0} \frac{x - \left[ax - \frac{(ax)^3}{3!} + o(x^3)\right]}{x^2 \ln(1 - bx)}$$

$$= \lim_{x \to 0} \frac{(1-a)x + \frac{a^3}{3!}x^3 + o(x^3)}{-bx^3} \quad (\text{等价无穷小代换})$$

$$= 1,$$

由此可解 $\begin{cases} 1-a = 0, \\ \dfrac{a^3}{3!} \\ \dfrac{}{-b} = 1, \end{cases}$　解得 $a = 1, b = -\dfrac{1}{6}$.

解法3　由 $\lim\limits_{x \to 0} \dfrac{x - \sin ax}{x^2 \ln(1 - bx)} = \lim\limits_{x \to 0} \dfrac{x - \sin ax}{-bx^3} = 1$，知 $a = 1$，则

$$1 = \lim_{x \to 0} \frac{x - \sin ax}{-bx^3} = \lim_{x \to 0} \frac{\frac{1}{6}x^3}{-bx^3},$$

从而 $b = -\dfrac{1}{6}$. 故应选（A）.

【评注】 解法3最简单，这里用到一个常用结论，当 $x \to 0$ 时，$x - \sin x \sim \dfrac{1}{6}x^3$，在本章第46题评注中亦有所提及.

111　设 $\alpha_1 = x(\cos\sqrt{x} - 1)$，$\alpha_2 = \sqrt{x}\ln(1 + \sqrt[3]{x})$，$\alpha_3 = \sqrt[3]{x+1} - 1$. 当 $x \to 0^+$ 时，以上3个 ◪ 2016 数学二，无穷小量按照从低阶到高阶的排序是（　　）. 　4分

（A）$\alpha_1, \alpha_2, \alpha_3$　　　　（B）$\alpha_2, \alpha_3, \alpha_1$　　　　（C）$\alpha_2, \alpha_1, \alpha_3$　　　　（D）$\alpha_3, \alpha_2, \alpha_1$

知识点睛　0111 无穷小量的比较

解
$$\alpha_1 = x(\cos\sqrt{x} - 1) \sim -\frac{1}{2}x^2,$$

$$\alpha_2 = \sqrt{x}\ln(1 + \sqrt[3]{x}) \sim \sqrt{x}\,\sqrt[3]{x} = x^{\frac{5}{6}},$$

$$\alpha_3 = \sqrt[3]{x+1} - 1 \sim \frac{1}{3}x,$$

则从低阶到高阶排序是 $\alpha_2, \alpha_3, \alpha_1$，故选（B）.

112　当 $x \to 0$ 时，用"$o(x)$"表示比 x 高阶的无穷小，则下列式子中错误的 ◪ 2013 数学三，是（　　）. 　4分

(A)$x \cdot o(x^2) = o(x^3)$　　　　　　　　(B)$o(x) \cdot o(x^2) = o(x^3)$

(C)$o(x^2) + o(x^2) = o(x^2)$　　　　　　(D)$o(x) + o(x^2) = o(x^2)$

知识点睛　0111 无穷小量的比较

解　若取 $o(x) = x^2$，则

$$\lim_{x \to 0} \frac{o(x) + o(x^2)}{x^2} = \lim_{x \to 0} \frac{x^2 + o(x^2)}{x^2} = 1 \neq 0,$$

故应选(D).

【评注】本题主要考查无穷小量阶的比较和 $o(x)$ 的运算.

113　当 $x \to 0$ 时，$\alpha(x)$，$\beta(x)$ 是非零无穷小量，给出以下四个命题：

①若 $\alpha(x) \sim \beta(x)$，则 $\alpha^2(x) \sim \beta^2(x)$

②若 $\alpha^2(x) \sim \beta^2(x)$，则 $\alpha(x) \sim \beta(x)$

③若 $\alpha(x) \sim \beta(x)$，则 $\alpha(x) - \beta(x) = o(\alpha(x))$

④若 $\alpha(x) - \beta(x) = o(\alpha(x))$，则 $\alpha(x) \sim \beta(x)$

真命题的序号是(　　).

(A)①③　　　　(B)①④　　　　(C)①③④　　　　(D)②③④

知识点睛　0111 无穷小的比较

解　①是真命题，由 $\alpha(x) \sim \beta(x)$ 知 $\lim\limits_{x \to 0} \dfrac{\alpha(x)}{\beta(x)} = 1$，所以 $\lim\limits_{x \to 0} \dfrac{\alpha^2(x)}{\beta^2(x)} = 1$，从而 $\alpha^2(x) \sim \beta^2(x)$.

②是假命题，如 $\alpha(x) = x$，$\beta(x) = -x$，则当 $x \to 0$ 时，$\alpha^2(x) \sim \beta^2(x)$，但 $\lim\limits_{x \to 0} \dfrac{\alpha(x)}{\beta(x)} = -1$，因此②不正确.

③是真命题，由 $\alpha(x) \sim \beta(x)$ 知

$$\lim_{x \to 0} \frac{\alpha(x) - \beta(x)}{\alpha(x)} = 1 - \lim_{x \to 0} \frac{\alpha(x)}{\beta(x)} = 1 - 1 = 0,$$

则 $\alpha(x) - \beta(x) = o(\alpha(x))$ 成立.

④是真命题，由 $\alpha(x) - \beta(x) = o(\alpha(x))$ 知

$$\lim_{x \to 0} \frac{\alpha(x) - \beta(x)}{\alpha(x)} = 1 - \lim_{x \to 0} \frac{\alpha(x)}{\beta(x)} = 0,$$

则 $\lim\limits_{x \to 0} \dfrac{\alpha(x)}{\beta(x)} = 1$，即 $\alpha(x) \sim \beta(x)$. 综上，应选(C).

114　设函数 $f(x) = x + a\ln(1+x) + bx\sin x$，$g(x) = kx^3$，若 $f(x)$ 与 $g(x)$ 在 $x \to 0$ 时是等价无穷小，求 a，b，k 的值.

知识点睛　0111 无穷小的比较

解　因为 $\ln(1+x) = x - \dfrac{x^2}{2} + \dfrac{x^3}{3} + o(x^3)$，$\sin x = x - \dfrac{x^3}{3!} + o(x^3)$，所以

$$f(x) = (1+a)x + \left(b - \frac{a}{2}\right)x^2 + \frac{a}{3}x^3 + o(x^3).$$

由于当 $x \to 0$ 时，$f(x) \sim kx^3$，则

2022 数学二、数学三,5分

2015 数学一、数学二、数学三,10分

114 题精解视频

$$\begin{cases} 1+a=0, \\ b-\dfrac{a}{2}=0, \\ \dfrac{a}{3}=k, \end{cases}$$

从而 $a=-1$, $b=-\dfrac{1}{2}$, $k=-\dfrac{1}{3}$.

§1.7 函数的连续性及间断点的类型

115 设 $f(x)$ 在 $x=2$ 处连续,且 $\lim\limits_{x\to2}\dfrac{f(x)-3}{x-2}$ 存在,则 $f(2)=$ _____.

知识点睛 0114 函数的连续性

解 由 $\lim\limits_{x\to2}\dfrac{f(x)-3}{x-2}$ 存在知 $\lim\limits_{x\to2}[f(x)-3]=0$,从而 $\lim\limits_{x\to2}f(x)=3$.另一方面,由 $f(x)$ 在 $x=2$ 处连续,根据连续的定义得 $f(2)=\lim\limits_{x\to2}f(x)$.所以 $f(2)=3$.故应填 3.

116 若 $f(x)=\begin{cases} \mathrm{e}^{\frac{1}{x}}, & x<0, \\ 3x, & 0\leqslant x<1, \\ \mathrm{e}^{2ax}-\mathrm{e}^{ax}+1, & x\geqslant1 \end{cases}$ 在 $x=1$ 处连续,求 a 的值.

知识点睛 0114 函数的连续性及性质

解 $\lim\limits_{x\to1^-}f(x)=\lim\limits_{x\to1^-}3x=3$,

$\lim\limits_{x\to1^+}f(x)=\lim\limits_{x\to1^+}(\mathrm{e}^{2ax}-\mathrm{e}^{ax}+1)=\mathrm{e}^{2a}-\mathrm{e}^a+1$,

要使 $f(x)$ 在 $x=1$ 处连续,则 $\mathrm{e}^{2a}-\mathrm{e}^a+1=3$.故 $a=\ln2$.

117 设函数 $f(x)=\begin{cases} \dfrac{1-\mathrm{e}^{\tan x}}{\arcsin\dfrac{x}{2}}, & x>0, \\ a\mathrm{e}^{2x}, & x\leqslant0 \end{cases}$ 在 $x=0$ 处连续,则 $a=$ _____.

知识点睛 0114 函数的连续性及性质

解 $\lim\limits_{x\to0^+}f(x)=\lim\limits_{x\to0^+}\dfrac{1-\mathrm{e}^{\tan x}}{\arcsin\dfrac{x}{2}}=-\lim\limits_{x\to0^+}\dfrac{\tan x}{\dfrac{x}{2}}=-2$, $\lim\limits_{x\to0^-}f(x)=\lim\limits_{x\to0^-}a\mathrm{e}^{2x}=a$.

由连续定义知 $a=-2$.故应填 -2.

118 若 $f(x)$ 在点 $x=0$ 处连续,且 $f(x+y)=f(x)+f(y)$ 对任意的 x、$y\in(-\infty,+\infty)$ 都成立,试证 $f(x)$ 为 $(-\infty,+\infty)$ 上的连续函数.

知识点睛 0114 函数的连续性

证 由已知条件知,对任意的 $x\in(-\infty,+\infty)$ 有 $f(x)=f(x+0)=f(x)+f(0)$,所以 $f(0)=0$,又因为 $f(x)$ 在点 $x=0$ 处连续,即有

$$\lim\limits_{x\to0}f(x)=f(0)=0,$$

从而,对任意 $x \in (-\infty, +\infty)$,有

$$\lim_{\Delta x \to 0} f(x+\Delta x) = \lim_{\Delta x \to 0} [f(x)+f(\Delta x)] = f(x).$$

可见 $f(x)$ 在 $(-\infty, +\infty)$ 上连续.

119 讨论函数 $f(x) = \lim\limits_{n \to \infty} \dfrac{1-x^{2n}}{1+x^{2n}} \cdot x$ 的连续性. 若有间断点, 判别其类型.

知识点睛 0115 函数间断点的类型

解 由题意知

$$f(x) = \lim_{n \to \infty} \frac{1-x^{2n}}{1+x^{2n}} \cdot x = \begin{cases} x, & |x| < 1, \\ 0, & |x| = 1, \\ -x, & |x| > 1. \end{cases}$$

在 $x \neq -1, 1$ 处, $f(x)$ 连续.

在 $x=1$ 处, $\lim\limits_{x \to 1^-} f(x) = 1, \lim\limits_{x \to 1^+} f(x) = -1$, 因此 $x=1$ 为第一类间断点.

在 $x=-1$ 处, $\lim\limits_{x \to -1^-} f(x) = 1, \lim\limits_{x \to -1^+} f(x) = -1$, 因此 $x=-1$ 为第一类间断点.

120 已知 $f(x) = \lim\limits_{n \to \infty} \dfrac{\ln(e^n + x^n)}{n}, x > 0$.

(1) 求 $f(x)$; (2) 函数 $f(x)$ 在定义域内是否连续.

知识点睛 0114 函数的连续性

解 (1) 当 $x < e$ 时, $f(x) = \lim\limits_{n \to \infty} \dfrac{\ln e^n + \ln\left[1+\left(\dfrac{x}{e}\right)^n\right]}{n} = 1 + \lim\limits_{n \to \infty} \dfrac{\left(\dfrac{x}{e}\right)^n}{n} = 1$;

当 $x > e$ 时, $f(x) = \lim\limits_{n \to \infty} \dfrac{\ln x^n + \ln\left[1+\left(\dfrac{e}{x}\right)^n\right]}{n} = \ln x + \lim\limits_{n \to \infty} \dfrac{\left(\dfrac{e}{x}\right)^n}{n} = \ln x$;

当 $x = e$ 时, $f(e) = \lim\limits_{n \to \infty} \dfrac{\ln 2 + n}{n} = 1$. 所以

$$f(x) = \begin{cases} 1, & 0 < x \leqslant e, \\ \ln x, & x > e. \end{cases}$$

(2) 由 $\lim\limits_{x \to e^-} f(x) = \lim\limits_{x \to e^+} f(x) = f(e)$, 知 $f(x)$ 在点 $x=e$ 处连续; 又当 $0 < x < e$ 时, $f(x) = 1$ 连续; 当 $x > e$ 时, $f(x) = \ln x$ 连续. 故 $f(x)$ 在 $(0, +\infty)$ 内连续.

121 设函数 $f(x) = \dfrac{1}{e^{\frac{x}{x-1}} - 1}$, 则 ( ).

(A) $x=0, x=1$ 都是 $f(x)$ 的第一类间断点

(B) $x=0, x=1$ 都是 $f(x)$ 的第二类间断点

(C) $x=0$ 是 $f(x)$ 的第一类间断点, $x=1$ 是 $f(x)$ 的第二类间断点

(D) $x=0$ 是 $f(x)$ 的第二类间断点, $x=1$ 是 $f(x)$ 的第一类间断点

知识点睛 0115 函数间断点的类型

解 因 $\lim\limits_{x \to 0} f(x) = \infty$, 所以 $x=0$ 为第二类间断点; 而 $\lim\limits_{x \to 1^+} f(x) = 0, \lim\limits_{x \to 1^-} f(x) = -1$, 所以 $x=1$ 为第一类间断点. 故应选 (D).

【评注】求函数的间断点并判定其类型的步骤为

(1)找出间断点 $x_1,x_2,\cdots,x_k$.

(2)对每一个间断点 x_i,求极限 $\lim\limits_{x\to x_i^-}f(x)$ 及 $\lim\limits_{x\to x_i^+}f(x)$.

(3)判断类型:

左、右极限都存在且相等时,属于第一类间断点,且为可去间断点;

左、右极限都存在但不相等时,属于第一类间断点,且为跳跃间断点;

左、右极限至少有一个不存在时,属于第二类间断点;极限为 ∞ 时,属于第二类间断点,且为无穷间断点.

122 设 $f(x)=\lim\limits_{n\to\infty}\dfrac{(n-1)x}{nx^2+1}$,则 $f(x)$ 的间断点为 $x=$ _____.

知识点睛　0115 函数间断点的类型

解　$f(x)=\lim\limits_{n\to\infty}\dfrac{(n-1)x}{nx^2+1}=\lim\limits_{n\to\infty}\dfrac{\left(1-\dfrac{1}{n}\right)x}{x^2+\dfrac{1}{n}}=\begin{cases}\dfrac{1}{x}, & x\neq 0,\\[2mm] 0, & x=0,\end{cases}$ 所以 $f(x)$ 的间断点为 $x=0$.

应填 0.

123 设函数 $f(x)=\begin{cases}1-2x^2, & x<-1,\\ x^3, & -1\leq x\leq 2,\\ 12x-16, & x>2.\end{cases}$

(1)求反函数 $f^{-1}(x)$.

(2)问函数 $f^{-1}(x)$ 是否有间断点,并指出其在何处.

知识点睛　0103 反函数,0114 函数的连续性

解　(1)$f^{-1}(x)=\begin{cases}-\sqrt{\dfrac{1-x}{2}}, & x<-1,\\[2mm] \sqrt[3]{x}, & -1\leq x\leq 8,\\[2mm] \dfrac{x+16}{12}, & x>8.\end{cases}$

(2)讨论 $x=-1$ 及 $x=8$ 处的左、右极限得 $f^{-1}(x)$ 在 $x=-1$ 及 $x=8$ 均连续,故函数 $f^{-1}(x)$ 无间断点.

124 设函数 $f(x)=\lim\limits_{n\to\infty}\dfrac{1+x}{1+x^{2n}}$,讨论函数 $f(x)$ 的间断点,其结论为(　　).

(A)不存在间断点　　　　　　　　(B)存在间断点 $x=1$

(C)存在间断点 $x=0$　　　　　　(D)存在间断点 $x=-1$

知识点睛　0115 函数间断点的类型

解　当 $|x|<1$ 时,$\lim\limits_{n\to\infty}\dfrac{1+x}{1+x^{2n}}=1+x$;当 $|x|>1$ 时,$\lim\limits_{n\to\infty}\dfrac{1+x}{1+x^{2n}}=0$.故

$$f(x) = \begin{cases} 0, & x \leq -1, \\ 1+x, & -1 < x < 1, \\ 1, & x = 1, \\ 0, & x > 1. \end{cases}$$

由于 $\lim\limits_{x \to -1^-} f(x) = \lim\limits_{x \to -1^+} f(x) = f(-1) = 0$, 所以 $x = -1$ 为连续点. 而 $\lim\limits_{x \to 1^-} f(x) = 2$, $\lim\limits_{x \to 1^+} f(x) = 0$, 所以 $x = 1$ 为间断点. 故应选(B).

125 设函数 $f(x)$ 在 (a,b) 上连续, 且 $x \to a^+$ 时函数 $f(x)$ 的极限存在, 证明: 函数 $f(x)$ 在 (a,b) 上有界.

知识点睛 0102 函数的有界性

证 设 $\lim\limits_{x \to a^+} f(x) = A$, 由极限的定义知: 对于 $\varepsilon = 1$, 存在正数 δ, 使当 $0 < x - a < \delta$ 时, 有
$$|f(x) - A| < \varepsilon,$$
也就是 $A - 1 < f(x) < A + 1$.

由函数 $f(x)$ 在 $[a+\delta, b]$ 上连续, 知必存在常数 K, 使对任一 $x \in [a+\delta, b]$, 有
$$|f(x)| \leq K.$$
取 $M = \max\{K, |A+1|, |A-1|\}$, 则对任何 $x \in (a,b)$, 有
$$|f(x)| \leq M.$$
这表明函数 $f(x)$ 在 (a,b) 上有界.

126 设 $f(x)$ 在 $[a, +\infty)$ 上连续, 且 $\lim\limits_{x \to +\infty} f(x)$ 存在, 证明: $f(x)$ 在 $[a, +\infty)$ 上有界.

知识点睛 0102 函数的有界性

证 因为 $\lim\limits_{x \to +\infty} f(x) = A$. 所以对 $\varepsilon = 1$, 存在 $X_1 > a$, 使 $x > X_1$ 时, $|f(x) - A| < 1$, 即 $A - 1 < f(x) < A + 1$.

因为 $f(x)$ 在 $[a, +\infty)$ 上连续, 所以 $f(x)$ 在 $[a, X_1]$ 上连续, 因而 $f(x)$ 在 $[a, X_1]$ 上有界, 故存在 $K > 0$, 使对任一 $x \in [a, X_1]$, 有 $|f(x)| \leq K$.

取 $M = \max\{K, |A+1|, |A-1|\}$, 则对任意 $x \in [a, +\infty)$, 有 $|f(x)| \leq M$. 即 $f(x)$ 有界.

127 若 $f(x)$ 在 $[a, b]$ 上连续, 且 $f(a) < a$, $f(b) > b$, 证明: 在 (a,b) 内至少存在一点 ξ, 使得 $f(\xi) = \xi$.

知识点睛 0117 闭区间上连续函数的性质

分析 欲证 $f(\xi) = \xi$, 即证 $f(x) - x$ 以 ξ 为零点.

证 设 $F(x) = f(x) - x$, $x \in [a, b]$, 显然 $F(x)$ 在 $[a, b]$ 上连续, 且
$$F(a) = f(a) - a < 0, \quad F(b) = f(b) - b > 0,$$
根据零点定理, 至少存在一点 $\xi \in (a,b)$, 使得 $F(\xi) = 0$, 即 $f(\xi) = \xi$.

128 证明: 奇次多项式
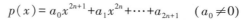
$$p(x) = a_0 x^{2n+1} + a_1 x^{2n} + \cdots + a_{2n+1} \quad (a_0 \neq 0)$$
至少存在一个零点.

知识点睛 0117 闭区间上连续函数的性质的应用

证 不妨设 $a_0 > 0$, 因为

128题精解视频

$$\lim_{x \to +\infty} p(x) = \lim_{x \to +\infty} x^{2n+1}\left(a_0 + \frac{a_1}{x} + \cdots + \frac{a_{2n+1}}{x^{2n+1}}\right) = +\infty,$$

$$\lim_{x \to -\infty} p(x) = \lim_{x \to -\infty} x^{2n+1}\left(a_0 + \frac{a_1}{x} + \cdots + \frac{a_{2n+1}}{x^{2n+1}}\right) = -\infty,$$

所以存在 $X>0$，使 $p(X)>0$，$p(-X)<0$，又因为 $p(x)$ 在 $[-X,X]$ 上连续，由连续函数的零点定理知，在 $(-X,X)$ 内至少存在一点 ξ，使 $p(\xi)=0$，即奇次多项式 $p(x)$ 至少有一个零点.

129 已知函数 $f(x) = \begin{cases} x, & x \leqslant 0, \\ \dfrac{1}{n}, & \dfrac{1}{n+1} < x \leqslant \dfrac{1}{n}, n=1,2,\cdots, \end{cases}$ 则（　　）.

K 2016 数学一，4分

(A) $x=0$ 是 $f(x)$ 的第一类间断点　　　　(B) $x=0$ 是 $f(x)$ 的第二类间断点
(C) $f(x)$ 在 $x=0$ 处连续但不可导　　　　(D) $f(x)$ 在 $x=0$ 处可导

知识点睛 0115 函数间断点的类型

解 $f'_-(0)=1$，$f'_+(0) = \lim_{x \to 0^+} \dfrac{f(x)-f(0)}{x} = \lim_{x \to 0^+} \dfrac{\dfrac{1}{n}}{x} \left(\dfrac{1}{n+1} < x \leqslant \dfrac{1}{n}\right)$，

$$1 \leftarrow \frac{\dfrac{1}{n}}{\dfrac{1}{n}} \leqslant \frac{\dfrac{1}{n}}{x} < \frac{\dfrac{1}{n}}{\dfrac{1}{n+1}} \to 1,$$

则 $\lim_{x \to 0^+} \dfrac{\dfrac{1}{n}}{x} = 1$. 故 $f(x)$ 在 $x=0$ 处可导. 应选（D）.

130 若函数 $f(x) = \begin{cases} \dfrac{1-\cos\sqrt{x}}{ax}, & x>0, \\ b, & x \leqslant 0 \end{cases}$ 在 $x=0$ 处连续，则（　　）.

K 2017 数学一、数学二、数学三，4分

(A) $ab = \dfrac{1}{2}$　　　(B) $ab = -\dfrac{1}{2}$　　　(C) $ab = 0$　　　(D) $ab = 2$

知识点睛 0114 函数的连续性

解 要使 $f(x)$ 在 $x=0$ 处连续，则需

$$\lim_{x \to 0^+} f(x) = \lim_{x \to 0^-} f(x) = f(0).$$

而

$$\lim_{x \to 0^+} f(x) = \lim_{x \to 0^+} \frac{1-\cos\sqrt{x}}{ax} = \lim_{x \to 0^+} \frac{\dfrac{1}{2}\left(\sqrt{x}\right)^2}{ax} = \frac{1}{2a},$$

$$\lim_{x \to 0^-} f(x) = \lim_{x \to 0^-} b = b,$$

即 $\dfrac{1}{2a} = b$，从而有 $ab = \dfrac{1}{2}$. 应选（A）.

K 2003 数学二，
10 分

131 设函数

$$f(x)=\begin{cases}\dfrac{\ln(1+ax^3)}{x-\arcsin x}, & x<0,\\[2mm] 6, & x=0,\\[2mm] \dfrac{e^{ax}+x^2-ax-1}{x\sin\dfrac{x}{4}}, & x>0,\end{cases}$$

问 a 为何值时，$f(x)$ 在 $x=0$ 处连续，a 为何值时，$x=0$ 为 $f(x)$ 的可去间断点？

知识点睛 0114 函数的连续性，0112 等价无穷小代换，0217 洛必达法则

解 $\displaystyle\lim_{x\to0^-}f(x)=\lim_{x\to0^-}\frac{\ln(1+ax^3)}{x-\arcsin x}=\lim_{x\to0^-}\frac{ax^3}{x-\arcsin x}$ （等价无穷小代换）

$\displaystyle=\lim_{x\to0^-}\frac{3ax^2}{1-\dfrac{1}{\sqrt{1-x^2}}}$ （洛必达法则）

$\displaystyle=\lim_{x\to0^-}\frac{3ax^2}{-\dfrac{1}{2}x^2}$ （等价无穷小代换）

$=-6a.$

$\displaystyle\lim_{x\to0^+}f(x)=\lim_{x\to0^+}\frac{e^{ax}+x^2-ax-1}{x\sin\dfrac{x}{4}}=4\lim_{x\to0^+}\frac{e^{ax}+x^2-ax-1}{x^2}$ （等价无穷小代换）

$\displaystyle=4\lim_{x\to0^+}\frac{ae^{ax}+2x-a}{2x}$ （洛必达法则）

$\displaystyle=4\lim_{x\to0^+}\frac{a^2e^{ax}+2}{2}$ （洛必达法则）

$=2a^2+4.$

令 $\displaystyle\lim_{x\to0^-}f(x)=\lim_{x\to0^+}f(x)$，得 $-6a=2a^2+4$，解得 $a=-1$ 或 $a=-2$.

当 $a=-1$ 时，$\displaystyle\lim_{x\to0}f(x)=6=f(0)$，即 $f(x)$ 在 $x=0$ 处连续.

当 $a=-2$ 时，$\displaystyle\lim_{x\to0}f(x)=12\neq f(0)$，则 $x=0$ 为 $f(x)$ 的可去间断点.

【评注】本题求解中用到等价无穷小代换，当 $x\to0$ 时，$1-\dfrac{1}{\sqrt{1-x^2}}\sim-\dfrac{1}{2}x^2$，事实上，

$1-\dfrac{1}{\sqrt{1-x^2}}=1-(1-x^2)^{-\frac{1}{2}}\sim-\dfrac{1}{2}x^2.$

K 2001 数学二，
7 分

132 求 $\displaystyle\lim_{t\to x}\left(\frac{\sin t}{\sin x}\right)^{\frac{x}{\sin t-\sin x}}$，记此极限为 $f(x)$，求 $f(x)$ 的间断点并指出其类型.

知识点睛 0115 函数间断点的类型

解 先求极限得到 $f(x)$ 的表达式，这是"1^∞"型极限，由于

$$\frac{\sin t}{\sin x} = 1 + \frac{\sin t - \sin x}{\sin x},$$

$$\lim_{t \to x} \frac{\sin t - \sin x}{\sin x} \cdot \frac{x}{\sin t - \sin x} = \lim_{t \to x} \frac{x}{\sin x} = \frac{x}{\sin x},$$

则

$$f(x) = \lim_{t \to x} \left(\frac{\sin t}{\sin x} \right)^{\frac{x}{\sin t - \sin x}} = \mathrm{e}^{\frac{x}{\sin x}}.$$

由 $f(x)$ 的表达式知 $x=0$ 及 $x=k\pi(k=\pm 1,\ \pm 2,\cdots)$ 都是 $f(x)$ 的间断点.

由于 $\lim\limits_{x \to 0} f(x) = \lim\limits_{x \to 0} \mathrm{e}^{\frac{x}{\sin x}} = \mathrm{e}$, 则 $x=0$ 为 $f(x)$ 的可去间断点; 而在 $x=k\pi(k=\pm 1,$ $\pm 2,\cdots)$ 处 $f(x)$ 有一个单侧极限是无穷大, 则 $x=k\pi(k=\pm 1,\pm 2,\cdots)$ 均为第二类间断点, 如在 $x=\pi$ 处, $\lim\limits_{x \to \pi^-} \mathrm{e}^{\frac{x}{\sin x}} = +\infty$, 但 $\lim\limits_{x \to \pi^+} \mathrm{e}^{\frac{x}{\sin x}} = 0$, 显然 $\lim\limits_{x \to \pi} \mathrm{e}^{\frac{x}{\sin x}} = \infty$ 是典型的错误.

133 设函数 $f(x) = \dfrac{\ln |x|}{|x-1|} \sin x$, 则 $f(x)$ 有 (　　).

K 2008 数学二, 4 分

（A）1 个可去间断点, 1 个跳跃间断点　　（B）1 个可去间断点, 1 个无穷间断点

（C）2 个跳跃间断点　　　　　　　　　（D）2 个无穷间断点

知识点睛 0115 函数间断点的类型, 0217 洛必达法则

解 显然 $f(x)$ 只有两个间断点 $x=0$ 和 $x=1$, 因为

$$\lim_{x \to 0} f(x) = \lim_{x \to 0} \frac{\ln |x|}{|x-1|} \sin x = \lim_{x \to 0} \ln |x| \cdot \sin x \left(\lim_{x \to 0} \frac{1}{|x-1|} = 1 \right)$$

$$= \lim_{x \to 0} \ln |x| \cdot x \quad (\text{等价无穷小代换})$$

$$= \lim_{x \to 0} \frac{\ln |x|}{\dfrac{1}{x}} = \lim_{x \to 0} \frac{\dfrac{1}{x}}{-\dfrac{1}{x^2}} \quad (\text{洛必达法则})$$

$$= -\lim_{x \to 0} x = 0,$$

则 $x=0$ 为 $f(x)$ 的可去间断点. 又

$$\lim_{x \to 1^+} f(x) = \lim_{x \to 1^+} \frac{\ln |x|}{|x-1|} \sin x = \sin 1 \cdot \lim_{x \to 1^+} \frac{\ln [1 + (x-1)]}{x-1}$$

$$= \sin 1 \cdot \lim_{x \to 1^+} \frac{x-1}{x-1} \quad (\text{等价无穷小代换})$$

$$= \sin 1,$$

$$\lim_{x \to 1^-} f(x) = \lim_{x \to 1^-} \frac{\ln |x|}{|x-1|} \sin x = \sin 1 \cdot \lim_{x \to 1^-} \frac{\ln [1 + (x-1)]}{-(x-1)}$$

$$= \sin 1 \cdot \lim_{x \to 1^-} \frac{x-1}{-(x-1)} = -\sin 1,$$

则 $x=1$ 是 $f(x)$ 的跳跃间断点. 故应选（A）.

134 函数 $f(x) = \dfrac{|x|^x - 1}{x(x+1) \ln |x|}$ 的可去间断点的个数为 (　　).

K 2013 数学三, 4 分

（A）0　　　　　　（B）1　　　　　　（C）2　　　　　　（D）3

知识点睛 0115 函数间断点的类型

解 $f(x) = \dfrac{|x|^x - 1}{x(x+1)\ln|x|}$ 在 $x = -1, 0, 1$ 处没有定义,

$$\lim_{x \to -1} f(x) = \lim_{x \to -1} \frac{|x|^x - 1}{x(x+1)\ln|x|} = \lim_{x \to -1} \frac{e^{x\ln|x|} - 1}{x(x+1)\ln|x|} = \lim_{x \to -1} \frac{x\ln|x|}{x(x+1)\ln|x|}$$

$$= \lim_{x \to -1} \frac{1}{x+1} = \infty,$$

$$\lim_{x \to 0} f(x) = \lim_{x \to 0} \frac{|x|^x - 1}{x(x+1)\ln|x|} = \lim_{x \to 0} \frac{e^{x\ln|x|} - 1}{x(x+1)\ln|x|} = \lim_{x \to 0} \frac{x\ln|x|}{x(x+1)\ln|x|}$$

$$= \lim_{x \to 0} \frac{1}{x+1} = 1,$$

$$\lim_{x \to 1} f(x) = \lim_{x \to 1} \frac{|x|^x - 1}{x(x+1)\ln|x|} = \lim_{x \to 1} \frac{e^{x\ln|x|} - 1}{x(x+1)\ln|x|} = \lim_{x \to 1} \frac{x\ln|x|}{x(x+1)\ln|x|}$$

$$= \lim_{x \to 1} \frac{1}{x+1} = \frac{1}{2},$$

故 $x = 0$ 和 $x = 1$ 为可去间断点,故应选(C).

【评注】本题主要考查间断点的概念、间断点的分类及求极限的方法.

2007 数学二,
4 分

135 函数 $f(x) = \dfrac{(e^{\frac{1}{x}} + e)\tan x}{x(e^{\frac{1}{x}} - e)}$ 在 $[-\pi, \pi]$ 上的第一类间断点是 $x = ($ $)$.

(A) 0 　　　　　　(B) 1 　　　　　　(C) $-\dfrac{\pi}{2}$ 　　　　　　(D) $\dfrac{\pi}{2}$

知识点睛 0115 函数间断点的类型

解法 1 由 $\lim\limits_{x \to 0^-} e^{\frac{1}{x}} = 0$, $\lim\limits_{x \to 0^+} e^{\frac{1}{x}} = +\infty$ 得

$$\lim_{x \to 0^-} f(x) = \lim_{x \to 0^-} \frac{e^{\frac{1}{x}} + e}{e^{\frac{1}{x}} - e} \cdot \frac{\tan x}{x} = \frac{e}{-e} \times 1 = -1,$$

$$\lim_{x \to 0^+} f(x) = \lim_{x \to 0^+} \frac{e^{\frac{1}{x}} + e}{e^{\frac{1}{x}} - e} \cdot \frac{\tan x}{x} = 1 \times 1 = 1,$$

则 $x = 0$ 是 $f(x)$ 的第一类间断点.

解法 2 由于

$$\lim_{x \to 1} f(x) = \lim_{x \to 1} \frac{(e^{\frac{1}{x}} + e)\tan x}{x(e^{\frac{1}{x}} - e)} = \infty,$$

$$\lim_{x \to -\frac{\pi}{2}} f(x) = \lim_{x \to -\frac{\pi}{2}} \frac{(e^{\frac{1}{x}} + e)\tan x}{x(e^{\frac{1}{x}} - e)} = \infty,$$

$$\lim_{x \to \frac{\pi}{2}} f(x) = \lim_{x \to \frac{\pi}{2}} \frac{(e^{\frac{1}{x}} + e)\tan x}{x(e^{\frac{1}{x}} - e)} = \infty,$$

则 $x = 1, x = \pm\dfrac{\pi}{2}$ 都是 $f(x)$ 的第二类间断点,由排除法可知应选(A).

136 函数 $f(x) = \dfrac{x - x^3}{\sin \pi x}$ 的可去间断点的个数为( ).

K 2009 数学二、数学三,4分

(A) 1 　　　　(B) 2 　　　　(C) 3 　　　　(D) 无穷多个

知识点睛 0115 函数间断点的类型

解 $f(x) = \dfrac{x - x^3}{\sin \pi x}$ 为初等函数,当 $x = n (n = 0, \pm 1, \pm 2, \cdots)$ 时,$f(x)$ 无意义,这些点都是 $f(x)$ 的间断点,其余点都是连续点.可去间断点为极限存在的点,故应在 $x - x^3 = 0$ 的根 $x = 0, x = \pm 1$ 中去找.由于

$$\lim_{x \to 0} f(x) = \lim_{x \to 0} \frac{x - x^3}{\sin \pi x} = \lim_{x \to 0} \frac{x(1 - x^2)}{\pi x} = \frac{1}{\pi},$$

$$\lim_{x \to 1} f(x) = \lim_{x \to 1} \frac{x - x^3}{\sin \pi x} = \lim_{x \to 1} \frac{1 - 3x^2}{\pi \cos \pi x} = \frac{2}{\pi},$$

$$\lim_{x \to -1} f(x) = \lim_{x \to -1} \frac{x - x^3}{\sin \pi x} = \lim_{x \to -1} \frac{1 - 3x^2}{\pi \cos \pi x} = \frac{2}{\pi},$$

则 $f(x)$ 的可去间断点有 3 个,即 $x = 0, x = \pm 1$. 应选(C).

137 函数 $f(x) = \dfrac{x^2 - x}{x^2 - 1} \sqrt{1 + \dfrac{1}{x^2}}$ 的无穷间断点的个数为( ).

K 2010 数学二,4分

(A) 0 　　　　(B) 1 　　　　(C) 2 　　　　(D) 3

知识点睛 0115 函数间断点的类型

解 $f(x)$ 只在 $x = 0, -1, 1$ 处无定义,所以 $f(x)$ 只可能有三个间断点 $x = 0, x = \pm 1$. 因为

$$\lim_{x \to -1} f(x) = \lim_{x \to -1} \frac{x^2 - x}{x^2 - 1} \sqrt{1 + \frac{1}{x^2}} = \lim_{x \to -1} \frac{x}{x + 1} \sqrt{1 + \frac{1}{x^2}} = \infty,$$

则 $x = -1$ 为 $f(x)$ 的无穷间断点.

又

$$\lim_{x \to 1} f(x) = \lim_{x \to 1} \frac{x^2 - x}{x^2 - 1} \sqrt{1 + \frac{1}{x^2}} = \lim_{x \to 1} \frac{x}{x + 1} \sqrt{1 + \frac{1}{x^2}} = \frac{\sqrt{2}}{2} \quad (x = 1 \text{ 是可去间断点}),$$

$$\lim_{x \to 0} f(x) = \lim_{x \to 0} \frac{x^2 - x}{x^2 - 1} \sqrt{1 + \frac{1}{x^2}} = \lim_{x \to 0} \frac{x}{|x|(x + 1)} \sqrt{x^2 + 1}$$

$$= \begin{cases} 1, & \text{当 } x \to 0^+, \\ -1, & \text{当 } x \to 0^-, \end{cases}$$

故 $x = 1$ 和 $x = 0$ 不是无穷间断点.应选(B).

138 设函数 $f(x) = \begin{cases} \dfrac{1}{x^3} \displaystyle\int_0^x \sin t^2 \, \mathrm{d}t, & x \neq 0, \\ a, & x = 0 \end{cases}$ 在 $x = 0$ 处连续,则 $a = $ _____.

K 2006 数学二,4分

知识点睛 0114 函数的连续性

解 由连续的定义知

$$a = f(0) = \lim_{x \to 0} f(x) = \lim_{x \to 0} \frac{\int_0^x \sin t^2 dt}{x^3} = \lim_{x \to 0} \frac{\sin x^2}{3x^2} = \frac{1}{3}.$$

故应填 $\dfrac{1}{3}$.

2015 数学二，4 分

139 函数 $f(x) = \lim\limits_{t \to 0} \left(1 + \dfrac{\sin t}{x}\right)^{\frac{x^2}{t}}$ 在 $(-\infty, +\infty)$ 内（ ）.

（A）连续 　　（B）有可去间断点 　　（C）有跳跃间断点 　　（D）有无穷间断点

知识点睛　0115 函数间断点的类型

解　由 $f(x) = \lim\limits_{t \to 0} \left(1 + \dfrac{\sin t}{x}\right)^{\frac{x^2}{t}}$ 知，$f(0)$ 无意义，且当 $x \neq 0$，

$$f(x) = \lim_{t \to 0} \left(1 + \frac{\sin t}{x}\right)^{\frac{x^2}{t}} = e^x, \quad \lim_{x \to 0} f(x) = \lim_{x \to 0} e^x = 1,$$

则 $x = 0$ 为 $f(x)$ 的可去间断点. 故应选（B）.

2018 数学二，4 分

140 设函数 $f(x) = \begin{cases} -1, & x < 0, \\ 1, & x \geqslant 0, \end{cases}$ $g(x) = \begin{cases} 2 - ax, & x \leqslant -1, \\ x, & -1 < x < 0, \\ x - b, & x \geqslant 0. \end{cases}$ 若 $f(x) + g(x)$ 在 **R**

上连续，则（ ）.

（A）$a = 3, b = 1$ 　　（B）$a = 3, b = 2$ 　　（C）$a = -3, b = 1$ 　　（D）$a = -3, b = 2$

知识点睛　0114 函数的连续性

解　令

$$F(x) = f(x) + g(x) = \begin{cases} 1 - ax, & x \leqslant -1, \\ x - 1, & -1 < x < 0, \\ x + 1 - b, & x \geqslant 0. \end{cases}$$

$$F(-1-0) = 1 + a = F(-1), \quad F(-1+0) = -2,$$

则 $1 + a = -2$，解得 $a = -3$.

$$F(0-0) = -1, \quad F(0+0) = 1 - b = F(0),$$

则 $1 - b = -1$，解得 $b = 2$. 应选（D）.

2008 数学三，4 分

141 设函数 $f(x) = \begin{cases} x^2 + 1, & |x| \leqslant c, \\ \dfrac{2}{|x|}, & |x| > c \end{cases}$ 在 $(-\infty, +\infty)$ 内连续，则 $c = $ _____.

知识点睛　0114 函数的连续性

解　由于 $f(x)$ 是偶函数，且在三个区间 $(-\infty, -c)$，$(-c, c)$，$(c, +\infty)$ 上都连续，所以只要 $f(x)$ 在 $x = c$ 处连续，此时 $f(x)$ 在 $(-\infty, +\infty)$ 必连续.

由于 $f(c) = c^2 + 1$，

$$\lim_{x \to c^+} f(x) = \lim_{x \to c^+} \frac{2}{|x|} = \frac{2}{c},$$

$$\lim_{x \to c^-} f(x) = \lim_{x \to c^-} (x^2 + 1) = c^2 + 1,$$

令 $c^2+1=\dfrac{2}{c}$，得 $c=1$.应填 1.

【评注】若 $f(x)$ 为定义在 $(-\infty,+\infty)$ 上的偶函数,要讨论 $f(x)$ 在 $(-\infty,+\infty)$ 上的连续性、可导性、单调性及零点个数,只需讨论 $f(x)$ 在 $[0,+\infty)$ 上的性态即可.

§1.8　综合提高题

142　（Ⅰ）证明:对任意的正整数 n,都有 $\dfrac{1}{n+1}<\ln\left(1+\dfrac{1}{n}\right)<\dfrac{1}{n}$ 成立;

（Ⅱ）设 $a_n=1+\dfrac{1}{2}+\cdots+\dfrac{1}{n}-\ln n\,(n=1,2,\cdots)$,证明数列 $\{a_n\}$ 收敛.

K 2011 数学一、数学二,10分

知识点睛　0108 数列极限存在准则——单调有界准则

证　（Ⅰ）由拉格朗日中值定理知,存在 $\xi\in(n,n+1)$,使得

$$\ln\left(1+\dfrac{1}{n}\right)=\ln(n+1)-\ln n=\dfrac{1}{\xi},$$

则

$$\dfrac{1}{n+1}<\ln\left(1+\dfrac{1}{n}\right)=\dfrac{1}{\xi}<\dfrac{1}{n}.$$

（Ⅱ）由（Ⅰ）知,当 $n\geqslant 1$ 时,$a_{n+1}-a_n=\dfrac{1}{n+1}-\ln\left(1+\dfrac{1}{n}\right)<0$,即数列 $\{a_n\}$ 单调减少,又

$$a_n=1+\dfrac{1}{2}+\cdots+\dfrac{1}{n}-\ln n$$

$$>\ln(1+1)+\ln\left(1+\dfrac{1}{2}\right)+\cdots+\ln\left(1+\dfrac{1}{n}\right)-\ln n$$

$$=\ln 2+(\ln 3-\ln 2)+\cdots+[\ln(n+1)-\ln n]-\ln n$$

$$=\ln(n+1)-\ln n>0,$$

从而数列 $\{a_n\}$ 有下界,故数列 $\{a_n\}$ 收敛.

【评注】本题中（Ⅰ）是一个不等式的证明.高等数学中有两个常用的不等式:

(1) $\sin x<x<\tan x,x\in\left(0,\dfrac{\pi}{2}\right)$.

(2) $\dfrac{x}{1+x}<\ln(1+x)<x,x\in(0,+\infty)$.

读者应该熟悉,本题的（Ⅰ）只要在不等式(2)中令 $x=\dfrac{1}{n}$ 便可证明.本题中的（Ⅱ）主要考查数列极限的单调有界准则.

143　设函数 $f(x)=\ln x+\dfrac{1}{x}$.

K 2013 数学二,11分

（Ⅰ）求 $f(x)$ 的最小值;

（Ⅱ）设数列 $\{x_n\}$ 满足 $\ln x_n+\dfrac{1}{x_{n+1}}<1$.证明 $\lim\limits_{n\to\infty}x_n$ 存在,并求此极限.

知识点睛 0108 数列极限存在准则——单调有界准则

解 （Ⅰ）$f'(x) = \dfrac{x-1}{x^2}$，令 $f'(x) = 0$，解得 $f(x)$ 的唯一驻点 $x=1$．又 $f''(1) = \dfrac{2-x}{x^3}\Big|_{x=1} =$

$1 > 0$，故 $f(1) = 1$ 是唯一极小值，即最小值．

（Ⅱ）由（Ⅰ）的结果知 $\ln x + \dfrac{1}{x} \geqslant 1$，从而有

$$\ln x_n + \frac{1}{x_{n+1}} < 1 \leqslant \ln x_n + \frac{1}{x_n},$$

于是 $x_n \leqslant x_{n+1}$，即数列 $\{x_n\}$ 单调增加．

又由 $\ln x_n + \dfrac{1}{x_{n+1}} < 1$，知 $\ln x_n < 1$，得 $x_n < \mathrm{e}$．从而数列 $\{x_n\}$ 单调增加且有上界，故 $\lim\limits_{n\to\infty} x_n$

存在．记 $\lim\limits_{n\to\infty} x_n = a$，可知 $a \geqslant x_1 > 0$．

在不等式 $\ln x_n + \dfrac{1}{x_{n+1}} < 1$ 两边取极限，得 $\ln a + \dfrac{1}{a} \leqslant 1$．又 $\ln a + \dfrac{1}{a} \geqslant 1$，则 $\ln a + \dfrac{1}{a} = 1$，

可得 $a = 1$，即 $\lim\limits_{n\to\infty} x_n = 1$．

【评注】本题是一道综合题，其难点是（Ⅱ），而求解（Ⅱ）的关键是建立（Ⅰ）和（Ⅱ）的联系．

2012 数学三，10 分

144 题精解视频

144 求极限 $\lim\limits_{x\to 0} \dfrac{\mathrm{e}^{x^2} - \mathrm{e}^{2-2\cos x}}{x^4}$．

知识点睛 0112 等价无穷小代换，0217 洛必达法则

解法 1
$$\lim_{x\to 0} \frac{\mathrm{e}^{x^2} - \mathrm{e}^{2-2\cos x}}{x^4} = \lim_{x\to 0} \mathrm{e}^{2-2\cos x} \cdot \lim_{x\to 0} \frac{\mathrm{e}^{x^2 - 2 + 2\cos x} - 1}{x^4}$$

$$= \lim_{x\to 0} \frac{x^2 - 2 + 2\cos x}{x^4} \quad （\text{等价无穷小代换}）$$

$$= \lim_{x\to 0} \frac{2x - 2\sin x}{4x^3} \quad （\text{洛必达法则}）$$

$$= \frac{1}{2} \lim_{x\to 0} \frac{1 - \cos x}{3x^2} = \frac{1}{6} \lim_{x\to 0} \frac{\frac{1}{2}x^2}{x^2} = \frac{1}{12}.$$

解法 2
$$\lim_{x\to 0} \frac{\mathrm{e}^{x^2} - \mathrm{e}^{2-2\cos x}}{x^4} = \lim_{x\to 0} \mathrm{e}^{2-2\cos x} \cdot \lim_{x\to 0} \frac{\mathrm{e}^{x^2 - 2 + 2\cos x} - 1}{x^4}$$

$$= \lim_{x\to 0} \frac{x^2 - 2 + 2\cos x}{x^4} \quad （\text{等价无穷小代换}）$$

$$= \lim_{x\to 0} \frac{x^2 - 2 + 2\left[1 - \dfrac{x^2}{2!} + \dfrac{x^4}{4!} + o(x^4)\right]}{x^4} \quad （\text{泰勒公式}）$$

$$= \lim_{x\to 0} \frac{\dfrac{x^4}{12} + o(x^4)}{x^4} = \frac{1}{12}.$$

解法 3　$\displaystyle\lim_{x\to0}\frac{e^{x^2}-e^{2-2\cos x}}{x^4}=\lim_{x\to0}\frac{e^{\xi}(x^2-2+2\cos x)}{x^4}$（拉格朗日中值定理）

$$=\lim_{x\to0}\frac{x^2-2+2\cos x}{x^4}$$

$$=\lim_{x\to0}\frac{2x-2\sin x}{4x^3}\ \text{（洛必达法则）}$$

$$=\frac{1}{2}\lim_{x\to0}\frac{x-\sin x}{x^3}$$

$$=\frac{1}{2}\lim_{x\to0}\frac{\dfrac{1}{6}x^3}{x^3}\ \left(x-\sin x\sim\frac{1}{6}x^3\right)$$

$$=\frac{1}{12}.$$

145　设 $a_n=\displaystyle\int_0^1 x^n\sqrt{1-x^2}\,\mathrm{d}x\,(n=0,1,2,\cdots).$

K 2019 数学一、数学三,10 分

（Ⅰ）证明：数列 $\{a_n\}$ 单调减少,且 $a_n=\dfrac{n-1}{n+2}a_{n-2}(n=2,3,\cdots)$；

（Ⅱ）求 $\displaystyle\lim_{n\to\infty}\frac{a_n}{a_{n-1}}.$

知识点睛　0108 数列极限存在准则——夹逼准则,0305 分部积分法

（Ⅰ）证　当 $0\leqslant x\leqslant1$ 时,$x^n\sqrt{1-x^2}\geqslant x^{n+1}\sqrt{1-x^2}$,则

$$\int_0^1 x^n\sqrt{1-x^2}\,\mathrm{d}x\geqslant\int_0^1 x^{n+1}\sqrt{1-x^2}\,\mathrm{d}x,$$

即 $a_n\geqslant a_{n+1}$,从而数列 $\{a_n\}$ 单调减少.

$$a_n=\int_0^1 x^n\sqrt{1-x^2}\,\mathrm{d}x=-\frac{1}{3}\int_0^1 x^{n-1}\mathrm{d}\left(1-x^2\right)^{\frac{3}{2}}$$

$$=-\frac{1}{3}x^{n-1}\left(1-x^2\right)^{\frac{3}{2}}\bigg|_0^1+\frac{n-1}{3}\int_0^1 x^{n-2}\left(1-x^2\right)^{\frac{3}{2}}\mathrm{d}x$$

$$=\frac{n-1}{3}\left(\int_0^1 x^{n-2}\sqrt{1-x^2}\,\mathrm{d}x-\int_0^1 x^n\sqrt{1-x^2}\,\mathrm{d}x\right)$$

$$=\frac{n-1}{3}(a_{n-2}-a_n)\ ,$$

从而有 $a_n=\dfrac{n-1}{n+2}a_{n-2}(n=2,3,\cdots).$

（Ⅱ）解　由于 $\{a_n\}$ 单调减少,且 $a_n>0$,则

$$\frac{a_n}{a_{n-2}}\leqslant\frac{a_n}{a_{n-1}}\leqslant\frac{a_n}{a_n}=1,$$

又

$$\lim_{n\to\infty}\frac{a_n}{a_{n-2}}=\lim_{n\to\infty}\frac{n-1}{n+2}=1,$$

由夹逼准则知 $\lim\limits_{n\to\infty}\dfrac{a_n}{a_{n-1}}=1.$

K 2006 数学二，10 分

146 试确定常数 A，B，C 的值，使得

$$e^x(1+Bx+Cx^2)=1+Ax+o(x^3),$$

其中 $o(x^3)$ 是当 $x\to0$ 时比 x^3 高阶的无穷小量.

知识点睛 0111 无穷小量的比较，0217 洛必达法则

解法 1 由题设知 $e^x(1+Bx+Cx^2)-(1+Ax)=o(x^3)$，即

$$\lim_{x\to0}\frac{e^x(1+Bx+Cx^2)-(1+Ax)}{x^3}=0,$$

则

$$0=\lim_{x\to0}\frac{e^x(1+Bx+Cx^2)-(1+Ax)}{x^3}\quad\left(\frac{0}{0}\text{ 型}\right)$$

$$=\lim_{x\to0}\frac{e^x(1+Bx+Cx^2+B+2Cx)-A}{3x^2}.\quad(\text{洛必达法则})$$

由于 $\lim\limits_{x\to0}3x^2=0$，则

$$\lim_{x\to0}e^x(1+Bx+Cx^2+B+2Cx)-A=1+B-A=0.$$

此时

$$\lim_{x\to0}\frac{e^x[(1+B)+(B+2C)x+Cx^2]-A}{3x^2}$$

$$=\lim_{x\to0}\frac{e^x[2C+1+2B+(B+4C)x+Cx^2]}{6x},\quad(\text{洛必达法则})$$

同理

$$\lim_{x\to0}e^x[2C+1+2B+(B+4C)x+Cx^2]$$

$$=2C+1+2B=0,$$

$$\lim_{x\to0}e^x\frac{[2C+1+2B+(B+4C)x+Cx^2]}{6x}$$

$$=\lim_{x\to0}\frac{(B+4C)+2Cx}{6}\quad(\text{洛必达法则})$$

$$=0,$$

得 $B+4C=0.$

由上述结果，可得方程组 $\begin{cases}1+B-A=0,\\2B+2C+1=0,\\B+4C=0,\end{cases}$ 解得 $A=\dfrac{1}{3}$，$B=-\dfrac{2}{3}$，$C=\dfrac{1}{6}.$

解法 2 由题设知 $\lim\limits_{x\to0}\dfrac{e^x(1+Bx+Cx^2)-(1+Ax)}{x^3}=0$，分子、分母同除以 e^x，得

$$0=\lim_{x\to0}\frac{(1+Bx+Cx^2)-e^{-x}(1+Ax)}{x^3e^{-x}}$$

$$=\lim_{x\to0}\frac{(1+Bx+Cx^2)-e^{-x}(1+Ax)}{x^3}$$

$$= \lim_{x \to 0} \frac{(B + 2Cx) + e^{-x}[(1 - A) + Ax]}{3x^2} \quad (B + 1 - A = 0)$$

$$= \lim_{x \to 0} \frac{2C + e^{-x}(2A - 1 - Ax)}{6x} \quad (2C + 2A - 1 = 0)$$

$$= \lim_{x \to 0} \frac{e^{-x}(1 - 3A + Ax)}{6} = \frac{1 - 3A}{6},$$

解 $\begin{cases} 1+B-A=0, \\ 2A+2C-1=0, \\ 1-3A=0, \end{cases}$ 得 $A=\dfrac{1}{3}, B=-\dfrac{2}{3}, C=\dfrac{1}{6}.$

解法3 由泰勒公式知 $e^x = 1 + x + \dfrac{x^2}{2!} + \dfrac{x^3}{3!} + o(x^3)$，则

$$e^x(1 + Bx + Cx^2) = 1 + (B + 1)x + \left(\frac{1}{2} + B + C\right)x^2 + \left(\frac{1}{6} + \frac{1}{2}B + C\right)x^3 + o(x^3)$$

$$= 1 + Ax + o(x^3),$$

比较等式两端同次幂的系数,得

$$\begin{cases} B+1=A, \\ \dfrac{1}{2}+B+C=0, \\ \dfrac{1}{6}+\dfrac{1}{2}B+C=0. \end{cases}$$

解得 $A=\dfrac{1}{3}, B=-\dfrac{2}{3}, C=\dfrac{1}{6}.$

147 已知函数 $f(x)=\dfrac{1+x}{\sin x}-\dfrac{1}{x}$，记 $a=\lim\limits_{x\to 0}f(x)$. 　　K 2012数学二, 10分

（Ⅰ）求 a 的值；

（Ⅱ）若当 $x\to 0$ 时, $f(x)-a$ 与 x^k 是同阶无穷小,求常数 k 的值.

知识点睛 0111 无穷小量的比较

解 （Ⅰ）由题意

$$a = \lim_{x \to 0}\left(\frac{1+x}{\sin x} - \frac{1}{x}\right) = \lim_{x \to 0}\frac{x + x^2 - \sin x}{x\sin x}$$

$$= \lim_{x \to 0}\frac{x + x^2 - \sin x}{x^2} = 1 + \lim_{x \to 0}\frac{x - \sin x}{x^2}$$

$$= 1 + \lim_{x \to 0}\frac{\frac{1}{6}x^3}{x^2} = 1. \quad (\text{其中 } x - \sin x \sim \frac{1}{6}x^3)$$

（Ⅱ）**解法1** 因为

$$f(x) - a = \frac{1+x}{\sin x} - \frac{1}{x} - 1$$

$$= \frac{x + x^2 - \sin x - x\sin x}{x\sin x},$$

$$\lim_{x\to0}\frac{f(x)-a}{x^k}=\lim_{x\to0}\frac{x+x^2-\sin x-x\sin x}{x^{k+2}}$$

$$=\lim_{x\to0}\frac{1+2x-\cos x-\sin x-x\cos x}{(k+2)x^{k+1}}$$

$$=\lim_{x\to0}\frac{2+\sin x-2\cos x+x\sin x}{(k+2)(k+1)x^k}$$

$$=\lim_{x\to0}\frac{\cos x+3\sin x+x\cos x}{(k+2)(k+1)kx^{k-1}},$$

所以,当 $k=1$ 时,有 $\lim\limits_{x\to0}\dfrac{f(x)-a}{x^k}=\dfrac{1}{6}$. 此时 $f(x)-a$ 与 x^k 是同阶无穷小 $(x\to0)$,因此 $k=1$.

解法 2 因为 $\sin x=x-\dfrac{x^3}{6}+o(x^3)$,所以

$$\lim_{x\to0}\frac{f(x)-a}{x^k}=\lim_{x\to0}\frac{x+x^2-\sin x-x\sin x}{x^{k+2}}$$

$$=\lim_{x\to0}\frac{x+x^2-\left(x-\dfrac{1}{6}x^3+o(x^3)\right)-x^2+o(x^3)}{x^{k+2}}$$

$$=\lim_{x\to0}\frac{\dfrac{1}{6}x^3+o(x^3)}{x^{k+2}}.$$

可知,当 $3=k+2$ 时, $f(x)-a$ 与 x^k 是同阶无穷小,因此 $k=1$.

解法 3 $$\lim_{x\to0}\frac{f(x)-a}{x^k}=\lim_{x\to0}\frac{x+x^2-\sin x-x\sin x}{x^{k+2}}$$

$$=\lim_{x\to0}\frac{(1+x)(x-\sin x)}{x^{k+2}}$$

$$=\lim_{x\to0}\frac{x-\sin x}{x^{k+2}}=\lim_{x\to0}\frac{\dfrac{1}{6}x^3}{x^{k+2}}\ \left(x-\sin x\ \sim\ \dfrac{1}{6}x^3\right),$$

从而知 $k+2=3$, $k=1$.

【评注】本题中用到一个常用的等价无穷小,当 $x\to0$ 时, $x-\sin x\sim\dfrac{1}{6}x^3$(在第 46 题评注中亦有提及).它给本题的求解带来方便.

1999 数学二, 7 分

148 设 $f(x)$ 是区间 $[0,+\infty)$ 上单调减少且非负的连续函数,

$$a_n=\sum_{k=1}^{n}f(k)-\int_1^n f(x)\mathrm{d}x\quad(n=1,2,\cdots),$$

证明数列 $\{a_n\}$ 的极限存在.

知识点睛 0108 数列极限存在准则——单调有界准则

分析 证明数列极限存在最常用的方法是利用"单调有界数列必有极限"的准则.

证 由于 $f(x)$ 单调减少,则
$$f(k+1) \leqslant f(x) \leqslant f(k), \quad x \in [k, k+1],$$
有
$$f(k+1) \leqslant \int_k^{k+1} f(x)\,\mathrm{d}x \leqslant f(k) \quad (k=1,2,\cdots),$$

148 题精解视频

因此
$$
\begin{aligned}
a_n &= \sum_{k=1}^n f(k) - \int_1^n f(x)\,\mathrm{d}x \\
&= \sum_{k=1}^n f(k) - \sum_{k=1}^{n-1} \int_k^{k+1} f(x)\,\mathrm{d}x \\
&= \sum_{k=1}^{n-1} \left[f(k) - \int_k^{k+1} f(x)\,\mathrm{d}x \right] + f(n) \geqslant 0,
\end{aligned}
$$
即数列 $\{a_n\}$ 有下界. 又
$$a_{n+1} - a_n = f(n+1) - \int_n^{n+1} f(x)\,\mathrm{d}x \leqslant 0,$$
即数列 $\{a_n\}$ 单调减少,故由单调有界准则知数列 $\{a_n\}$ 的极限存在.

【评注】本题在证明中容易出现的主要问题是证明了数列 $\{a_n\}$ 单调下降而没能证明 $a_n \geqslant 0$.

149 设数列 $\{x_n\}$ 满足:$x_1 > 0$, $x_n \mathrm{e}^{x_{n+1}} = \mathrm{e}^{x_n} - 1$ ($n=1,2,\cdots$). 证明 $\{x_n\}$ 收敛,并求 $\lim\limits_{n \to \infty} x_n$.

⚡2018 数学一、10 分;数学二,11 分;数学三,10 分

知识点晴 0108 数列极限存在准则——单调有界定理

证法 1 由于当 $x > 0$ 时,$\mathrm{e}^x - 1 > x$,则由 $x_1 > 0$,知 $\mathrm{e}^{x_2} = \dfrac{\mathrm{e}^{x_1} - 1}{x_1} > 1$,$x_2 > 0$.

若 $x_k > 0$,由 $\mathrm{e}^{x_{k+1}} = \dfrac{\mathrm{e}^{x_k} - 1}{x_k} > 1$ 知 $x_{k+1} > 0$,即数列 $\{x_n\}$ 有下界.

由 $x_n \mathrm{e}^{x_{n+1}} = \mathrm{e}^{x_n} - 1$ 知 $\mathrm{e}^{x_{n+1}} = \dfrac{\mathrm{e}^{x_n} - 1}{x_n}$,$x_{n+1} = \ln \dfrac{\mathrm{e}^{x_n} - 1}{x_n}$.
$$x_{n+1} - x_n = \ln \frac{\mathrm{e}^{x_n} - 1}{x_n} - \ln \mathrm{e}^{x_n} = \ln \frac{\mathrm{e}^{x_n} - 1}{x_n \mathrm{e}^{x_n}}.$$

令 $f(x) = x\mathrm{e}^x - (\mathrm{e}^x - 1)$,$x \in [0, +\infty)$,则
$$f(0) = 0, \quad f'(x) = \mathrm{e}^x + x\mathrm{e}^x - \mathrm{e}^x = x\mathrm{e}^x > 0, \quad x \in (0, +\infty),$$
则 $f(x) > 0$,$x\mathrm{e}^x > \mathrm{e}^x - 1$,$x \in (0, +\infty)$.
$$x_{n+1} - x_n = \ln \frac{\mathrm{e}^{x_n} - 1}{x_n \mathrm{e}^{x_n}} < \ln 1 = 0,$$
则 $\{x_n\}$ 单调减少. 由单调有界准则知,数列 $\{x_n\}$ 收敛,令 $\lim\limits_{n \to \infty} x_n = a$,等式
$$x_n \mathrm{e}^{x_{n+1}} = \mathrm{e}^{x_n} - 1$$
两端取极限,得 $a\mathrm{e}^a = \mathrm{e}^a - 1$,由此得 $a = 0$.

证法 2 由于当 $x > 0$ 时,$\mathrm{e}^x - 1 > x$,则由 $x_1 > 0$,$\mathrm{e}^{x_2} = \dfrac{\mathrm{e}^{x_1} - 1}{x_1} > 1$ 可知,$x_2 > 0$,由数学归纳

法可知 $x_n>0$,即 $\{x_n\}$ 有下界.由 $x_n\mathrm{e}^{x_{n+1}}=\mathrm{e}^{x_n}-1$ 知

$$\mathrm{e}^{x_{n+1}}=\frac{\mathrm{e}^{x_n}-1}{x_n}=\frac{\mathrm{e}^{x_n}-\mathrm{e}^0}{x_n-0}=\mathrm{e}^{\xi_n}<\mathrm{e}^{x_n}\ (\text{拉格朗日中值定理,其中}\ 0<\xi_n<x_n),$$

由于 e^x 单调增加,则 $x_{n+1}<x_n$,即 $\{x_n\}$ 单调减少,由单调有界准则知 $\{x_n\}$ 收敛.设 $\lim\limits_{n\to\infty}x_n=a$,在等式 $x_n\mathrm{e}^{x_{n+1}}=\mathrm{e}^{x_n}-1$ 两端取极限,得 $a\mathrm{e}^a=\mathrm{e}^a-1$.由此解得 $a=0$.

K 2006 数学一、
数学二,12 分

150 设数列 $\{x_n\}$ 满足

$$0<x_1<\pi,x_{n+1}=\sin x_n\ (n=1,2,\cdots).$$

(Ⅰ)证明 $\lim\limits_{n\to\infty}x_n$ 存在,并求该极限;

(Ⅱ)计算 $\lim\limits_{n\to\infty}\left(\dfrac{x_{n+1}}{x_n}\right)^{\frac{1}{x_n^2}}$.

知识点睛 0108 数列极限存在准则——单调有界定理,0112 等价无穷小代换

分析 由于数列是由递推关系给出的,通常用单调有界准则证明极限存在,并求出极限.由于(Ⅱ)中的极限是"1^∞"型,可将其转化为函数的极限,再利用重要极限或取对数的方法便可求出此极限.

(Ⅰ)证 用数学归纳法证明 $\{x_n\}$ 单调减少且有下界.

由于 $\sin x<x,x\in(0,\pi)$,则由 $0<x_1<\pi$,知 $0<x_2=\sin x_1<x_1<\pi$.

设 $0<x_n<\pi$,则 $0<x_{n+1}=\sin x_n<x_n<\pi$.所以 $\{x_n\}$ 单调减少且有下界,故 $\lim\limits_{n\to\infty}x_n$ 存在.

设 $a=\lim\limits_{n\to\infty}x_n$,由 $x_{n+1}=\sin x_n$ 知 $a=\sin a$,所以 $a=0$,即 $\lim\limits_{n\to\infty}x_n=0$.

(Ⅱ)**解法 1** 由于 $\lim\limits_{n\to\infty}\left(\dfrac{x_{n+1}}{x_n}\right)^{\frac{1}{x_n^2}}=\lim\limits_{n\to\infty}\left(\dfrac{\sin x_n}{x_n}\right)^{\frac{1}{x_n^2}}$,所以,考虑函数极限

$$\lim_{x\to0}\left(\frac{\sin x}{x}\right)^{\frac{1}{x^2}}=\lim_{x\to0}\mathrm{e}^{\frac{\ln\frac{\sin x}{x}}{x^2}},$$

又

$$\lim_{x\to0}\frac{\ln\dfrac{\sin x}{x}}{x^2}=\lim_{x\to0}\frac{\ln\left(1+\dfrac{\sin x-x}{x}\right)}{x^2}$$

$$=\lim_{x\to0}\frac{\sin x-x}{x^3}\ (\text{等价无穷小代换})$$

$$=\lim_{x\to0}\frac{\cos x-1}{3x^2}=\lim_{x\to0}\frac{-\dfrac{1}{2}x^2}{3x^2}=-\frac{1}{6},$$

则 $\lim\limits_{x\to0}\left(\dfrac{\sin x}{x}\right)^{\frac{1}{x^2}}=\mathrm{e}^{-\frac{1}{6}}$,故 $\lim\limits_{n\to\infty}\left(\dfrac{x_{n+1}}{x_n}\right)^{\frac{1}{x_n^2}}=\mathrm{e}^{-\frac{1}{6}}$.

解法 2 由于 $\lim\limits_{x\to0}\left(\dfrac{\sin x}{x}\right)^{\frac{1}{x^2}}$ 为 1^∞ 型极限,且

$$\left(\frac{\sin x}{x}\right)^{\frac{1}{x^2}}=\left(1+\frac{\sin x-x}{x}\right)^{\frac{1}{x^2}},$$

而

$$\lim_{x \to 0} \frac{\sin x - x}{x^3} = \lim_{x \to 0} \frac{-\frac{1}{6}x^3}{x^3} = -\frac{1}{6} \quad (\text{等价无穷小代换}),$$

则

$$\lim_{x \to 0} \left(\frac{\sin x}{x}\right)^{\frac{1}{x^2}} = e^{-\frac{1}{6}}, \text{故} \lim_{n \to \infty} \left(\frac{x_{n+1}}{x_n}\right)^{\frac{1}{x_n^2}} = e^{-\frac{1}{6}}.$$

【评注】本题是一道综合题,主要考查数列极限存在的单调有界准则,数列极限转化为函数极限(1[∞]型极限)的求法——基本极限、洛必达法则等.读者的典型错误是不将原题中数列极限转化为函数极限,直接对数列极限用洛必达法则.

151 计算 $\lim\limits_{n \to \infty} \tan^n\left(\dfrac{\pi}{4} + \dfrac{2}{n}\right)$.

K 1994 数学二, 5 分

知识点睛 0113 1[∞]型极限

解法 1 因为 $\tan\left(\dfrac{\pi}{4} + \dfrac{2}{n}\right) = \dfrac{1 + \tan\frac{2}{n}}{1 - \tan\frac{2}{n}}$,所以

$$原式 = \lim_{n \to \infty} \left(\frac{1 + \tan\frac{2}{n}}{1 - \tan\frac{2}{n}}\right)^n = \lim_{n \to \infty} \left(1 + \frac{2\tan\frac{2}{n}}{1 - \tan\frac{2}{n}}\right)^n$$

$$= \lim_{n \to \infty} \left(1 + \frac{2\tan\frac{2}{n}}{1 - \tan\frac{2}{n}}\right)^{\frac{1 - \tan\frac{2}{n}}{2\tan\frac{2}{n}} \cdot \frac{4\tan\frac{2}{n}}{\frac{2}{n}} \cdot \frac{1}{1 - \tan\frac{2}{n}}} = e^4.$$

解法 2 这是"1[∞]"型极限.原式 $= \lim\limits_{n \to \infty} \left\{1 + \left[\tan\left(\dfrac{\pi}{4} + \dfrac{2}{n}\right) - 1\right]\right\}^n$,而

$$\lim_{n \to \infty} \frac{\tan\left(\dfrac{\pi}{4} + \dfrac{2}{n}\right) - 1}{\dfrac{1}{n}} = \lim_{n \to \infty} \frac{\tan\left(\dfrac{\pi}{4} + \dfrac{2}{n}\right) - \tan\dfrac{\pi}{4}}{\dfrac{1}{n}}$$

$$= \lim_{n \to \infty} \frac{\sec^2\xi \cdot \dfrac{2}{n}}{\dfrac{1}{n}} \quad \left(\dfrac{\pi}{4} < \xi < \dfrac{\pi}{4} + \dfrac{2}{n}\right) \quad (\text{拉格朗日中值定理})$$

$$= 4,$$

则原式 $= e^4$.

【评注】显然解法 2 简单.

⫿1996 数学一，
5 分

152 设 $x_1=10, x_{n+1}=\sqrt{6+x_n}\ (n=1,2,\cdots)$，试证数列 $\{x_n\}$ 极限存在，并求此极限.

知识点睛　0108 数列极限存在准则——单调有界定理

分析　这是用递推关系定义的数列，首先用单调有界准则证明极限存在，然后等式 $x_{n+1}=\sqrt{6+x_n}$ 两端取极限解出极限值.

证法 1　先用数学归纳法证明数列 $\{x_n\}$ 单调减少.

由 $x_1=10, x_2=\sqrt{x_1+6}=\sqrt{16}=4$，知 $x_1>x_2$. 设 $n=k$ 时，有 $x_n>x_{n+1}$ 成立，由 $x_{k+1}=\sqrt{x_k+6}>\sqrt{x_{k+1}+6}=x_{k+2}$ 可知，$n=k+1$ 时 $x_n>x_{n+1}$ 也成立，因而对一切正整数 $n, x_n>x_{n+1}$ 总成立.

又 $x_n>0\ (n=1,2,\cdots)$，即 $\{x_n\}$ 有下界，由单调有界准则知数列 $\{x_n\}$ 极限存在，设 $\lim\limits_{n\to\infty}x_n=a$，等式 $x_{n+1}=\sqrt{6+x_n}$ 两端取极限，得

$$a=\sqrt{6+a}.$$

由此解得 $a=3, a=-2$（与题设不符，舍去），故 $\lim\limits_{n\to\infty}x_n=3$.

证法 2　直接证明 $\lim\limits_{n\to\infty}x_n=3$（此结果可利用等式 $x_{n+1}=\sqrt{6+x_n}$ 两端求极限得到）.

由于

$$|x_n-3|=\left|\sqrt{6+x_{n-1}}-3\right|=\frac{|x_{n-1}-3|}{\sqrt{6+x_{n-1}}+3}\quad(\text{分子有理化})$$

$$<\frac{1}{3}|x_{n-1}-3|<\frac{1}{3^2}|x_{n-2}-3|<\cdots<\frac{1}{3^{n-1}}|x_1-3|=\frac{7}{3^{n-1}},$$

且 $\lim\limits_{n\to\infty}\dfrac{7}{3^{n-1}}=0$，则 $\lim\limits_{n\to\infty}x_n=3$.

【评注】本题的证法 1 是处理用递推关系式 $x_{n+1}=f(x_n)$ 给出的数列极限问题的一般思想方法.

⫿2018 数学二，
4 分

153　$\lim\limits_{x\to+\infty}x^2[\arctan(x+1)-\arctan x]=$ _____.

知识点睛　反正切函数差的公式，0214 拉格朗日中值定理

153 题精解视频

解法 1　利用 $\arctan\alpha-\arctan\beta=\arctan\dfrac{\alpha-\beta}{1+\alpha\beta}$，有

$$\lim_{x\to+\infty}x^2[\arctan(x+1)-\arctan x]=\lim_{x\to+\infty}x^2\arctan\frac{(x+1)-x}{1+x(x+1)}$$

$$=\lim_{x\to+\infty}x^2\cdot\frac{(x+1)-x}{1+x(x+1)}=\lim_{x\to+\infty}\frac{x^2}{x^2+x+1}=1.$$

解法 2　利用拉格朗日中值定理，有

$$\lim_{x\to+\infty}x^2[\arctan(x+1)-\arctan x]=\lim_{x\to+\infty}\frac{x^2}{1+\xi^2}，这里 x<\xi<x+1，$$

则

$$\frac{x^2}{1+(1+x)^2}<\frac{x^2}{1+\xi^2}<\frac{x^2}{1+x^2},$$

由于 $\lim\limits_{x\to+\infty}\dfrac{x^2}{1+(1+x)^2}=1$，$\lim\limits_{x\to+\infty}\dfrac{x^2}{1+x^2}=1$，所以 $\lim\limits_{x\to+\infty}x^2\left[\arctan(x+1)-\arctan x\right]=1$.

【评注】解法 1 利用了反正切函数差的公式，非常巧妙. 解法 2 利用了拉格朗日中值定理，也是求极限常用的方法.

154 $\lim\limits_{x\to0}\dfrac{1-\cos x\sqrt{\cos 2x}\,\sqrt[3]{\cos3x}}{x^2}=$ _____.

♪ 第十届数学竞赛预赛,6 分

154 题精解视频

知识点睛 0112 等价无穷小代换

解 $\lim\limits_{x\to0}\dfrac{1-\cos x\sqrt{\cos 2x}\,\sqrt[3]{\cos3x}}{x^2}$

$=\lim\limits_{x\to0}\left[\dfrac{1-\cos x}{x^2}+\dfrac{\cos x(1-\sqrt{\cos 2x}\,\sqrt[3]{\cos3x})}{x^2}\right]$

$=\dfrac{1}{2}+\lim\limits_{x\to0}\dfrac{1-\sqrt{\cos 2x}\,\sqrt[3]{\cos3x}}{x^2}$

$=\dfrac{1}{2}+\lim\limits_{x\to0}\left[\dfrac{1-\sqrt{\cos 2x}}{x^2}+\dfrac{\sqrt{\cos 2x}(1-\sqrt[3]{\cos3x})}{x^2}\right]$

$=\dfrac{1}{2}+\lim\limits_{x\to0}\left[\dfrac{1-\sqrt{(\cos 2x-1)+1}}{x^2}+\dfrac{1-\sqrt[3]{(\cos3x-1)+1}}{x^2}\right]$

$=\dfrac{1}{2}+\lim\limits_{x\to0}\dfrac{1-\cos 2x}{2x^2}+\lim\limits_{x\to0}\dfrac{1-\cos3x}{3x^2}=\dfrac{1}{2}+1+\dfrac{3}{2}=3$.

故应填 3.

155 计算 $\lim\limits_{x\to0^+}\left[\ln(x\ln a)\cdot\ln\left(\dfrac{\ln ax}{\ln\dfrac{x}{a}}\right)\right]=$ _____ $(a>1)$.

♪ 第四届数学竞赛决赛,5 分

155 题精解视频

知识点睛 0109 两个重要极限

解 $\lim\limits_{x\to0^+}\left[\ln(x\ln a)\cdot\ln\left(\dfrac{\ln ax}{\ln\dfrac{x}{a}}\right)\right]=\lim\limits_{x\to0^+}\ln\left(1+\dfrac{2\ln a}{\ln x-\ln a}\right)^{\frac{\ln x-\ln a}{2\ln a}2\ln a\frac{\ln x+\ln(\ln a)}{\ln x-\ln a}}$

$=\ln e^{\ln a^2}=2\ln a$.

故应填 $2\ln a$.

156 设 $f(x)$ 在点 $x=1$ 附近有定义，且在点 $x=1$ 可导，$f(1)=0$，$f'(1)=2$. 求 $\lim\limits_{x\to0}\dfrac{f(\sin^2x+\cos x)}{x^2+x\tan x}$.

♪ 第一届数学竞赛决赛, 10 分

知识点睛 0201 导数的概念，0217 洛必达法则

解 由题设可知

$$\lim\limits_{y\to1}\dfrac{f(y)-f(1)}{y-1}=\lim\limits_{y\to1}\dfrac{f(y)}{y-1}=f'(1)=2.$$

令 $y = \sin^2 x + \cos x$，那么当 $x \to 0$ 时 $y = \sin^2 x + \cos x \to 1$，故由上式，有

$$\lim_{x \to 0} \frac{f(\sin^2 x + \cos x)}{\sin^2 x + \cos x - 1} = 2.$$

可见

$$\lim_{x \to 0} \frac{f(\sin^2 x + \cos x)}{x^2 + x \tan x} = \lim_{x \to 0} \frac{f(\sin^2 x + \cos x)}{\sin^2 x + \cos x - 1} \cdot \frac{\sin^2 x + \cos x - 1}{x^2 + x \tan x}$$

$$= 2 \lim_{x \to 0} \frac{\sin^2 x + \cos x - 1}{x^2 + x \tan x} = \frac{1}{2}.$$

最后一步的极限可用常规的办法——洛必达法则或泰勒公式展开求得.

157 证明：$\lim\limits_{n \to \infty} \dfrac{1}{n} \sqrt[n]{n(n+1)\cdots(n+n-1)} = \dfrac{4}{e}$.

知识点睛 0303 利用定积分求极限

证 令 $x_n = \dfrac{1}{n} \sqrt[n]{n(n+1)\cdots(n+n-1)} = \dfrac{1}{n} \sqrt[n]{n^n \left(1 + \dfrac{1}{n}\right) \cdots \left(1 + \dfrac{n-1}{n}\right)}$

$$= \sqrt[n]{\left(1 + \frac{1}{n}\right)\left(1 + \frac{2}{n}\right) \cdots \left(1 + \frac{n-1}{n}\right)},$$

取对数化乘积为和差，得

$$y_n = \ln x_n = \frac{1}{n}\left[\ln\left(1 + \frac{1}{n}\right) + \ln\left(1 + \frac{2}{n}\right) + \cdots + \ln\left(1 + \frac{n-1}{n}\right)\right],$$

所以

$$\lim_{n \to \infty} y_n = \int_0^1 \ln(1+x)\,\mathrm{d}x = \int_0^1 \ln(1+x)\,\mathrm{d}(x+1)$$

$$= (x+1)\ln(1+x)\Big|_0^1 - \int_0^1 \frac{x+1}{1+x}\,\mathrm{d}x = 2\ln 2 - 1 = \ln 4 - 1,$$

故 $\lim\limits_{n \to \infty} x_n = \lim\limits_{n \to \infty} e^{y_n} = e^{\ln 4 - 1} = \dfrac{4}{e}$.

158 求 $\lim\limits_{x \to \infty} e^{-x}\left(1 + \dfrac{1}{x}\right)^{x^2}$.

知识点睛 0216 泰勒公式

解 $\lim\limits_{x \to \infty} e^{-x}\left(1 + \dfrac{1}{x}\right)^{x^2} = \lim\limits_{x \to \infty} \left[\left(1 + \dfrac{1}{x}\right)^x e^{-1}\right]^x = \exp\left\{\lim\limits_{x \to \infty}\left[\ln\left(1 + \dfrac{1}{x}\right)^x - 1\right]x\right\}$

$$= \exp\left\{\lim_{x \to \infty} x\left[x\ln\left(1 + \frac{1}{x}\right) - 1\right]\right\}$$

$$= \exp\left\{\lim_{x \to \infty} x\left[x\left(\frac{1}{x} - \frac{1}{2x^2} + o\left(\frac{1}{x^2}\right)\right) - 1\right]\right\}$$

$$= e^{-\frac{1}{2}}.$$

159 计算极限 $\lim\limits_{x \to 0} \dfrac{(1+x)^{\frac{2}{x}} - e^2\left[1 - \ln(1+x)\right]}{x}$.

知识点睛 0112 等价无穷小代换

解 因为 $\dfrac{(1+x)^{\frac{2}{x}}-e^2\left[1-\ln(1+x)\right]}{x}=\dfrac{e^{\frac{2}{x}\ln(1+x)}-e^2\left[1-\ln(1+x)\right]}{x}$，而

$$\lim_{x\to 0}\frac{e^2\ln(1+x)}{x}=e^2,$$

$$\lim_{x\to 0}\frac{e^{\frac{2}{x}\ln(1+x)}-e^2}{x}=e^2\lim_{x\to 0}\frac{e^{\frac{2}{x}\ln(1+x)-2}-1}{x}=e^2\lim_{x\to 0}\frac{\frac{2}{x}\ln(1+x)-2}{x}$$

$$=2e^2\lim_{x\to 0}\frac{\ln(1+x)-x}{x^2}=2e^2\lim_{x\to 0}\frac{\frac{1}{1+x}-1}{2x}=-e^2,$$

所以 $\displaystyle\lim_{x\to 0}\dfrac{(1+x)^{\frac{2}{x}}-e^2\left[1-\ln(1+x)\right]}{x}=0.$

160 求极限 $\displaystyle\lim_{x\to 0}(\cos 2x+2x\sin x)^{\frac{1}{x^4}}$.

K 2016 数学二、数学三,10 分

知识点睛 0112 等价无穷小代换，0217 洛必达法则

解 $\displaystyle\lim_{x\to 0}(\cos 2x+2x\sin x)^{\frac{1}{x^4}}=e^{\lim\limits_{x\to 0}\frac{\ln(\cos 2x+2x\sin x)}{x^4}}$

$$=e^{\lim\limits_{x\to 0}\frac{\ln[1+(\cos 2x-1+2x\sin x)]}{x^4}}=e^{\lim\limits_{x\to 0}\frac{\cos 2x-1+2x\sin x}{x^4}}$$

$$=e^{\lim\limits_{x\to 0}\frac{-2\sin 2x+2\sin x+2x\cos x}{4x^3}}=e^{\lim\limits_{x\to 0}\frac{-\sin 2x+\sin x+x\cos x}{2x^3}}$$

$$=e^{\lim\limits_{x\to 0}\frac{-2\cos 2x+2\cos x-x\sin x}{6x^2}}=e^{\lim\limits_{x\to 0}\frac{4\sin 2x-3\sin x-x\cos x}{12x}}$$

$$=e^{\lim\limits_{x\to 0}\left(\frac{\sin 2x}{3x}-\frac{\sin x}{4x}-\frac{\cos x}{12}\right)}=e^{\frac{2}{3}-\frac{1}{4}-\frac{1}{12}}=e^{\frac{1}{3}}.$$

161 已知 $\displaystyle\lim_{x\to 0}\left[1+x+\dfrac{f(x)}{x}\right]^{\frac{1}{x}}=e^3$，则 $\displaystyle\lim_{x\to 0}\dfrac{f(x)}{x^2}=$ _____.

J 第六届数学竞赛预赛,6 分

知识点睛 0111 无穷小量的性质

解 由 $\displaystyle\lim_{x\to 0}\left[1+x+\dfrac{f(x)}{x}\right]^{\frac{1}{x}}=e^3$ 可得

$$\lim_{x\to 0}\frac{1}{x}\ln\left[1+x+\frac{f(x)}{x}\right]=3,$$

故有 $\dfrac{1}{x}\ln\left[1+x+\dfrac{f(x)}{x}\right]=3+\alpha$，其中 $\alpha\to 0(x\to 0)$，即有

$$\frac{f(x)}{x^2}=\frac{e^{\alpha x+3x}-1}{x}-1,$$

从而 $\displaystyle\lim_{x\to 0}\dfrac{f(x)}{x^2}=\lim_{x\to 0}\left(\dfrac{e^{\alpha x+3x}-1}{x}-1\right)=\lim_{x\to 0}\dfrac{(\alpha+3)x}{x}-1=2.$ 故应填 2.

162 若 $f(1)=0$，$f'(1)$ 存在，求极限

J 第八届数学竞赛预赛,6 分

$$I=\lim_{x\to 0}\frac{f(\sin^2 x+\cos x)\tan 3x}{(e^{x^2}-1)\sin x}.$$

知识点睛 0107 极限运算法则，0109 两个重要极限，0112 等价无穷小，0210 导数的概念

解 $I = \lim\limits_{x \to 0} \dfrac{f(\sin^2 x + \cos x)\tan 3x}{(e^{x^2}-1)\sin x} = \lim\limits_{x \to 0} \dfrac{f(\sin^2 x + \cos x)\cdot 3x}{x^2 \cdot x}$

$= 3\lim\limits_{x \to 0} \dfrac{f(\sin^2 x + \cos x)}{x^2}$

$= 3\lim\limits_{x \to 0} \dfrac{f(\sin^2 x + \cos x)-f(1)}{\sin^2 x + \cos x - 1}\cdot \dfrac{\sin^2 x + \cos x - 1}{x^2}$

$= 3f'(1)\cdot \lim\limits_{x \to 0} \dfrac{\sin^2 x + \cos x - 1}{x^2}$

$= 3f'(1)\left(\lim\limits_{x \to 0} \dfrac{\sin^2 x}{x^2}+\lim\limits_{x \to 0} \dfrac{\cos x - 1}{x^2}\right)$

$= 3f'(1)\left(1-\dfrac{1}{2}\right) = \dfrac{3}{2}f'(1).$

2008 数学一、数学二,9 分

163 求极限 $\lim\limits_{x \to 0} \dfrac{[\sin x - \sin(\sin x)]\sin x}{x^4}$.

知识点睛 0112 等价无穷小，0113 $\dfrac{0}{0}$ 型极限，0217 洛必达法则，0216 泰勒公式

解法 1 $\lim\limits_{x \to 0} \dfrac{[\sin x - \sin(\sin x)]\sin x}{x^4}$

$= \lim\limits_{x \to 0} \dfrac{[\sin x - \sin(\sin x)]x}{x^4}$ （等价无穷小代换）

$= \lim\limits_{x \to 0} \dfrac{\cos x - \cos(\sin x)\cdot \cos x}{3x^2}$ （洛必达法则）

$= \dfrac{1}{3}\lim\limits_{x \to 0} \dfrac{1-\cos x(\sin x)}{x^2}$ （极限为非零常数因子的极限先求）

$= \dfrac{1}{3}\lim\limits_{x \to 0} \dfrac{\dfrac{1}{2}\sin^2 x}{x^2}$ （等价无穷小代换）

$= \dfrac{1}{6}.$

解法 2 $\lim\limits_{x \to 0} \dfrac{[\sin x - \sin(\sin x)]\sin x}{x^4}$

$= \lim\limits_{x \to 0} \dfrac{[\sin x - \sin(\sin x)]\sin x}{\sin^4 x}$ （等价无穷小代换）

$= \lim\limits_{t \to 0} \dfrac{t-\sin t}{t^3}$ （变量代换 $\sin x = t$）

$= \lim\limits_{t \to 0} \dfrac{1-\cos t}{3t^2} = \lim\limits_{t \to 0} \dfrac{\dfrac{1}{2}t^2}{3t^2} = \dfrac{1}{6}.$

解法 3 $\lim\limits_{x\to 0}\dfrac{\left[\sin x-\sin(\sin x)\right]\sin x}{x^4}=\lim\limits_{x\to 0}\dfrac{\sin x-\sin(\sin x)}{x^3}.$

由泰勒公式 $\sin x=x-\dfrac{x^3}{3!}+o(x^3)$，知

$$\sin(\sin x)=\sin x-\frac{\sin^3 x}{3!}+o(\sin^3 x)，$$

则

$$\lim_{x\to 0}\frac{\left[\sin x-\sin(\sin x)\right]\sin x}{x^4}=\lim_{x\to 0}\frac{\sin x-\left[\sin x-\dfrac{1}{6}\sin^3 x+o(x^3)\right]}{x^3}$$

$$=\lim_{x\to 0}\frac{\dfrac{1}{6}\sin^3 x+o(x^3)}{x^3}=\frac{1}{6}.$$

解法 4 $\lim\limits_{x\to 0}\dfrac{\left[\sin x-\sin(\sin x)\right]\sin x}{x^4}$

$$=\lim_{x\to 0}\frac{\sin x-\sin(\sin x)}{x^3}$$

$$=\lim_{x\to 0}\frac{\cos\xi\cdot(x-\sin x)}{x^3}\quad(\xi\text{ 在 }x\text{ 和 }\sin x\text{ 之间})（拉格朗日中值定理）$$

$$=\lim_{x\to 0}\frac{x-\sin x}{x^3}=\lim_{x\to 0}\frac{1-\cos x}{3x^2}=\frac{1}{6}.$$

解法 5   由于当 $x\to 0$ 时，$x-\sin x\sim\dfrac{1}{6}x^3$，则 $\sin x-\sin(\sin x)\sim\dfrac{1}{6}\sin^3 x$，于是

$$\lim_{x\to 0}\frac{\left[\sin x-\sin(\sin x)\right]\sin x}{x^4}=\lim_{x\to 0}\frac{\dfrac{1}{6}\sin^3 x\cdot\sin x}{x^4}=\frac{1}{6}.$$

【评注】本题是一个 $\dfrac{0}{0}$ 型极限，解法 1 主要是用洛必达法则和等价无穷小代换，解法 2 主要是利用变量代换和等价无穷小代换，解法 3 主要是利用泰勒公式，解法 4 主要是利用拉格朗日中值定理，解法 5 最简单.

【易错点】考卷中出现了一些典型错误，例如

$$\lim_{x\to 0}\frac{\left[\sin x-\sin(\sin x)\right]\sin x}{x^4}=\lim_{x\to 0}\left[\frac{\sin^2 x}{x^4}-\frac{\sin(\sin x)\sin x}{x^4}\right]$$

$$=\lim_{x\to 0}\left(\frac{1}{x^2}-\frac{\sin x}{x^3}\right)=\lim_{x\to 0}\left(\frac{1}{x^2}-\frac{1}{x^2}\right)=0.$$

这种做法所得分数只能是 0 分，是"经典"的错误. 这说明读者对极限的最基本的运算法则和等价无穷小代换的基本原则掌握不足.

K 2011 数学一，
10分

164 求极限 $\lim\limits_{x \to 0} \left[\dfrac{\ln(1+x)}{x} \right]^{\frac{1}{e^x - 1}}$.

知识点睛 0112 等价无穷小量，0217 洛必达法则

解法1 $\lim\limits_{x \to 0} \left[\dfrac{\ln(1+x)}{x} \right]^{\frac{1}{e^x - 1}} = \lim\limits_{x \to 0} e^{\frac{\ln\left[\frac{\ln(1+x)}{x} \right]}{e^x - 1}}$. 而

$$\lim\limits_{x \to 0} \frac{\ln\left[\dfrac{\ln(1+x)}{x} \right]}{e^x - 1} = \lim\limits_{x \to 0} \frac{\ln\left[1 + \dfrac{\ln(1+x) - x}{x} \right]}{x} \quad (\text{等价无穷小代换})$$

$$= \lim\limits_{x \to 0} \frac{\ln(1+x) - x}{x^2} \quad (\text{等价无穷小代换})$$

$$= \lim\limits_{x \to 0} \frac{\dfrac{1}{1+x} - 1}{2x} \quad (\text{洛必达法则})$$

$$= \lim\limits_{x \to 0} \frac{\dfrac{-x}{1+x}}{2x} = -\frac{1}{2},$$

则 $\lim\limits_{x \to 0} \left[\dfrac{\ln(1+x)}{x} \right]^{\frac{1}{e^x - 1}} = e^{-\frac{1}{2}}$.

解法2 由于 $\lim\limits_{x \to 0} \left[\dfrac{\ln(1+x)}{x} \right]^{\frac{1}{e^x - 1}} = \lim\limits_{x \to 0} \left[1 + \dfrac{\ln(1+x) - x}{x} \right]^{\frac{1}{e^x - 1}}$. 而

$$\lim\limits_{x \to 0} \frac{\ln(1+x) - x}{x} \cdot \frac{1}{e^x - 1} = \lim\limits_{x \to 0} \frac{\ln(1+x) - x}{x^2} \quad (\text{等价无穷小代换})$$

$$= \lim\limits_{x \to 0} \frac{\dfrac{1}{1+x} - 1}{2x} = -\frac{1}{2},$$

则 $\lim\limits_{x \to 0} \left[\dfrac{\ln(1+x)}{x} \right]^{\frac{1}{e^x - 1}} = e^{-\frac{1}{2}}$.

【评注】这是"1^∞"型极限，解法1是改写成指数形式后用洛必达法则和等价无穷小代换，解法2中用的就是关于1^∞型极限的基本结论，显然解法2简单.

本题中的极限 $\lim\limits_{x \to 0} \dfrac{\ln(1+x) - x}{x^2}$ 也可用泰勒公式求解：

$$\lim\limits_{x \to 0} \frac{\ln(1+x) - x}{x^2} = \lim\limits_{x \to 0} \frac{\left[x - \dfrac{x^2}{2} + o(x^2) \right] - x}{x^2} = -\frac{1}{2}.$$

165 求极限 $\displaystyle\lim_{x\to+\infty}\frac{\int_1^x[t^2(e^{\frac{1}{t}}-1)-t]\,dt}{x^2\ln\left(1+\frac{1}{x}\right)}$.

K 2014 数学一、数学二、数学三，10 分

165 题精解视频

知识点睛 0112 等价无穷小代换，0217 洛必达法则

解法 1 $\displaystyle\lim_{x\to+\infty}\frac{\int_1^x[t^2(e^{\frac{1}{t}}-1)-t]\,dt}{x^2\ln\left(1+\frac{1}{x}\right)}=\lim_{x\to+\infty}\frac{\int_1^x[t^2(e^{\frac{1}{t}}-1)-t]\,dt}{x^2\cdot\frac{1}{x}}$ （等价无穷小代换）

$$=\lim_{x\to+\infty}[x^2(e^{\frac{1}{x}}-1)-x] \quad（洛必达法则）$$

$$\xlongequal{\frac{1}{x}=t}\lim_{t\to0^+}\frac{e^t-1-t}{t^2} \quad（变量代换）$$

$$=\lim_{t\to0^+}\frac{e^t-1}{2t} \quad（洛必达法则）$$

$$=\frac{1}{2}.$$

解法 2 $\displaystyle\lim_{x\to+\infty}\frac{\int_1^x[t^2(e^{\frac{1}{t}}-1)-t]\,dt}{x^2\ln\left(1+\frac{1}{x}\right)}$

$$=\lim_{x\to+\infty}\frac{\int_1^x[t^2(e^{\frac{1}{t}}-1)-t]\,dt}{x^2\cdot\frac{1}{x}} \quad（等价无穷小代换）$$

$$=\lim_{x\to+\infty}[x^2(e^{\frac{1}{x}}-1)-x] \quad（洛必达法则）$$

$$=\lim_{x\to+\infty}\left\{x^2\left[\frac{1}{x}+\frac{1}{2!x^2}+o\left(\frac{1}{x^2}\right)\right]-x\right\} \quad（泰勒公式）$$

$$=\frac{1}{2}.$$

166 求极限 $\displaystyle\lim_{x\to0}\left(\frac{2+e^{\frac{1}{x}}}{1+e^{\frac{4}{x}}}+\frac{\sin x}{|x|}\right)$.

K 2000 数学一，5 分

知识点睛 0106 函数的左、右极限

解 由于 $\displaystyle\lim_{x\to0^+}e^{\frac{1}{x}}=+\infty$，$\displaystyle\lim_{x\to0^-}e^{\frac{1}{x}}=0$，本题的极限应分左、右极限来求.

$$\lim_{x\to0^-}\left(\frac{2+e^{\frac{1}{x}}}{1+e^{\frac{4}{x}}}+\frac{\sin x}{|x|}\right)=2-1=1,$$

$$\lim_{x \to 0^+}\left(\frac{2 + e^{\frac{1}{x}}}{1 + e^{\frac{4}{x}}} + \frac{\sin x}{|x|}\right) = \lim_{x \to 0^+}\left(\frac{2e^{-\frac{4}{x}} + e^{-\frac{3}{x}}}{e^{-\frac{4}{x}} + 1} + \frac{\sin x}{x}\right) = 0 + 1 = 1,$$

故 $\displaystyle\lim_{x \to 0}\left(\frac{2 + e^{\frac{1}{x}}}{1 + e^{\frac{4}{x}}} + \frac{\sin x}{|x|}\right) = 1.$

【评注】有几个基本极限应注意：

(1) $\displaystyle\lim_{x \to 0} e^{\frac{1}{x}} = \infty$（错），正确的是 $\displaystyle\lim_{x \to 0^+} e^{\frac{1}{x}} = +\infty$，$\displaystyle\lim_{x \to 0^-} e^{\frac{1}{x}} = 0.$

(2) $\displaystyle\lim_{x \to \infty} e^x = \infty$（错），正确的是 $\displaystyle\lim_{x \to +\infty} e^x = +\infty$，$\displaystyle\lim_{x \to -\infty} e^x = 0.$

(3) $\displaystyle\lim_{x \to 0} \arctan \frac{1}{x} = \frac{\pi}{2}$（错），正确的是 $\displaystyle\lim_{x \to 0^+} \arctan \frac{1}{x} = \frac{\pi}{2}$，$\displaystyle\lim_{x \to 0^-} \arctan \frac{1}{x} = -\frac{\pi}{2}.$

(4) $\displaystyle\lim_{x \to \infty} \frac{\sqrt{x^2 + 1}}{x} = 1$（错），正确的是 $\displaystyle\lim_{x \to +\infty} \frac{\sqrt{x^2 + 1}}{x} = 1$，$\displaystyle\lim_{x \to -\infty} \frac{\sqrt{x^2 + 1}}{x} = -1.$

【易错点】读者的典型错误是将极限 $\displaystyle\lim_{x \to 0}\left(\frac{2 + e^{\frac{1}{x}}}{1 + e^{\frac{4}{x}}} + \frac{\sin x}{|x|}\right)$ 分成两个极限 $\displaystyle\lim_{x \to 0}\frac{2 + e^{\frac{1}{x}}}{1 + e^{\frac{4}{x}}}$ 和 $\displaystyle\lim_{x \to 0}\frac{\sin x}{|x|}$ 去讨论，而这两个极限都不存在，就说原题极限不存在，这是错误的. 我们有以下结论：

① 存在 ± 不存在 = 不存在；

② 不存在 ± 不存在 = 不一定；

③ 存在 × 不存在 = 不一定；

④ 不存在 × 不存在 = 不一定.

K 1999 数学二，5 分

167 求极限 $\displaystyle\lim_{x \to 0}\frac{\sqrt{1 + \tan x} - \sqrt{1 + \sin x}}{x\ln(1 + x) - x^2}.$

知识点睛　分子有理化，0112 等价无穷小代换

解　$\displaystyle\lim_{x \to 0}\frac{\sqrt{1 + \tan x} - \sqrt{1 + \sin x}}{x\ln(1 + x) - x^2}$

$= \displaystyle\lim_{x \to 0}\frac{\tan x - \sin x}{x[\ln(1 + x) - x](\sqrt{1 + \tan x} + \sqrt{1 + \sin x})}$　（分子有理化）

$= \dfrac{1}{2}\displaystyle\lim_{x \to 0}\frac{\tan x(1 - \cos x)}{x[\ln(1 + x) - x]} = \dfrac{1}{2}\displaystyle\lim_{x \to 0}\frac{\frac{1}{2}x^2}{\ln(1 + x) - x}$　（等价无穷小代换）

$= \dfrac{1}{4}\displaystyle\lim_{x \to 0}\frac{2x}{\frac{1}{1 + x} - 1} = \dfrac{1}{4}\displaystyle\lim_{x \to 0}\frac{2x}{\frac{-x}{1 + x}} = -\dfrac{1}{2}.$

【评注】本题是"$\dfrac{0}{0}$"型极限,主要是利用分子有理化、等价无穷小代换和洛必达法则求极限.

168 求极限 $\lim\limits_{x\to 0}\dfrac{1}{x^3}\left[\left(\dfrac{2+\cos x}{3}\right)^x-1\right]$.

Ⓚ 2004 数学二,
10 分

知识点睛　0113 未定式极限,0217 洛必达法则

分析　本题是 $\dfrac{0}{0}$ 型极限,由于分子中含有幂指函数,通常的求解方法是将它化为指数函数形式,然后用等价无穷小$(e^x-1\sim x)$代换,最后用洛必达法则.

解法 1　$\lim\limits_{x\to 0}\dfrac{1}{x^3}\left[\left(\dfrac{2+\cos x}{3}\right)^x-1\right]$

$$=\lim_{x\to 0}\frac{e^{x\ln\frac{2+\cos x}{3}}-1}{x^3}=\lim_{x\to 0}\frac{\ln\dfrac{2+\cos x}{3}}{x^2}\quad(\text{等价无穷小代换})$$

$$=\lim_{x\to 0}\frac{\ln(2+\cos x)-\ln 3}{x^2}=\lim_{x\to 0}\frac{\dfrac{-\sin x}{2+\cos x}}{2x}$$

$$=-\frac{1}{2}\lim_{x\to 0}\frac{1}{2+\cos x}\cdot\frac{\sin x}{x}=-\frac{1}{6}.$$

解法 2　$\lim\limits_{x\to 0}\dfrac{1}{x^3}\left[\left(\dfrac{2+\cos x}{3}\right)^x-1\right]$

$$=\lim_{x\to 0}\frac{e^{x\ln\frac{2+\cos x}{3}}-1}{x^3}=\lim_{x\to 0}\frac{\ln\dfrac{2+\cos x}{3}}{x^2}$$

$$=\lim_{x\to 0}\frac{\ln\left(1+\dfrac{\cos x-1}{3}\right)}{x^2}=\lim_{x\to 0}\frac{\cos x-1}{3x^2}\quad(\text{等价无穷小代换})$$

$$=-\frac{1}{6}.$$

【评注】本题是"$\dfrac{0}{0}$"型极限,又出现了幂指函数,将其改写成指数形式后用等价无穷小代换是关键.

169 求极限 $\lim\limits_{x\to+\infty}\left(x^{\frac{1}{x}}-1\right)^{\frac{1}{\ln x}}$.

Ⓚ 2010 数学三,
10 分

知识点睛　0113 0^0 型极限,0217 洛必达法则

分析　由于 $\lim\limits_{x\to+\infty}x^{\frac{1}{x}}=\lim\limits_{x\to+\infty}e^{\frac{\ln x}{x}}$,而 $\lim\limits_{x\to+\infty}\dfrac{\ln x}{x}=\lim\limits_{x\to+\infty}\dfrac{\dfrac{1}{x}}{1}=\lim\limits_{x\to+\infty}\dfrac{1}{x}=0$,则本题是"$0^0$"型极限,通常是改写成指数形式或取对数后用洛必达法则.

解　$\lim\limits_{x\to+\infty}(x^{\frac{1}{x}}-1)^{\frac{1}{\ln x}}=\lim\limits_{x\to+\infty}e^{\frac{\ln(x^{\frac{1}{x}}-1)}{\ln x}}$. 又

$$\lim\limits_{x\to+\infty}\frac{\ln(x^{\frac{1}{x}}-1)}{\ln x}=\lim\limits_{x\to+\infty}\frac{(x^{\frac{1}{x}})'}{\frac{1}{x}(x^{\frac{1}{x}}-1)}\quad(\text{洛必达法则})$$

$$=\lim\limits_{x\to+\infty}\frac{x(e^{\frac{\ln x}{x}})'}{e^{\frac{\ln x}{x}}-1}=\lim\limits_{x\to+\infty}\frac{xe^{\frac{\ln x}{x}}\left(\frac{1}{x^2}-\frac{\ln x}{x^2}\right)}{e^{\frac{\ln x}{x}}-1}$$

$$=\lim\limits_{x\to+\infty}\frac{1-\ln x}{x(e^{\frac{\ln x}{x}}-1)}=\lim\limits_{x\to+\infty}\frac{1-\ln x}{\ln x}\quad\left(e^{\frac{\ln x}{x}}-1\sim\frac{\ln x}{x}\right)$$

$$=-1,$$

故 $\lim\limits_{x\to+\infty}(x^{\frac{1}{x}}-1)^{\frac{1}{\ln x}}=e^{-1}=\dfrac{1}{e}$.

170　求极限 $\lim\limits_{x\to\infty}\left[x-x^2\ln\left(1+\dfrac{1}{x}\right)\right]$.

知识点睛　0113 $\infty-\infty$ 型极限, 0216 泰勒公式

分析　这是 $\infty-\infty$ 型极限, 一种方法是作倒代换 $x=\dfrac{1}{t}$, 然后通分化为 $\dfrac{0}{0}$ 型; 另一种

方法是将 $\ln\left(1+\dfrac{1}{x}\right)$ 用泰勒公式展开.

解法 1　令 $x=\dfrac{1}{t}$, 则

$$\lim\limits_{x\to\infty}\left[x-x^2\ln\left(1+\frac{1}{x}\right)\right]=\lim\limits_{t\to0}\left[\frac{1}{t}-\frac{1}{t^2}\ln(1+t)\right]$$

$$=\lim\limits_{t\to0}\frac{t-\ln(1+t)}{t^2}=\lim\limits_{t\to0}\frac{1-\frac{1}{1+t}}{2t}=\lim\limits_{t\to0}\frac{1}{2(1+t)}=\frac{1}{2}.$$

解法 2　由泰勒公式得

$$\ln\left(1+\frac{1}{x}\right)=\frac{1}{x}-\frac{1}{2x^2}+o\left(\frac{1}{x^2}\right),$$

$$\lim\limits_{x\to\infty}\left[x-x^2\ln\left(1+\frac{1}{x}\right)\right]=\lim\limits_{x\to\infty}\left[\frac{1}{2}-x^2\cdot o\left(\frac{1}{x^2}\right)\right]=\frac{1}{2}.$$

【评注】本题所求极限是 $\infty-\infty$ 型, 求 $\infty-\infty$ 型极限常用以下三种方法:

(1) 通分化为 $\dfrac{0}{0}$ 型 (当所求极限为分式差的形式).

(2) 根式有理化 (当所求极限为根式差的形式).

(3) 变量代换或泰勒公式 (当所求极限为其他形式).

171 求极限 $\lim\limits_{x\to 0}\dfrac{(1-\cos x)\left[x-\ln(1+\tan x)\right]}{\sin^4 x}$.

K 2009 数学二，9 分

知识点睛 0112 等价无穷小量，0216 泰勒公式

解法 1 当 $x\to 0$ 时，$1-\cos x\sim\dfrac{1}{2}x^2$，$\sin x\sim x$，则

$$\lim_{x\to 0}\frac{(1-\cos x)\left[x-\ln(1+\tan x)\right]}{\sin^4 x}=\lim_{x\to 0}\frac{\dfrac{1}{2}x^2\left[x-\ln(1+\tan x)\right]}{x^4}$$

$$=\lim_{x\to 0}\frac{x-\ln(1+\tan x)}{2x^2}=\lim_{x\to 0}\frac{1-\dfrac{\sec^2 x}{1+\tan x}}{4x}$$

$$=\lim_{x\to 0}\frac{1+\tan x-\sec^2 x}{4x}=\frac{1}{4}\left(\lim_{x\to 0}\frac{\tan x}{x}-\lim_{x\to 0}\frac{\tan^2 x}{x}\right)=\frac{1}{4}.$$

解法 2 $\lim\limits_{x\to 0}\dfrac{(1-\cos x)\left[x-\ln(1+\tan x)\right]}{\sin^4 x}$

$$=\lim_{x\to 0}\frac{\dfrac{1}{2}x^2\left[x-\ln(1+\tan x)\right]}{x^4}=\lim_{x\to 0}\frac{x-\ln(1+\tan x)}{2x^2}$$

$$=\lim_{x\to 0}\frac{(x-\tan x)-\left[\ln(1+\tan x)-\tan x\right]}{2x^2}$$

$$=\lim_{x\to 0}\frac{\left(-\dfrac{1}{3}x^3+o(x^3)\right)-\left(-\dfrac{1}{2}\tan^2 x+o(\tan^2 x)\right)}{2x^2}=\frac{1}{4},$$

其中用到当 $x\to 0$ 时，$\tan x-x\sim\dfrac{1}{3}x^3$，$x-\ln(1+x)\sim\dfrac{1}{2}x^2$.

求函数极限小结

1.求函数极限主要是求未定式 $\left(\dfrac{0}{0},\dfrac{\infty}{\infty},\infty-\infty,0\cdot\infty,1^\infty,\infty^0,0^0\right)$ 的极限，这里的关键是两种，即 $\dfrac{0}{0}$ 型和 $\dfrac{\infty}{\infty}$ 型，而后五种都可化为前两种，其中特别是 $\dfrac{0}{0}$ 型考得最多.求 $\dfrac{0}{0}$ 型极限主要有三种方法：

（1）利用洛必达法则：在处理 $\dfrac{0}{0}$ 型极限问题时不要急于用洛必达法则，应先进行化简，如将极限为非零常数的因子极限先求出来，或利用等价无穷小代换、有理化，化简整理后再用洛必达法则.

（2）利用等价无穷小代换.

（3）利用泰勒公式：其中 $\sin x,\cos x,\ln(1+x),\mathrm{e}^x$ 在 $x=0$ 处的泰勒公式比较常用，读者应熟悉.

2.1^∞ 型极限也是一种常考的类型，最简单的方法是利用结论：

若 $\lim\alpha(x)=0$，$\lim\beta(x)=\infty$，且 $\lim\alpha(x)\beta(x)=A$，则 $\lim\left[1+\alpha(x)\right]^{\beta(x)}=\mathrm{e}^A$.

♩第三届数学
竞赛预赛,6分

172 题精解视频

172 设 $a_n = \cos\dfrac{\theta}{2} \cdot \cos\dfrac{\theta}{2^2} \cdot \cdots \cdot \cos\dfrac{\theta}{2^n}$,求 $\lim\limits_{n\to\infty} a_n$.

知识点睛 0109 两个重要极限

解 若 $\theta = 0$,则 $\lim\limits_{n\to\infty} a_n = 1$.若 $\theta \neq 0$,则

$$a_n = \cos\frac{\theta}{2} \cdot \cos\frac{\theta}{2^2} \cdot \cdots \cdot \cos\frac{\theta}{2^n}$$

$$= \cos\frac{\theta}{2} \cdot \cos\frac{\theta}{2^2} \cdot \cdots \cdot \cos\frac{\theta}{2^n} \cdot \sin\frac{\theta}{2^n} \cdot \frac{1}{\sin\dfrac{\theta}{2^n}}$$

$$= \cos\frac{\theta}{2} \cdot \cos\frac{\theta}{2^2} \cdot \cdots \cdot \cos\frac{\theta}{2^{n-1}} \cdot \frac{1}{2} \cdot \sin\frac{\theta}{2^{n-1}} \cdot \frac{1}{\sin\dfrac{\theta}{2^n}}$$

$$= \cos\frac{\theta}{2} \cdot \cos\frac{\theta}{2^2} \cdot \cdots \cdot \cos\frac{\theta}{2^{n-2}} \cdot \frac{1}{2^2} \cdot \sin\frac{\theta}{2^{n-2}} \cdot \frac{1}{\sin\dfrac{\theta}{2^n}}$$

$$= \frac{\sin\theta}{2^n \sin\dfrac{\theta}{2^n}},$$

这时,$\lim\limits_{n\to\infty} a_n = \lim\limits_{n\to\infty} \dfrac{\sin\theta}{2^n \sin\dfrac{\theta}{2^n}} = \dfrac{\sin\theta}{\theta}$.

♩第四届数学
竞赛预赛,6分

173 求极限 $\lim\limits_{n\to\infty} (n!)^{\frac{1}{n^2}}$.

知识点睛 0108 数列极限存在准则——夹逼定理

解 因为 $(n!)^{\frac{1}{n^2}} = e^{\frac{1}{n^2}\ln(n!)}$,而

$$0 < \frac{1}{n^2}\ln(n!) \leqslant \frac{1}{n}\left(\frac{\ln 1}{1} + \frac{\ln 2}{2} + \cdots + \frac{\ln n}{n}\right),\text{且} \lim\limits_{n\to\infty}\frac{\ln n}{n} = 0,$$

所以

$$\lim\limits_{n\to\infty} \frac{1}{n}\left(\frac{\ln 1}{1} + \frac{\ln 2}{2} + \cdots + \frac{\ln n}{n}\right) = 0,$$

即 $\lim\limits_{n\to\infty}\dfrac{1}{n^2}\ln(n!) = 0$,故 $\lim\limits_{n\to\infty}(n!)^{\frac{1}{n^2}} = 1$.

♩第四届数学
竞赛预赛,6分

174 求极限 $\lim\limits_{x\to+\infty} \sqrt[3]{x}\int_x^{x+1} \dfrac{\sin t}{\sqrt{t + \cos t}}\,dt$.

知识点睛 0108 函数极限存在准则——夹逼定理

解 因为当 $x > 1$ 时,

$$\left|\sqrt[3]{x}\int_x^{x+1}\frac{\sin t}{\sqrt{t+\cos t}}\,dt\right| \leqslant \sqrt[3]{x}\int_x^{x+1}\frac{dt}{\sqrt{t-1}} = 2\sqrt[3]{x}\left(\sqrt{x} - \sqrt{x-1}\right)$$

174 题精解视频

$$= 2 \frac{\sqrt[3]{x}}{\sqrt{x} + \sqrt{x-1}} \to 0 \quad (x \to +\infty),$$

所以 $\lim\limits_{x \to +\infty} \sqrt[3]{x} \int_x^{x+1} \frac{\sin t}{\sqrt{t} + \cos t} \mathrm{d}t = 0.$

175 求极限 $\lim\limits_{n \to \infty} \left[1 + \sin\left(\pi\sqrt{1+4n^2}\right) \right]^n.$

第五届数学竞赛预赛,6分

知识点睛 0112 等价无穷小代换

解 因为 $\sin\left(\pi\sqrt{1+4n^2}\right) = \sin\left(\pi\sqrt{1+4n^2} - 2n\pi\right) = \sin\frac{\pi}{2n+\sqrt{1+4n^2}}$,所以

$$原式 = \lim_{n \to \infty} \left(1 + \sin\frac{\pi}{2n+\sqrt{1+4n^2}} \right)^n = \exp\left[\lim_{n \to \infty} n\ln\left(1 + \sin\frac{\pi}{2n+\sqrt{1+4n^2}} \right) \right]$$

$$= \exp\left(\lim_{n \to \infty} n\sin\frac{\pi}{2n+\sqrt{1+4n^2}} \right) = \exp\left(\lim_{n \to \infty} \frac{\pi n}{2n+\sqrt{1+4n^2}} \right) = \mathrm{e}^{\frac{\pi}{4}}.$$

176 设 $x_n = \sum\limits_{k=1}^{n} \frac{k}{(k+1)!}$,则 $\lim\limits_{n \to \infty} x_n = $ _____.

第六届数学竞赛预赛,6分

知识点睛 0107 数列极限的四则运算

解 $x_n = \sum\limits_{k=1}^{n} \frac{k}{(k+1)!} = \sum\limits_{k=1}^{n} \left[\frac{1}{k!} - \frac{1}{(k+1)!} \right] = 1 - \frac{1}{(n+1)!}$,所以

$$\lim_{n \to \infty} x_n = \lim_{n \to \infty} \left[1 - \frac{1}{(n+1)!} \right] = 1.$$

176 题精解视频

应填 1.

177 设 $f(x)$ 在 $[a, b]$ 上非负连续,严格单增,且存在 $x_n \in [a, b]$ 使得 $[f(x_n)]^n = \frac{1}{b-a} \int_a^b [f(x)]^n \mathrm{d}x.$ 求 $\lim\limits_{n \to \infty} x_n.$

第六届数学竞赛预赛,15分

知识点睛 0105 数列极限的定义

解 首先,考虑特殊情形:$a=0, b=1$. 下面证明 $\lim\limits_{n \to \infty} x_n = 1$. 此时 $x_n \in [0,1]$,即 $x_n \leqslant 1$,只要证明 $\forall \varepsilon > 0 (\varepsilon < 1)$,$\exists$ 自然数 N,当 $n > N$ 时,$x_n > 1-\varepsilon$. 由 $f(x)$ 在 $[0,1]$ 上严格单增,就是要证明

$$[f(1-\varepsilon)]^n < [f(x_n)]^n = \int_0^1 [f(x)]^n \mathrm{d}x.$$

由于 $\forall c \in (0,1)$,有

$$\int_c^1 [f(x)]^n \mathrm{d}x > [f(c)]^n \cdot (1-c),$$

现取 $c = 1 - \frac{\varepsilon}{2}$,则 $f(1-\varepsilon) < f(c)$,即 $\frac{f(1-\varepsilon)}{f(c)} < 1$,于是有 $\lim\limits_{n \to \infty} \left[\frac{f(1-\varepsilon)}{f(c)} \right]^n = 0$,所以 $\exists$ 自然数 N,$\forall n > N$ 时,有

$$\left[\frac{f(1-\varepsilon)}{f(c)} \right]^n < \frac{\varepsilon}{2} = 1 - c,$$

即

$$[f(1-\varepsilon)]^n < [f(c)]^n(1-c) \leqslant \int_c^1 [f(x)]^n \mathrm{d}x \leqslant \int_0^1 [f(x)]^n \mathrm{d}x = [f(x_n)]^n,$$

从而 $1-\varepsilon < x_n$, 由 ε 的任意性得 $\lim\limits_{n\to\infty} x_n = 1$.

其次, 考虑一般情形, 令 $F(t)=f(a+t(b-a))$, 由于 $f(x)$ 在 $[a,b]$ 上非负连续, 严格单增, 知 $F(t)$ 在 $[0,1]$ 上非负连续, 严格单增. 从而 $\exists t_n \in [0,1]$, 使得 $[F(t_n)]^n = \int_0^1 [F(t)]^n \mathrm{d}t$, 且 $\lim\limits_{n\to\infty} t_n = 1$, 即

$$[f(a+t_n(b-a))]^n = \int_0^1 [f(a+t(b-a))]^n \mathrm{d}t.$$

记 $x_n = a + t_n(b-a)$, 则有

$$[f(x_n)]^n = \frac{1}{b-a}\int_a^b [f(x)]^n \mathrm{d}x, \text{ 且} \lim\limits_{n\to\infty} x_n = a + (b-a) = b.$$

第九届数学
竞赛预赛, 7 分

178 极限 $\lim\limits_{n\to\infty} \sin^2\left(\pi\sqrt{n^2+n}\right) = $ _____.

知识点睛 0107 数列极限的性质

解 由于 $\sin^2\left(\pi\sqrt{n^2+n}\right) = \sin^2\left(\pi\sqrt{n^2+n}-n\pi\right) = \sin^2\dfrac{n\pi}{\sqrt{n^2+n}+n}$, 故

$$\lim\limits_{n\to\infty} \sin^2\left(\pi\sqrt{n^2+n}\right) = \lim\limits_{n\to\infty} \sin^2\frac{n\pi}{\sqrt{n^2+n}+n} = 1.$$

应填 1.

第十一届数学
竞赛预赛, 6 分

179 极限 $\lim\limits_{x\to 0} \dfrac{\ln\left(e^{\sin x}+\sqrt[3]{1-\cos x}\right)-\sin x}{\arctan\left(4\sqrt[3]{1-\cos x}\right)} = $ _____.

知识点睛 0107 数列极限的四则运算, 0112 等价无穷小代换

解 $\lim\limits_{x\to 0} \dfrac{\ln\left(e^{\sin x}+\sqrt[3]{1-\cos x}\right)-\sin x}{\arctan\left(4\sqrt[3]{1-\cos x}\right)}$

$= \lim\limits_{x\to 0} \dfrac{\left(e^{\sin x}-1\right)+\sqrt[3]{1-\cos x}}{4\sqrt[3]{1-\cos x}} - \lim\limits_{x\to 0} \dfrac{\sin x}{4\sqrt[3]{1-\cos x}}$

$= \lim\limits_{x\to 0} \dfrac{e^{\sin x}-1}{4\left(\dfrac{x^2}{2}\right)^{\frac{1}{3}}} + \dfrac{1}{4} - \lim\limits_{x\to 0} \dfrac{\sin x}{4\left(\dfrac{x^2}{2}\right)^{\frac{1}{3}}} = \dfrac{1}{4}.$

应填 $\dfrac{1}{4}$.

第一届数学
竞赛决赛, 5 分

180 极限 $\lim\limits_{n\to\infty} \sum\limits_{k=1}^{n-1}\left(1+\dfrac{k}{n}\right)\sin\dfrac{k\pi}{n^2} = $ _____.

知识点睛 0216 泰勒公式

解 记 $S_n = \sum\limits_{k=1}^{n-1}\left(1+\dfrac{k}{n}\right)\sin\dfrac{k\pi}{n^2}$, 则

$$S_n = \sum\limits_{k=1}^{n-1}\left(1+\frac{k}{n}\right)\left[\frac{k\pi}{n^2}+o\left(\frac{1}{n^2}\right)\right] = \frac{\pi}{n^2}\sum\limits_{k=1}^{n-1}k + \frac{\pi}{n^3}\sum\limits_{k=1}^{n-1}k^2 + o\left(\frac{1}{n}\right) \to \frac{\pi}{2} + \frac{\pi}{3} = \frac{5\pi}{6},$$

179 题精解视频

于是 $\lim\limits_{n\to\infty}\sum\limits_{k=1}^{n-1}\left(1+\dfrac{k}{n}\right)\sin\dfrac{k\pi}{n^2}=\dfrac{5\pi}{6}$. 应填 $\dfrac{5\pi}{6}$.

181 设数列 $\{a_n\}$ 满足：$a_1=1$，且 $a_{n+1}=\dfrac{a_n}{(n+1)(a_n+1)}$，$n\geqslant 1$. 求极限 $\lim\limits_{n\to\infty}n!a_n$. 🎵 第十二届数学
竞赛预赛,10 分

知识点睛 数列递归公式

解 由数学归纳法易知 $a_n>0(n\geqslant 1)$. 由于

$$\frac{1}{a_{n+1}}=(n+1)\left(1+\frac{1}{a_n}\right)=(n+1)+(n+1)\frac{1}{a_n}=(n+1)+(n+1)\left(n+n\frac{1}{a_{n-1}}\right)$$

$$=(n+1)+(n+1)n+(n+1)n\frac{1}{a_{n-1}},$$

如此递推,得 $\dfrac{1}{a_{n+1}}=(n+1)!\left(\sum\limits_{k=1}^{n}\dfrac{1}{k!}+\dfrac{1}{a_1}\right)=(n+1)!\sum\limits_{k=0}^{n}\dfrac{1}{k!}$，因此

$$\lim_{n\to\infty}n!a_n=\frac{1}{\lim\limits_{n\to\infty}\sum\limits_{k=0}^{n-1}\dfrac{1}{k!}}=\frac{1}{\mathrm{e}}.$$

182 计算极限 $\lim\limits_{n\to\infty}\left(\dfrac{1}{n+1}+\dfrac{1}{n+2}+\cdots+\dfrac{1}{n+n}\right)$. 🎵 第二届数学
竞赛决赛,5 分

知识点睛 0303 利用定积分求数列极限

解 原式 $=\lim\limits_{n\to\infty}\left(\dfrac{1}{1+\dfrac{1}{n}}+\dfrac{1}{1+\dfrac{2}{n}}+\cdots+\dfrac{1}{1+\dfrac{n}{n}}\right)\dfrac{1}{n}=\lim\limits_{n\to\infty}\sum\limits_{i=1}^{n}\dfrac{1}{1+\dfrac{i}{n}}\cdot\dfrac{1}{n}$

$$=\int_0^1\frac{1}{1+x}\mathrm{d}x=\ln(1+x)\Big|_0^1=\ln 2.$$

183 计算极限 $\lim\limits_{x\to+\infty}\left[\left(x^3+\dfrac{x}{2}-\tan\dfrac{1}{x}\right)\mathrm{e}^{\frac{1}{x}}-\sqrt{1+x^6}\right]$. 🎵 第三届数学
竞赛决赛,6 分

知识点睛 倒代换

解 令 $x=\dfrac{1}{t}$，则 $x\to+\infty$ 时 $t\to 0^+$，易得

$$原式=\lim_{t\to 0^+}\frac{1}{t^3}\left[\left(1+\frac{t^2}{2}-t^3\tan t\right)\mathrm{e}^t-\sqrt{1+t^6}\right]$$

$$=\lim_{t\to 0^+}\frac{1}{t^3}\left[\left(1+\frac{t^2}{2}\right)\mathrm{e}^t-\sqrt{1+t^6}\right]$$

$$=\lim_{t\to 0^+}\frac{(2+t^2)\mathrm{e}^t-2\sqrt{1+t^6}}{2t^3}$$

$$=\lim_{t\to 0^+}\frac{(2+2t+t^2)\mathrm{e}^t-\dfrac{6t^5}{\sqrt{1+t^6}}}{6t^2}=+\infty.$$

184 求下列极限：

$(1) \lim\limits_{n \to \infty} n\left[\left(1+\dfrac{1}{n}\right)^n - e\right]$ ；

$(2) \lim\limits_{n \to \infty} \left(\dfrac{a^{\frac{1}{n}}+b^{\frac{1}{n}}+c^{\frac{1}{n}}}{3}\right)^n$ ，其中 $a>0, b>0, c>0$.

知识点睛 0216 泰勒公式

解 （1）因为

$$\left(1+\dfrac{1}{n}\right)^n - e = e^{1-\frac{1}{2n}+o\left(\frac{1}{n}\right)} - e = e\left[e^{-\frac{1}{2n}+o\left(\frac{1}{n}\right)} - 1\right]$$

$$= e\left\{\left[1 - \dfrac{1}{2n} + o\left(\dfrac{1}{n}\right)\right] - 1\right\} = e\left[-\dfrac{1}{2n} + o\left(\dfrac{1}{n}\right)\right] ,$$

因此 $\lim\limits_{n \to \infty} n\left[\left(1+\dfrac{1}{n}\right)^n - e\right] = -\dfrac{e}{2}$.

（2）由泰勒公式,有

$$a^{\frac{1}{n}} = e^{\frac{\ln a}{n}} = 1 + \dfrac{1}{n}\ln a + o\left(\dfrac{1}{n}\right) ,$$

$$b^{\frac{1}{n}} = e^{\frac{\ln b}{n}} = 1 + \dfrac{1}{n}\ln b + o\left(\dfrac{1}{n}\right) ,$$

$$c^{\frac{1}{n}} = e^{\frac{\ln c}{n}} = 1 + \dfrac{1}{n}\ln c + o\left(\dfrac{1}{n}\right) ,$$

因此

$$\dfrac{1}{3}\left(a^{\frac{1}{n}}+b^{\frac{1}{n}}+c^{\frac{1}{n}}\right) = 1 + \dfrac{1}{n}\ln\sqrt[3]{abc} + o\left(\dfrac{1}{n}\right) ,$$

则

$$\left(\dfrac{a^{\frac{1}{n}}+b^{\frac{1}{n}}+c^{\frac{1}{n}}}{3}\right)^n = \left[1 + \dfrac{1}{n}\ln\sqrt[3]{abc} + o\left(\dfrac{1}{n}\right)\right]^n .$$

令 $\alpha_n = \dfrac{1}{n}\ln\sqrt[3]{abc} + o\left(\dfrac{1}{n}\right)$ ，上式可改写成

$$\left(\dfrac{a^{\frac{1}{n}}+b^{\frac{1}{n}}+c^{\frac{1}{n}}}{3}\right)^n = \left[(1+\alpha_n)^{\frac{1}{\alpha_n}}\right]^{n\alpha_n} ,$$

显然

$$(1+\alpha_n)^{\frac{1}{\alpha_n}} \to e, n \to \infty , \quad n\alpha_n \to \ln\sqrt[3]{abc}, n \to \infty ,$$

所以 $\lim\limits_{n \to \infty} \left(\dfrac{a^{\frac{1}{n}}+b^{\frac{1}{n}}+c^{\frac{1}{n}}}{3}\right)^n = \sqrt[3]{abc}$.

185 设函数 $f(x)$ 在点 $x=0$ 的某邻域内有二阶连续导数,且 $f(0), f'(0), f''(0)$ 均不为零.证明:存在唯一一组实数 k_1, k_2, k_3 ，使得

$$\lim\limits_{h \to 0} \dfrac{k_1 f(h)+k_2 f(2h)+k_3 f(3h)-f(0)}{h^2} = 0.$$

知识点睛 0217 洛必达法则

证 由条件,得

$$0 = \lim_{h \to 0}[k_1 f(h) + k_2 f(2h) + k_3 f(3h) - f(0)] = (k_1 + k_2 + k_3 - 1)f(0),$$

因 $f(0) \neq 0$, 所以 $k_1 + k_2 + k_3 - 1 = 0$. 又

$$0 = \lim_{h \to 0} \frac{k_1 f(h) + k_2 f(2h) + k_3 f(3h) - f(0)}{h}$$

$$= \lim_{h \to 0}[k_1 f'(h) + 2k_2 f'(2h) + 3k_3 f'(3h)] = (k_1 + 2k_2 + 3k_3)f'(0),$$

而 $f'(0) \neq 0$, 所以 $k_1 + 2k_2 + 3k_3 = 0$. 再由

$$0 = \lim_{h \to 0} \frac{k_1 f(h) + k_2 f(2h) + k_3 f(3h) - f(0)}{h^2}$$

$$= \lim_{h \to 0} \frac{k_1 f'(h) + 2k_2 f'(2h) + 3k_3 f'(3h)}{2h}$$

$$= \frac{1}{2} \lim_{h \to 0}[k_1 f''(h) + 4k_2 f''(2h) + 9k_3 f''(3h)]$$

$$= \frac{1}{2}(k_1 + 4k_2 + 9k_3)f''(0),$$

而 $f''(0) \neq 0$, 所以 $k_1 + 4k_2 + 9k_3 = 0$. 综上, k_1, k_2, k_3 应满足方程组

$$\begin{cases} k_1 + k_2 + k_3 - 1 = 0, \\ k_1 + 2k_2 + 3k_3 = 0, \\ k_1 + 4k_2 + 9k_3 = 0. \end{cases}$$

因其系数行列式 $\begin{vmatrix} 1 & 1 & 1 \\ 1 & 2 & 3 \\ 1 & 4 & 9 \end{vmatrix} = 2 \neq 0$, 所以存在唯一一组实数 k_1, k_2, k_3, 使得

$$\lim_{h \to 0} \frac{k_1 f(h) + k_2 f(2h) + k_3 f(3h) - f(0)}{h^2} = 0.$$

186 设 $f(x)$ 在 $[1, +\infty)$ 上连续可导, $f'(x) = \dfrac{1}{1 + f^2(x)} \left[\sqrt{\dfrac{1}{x}} - \sqrt{\ln\left(1 + \dfrac{1}{x}\right)} \right]$, 证 🇯 第四届数学

明: $\lim_{x \to +\infty} f(x)$ 存在. 竞赛决赛, 15 分

知识点睛 0108 函数极限存在准则——单调有界准则

证 当 $t > 0$ 时, 对函数 $\ln(1+x)$ 在区间 $[0, t]$ 上应用拉格朗日中值定理, 有

$$\ln(1+t) = \frac{t}{1+\xi}, \quad 0 < \xi < t.$$

由此得 $\dfrac{t}{1+t} < \ln(1+t) < t$, 取 $t = \dfrac{1}{x}$, 有 $\dfrac{1}{1+x} < \ln\left(1 + \dfrac{1}{x}\right) < \dfrac{1}{x}$. 所以, 当 $x \geq 1$ 时, 有 $f'(x) > 0$, 即 $f(x)$ 在 $[1, +\infty)$ 上单调增加. 又

$$f'(x) \leq \sqrt{\frac{1}{x}} - \sqrt{\ln\left(1 + \frac{1}{x}\right)} \leq \sqrt{\frac{1}{x}} - \sqrt{\frac{1}{x+1}} = \frac{\sqrt{x+1} - \sqrt{x}}{\sqrt{x}\sqrt{x+1}}$$

$$= \frac{1}{\sqrt{x(x+1)}(\sqrt{x+1} + \sqrt{x})} \leq \frac{1}{2\sqrt{x^3}},$$

故 $\int_1^x f'(t)\,\mathrm{d}t \le \int_1^x \dfrac{1}{2\sqrt{t^3}}\,\mathrm{d}t$，所以 $f(x)-f(1) \le 1-\dfrac{1}{\sqrt{x}} \le 1$，即 $f(x) \le f(1)+1$，故 $f(x)$ 有上界.

综上，$f(x)$ 在 $[1,+\infty)$ 上单调增加且有上界，所以 $\lim\limits_{x\to+\infty} f(x)$ 存在.

第九届数学
竞赛决赛,12分

187 求极限 $\lim\limits_{n\to\infty}\left[\sqrt[n+1]{(n+1)!} - \sqrt[n]{n!}\right]$.

知识点睛 0112 等价无穷小代换, 0303 利用定积分求数列极限

解 注意到 $\sqrt[n+1]{(n+1)!} - \sqrt[n]{n!} = n\left[\dfrac{\sqrt[n+1]{(n+1)!}}{\sqrt[n]{n!}} - 1\right]\dfrac{\sqrt[n]{n!}}{n}$，而

$$\lim_{n\to\infty}\frac{\sqrt[n]{n!}}{n} = \mathrm{e}^{\lim\limits_{n\to\infty}\frac{1}{n}\sum\limits_{k=1}^{n}\ln\frac{k}{n}} = \mathrm{e}^{\int_0^1 \ln x\,\mathrm{d}x} = \frac{1}{\mathrm{e}},$$

$$\frac{\sqrt[n+1]{(n+1)!}}{\sqrt[n]{n!}} = \sqrt[(n+1)n]{\frac{[(n+1)!]^n}{(n!)^{n+1}}} = \sqrt[(n+1)n]{\frac{(n+1)^{n+1}}{(n+1)!}} = \mathrm{e}^{-\frac{1}{n(n+1)}\sum\limits_{k=1}^{n+1}\ln\frac{k}{n+1}},$$

利用等价无穷小代换 $\mathrm{e}^x - 1 \sim x\,(x\to 0)$，得

$$\lim_{n\to\infty} n\left[\frac{\sqrt[n+1]{(n+1)!}}{\sqrt[n]{n!}} - 1\right] = -\lim_{n\to\infty}\frac{1}{n+1}\sum_{k=1}^{n+1}\ln\frac{k}{n+1} = -\int_0^1 \ln x\,\mathrm{d}x = 1,$$

因此，所求极限为 $\lim\limits_{n\to\infty}\left[\sqrt[n+1]{(n+1)!} - \sqrt[n]{n!}\right] = \lim\limits_{n\to\infty}\dfrac{\sqrt[n]{n!}}{n}\cdot\lim\limits_{n\to\infty} n\left[\dfrac{\sqrt[n+1]{(n+1)!}}{\sqrt[n]{n!}} - 1\right] = \dfrac{1}{\mathrm{e}}$.

第十届数学
竞赛决赛,6分

188 题精解视频

188 设函数 $y = \begin{cases} \dfrac{\sqrt{1-a\sin^2 x}-b}{x^2}, & x\ne 0, \\ 2, & x=0 \end{cases}$ 在点 $x=0$ 处连续，则 $a+b$ 的值为 _____.

知识点睛 0114 函数的连续性

解 设 $y=f(x)$，由 $f(x)$ 在 $x=0$ 处连续得 $\lim\limits_{x\to 0} f(x)=2$，故有 $\lim\limits_{x\to 0}\left(\sqrt{1-a\sin^2 x}-b\right)=0$，从而得 $b=1$. 由此得

$$\lim_{x\to 0}\frac{\sqrt{1-a\sin^2 x}-b}{x^2} = \lim_{x\to 0}\frac{\sqrt{1-a\sin^2 x}-1}{x^2} = \lim_{x\to 0}\frac{-ax^2}{2x^2} = -\frac{a}{2} = 2,$$

故有 $a=-4$. 因此 $a+b=-3$. 应填 -3.

189 设 $f(x)$ 在 $(-\infty,+\infty)$ 内有定义，且 $\lim\limits_{x\to\infty} f(x)=a$，$g(x) = \begin{cases} f\left(\dfrac{1}{x}\right), & x\ne 0, \\ 0, & x=0, \end{cases}$ 则（　　）.

（A）$x=0$ 必是 $g(x)$ 的第一类间断点

（B）$x=0$ 必是 $g(x)$ 的第二类间断点

（C）$x=0$ 必是 $g(x)$ 的连续点

（D）$g(x)$ 在点 $x=0$ 处的连续性与 a 的取值有关

知识点睛 0114 函数的连续性

解 若 $a=0$，则 $\lim\limits_{x\to 0} g(x) = \lim\limits_{x\to 0} f\left(\dfrac{1}{x}\right) = 0 = g(0)$，从而 $g(x)$ 在 $x=0$ 处连续；若 $a\ne 0$，

则 $\lim_{x \to 0} g(x) = \lim_{x \to 0} f\left(\dfrac{1}{x}\right) = a \neq g(0)$，从而 $g(x)$ 在 $x = 0$ 处不连续. 故应选 (D).

【评注】本题主要考查的是分段函数在分界点处的连续性，函数 $f(x)$ 在点 x_0 处的连续性应满足 3 个条件：

(1) 在点 $x = x_0$ 处有定义；

(2) $\lim\limits_{x \to x_0} f(x)$ 存在；

(3) $\lim\limits_{x \to x_0} f(x) = f(x_0)$.

不满足上述任一条件，则函数 $f(x)$ 在点 $x = x_0$ 处间断.

190 设 $f(x)$ 对一切实数 x 满足 $f(x^2) = f(x)$，且在点 $x = 0$ 与 $x = 1$ 处连续，证明：$f(x)$ 恒为常数.

知识点睛 0114 函数的连续性

证 $\forall x_0 > 0$，有 $f(x_0) = f(\sqrt{x_0}) = f(x_0^{\frac{1}{4}}) = f(x_0^{\frac{1}{8}}) = \cdots = f(x_0^{\frac{1}{2^n}})$，由于 $n \to \infty$ 时，$u = x_0^{\frac{1}{2^n}} \to 1$，且 $f(x)$ 在 $x = 1$ 处连续，所以

$$f(x_0) = \lim_{n \to \infty} f(x_0^{\frac{1}{2^n}}) = \lim_{u \to 1} f(u) = f(1).$$

同理，$\forall x_1 < 0$，有 $f(x_1) = f(x_1^2) = f(|x_1|^2) = f(|x_1|) = f(|x_1|^{\frac{1}{2}}) = \cdots = f(|x_1|^{\frac{1}{2^n}})$，于是

$$f(x_1) = \lim_{n \to \infty} f(|x_1|^{\frac{1}{2^n}}) = \lim_{u \to 1} f(u) = f(1).$$

由于 $f(x)$ 在 $x = 0$ 处连续，所以 $f(0) = f(1)$. 故 $\forall x \in \mathbf{R}$，有 $f(x) = f(1)$.

191 设函数 $f(x)$ 在 $(0,1)$ 内有定义，且函数 $e^x f(x)$ 与函数 $e^{-f(x)}$ 在 $(0,1)$ 内都是单调递增的，证明：$f(x)$ 在 $(0,1)$ 内连续.

知识点睛 0114 函数的连续性

证 对 $\forall x_0 \in (0,1)$，证明 $f(x)$ 在点 x_0 连续，首先考虑右连续. 当 $0 < x_0 < x < 1$ 时，由于 $e^{-f(x)}$ 单调递增. 故 $e^{-f(x_0)} \leqslant e^{-f(x)}$，可知

$$f(x_0) \geqslant f(x).$$

又因为 $e^x f(x)$ 单调递增，故 $e^{x_0} f(x_0) \leqslant e^x f(x)$，得

$$e^{x_0 - x} f(x_0) \leqslant f(x) \leqslant f(x_0).$$

在上式中令 $x \to x_0^+$，由夹逼准则知 $\lim\limits_{x \to x_0^+} f(x) = f(x_0)$，即 $f(x)$ 在点 x_0 右连续. 同理可证 $f(x)$ 在点 x_0 左连续.

因此，$f(x)$ 在点 x_0 连续，由点 x_0 在 $(0,1)$ 内的任意性知 $f(x)$ 在 $(0,1)$ 内连续.

192 (1) 证明 $f_n(x) = x^n + nx - 2$（n 为正整数）在 $(0, +\infty)$ 上有唯一正根 a_n；(2) 计算 $\lim\limits_{n \to \infty} (1 + a_n)^n$.

知识点睛 0117 闭区间上连续函数的性质

证 (1) 由于 $f_n(0) = -2 < 0$，$f_n\left(\dfrac{2}{n}\right) = \left(\dfrac{2}{n}\right)^n > 0$，故在 $\left[0, \dfrac{2}{n}\right]$ 上应用零点定理，

$\exists\, a_n \in \left(0, \dfrac{2}{n}\right) \subset (0, +\infty)$, 使 $f_n(a_n) = 0$. 又 $f_n'(x) = nx^{n-1} + n > 0$, $x \in (0, +\infty)$, 因此 $f_n(x)$ 在 $(0, +\infty)$ 上严格单调增, 故在 $(0, +\infty)$ 上有唯一正根 a_n.

(2) 由 n 为正整数, 得 $0 \leqslant \dfrac{2}{n} - \dfrac{2}{n^2} < 1$, $\dfrac{2}{n} - \dfrac{2}{n^2} < \dfrac{2}{n}$, 故

$$f_n\left(\frac{2}{n} - \frac{2}{n^2}\right) = \left(\frac{2}{n} - \frac{2}{n^2}\right)^n - \frac{2}{n} < 0.$$

进一步, 得 $a_n \in \left(\dfrac{2}{n} - \dfrac{2}{n^2}, \dfrac{2}{n}\right)$, 因此

$$\left(1 + \frac{2}{n} - \frac{2}{n^2}\right)^n < (1 + a_n)^n < \left(1 + \frac{2}{n}\right)^n.$$

令 $n \to \infty$, 则

$$\left(1 + \frac{2}{n}\right)^n = \left(1 + \frac{2}{n}\right)^{\frac{n}{2} \cdot 2} \to e^2 \quad (n \to \infty),$$

$$\left(1 + \frac{2}{n} - \frac{2}{n^2}\right)^n = \left(1 + \frac{2n-2}{n^2}\right)^{\frac{n^2}{2n-2} \cdot \frac{2n(n-1)}{n^2}} \to e^2 \quad (n \to \infty),$$

由夹逼准则知 $\lim\limits_{n \to \infty} (1 + a_n)^n = e^2$.

193 设 $f(x)$ 在 $[0, n]$ (n 为自然数, $n \geqslant 2$) 上连续, $f(0) = f(n)$, 证明: 存在 ξ, $\xi + 1 \in [0, n]$, 使 $f(\xi) = f(\xi + 1)$.

知识点睛 0117 闭区间上连续函数的性质

证 设 $g(x) = f(x+1) - f(x)$, $x \in [0, n-1]$, $g(x)$ 在区间 $[0, n-1]$ 上的最小值为 m, 最大值为 M, 则

$$g(0) = f(1) - f(0), \quad g(1) = f(2) - f(1),$$
$$g(2) = f(3) - f(2), \cdots, g(n-1) = f(n) - f(n-1).$$

以上诸式相加, 得 $\sum\limits_{i=0}^{n-1} g(i) = f(n) - f(0)$.

另一方面, $nm \leqslant \sum\limits_{i=0}^{n-1} g(i) \leqslant nM$, 即 $m \leqslant \dfrac{1}{n} \sum\limits_{i=0}^{n-1} g(i) \leqslant M$, 由闭区间上连续函数的介值定理知, 存在 $\xi \in [0, n-1]$, 使 $g(\xi) = \dfrac{1}{n} \sum\limits_{i=0}^{n-1} g(i) = 0$, 即

$$f(\xi + 1) = f(\xi).$$

194 设 $\sum\limits_{k=1}^{n} a_k = 0$, 求 $\lim\limits_{x \to +\infty} \sum\limits_{k=1}^{n} a_k \sqrt{k+x}$.

知识点睛 分子有理化

解 当 $x > 0$ 时, 由于 $\sum\limits_{k=1}^{n} a_k \sqrt{x} = 0$. 所以

$$\lim_{x \to +\infty} \sum_{k=1}^{n} a_k \sqrt{k+x} = \lim_{x \to +\infty} \sum_{k=1}^{n} \left(a_k \sqrt{k+x} - a_k \sqrt{x}\right) = \lim_{x \to +\infty} \sum_{k=1}^{n} \frac{a_k k}{\sqrt{k+x} + \sqrt{x}} = 0.$$

195 $\lim\limits_{x\to0}\dfrac{\cos x+\cos^2x+\cdots+\cos^n x-n}{\cos x-1}=$ _____.

知识点睛 0107 函数极限的四则运算

解 原式 $=\lim\limits_{x\to0}\dfrac{(\cos x-1)+(\cos^2x-1)+\cdots+(\cos^n x-1)}{\cos x-1}$

$=\lim\limits_{x\to0}[1+(\cos x+1)+\cdots+(\cos^{n-1}x+\cos^{n-2}x+\cdots+1)]$

$=1+2+\cdots+n=\dfrac{n(n+1)}{2}$,

故应填 $\dfrac{n(n+1)}{2}$.

196 设 $f(x)$ 满足 $\sin f(x)-\dfrac{1}{3}\sin f\left(\dfrac{1}{3}x\right)=x$，求 $f(x)$.

知识点睛 0105 数列极限的定义

解 令 $g(x)=\sin f(x)$，则

196 题精解视频

$$g(x)-\dfrac{1}{3}g\left(\dfrac{1}{3}x\right)=x,$$

$$\dfrac{1}{3}g\left(\dfrac{1}{3}x\right)-\dfrac{1}{3^2}g\left(\dfrac{1}{3^2}x\right)=\dfrac{1}{3^2}x,$$

$$\dfrac{1}{3^2}g\left(\dfrac{1}{3^2}x\right)-\dfrac{1}{3^3}g\left(\dfrac{1}{3^3}x\right)=\dfrac{1}{3^4}x,$$

$$\vdots$$

$$\dfrac{1}{3^{n-1}}g\left(\dfrac{1}{3^{n-1}}x\right)-\dfrac{1}{3^n}g\left(\dfrac{1}{3^n}x\right)=\dfrac{1}{3^{2(n-1)}}x,$$

以上各式相加,得

$$g(x)-\dfrac{1}{3^n}g\left(\dfrac{1}{3^n}x\right)=x\left(1+\dfrac{1}{9}+\dfrac{1}{9^2}+\cdots+\dfrac{1}{9^{n-1}}\right).$$

因为 $|g(x)|\le1$，所以 $\lim\limits_{n\to\infty}\dfrac{1}{3^n}g\left(\dfrac{1}{3^n}x\right)=0$，而 $\lim\limits_{n\to\infty}\left(1+\dfrac{1}{9}+\dfrac{1}{9^2}+\cdots+\dfrac{1}{9^{n-1}}\right)=\dfrac{1}{1-\dfrac{1}{9}}=\dfrac{9}{8}$，因此

$g(x)=\dfrac{9}{8}x$，于是

$$f(x)=2k\pi+\arcsin\dfrac{9}{8}x\quad\text{或}\quad f(x)=(2k-1)\pi-\arcsin\dfrac{9}{8}x\quad\left(k\in\mathbf{Z},|x|<\dfrac{8}{9}\right).$$

197 求 $\lim\limits_{x\to0}\dfrac{e^x-e^{\sin x}}{(x+x^2)\ln(1+x)\arcsin x}$.

知识点睛 0112 等价无穷小代换

解 利用等价无穷小代换,并提出因子 $e^{\sin x}$，再应用洛必达法则,得

$$\lim\limits_{x\to0}\dfrac{e^x-e^{\sin x}}{(x+x^2)\ln(1+x)\arcsin x}=\lim\limits_{x\to0}\dfrac{e^{\sin x}(e^{x-\sin x}-1)}{x^3+x^4}$$

$$= \lim_{x \to 0} e^{\sin x} \cdot \lim_{x \to 0} \frac{x - \sin x}{x^3 + x^4} = \lim_{x \to 0} \frac{1 - \cos x}{3x^2 + 4x^3} = \frac{1}{6}.$$

【评注】若 $\lim\limits_{x \to x_0} \alpha(x) = a, \lim\limits_{x \to x_0} \beta(x) = a$，则对下列形式的极限，宜提取公因子，然后利用极限的运算法则与等价无穷小代换计算，有

$$\lim_{x \to x_0} \frac{e^{\alpha(x)} - e^{\beta(x)}}{\alpha(x) - \beta(x)} = \lim_{x \to x_0} e^{\beta(x)} \lim_{x \to x_0} \frac{e^{\alpha(x) - \beta(x)} - 1}{\alpha(x) - \beta(x)} = e^a.$$

198 求 $\lim\limits_{x \to 0} \dfrac{e^{x^2} - \cos x}{\ln \cos x}$.

知识点睛 0112 等价无穷小代换，0107 函数极限的四则运算法则

解 原式 $= \lim\limits_{x \to 0} \left\{ \dfrac{e^{x^2} - 1}{\ln[1 + (\cos x - 1)]} + \dfrac{1 - \cos x}{\ln[1 + (\cos x - 1)]} \right\}$

$= \lim\limits_{x \to 0} \dfrac{e^{x^2} - 1}{\ln[1 + (\cos x - 1)]} + \lim\limits_{x \to 0} \dfrac{1 - \cos x}{\ln[1 + (\cos x - 1)]}$

$= \lim\limits_{x \to 0} \dfrac{x^2}{\cos x - 1} + \lim\limits_{x \to 0} \dfrac{1 - \cos x}{\cos x - 1} = -3.$

199 求 $\lim\limits_{x \to 0} \dfrac{\ln(\sin^2 x + e^x) - x}{\ln(x^2 + e^{2x}) - 2x}$.

知识点睛 0112 等价无穷小代换

解 本题应先恒等变形，然后再利用等价无穷小代换.

$$\lim_{x \to 0} \frac{\ln(\sin^2 x + e^x) - x}{\ln(x^2 + e^{2x}) - 2x} = \lim_{x \to 0} \frac{\ln[e^x(1 + e^{-x}\sin^2 x)] - x}{\ln[e^{2x}(1 + e^{-2x}x^2)] - 2x}$$

$$= \lim_{x \to 0} \frac{\ln(1 + e^{-x}\sin^2 x)}{\ln(1 + e^{-2x}x^2)} = \lim_{x \to 0} \frac{e^{-x}\sin^2 x}{e^{-2x}x^2} = 1.$$

【评注】在应用等价无穷小代换求极限时要特别小心，一般情况下强调对分子或分母的乘积因子可以应用等价无穷小代换，从而简化极限运算，否则会导致错误的结果.

200 $\lim\limits_{x \to 0} \cot x \left(\dfrac{1}{\sin x} - \dfrac{1}{x} \right) = \underline{\qquad}$.

知识点睛 0112 等价无穷小代换

解 $\lim\limits_{x \to 0} \cot x \left(\dfrac{1}{\sin x} - \dfrac{1}{x} \right) = \lim\limits_{x \to 0} \dfrac{\cos x}{\sin x} \cdot \dfrac{x - \sin x}{x \sin x} = \lim\limits_{x \to 0} \dfrac{x - \sin x}{x^3} = \lim\limits_{x \to 0} \dfrac{1 - \cos x}{3x^2} = \lim\limits_{x \to 0} \dfrac{\frac{1}{2}x^2}{3x^2} = \dfrac{1}{6}.$ 故应填 $\dfrac{1}{6}$.

201 求 $\lim\limits_{x \to \infty} x \left[\sin \ln \left(1 + \dfrac{3}{x} \right) - \sin \ln \left(1 + \dfrac{1}{x} \right) \right]$.

知识点睛 三角函数和差化积公式

解 原式 $= 2 \lim\limits_{x \to \infty} x \cdot \cos \dfrac{\ln\left(1 + \dfrac{3}{x}\right) + \ln\left(1 + \dfrac{1}{x}\right)}{2} \cdot \sin \dfrac{\ln\left(1 + \dfrac{3}{x}\right) - \ln\left(1 + \dfrac{1}{x}\right)}{2}$

$$= 2\lim_{x\to\infty} x \cdot \sin\frac{\ln\frac{3+x}{1+x}}{2} = \frac{2}{2}\lim_{x\to\infty} x\ln\left(1+\frac{2}{1+x}\right) = \lim_{x\to\infty} x \cdot \frac{2}{1+x} = 2.$$

202 求 $\lim\limits_{x\to 0} x\left[\dfrac{2}{x}\right]$（$[x]$ 表示 x 的取整函数）.

知识点睛 0108 函数极限存在准则——夹逼准则

解 $\dfrac{2}{x}-1<\left[\dfrac{2}{x}\right]\leqslant\dfrac{2}{x}$，所以当 $x>0$ 时，$2-x<x\left[\dfrac{2}{x}\right]\leqslant 2$；当 $x<0$ 时，$2-x>x\left[\dfrac{2}{x}\right]\geqslant 2$.

因 $\lim\limits_{x\to 0}(2-x)=2$，所以 $\lim\limits_{x\to 0} x\left[\dfrac{2}{x}\right]=2$.

203 设 $a_i\geqslant 0, i=1,2,\cdots,k, a=\max\{a_1,a_2,\cdots,a_k\}$，证明：
$$\lim_{n\to\infty}\sqrt[n]{a_1^n+a_2^n+\cdots+a_k^n}=a.$$

知识点睛 0108 数列极限存在准则——夹逼准则

证 因为 $a^n\leqslant a_1^n+a_2^n+\cdots+a_k^n\leqslant ka^n$，所以 $a\leqslant\sqrt[n]{a_1^n+a_2^n+\cdots+a_k^n}\leqslant a\sqrt[n]{k}$，又 $\lim\limits_{n\to\infty}\sqrt[n]{k}=1$，从而由夹逼准则得
$$\lim_{n\to\infty}\sqrt[n]{a_1^n+a_2^n+\cdots+a_k^n}=a.$$

204 设 $x_n=\left(1+\dfrac{1}{n^2}\right)\left(1+\dfrac{2}{n^2}\right)\cdots\left(1+\dfrac{n}{n^2}\right)$，求 $\lim\limits_{n\to\infty} x_n$.

知识点睛 0108 数列极限存在准则——夹逼准则

解 $\ln x_n=\ln\left(1+\dfrac{1}{n^2}\right)+\ln\left(1+\dfrac{2}{n^2}\right)+\cdots+\ln\left(1+\dfrac{n}{n^2}\right)$.

当 $x>0$ 时，$x-\dfrac{x^2}{2}<\ln(1+x)<x$，则

$$\ln x_n<\frac{1}{n^2}+\frac{2}{n^2}+\cdots+\frac{n}{n^2}=\frac{\dfrac{n(n+1)}{2}}{n^2}\to\frac{1}{2}\quad(n\to\infty),$$

$$\ln x_n>\frac{1}{n^2}-\frac{1}{2}\cdot\frac{1}{n^4}+\frac{2}{n^2}-\frac{1}{2}\cdot\frac{4}{n^4}+\cdots+\frac{n}{n^2}-\frac{1}{2}\cdot\frac{n^2}{n^4}$$

$$=\frac{\dfrac{n(n+1)}{2}}{n^2}-\frac{1}{2}\cdot\frac{\dfrac{n(n+1)(2n+1)}{6}}{n^4}\to\frac{1}{2}\quad(n\to\infty).$$

所以，由夹逼准则，$\lim\limits_{n\to\infty}\ln x_n=\dfrac{1}{2}$，即 $\lim\limits_{n\to\infty} x_n=e^{\frac{1}{2}}$.

205 极限 $\lim\limits_{x\to+\infty}(\cos\sqrt{x+1}-\cos\sqrt{x})=$ _____.

知识点睛 三角函数的和差化积公式

解 利用三角函数的和差化积公式，得
$$\cos\sqrt{x+1}-\cos\sqrt{x}=-2\sin\frac{\sqrt{x+1}+\sqrt{x}}{2}\cdot\sin\frac{\sqrt{x+1}-\sqrt{x}}{2},$$

由 $\left| \sin \dfrac{\sqrt{x+1}+\sqrt{x}}{2} \right| \leqslant 1$ 及

$$0 \leqslant \left| \sin \frac{\sqrt{x+1}-\sqrt{x}}{2} \right| = \left| \sin \frac{1}{2(\sqrt{x+1}+\sqrt{x})} \right| \leqslant \frac{1}{2(\sqrt{x+1}+\sqrt{x})} \to 0 \quad (x \to +\infty),$$

并根据有界函数与无穷小量的乘积仍是无穷小量,得 $\lim\limits_{x \to +\infty}(\cos\sqrt{x+1}-\cos\sqrt{x})=0$. 故应填 0.

206 设 $f(x)$ 和 $\varphi(x)$ 在 $(-\infty,+\infty)$ 内有定义,$f(x)$ 为连续函数,且 $f(x) \neq 0$,$\varphi(x)$ 有间断点,则（　　）.

(A) $\varphi[f(x)]$ 必有间断点　　　　　　(B) $[\varphi(x)]^2$ 必有间断点

(C) $f[\varphi(x)]$ 必有间断点　　　　　　(D) $\dfrac{\varphi(x)}{f(x)}$ 必有间断点

知识点睛　0115 函数的间断点

解　采用排除法.若取 $\varphi(x)=\begin{cases}1, & x\geqslant 0,\\ -1, & x<0,\end{cases}$ $\varphi(x)$ 有间断点 $x=0$.但 $[\varphi(x)]^2=1$ 没有间断点,所以(B)不正确.

取 $\varphi(x)=\begin{cases}1, & x\geqslant 0,\\ -1, & x<0,\end{cases}$ $f(x)=x^2+1$,则 $\varphi[f(x)]=1$ 没有间断点,(A)不正确.

取 $f(x)=x^2+1$, $\varphi(x)=\begin{cases}1, & x\geqslant 0,\\ -1, & x<0,\end{cases}$ 则 $f[\varphi(x)]=2$ 没有间断点,所以(C)不正确,故应选(D).

207 设 $f(x)$ 在 $[0,1]$ 上连续,且 $f(0)=f(1)$,证明:

(1) 存在 $x\in[0,1]$,使 $f(x)=f\left(x+\dfrac{1}{2}\right)$;

(2) 对任何正整数 n,存在 $x\in[0,1]$,使 $f(x)=f\left(x+\dfrac{1}{n}\right)$.

207 题精解视频

知识点睛　0117 闭区间上连续函数的性质

证　(1) 设 $g(x)=f(x)-f\left(x+\dfrac{1}{2}\right)$,则 $g(x)$ 在 $\left[0,\dfrac{1}{2}\right]$ 上连续,且

$$g(0)=f(0)-f\left(\frac{1}{2}\right), \quad g\left(\frac{1}{2}\right)=f\left(\frac{1}{2}\right)-f(1),$$

故 $g(0)+g\left(\dfrac{1}{2}\right)=f(0)-f(1)=0.$

另一方面,$m \leqslant \dfrac{g(0)+g\left(\dfrac{1}{2}\right)}{2} \leqslant M$（其中 m、M 分别为 $g(x)$ 在 $\left[0,\dfrac{1}{2}\right]$ 上的最小值、最大值）.由介值定理知,存在 $x\in\left[0,\dfrac{1}{2}\right]\subset[0,1]$,使

$$g(x)=\frac{g(0)+g\left(\dfrac{1}{2}\right)}{2}=0.$$

（2）设 $h(x)=f(x)-f\left(x+\dfrac{1}{n}\right)$，则 $h(x)$ 在 $\left[0,\dfrac{n-1}{n}\right]$ 上连续，且

$$h(0)=f(0)-f\left(\frac{1}{n}\right),\quad h\left(\frac{1}{n}\right)=f\left(\frac{1}{n}\right)-f\left(\frac{2}{n}\right),$$

$$h\left(\frac{2}{n}\right)=f\left(\frac{2}{n}\right)-f\left(\frac{3}{n}\right),\cdots,\quad h\left(\frac{n-1}{n}\right)=f\left(\frac{n-1}{n}\right)-f(1).$$

以上诸式相加，得 $\displaystyle\sum_{i=0}^{n-1}h\left(\frac{i}{n}\right)=f(0)-f(1)=0.$

另一方面 $nm\leqslant\displaystyle\sum_{i=0}^{n-1}h\left(\frac{i}{n}\right)\leqslant nM$（其中 m、M 分别为 $h(x)$ 在 $\left[0,\dfrac{n-1}{n}\right]$ 上的最小值、最大值），即 $m\leqslant\dfrac{1}{n}\displaystyle\sum_{i=0}^{n-1}h\left(\frac{i}{n}\right)\leqslant M.$ 由闭区间上连续函数的介值定理知，存在 $x\in\left[0,\dfrac{n-1}{n}\right]\subset[0,1]$，使 $h(x)=\dfrac{1}{n}\displaystyle\sum_{i=0}^{n-1}h\left(\frac{i}{n}\right)=0.$

208 设函数 $f(x)=\dfrac{x}{a+\mathrm{e}^{bx}}$ 在 $(-\infty,+\infty)$ 内连续，且 $\lim\limits_{x\to-\infty}f(x)=0$，则常数 a，b 满足（　　）.

（A）$a<0,b<0$　　　　（B）$a>0,b>0$　　　　（C）$a\leqslant0,b>0$　　　　（D）$a\geqslant0,b<0$

知识点睛　0114 函数的连续性

解　由 $\lim\limits_{x\to-\infty}\dfrac{x}{a+\mathrm{e}^{bx}}=0$ 知：$\lim\limits_{x\to-\infty}(a+\mathrm{e}^{bx})=\infty$，故 $b<0$.

若 $a<0$，则 $f(x)$ 应有间断点 $x=\dfrac{\ln(-a)}{b}$，与 $f(x)$ 在 $(-\infty,+\infty)$ 内连续矛盾，所以 $a\geqslant0$.应选（D）.

第2章
一元函数微分学

知识要点

一、导数的概念

1.导数定义　设函数 $y=f(x)$ 在点 x_0 的某邻域内有定义,当自变量 x 在点 x_0 处取得增量 $\Delta x(\Delta x \neq 0)$ 时,相应地,函数 y 取得增量 $\Delta y = f(x_0 + \Delta x) - f(x_0)$,如果极限

$$\lim_{\Delta x \to 0} \frac{\Delta y}{\Delta x} = \lim_{\Delta x \to 0} \frac{f(x_0 + \Delta x) - f(x_0)}{\Delta x}$$

存在,则称函数 $y=f(x)$ 在点 x_0 处可导,并称这个极限值为函数 $y=f(x)$ 在点 x_0 处的导数,记为 $f'(x_0)$,$y'(x_0)$,$\left.\dfrac{\mathrm{d}y}{\mathrm{d}x}\right|_{x=x_0}$.

如果记 $x = x_0 + \Delta x$,则导数又可表示为

$$f'(x_0) = \lim_{x \to x_0} \frac{f(x) - f(x_0)}{x - x_0}.$$

若极限 $\lim\limits_{\Delta x \to 0^-} \dfrac{\Delta y}{\Delta x} = \lim\limits_{\Delta x \to 0^-} \dfrac{f(x_0 + \Delta x) - f(x_0)}{\Delta x}$ 存在,则该极限值称为 $f(x)$ 在点 x_0 处的左导数,记作

$$f'_-(x_0) \quad \text{或} \quad f'_-(x_0) = \lim_{x \to x_0^-} \frac{f(x) - f(x_0)}{x - x_0}.$$

若极限 $\lim\limits_{\Delta x \to 0^+} \dfrac{\Delta y}{\Delta x} = \lim\limits_{\Delta x \to 0^+} \dfrac{f(x_0 + \Delta x) - f(x_0)}{\Delta x}$ 存在,则该极限值称为 $f(x)$ 在点 x_0 处的右导数,记作

$$f'_+(x_0) \quad \text{或} \quad f'_+(x_0) = \lim_{x \to x_0^+} \frac{f(x) - f(x_0)}{x - x_0}.$$

函数 $f(x)$ 在点 x_0 处可导,且导数为 A 的充要条件是

$$f'_-(x_0) = f'_+(x_0) = A.$$

2.导数的几何意义　导数 $f'(x_0)$ 在几何上表示曲线 $y=f(x)$ 在点 $M(x_0, f(x_0))$ 处的切线斜率.

曲线 $y=f(x)$ 在点 M 的切线方程是

$$y = f'(x_0)(x - x_0) + f(x_0),$$

曲线 $y=f(x)$ 在点 M 的法线方程是

$$y = -\frac{1}{f'(x_0)}(x - x_0) + f(x_0) \quad (\text{当} f'(x_0) \neq 0 \text{ 时}).$$

3. 函数的可导性与连续性　若函数 $y=f(x)$ 在点 x_0 可导,则 $y=f(x)$ 在点 x_0 必连续.但连续不一定可导.

二、导数的基本公式及运算法则

1. 基本初等函数的导数公式

(1) $(C)'=0$;

(2) $(x^{\mu})'=\mu x^{\mu-1}$ (μ 为实数);

(3) $(\sin x)'=\cos x$;

(4) $(\cos x)'=-\sin x$;

(5) $(\tan x)'=\sec^2 x$;

(6) $(\cot x)'=-\csc^2 x$;

(7) $(\sec x)'=\sec x\cdot\tan x$;

(8) $(\csc x)'=-\csc x\cdot\cot x$;

(9) $(a^x)'=a^x\ln a$ ($a>0, a\neq1$);

(10) $(e^x)'=e^x$;

(11) $(\log_a x)'=\dfrac{1}{x\ln a}$ ($a>0, a\neq1$);

(12) $(\ln x)'=\dfrac{1}{x}$;

(13) $(\arcsin x)'=\dfrac{1}{\sqrt{1-x^2}}$;

(14) $(\arccos x)'=-\dfrac{1}{\sqrt{1-x^2}}$;

(15) $(\arctan x)'=\dfrac{1}{1+x^2}$;

(16) $(\text{arccot}\, x)'=-\dfrac{1}{1+x^2}$.

2. 导数的四则运算法则　设函数 $u(x)$, $v(x)$ 在点 x 可导,则

(1) $[u(x)\pm v(x)]'=u'(x)\pm v'(x)$;

(2) $[u(x)\cdot v(x)]'=u'(x)v(x)+u(x)v'(x)$;

(3) $\left[\dfrac{u(x)}{v(x)}\right]'=\dfrac{u'(x)v(x)-u(x)v'(x)}{[v(x)]^2}$ ($v(x)\neq0$).

3. 复合函数的求导法则　若 $u=\varphi(x)$ 在点 x 可导,而 $y=f(u)$ 在对应点 $u(u=\varphi(x))$ 可导,则复合函数 $y=f[\varphi(x)]$ 在点 x 可导,且

$$y'=f'(u)\cdot\varphi'(x).$$

4. 幂指数函数 $f(x)^{g(x)}$ 的求导(微分)法

设 $f(x)>0$, $f(x)$, $g(x)$ 均可导,求幂指函数 $f(x)^{g(x)}$ 的导数,通常用下面两种方法:

方法 1　将 $f(x)^{g(x)}$ 表成 $e^{g(x)\ln f(x)}$ 后求导.

对 $f(x)^{g(x)}=e^{g(x)\ln f(x)}$ 用复合函数求导法及导数的四则运算法则,可得

$$[f(x)^{g(x)}]'=[e^{g(x)\ln f(x)}]'=e^{g(x)\ln f(x)}[g(x)\ln f(x)]'$$
$$=f(x)^{g(x)}\left[g'(x)\ln f(x)+g(x)\dfrac{f'(x)}{f(x)}\right].$$

方法 2　对数求导法.

对 $y=f(x)^{g(x)}$ 两边取对数,有 $\ln y=g(x)\ln f(x)$.两边对 x 求导并注意 y 是 x 的函数,得

$$\dfrac{y'}{y}=g'(x)\ln f(x)+g(x)\cdot\dfrac{f'(x)}{f(x)},$$

因此

$$y'=f(x)^{g(x)}\left[g'(x)\ln f(x)+g(x)\dfrac{f'(x)}{f(x)}\right].$$

用对数求导法求连乘积的导数或微分常常是方便的.如:

$$y = f_1(x) f_2(x) \cdots f_n(x),$$

先取绝对值再取对数,得

$$\ln |y| = \ln |f_1(x)| + \ln |f_2(x)| + \cdots + \ln |f_n(x)|.$$

设 $f_i(x)$ 可导 $(i = 1, 2, \cdots, n)$,求导得

$$\frac{1}{y} y' = \frac{f_1'(x)}{f_1(x)} + \frac{f_2'(x)}{f_2(x)} + \cdots + \frac{f_n'(x)}{f_n(x)}, \quad \text{即} \quad y' = y \left[\frac{f_1'(x)}{f_1(x)} + \frac{f_2'(x)}{f_2(x)} + \cdots + \frac{f_n'(x)}{f_n(x)} \right].$$

5.反函数求导法则　若单调连续函数 $x = \varphi(y)$ 在点 y 可导,且其导数 $\varphi'(y) \neq 0$,则它的反函数 $y = f(x)$ 在对应点 x 可导,且

$$f'(x) = \frac{1}{\varphi'(y)}, \quad \text{或} \quad \frac{dy}{dx} = \frac{1}{\dfrac{dx}{dy}}.$$

三、高阶导数、隐函数及参数方程求导

1.高阶导数　函数 $f(x)$ 的导数的导数,即 $(f'(x))'$,称为 $f(x)$ 的二阶导数,记为 $f''(x)$;一般地,$f(x)$ 的 $n-1$ 阶导数的导数称为 $f(x)$ 的 n 阶导数,记为 $f^{(n)}(x)$.二阶及二阶以上的导数统称为高阶导数.

设函数 $u = u(x)$,$v = v(x)$ 具有 n 阶导数,则

$$(u \pm v)^{(n)} = u^{(n)} \pm v^{(n)}, \quad (ku)^{(n)} = ku^{(n)},$$

$$(uv)^{(n)} = \sum_{k=0}^{n} C_n^k u^{(n-k)} v^{(k)}$$

$$= u^{(n)} v + nu^{(n-1)} v' + \frac{n(n-1)}{2!} u^{(n-2)} v'' + \cdots + nu' v^{(n-1)} + uv^{(n)},$$

最后一式称为莱布尼茨公式.

2.几个常见函数的 n 阶导数公式

$(1)\ (e^{ax+b})^{(n)} = a^n e^{ax+b};$

$(2)\ [\sin(ax+b)]^{(n)} = a^n \sin\left(ax+b+\frac{n\pi}{2}\right);$

$(3)\ [\cos(ax+b)]^{(n)} = a^n \cos\left(ax+b+\frac{n\pi}{2}\right);$

$(4)\ [(ax+b)^{\beta}]^{(n)} = a^n \beta(\beta-1) \cdots (\beta-n+1)(ax+b)^{\beta-n};$

$(5)\ \left(\dfrac{1}{ax+b}\right)^{(n)} = \dfrac{(-1)^n a^n n!}{(ax+b)^{n+1}};$

$(6)\ [\ln(ax+b)]^{(n)} = (-1)^{n-1} a^n (n-1)! \dfrac{1}{(ax+b)^n}.$

特别地,$(e^x)^{(n)} = e^x$,$(\sin x)^{(n)} = \sin\left(x+\dfrac{n\pi}{2}\right)$,$(\cos x)^{(n)} = \cos\left(x+\dfrac{n\pi}{2}\right)$,

$$(x^{\alpha})^{(n)} = \alpha(\alpha-1) \cdots (\alpha-n+1) x^{\alpha-n}, \quad (\ln x)^{(n)} = \frac{(-1)^{n-1}(n-1)!}{x^n},$$

其中 a, b, α, β 为常数,且 $a \neq 0$.

3.隐函数的导数　求由方程 $F(x, y) = 0$ 所确定的隐函数 $y = y(x)$ 的导数 $y'(x)$,可

将方程 $F(x,y)=0$ 两端对 x 求导,并注意 y 是 x 的函数,最后解出 $y'(x)$.

4.参数方程确定的函数的导数　设 $\begin{cases} x=\varphi(t) \\ y=\psi(t) \end{cases}$,确定 y 是 x 的函数,t 为参数,则

$$\frac{\mathrm{d}y}{\mathrm{d}x}=\frac{\mathrm{d}y/\mathrm{d}t}{\mathrm{d}x/\mathrm{d}t}=\frac{\psi'(t)}{\varphi'(t)},$$

$$\frac{\mathrm{d}^2y}{\mathrm{d}x^2}=\frac{\mathrm{d}\left(\dfrac{\psi'(t)}{\varphi'(t)}\right)}{\dfrac{\mathrm{d}x}{\mathrm{d}t}}=\frac{\psi''(t)\varphi'(t)-\psi'(t)\varphi''(t)}{(\varphi'(t))^3}.$$

四、微分

1.微分定义　若函数 $f(x)$ 在点 x 处的增量 $\Delta y=f(x+\Delta x)-f(x)$ 可表示为 $\Delta y=A\Delta x+o(\Delta x)$,其中 A 是与 Δx 无关的常数;当 $\Delta x\rightarrow0$ 时,$o(\Delta x)$ 是比 Δx 高阶的无穷小量,则称 $y=f(x)$ 在点 x 可微,而线性主部 $A\Delta x$ 称为 $y=f(x)$ 在点 x 的微分,记为 $\mathrm{d}y$ 或 $\mathrm{d}f(x)$,即 $\mathrm{d}y=\mathrm{d}f(x)=A\Delta x$.

当函数 $f(x)$ 可微时,微分中 Δx 的系数 $A=f'(x)$,记 $\mathrm{d}x=\Delta x$,称之为自变量的微分,微分表达式通常写为对称形式

$$\mathrm{d}y=f'(x)\mathrm{d}x,$$

而导数就是函数微分与自变量微分之商(微商)

$$f'(x)=\frac{\mathrm{d}y}{\mathrm{d}x}.$$

2.基本初等函数的微分公式

(1) $\mathrm{d}(C)=0$;

(2) $\mathrm{d}(x^\mu)=\mu x^{\mu-1}\mathrm{d}x$　(μ 为实数);

(3) $\mathrm{d}(\sin x)=\cos x\mathrm{d}x$;

(4) $\mathrm{d}(\cos x)=-\sin x\mathrm{d}x$;

(5) $\mathrm{d}(\tan x)=\sec^2x\mathrm{d}x$;

(6) $\mathrm{d}(\cot x)=-\csc^2x\mathrm{d}x$;

(7) $\mathrm{d}(\sec x)=\sec x\cdot\tan x\mathrm{d}x$;

(8) $\mathrm{d}(\csc x)=-\csc x\cdot\cot x\mathrm{d}x$;

(9) $\mathrm{d}(a^x)=a^x\ln a\mathrm{d}x$　($a>0,a\neq1$);

(10) $\mathrm{d}(\mathrm{e}^x)=\mathrm{e}^x\mathrm{d}x$;

(11) $\mathrm{d}(\log_ax)=\dfrac{1}{x\ln a}\mathrm{d}x$　($a>0,a\neq1$);

(12) $\mathrm{d}(\ln x)=\dfrac{1}{x}\mathrm{d}x$;

(13) $\mathrm{d}(\arcsin x)=\dfrac{1}{\sqrt{1-x^2}}\mathrm{d}x$;

(14) $\mathrm{d}(\arccos x)=-\dfrac{1}{\sqrt{1-x^2}}\mathrm{d}x$;

(15) $\mathrm{d}(\arctan x)=\dfrac{1}{1+x^2}\mathrm{d}x$;

(16) $\mathrm{d}(\operatorname{arccot} x)=-\dfrac{1}{1+x^2}\mathrm{d}x$.

3.微分四则运算法则　设函数 $u(x),v(x)$ 可微,则有

(1) $\mathrm{d}[u(x)\pm v(x)]=\mathrm{d}u(x)\pm\mathrm{d}v(x)$;

(2) $\mathrm{d}[u(x)v(x)]=v(x)\mathrm{d}u(x)+u(x)\mathrm{d}v(x)$;

(3) $\mathrm{d}\left[\dfrac{u(x)}{v(x)}\right]=\dfrac{v(x)\mathrm{d}u(x)-u(x)\mathrm{d}v(x)}{[v(x)]^2}$　($v(x)\neq0$).

4. 一阶微分形式不变性　设函数 $u=\varphi(x)$ 在点 x 可微,函数 $y=f(u)$ 在相应的点 $u=\varphi(x)$ 处可微,则复合函数 $y=f[\varphi(x)]$ 在点 x 可微,且微分式

$$dy=f'[\varphi(x)]\varphi'(x)dx=f'(u)du.$$

这表明,不论 u 是自变量或中间变量,函数 $y=f(u)$ 的微分形式都是一样的,这个性质称为一阶微分形式的不变性.

5. 可微的充要条件　函数 $f(x)$ 在点 x_0 可微的充分必要条件是 $f(x)$ 在点 x_0 可导,且 $dy=f'(x_0)dx$.

6. 可微的必要条件　函数 $f(x)$ 在点 x_0 可微的必要条件是 $f(x)$ 在 x_0 点连续.

五、分段函数的导数

1. 按定义求分界点处的导数或左右导数

设 $f(x)=\begin{cases}g(x),& x_0-\delta<x<x_0,\\ A,& x=x_0,\\ h(x),& x_0<x<x_0+\delta,\end{cases}$ 　其中 $\delta>0$ 为常数, 则可按定义求 $f'_+(x_0)$ 与 $f'_-(x_0)$:

$$f'_+(x_0)=\lim_{\Delta x\to 0^+}\frac{f(x_0+\Delta x)-f(x_0)}{\Delta x}=\lim_{\Delta x\to 0^+}\frac{h(x_0+\Delta x)-A}{\Delta x},$$

$$f'_-(x_0)=\lim_{\Delta x\to 0^-}\frac{f(x_0+\Delta x)-f(x_0)}{\Delta x}=\lim_{\Delta x\to 0^-}\frac{g(x_0+\Delta x)-A}{\Delta x}.$$

若上述极限均存在且相等,记为 l,则 $f'(x_0)=l$.

对于 $f(x)=\begin{cases}g(x),& x\neq x_0,\\ A,& x=x_0,\end{cases}$ 类似地可按定义求 $f'(x_0)$(如果它们存在的话).

2. 按求导法则分别求分段函数在分界点处的左右导数

根据是:

(1) $f'(x_0)$ 存在 $\Leftrightarrow f'_+(x_0),f'_-(x_0)$ 均存在且相等,即 $f'(x_0)=f'_+(x_0)=f'_-(x_0)$.

(2) 若在点 x_0 的右邻域 $x_0\leqslant x<x_0+\delta$ 或左邻域 $x_0-\delta<x\leqslant x_0$ 上,$f(x)=g(x)$,则 $f(x)$ 与 $g(x)$ 在点 x_0 处有相同的右或左可导性.

若 $g(x)$ 可导,则 $f'_+(x_0)=g'_+(x_0)$ 或 $f'_-(x_0)=g'_-(x_0)$.

根据上述结论,我们立即得到如下求分界点处导数的一个方法:

设 $f(x)=\begin{cases}g(x),& x_0-\delta<x\leqslant x_0,\\ h(x),& x_0<x<x_0+\delta,\end{cases}$ $\delta>0$ 为常数,若 $g'_-(x_0)=h'_+(x_0)\xlongequal{\text{记为}}A$,且 $f(x)$ 在点 x_0 处连续,则 $f'(x_0)=A$.

3. 分界点是连续点时,求导函数在分界点处的极限值或左、右极限值

设 $f(x)$ 在点 x_0 的空心邻域 $\overset{\circ}{U}(x_0,\delta)$ 内可导且 $f(x)$ 在点 x_0 处连续. 若存在极限 $\lim\limits_{x\to x_0}f'(x)=A$,则 $f'(x_0)=A$.

六、微分中值定理

1. 罗尔定理　设函数 $f(x)$ 在 $[a,b]$ 上连续,在 (a,b) 内可导,且 $f(a)=f(b)$,则至少存在一点 $\xi\in(a,b)$,使 $f'(\xi)=0$.

2. 拉格朗日中值定理　设函数 $f(x)$ 在 $[a,b]$ 上连续,在 (a,b) 内可导,则至少存在

一点 $\xi \in (a,b)$, 使

$$f(b)-f(a)=f'(\xi)(b-a).$$

3.柯西中值定理　设函数 $f(x)$、$g(x)$ 在 $[a,b]$ 上连续, 在 (a,b) 内可导, $g'(x) \neq 0$, 则至少存在一点 $\xi \in (a,b)$, 使

$$\frac{f(b)-f(a)}{g(b)-g(a)}=\frac{f'(\xi)}{g'(\xi)}.$$

［注］　（1）罗尔定理是拉格朗日中值定理的特例, 拉格朗日中值定理是柯西中值定理的特例.

（2）利用拉格朗日中值定理证明不等式的关键是通过要证明的不等式确定出函数 $f(x)$ 及区间 $[a,b]$, 然后验证函数 $f(x)$ 在区间 $[a,b]$ 上满足拉格朗日中值定理的条件.

（3）利用中值定理证明含有多个 ξ 的关系式或 $f^{(n)}(\xi)=k(k \neq 0)$ 的命题时, 步骤如下:

① 做辅助函数 $F(x)$;

② 验证 $F(x)$ 满足罗尔定理;

③ 由定理的结论知命题成立.

常常利用原函数法（第 3 章将介绍原函数）做辅助函数:

① 将欲证结论中的 ξ 换成 x;

② 通过恒等变形将结论转化为易消除导数符号的形式;

③ 用观察法或积分法计算出原函数;

④ 移项, 使等式一边为 0, 则另一边就是所做的辅助函数 $F(x)$, 为方便起见, 积分常数常常取 0.

七、洛必达法则

1.洛必达法则 Ⅰ　设函数 $f(x)$ 与 $g(x)$ 满足:

（1）在点 x_0 的某一邻域内（点 x_0 可除外）有定义, 且 $\lim\limits_{x \to x_0} f(x)=0$, $\lim\limits_{x \to x_0} g(x)=0$;

（2）在该邻域内可导, 且 $g'(x) \neq 0$;

（3）$\lim\limits_{x \to x_0} \dfrac{f'(x)}{g'(x)}$ 存在（或为 ∞）,

则 $\lim\limits_{x \to x_0} \dfrac{f(x)}{g(x)}=\lim\limits_{x \to x_0} \dfrac{f'(x)}{g'(x)}$（或为 ∞）.

2.洛必达法则 Ⅱ　设函数 $f(x)$ 与 $g(x)$ 满足:

（1）在 x_0 的某一邻域内（点 x_0 可除外）有定义, 且 $\lim\limits_{x \to x_0} f(x)=\infty$, $\lim\limits_{x \to x_0} g(x)=\infty$;

（2）在该邻域内可导, 且 $g'(x) \neq 0$;

（3）$\lim\limits_{x \to x_0} \dfrac{f'(x)}{g'(x)}$ 存在（或为 ∞）,

则 $\lim\limits_{x \to x_0} \dfrac{f(x)}{g(x)}=\lim\limits_{x \to x_0} \dfrac{f'(x)}{g'(x)}$（或为 ∞）.

以上两法则对于 $x \to \infty$ 时的未定式 "$\dfrac{0}{0}$" "$\dfrac{\infty}{\infty}$" 同样适用.

八、泰勒公式

1.泰勒定理 若 $f(x)$ 在含有点 x_0 的某个邻域内具有直到 $n+1$ 阶的导数,则对于该邻域内任意点 x,有泰勒公式

$$f(x) = \sum_{k=0}^{n} \frac{f^{(k)}(x_0)}{k!}(x - x_0)^k + \frac{f^{(n+1)}(\xi)}{(n+1)!}(x - x_0)^{n+1},$$

其中 ξ 介于 x_0 与 x 之间,$f^{(0)}(x_0) = f(x_0)$.

2.麦克劳林公式 在 $x_0 = 0$ 展开的泰勒公式,也称为麦克劳林公式,即

$$f(x) = \sum_{k=0}^{n} \frac{f^{(k)}(0)}{k!}x^k + \frac{f^{(n+1)}(\xi)}{(n+1)!}x^{n+1},$$

其中 ξ 介于 0 与 x 之间.

3.常用的六个泰勒展开式

$$e^x = 1 + x + \frac{x^2}{2!} + \cdots + \frac{x^n}{n!} + o(x^n),$$

$$\sin x = x - \frac{x^3}{3!} + \frac{x^5}{5!} - \cdots + (-1)^n \frac{x^{2n+1}}{(2n+1)!} + o(x^{2n+1}),$$

$$\cos x = 1 - \frac{x^2}{2!} + \frac{x^4}{4!} - \frac{x^6}{6!} + \cdots + (-1)^n \frac{x^{2n}}{(2n)!} + o(x^{2n}),$$

$$\ln(1+x) = x - \frac{x^2}{2} + \frac{x^3}{3} - \cdots + (-1)^n \frac{x^{n+1}}{n+1} + o(x^{n+1}),$$

$$\frac{1}{1-x} = 1 + x + x^2 + \cdots + x^n + o(x^n),$$

$$(1+x)^m = 1 + mx + \frac{m(m-1)}{2!}x^2 +$$

$$\cdots + \frac{m(m-1)\cdots(m-n+1)}{n!}x^n + o(x^n).$$

九、函数的单调性与曲线的凹凸性

1.函数的单调性

设函数 $f(x)$ 在 $[a,b]$ 上连续,在 (a,b) 内可导.

(1)若在 (a,b) 内 $f'(x) > 0$,则 $f(x)$ 在 $[a,b]$ 上单调增加;

(2)若在 (a,b) 内 $f'(x) < 0$,则 $f(x)$ 在 $[a,b]$ 上单调减少.

求 $y = f(x)$ 的单调区间的步骤是:

(1)明确定义域并找出无定义的点;

(2)找出使 $f'(x) = 0$ 的点(驻点)及导数不存在但函数有意义的点(称这些点为可疑的极值点);

(3)把上面全部列出的点按大小列在表上,它们把定义域分割成若干区间,分别根据每个区间上导数的符号判断其单调性.

2.曲线的凹凸性与拐点

凹凸性定义 若曲线弧上每一点的切线都位于曲线的下方,则称这段弧是凹的,若曲线弧上每一点的切线都位于曲线的上方,则称这段弧是凸的.

曲线的凹凸性判别法　设函数$f(x)$在区间$[a,b]$上连续,在区间(a,b)内具有二阶导数.如果$f''(x)\leq 0$,但$f''(x)$在任何子区间中不恒为零,则曲线弧$y=f(x)$是凸的;如果$f''(x)\geq 0$,但$f''(x)$在任何子区间不恒为零,则曲线弧$y=f(x)$是凹的.

拐点定义　连续曲线凹与凸部分的分界点称为曲线的拐点.

因为拐点是曲线凹凸弧的分界点,所以在拐点横坐标左右两侧邻近处$f''(x)$必然异号,而在拐点横坐标处$f''(x)$等于零或不存在.

拐点存在的必要条件　设函数$f(x)$在点x_0具有二阶导数,则点$(x_0,f(x_0))$是曲线$y=f(x)$的拐点的必要条件是$f''(x_0)=0$.

判定曲线凹凸性或求函数的凹、凸区间、拐点的步骤是:

(1)求出函数的定义域或指定区域,及二阶导数;

(2)在区域内求出全部拐点疑点(二阶导数为0的点、二阶导数不存在但函数有意义的点),函数边界点及使函数无意义的端点;

(3)把这些点列在表上,根据二阶导数在各区间上的正负进行判断.

拐点的判别方法总结如下:

(1)若$f(x)$在点x_0二阶可导,则点$(x_0,f(x_0))$为曲线$y=f(x)$的拐点的必要条件是$f''(x_0)=0$.

(2)若$f(x)$在点x_0可导,在$\overset{\circ}{U}(x_0)$内二阶可导,且在$\overset{\circ}{U}_+(x_0)$和$\overset{\circ}{U}_-(x_0)$内$f''(x)$的符号相反,则点$(x_0,f(x_0))$为曲线$y=f(x)$的拐点.(其中$\overset{\circ}{U}_+(x_0)$和$\overset{\circ}{U}_-(x_0)$分别表示点$x_0$的去心右邻域和去心左邻域.)

(3)若$f(x)$在$U(x_0)$内具有三阶连续导数,且$f''(x_0)=0$,$f'''(x_0)\neq 0$,则点$(x_0,f(x_0))$为曲线$y=f(x)$的拐点.

十、函数的极值与最大值、最小值

1.函数的极值

极值的定义　设函数$f(x)$在点x_0的某个邻域内有定义,对于该邻域内异于x_0的点x,如果恒有$f(x)<f(x_0)$,则称$f(x_0)$为$f(x)$的极大值,而称x_0为$f(x)$的极大值点;如果恒有$f(x)>f(x_0)$,则称$f(x_0)$为$f(x)$的极小值,而称x_0为$f(x)$的极小值点.

极大值与极小值统称为极值,极大值点与极小值点统称为极值点.

极值的必要条件　设函数$f(x)$在点x_0可导,且在点x_0取得极值,则必有$f'(x_0)=0$.

极值第一判别法　设函数$f(x)$在点x_0的某个邻域内连续且在$\overset{\circ}{U}(x_0)$内可导,那么
(1)若当$x<x_0$时,$f'(x)>0$;当$x>x_0$时$f'(x)<0$,则$f(x_0)$是$f(x)$的极大值,

(2)若当$x<x_0$时,$f'(x)<0$;当$x>x_0$时$f'(x)>0$,则$f(x_0)$是$f(x)$的极小值,

(3)若在x_0的两侧,$f'(x)$的符号相同,则$f(x_0)$不是极值.

极值第二判别法　设函数$f(x)$在点x_0处有二阶导数,且$f'(x_0)=0$,$f''(x_0)\neq 0$,则
(1)若$f''(x_0)<0$,则函数$f(x)$在点x_0取得极大值;

(2)若$f''(x_0)>0$,则函数$f(x)$在点x_0取得极小值.

2.求极值的步骤

(1)求出函数$f(x)$的全部可疑的极值点——驻点($f'(x)=0$的点)及导数不存在但函数有意义的内点;

(2)逐个地进行判断.判断的方法一般有:

方法一:用第一充分条件,求出导函数 $f'(x)$ 并把它因式分解,根据可疑的极值点邻近 $f'(x)$ 的符号判断.如果可疑的极值点较多时,亦可先列表求出单调区间,然后根据各单调区间进行判断.

方法二:用第二充分条件,即如果是驻点,用二阶导数在该点处的正负判断.

注意方法二的条件是可疑的极值点必为驻点;该点处存在二阶导数且不为 0,否则应改用方法一判断.当 $f''(x)$ 存在但较复杂时,一般也用方法一判断.

3.函数的最大值与最小值

设函数 $f(x)$ 在 $[a,b]$ 上连续,在 (a,b) 内仅有一个极值点,则若 x_0 是 $f(x)$ 的极大值点,那么 x_0 必为 $f(x)$ 在 $[a,b]$ 上的最大值点;若 x_0 是 $f(x)$ 的极小值点,那么 x_0 必为 $f(x)$ 在 $[a,b]$ 上的最小值点.

4.求函数最值的步骤

(1)找出此区间上的全部可疑的极值点(即驻点、导数不存在但函数有意义的内点)及使函数有定义的边界点;

(2)分别求出函数在这些点上的函数值并比较其大小,其中最大的函数值就是最大值,最小的函数值就是最小值.

注意,若函数在指定区间单调且在边界点处连续,则其边界点必为最值点.

十一、函数图形的描绘

1.曲线的渐近线

若 $\lim\limits_{x \to +\infty} f(x) = A$,则称直线 $y = A$ 为曲线 $y = f(x)$ 的水平渐近线(将 $x \to +\infty$ 改为 $x \to -\infty$ 仍有此定义).

若 $\lim\limits_{x \to x_0^*} f(x) = \infty$,则称直线 $x = x_0$ 为曲线 $y = f(x)$ 的铅直渐近线(将 $x \to x_0^+$ 改为 $x \to x_0^-$ 仍有此定义).

若 $\lim\limits_{x \to +\infty} \dfrac{f(x)}{x} = a (a \neq 0)$,且 $\lim\limits_{x \to +\infty} [f(x) - ax] = b$,则称直线 $y = ax + b$ 为曲线 $y = f(x)$ 的斜渐近线(将 $x \to +\infty$ 改为 $x \to -\infty$ 仍有此定义).

2.作图步骤

(1)写出函数 $f(x)$,标出定义域或指定的作图区域;

(2)判断 $f(x)$ 的奇偶性、周期性(如果有这样的特性,可以缩小作图范围);

(3)求水平渐近线、铅直渐近线与斜渐近线;

(4)求出 $f'(x)$,$f''(x)$,从而求出作图的关键点:极值点,拐点,函数 $f(x)$ 的边界点及无意义端点;

(5)列表;

(6)作图,如果作图的关键点(无意义点除外)不够,还可多描一些点,例如 $f(x)$ 与坐标轴的交点等.

十二、曲率

1.曲率的定义

在曲线 L 上,点 N 沿曲线 L 趋于点 M 时,如果极限 $\lim\limits_{\Delta s \to 0} \bar{K} = \lim\limits_{\Delta s \to 0} \left| \dfrac{\Delta \alpha}{\Delta s} \right|$ 存在,则称此

极限值为曲线 L 在点 M 处的曲率,记作 $K=\lim\limits_{\Delta s\to 0}\left|\dfrac{\Delta\alpha}{\Delta s}\right|$. 在 $\lim\limits_{\Delta s\to 0}\dfrac{\Delta\alpha}{\Delta s}=\dfrac{\mathrm{d}\alpha}{\mathrm{d}s}$ 存在的条件下,K 也可以表示为 $K=\left|\dfrac{\mathrm{d}\alpha}{\mathrm{d}s}\right|$. ($\Delta\alpha$ 为动点 N 移动到 M 时切线转过的角度,Δs 为弧段 $\overset{\frown}{NM}$ 的长度.)

2.计算曲率的公式

设曲线的直角坐标方程是 $y=f(x)$,且 $f(x)$ 具有二阶导数,则曲率公式为

$$K=\frac{|y''|}{(1+(y')^2)^{3/2}}.$$

若曲线由参数方程 $\begin{cases} x=\varphi(t), \\ y=\psi(t) \end{cases}$ $(\alpha\leqslant t\leqslant\beta)$ 给出,则可利用由参数方程确定的函数的求导法,求出 y_x' 及 y_x'',代入曲率公式即可.

§2.1　导数与微分的概念

1 设 $f(x)=x(x+1)(x+2)\cdots(x+n)$,则 $f'(0)=$ _____.

知识点睛　0201 导数的定义

解　根据 $f(x)$ 在点 $x=0$ 导数的定义

$$f'(0)=\lim_{h\to 0}\frac{f(h)-f(0)}{h}=\lim_{h\to 0}(h+1)(h+2)\cdots(h+n)=n!,$$

故应填 $n!$.

2 设 $f(x)=(x-a)\varphi(x)$,其中 $\varphi(x)$ 在 $x=a$ 连续,求 $f'(a)$.

知识点睛　0201 导数的定义

解　使用导数的定义

$$f'(a)=\lim_{x\to a}\frac{f(x)-f(a)}{x-a}=\lim_{x\to a}\frac{(x-a)\varphi(x)-0}{x-a}=\lim_{x\to a}\varphi(x),$$

2 题精解视频

而根据函数连续的定义有 $\lim\limits_{x\to a}\varphi(x)=\varphi(a)$. 故 $f'(a)=\varphi(a)$.

3 设函数 $f(x)$ 在 $(-\infty,+\infty)$ 上有定义,在区间 $[0,2]$ 上,$f(x)=x(x^2-4)$,若对任意的 x 都满足 $f(x)=kf(x+2)$,其中 k 为常数.

(1)写出 $f(x)$ 在 $[-2,0)$ 上的表达式;

(2)问 k 为何值时,$f(x)$ 在点 $x=0$ 处可导.

知识点睛　0201 导数的定义

解　(1)当 $-2\leqslant x<0$,即 $0\leqslant x+2<2$ 时,

$$f(x)=kf(x+2)=k(x+2)[(x+2)^2-4]=kx(x+2)(x+4).$$

(2)由题设知 $f(0)=0$.

$$f_+'(0)=\lim_{x\to 0^+}\frac{f(x)-f(0)}{x-0}=\lim_{x\to 0^+}\frac{x(x^2-4)}{x}=-4;$$

$$f_-'(0)=\lim_{x\to 0^-}\frac{f(x)-f(0)}{x-0}=\lim_{x\to 0^-}\frac{kx(x+2)(x+4)}{x}=8k.$$

令 $f'_-(0)=f'_+(0)$，得 $k=-\dfrac{1}{2}$．即当 $k=-\dfrac{1}{2}$ 时，$f(x)$ 在点 $x=0$ 处可导．

4 设 $f(x)=\begin{cases}\dfrac{2}{3}x^3, & x\le 1 \\ x^2, & x>1,\end{cases}$ 则 $f(x)$ 在点 $x=1$ 处的（ ）．

（A）左、右导数都存在 （B）左导数存在，但右导数不存在

（C）左导数不存在，但右导数存在 （D）左、右导数都不存在

知识点睛 0201 导数的定义及性质

解 $f'_+(1)=\lim\limits_{x\to 1^+}\dfrac{x^2-\dfrac{2}{3}}{x-1}=\infty$，$f'_-(1)=\lim\limits_{x\to 1^-}\dfrac{\dfrac{2}{3}x^3-\dfrac{2}{3}}{x-1}=2$．故应选（B）．

5 设函数 $f(x)=|x^3-1|\varphi(x)$，其中 $\varphi(x)$ 在点 $x=1$ 处连续，则 $\varphi(1)=0$ 是 $f(x)$ 在 $x=1$ 处可导的（ ）．

（A）充分必要条件 （B）必要但非充分条件

（C）充分但非必要条件 （D）既非充分也非必要条件

知识点睛 0201 导数的定义及性质

解 因为 $\lim\limits_{x\to 1^+}\dfrac{f(x)-f(1)}{x-1}=\lim\limits_{x\to 1^+}\dfrac{x^3-1}{x-1}\cdot\varphi(x)=3\varphi(1)$，

$$\lim\limits_{x\to 1^-}\dfrac{f(x)-f(1)}{x-1}=-\lim\limits_{x\to 1^-}\dfrac{x^3-1}{x-1}\cdot\varphi(x)=-3\varphi(1)，$$

可见，$f(x)$ 在点 $x=1$ 处可导的充分必要条件是 $3\varphi(1)=-3\varphi(1)$，即 $\varphi(1)=0$．故应选（A）．

6 当 $h\to 0$ 时，$f(x_0-3h)-f(x_0)+2h$ 是 h 的高阶无穷小量，则 $f'(x_0)=$ _____．

知识点睛 0201 导数的定义

解 将已知条件写成等式有

$f(x_0-3h)-f(x_0)+2h=o(h)$（当 $h\to 0$ 时，$o(h)$ 为 h 的高阶无穷小），

即

$$\frac{f(x_0-3h)-f(x_0)}{h}=-2+\frac{o(h)}{h}，$$

等式两边取极限并利用导数定义，得 $-3f'(x_0)=-2$，即 $f'(x_0)=\dfrac{2}{3}$．故应填 $\dfrac{2}{3}$．

7 设函数 $f(x)$ 在点 x_0 处的导数 $f'(x_0)$ 存在，α,β 是常数，求极限

$$\lim\limits_{h\to 0}\frac{f(x_0+\alpha h)-f(x_0-\beta h)}{h}．$$

知识点睛 0201 导数的定义

7 题精解视频

解 因导数 $f'(x_0)$ 存在，则由导数定义与极限的运算法则，得

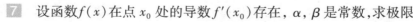

$$\lim\limits_{h\to 0}\frac{f(x_0+\alpha h)-f(x_0-\beta h)}{h}=\lim\limits_{h\to 0}\frac{[f(x_0+\alpha h)-f(x_0)]-[f(x_0-\beta h)-f(x_0)]}{h}$$

$$=\alpha\lim\limits_{h\to 0}\frac{f(x_0+\alpha h)-f(x_0)}{\alpha h}+\beta\lim\limits_{h\to 0}\frac{f(x_0-\beta h)-f(x_0)}{-\beta h}$$

$$= \alpha f'(x_0) + \beta f'(x_0).$$

特别地,当 α,β 至少有一个为零时,上述结果显然成立.

【评注】特别地,当 $\alpha=\beta=1$ 时,有

$$\lim_{h \to 0} \frac{f(x_0+h) - f(x_0-h)}{2h} = f'(x_0). \qquad ①$$

但是式①不能作为函数 $y=f(x)$ 在点 x_0 的导数定义,因为它与导数定义式

$$\lim_{h \to 0} \frac{f(x_0+h) - f(x_0)}{h} = f'(x_0) \qquad ②$$

是不等价的.事实上,若式②成立,则式①左边的极限存在,且等于 $f'(x_0)$.但是,反之不成立,即若式①左边的极限存在,并不能保证式②左边的极限存在.换言之,式①只是式②的必要条件,并不是充分条件.

这是因为式①中以 x_0 为中心的对称点 x_0+h, x_0-h 处的函数值之差 $f(x_0+h) - f(x_0-h)$ 对点 x_0 处的函数值没有任何要求.也就是说,极限 $\lim\limits_{h \to 0} \dfrac{f(x_0+h) - f(x_0-h)}{2h}$ 存在与否跟点 x_0 处的函数值 $f(x_0)$ 无关.这不符合导数定义的要求.例如,对于任何偶函数 $f(x)$,它的极限

$$\lim_{h \to 0} \frac{f(0+h) - f(0-h)}{2h}$$

总是存在的,且为零,但是极限 $\lim\limits_{h \to 0} \dfrac{f(0+h) - f(0)}{h}$ 却不一定存在.

8 已知函数 $f(x)$ 在 $x=1$ 处可导且 $\lim\limits_{x \to 0} \dfrac{f(e^{x^2}) - 3f(1+\sin^2 x)}{x^2} = 2$,求 $f'(1)$.

2022 数学二, 10 分

知识点睛 0201 导数的定义

解 由 $f(x)$ 在 $x=1$ 处可导知, $f(x)$ 在 $x=1$ 处连续.又

$$\lim_{x \to 0} \frac{f(e^{x^2}) - 3f(1+\sin^2 x)}{x^2} = 2,$$

8 题精解视频

则 $f(1) - 3f(1) = 0$,即 $f(1) = 0.$

又因为

$$\lim_{x \to 0} \frac{f(e^{x^2}) - 3f(1+\sin^2 x)}{x^2} = \lim_{x \to 0} \frac{f(e^{x^2}) - f(1)}{x^2} - \lim_{x \to 0} \frac{3f(1+\sin^2 x) - 3f(1)}{x^2}$$

$$= \lim_{x \to 0} \frac{f(e^{x^2}) - f(1)}{e^{x^2} - 1} \cdot \frac{e^{x^2} - 1}{x^2} - 3 \lim_{x \to 0} \frac{f(1+\sin^2 x) - f(1)}{\sin^2 x} \cdot \frac{\sin^2 x}{x^2}$$

$$= f'(1) - 3f'(1) = -2f'(1) = 2,$$

故 $f'(1) = -1.$

9 设 $f'(0) = 2$,则 $\lim\limits_{x \to 0} \dfrac{f(3\sin x) - f(2\arctan x)}{x} = ($ $).$

(A) $\dfrac{1}{2}$ (B) 2   (C) $\dfrac{1}{4}$ (D) 4

知识点睛　0201 导数的定义

解　原式 $= \lim\limits_{x \to 0} \dfrac{f(3\sin x) - f(0)}{3\sin x} \cdot \dfrac{3\sin x}{x} - \lim\limits_{x \to 0} \dfrac{f(2\arctan x) - f(0)}{2\arctan x} \cdot \dfrac{2\arctan x}{x}$

$$= 3f'(0) - 2f'(0) = f'(0) = 2.$$

故应选（B）.

10　设 $f(x)$ 在 $x = 0$ 处可导，且 $f(0) = 0$，则 $\lim\limits_{x \to 0} \dfrac{f(tx) - f(x)}{x} = $ _____.

知识点睛　0201 导数的定义

解　由题设有 $f'(0) = \lim\limits_{x \to 0} \dfrac{f(x)}{x}$，于是，当 $t = 0$ 时，

$$\lim\limits_{x \to 0} \dfrac{f(tx) - f(x)}{x} = \lim\limits_{x \to 0} \left[-\dfrac{f(x)}{x} \right] = -f'(0) \ ;$$

当 $t \neq 0$ 时，$\lim\limits_{x \to 0} \dfrac{f(tx) - f(x)}{x} = \lim\limits_{x \to 0} \dfrac{tf(tx)}{tx} - \lim\limits_{x \to 0} \dfrac{f(x)}{x} = (t-1)f'(0)$. 故应填 $(t-1)f'(0)$.

11　设 $f(x)$ 在 $(-\infty, +\infty)$ 上有定义，对任意 $x, y \in (-\infty, +\infty)$ 有 $f(x+y) = f(x) + f(y) + 2xy$，且 $f'(0)$ 存在，求 $f(x)$.

知识点睛　0201 导数的定义

解　对 $f(x+y) = f(x) + f(y) + 2xy$，令 $y = 0$ 得 $f(x) = f(x) + f(0)$，即 $f(0) = 0$.

$$f'(x) = \lim\limits_{\Delta x \to 0} \dfrac{f(x + \Delta x) - f(x)}{\Delta x} = \lim\limits_{\Delta x \to 0} \dfrac{f(\Delta x) + 2x \cdot \Delta x}{\Delta x}$$

$$= \lim\limits_{\Delta x \to 0} \dfrac{f(\Delta x) - f(0)}{\Delta x} + 2x = f'(0) + 2x,$$

所以 $f(x) = f'(0)x + x^2 + c$. 再由 $f(0) = 0$ 得 $c = 0$. 故 $f(x) = f'(0)x + x^2$.

12　设 $f(x)$ 对任意非零数 x, y 有 $f(xy) = f(x) + f(y)$，且 $f'(1) = 1$，求 $f(x)$.

知识点睛　0201 导数的定义

解　当 $x \neq 0$ 时，

12 题精解视频

$$f'(x) = \lim\limits_{\Delta x \to 0} \dfrac{f(x + \Delta x) - f(x)}{\Delta x} = \lim\limits_{\Delta x \to 0} \dfrac{f\left[x \cdot \left(1 + \dfrac{\Delta x}{x} \right) \right] - f(x \cdot 1)}{\Delta x}$$

$$= \lim\limits_{\Delta x \to 0} \dfrac{f(x) + f\left(1 + \dfrac{\Delta x}{x} \right) - f(x) - f(1)}{\Delta x}$$

$$= \lim\limits_{\Delta x \to 0} \dfrac{f\left(1 + \dfrac{\Delta x}{x} \right) - f(1)}{x \cdot \dfrac{\Delta x}{x}} = \dfrac{1}{x} f'(1) = \dfrac{1}{x},$$

所以 $f(x) = \ln |x| + C$. 由于 $f(1) = f(1) + f(1)$，得 $f(1) = 0$，即 $C = 0$.

故 $f(x) = \ln |x|$.

13　设 $f(x) = \begin{cases} ax^2 + b, & x \geqslant 1, \\ x\cos \dfrac{\pi}{2} x, & x < 1 \end{cases}$ 在 $x = 1$ 可导，则 $a = $ _____，$b = $ _____.

知识点睛　0204 函数的可导性与连续性的关系

解　要使 $f(x)$ 在 $x=1$ 可导,则 $f(x)$ 必须在 $x=1$ 连续,即
$$\lim_{x\to1^-}f(x)=\lim_{x\to1^+}f(x)=f(1),$$

也即 $a+b=0$,从而 $b=-a$.

$f(x)$ 在 $x=1$ 可导,则必有 $f'_-(1)=f'_+(1)$,

$$f'_-(1)=\lim_{x\to1^-}\frac{x\cos\frac{\pi}{2}x-(a+b)}{x-1}=-\lim_{x\to1^-}\frac{x\sin\left[\frac{\pi}{2}(x-1)\right]}{x-1}=-\frac{\pi}{2},$$

$$f'_+(1)=\lim_{x\to1^+}\frac{ax^2+b-(a+b)}{x-1}=\lim_{x\to1^+}\frac{a(x^2-1)}{x-1}=2a,$$

故　$2a=-\dfrac{\pi}{2}$,则 $a=-\dfrac{\pi}{4}$.故应填 $a=-\dfrac{\pi}{4},b=\dfrac{\pi}{4}$.

14　设函数 $f(x)$ 有连续的导函数,$f(0)=0$ 且 $f'(0)=b$,若函数
$$F(x)=\begin{cases}\dfrac{f(x)+a\sin x}{x},&x\neq0,\\[3mm]A,&x=0\end{cases}$$

在点 $x=0$ 处连续,则常数 $A=$ _____.

知识点睛　0109 两个重要极限,0204 函数的可导性与连续性的关系

解　因为
$$\lim_{x\to0}F(x)=\lim_{x\to0}\frac{f(x)+a\sin x}{x}=\lim_{x\to0}\left[\frac{f(x)-f(0)}{x}+\frac{a\sin x}{x}\right]=f'(0)+a=b+a.$$

由题意,$F(x)$ 在点 $x=0$ 处连续,则有 $b+a=A$,即 $A=a+b$.应填 $a+b$.

15　设 $f(x)=\arcsin x\cdot\sqrt{\dfrac{1-\sin x}{1+\sin x}}$,求 $f'(0)$.

知识点睛　0201 导数的定义

解　令 $x=0$,得 $f(0)=0$,故
$$f'(0)=\lim_{x\to0}\frac{f(x)-f(0)}{x}=\lim_{x\to0}\frac{\arcsin x}{x}\cdot\sqrt{\frac{1-\sin x}{1+\sin x}}=1.$$

16　设 $f(x)$ 可导,$F(x)=f(x)(1+|\sin x|)$,欲使 $F(x)$ 在 $x=0$ 可导,则必有(　).

(A) $f'(0)=0$ 　　　　　　　　(B) $f(0)=0$

(C) $f(0)+f'(0)=0$ 　　　　　(D) $f(0)-f'(0)=0$

知识点睛　0201 导数的定义

解　由导数的定义,有
$$F'(0)=\lim_{x\to0}\frac{F(x)-F(0)}{x}=\lim_{x\to0}\frac{f(x)+f(x)|\sin x|-f(0)}{x}$$

$$=\lim_{x\to0}\frac{f(x)-f(0)}{x}+\lim_{x\to0}f(x)\frac{|\sin x|}{x}$$

$$=f'(0)+f(0)\lim_{x\to0}\frac{|\sin x|}{x}.$$

因为 $\lim\limits_{x\to 0^+}\dfrac{|\sin x|}{x}=1$，$\lim\limits_{x\to 0^-}\dfrac{|\sin x|}{x}=-1$，所以要使上式右端极限存在，必须 $f(0)=0$，故选(B).

17 设函数

$$f(x)=\begin{cases}\dfrac{x}{1+\mathrm{e}^{\frac{1}{x}}}, & x<0,\\[3mm] 0, & x=0,\\[2mm] \dfrac{2x}{1+\mathrm{e}^{x}}, & x>0,\end{cases}$$

则函数在点 $x=0$ 处的导数为_____.

知识点睛 0103 分段函数，0201 导数的定义

解 $f(x)$ 是分段函数，按定义分别求 $f(x)$ 在点 $x=0$ 处的左、右导数，

$$f'_-(0)=\lim_{x\to 0^-}\dfrac{\dfrac{x}{1+\mathrm{e}^{\frac{1}{x}}}-0}{x}=\lim_{x\to 0^-}\dfrac{1}{1+\mathrm{e}^{\frac{1}{x}}}=1,\quad f'_+(0)=\lim_{x\to 0^+}\dfrac{\dfrac{2x}{1+\mathrm{e}^{x}}-0}{x}=\lim_{x\to 0^+}\dfrac{2}{1+\mathrm{e}^{x}}=1,$$

因左、右导数存在且相等，所以 $f'(0)=1$.故应填 1.

18 已知 $f(0)=0$，$f'(0)$ 存在，求

$$\lim_{n\to\infty}\left[f\left(\dfrac{1}{n^2}\right)+f\left(\dfrac{2}{n^2}\right)+\cdots+f\left(\dfrac{n}{n^2}\right)\right].$$

知识点睛 0201 导数的定义，0216 泰勒公式

解 因 $f(0)=0$，$f'(0)$ 存在，所以

$$\lim_{n\to\infty}\dfrac{f\left(\dfrac{k}{n^2}\right)-f(0)}{\dfrac{1}{n^2}}=\lim_{n\to\infty}k\cdot\dfrac{f\left(\dfrac{k}{n^2}\right)-f(0)}{\dfrac{k}{n^2}}=kf'(0),$$

这里 $k=1,2,\cdots,n$.于是，$f\left(\dfrac{k}{n^2}\right)=kf'(0)\dfrac{1}{n^2}+o\left(\dfrac{1}{n^2}\right)$，则

$$原式=\lim_{n\to\infty}\left[f'(0)\left(\dfrac{1}{n^2}+\dfrac{2}{n^2}+\cdots+\dfrac{n}{n^2}\right)+n\cdot o\left(\dfrac{1}{n^2}\right)\right]$$

$$=\lim_{n\to\infty}\left[f'(0)\dfrac{\dfrac{1}{2}n(n+1)}{n^2}+o\left(\dfrac{1}{n}\right)\right]$$

$$=\dfrac{1}{2}f'(0).$$

2007 数学一、数学二、数学三，4 分

19 设函数 $f(x)$ 在点 $x=0$ 处连续，下列命题错误的是(　　).

(A) 若 $\lim\limits_{x\to 0}\dfrac{f(x)}{x}$ 存在，则 $f(0)=0$

(B) 若 $\lim\limits_{x\to 0}\dfrac{f(x)+f(-x)}{x}$ 存在，则 $f(0)=0$

(C)若$\lim\limits_{x\to 0}\dfrac{f(x)}{x}$存在,则$f'(0)$存在

(D)若$\lim\limits_{x\to 0}\dfrac{f(x)-f(-x)}{x}$存在,则$f'(0)$存在

知识点睛 0201 导数的定义

解法 1 若$\lim\limits_{x\to 0}\dfrac{f(x)}{x}$存在,又$\lim\limits_{x\to 0}x=0$,则$\lim\limits_{x\to 0}f(x)=0$,又$f(x)$在点$x=0$处连续,则

$\lim\limits_{x\to 0}f(x)=f(0)$,故$f(0)=0$,命题(A)正确.

同理,若$\lim\limits_{x\to 0}\dfrac{f(x)+f(-x)}{x}$存在,则$\lim\limits_{x\to 0}[f(x)+f(-x)]=f(0)+f(0)=0$,则$f(0)=0$,

故命题(B)正确.

若$\lim\limits_{x\to 0}\dfrac{f(x)}{x}$存在,由(A)选项的讨论知$f(0)=0$,则

$$\lim_{x\to 0}\frac{f(x)}{x}=\lim_{x\to 0}\frac{f(x)-f(0)}{x}$$

存在,由导数定义知,$f'(0)$存在,故命题(C)正确,由排除法知应选(D).

解法 2 显然有

$$\lim_{x\to 0}\frac{f(x)-f(-x)}{x}=\lim_{x\to 0}\left[\frac{f(x)-f(0)}{x}-\frac{f(-x)-f(0)}{x}\right],$$

但$\lim\limits_{x\to 0}\dfrac{f(x)-f(-x)}{x}$存在,不能保证$\lim\limits_{x\to 0}\dfrac{f(x)-f(0)}{x}$或$\lim\limits_{x\to 0}\dfrac{f(-x)-f(0)}{x}$一定存在,故$f'(0)$

不一定存在.如$f(x)=|x|$,

虽然$\lim\limits_{x\to 0}\dfrac{f(x)-f(-x)}{x}=\lim\limits_{x\to 0}\dfrac{|x|-|-x|}{x}=0$存在,但$f'(0)$不存在,故命题(D)不正确,

应选(D).

【评注】(1)解法 1 中多次用到一个基本结论:若$\lim\dfrac{f(x)}{g(x)}$存在,且$\lim g(x)=0$,则

$\lim f(x)=0$;

(2)由解法 2 可得到一个基本结论:

若$f'(x_0)$存在,则极限$\lim\limits_{\Delta x\to 0}\dfrac{f(x_0+\Delta x)-f(x_0-\Delta x)}{\Delta x}$一定存在,但反之不然.

该知识点在考试中多次考到,望读者重视;

(3)虽然本题涉及的知识(概念、理论)都是最基本的,但读者出错较多,说明部分读者基础不够扎实.

20 (Ⅰ)设函数$u(x),v(x)$可导,利用导数定义证明 〔K〕2015数学一、

$$[u(x)v(x)]'=u'(x)v(x)+u(x)v'(x);$$

数学三,10分

(Ⅱ)设函数$u_1(x),u_2(x),\cdots,u_n(x)$可导,$f(x)=u_1(x)u_2(x)\cdots u_n(x)$,写出$f(x)$

的求导公式.

知识点睛　0205 导数的四则运算法则

解　（Ⅰ）令 $f(x)=u(x)v(x)$，由导数定义知

$$f'(x) = \lim_{\Delta x \to 0} \frac{f(x+\Delta x)-f(x)}{\Delta x} = \lim_{\Delta x \to 0} \frac{u(x+\Delta x)v(x+\Delta x)-u(x)v(x)}{\Delta x}$$

$$= \lim_{\Delta x \to 0} \frac{u(x+\Delta x)v(x+\Delta x)-u(x)v(x+\Delta x)+u(x)v(x+\Delta x)-u(x)v(x)}{\Delta x}$$

$$= \lim_{\Delta x \to 0} \frac{u(x+\Delta x)-u(x)}{\Delta x}v(x+\Delta x)+u(x)\lim_{\Delta x \to 0}\frac{v(x+\Delta x)-v(x)}{\Delta x}$$

$$= u'(x)v(x)+u(x)v'(x).$$

（Ⅱ）$f'(x)=u_1'(x)u_2(x)\cdots u_n(x)+u_1(x)u_2'(x)\cdots u_n(x)+\cdots+u_1(x)u_2(x)\cdots u_n'(x).$

2018 数学一、数学二、数学三，4 分

21 下列函数中，在 $x=0$ 处不可导的是（　　）.

（A）$f(x)=|x|\sin|x|$ 　　　　　　（B）$f(x)=|x|\sin\sqrt{|x|}$

（C）$f(x)=\cos|x|$ 　　　　　　　（D）$f(x)=\cos\sqrt{|x|}$

知识点睛　0201 导数的定义

解　对选项（D），由导数定义知

$$f_+'(0) = \lim_{x \to 0^+} \frac{\cos\sqrt{|x|}-1}{x} = \lim_{x \to 0^+} \frac{-\dfrac{1}{2}|x|}{x} = -\frac{1}{2},$$

$$f_-'(0) = \lim_{x \to 0^-} \frac{\cos\sqrt{|x|}-1}{x} = \lim_{x \to 0^-} \frac{-\dfrac{1}{2}|x|}{x} = \frac{1}{2},$$

则 $f(x)=\cos\sqrt{|x|}$ 在 $x=0$ 处不可导，应选（D）.

2004 数学一、数学二，4 分

22 设函数 $f(x)$ 连续，且 $f'(0)>0$，则存在 $\delta>0$，使得（　　）.

（A）$f(x)$ 在 $(0,\delta)$ 内单调增加　　　（B）$f(x)$ 在 $(-\delta,0)$ 内单调减少

（C）对任意 $x\in(0,\delta)$ 有 $f(x)>f(0)$　（D）对任意 $x\in(-\delta,0)$ 有 $f(x)>f(0)$

知识点睛　0107 函数极限的性质，0201 导数的定义

解　由于 $f'(0)=\lim\limits_{x\to 0}\dfrac{f(x)-f(0)}{x}>0$，所以由函数极限的局部保号性知，存在 $\delta>0$，

使得当 $0<|x|<\delta$ 时，$\dfrac{f(x)-f(0)}{x}>0$.

则当 $x\in(-\delta,0)$ 时，$f(x)-f(0)<0$，即有 $f(x)<f(0)$；当 $x\in(0,\delta)$ 时，$f(x)-f(0)>0$，即有 $f(x)>f(0)$.

故应选（C）.

【评注】（1）不少读者选（A）.错误的将区间上导数大于零可推得函数在该区间上单调增加的结论应用到一点处导数大于零.事实上由 $f'(x_0)>0$ 得不出在 x_0 的某邻域内函数单调增加的结论.例如

$$f(x)=\begin{cases} x+2x^2\sin\dfrac{1}{x}, & x\neq 0, \\ 0, & x=0. \end{cases}$$

$$f'(0) = \lim_{x \to 0} \frac{f(x) - f(0)}{x} = \lim_{x \to 0} \frac{x + 2x^2 \sin \frac{1}{x}}{x} = 1 > 0,$$

$$f'(x) = 1 + 4x \sin \frac{1}{x} - 2\cos \frac{1}{x} \quad (x \neq 0).$$

对任意 $\delta > 0$，只要 n 充分大，则有 $\dfrac{1}{2n\pi} \in (-\delta, \delta)$，此时 $f'\left(\dfrac{1}{2n\pi}\right) = 1 - 2 = -1 < 0$，从而 $f(x)$ 在 $(-\delta, \delta)$ 内不会单调增加.

（2）从本题的讨论可得到一个常用结论：

若 $f'(x_0) > 0$，则存在 $\delta > 0$，当 $x \in (x_0 - \delta, x_0)$ 时，$f(x) < f(x_0)$；当 $x \in (x_0, x_0 + \delta)$ 时，$f(x) > f(x_0)$. 若 $f'(x_0) < 0$，则有类似结论.

23 设 $f(0) = 0$，则 $f(x)$ 在 $x = 0$ 处可导的充要条件为（　　）.

Ⓚ 2001 数学一，3 分

（A）$\lim\limits_{h \to 0} \dfrac{1}{h^2} f(1 - \cosh)$ 存在　　　　　　（B）$\lim\limits_{h \to 0} \dfrac{1}{h} f(1 - e^h)$ 存在

（C）$\lim\limits_{h \to 0} \dfrac{1}{h^2} f(h - \sinh)$ 存在　　　　　（D）$\lim\limits_{h \to 0} \dfrac{1}{h} \left[f(2h) - f(h) \right]$ 存在

知识点睛　0201 导数的定义

解法 1　$\lim\limits_{h \to 0} \dfrac{1}{h} f(1 - e^h) = \lim\limits_{h \to 0} \dfrac{f(1 - e^h)}{e^h - 1}$ （等价代换）

$$\xlongequal{1 - e^h = x} \lim_{x \to 0} \frac{f(x)}{-x} = -\lim_{x \to 0} \frac{f(x) - f(0)}{x},$$

则 $\lim\limits_{x \to 0} \dfrac{f(x) - f(0)}{x}$ 存在的充要条件是 $\lim\limits_{h \to 0} \dfrac{1}{h} f(1 - e^h)$ 存在.

解法 2　排除法：

$$\lim_{h \to 0} \frac{1}{h^2} f(1 - \cosh) = \lim_{h \to 0} \frac{f(1 - \cosh)}{1 - \cosh} \cdot \frac{1 - \cosh}{h^2} = \frac{1}{2} \lim_{h \to 0} \frac{f(1 - \cosh)}{1 - \cosh},$$

由于当 $h \to 0$ 时，$1 - \cosh \to 0^+$，则 $\lim\limits_{h \to 0} \dfrac{1}{h^2} f(1 - \cosh)$ 存在 $\Leftrightarrow f'_+(0)$（右导数）存在，排除（A）.

若取 $f(x) = x^{\frac{2}{3}}$，显然 $f(x)$ 在 $x = 0$ 处不可导，但

$$\lim_{h \to 0} \frac{1}{h^2} f(h - \sinh) = \lim_{h \to 0} \frac{(h - \sinh)^{\frac{2}{3}}}{h^2} = \lim_{h \to 0} \left(\frac{h - \sinh}{h^3} \right)^{\frac{2}{3}} = \left(\frac{1}{6} \right)^{\frac{2}{3}}$$

存在，排除（C）.

若取 $f(x) = \begin{cases} 1, & x \neq 0, \\ 0, & x = 0. \end{cases}$ 显然 $f(x)$ 在 $x = 0$ 处不可导，因为 $f(x)$ 在 $x = 0$ 处不连续，但

$$\lim_{h \to 0} \frac{1}{h} \left[f(2h) - f(h) \right] = \lim_{h \to 0} \frac{1 - 1}{h} = 0$$ 存在. 排除（D）.

从而应选（B）.

K 2011 数学二、数学三,4 分

24 题精解视频

24 已知 $f(x)$ 在 $x=0$ 处可导,且 $f(0)=0$,则 $\lim\limits_{x\to 0}\dfrac{x^2 f(x)-2f(x^3)}{x^3}=$（　　）.

（A）$-2f'(0)$　　　　（B）$-f'(0)$　　　　（C）$f'(0)$　　　　（D）0

知识点睛　0201 导数的定义

解法 1　加项减项凑 $x=0$ 处导数定义

$$\lim_{x\to 0}\frac{x^2 f(x)-2f(x^3)}{x^3}=\lim_{x\to 0}\frac{x^2 f(x)-x^2 f(0)-2f(x^3)+2f(0)}{x^3}$$

$$=\lim_{x\to 0}\left[\frac{f(x)-f(0)}{x}-2\cdot\frac{f(x^3)-f(0)}{x^3}\right]$$

$$=f'(0)-2f'(0)=-f'(0).$$

解法 2　拆项,并用导数定义

$$\lim_{x\to 0}\frac{x^2 f(x)-2f(x^3)}{x^3}=\lim_{x\to 0}\frac{f(x)}{x}-2\lim_{x\to 0}\frac{f(x^3)}{x^3},$$

由于 $f(0)=0$,由导数定义知

$$\lim_{x\to 0}\frac{f(x)}{x}=f'(0),\quad \lim_{x\to 0}\frac{f(x^3)}{x^3}=f'(0),$$

则 $\lim\limits_{x\to 0}\dfrac{x^2 f(x)-2f(x^3)}{x^3}=f'(0)-2f'(0)=-f'(0).$

解法 3　排除法:选择符合条件的具体函数 $f(x)$,令 $f(x)=x$,则

$$\lim_{x\to 0}\frac{x^2 f(x)-2f(x^3)}{x^3}=\lim_{x\to 0}\frac{x^3-2x^3}{x^3}=-1,$$

而对于 $f(x)=x$,$f'(0)=1$,显然选项（A）、（C）、（D）都是错误的.

解法 4　由于 $f(x)$ 在 $x=0$ 处可导,则

$$f(x)=f(0)+f'(0)x+o(x)=f'(0)x+o(x),$$
$$f(x^3)=f'(0)x^3+o(x^3),$$

于是

$$\lim_{x\to 0}\frac{x^2 f(x)-2f(x^3)}{x^3}=\lim_{x\to 0}\frac{x^2[f'(0)x+o(x)]-2[f'(0)x^3+o(x^3)]}{x^3}$$

$$=f'(0)-2f'(0)=-f'(0).$$

应选（B）.

K 1996 数学二,4 分

25 设函数 $f(x)$ 在区间 $(-\delta,\delta)$ 内有定义,若当 $x\in(-\delta,\delta)$ 时,恒有 $|f(x)|\le x^2$,则 $x=0$ 必是 $f(x)$ 的（　　）.

（A）间断点　　　　　　　　　　　（B）连续而不可导的点

（C）可导的点,且 $f'(0)=0$　　　　（D）可导的点,且 $f'(0)\ne 0$

知识点睛　0201 导数的定义

解法 1　直接法:由 $|f(x)|\le x^2$ 可知,$f(0)=0$,且 $\lim\limits_{x\to 0}f(x)=0$,$f(x)$ 在点 $x=0$ 处连续.

又 $\left|\dfrac{f(x)}{x}\right|\le\dfrac{x^2}{|x|}$,则 $\lim\limits_{x\to 0}\left|\dfrac{f(x)}{x}\right|=0$.那么 $\lim\limits_{x\to 0}\dfrac{f(x)}{x}=0$.即 $f'(0)=\lim\limits_{x\to 0}\dfrac{f(x)}{x}=0.$

解法 2 排除法:取 $f(x)\equiv 0$,显然符合题设条件,此时,选项(A)、(B)、(D)显然不正确,应选(C).

26 设 $f(x)=\begin{cases}\dfrac{g(x)-e^{-x}}{x}, & x\neq 0,\\ 0, & x=0,\end{cases}$ 其中 $g(x)$ 有二阶连续导数,且 $g(0)=1,g'(0)=-1.$ **K** 1996 数学三, 6 分

(1)求 $f'(x)$;

(2)讨论 $f'(x)$ 在 $(-\infty,+\infty)$ 上的连续性.

知识点睛 0205 导数的定义,0217 洛必达法则

解 (1)当 $x\neq 0$ 时,

$$f'(x)=\frac{x[g'(x)+e^{-x}]-g(x)+e^{-x}}{x^2}$$
$$=\frac{xg'(x)-g(x)+(x+1)e^{-x}}{x^2},$$

当 $x=0$ 时,

$$f'(0)=\lim_{x\to 0}\frac{\dfrac{g(x)-e^{-x}}{x}}{x}=\lim_{x\to 0}\frac{g'(x)+e^{-x}}{2x}\quad(洛必达法则)$$
$$=\lim_{x\to 0}\frac{g''(x)-e^{-x}}{2}=\frac{g''(0)-1}{2},$$

所以

$$f'(x)=\begin{cases}\dfrac{xg'(x)-g(x)+(x+1)e^{-x}}{x^2}, & x\neq 0,\\ \dfrac{g''(0)-1}{2}, & x=0.\end{cases}$$

(2)在 $x=0$ 处,

$$\lim_{x\to 0}f'(x)=\lim_{x\to 0}\frac{xg'(x)-g(x)+(x+1)e^{-x}}{x^2}=\lim_{x\to 0}\frac{xg''(x)-xe^{-x}}{2x}$$
$$=\frac{g''(0)-1}{2}=f'(0),$$

所以 $f'(x)$ 在 $x=0$ 处连续.又 $f'(x)$ 在 $x\neq 0$ 处连续,故 $f'(x)$ 在 $(-\infty,+\infty)$ 上连续.

27 设函数 $f(x)=\begin{cases}x^\alpha\cos\dfrac{1}{x^\beta}, & x>0,\\ 0, & x\leq 0\end{cases}$ $(\alpha>0,\beta>0)$,若 $f'(x)$ 在 $x=0$ 处连续, **K** 2015 数学二, 4 分

则(   ).

(A)$\alpha-\beta>1$ （B)$0<\alpha-\beta\leq 1$ （C)$\alpha-\beta>2$ （D)$0<\alpha-\beta\leq 2$

知识点睛 0201 导数的定义,0114 函数的连续性

解 当 $x=0$ 时,$f'_+(0)=\lim_{x\to 0^+}\frac{x^\alpha\cos\dfrac{1}{x^\beta}}{x}=\lim_{x\to 0^+}x^{\alpha-1}\cos\dfrac{1}{x^\beta}$,要使该极限存在当且仅当

$\alpha-1>0$,即 $\alpha>1$.此时 $f'_+(0)=0$.显然 $f'_-(0)=0$,故 $f'(0)=0$.

当 $x\neq0$ 时,$f'(x)=\alpha x^{\alpha-1}\cos\dfrac{1}{x^\beta}+\beta x^{\alpha-\beta-1}\sin\dfrac{1}{x^\beta}$,

$$\lim_{x\to0}f'(x)=\lim_{x\to0}\beta x^{\alpha-\beta-1}\sin\dfrac{1}{x^\beta}\quad(\alpha>1),$$

要使上式极限存在且为0,当且仅当 $\alpha-1-\beta>0$,则 $\alpha-\beta>1$.应选(A).

2000数学三,
3分

28 设函数 $f(x)$ 在点 $x=a$ 处可导,则函数 $|f(x)|$ 在点 $x=a$ 处不可导的充分条件是(　　).

(A)$f(a)=0$ 且 $f'(a)=0$　　　　　　　(B)$f(a)=0$ 且 $f'(a)\neq0$

(C)$f(a)>0$ 且 $f'(a)>0$　　　　　　　(D)$f(a)<0$ 且 $f'(a)<0$

知识点睛 0201 导数的定义

解法1 排除法:令 $f(x)=(x-a)^2$,显然满足(A)选项的条件 $f(a)=0$ 且 $f'(a)=0$,但 $|f(x)|=(x-a)^2$ 在 $x=a$ 处可导,排除(A).

由 $f(x)$ 在 $x=a$ 处可导,则 $f(x)$ 在 $x=a$ 处连续,若 $f(a)>0$,则在 $x=a$ 的某邻域内 $f(x)>0$,在该邻域内 $|f(x)|=f(x)$,则 $|f(x)|$ 在 $x=a$ 可导,排除(C).同理也可排除(D).应选(B).

解法2 直接法:直接证明(B)正确.令 $\varphi(x)=|f(x)|$,则

$$\varphi'_+(a)=\lim_{x\to a^+}\frac{|f(x)|-|f(a)|}{x-a}=\lim_{x\to a^+}\frac{|f(x)|}{x-a}$$
$$=\lim_{x\to a^+}\left|\frac{f(x)}{x-a}\right|=|f'_+(a)|=|f'(a)|,$$
$$\varphi'_-(a)=\lim_{x\to a^-}\frac{|f(x)|-|f(a)|}{x-a}=\lim_{x\to a^-}\frac{|f(x)|}{x-a}$$
$$=-\lim_{x\to a^-}\left|\frac{f(x)}{x-a}\right|=-|f'_-(a)|=-|f'(a)|,$$

又 $f'(a)\neq0$,则 $\varphi'_+(a)\neq\varphi'_-(a)$,故 $|f(x)|$ 在 $x=a$ 处不可导.应选(B).

【评注】(1)解法2中用到一个基本结论:

若 $\lim f(x)=A$,则 $\lim|f(x)|=|A|$.但反之不一定成立;特别地
$$\lim f(x)=0\Leftrightarrow\lim|f(x)|=0.$$

(2)由解法1可得

①若 $f(x)$ 在 $x=a$ 处可导,且 $f(a)\neq0$,则 $|f(x)|$ 在 $x=a$ 处必可导;且当 $f(a)>0$ 时,$\dfrac{d}{dx}|f(x)|\Big|_{x=a}=f'(a)$,当 $f(a)<0$ 时,$\dfrac{d}{dx}|f(x)|\Big|_{x=a}=-f'(a)$.

②若 $f(x)$ 在 $x=a$ 处可导,且 $f(a)=f'(a)=0$,则 $|f(x)|$ 在 $x=a$ 处必可导,且 $\dfrac{d}{dx}|f(x)|\Big|_{x=a}=0$.

③若 $f(x)$ 在 $x=a$ 处可导,且 $f(a)=0$,$f'(a)\neq0$,则 $|f(x)|$ 在 $x=a$ 处必不可导.

29 设函数 $g(x)$ 可微，$h(x)=e^{1+g(x)}$，$h'(1)=1$，$g'(1)=2$，则 $g(1)$ 等于（　　）. Ⓚ 2006 数学二，4 分

(A) $\ln 3-1$　　　　　　　　　　(B) $-\ln 3-1$

(C) $-\ln 2-1$　　　　　　　　　　(D) $\ln 2-1$

知识点睛　0206 复合函数的求导法则

解　等式 $h(x)=e^{1+g(x)}$ 两端对 x 求导，得 $h'(x)=e^{1+g(x)}g'(x)$，令 $x=1$，得

$$h'(1)=e^{1+g(1)}g'(1)，$$

即

$$1=e^{1+g(1)}\cdot 2.$$

由上式解得 $g(1)=-\ln 2-1$.应选(C).

30 设函数 $y=y(x)$ 由方程 $y=1-xe^y$ 确定，则 $\left.\dfrac{\mathrm{d}y}{\mathrm{d}x}\right|_{x=0}=$ _____. Ⓚ 2006 数学二，4 分

知识点睛　0211 隐函数的导数

解　在等式 $y=1-xe^y$ 中令 $x=0$，得 $y=1$.等式 $y=1-xe^y$ 两端对 x 求导，得

$$y'=-e^y-xe^y y'，$$

将 $x=0$，$y=1$ 代入上式，得 $y'(0)=\left.\dfrac{\mathrm{d}y}{\mathrm{d}x}\right|_{x=0}=-e$.应填 $-e$.

【评注】本题是隐函数求导的基本题，但仍有部分读者未能给出正确答案，主要是没有将 $x=0$ 代入方程求出 $y=1$.

31 设 $y=y(x)$ 是由方程 $xy+e^y=x+1$ 确定的隐函数，则 $\left.\dfrac{\mathrm{d}^2 y}{\mathrm{d}x^2}\right|_{x=0}=$ _____. Ⓚ 2009 数学二，4 分

知识点睛　0209 高阶导数，0211 隐函数的导数

解　将 $x=0$ 代入方程 $xy+e^y=x+1$ 得 $y=0$.

在方程 $xy+e^y=x+1$ 两端对 x 求导，得

$$y+xy'+e^y y'=1，$$

将 $x=0$，$y=0$ 代入上式得 $y'(0)=1$.

等式 $y+xy'+e^y y'=1$ 两端再对 x 求导，得

$$y'+y'+xy''+e^y(y')^2+e^y y''=0，$$

将 $x=0$，$y=0$，$y'(0)=1$ 代入上式，得 $y''(0)=-3$.应填 -3.

32 已知函数 $f(u)$ 具有二阶导数，且 $f'(0)=1$，函数 $y=y(x)$ 由方程 $y-xe^{y-1}=1$ 所确定.设 $z=f(\ln y-\sin x)$，求 $\left.\dfrac{\mathrm{d}z}{\mathrm{d}x}\right|_{x=0}$，$\left.\dfrac{\mathrm{d}^2 z}{\mathrm{d}x^2}\right|_{x=0}$. Ⓚ 2007 数学二，11 分

知识点睛　0206 复合函数求导，0209 高阶导数，0211 隐函数的导数

分析　由 $z=f(\ln y-\sin x)$ 知 z 是 x，y 的函数，又 $y=y(x)$ 是由方程 $y-xe^{y-1}=1$ 确定的函数，则 z 是 x 的函数.

解　在 $y-xe^{y-1}=1$ 中，令 $x=0$ 得 $y=1$.方程 $y-xe^{y-1}=1$ 两端对 x 求导，得

$$y'-e^{y-1}-xe^{y-1}y'=0，\quad\text{即}\quad(2-y)y'-e^{y-1}=0，$$

将 $x=0$，$y=1$ 代入上式得 $y'(0)=1$.

等式 $(2-y)y'-e^{y-1}=0$ 两端再对 x 求导，得

$$-(y')^2+(2-y)y''-e^{y-1}y'=0,$$

将 $x=0, y=1, y'(0)=1$ 代入上式得 $y''(0)=2$.

又 $\dfrac{\mathrm{d}z}{\mathrm{d}x}=f'(\ln y-\sin x)\left(\dfrac{y'}{y}-\cos x\right)$, 则 $\dfrac{\mathrm{d}z}{\mathrm{d}x}\Big|_{x=0}=0$,

$$\frac{\mathrm{d}^2z}{\mathrm{d}x^2}=f''(\ln y-\sin x)\left(\frac{y'}{y}-\cos x\right)^2+f'(\ln y-\sin x)\left[\frac{y''}{y}-\frac{(y')^2}{y^2}+\sin x\right],$$

则

$$\frac{\mathrm{d}^2z}{\mathrm{d}x^2}\bigg|_{x=0}=f'(0)(2-1)=f'(0)=1.$$

【评注】本题是复合函数与隐函数求导的综合题.在隐函数求导中,为求 y'', 可在等式 $y'-e^{y-1}-xe^{y-1}y'=0$ 两端再对 x 求导,但运算较繁,本题求解中将原方程 $y-xe^{y-1}=1$ 代入上式,即将 $xe^{y-1}=y-1$ 代入,得 $(2-y)y'-e^{y-1}=0$,该式两端对 x 求导就简单多了.

Ⓚ 2010 数学二, 4 分

33 函数 $y=\ln(1-2x)$ 在 $x=0$ 处的 n 阶导数 $y^{(n)}(0)=$ _____.

知识点睛　0209 高阶导数,0216 泰勒公式

解法 1　求一阶、二阶,然后归纳 n 阶导数.由于

$$y'=\frac{-2}{1-2x}=-2(1-2x)^{-1}=(1-2x)^{-1}(-2)$$

$$y''=(-1)(1-2x)^{-2}(-2)^2$$

$$y'''=(-1)(-2)(1-2x)^{-3}(-2)^3,$$

则

$$y^{(n)}=(-1)^{n-1}(n-1)!(1-2x)^{-n}(-2)^n,$$

$$y^{(n)}(0)=(-1)^{n-1}(n-1)!(-2)^n=-2^n(n-1)!.$$

解法 2　利用泰勒公式,由 $\ln(1+x)=\displaystyle\sum_{k=1}^{n}\frac{(-1)^{k-1}x^n}{k}+o(x^n)$ 知

$$\ln(1-2x)=-2x-\frac{(-2x)^2}{2}+\cdots+\frac{(-1)^{n-1}(-2x)^n}{n}+o(x^n),$$

其中等式右端 x 的 n 次幂的项为

$$\frac{(-1)^{n-1}(-2x)^n}{n}=\frac{-2^n}{n}x^n.$$

由泰勒系数与 n 阶导数的关系,知

$$\frac{-2^n}{n}=\frac{y^{(n)}(0)}{n!},$$

则 $y^{(n)}(0)=\dfrac{-2^n}{n}\cdot n!=-2^n(n-1)!$.应填 $-2^n(n-1)!$.

【评注】本题属于高阶导数计算,计算高阶导数通常有 3 种方法:

1.求一阶、二阶,然后归纳 n 阶导数;

2.利用泰勒公式(适合求具体点高阶导数);

3.利用已有高阶导数公式

$$(\sin x)^{(n)} = \sin\left(x + \frac{n\pi}{2}\right); \quad (\cos x)^{(n)} = \cos\left(x + \frac{n\pi}{2}\right),$$

$$(uv)^{(n)} = \sum_{k=0}^{n} C_n^k u^{(n-k)} v^{(k)}.$$

34 设函数 $y = y(x)$ 由参数方程 $\begin{cases} x = x(t), \\ y = \int_0^{t^2} \ln(1+u)\,du \end{cases}$ 确定,其中 $x(t)$ 是初值问题 　Ⓚ 2008 数学二,10 分

$\begin{cases} \dfrac{dx}{dt} - 2te^{-x} = 0, \\ x|_{t=0} = 0 \end{cases}$ 的解. 求 $\dfrac{d^2y}{dx^2}$.

知识点睛　0212 由参数方程所确定函数的导数,0802 可分离变量的微分方程

分析　求可分离变量初值问题的解,求由参数方程确定的函数的二阶导数.

解　由 $\dfrac{dx}{dt} - 2te^{-x} = 0$ 得 $e^x dx = 2t dt$,积分并由初始条件 $x|_{t=0} = 0$,得 $e^x = 1 + t^2$,即 $x = \ln(1+t^2)$.

方法一　$\dfrac{dy}{dx} = \dfrac{\dfrac{dy}{dt}}{\dfrac{dx}{dt}} = \dfrac{\ln(1+t^2)\cdot 2t}{\dfrac{2t}{1+t^2}} = (1+t^2)\ln(1+t^2)$,

$$\frac{d^2y}{dx^2} = \frac{d}{dx}\left(\frac{dy}{dx}\right) = \frac{\dfrac{d}{dt}\left[(1+t^2)\ln(1+t^2)\right]}{\dfrac{dx}{dt}} = \frac{2t\ln(1+t^2) + 2t}{\dfrac{2t}{1+t^2}}.$$

$$= (1+t^2)\left[\ln(1+t^2) + 1\right] = (x+1)e^x.$$

方法二　由参数方程求 $y = y(x)$ 的二阶导数公式(下式中,右上撇"′"表示对 t 的导数):

$$\frac{d^2y}{dx^2} = \frac{x'y'' - x''y'}{(x')^3}.$$

再以 $x' = \dfrac{2t}{1+t^2}$, $x'' = \dfrac{2-2t^2}{(1+t^2)^2}$, $y' = 2t\ln(1+t^2)$, $y'' = 2\ln(1+t^2) + \dfrac{4t^2}{1+t^2}$ 代入即得.

35 设 $y = y(x)$ 是由方程 $x^2 - y + 1 = e^y$ 所确定的隐函数,则 $\dfrac{d^2y}{dx^2}\bigg|_{x=0} = $ _____. 　Ⓚ 2012 数学二,4 分

知识点睛　0209 高阶导数,0211 隐函数的导数

解　在方程 $x^2 - y + 1 = e^y$ 中,令 $x = 0$,得 $y = 0$. 该方程两端对 x 求导,得

$$2x - y' = e^y y',$$

将 $x = 0, y = 0$ 代入上式得 $y'(0) = 0$. 上式两端再对 x 求导,得

$$2 - y'' = e^y (y')^2 + e^y y'',$$

将 $x = 0, y = 0, y'(0) = 0$ 代入上式,得 $y''(0) = 1$. 应填 1.

2013 数学二,
4 分

36 设函数 $y = f(x)$ 由方程 $\cos(xy) + \ln y - x = 1$ 确定,则 $\lim\limits_{n\to\infty} n\left[f\left(\dfrac{2}{n}\right) - 1 \right] =$
(　　).

(A) 2　　　　　(B) 1　　　　　(C) -1　　　　　(D) -2

知识点睛　0201 导数的定义,0211 隐函数的导数

解　由方程 $\cos(xy) + \ln y - x = 1$ 知,当 $x = 0$ 时,$y = 1$,即 $f(0) = 1$,以上方程两端对 x 求导,得

$$-\sin(xy)(y + xy') + \frac{y'}{y} - 1 = 0,$$

将 $x = 0, y = 1$ 代入上式得 $y'|_{x=0} = 1$,即 $f'(0) = 1$.所以

$$\lim\limits_{n\to\infty} n\left[f\left(\frac{2}{n}\right) - 1 \right] = 2\lim\limits_{n\to\infty} \frac{f\left(\dfrac{2}{n}\right) - f(0)}{\dfrac{2}{n}} = 2f'(0) = 2.$$

应选 (A).

【评注】本题主要考查隐函数求导及导数的定义.

2013 数学一,
4 分

37 设函数 $y = f(x)$ 由方程 $y - x = e^{x(1-y)}$ 确定,则 $\lim\limits_{n\to\infty} n\left[f\left(\dfrac{1}{n}\right) - 1 \right] =$ _____.

知识点睛　0201 导数的定义,0211 隐函数的导数

解　由 $y - x = e^{x(1-y)}$ 知,$x = 0$ 时,$y = 1$,方程 $y - x = e^{x(1-y)}$ 两边对 x 求导,得
$$y' - 1 = e^{x(1-y)}\left[(1 - y) - xy' \right],$$

则当 $x = 0$ 时,$y' = 1$,故 $\lim\limits_{n\to\infty} n\left[f\left(\dfrac{1}{n}\right) - 1 \right] = \lim\limits_{n\to\infty} \dfrac{f\left(\dfrac{1}{n}\right) - f(0)}{\dfrac{1}{n}} = f'(0) = 1$.应填 1.

【评注】本题主要考查隐函数求导和导数定义.

2013 数学二,
4 分

38 设函数 $f(x) = \displaystyle\int_{-1}^{x} \sqrt{1 - e^t}\, dt$,则 $y = f(x)$ 的反函数 $x = f^{-1}(y)$ 在 $y = 0$ 处的导数 $\dfrac{dx}{dy}\bigg|_{y=0} =$ _____.

知识点睛　0213 反函数的导数,0307 积分上限函数及其导数

解　由 $f(x) = \displaystyle\int_{-1}^{x} \sqrt{1 - e^t}\, dt$ 知,当 $f(x) = 0$ 时,$x = -1$,根据反函数的求导法则,有

$$\frac{dx}{dy}\bigg|_{y=0} = \frac{1}{\dfrac{dy}{dx}}\bigg|_{x=-1} = \frac{1}{\sqrt{1 - e^x}}\bigg|_{x=-1} = \frac{1}{\sqrt{1 - e^{-1}}},$$

应填 $\dfrac{1}{\sqrt{1 - e^{-1}}}$.

【评注】本题主要考查反函数求导法及变上限积分求导.

39 设 $\begin{cases} x = \arctan t, \\ y = 3t + t^3, \end{cases}$ 则 $\dfrac{\mathrm{d}^2 y}{\mathrm{d}x^2}\bigg|_{t=1} = $ _____.

K 2015 数学二, 4 分

知识点睛 0209 高阶导数,0212 由参数方程所确定的函数的导数

解 $\dfrac{\mathrm{d}y}{\mathrm{d}x} = \dfrac{3 + 3t^2}{\dfrac{1}{1+t^2}} = 3(1+t^2)^2,$

$\dfrac{\mathrm{d}^2 y}{\mathrm{d}x^2} = 12t(1+t^2) \cdot \dfrac{1}{\dfrac{1}{1+t^2}} = 12t(1+t^2)^2,$

则 $\dfrac{\mathrm{d}^2 y}{\mathrm{d}x^2}\bigg|_{t=1} = 48.$ 应填 48.

40 函数 $f(x) = x^2 2^x$ 在 $x = 0$ 处的 n 阶导数 $f^{(n)}(0) = $ _____.

K 2015 数学二, 4 分

知识点睛 0209 高阶导数

解 $f(x) = x^2 2^x = x^2 \mathrm{e}^{x\ln 2}$

$= x^2 \left(1 + x\ln 2 + \cdots + \dfrac{(\ln 2)^n x^n}{n!} + \cdots \right)$

$= x^2 + (\ln 2)x^3 + \cdots + \dfrac{(\ln 2)^n x^{n+2}}{n!} + \cdots,$

则右端 x^n 项的系数 $a_n = \dfrac{(\ln 2)^{n-2}}{(n-2)!}$,又 $a_n = \dfrac{f^{(n)}(0)}{n!}$,则

$$f^{(n)}(0) = \dfrac{(\ln 2)^{n-2}}{(n-2)!} \cdot (n!) = n(n-1)(\ln 2)^{n-2}.$$

应填 $n(n-1)(\ln 2)^{n-2}$.

41 设 $\begin{cases} x = \displaystyle\int_0^t f(u^2)\,\mathrm{d}u, \\ y = [f(t^2)]^2, \end{cases}$ 其中 $f(u)$ 具有二阶导数,且 $f(u) \neq 0$,求 $\dfrac{\mathrm{d}^2 y}{\mathrm{d}x^2}$.

K 1996 数学二, 5 分

知识点睛 0209 高阶导数,0212 由参数方程所确定函数的导数

解 $\dfrac{\mathrm{d}y}{\mathrm{d}x} = \dfrac{y'(t)}{x'(t)} = \dfrac{2f(t^2)f'(t^2) \cdot 2t}{f(t^2)} = 4tf'(t^2),$

$\dfrac{\mathrm{d}^2 y}{\mathrm{d}x^2} = \dfrac{\mathrm{d}}{\mathrm{d}t}[4tf'(t^2)] \cdot \dfrac{\mathrm{d}t}{\mathrm{d}x} = \dfrac{\mathrm{d}}{\mathrm{d}t}[4tf'(t^2)]\dfrac{1}{x'(t)} = \dfrac{4[f'(t^2) + 2t^2 f''(t^2)]}{f(t^2)}.$

【评注】本题主要考查参数方程求导.一种典型的错误是

$$\dfrac{\mathrm{d}^2 y}{\mathrm{d}x^2} = 4[f'(t^2) + 2t^2 f''(t^2)].$$

42 设函数 $y = y(x)$ 由参数方程 $\begin{cases} x = t + \mathrm{e}^t, \\ y = \sin t \end{cases}$ 确定,则 $\dfrac{\mathrm{d}^2 y}{\mathrm{d}x^2}\bigg|_{t=0} = $ _____.

K 2017 数学二, 4 分

知识点睛 0209 高阶导数,0212 由参数方程所确定的函数的导数

解　$\dfrac{\mathrm{d}x}{\mathrm{d}t}=1+\mathrm{e}^t,\dfrac{\mathrm{d}y}{\mathrm{d}t}=\cos t,$知

$$\dfrac{\mathrm{d}y}{\mathrm{d}x}=\dfrac{y'(t)}{x'(t)}=\dfrac{\cos t}{1+\mathrm{e}^t},$$

$$\dfrac{\mathrm{d}^2y}{\mathrm{d}x^2}=\dfrac{-\sin t(1+\mathrm{e}^t)-\mathrm{e}^t\cos t}{(1+\mathrm{e}^t)^2}\cdot\dfrac{1}{1+\mathrm{e}^t}=\dfrac{-\sin t-\mathrm{e}^t\sin t-\mathrm{e}^t\cos t}{(1+\mathrm{e}^t)^3},$$

则$\dfrac{\mathrm{d}^2y}{\mathrm{d}x^2}\bigg|_{t=0}=-\dfrac{1}{8}.$应填$-\dfrac{1}{8}.$

2019 数学二,4 分

43　曲线$\begin{cases}x=t-\sin t,\\ y=1-\cos t\end{cases}$在$t=\dfrac{3\pi}{2}$对应点处的切线在$y$轴上的截距为_____.

知识点睛　0202 导数的几何意义,0212 由参数方程所确定的函数的导数

解　切点为$\left(\dfrac{3}{2}\pi+1,1\right),$斜率为$k=\dfrac{\mathrm{d}y}{\mathrm{d}x}\bigg|_{t=\frac{3}{2}\pi}=\dfrac{\sin t}{1-\cos t}\bigg|_{t=\frac{3}{2}\pi}=-1.$

所求切线方程为$y=-x+\dfrac{3}{2}\pi+2,$则y轴上的截距为$\dfrac{3}{2}\pi+2.$应填$\dfrac{3}{2}\pi+2.$

2000 数学二,5 分

44　求函数$f(x)=x^2\ln(1+x)$在$x=0$处的n阶导数$f^{(n)}(0)(n\geqslant3).$

知识点睛　0209 高阶导数的莱布尼茨公式

解法 1　由$\ln(1+x)$的泰勒公式,得

$$f(x)=x^2\left[x-\dfrac{x^2}{2}+\cdots+(-1)^{n-3}\dfrac{x^{n-2}}{n-2}+o(x^{n-1})\right]$$

$$=x^3-\dfrac{x^4}{2}+\cdots+(-1)^{n-3}\dfrac{x^n}{n-2}+o(x^n)\quad(n\geqslant3),$$

由泰勒系数与高阶导数的对应关系知

$$\dfrac{f^{(n)}(0)}{n!}=\dfrac{(-1)^{n-3}}{n-2},$$

则$f^{(n)}(0)=(-1)^{n-3}\dfrac{n!}{n-2}\quad(n\geqslant3).$

解法 2　令$u=x^2,v=\ln(1+x),$则$f(x)=uv,$由高阶导数的莱布尼茨公式,有

$$f^{(n)}(0)=\sum_{k=0}^n\mathrm{C}_n^k u^{(k)}(0)v^{(n-k)}(0).$$

其中,$u(0)=u'(0)=0,u''(0)=2,u^{(k)}(0)=0\ (k\geqslant3).$

从而有$f^{(n)}(0)=\mathrm{C}_n^2 2\cdot v^{(n-2)}(0).$而

$$v=\ln(1+x),v'=\dfrac{1}{x+1}=(x+1)^{-1},$$

$$v''=(-1)(x+1)^{-2},v'''=(-1)(-2)(x+1)^{-3},$$

$$v^{(n-2)}(x)=(-1)^{n-3}(n-3)!(x+1)^{-(n-2)},$$

则$v^{(n-2)}(0)=(-1)^{n-3}(n-3)!,$故

$$f^{(n)}(0)=n(n-1)\cdot(-1)^{n-3}(n-3)!=\dfrac{(-1)^{n-3}n!}{n-2}.$$

45 设函数 $f(x)$ 在 $x=0$ 处连续,且 $\lim\limits_{h\to 0}\dfrac{f(h^2)}{h^2}=1$,则( ).

Ⓚ 2006 数学三,
4分

(A) $f(0)=0$ 且 $f'(0)$ 存在   (B) $f(0)=1$ 且 $f'(0)$ 存在

(C) $f(0)=0$ 且 $f'_+(0)$ 存在   (D) $f(0)=1$ 且 $f'_+(0)$ 存在

知识点睛   0201 导数的定义

解   由 $\lim\limits_{h\to 0}\dfrac{f(h^2)}{h^2}=1$,且 $\lim\limits_{h\to 0}h^2=0$,则 $\lim\limits_{h\to 0}f(h^2)=0$,由于 $f(x)$ 在 $x=0$ 处连续,且
$\lim\limits_{h\to 0}f(h^2)=f(0)=0$,从而

$$\lim_{h\to 0}\frac{f(h^2)}{h^2}=\lim_{h\to 0}\frac{f(h^2)-f(0)}{h^2}=1.$$

由于上式中的 $h^2\to 0^+$(只能从大于零一边趋于零),则由上式可得 $f'_+(0)=1$.应选(C).

【评注】(1)若将题设条件 $\lim\limits_{h\to 0}\dfrac{f(h^2)}{h^2}=1$ 改为 $\lim\limits_{h\to 0}\dfrac{f(-h^2)}{h^2}=1$,则正确选项为(A);

(2)(B)和(D)选项明显是错误的,因为,如果 $f(0)=1$,则 $\lim\limits_{h\to 0}\dfrac{f(h^2)}{h^2}=\infty$,与题设

$\lim\limits_{h\to 0}\dfrac{f(h^2)}{h^2}=1$ 矛盾.

46 设函数 $f(x)$ 在 $x=2$ 的某邻域内可导,且 $f'(x)=\mathrm{e}^{f(x)}$,$f(2)=1$,则 $f'''(2)=$

Ⓚ 2006 数学三,
4分

_____.

知识点睛   0206 复合函数求导,0209 高阶导数

解   由 $f'(x)=\mathrm{e}^{f(x)}$ 知

$$f''(x)=\mathrm{e}^{f(x)}f'(x)=\mathrm{e}^{f(x)}\cdot\mathrm{e}^{f(x)}=\mathrm{e}^{2f(x)},$$
$$f'''(x)=\mathrm{e}^{2f(x)}\cdot 2f'(x)=2\mathrm{e}^{3f(x)},$$

将 $x=2$ 代入上式,得 $f'''(2)=2\mathrm{e}^{3f(2)}=2\mathrm{e}^3$.应填 $2\mathrm{e}^3$.

【评注】本题主要考查复合函数求导.

47 设 $f(x)=\lim\limits_{t\to 0}x\,(1+3t)^{\frac{x}{t}}$,则 $f'(x)=$ _____.

Ⓚ 2011 数学三,
4分

知识点睛   0109 两个重要极限

解 $f(x)=\lim\limits_{t\to 0}x\,[(1+3t)^{\frac{1}{3t}}]^{3x}=x\mathrm{e}^{3x}$,

$f'(x)=\mathrm{e}^{3x}+3x\mathrm{e}^{3x}=\mathrm{e}^{3x}(1+3x)$.

应填 $\mathrm{e}^{3x}(1+3x)$.

48 设函数 $y=\dfrac{1}{2x+3}$,则 $y^{(n)}(0)=$ _____.

Ⓚ 2007 数学二、
数学三,4分

知识点睛   0209 高阶导数

解法1   先求一阶导数,二阶导数,在此基础上归纳 n 阶导数.

$$y=\frac{1}{2x+3}=(2x+3)^{-1},$$

则

$$y' = (-1)(2x+3)^{-2} \cdot 2, \quad y'' = (-1)(-2)(2x+3)^{-3} \cdot 2^2,$$

由此归纳,得

$$y^{(n)} = (-1)^n n!(2x+3)^{-(n+1)} \cdot 2^n,$$

则

$$y^{(n)}(0) = \frac{(-1)^n 2^n n!}{3^{n+1}}.$$

解法2　利用幂级数展开,为求 $y^{(n)}(0)$,将 $y = \dfrac{1}{2x+3}$ 在 $x=0$ 处展开为幂级数,则其

展开式中 x 的 n 次幂项的系数为 $\dfrac{y^{(n)}(0)}{n!}$,即可求得 $y^{(n)}(0)$.

$$\frac{1}{2x+3} = \frac{1}{3} \cdot \frac{1}{1+\frac{2}{3}x} = \frac{1}{3}\left[1 - \frac{2}{3}x + \left(\frac{2}{3}x\right)^2 + \cdots + (-1)^n\left(\frac{2}{3}x\right)^n + \cdots\right],$$

等式右端 x^n 的系数为 $(-1)^n \dfrac{2^n}{3^{n+1}}$,则

$$\frac{y^{(n)}(0)}{n!} = (-1)^n \frac{2^n}{3^{n+1}},$$

故 $y^{(n)}(0) = \dfrac{(-1)^n 2^n n!}{3^{n+1}}$.应填 $\dfrac{(-1)^n 2^n n!}{3^{n+1}}$.

【评注】本题属于高阶导数计算问题.计算高阶导数通常有3种方法.

(1)求一阶、二阶导数,然后归纳 n 阶导数;

(2)利用泰勒公式(适合求具体点的高阶导数);

(3)利用已有的高阶导数公式:

① $(\sin x)^{(n)} = \sin\left(x + \dfrac{n\pi}{2}\right)$;

② $(\cos x)^{(n)} = \cos\left(x + \dfrac{n\pi}{2}\right)$;

③ $(uv)^{(n)} = \displaystyle\sum_{k=0}^{n} C_n^k u^{(n-k)} v^{(k)}$.

Ⓚ 2012 数学三,
4分

49　设函数 $f(x) = \begin{cases} \ln\sqrt{x}, & x \geq 1, \\ 2x-1, & x < 1, \end{cases}$ $y = f(f(x))$,则 $\dfrac{\mathrm{d}y}{\mathrm{d}x}\Big|_{x=e} = $ _____.

知识点睛　0206 复合函数求导

解　$y = f(f(x))$ 可看做 $y = f(u)$ 与 $u = f(x)$ 的复合,当 $x = e$ 时,

$$u = f(e) = \ln\sqrt{e} = \frac{1}{2}\ln e = \frac{1}{2},$$

由复合函数求导法则知 $\dfrac{\mathrm{d}y}{\mathrm{d}x}\Big|_{x=e} = f'\left(\dfrac{1}{2}\right) \cdot f'(e) = 2 \cdot \dfrac{1}{2x}\Big|_{x=e} = \dfrac{1}{e}$.应填 $\dfrac{1}{e}$.

Ⓚ 2005 数学一、
数学二,4分

50　设函数 $f(x) = \lim\limits_{n \to \infty} \sqrt[n]{1 + |x|^{3n}}$,则 $f(x)$ 在 $(-\infty, +\infty)$ 内(　　　).

(A)处处可导   (B)恰有一个不可导点

(C)恰有两个不可导点   (D)至少有三个不可导点

知识点睛 0201 导数的定义

解 先求极限得到 $f(x)$ 的表达式,然后再讨论 $f(x)$ 的可导性.

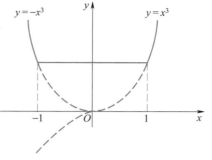

50 题图

由 $\lim\limits_{n \to \infty} \sqrt[n]{a_1^n + a_2^n + \cdots + a_m^n} = \max\limits_{1 \le i \le m} a_i \, (a_i > 0)$ 知

$$f(x) = \lim_{n \to \infty} \sqrt[n]{1 + |x|^{3n}}$$

$$= \max\{1, \ |x|^3\} = \begin{cases} 1, & |x| \le 1. \\ |x|^3, & |x| > 1. \end{cases}$$

由 $y = f(x)$ 的表达式和其图形(50 题图)可知,$f(x)$ 在点 $x = \pm 1$ 处不可导(图形为尖点),在其余点均可导,应选(C).

【评注】本题求得 $f(x)$ 的表达式后,也可根据表达式确定各点的可导性,由其表达式知,$f(x)$ 不可导点最多两个,即点 $x = \pm 1$,其余点均可导,又由 $f(x)$ 表达式知 $f(x)$ 为偶函数,则 $f(x)$ 在 $x = \pm 1$ 两点处可导性相同,因此,只需讨论 $x = 1$ 处的可导性.而

$$f'_-(1) = \lim_{x \to 1^-} \frac{1-1}{x-1} = 0, \quad f'_+(1) = \lim_{x \to 1^+} \frac{x^3-1}{x-1} = 3,$$

则 $f(x)$ 在 $x = 1$ 处不可导,从而在 $x = -1$ 处也不可导.

51 设 $\begin{cases} x = e^{-t}, \\ y = \int_0^t \ln(1 + u^2) \, du, \end{cases}$ 则 $\dfrac{d^2 y}{dx^2}\Big|_{t=0} = $ _____.

     【K】2010 数学一,4 分

知识点睛 0209 高阶导数,0212 由参数方程确定的函数的导数

解法 1 $\dfrac{dy}{dx} = \dfrac{y'(t)}{x'(t)} = \dfrac{\ln(1+t^2)}{-e^{-t}} = -e^t \ln(1+t^2)$,有

$$\frac{d^2 y}{dx^2} = \frac{d}{dt}\left[-e^t \ln(1+t^2)\right] \cdot \frac{1}{x'(t)} = e^{2t}\left[\frac{2t}{1+t^2} + \ln(1+t^2)\right],$$

则 $\dfrac{d^2 y}{dx^2}\Big|_{t=0} = 0$.

解法 2 由参数方程求导公式知

$$\frac{d^2 y}{dx^2}\Big|_{t=0} = \frac{y''(0)x'(0) - x''(0)y'(0)}{[x'(0)]^3},$$

其中

$$x'(t) = -e^{-t}, \quad x''(t) = e^{-t}, \quad x'(0) = -1, \quad x''(0) = 1,$$

$$y'(t) = \ln(1+t^2), \quad y''(t) = \frac{2t}{1+t^2}, \quad y'(0) = 0, \quad y''(0) = 0,$$

代入上式,得 $\dfrac{d^2 y}{dx^2}\Big|_{t=0} = 0.$

解法3 由 $x = e^{-t}$ 得,$t = -\ln x$,则

$$y = \int_0^{-\ln x} \ln(1 + u^2)\, du, \qquad \frac{dy}{dx} = -\frac{1}{x}\ln(1 + \ln^2 x),$$

$$\frac{d^2 y}{dx^2} = \frac{1}{x^2}\left[\ln(1 + \ln^2 x) - \frac{2\ln x}{1 + \ln^2 x}\right].$$

当 $t = 0$ 时 $x = 1$,则 $\left.\dfrac{d^2 y}{dx^2}\right|_{t=0} = 0$.应填 0.

【评注】本题是一道参数方程求导的试题,本题中前两种方法是常用的方法.

2012 数学一、数学二、数学三,4分

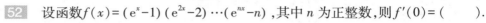

52 设函数 $f(x) = (e^x - 1)(e^{2x} - 2)\cdots(e^{nx} - n)$,其中 n 为正整数,则 $f'(0) = ($).

(A) $(-1)^{n-1}(n-1)!$ (B) $(-1)^n(n-1)!$

(C) $(-1)^{n-1}n!$ (D) $(-1)^n n!$

知识点睛 0201 导数的定义

解法1 令 $g(x) = (e^{2x} - 2)\cdots(e^{nx} - n)$,则

$$f(x) = (e^x - 1)g(x),$$
$$f'(x) = e^x g(x) + (e^x - 1)g'(x),$$

则 $f'(0) = g(0) = (-1) \cdot (-2) \cdots (-(n-1)) = (-1)^{n-1}(n-1)!$.

解法2 由于 $f(0) = 0$,由导数定义知

$$f'(0) = \lim_{x \to 0} \frac{f(x)}{x} = \lim_{x \to 0} \frac{(e^x - 1)(e^{2x} - 2)\cdots(e^{nx} - n)}{x}$$

$$= \lim_{x \to 0} \frac{e^x - 1}{x} \cdot \lim_{x \to 0}(e^{2x} - 2)\cdots(e^{nx} - n)$$

$$= (-1) \cdot (-2) \cdots (-(n-1)) = (-1)^{n-1}(n-1)!.$$

应选(A).

2013 数学一,4分

53 设 $\begin{cases} x = \sin t, \\ y = t\sin t + \cos t, \end{cases}$ (t 为参数),则 $\left.\dfrac{d^2 y}{dx^2}\right|_{t=\frac{\pi}{4}} = $ _____.

知识点睛 0209 高阶导数,0212 由参数方程所确定的函数的导数

解 $\dfrac{dy}{dx} = \dfrac{\sin t + t\cos t - \sin t}{\cos t} = t$,$\dfrac{d^2 y}{dx^2} = 1 \cdot \dfrac{1}{\cos t} = \dfrac{1}{\cos t}$,$\left.\dfrac{d^2 y}{dx^2}\right|_{t=\frac{\pi}{4}} = \sqrt{2}$.应填 $\sqrt{2}$.

【评注】本题主要考查参数方程求导,是一道基本概念题.但仍有不少读者填写了错误结果 $\left.\dfrac{d^2 y}{dx^2}\right|_{t=\frac{\pi}{4}} = 1$.究其原因,应该是从 $\dfrac{dy}{dx} = t$ 得出了错误的结果 $\dfrac{d^2 y}{dx^2} = 1$.这是读者在求参数方程所确定函数二阶导数时常见的错误.

54 设 $\begin{cases} x = t - \sin t, \\ y = 1 - \cos t, \end{cases}$ 求 $\left.\dfrac{d^2 y}{dx^2}\right|_{t=\pi}$.

知识点睛 0209 高阶导数,0212 由参数方程确定的函数的导数

解 $\dfrac{dy}{dx} = \dfrac{\sin t}{1 - \cos t}$,$\dfrac{d^2 y}{dx^2} = \dfrac{\left(\dfrac{\sin t}{1 - \cos t}\right)'}{1 - \cos t} = -\dfrac{1}{(1 - \cos t)^2}$.

所以 $\dfrac{\mathrm{d}^2 y}{\mathrm{d}x^2}\bigg|_{t=\pi}=-\dfrac{1}{4}$.

55 设 $f(x)$ 是周期为 4 的可导奇函数,且 $f'(x)=2(x-1)$,$x\in[0,2]$,则 $f(7)=$ _____.

Ⓚ 2014 数学一、数学二,4 分

知识点睛 0102 函数的周期性与奇偶性

解 由 $f'(x)=2(x-1)$,$x\in[0,2]$ 知,$f(x)=(x-1)^2+C$. 又 $f(x)$ 为奇函数,则 $f(0)=0$,$C=-1$. 于是 $f(x)=(x-1)^2-1$.

由于 $f(x)$ 以 4 为周期,则 $f(7)=f[8+(-1)]=f(-1)=-f(1)=1$. 应填 1.

56 设函数 $f(x)=\arctan x-\dfrac{x}{1+ax^2}$,且 $f'''(0)=1$,则 $a=$ _____.

Ⓚ 2016 数学一,4 分

知识点睛 0209 高阶导数,0715 将函数间接展开为幂级数

解 利用幂级数展开

$$f(x)=\arctan x-\frac{x}{1+ax^2}=\left(x-\frac{x^3}{3}+\cdots\right)-x(1-ax^2+\cdots)$$

$$=\left(a-\frac{1}{3}\right)x^3+\cdots,$$

由幂级数展开式的唯一性可知 $a-\dfrac{1}{3}=\dfrac{f'''(0)}{3!}=\dfrac{1}{6}$,则 $a=\dfrac{1}{2}$. 应填 $\dfrac{1}{2}$.

57 已知函数 $f(x)=\dfrac{1}{1+x^2}$,则 $f^{(3)}(0)=$ _____.

Ⓚ 2017 数学一,4 分

知识点睛 0209 高阶导数

解 $f(x)=\dfrac{1}{1+x^2}$ 是偶函数,则 $f'(x)$ 为奇函数,$f''(x)$ 为偶函数,$f^{(3)}(x)$ 为奇函数,则 $f^{(3)}(0)=0$. 应填 0.

58 已知函数 $y=y(x)$ 由方程 $e^y+6xy+x^2-1=0$ 确定,则 $y''(0)=$ _____.

Ⓚ 2002 数学一,3 分

知识点睛 0209 高阶导数,0211 隐函数的导数

解 方程两端对 x 求导,得

$$e^y y'+6y+6xy'+2x=0,$$

由原方程知 $x=0$ 时,$y=0$,代入上式得 $y'(0)=0$.

等式 $e^y y'+6y+6xy'+2x=0$ 两端再对 x 求导,得

$$e^y(y')^2+e^y y''+12y'+6xy''+2=0,$$

将 $x=0$,$y=0$,$y'(0)=0$ 代入上式,得 $y''(0)=-2$. 应填 -2.

59 函数 $f(x)=(x^2-x-2)|x^3-x|$ 不可导点的个数是( ).

(A) 3   (B) 2   (C) 1   (D) 0

Ⓚ 1998 数学一、数学二,3 分

知识点睛 0201 导数的定义

解法 1 本题中的函数带有绝对值,若去掉绝对值为分段函数,当 $x\neq0$,±1 时 $f(x)$ 可导(多项式函数)只需用导数定义考查分界点 $x=0$,$x=\pm1$ 处可导性即可. 由于

$$\lim_{x\to0}\frac{f(x)-f(0)}{x}=\lim_{x\to0}\frac{|x|}{x}(x^2-x-2)|x^2-1|=\begin{cases}-2, & x\to0^+,\\ 2, & x\to0^-,\end{cases}$$

59 题精解视频

即 $f'_+(0)=-2, f'_-(0)=2$,则 $f(x)$ 在 $x=0$ 处不可导.

$$\lim_{x\to 1}\frac{f(x)-f(1)}{x-1}=\lim_{x\to 1}\frac{|x-1|}{x-1}(x^2-x-2)\ |x^2+x|=\begin{cases}-4, & x\to 1^+,\\ 4, & x\to 1^-,\end{cases}$$

即 $f'_+(1)=-4, f'_-(1)=4$,则 $f(x)$ 在 $x=1$ 处不可导.

$$\lim_{x\to -1}\frac{f(x)-f(-1)}{x+1}=\lim_{x\to -1}\frac{(x+1)(x-2)\ |x^3-x|}{x+1}=0,$$

即 $f'(-1)=0$.故应选(B).

解法2 也可利用一个基本结论求解:设 $\varphi(x)$ 在 $x=x_0$ 处连续,则 $f(x)=|x-x_0|\varphi(x)$ 在 x_0 处可导的充分条件是 $\varphi(x_0)=0$.

先考虑 $x=1$ 处,由于

$$f(x)=|x-1|(x^2-x-2)\ |x^2+x|,$$

其中 $\varphi(x)=(x^2-x-2)\ |x^2+x|$,而 $\varphi(1)=-4\neq 0$,则 $f(x)$ 在 $x=1$ 处不可导.

再考虑 $x=0$,由于

$$f(x)=|x|(x^2-x-2)\ |x^2-1|,$$

其中 $\varphi(x)=(x^2-x-2)\ |x^2-1|$,而 $\varphi(0)\neq 0$,则 $f(x)$ 在 $x=0$ 处不可导.

最后考虑 $x=-1$,由于

$$f(x)=|x+1|(x^2-x-2)\ |x^2-x|,$$

其中 $\varphi(x)=(x^2-x-2)\ |x^2-x|$,而 $\varphi(-1)=0$,则 $f(x)$ 在 $x=-1$ 处可导.应选(B).

解法3 也可利用以下结论求解

(1) $|x|$ 在 $x=0$ 处不可导,

(2) $x|x|$ 在 $x=0$ 处可导.

由于 $|x^3-x|=|x|\ |x-1|\ |x+1|$,由结论(1)知 $|x^3-x|$ 在 $x=0, x=1, x=-1$ 处都不可导,而 $f(x)=(x^2-x-2)\ |x^3-x|=(x-2)(x+1)|x|\ |x-1|\ |x+1|$.

由(2)可知 $f(x)$ 在 $x=-1$ 处可导,则 $f(x)$ 不可导的点为 $x=0$ 和 $x=1$,故应选(B).

60 设 $y=\arctan\mathrm{e}^x-\ln\sqrt{\dfrac{\mathrm{e}^{2x}}{\mathrm{e}^{2x}+1}}$,则 $\dfrac{\mathrm{d}y}{\mathrm{d}x}\Big|_{x=1}=$ _____.

知识点睛 0205 导数的四则运算法则

解 $y=\arctan\mathrm{e}^x-\dfrac{1}{2}\ln\mathrm{e}^{2x}+\dfrac{1}{2}\ln(\mathrm{e}^{2x}+1)=\arctan\mathrm{e}^x-x+\dfrac{1}{2}\ln(\mathrm{e}^{2x}+1)$,故

$$\frac{\mathrm{d}y}{\mathrm{d}x}=\frac{\mathrm{e}^x}{1+\mathrm{e}^{2x}}-1+\frac{\mathrm{e}^{2x}}{\mathrm{e}^{2x}+1}=\frac{\mathrm{e}^x-1}{1+\mathrm{e}^{2x}},\quad \text{从而}\quad \frac{\mathrm{d}y}{\mathrm{d}x}\Big|_{x=1}=\frac{\mathrm{e}-1}{\mathrm{e}^2+1}.$$

故应填 $\dfrac{\mathrm{e}-1}{\mathrm{e}^2+1}$.

【评注】一般初等函数在求导之前应先化简,将函数化成最简形式后再求导,可使求导过程大大简化,避免出错.

61 设 $y=\mathrm{e}^{\tan\frac{1}{x}}\cdot\sin\dfrac{1}{x}$,则 $y'=$ _____.

知识点睛 0205 导数的四则运算法则

解　$y' = e^{\tan\frac{1}{x}} \cdot \cos\frac{1}{x} \cdot \left(-\frac{1}{x^2}\right) + \sin\frac{1}{x} \cdot e^{\tan\frac{1}{x}} \cdot \sec^2\frac{1}{x} \cdot \left(-\frac{1}{x^2}\right)$

$$= -\frac{1}{x^2}e^{\tan\frac{1}{x}}\left(\cos\frac{1}{x} + \tan\frac{1}{x} \cdot \sec\frac{1}{x}\right),$$

故应填$-\dfrac{1}{x^2}e^{\tan\frac{1}{x}}\left(\cos\dfrac{1}{x} + \tan\dfrac{1}{x} \cdot \sec\dfrac{1}{x}\right)$.

【评注】这是一道有多重复合关系的函数的求导问题,要求读者熟悉基本初等函数的导数公式和复合函数求导法则.

62　设$F(x) = \lim\limits_{t\to\infty} t^2\left[f\left(x+\dfrac{\pi}{t}\right) - f(x)\right]\sin\dfrac{x}{t}$,其中$f(x)$二阶可导,求$F'(x)$.

知识点睛　0201 导数的定义,0205 导数的四则运算法则

解　$F(x) = \lim\limits_{t\to\infty} t^2\left[f\left(x+\dfrac{\pi}{t}\right) - f(x)\right]\sin\dfrac{x}{t} = \lim\limits_{t\to\infty} \dfrac{f\left(x+\dfrac{\pi}{t}\right) - f(x)}{\dfrac{1}{t}} \cdot \dfrac{\sin\dfrac{x}{t}}{\dfrac{1}{t}}$

$$= \pi \cdot \lim_{\frac{\pi}{t}\to 0} \frac{f\left(x+\frac{\pi}{t}\right) - f(x)}{\frac{\pi}{t}} \cdot x \cdot \lim_{\frac{x}{t}\to 0} \frac{\sin\frac{x}{t}}{\frac{x}{t}}$$

$$= \pi x f'(x),$$

故$F'(x) = \pi[f'(x) + xf''(x)]$.

63　设函数$f(x) = \begin{cases} \dfrac{1}{\sin x} - \dfrac{\cos x}{x}, & x\neq 0, \\ 0, & x = 0, \end{cases}$

(1)讨论$f(x)$在$x=0$处的连续性和可导性;

(2)求出导函数$f'(x)$.

知识点睛　0204 函数的连续性与可导性的关系

63 题精解视频

解　(1) $\lim\limits_{x\to 0} f(x) = \lim\limits_{x\to 0} \dfrac{x - \dfrac{1}{2}\sin 2x}{x\sin x} = \lim\limits_{x\to 0} \dfrac{x - \dfrac{1}{2}\sin 2x}{x^2}$

$$\xlongequal{\frac{0}{0}} \lim_{x\to 0} \frac{1-\cos 2x}{2x} = \lim_{x\to 0} \frac{\frac{1}{2}(2x)^2}{2x} = 0 = f(0),$$

故$f(x)$在$x=0$连续.

$$f'(0) = \lim_{x\to 0} \frac{x - \frac{1}{2}\sin 2x}{x^2\sin x} = \lim_{x\to 0} \frac{x - \frac{1}{2}\sin 2x}{x^3} \xlongequal{\frac{0}{0}} \lim_{x\to 0} \frac{1-\cos 2x}{3x^2}$$

$$\xlongequal{\frac{0}{0}} \lim_{x\to 0} \frac{2\sin 2x}{6x} = \frac{2}{3},$$

故$f(x)$在$x=0$处可导.

（2）因为 $x \neq 0$ 时，$f'(x) = -\dfrac{\cos x}{\sin^2 x} + \dfrac{x \sin x + \cos x}{x^2}$，故

$$f'(x) = \begin{cases} -\dfrac{\cos x}{\sin^2 x} + \dfrac{x \sin x + \cos x}{x^2}, & x \neq 0, \\ \dfrac{2}{3}, & x = 0. \end{cases}$$

64 试确定常数 a，b 的值，使函数

$$f(x) = \begin{cases} 1 + \ln(1 - 2x), & x \leqslant 0, \\ a + b e^x, & x > 0 \end{cases}$$

在 $x = 0$ 处可导，并求出此时的 $f'(x)$.

知识点睛 0210 分段函数的导数

解 因要使函数 $f(x)$ 在 $x = 0$ 处可导，故 $f(x)$ 在 $x = 0$ 处连续，即

$$\lim_{x \to 0^-} f(x) = \lim_{x \to 0^+} f(x) = f(0) = 1,$$

得 $a + b = 1$，即当 $a + b = 1$ 时，函数 $f(x)$ 在 $x = 0$ 处连续.

由导数定义及 $a + b = 1$，有

$$f'_-(0) = \lim_{x \to 0^-} \frac{f(x) - f(0)}{x - 0} = \lim_{x \to 0^-} \frac{[1 + \ln(1 - 2x)] - 1}{x} = -2,$$

$$f'_+(0) = \lim_{x \to 0^+} \frac{f(x) - f(0)}{x - 0} = \lim_{x \to 0^+} \frac{(a + b e^x) - 1}{x} = \lim_{x \to 0^+} \frac{b(e^x - 1)}{x} = b.$$

要使 $f(x)$ 在 $x = 0$ 处可导，应有 $b = f'_+(0) = f'_-(0) = -2$，故 $a = 3$.

即当 $a = 3$，$b = -2$ 时，函数 $f(x)$ 在 $x = 0$ 处可导，且 $f'(0) = -2$. 于是

$$f'(x) = \begin{cases} -\dfrac{2}{1 - 2x}, & x \leqslant 0, \\ -2 e^x, & x > 0. \end{cases}$$

【评注】确定参数的值使分段函数可导的问题，通常一要利用函数在一点处可导的充要条件是在该点的左导数与右导数均存在且相等；二要利用函数可导必连续，而函数在一点处连续的充要条件是其在该点的左极限与右极限均存在且相等，又等于其函数值.

65 设 $f(x) = \begin{cases} x^\lambda \cos \dfrac{1}{x}, & x \neq 0, \\ 0, & x = 0, \end{cases}$ 其导函数在 $x = 0$ 处连续，则 λ 的取值范围是_____.

知识点睛 0114 函数的连续性，0205 导数的四则运算法则

解 当 $\lambda > 1$ 时，有

$$f'(x) = \begin{cases} \lambda x^{\lambda-1} \cos \dfrac{1}{x} + x^{\lambda-2} \sin \dfrac{1}{x}, & x \neq 0, \\ 0, & x = 0, \end{cases}$$

显然，当 $\lambda > 2$ 时，有 $\lim\limits_{x \to 0} f'(x) = 0 = f'(0)$，即其导函数在 $x = 0$ 处连续. 故应填 $\lambda > 2$.

66 设 $y = \sin[f(x^2)]$，其中 f 具有二阶导数，求 $\dfrac{\mathrm{d}^2 y}{\mathrm{d} x^2}$.

知识点睛　0206 复合函数的导数, 0209 高阶导数

解　$\dfrac{\mathrm{d}y}{\mathrm{d}x}=2xf'(x^2)\cos[f(x^2)]$,

$\dfrac{\mathrm{d}^2y}{\mathrm{d}x^2}=2f'(x^2)\cos[f(x^2)]+4x^2f''(x^2)\cos[f(x^2)]-4x^2[f'(x^2)]^2\sin[f(x^2)]$.

67　设 $y=\ln(x+\sqrt{1+x^2})$, 则 $y'''|_{x=\sqrt{3}}=$ _____.

知识点睛　0206 复合函数的导数, 0209 高阶导数

解　$y'=\dfrac{1+\dfrac{2x}{2\sqrt{1+x^2}}}{x+\sqrt{1+x^2}}=\dfrac{1}{\sqrt{1+x^2}}=(1+x^2)^{-\frac{1}{2}}$,

$y''=-\dfrac{1}{2}(1+x^2)^{-\frac{3}{2}}\cdot 2x=-x(1+x^2)^{-\frac{3}{2}}$,

$y'''=-(1+x^2)^{-\frac{3}{2}}-x\left(-\dfrac{3}{2}\right)(1+x^2)^{-\frac{5}{2}}\cdot 2x=-\dfrac{1}{\sqrt{(1+x^2)^3}}+\dfrac{3x^2}{\sqrt{(1+x^2)^5}}$,

则 $y'''|_{x=\sqrt{3}}=\dfrac{5}{32}$. 故应填 $\dfrac{5}{32}$.

68　已知函数 $f(x)=\mathrm{e}^{\sin x}+\mathrm{e}^{-\sin x}$, 则 $f'''(2\pi)=$ _____.　　　　　🅚 2022 数学三, 5 分

知识点睛　0209 高阶导数

解法 1　$f'(x)=\mathrm{e}^{\sin x}\cos x-\mathrm{e}^{-\sin x}\cos x$, $f''(x)=\mathrm{e}^{\sin x}(\cos^2x-\sin x)+\mathrm{e}^{-\sin x}(\cos^2x+\sin x)$,

$f'''(x)=\mathrm{e}^{\sin x}(-2\cos x\sin x-\cos x)+\cos x\mathrm{e}^{\sin x}(\cos^2x-\sin x)$

$\qquad-\cos x\mathrm{e}^{-\sin x}(\cos^2x+\sin x)+\mathrm{e}^{-\sin x}(-2\cos x\sin x+\cos x)$,

则 $f'''(2\pi)=-1+1-1+1=0$.

解法 2　$f(x)=\mathrm{e}^{\sin x}+\mathrm{e}^{-\sin x}$, 易知 $f(x)$ 是周期为 2π 的偶函数, 则 $f'(x)$ 是周期为 2π 的奇函数, $f''(x)$ 是周期为 2π 的偶函数, $f'''(x)$ 是周期为 2π 的奇函数, 故 $f'''(2\pi)=f'''(0)=0$. 应填 0.

69　设函数 $x=f(y)$ 的反函数 $y=f^{-1}(x)$ 及 $f'[f^{-1}(x)]$, $f''[f^{-1}(x)]$ 均存在, 且 $f'[f^{-1}(x)]\neq 0$, 则 $\dfrac{\mathrm{d}^2f^{-1}(x)}{\mathrm{d}x^2}$ 为 (　　　).

(A) $-\dfrac{f''[f^{-1}(x)]}{\{f'[f^{-1}(x)]\}^2}$ 　　　　　　(B) $\dfrac{f''[f^{-1}(x)]}{\{f'[f^{-1}(x)]\}^2}$

(C) $-\dfrac{f''[f^{-1}(x)]}{\{f'[f^{-1}(x)]\}^3}$ 　　　　　　(D) $\dfrac{f''[f^{-1}(x)]}{\{f'[f^{-1}(x)]\}^3}$

知识点睛　0213 反函数的导数

解　因为 $f'[f^{-1}(x)]\neq 0$, 所以由反函数的导数公式, 有

$$\dfrac{\mathrm{d}f^{-1}(x)}{\mathrm{d}x}=\dfrac{\mathrm{d}y}{\mathrm{d}x}=\dfrac{1}{\dfrac{\mathrm{d}x}{\mathrm{d}y}}=\dfrac{1}{f'(y)}=\dfrac{1}{f'[f^{-1}(x)]},$$

$$\dfrac{\mathrm{d}^2f^{-1}(x)}{\mathrm{d}x^2}=\dfrac{\mathrm{d}}{\mathrm{d}x}\left(\dfrac{1}{f'[f^{-1}(x)]}\right)=-\dfrac{\{f'[f^{-1}(x)]\}'}{\{f'[f^{-1}(x)]\}^2}$$

$$= -\frac{f''[f^{-1}(x)][f^{-1}(x)]'}{\{f'[f^{-1}(x)]\}^2} = -\frac{f''[f^{-1}(x)]}{\{f'[f^{-1}(x)]\}^2} \cdot \frac{1}{f'[f^{-1}(x)]}$$

$$= -\frac{f''[f^{-1}(x)]}{\{f'[f^{-1}(x)]\}^3},$$

应选(C).

70 设 $f(x) = \dfrac{1-x}{1+x}$, 则 $f^{(n)}(x) = $ _____.

知识点睛 0209 高阶导数

解 $f(x) = -1 + 2(1+x)^{-1}$, $f'(x) = 2 \cdot (-1) \cdot (1+x)^{-2}$,

$f''(x) = 2 \cdot (-1)(-2) \cdot (1+x)^{-3}$, $f'''(x) = 2 \cdot (-1)(-2)(-3) \cdot (1+x)^{-4}\cdots$,

$f^{(n)}(x) = 2 \cdot (-1)(-2) \cdot \cdots \cdot (-n) \cdot (1+x)^{-n-1} = \dfrac{(-1)^n \cdot 2 \cdot n!}{(1+x)^{n+1}}$,

故应填 $\dfrac{(-1)^n \cdot 2 \cdot n!}{(1+x)^{n+1}}$.

【评注】(1) 求 $f(x)$ 的 n 阶导数时, 一般先求出前几阶导数, 从中找出规律, 得出 $f(x)$ 的 n 阶导数表达式.

(2) 某些复杂函数求高阶导数, 需先化简、变形, 化为常见函数类, 再求其 n 阶导数.

71 设 $y = \sin^3 x + \sin x \cos x$, 求 $y^{(n)}$.

知识点睛 0209 高阶导数

分析 利用三倍角公式 $\sin 3x = 3\sin x - 4\sin^3 x$, 二倍角公式 $\sin 2x = 2\sin x \cos x$.

解 因为 $y = \sin^3 x + \sin x \cos x = \dfrac{3}{4}\sin x - \dfrac{1}{4}\sin 3x + \dfrac{1}{2}\sin 2x$, 所以

$$y^{(n)} = \frac{3}{4}\sin\left(x + \frac{n}{2}\pi\right) - \frac{3^n}{4}\sin\left(3x + \frac{n}{2}\pi\right) + 2^{n-1}\sin\left(2x + \frac{n}{2}\pi\right).$$

72 设 $f(x) = (x-a)^n \varphi(x)$, 其中 $\varphi(x)$ 在 a 点的一个邻域内有 $n-1$ 阶连续导数, 则 $f^{(n)}(a) = $ _____.

知识点睛 0209 高阶导数

解 根据题设条件, 由莱布尼茨公式有

$$f^{(n-1)}(x) = [(x-a)^n \varphi(x)]^{(n-1)}$$

$$= (x-a)^n \varphi^{(n-1)}(x) + C_{n-1}^1 n (x-a)^{n-1}\varphi^{(n-2)}(x) + \cdots$$

$$+ C_{n-1}^{n-2}n(n-1)\cdots 3(x-a)^2\varphi'(x) + n!(x-a)\varphi(x),$$

由此可知, $f^{(n-1)}(a) = 0$. 再由导数定义得

$$f^{(n)}(a) = \lim_{x \to a}\frac{f^{(n-1)}(x) - f^{(n-1)}(a)}{x-a}$$

$$= \lim_{x \to a}[(x-a)^{n-1}\varphi^{(n-1)}(x) + C_{n-1}^1 n(x-a)^{n-2}\varphi^{(n-2)}(x) + \cdots$$

$$+ C_{n-1}^{n-2}n(n-1)\cdots 3(x-a)\varphi'(x) + n!\varphi(x)]$$

$$= n!\varphi(a),$$

故应填 $n!\varphi(a)$.

72 题精解视频

73 设函数 $y=y(x)$ 由方程 $\ln(x^2+y)=x^3y+\sin x$ 确定,则 $\left.\dfrac{\mathrm{d}y}{\mathrm{d}x}\right|_{x=0}=$ _____.

知识点睛 0211 隐函数的导数

解 把 $x=0$ 代入方程 $\ln(x^2+y)=x^3y+\sin x$ 得 $y=1$.

方程两边关于 x 求导,得

$$\frac{1}{x^2+y}\left(2x+\frac{\mathrm{d}y}{\mathrm{d}x}\right)=3x^2y+x^3\frac{\mathrm{d}y}{\mathrm{d}x}+\cos x,$$

把 $x=0,y=1$ 代入上式,得 $\left.\dfrac{\mathrm{d}y}{\mathrm{d}x}\right|_{x=0}=1$.故应填 1.

74 函数 $y=y(x)$ 由方程 $\sin(x^2+y^2)+\mathrm{e}^x-xy^2=0$ 所确定,则 $\dfrac{\mathrm{d}y}{\mathrm{d}x}=$ _____.

知识点睛 0211 隐函数的导数

解 对方程两端关于 x 求导,得

$$\cos(x^2+y^2)\cdot\left(2x+2y\cdot\frac{\mathrm{d}y}{\mathrm{d}x}\right)+\mathrm{e}^x-y^2-x\cdot2y\cdot\frac{\mathrm{d}y}{\mathrm{d}x}=0,$$

经整理得 $\dfrac{\mathrm{d}y}{\mathrm{d}x}=\dfrac{y^2-\mathrm{e}^x-2x\cos(x^2+y^2)}{2y\cos(x^2+y^2)-2xy}$.故应填 $\dfrac{y^2-\mathrm{e}^x-2x\cos(x^2+y^2)}{2y\cos(x^2+y^2)-2xy}$.

75 已知函数 $y=y(x)$ 由方程 $x^2+xy+y^3=3$ 确定,则 $y''(1)=$ _____. K 2022 数学二,
5 分

知识点睛 0209 高阶导数,0211 隐函数的导数

解 由已知可得 $y(1)=1$,方程 $x^2+xy+y^3=3$ 两端对 x 求导,得

$$2x+y+xy'+3y^2y'=0,\qquad\qquad ①$$

代入 $y(1)=1$ 得 $y'(1)=-\dfrac{3}{4}$.

①式两端再对 x 求导,得

$$2+2y'+xy''+6y(y')^2+3y^2y''=0,$$

代入 $y(1)=1,y'(1)=-\dfrac{3}{4}$ 得 $y''(1)=-\dfrac{31}{32}$.应填 $-\dfrac{31}{32}$.

76 设函数 $y=y(x)$ 由方程 $x\mathrm{e}^{f(y)}=\mathrm{e}^y$ 确定,其中 f 具有二阶导数,且 $f'\neq1$,求 $\dfrac{\mathrm{d}^2y}{\mathrm{d}x^2}$.

知识点睛 0211 隐函数的导数

解 方程两边取对数,得 $\ln x+f(y)=y$,两边关于 x 求导,得 $\dfrac{1}{x}+f'(y)\dfrac{\mathrm{d}y}{\mathrm{d}x}=\dfrac{\mathrm{d}y}{\mathrm{d}x}$,从而

$$\frac{\mathrm{d}y}{\mathrm{d}x}=\frac{1}{x[1-f'(y)]},$$

$$\frac{\mathrm{d}^2y}{\mathrm{d}x^2}=-\frac{1-f'(y)-xf''(y)\cdot\dfrac{\mathrm{d}y}{\mathrm{d}x}}{x^2[1-f'(y)]^2}=-\frac{[1-f'(y)]^2-f''(y)}{x^2[1-f'(y)]^3}.$$

【评注】求隐函数的二阶导数,一般有两种解法:

(1)先求出 y'(注意,结果中一般含有 y),再继续求二阶导数;

(2)对方程两边同时求导两次,然后再解出 y''.

无论是哪一种解法,在求导时,都应该记住 y 是 x 的函数.在 y'' 的结果中,如果含有 y',应用一阶导数的结果代入.总之最后结果中只能含有 x、y.如果要求点 x_0 的二阶导数,应先求出对应的 y_0 及 $y'|_{(x_0,y_0)}$,然后代入求出的 y'' 中.

77 设 $y=x^{x^x}$,求 y'.

知识点睛　0206 复合函数的导数

解　两边取两次对数 $\ln\ln y=\ln[x^x\ln x]=x\ln x+\ln\ln x$,两边求导

$$\frac{y'}{y\ln y}=\ln x+1+\frac{1}{x\ln x},$$

则 $y'=y\ln y\cdot\left(1+\ln x+\dfrac{1}{x\ln x}\right)=x^{x^x+x-1}(x\ln^2 x+x\ln x+1)$.

78 曲线 $\begin{cases}x=e^t\sin 2t,\\ y=e^t\cos t\end{cases}$ 在点 $(0,1)$ 处的法线方程为 _____.

知识点睛　0202 导数的几何意义,0212 由参数方程确定的函数的导数

解　$\dfrac{dy}{dx}=\dfrac{dy/dt}{dx/dt}=\dfrac{e^t\cos t-e^t\sin t}{e^t\sin 2t+2e^t\cos 2t}=\dfrac{\cos t-\sin t}{\sin 2t+2\cos 2t}$.

当 $x=0$ 时,$t=0$,从而 $\dfrac{dy}{dx}\Big|_{t=0}=\dfrac{1}{2}$,所以法线斜率 $k=-2$,则曲线在 $(0,1)$ 处法线方程为 $y-1=-2x$,即 $2x+y-1=0$.故应填 $2x+y-1=0$.

79 设函数 $y=y(x)$ 由参数方程 $\begin{cases}x=t-\ln(1+t),\\ y=t^3+t^2\end{cases}$ 所确定,则 $\dfrac{d^2 y}{dx^2}=$ _____.

知识点睛　0209 高阶导数,0212 由参数方程所确定的函数的导数

解　$\dfrac{dy}{dx}=\dfrac{dy/dt}{dx/dt}=\dfrac{3t^2+2t}{1-\dfrac{1}{1+t}}=(t+1)(3t+2)$,

$$\frac{d^2 y}{dx^2}=\frac{\dfrac{d}{dt}\left(\dfrac{dy}{dx}\right)}{\dfrac{dx}{dt}}=\frac{6t+5}{1-\dfrac{1}{1+t}}=\frac{(6t+5)(t+1)}{t}.$$

故应填 $\dfrac{(6t+5)(t+1)}{t}$.

80 设 $y=f(\ln x)e^{f(x)}$,其中 f 可微,则 $dy=$ _____.

知识点睛　0206 复合函数的求导

解　$y'=[f(\ln x)]'e^{f(x)}+f(\ln x)[e^{f(x)}]'=f'(\ln x)\cdot\dfrac{1}{x}\cdot e^{f(x)}+f(\ln x)e^{f(x)}\cdot f'(x)$,

$$dy=y'dx=e^{f(x)}\left[\frac{1}{x}f'(\ln x)+f'(x)f(\ln x)\right]dx.$$

故应填 $e^{f(x)}\left[\dfrac{1}{x}f'(\ln x)+f'(x)f(\ln x)\right]\mathrm{d}x$.

81 设函数 $y=y(x)$ 由方程 $2^{xy}=x+y$ 所确定,则 $\mathrm{d}y\big|_{x=0}=$ _____.

知识点睛 0201 微分的定义,0211 隐函数的导数

解 把 $x=0$ 代入 $2^{xy}=x+y$ 得 $y=1$.对方程两端关于 x 求导,得

$$2^{xy}\cdot\ln 2\cdot(y+xy')=1+y'.$$

令 $x=0,y=1$,得 $y'\big|_{x=0}=\ln 2-1$,所以 $\mathrm{d}y\big|_{x=0}=y'\big|_{x=0}\mathrm{d}x=(\ln 2-1)\mathrm{d}x$. 故应填 $(\ln 2-1)\mathrm{d}x$.

82 求 $y=\arctan x$ 在 $x=0$ 处的 n 阶导数.

知识点睛 0209 高阶导数

解 $y'=\dfrac{1}{1+x^2}$,变形为 $(1+x^2)\cdot y'=1$,利用莱布尼茨公式,两边对 x 求 n 阶导数,得

$$(1+x^2)y^{(n+1)}+2nxy^{(n)}+n(n-1)y^{(n-1)}=0.$$

令 $x=0$,得

$$y^{(n+1)}(0)=-n(n-1)y^{(n-1)}(0),$$
$$y^{(n)}(0)=-(n-1)(n-2)y^{(n-2)}(0).$$

易得 $y^{(0)}(0)=0,y^{(1)}(0)=1$,由此得:当 n 为偶数时 $y^{(n)}(0)=0$;当 n 为奇数时,$y^{(n)}(0)=(-1)^{\frac{n-1}{2}}\cdot(n-1)!$.

83 证明:两条心脏线 $r=a(1+\cos\theta)$ 与 $r=a(1-\cos\theta)$ 在交点处的切线互相垂直.

知识点睛 0202 导数的几何意义,0212 由参数方程所确定函数的导数

证 曲线 $r=a(1+\cos\theta)$ 化为参数方程为

$$\begin{cases}x=a(1+\cos\theta)\cos\theta,\\y=a(1+\cos\theta)\sin\theta,\end{cases}$$

其斜率为

$$k_1=\frac{\mathrm{d}y}{\mathrm{d}x}=\frac{\dfrac{\mathrm{d}y}{\mathrm{d}\theta}}{\dfrac{\mathrm{d}x}{\mathrm{d}\theta}}=\frac{\cos\theta+\cos 2\theta}{-\sin\theta-\sin 2\theta}.$$

曲线 $r=a(1-\cos\theta)$ 化为参数方程为

$$\begin{cases}x=a(1-\cos\theta)\cos\theta,\\y=a(1-\cos\theta)\sin\theta,\end{cases}$$

其斜率为

$$k_2=\frac{\mathrm{d}y}{\mathrm{d}x}=\frac{\dfrac{\mathrm{d}y}{\mathrm{d}\theta}}{\dfrac{\mathrm{d}x}{\mathrm{d}\theta}}=\frac{\cos\theta-\cos 2\theta}{-\sin\theta+\sin 2\theta}.$$

再求两曲线的交点,由 $\begin{cases}r=a(1+\cos\theta),\\r=a(1-\cos\theta)\end{cases}$ 解得 $\cos\theta=0$,于是交点的极坐标为

$\left(\dfrac{\pi}{2}, a\right)$ 与 $\left(\dfrac{3}{2}\pi, a\right)$.

在 $\theta = \dfrac{\pi}{2}$ 处，$k_1 = \dfrac{0-1}{-1-0} = 1$，$k_2 = \dfrac{0+1}{-1+0} = -1$，因为 $k_1 k_2 = -1$，所以两曲线在交点

$\left(\dfrac{\pi}{2}, a\right)$ 处的切线互相垂直.

在 $\theta = \dfrac{3}{2}\pi$ 处，$k_1 = \dfrac{0-1}{1-0} = -1$，$k_2 = \dfrac{0+1}{1+0} = 1$，因为 $k_1 k_2 = -1$，所以两曲线在交点

$\left(\dfrac{3}{2}\pi, a\right)$ 处的切线互相垂直.

84　设 $f(x) = \begin{cases} \dfrac{\sin x}{x}, & x \neq 0, \\ 1, & x = 0, \end{cases}$ 则 $f''(0) = $ _____ .

知识点睛　0209 高阶导数

解　$f'(0) = \lim\limits_{x \to 0} \dfrac{f(x) - f(0)}{x} = \lim\limits_{x \to 0} \dfrac{\dfrac{\sin x}{x} - 1}{x} = \lim\limits_{x \to 0} \dfrac{\sin x - x}{x^2}$

$\qquad = \lim\limits_{x \to 0} \dfrac{\cos x - 1}{2x} = \lim\limits_{x \to 0} \dfrac{-\dfrac{1}{2}x^2}{2x} = 0.$

当 $x \neq 0$ 时，$f'(x) = \dfrac{x \cos x - \sin x}{x^2}$，所以

$$f''(0) = \lim\limits_{x \to 0} \dfrac{f'(x) - f'(0)}{x} = \lim\limits_{x \to 0} \dfrac{x \cos x - \sin x}{x^3}$$

$$= \lim\limits_{x \to 0} \dfrac{\cos x - x \sin x - \cos x}{3x^2} = \lim\limits_{x \to 0} \dfrac{-x \sin x}{3x^2} = -\dfrac{1}{3}.$$

应填 $-\dfrac{1}{3}$.

85　已知 $f(x) = \dfrac{1}{x^2 - 3x + 2}$，求 $f^{(n)}(3)$.

知识点睛　0209 高阶导数

解　将 $f(x)$ 分解为部分分式，即

$$f(x) = \dfrac{1}{x-2} - \dfrac{1}{x-1}.$$

由公式 $\left(\dfrac{1}{x}\right)^{(n)} = (-1)^n \dfrac{n!}{x^{n+1}}$，可得

$$f^{(n)}(x) = \left(\dfrac{1}{x-2}\right)^{(n)} - \left(\dfrac{1}{x-1}\right)^{(n)} = (-1)^n \dfrac{n!}{(x-2)^{n+1}} - (-1)^n \dfrac{n!}{(x-1)^{n+1}}.$$

令 $x = 3$，得

$$f^{(n)}(3) = (-1)^n n! \left(1 - \frac{1}{2^{n+1}}\right).$$

86 设 $f(x) = \dfrac{x^n}{x^2-1}$ $(n=1,2,3,\cdots)$，求 $f^{(n)}(x)$.

知识点睛 0209 高阶导数

解 应用多项式除法，有

$$f(x) = \begin{cases} x^{n-2}+x^{n-4}+\cdots+x^2+1+\dfrac{1}{2}\left(\dfrac{1}{x-1}-\dfrac{1}{x+1}\right), & n\ \text{为偶数}, \\[3mm] x^{n-2}+x^{n-4}+\cdots+x+\dfrac{1}{2}\left(\dfrac{1}{x-1}+\dfrac{1}{x+1}\right), & n\ \text{为奇数}. \end{cases}$$

由于 $(x^k)^{(n)} = 0\ (k=0,1,2,\cdots,n-1)$，

$$\left(\frac{1}{x-1}\right)^{(n)} = (-1)^n\frac{n!}{(x-1)^{n+1}}, \quad \left(\frac{1}{x+1}\right)^{(n)} = (-1)^n\frac{n!}{(x+1)^{n+1}},$$

所以

$$f^{(n)}(x) = \frac{n!}{2}\left[\frac{(-1)^n}{(x-1)^{n+1}} - \frac{1}{(x+1)^{n+1}}\right],\ n=1,2,3,\cdots.$$

§2.2 导数的几何意义

87 设 $f(x)$ 为可导函数，且满足条件 $\lim\limits_{x\to 0}\dfrac{f(1)-f(1-x)}{2x} = -1$，则曲线 $y=f(x)$ 在点 $(1,f(1))$ 处的切线斜率为（　　）.

(A) 2　　　　　　(B) -1　　　　　　(C) $\dfrac{1}{2}$　　　　　　(D) -2

知识点睛 0202 导数的几何意义

解 $\lim\limits_{x\to 0}\dfrac{f(1)-f(1-x)}{2x} = \dfrac{1}{2}\lim\limits_{x\to 0}\dfrac{f(1-x)-f(1)}{-x} = \dfrac{1}{2}f'(1) = -1$，

则 $f'(1)=-2$，即曲线 $y=f(x)$ 在点 $(1,f(1))$ 处的切线斜率为 $f'(1)=-2$. 应选（D）.

88 设一个周期函数 $f(x)$ 在 $(-\infty,+\infty)$ 内可导，该函数的周期为 4，又 $\lim\limits_{x\to 0}\dfrac{f(1)-f(1-x)}{2x} = -1$，则曲线 $y=f(x)$ 在点 $(5,f(5))$ 处的切线斜率为（　　）.

(A) $\dfrac{1}{2}$　　　　　　(B) 0　　　　　　(C) -1　　　　　　(D) -2

知识点睛 0202 导数的几何意义

解 $\lim\limits_{x\to 0}\dfrac{f(1)-f(1-x)}{2x} = \dfrac{1}{2}f'(1) = -1$，知 $f'(1)=-2$，而由题设 $f(x)$ 以 4 为周期，得 $f'(5)=f'(4+1)=f'(1)=-2$. 应选（D）.

【评注】本题主要考察导数的定义、几何意义及周期函数的性质. 一般地，若 $f(x)$ 是以 T 为周期的可导函数，则 $f'(x)$ 也为以 T 为周期的函数.

2008 数学一、
数学二,4 分

89 曲线 $\sin(xy)+\ln(y-x)=x$ 在点 $(0,1)$ 处的切线方程是_____.

知识点睛 0202 导数的几何意义

解 先求曲线 $\sin(xy)+\ln(y-x)=x$ 在点 $(0,1)$ 处切线斜率 $y'(0)$.

等式 $\sin(xy)+\ln(y-x)=x$ 两端对 x 求导,得

$$\cos(xy)\cdot(y+xy')+\frac{y'-1}{y-x}=1.$$

在上式中令 $x=0,y=1$ 得 $y'(0)=1$,于是该曲线在点 $(0,1)$ 处的切线方程为 $y-1=x$,即 $y=x+1$.应填 $y=x+1$.

2015 数学一、
数学三,10 分

90 设函数 $f(x)$ 在定义域 I 上的导数大于零.若对任意的 $x_0\in I$,曲线 $y=f(x)$ 在点 $(x_0,f(x_0))$ 处的切线与直线 $x=x_0$ 及 x 轴所围成区域的面积恒为 4,且 $f(0)=2$,求 $f(x)$ 的表达式.

知识点睛 0202 导数的几何意义

解 $y=f(x)$ 在点 $(x_0,f(x_0))$ 处的切线方程为

$$y-f(x_0)=f'(x_0)(x-x_0),$$

令 $y=0$ 得,$x=x_0-\dfrac{f(x_0)}{f'(x_0)}$.

切线与直线 $x=x_0$ 及 x 轴所围区域的面积为

$$S=\frac{1}{2}f(x_0)\left[x_0-\left(x_0-\frac{f(x_0)}{f'(x_0)}\right)\right]=4,$$

即 $\dfrac{f^2(x_0)}{2f'(x_0)}=4\Rightarrow\dfrac{1}{2}y^2=4y',\dfrac{8\mathrm{d}y}{y^2}=\mathrm{d}x\Rightarrow-\dfrac{8}{y}=x+C$,由 $y(0)=2$ 知,$C=-4$.则所求曲线方程为 $f(x)=\dfrac{8}{4-x},x\in I$.

2010 数学二,
4 分

91 曲线 $y=x^2$ 与曲线 $y=a\ln x(a\neq 0)$ 相切,则 $a=($).

(A) 4e (B) 3e (C) 2e (D) e

知识点睛 0202 导数的几何意义

解 设曲线 $y=x^2$ 与曲线 $y=a\ln x(a\neq 0)$ 的公切点为 (x_0,y_0),则

$$\begin{cases}x_0^2=a\ln x_0,\\ 2x_0=\dfrac{a}{x_0},\end{cases}$$

由此可得 $x_0=\sqrt{\mathrm{e}},a=2\mathrm{e}$,故应选(C).

【评注】 本题主要考查导数的几何意义.两曲线相切在切点处不仅导数值相同而且函数值相同.部分读者未能得到正确选项,可能是只注意到在切点处导数值相等,而未利用函数值也相等的条件.

2002 数学二,
6 分

92 已知曲线的极坐标方程是 $r=1-\cos\theta$,求该曲线上对应于 $\theta=\dfrac{\pi}{6}$ 处的切线与法线的直角坐标方程.

知识点睛 0202 导数的几何意义,0212 由参数方程确定函数的导数

分析 此类问题的一般方法是将方程 $r=1-\cos\theta$ 代入 $\begin{cases} x=r\cos\theta,\\ y=r\sin\theta, \end{cases}$ 便可得到曲线的

参数方程(θ 为参数),然后用参数方程求导法求出切线斜率.

解 曲线 $r=1-\cos\theta$ 的参数方程为

$$\begin{cases} x=(1-\cos\theta)\cos\theta=\cos\theta-\cos^2\theta,\\ y=(1-\cos\theta)\sin\theta=\sin\theta-\dfrac{1}{2}\sin 2\theta, \end{cases}$$

令 $\theta=\dfrac{\pi}{6}$ 得切点坐标为 $\left(\dfrac{\sqrt{3}}{2}-\dfrac{3}{4},\dfrac{1}{2}-\dfrac{\sqrt{3}}{4}\right)$.

切线斜率为

$$\dfrac{\mathrm{d}y}{\mathrm{d}x}\bigg|_{\theta=\frac{\pi}{6}}=\dfrac{y'(\theta)}{x'(\theta)}\bigg|_{\theta=\frac{\pi}{6}}=\dfrac{\cos\theta-\cos 2\theta}{-\sin\theta+\sin 2\theta}\bigg|_{\theta=\frac{\pi}{6}}=1,$$

则所求切线的直角坐标方程为 $y-\left(\dfrac{1}{2}-\dfrac{\sqrt{3}}{4}\right)=x-\left(\dfrac{\sqrt{3}}{2}-\dfrac{3}{4}\right)$,即

$$x-y+\dfrac{5}{4}-\dfrac{3\sqrt{3}}{4}=0,$$

法线的直角坐标方程为 $y-\left(\dfrac{1}{2}-\dfrac{\sqrt{3}}{4}\right)=-\left[x-\left(\dfrac{\sqrt{3}}{2}-\dfrac{3}{4}\right)\right]$,即

$$x+y+\dfrac{1}{4}-\dfrac{\sqrt{3}}{4}=0.$$

93 曲线 $\begin{cases} x=\arctan t,\\ y=\ln\sqrt{1+t^2} \end{cases}$ 上对应于 $t=1$ 的点处的法线方程为_____. Ⓚ 2013 数学二, 4 分

知识点睛 0202 导数的几何意义,0212 由参数方程所确定函数的导数

解 $\dfrac{\mathrm{d}y}{\mathrm{d}x}=\dfrac{\dfrac{t}{1+t^2}}{\dfrac{1}{1+t^2}}=t$,曲线上对应 $t=1$ 的点处的切线斜率为 1,因而该点处法线的斜率

为 -1,于是所求的法线方程为

$$y-\ln\sqrt{2}=-\left(x-\dfrac{\pi}{4}\right),$$

即 $y+x=\dfrac{\pi}{4}+\ln\sqrt{2}$.应填 $y=-x+\dfrac{\pi}{4}+\ln\sqrt{2}$.

【评注】本题主要考查导数的几何意义和参数方程求导法.

94 设曲线 $y=f(x)$ 与 $y=x^2-x$ 在点 $(1,0)$ 处有公共切线,则 $\lim\limits_{n\to\infty}nf\left(\dfrac{n}{n+2}\right)=$ Ⓚ 2013 数学三, 4 分

_____.

知识点睛 0202 导数的几何意义

解 由曲线 $y=f(x)$ 与 $y=x^2-x$ 在点 $(1,0)$ 处有公共切线知

94 题精解视频

$$f(1)=0, f'(1)=(2x-1)\big|_{x=1}=1,$$

则 $\displaystyle\lim_{n\to\infty} nf\left(\frac{n}{n+2}\right)=\lim_{n\to\infty}\frac{-2n}{n+2}\cdot\frac{f\left(1+\dfrac{-2}{n+2}\right)-f(1)}{\dfrac{-2}{n+2}}=-2f'(1)=-2.$ 应填 -2.

95 曲线 $\begin{cases} x=\cos t+\cos^2 t, \\ y=1+\sin t \end{cases}$ 上对应于 $t=\dfrac{\pi}{4}$ 的点处的法线斜率为 _____.

2007 数学二，4 分

知识点睛　0202 导数的几何意义，0212 参数方程求导

解　先求切线的斜率 k，由于

$$\frac{\mathrm{d}y}{\mathrm{d}x}=\frac{y'(t)}{x'(t)}=\frac{\cos t}{-\sin t-2\sin t\cos t},$$

则 $k=\dfrac{\mathrm{d}y}{\mathrm{d}x}\bigg|_{t=\frac{\pi}{4}}=-\dfrac{1}{1+\sqrt{2}}$，故曲线上对应 $t=\dfrac{\pi}{4}$ 处的法线斜率为 $1+\sqrt{2}$. 应填 $1+\sqrt{2}$.

96 曲线 $\begin{cases} x=t^2+7, \\ y=t^2+4t+1 \end{cases}$ 上对应于 $t=1$ 的点处的曲率半径是(　　).

2014 数学二，4 分

（A）$\dfrac{\sqrt{10}}{50}$　　　（B）$\dfrac{\sqrt{10}}{100}$　　　（C）$10\sqrt{10}$　　　（D）$5\sqrt{10}$

知识点睛　0212 参数方程求导，0223 曲率、曲率半径

解　$\dfrac{\mathrm{d}y}{\mathrm{d}x}\bigg|_{t=1}=\dfrac{2t+4}{2t}\bigg|_{t=1}=3$，$\dfrac{\mathrm{d}^2y}{\mathrm{d}x^2}\bigg|_{t=1}=-\dfrac{2}{t^2}\cdot\dfrac{1}{2t}\bigg|_{t=1}=-1$，由曲率公式得

$$K\big|_{t=1}=\frac{|-1|}{(1+3^2)^{3/2}}=\frac{1}{10\sqrt{10}},$$

从而在对应点处曲线的曲率半径为 $10\sqrt{10}$. 应选（C）.

【评注】本题考查的是对参数方程求导及曲率公式的掌握情况. 要防止计算中出错的低级错误的干扰.

97 曲线 $\begin{cases} x=\displaystyle\int_0^{1-t} \mathrm{e}^{-u^2}\,\mathrm{d}u, \\ y=t^2\ln(2-t^2) \end{cases}$ 在 $(0,0)$ 处的切线方程为 _____.

2009 数学二，4 分

知识点睛　0202 导数的几何意义，0212 参数方程求导

解　由 $x=\displaystyle\int_0^{1-t}\mathrm{e}^{-u^2}\,\mathrm{d}u$ 知，当 $x=0$ 时，$t=1$，先求该曲线在点 $(0,0)$ 处切线斜率 $k=\dfrac{\mathrm{d}y}{\mathrm{d}x}\bigg|_{t=1}$.

$$\frac{\mathrm{d}y}{\mathrm{d}x}=\frac{y'(t)}{x'(t)}=\frac{2t\ln(2-t^2)+\dfrac{-2t^3}{2-t^2}}{-\mathrm{e}^{-(1-t)^2}},$$

$$k=\frac{\mathrm{d}y}{\mathrm{d}x}\bigg|_{t=1}=2,$$

故切线方程为 $y=2x$. 应填 $y=2x$.

Ⓚ2016 数学二, 4 分

98 已知动点 P 在曲线 $y=x^3$ 上运动,记坐标原点与点 P 间的距离为 l,若点 P 的横坐标对时间的变化率为常数 v_0,则当点 P 运动到点$(1,1)$时,l 对时间的变化率是 _____.

知识点睛 相关变化率

解 由题设知 $l=\sqrt{x^2+y^2}=\sqrt{x^2+x^6}$,则
$$\frac{\mathrm{d}l}{\mathrm{d}t}=\frac{(2x+6x^5)\,\mathrm{d}x}{2\sqrt{x^2+x^6}\,\mathrm{d}t},$$

则 $\dfrac{\mathrm{d}l}{\mathrm{d}t}\bigg|_{(1,1)}=\dfrac{8}{2\sqrt{2}}v_0=2\sqrt{2}\,v_0$. 应填 $2\sqrt{2}\,v_0$.

Ⓚ2010 数学二, 4 分

99 已知一个长方形的长 l 以 2 cm/s 的速率增加,宽 w 以 3 cm/s 的速率增加,当 $l=12$ cm,$w=5$ cm 时,它的对角线增加的速率为 _____.

知识点睛 相关变化率

解 这是一个相关变化率问题.首先建立相关量长方形的长 l,宽 w 和对角线(设为 y)之间的关系式,然后等式两端对 t 求导.

由题设知 $y^2=l^2+w^2$,等式两端对 t 求导,得
$$2y\frac{\mathrm{d}y}{\mathrm{d}t}=2l\frac{\mathrm{d}l}{\mathrm{d}t}+2w\frac{\mathrm{d}w}{\mathrm{d}t}.$$

当 $l=12$ cm,$w=5$ cm 时,$y=\sqrt{144+25}$ cm $=13$ cm,又 $\dfrac{\mathrm{d}l}{\mathrm{d}t}=2$,$\dfrac{\mathrm{d}w}{\mathrm{d}t}=3$,代入上式,解得
$$\frac{\mathrm{d}y}{\mathrm{d}t}=3(\text{cm/s}).$$

应填 $3(\text{cm/s})$.

Ⓚ2018 数学二, 11 分

100 已知曲线 $L:y=\dfrac{4}{9}x^2(x\geqslant 0)$,点 $O(0,0)$,点 $A(0,1)$.设 P 是 L 上的动点,S 是直线 OA 与直线 AP 及曲线 L 所围图形的面积,若 P 运动到点$(3,4)$时沿 x 轴正向的速度是 4,求此时 S 关于时间 t 的变化率.

知识点睛 相关变化率

解 由 100 题图可知,设点 P 坐标为(x,y),直线 OA 与直线 AP 及曲线 L 所围图形面积为

$$\begin{aligned}S&=\frac{1}{2}\times\left(1+\frac{4}{9}x^2\right)x-\int_0^x\frac{4}{9}t^2\mathrm{d}t\\&=\frac{2}{27}x^3+\frac{1}{2}x.\end{aligned}$$

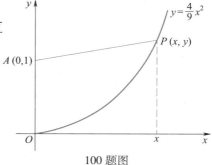

100 题图

由题设知,在点$(3,4)$处 $\dfrac{\mathrm{d}x}{\mathrm{d}t}=4$,又由
$$S=\frac{2}{27}x^3+\frac{1}{2}x,$$

知 $\dfrac{\mathrm{d}S}{\mathrm{d}t}=\dfrac{\mathrm{d}S}{\mathrm{d}x}\cdot\dfrac{\mathrm{d}x}{\mathrm{d}t}=4\left(\dfrac{2}{9}x^2+\dfrac{1}{2}\right)\bigg|_{x=3}=10.$

K 2014 数学二,
4 分

101 曲线 L 的极坐标方程是 $r=\theta$,则 L 在点 $(r,\theta)=\left(\dfrac{\pi}{2},\dfrac{\pi}{2}\right)$ 处的切线的直角坐标方程是_____.

知识点睛　0202 导数的几何意义,0212 参数方程求导

解　曲线 L 上所给点的直角坐标为 $\left(0,\dfrac{\pi}{2}\right)$.将 θ 作为参数,得曲线 L 的参数方程为

$$\begin{cases}x=\theta\cos\theta,\\ y=\theta\sin\theta.\end{cases}$$

于是有

$$\frac{\mathrm{d}y}{\mathrm{d}x}=\frac{\sin\theta+\theta\cos\theta}{\cos\theta-\theta\sin\theta},$$

故该点切线斜率为 $\dfrac{\mathrm{d}y}{\mathrm{d}x}\Big|_{\theta=\frac{\pi}{2}}=-\dfrac{2}{\pi}$,切线方程为

$$y-\frac{\pi}{2}=-\frac{2}{\pi}x,$$

即 $\dfrac{2}{\pi}x+y-\dfrac{\pi}{2}=0$.应填 $y=-\dfrac{2}{\pi}x+\dfrac{\pi}{2}$.

【评注】本题考查直角坐标与极坐标的转换方法.求导数的另一方法是将曲线 L 的极坐标方程直接化为直角坐标方程:

$$\sqrt{x^2+y^2}=\arctan\frac{y}{x},$$

再两边对 x 求导.

K 2015 数学二,
10 分

102 已知函数 $f(x)$ 在区间 $[a,+\infty)$ 上具有二阶导数,$f(a)=0$,$f'(x)>0$,$f''(x)>0$.设 $b>a$,曲线 $y=f(x)$ 在点 $(b,f(b))$ 处的切线与 x 轴的交点是 $(x_0,0)$,证明 $a<x_0<b$.

知识点睛　0202 导数的几何意义

证　曲线 $y=f(x)$ 在点 $(b,f(b))$ 处切线方程为

$$y-f(b)=f'(b)(x-b),$$

则切线与 x 轴交点的横坐标为 $x_0=b-\dfrac{f(b)}{f'(b)}$.由于 $f'(x)>0$,则 $f'(b)>0$,$f(x)$ 单调增加,$f(b)>f(a)=0$,则

$$x_0=b-\frac{f(b)}{f'(b)}<b.$$

欲证 $x_0>a$,等价于证明 $b-\dfrac{f(b)}{f'(b)}>a$,又 $f'(b)>0$,则等价于证 $f'(b)(b-a)>f(b)$.事实上

$$f(b)=f(b)-f(a)=f'(\xi)(b-a)\quad(a<\xi<b),$$

由于 $f''(x)>0$,则 $f'(x)$ 单调增加,从而 $f'(\xi)<f'(b)$,则

$$f(b)=f'(\xi)(b-a)<f'(b)(b-a).$$

原题得证.

103 设函数 $f_i(x)(i=1,2)$ 具有二阶连续导数,且 $f_i''(x_0)<0(i=1,2)$,若两条曲线 $y=f_i(x)(i=1,2)$ 在点 (x_0,y_0) 处具有公切线 $y=g(x)$,且在该点处曲线 $y=f_1(x)$ 的曲率大于曲线 $y=f_2(x)$ 的曲率,则在 x_0 的某个邻域内,有( ).

K 2016 数学二, 4 分

（A）$f_1(x) \leqslant f_2(x) \leqslant g(x)$

（B）$f_2(x) \leqslant f_1(x) \leqslant g(x)$

（C）$f_1(x) \leqslant g(x) \leqslant f_2(x)$

（D）$f_2(x) \leqslant g(x) \leqslant f_1(x)$

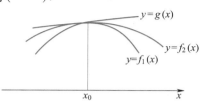

103 题图

知识点晴 0223 曲率

解 由 $f_i''(x_0)<0(i=1,2)$ 知,在 x_0 某邻域内曲线 $y=f_1(x)$ 和 $y=f_2(x)$ 是凸的,又在该点处曲线 $y=f_1(x)$ 的曲率大于曲线 $y=f_2(x)$ 的曲率,则如 103 题图所示,有

$$f_1(x) \leqslant f_2(x) \leqslant g(x).$$

应选（A）.

104 曲线 $\begin{cases} x=\cos^3 t, \\ y=\sin^3 t \end{cases}$ 在 $t=\dfrac{\pi}{4}$ 对应点处的曲率为 _____.

K 2018 数学二, 4 分

知识点晴 0212 参数方程求导, 0223 曲率

解法 1 $x'\left(\dfrac{\pi}{4}\right) = -3\cos^2 t\sin t \big|_{t=\frac{\pi}{4}} = -\dfrac{3}{2\sqrt{2}}$,

$$x''\left(\dfrac{\pi}{4}\right) = -3[-2\cos t\sin^2 t+\cos^3 t]\big|_{t=\frac{\pi}{4}} = \dfrac{3}{2\sqrt{2}},$$

$$y'\left(\dfrac{\pi}{4}\right) = 3\sin^2 t\cos t\big|_{t=\frac{\pi}{4}} = \dfrac{3}{2\sqrt{2}},$$

$$y''\left(\dfrac{\pi}{4}\right) = 3[2\sin t\cos^2 t-\sin^3 t]\big|_{t=\frac{\pi}{4}} = \dfrac{3}{2\sqrt{2}},$$

则

$$k = \dfrac{|y''x'-x''y'|}{\left[(x')^2+(y')^2\right]^{\frac{3}{2}}} = \dfrac{2}{3}.$$

解法 2 $\dfrac{\mathrm{d}y}{\mathrm{d}x} = \dfrac{y'(t)}{x'(t)} = \dfrac{3\sin^2 t\cos t}{-3\cos^2 t\sin t} = -\tan t$,

$$\dfrac{\mathrm{d}^2 y}{\mathrm{d}x^2} = -\sec^2 t \cdot \dfrac{1}{x'(t)} = -\sec^2 t\dfrac{1}{-3\cos^2 t\sin t} = \dfrac{1}{3\cos^4 t\sin t},$$

$$\dfrac{\mathrm{d}y}{\mathrm{d}x}\bigg|_{t=\frac{\pi}{4}} = -1, \quad \dfrac{\mathrm{d}^2 y}{\mathrm{d}x^2}\bigg|_{t=\frac{\pi}{4}} = \dfrac{4\sqrt{2}}{3},$$

则 $k = \dfrac{|y''|}{\left[1+(y')^2\right]^{\frac{3}{2}}} = \dfrac{\dfrac{4\sqrt{2}}{3}}{\left[1+(-1)^2\right]^{\frac{3}{2}}} = \dfrac{4\sqrt{2}}{3} \cdot \dfrac{1}{2\sqrt{2}} = \dfrac{2}{3}$. 应填 $\dfrac{2}{3}$.

2019 数学二，
4 分

105 设函数 $f(x),g(x)$ 的 2 阶导函数在 $x=a$ 处连续，则 $\lim\limits_{x\to a}\dfrac{f(x)-g(x)}{(x-a)^2}=0$ 是两条曲线 $y=f(x),y=g(x)$ 在 $x=a$ 对应的点处相切及曲率相等的（ ）.

（A）充分不必要条件 （B）充分必要条件
（C）必要不充分条件 （D）既不充分又不必要条件

知识点睛 0202 导数的几何意义，0223 曲率

解 充分性：由泰勒公式知

$$f(x)=f(a)+f'(a)(x-a)+\frac{f''(a)}{2!}(x-a)^2+o((x-a)^2),$$

$$g(x)=g(a)+g'(a)(x-a)+\frac{g''(a)}{2!}(x-a)^2+o((x-a)^2),$$

则

$$0=\lim_{x\to a}\frac{(f(a)-g(a))+(f'(a)-g'(a))(x-a)+\frac{1}{2}(f''(a)-g''(a))(x-a)^2+o((x-a)^2)}{(x-a)^2},$$

即 $f(a)=g(a),f'(a)=g'(a),f''(a)=g''(a)$，由此可知两条曲线 $y=f(x),y=g(x)$ 在 $x=a$ 对应的点处相切及曲率相等.

必要性：由两条曲线 $y=f(x),y=g(x)$ 在 $x=a$ 对应的点处相切及曲率相等可知

$$f(a)=g(a),f'(a)=g'(a),$$

$$\frac{|f''(a)|}{\left[1+(f'(a))^2\right]^{\frac{3}{2}}}=\frac{|g''(a)|}{\left[1+(g'(a))^2\right]^{\frac{3}{2}}}.$$

由此可知，$|f''(a)|=|g''(a)|$. 则 $f''(a)=g''(a)$ 或 $f''(a)=-g''(a)$.

当 $f''(a)=-g''(a)$，此时，

$$\lim_{x\to a}\frac{f(x)-g(x)}{(x-a)^2}=\lim_{x\to a}\frac{f'(x)-g'(x)}{2(x-a)}=\lim_{x\to a}\frac{f''(x)-g''(x)}{2}=f''(a),$$

$f''(a)$ 不一定为零. 例如，$f(x)=(x-a)^2,g(x)=-(x-a)^2$. 必要性不成立，故应选（A）.

2003 数学二，
4 分

106 设函数 $y=f(x)$ 由方程 $xy+2\ln x=y^4$ 所确定，则曲线 $y=f(x)$ 在点 $(1,1)$ 处的切线方程是_____.

知识点睛 0202 导数的几何意义，0211 隐函数的导数

解 方程 $xy+2\ln x=y^4$ 两端对 x 求导，得

$$y+xy'+\frac{2}{x}=4y^3y',$$

将 $x=1,y=1$ 代入上式得 $y'(1)=1$，故所求切线方程为 $y-1=x-1$，即 $y=x$. 应填 $y=x$.

2011 数学三，
4 分

107 曲线 $\tan\left(x+y+\dfrac{\pi}{4}\right)=e^y$ 在点 $(0,0)$ 处的切线方程为_____.

知识点睛 0202 导数的几何意义，0211 隐函数的导数

解 方程 $\tan\left(x+y+\dfrac{\pi}{4}\right)=e^y$ 两端对 x 求导，得

$$\sec^2\left(x+y+\frac{\pi}{4}\right)(1+y')=e^y y',$$

将 $x=0,y=0$ 代入上式得 $y'=-2$,故所求切线方程为 $y=-2x$.应填 $y=-2x$.

108 已知 $f(x)$ 是周期为 5 的连续函数,它在 $x=0$ 的某邻域内满足关系式

$$f(1+\sin x)-3f(1-\sin x)=8x+\alpha(x),$$

2000 数学二,
7 分

其中 $\alpha(x)$ 是当 $x\to0$ 时比 x 高阶的无穷小量,且 $f(x)$ 在 $x=1$ 处可导,求曲线 $y=f(x)$ 在点 $(6,f(6))$ 处的切线方程.

知识点睛 0201 导数的定义,0202 导数的几何意义

分析 由于 $f(x)$ 是周期为 5 的函数,$f'(1)$ 存在,则 $f'(6)$ 存在且 $f'(6)=f'(1)$,所以关键是求 $f'(1)$.

解 在等式 $f(1+\sin x)-3f(1-\sin x)=8x+\alpha(x)$ 中令 $x\to0$,由 $f(x)$ 的连续性知

$$f(1)-3f(1)=0,$$

则 $f(1)=0$.又

$$\lim_{x\to0}\frac{f(1+\sin x)-3f(1-\sin x)}{\sin x}=\lim_{x\to0}\left(\frac{8x}{\sin x}+\frac{\alpha(x)}{x}\cdot\frac{x}{\sin x}\right)=8.$$

令 $\sin x=t$,则

$$\begin{aligned}\lim_{x\to0}\frac{f(1+\sin x)-3f(1-\sin x)}{\sin x}&=\lim_{t\to0}\frac{f(1+t)-3f(1-t)}{t}\\&=\lim_{t\to0}\frac{f(1+t)-f(1)}{t}+3\lim_{t\to0}\frac{f(1-t)-f(1)}{-t}\\&=f'(1)+3f'(1)=4f'(1).\end{aligned}$$

从而有 $4f'(1)=8$,则 $f'(1)=2$,由周期性知

$$f(6)=f(1)=0,\quad f'(6)=f'(1)=2.$$

故所求切线方程为 $y=2(x-6)$.

【评注】 本题是一道综合题.主要考查函数的周期性、连续性、极限、导数的定义及导数的几何意义.问题的关键是只能用导数的定义求 $f'(1)$.

§2.3 函数的单调性、极值与最值

109 设函数 $y=f(x)$ 由方程 $y^3+xy^2+x^2y+6=0$ 确定,求 $f(x)$ 的极值.

2014 数学一,
10 分

知识点睛 0218 函数的极值

解 方程 $y^3+xy^2+x^2y+6=0$ 两端对 x 求导,得

$$3y^2y'+y^2+2xyy'+2xy+x^2y'=0. \qquad ①$$

在①式中令 $y'=0$,得 $y^2+2xy=0$,由此可得,$y=0$ 或 $y=-2x$,显然 $y=0$ 不满足原方程,将 $y=-2x$ 代入原方程 $y^3+xy^2+x^2y+6=0$,得 $-6x^3+6=0$,解得 $x_0=1$,$f(1)=-2$,$f'(1)=0$.

109 题精解视频

对(1)式两端再对 x 求导,得

$$6y(y')^2+3y^2y''+4yy'+2x(y')^2+2xyy''+2y+4xy'+x^2y''=0,$$

将 $x=1, f(1)=-2, f'(1)=0$ 代入上式得 $f''(1)=\dfrac{4}{9}>0$.

则函数 $y=f(x)$ 在 $x=1$ 处取极小值,极小值为 $f(1)=-2$.

2017 数学一、数学二,10分

110 已知函数 $y(x)$ 由方程 $x^3+y^3-3x+3y-2=0$ 确定,求 $y(x)$ 的极值.

知识点睛 0218 函数的极值

解 将方程 $x^3+y^3-3x+3y-2=0$ 两端对 x 求导,得
$$3x^2+3y^2y'-3+3y'=0, \qquad ①$$

令 $y'=0$ 得 $x=\pm1$,将 $x=\pm1$ 代入原方程,得 $\begin{cases}x=1,\\y=1,\end{cases}\begin{cases}x=-1,\\y=0,\end{cases}$

①式两端再对 x 求导,得
$$6x+6y(y')^2+3y^2y''+3y''=0. \qquad ②$$

将 $\begin{cases}x=1,\\y=1,\end{cases}\begin{cases}x=-1,\\y=0\end{cases}$ 及 $y'=0$ 代入②式,得 $y''(1)=-1<0, y''(-1)=2>0$,则 $y=y(x)$ 在 $x=1$ 处取极大值,极大值为 $y(1)=1$,在 $x=-1$ 处取极小值,极小值为 $y(-1)=0$.

2010 数学一、数学二,10分

111 求函数 $f(x)=\displaystyle\int_1^{x^2}(x^2-t)\,\mathrm{e}^{-t^2}\mathrm{d}t$ 的单调区间与极值.

知识点睛 0219 利用导数判断函数单调性、求函数极值,0317 积分上限函数的导数

解 函数 $f(x)$ 的定义域为 $(-\infty,+\infty)$,且
$$f(x)=x^2\int_1^{x^2}\mathrm{e}^{-t^2}\mathrm{d}t-\int_1^{x^2}t\mathrm{e}^{-t^2}\mathrm{d}t,$$

$$f'(x)=2x\int_1^{x^2}\mathrm{e}^{-t^2}\mathrm{d}t+2x^3\mathrm{e}^{-x^4}-2x^3\mathrm{e}^{-x^4}=2x\int_1^{x^2}\mathrm{e}^{-t^2}\mathrm{d}t.$$

令 $f'(x)=0$,得 $x=0, x=\pm1$,列表如下:

x	$(-\infty,-1)$	-1	$(-1,0)$	0	$(0,1)$	1	$(1,+\infty)$
$f'(x)$	$-$	0	$+$	0	$-$	0	$+$
$f(x)$	↘	极小	↗	极大	↘	极小	↗

由上表可知,$f(x)$ 的单调增加区间为 $(-1,0)$ 和 $(1,+\infty)$;$f(x)$ 的单调减少区间为 $(-\infty,-1)$ 和 $(0,1)$.

$f(x)$ 的极小值为 $f(\pm1)=\displaystyle\int_1^1(1-t)\mathrm{e}^{-t^2}\mathrm{d}t=0$,极大值为
$$f(0)=-\int_1^0 t\mathrm{e}^{-t^2}\mathrm{d}t=\int_0^1 t\mathrm{e}^{-t^2}\mathrm{d}t=\frac{1}{2}\left(1-\frac{1}{\mathrm{e}}\right).$$

【评注】本题主要考查变上限积分求导和定积分计算,以及求函数单调区间与极值的方法.考的是基本内容和常见问题,读者的主要问题是

(1)不能正确求出 $f'(x)=2x\displaystyle\int_1^{x^2}\mathrm{e}^{-t^2}\mathrm{d}t$ 是最普通的错误;

(2)部分读者由于粗心只求出一个驻点 $x=0$,漏掉了驻点 $x=\pm1$;

(3)部分读者不能正确表示单调区间,将单调增加区间写成了$(-1,0)\cup(1,+\infty)$,单调减少区间写成了$(-\infty,-1)\cup(0,1)$.

K 2017 数学一、数学三,4分

112 设函数$f(x)$可导,且$f(x)f'(x)>0$,则( ).

(A)$f(1)>f(-1)$ (B)$f(1)<f(-1)$

(C)$|f(1)|>|f(-1)|$ (D)$|f(1)|<|f(-1)|$

知识点睛 0219 利用导数判断函数单调性

解法1(直接法) 由$f(x)f'(x)>0$知

$$\left[\frac{1}{2}f^2(x)\right]'=f(x)f'(x)>0,$$

则$\frac{1}{2}f^2(x)$单调递增,从而$f^2(x)$单调递增,由此可知

$$f^2(1)>f^2(-1),$$

上式两端开方,得$|f(1)|>|f(-1)|$,故应选(C).

解法2(排除法) 若取$f(x)=e^x$,则

$$f'(x)=e^x,\quad f(x)f'(x)=e^{2x}>0,\quad f(1)=e,\quad f(-1)=\frac{1}{e}.$$

显然$f(1)>f(-1)$,$|f(1)|>|f(-1)|$.由此可知,(B)、(D)选项是错误的.

若取$f(x)=-e^x$,则$f'(x)=-e^x$,$f(x)f'(x)=e^{2x}>0$,$f(1)=-e$,$f(-1)=-\frac{1}{e}$.由此可知,$f(1)<f(-1)$,(A)选项是错误的,故应选(C).

K 2019 数学一,4分

113 设函数$f(x)=\begin{cases}x|x|, & x\leq0,\\ x\ln x, & x>0,\end{cases}$则$x=0$是$f(x)$的( ).

(A)可导点,极值点 (B)不可导点,极值点

(C)可导点,非极值点 (D)不可导点,非极值点

知识点睛 0201 导数的定义,0218 函数的极值

解 $\lim\limits_{x\to0^+}\frac{f(x)-f(0)}{x}=\lim\limits_{x\to0^+}\frac{x\ln x-0}{x}=\lim\limits_{x\to0^+}\ln x=\infty$.则$f'_+(0)$不存在,从而$x=0$是$f(x)$不可导点.

又在$x=0$的左半邻域$f(x)=x|x|<0=f(0)$,在$x=0$的右半邻域$f(x)=x\ln x<0=f(0)$,则$f(x)$在$x=0$处取极大值,故应选(B).

K 2003 数学一、数学二,4分

114 设函数$f(x)$在$(-\infty,+\infty)$内连续,其导函数图形如114题图所示,则$f(x)$有( ).

(A)一个极小值点和两个极大值点

(B)两个极小值点和一个极大值点

(C)两个极小值点和两个极大值点

(D)三个极小值点和一个极大值点

知识点睛 0218 函数的极值

解 由于极值只可能在驻点和导数不存在的点取到,而由导函数$f'(x)$的图形可看出$f(x)$有三个驻点(即曲线$y=f'(x)$与

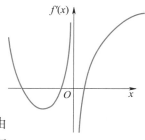

114 题图

x 轴交点)和一个不可导的点 $x=0$.三个驻点两侧导数都变号,其中一个驻点两侧导数由正变负,而另外两个驻点两侧导数由负变正,因而这三个驻点中一个是极大值点,另两个是极小值点;而在点 $x=0$ 处($f(x)$ 连续)的两侧导数由正变负,则 $x=0$ 为极大值点,故应选(C).

1996 数学一,
3 分

115 设 $f(x)$ 有二阶连续导数,且 $f'(0)=0$,$\lim\limits_{x\to 0}\dfrac{f''(x)}{|x|}=1$,则(   ).

(A) $f(0)$ 是 $f(x)$ 的极大值

(B) $f(0)$ 是 $f(x)$ 的极小值

(C) $(0,f(0))$ 是曲线 $y=f(x)$ 的拐点

(D) $f(0)$ 不是 $f(x)$ 的极值点,$(0,f(0))$ 也不是曲线 $y=f(x)$ 的拐点

知识点睛 0218 函数的极值

解 由于 $\lim\limits_{x\to 0}\dfrac{f''(x)}{|x|}=1>0$,由极限的保号性知,存在 $\delta>0$,当 $0<|x|<\delta$ 时,$\dfrac{f''(x)}{|x|}>0$,即 $f''(x)>0$,从而 $f'(x)$ 单调增加,又 $f'(0)=0$,则

当 $x\in(-\delta,0)$ 时,$f'(x)<0$;当 $x\in(0,\delta)$ 时,$f'(x)>0$.

由极值的第一充分条件知,$f(x)$ 在 $x=0$ 处取极小值.应选(B).

2009 数学二,
4 分

116 函数 $y=x^{2x}$ 在区间 $(0,1]$ 上的最小值为 _____.

知识点睛 0220 函数的最大值与最小值

解 因为 $y'=x^{2x}(2\ln x+2)$,令 $y'=0$ 得驻点 $x=\dfrac{1}{e}$,当 $x\in\left(0,\dfrac{1}{e}\right)$ 时,$y'<0$,$y(x)$ 单调减少;当 $x\in\left(\dfrac{1}{e},1\right]$ 时,$y'>0$,$y(x)$ 单调增加,则 $y(x)$ 在 $x=\dfrac{1}{e}$ 处取到 $(0,1]$ 上的最小值,最小值为 $y\left(\dfrac{1}{e}\right)=e^{-\frac{2}{e}}$.应填 $e^{-\frac{2}{e}}$.

2000 数学一,
4 分

117 设 $f(x)$、$g(x)$ 是恒大于零的可导函数,且 $f'(x)g(x)-f(x)g'(x)<0$,则当 $a<x<b$ 时,有(   ).

(A) $f(x)g(b)>f(b)g(x)$ (B) $f(x)g(a)>f(a)g(x)$

(C) $f(x)g(x)>f(b)g(b)$ (D) $f(x)g(x)>f(a)g(a)$

知识点睛 0219 利用导数判定函数的单调性

解 由题设知 $\dfrac{f'(x)g(x)-f(x)g'(x)}{g^2(x)}<0$,即 $\left[\dfrac{f(x)}{g(x)}\right]'<0$,从而 $\dfrac{f(x)}{g(x)}$ 单调减少.由 $a<x<b$ 知 $\dfrac{f(a)}{g(a)}>\dfrac{f(x)}{g(x)}>\dfrac{f(b)}{g(b)}$,则 $f(x)g(b)>f(b)g(x)$.故应选(A).

2014 数学二,
10 分

118 已知函数 $y=y(x)$ 满足微分方程 $x^2+y^2y'=1-y'$,且 $y(2)=0$.求 $y(x)$ 的极大值与极小值.

知识点睛 0218 函数的极值

解 由 $x^2+y^2y'=1-y'$,得 $y'=\dfrac{1-x^2}{1+y^2}$.令 $y'=0$,得 $x=\pm1$,且当 $x<-1$ 时,$y'<0$;当 $-1<x<1$ 时,$y'>0$;当 $x>1$ 时,$y'<0$.所以,函数 $y=y(x)$ 在 $x=-1$ 处取极小值,在 $x=1$ 处取极

大值.由方程 $x^2+y^2y'=1-y'$ 得

$$(1 + y^2) y' = 1 - x^2,$$ ①

①式两边积分,得

$$\int (1 + y^2) \, dy = \int (1 - x^2) \, dx,$$

$$x^3 + y^3 - 3x + 3y = C.$$

由 $y(2)=0$ 得 $C=2$.

$$x^3 + y^3 - 3x + 3y = 2,$$ ②

由②式得 $y(x)$ 的极小值 $y(-1)=0$,极大值 $y(1)=1$.

119 函数 $f(x)=\ln|(x-1)(x-2)(x-3)|$ 的驻点个数为( ). Ⓚ 2011 数学二, 4 分

(A) 0   (B) 1   (C) 2   (D) 3

知识点睛 利用导数求函数的驻点

解法 1 $f'(x) = \dfrac{(x-2)(x-3)+(x-1)(x-3)+(x-1)(x-2)}{(x-1)(x-2)(x-3)}$

$$= \dfrac{3x^2-12x+11}{(x-1)(x-2)(x-3)},$$

二次方程 $3x^2-12x+11=0$ 的判别式 $\Delta=12^2-4\times3\times11=12>0$,则方程 $3x^2-12x+11=0$ 有两个不相等的实根(但不是 $x=1,x=2,x=3$).因此,$f(x)$ 有两个驻点.

解法 2   由 $f(x)=\ln|(x-1)(x-2)(x-3)|$ 知

$$f'(x) = \dfrac{\left[(x-1)(x-2)(x-3)\right]'}{(x-1)(x-2)(x-3)}.$$

令 $g(x)=(x-1)(x-2)(x-3)$,则 $f'(x)$ 零点个数问题转化为 $g'(x)$ 的零点个数.

由于 $g(1)=g(2)=g(3)=0$,由罗尔定理知 $g'(x)$ 分别在 $(1,2)$,$(2,3)$ 上各有一个零点,又 $g'(x)$ 是二次多项式,故 $g'(x)$ 只有两个零点,即 $f'(x)$ 只有两个零点.应选(C).

120 设函数 $f(x)$ 在 $(-\infty,+\infty)$ 内连续,其导函数的图形如 120 题图所示,则( ). Ⓚ 2016 数学二、 数学三,4 分

(A) 函数 $f(x)$ 有 2 个极值点,曲线 $y=f(x)$ 有 2 个拐点

(B) 函数 $f(x)$ 有 2 个极值点,曲线 $y=f(x)$ 有 3 个拐点

(C) 函数 $f(x)$ 有 3 个极值点,曲线 $y=f(x)$ 有 1 个拐点

(D) 函数 $f(x)$ 有 3 个极值点,曲线 $y=f(x)$ 有 2 个拐点

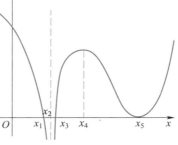

120 题图

知识点睛 0218 函数的极值,0222 曲线的拐点

解 x_1,x_3,x_5 为驻点,而在 x_1 和 x_3 两侧 $f'(x)$ 变号,则为极值点,x_5 两侧 $f'(x)$ 不变号,则不是极值点,在 x_2 处一阶导数不存在,但在 x_2 两侧 $f'(x)$ 不变号,则不是极值点,在 x_2 处二阶导数不存在,在 x_4 和 x_5 处二阶导数为零,在这 3 个点两侧一阶导函数增减性发生变化,则都为拐点,故应选(B).

K 2016 数学二、
数学三,10 分

121 设函数 $f(x) = \int_0^1 |t^2 - x^2| \mathrm{d}t \ (x > 0)$,求 $f'(x)$ 并求 $f(x)$ 的最小值.

知识点睛 0220 函数的最大值与最小值

解 $f(x) = \begin{cases} \int_0^x (x^2 - t^2) \mathrm{d}t + \int_x^1 (t^2 - x^2) \mathrm{d}t, & 0 < x < 1 \\ \int_0^1 (x^2 - t^2) \mathrm{d}t, & x \geqslant 1 \end{cases}$

$= \begin{cases} \dfrac{1}{3} - x^2 + \dfrac{4}{3} x^3, & 0 < x < 1, \\ x^2 - \dfrac{1}{3}, & x \geqslant 1. \end{cases}$

$f(x)$ 在 $x = 1$ 处连续, $\lim\limits_{x \to 1^-} f'(x) = \lim\limits_{x \to 1^-} (-2x + 4x^2) = 2$,则 $f'_-(1) = 2$,

$$\lim\limits_{x \to 1^+} f'(x) = \lim\limits_{x \to 1^+} (2x) = 2,$$

则 $f'_+(1) = 2$,所以 $f'(1) = 2$.

$f'(x) = \begin{cases} -2x + 4x^2, & 0 < x < 1, \\ 2x, & x \geqslant 1. \end{cases}$,令 $f'(x) = 0$,即 $4x^2 - 2x = 0 \ (0 < x < 1)$.所以 $2x(2x - 1) =$

$0, x = \dfrac{1}{2}$.

当 $0 < x < \dfrac{1}{2}$ 时 $f'(x) < 0$, $f(x)$ 单调减少;当 $\dfrac{1}{2} < x < 1$ 时 $f'(x) > 0$, $f(x)$ 单调增加;当 $x >$

1 时, $f'(x) > 0$, $f(x)$ 单调增加,则 $f(x)$ 在 $x = \dfrac{1}{2}$ 处取最小值,最小值为

$$f\left(\frac{1}{2}\right) = \frac{1}{3} - \left(\frac{1}{2}\right)^2 + \frac{4}{3}\left(\frac{1}{2}\right)^3 = \frac{1}{4}.$$

K 2022 数学二,
5 分

122 设函数 $f(x)$ 在 $x = x_0$ 处有 2 阶导数,则( ).

(A)当 $f(x)$ 在 x_0 的某邻域内单调增加时, $f'(x_0) > 0$

(B)当 $f'(x_0) > 0$ 时, $f(x)$ 在 x_0 的某邻域内单调增加

(C)当 $f(x)$ 在 x_0 的某邻域内是凹函数时, $f''(x_0) > 0$

(D)当 $f''(x_0) > 0$, $f(x)$ 在 x_0 的某邻域内是凹函数

知识点睛 0219 利用导数判断函数的单调性

解 由 $f(x)$ 在 $x = x_0$ 处有 2 阶导数知, $f'(x)$ 在 $x = x_0$ 处连续,又 $f'(x_0) > 0$,则在 x_0 的某邻域内 $f'(x) > 0$,则在该邻域内 $f(x)$ 单调增加.应选(B).

123 已知函数 $f(x)$ 在区间 $(1 - \delta, 1 + \delta)$ 内具有二阶导数, $f'(x)$ 严格单调减少,且 $f(1) = f'(1) = 1$,则( ).

(A)在 $(1 - \delta, 1)$ 和 $(1, 1 + \delta)$ 内均有 $f(x) < x$

(B)在 $(1 - \delta, 1)$ 和 $(1, 1 + \delta)$ 内均有 $f(x) > x$

(C)在 $(1 - \delta, 1)$ 内, $f(x) < x$,在 $(1, 1 + \delta)$ 内, $f(x) > x$

(D)在 $(1 - \delta, 1)$ 内, $f(x) > x$,在 $(1, 1 + \delta)$ 内, $f(x) < x$

知识点睛 0219 利用导数判断函数的单调性

解 设 $F(x)=f(x)-x$，则 $F(1)=f(1)-1=0$.
$$F'(x)=f'(x)-1, \quad F'(1)=f'(1)-1=0,$$
$F''(x)=f''(x)$，由 $f'(x)$ 在 $(1-\delta,1+\delta)$ 内严格单调减少知 $F''(x)<0$.从而 $F'(x)$ 在 $(1-\delta,1+\delta)$ 内单调减少，即 $x\in(1-\delta,1)$ 时，$F'(x)>F'(1)=0$；$x\in(1,1+\delta)$ 时，$F'(x)<F'(1)=0$.

当 $x\in(1-\delta,1)$ 时,由 $F'(x)>0$ 知 $F(x)$ 单增,即 $F(x)<F(1)=0$,也即 $f(x)<x$；当 $x\in(1,1+\delta)$ 时,由 $F'(x)<0$ 知 $F(x)$ 单减,即 $F(x)<F(1)=0$,也即 $f(x)<x$.

应选(A).

124 已知函数 $f(x)=\begin{cases}x^{2x}, & x>0, \\ xe^x+1, & x\leqslant 0,\end{cases}$ 求 $f'(x)$,并求 $f(x)$ 的极值. K 2019 数学二、数学三,10 分

知识点睛 0218 函数的极值

解 当 $x>0$ 时，
$$f'(x)=(e^{2x\ln x})'=e^{2x\ln x}(2\ln x+2)=2x^{2x}(\ln x+1),$$
当 $x<0$ 时,$f'(x)=(x+1)e^x$,
$$f'_+(0)=\lim_{x\to 0^+}\frac{x^{2x}-1}{x}=\lim_{x\to 0^+}\frac{e^{2x\ln x}-1}{x}=\lim_{x\to 0^+}\frac{2x\ln x}{x}=\infty,$$
则 $f'(0)$ 不存在.

令 $f'(x)=0$ 得 $x=-1,x=\dfrac{1}{e}$.

当 $x<-1$ 时,$f'(x)<0$,当 $-1<x<0$ 时,$f'(x)>0$,则 $x=-1$ 为极小值点,极小值为 $f(-1)=1-\dfrac{1}{e}$；

当 $-1<x<0$ 时,$f'(x)>0$,当 $0<x<\dfrac{1}{e}$ 时,$f'(x)<0$,则 $x=0$ 为极大值点,极大值为 $f(0)=1$；

当 $0<x<\dfrac{1}{e}$ 时,$f'(x)<0$,当 $x>\dfrac{1}{e}$ 时,$f'(x)>0$,则 $x=\dfrac{1}{e}$ 为极小值点,极小值为 $f\left(\dfrac{1}{e}\right)=e^{-\frac{2}{e}}$.

125 已知 $y=f(x)$ 对一切的 x 满足 $xf''(x)+3x[f'(x)]^2=1-e^{-x}$.若 $f'(x_0)=0$ $(x_0\neq 0)$,则( ). K 1997 数学二,3 分

(A)$f(x_0)$ 是 $f(x)$ 的极大值

(B)$f(x_0)$ 是 $f(x)$ 的极小值

(C)$(x_0,f(x_0))$ 是曲线 $y=f(x)$ 的拐点

(D)$f(x_0)$ 不是 $f(x)$ 的极值,$(x_0,f(x_0))$ 也不是曲线 $y=f(x)$ 的拐点

知识点睛 0218 函数的极值

解 由于 $f'(x_0)=0$,在等式
$$xf''(x)+3x[f'(x)]^2=1-e^{-x}$$
中令 $x=x_0$,得

$$x_0 f''(x_0) = 1 - e^{-x_0},$$

即 $f''(x_0) = \dfrac{1-e^{-x_0}}{x_0} > 0 \ (x_0 \neq 0)$. 由极值第二充分条件知, $f(x_0)$ 为 $f(x)$ 的极小值. 应选 (B).

Ⓚ2010 数学三, 4 分

126 设函数 $f(x), g(x)$ 具有二阶导数, 且 $g''(x) < 0$. 若 $g(x_0) = a$ 是 $g(x)$ 的极值, 则 $f(g(x))$ 在 x_0 取极大值的一个充分条件是 ( ).

(A) $f'(a) < 0$ (B) $f'(a) > 0$ (C) $f''(a) < 0$ (D) $f''(a) > 0$

知识点睛 0218 函数的极值

解 由于 $g(x_0)$ 是 $g(x)$ 的极值, 且 $g(x)$ 可导, 则 $g'(x_0) = 0$, 记 $y = f(g(x))$, 则

$$\left.\frac{\mathrm{d}y}{\mathrm{d}x}\right|_{x=x_0} = f'(g(x)) g'(x) \big|_{x=x_0} = f'(a) g'(x_0) = 0,$$

从而 $x = x_0$ 为函数 $y = f(g(x))$ 的驻点. 又

$$\frac{\mathrm{d}^2 y}{\mathrm{d}x^2} = f''(g(x)) (g'(x))^2 + f'(g(x)) g''(x),$$

则 $\left.\dfrac{\mathrm{d}^2 y}{\mathrm{d}x^2}\right|_{x=x_0} = f'(g(x_0)) g''(x_0) = f'(a) g''(x_0).$

由题设知 $g''(x_0) < 0$, 所以, 若 $f'(a) > 0$, 则 $\left.\dfrac{\mathrm{d}^2 y}{\mathrm{d}x^2}\right|_{x=x_0} < 0$, 从而 $y = f(g(x))$ 在 x_0 取极大值, 应选 (B).

Ⓚ2001 数学三, 3 分

127 设 $f(x)$ 的导数在 $x = a$ 处连续, 又 $\lim\limits_{x \to a} \dfrac{f'(x)}{x-a} = -1$, 则 ( ).

(A) $x = a$ 是 $f(x)$ 的极小值点

(B) $x = a$ 是 $f(x)$ 的极大值点

(C) $(a, f(a))$ 是曲线 $y = f(x)$ 的拐点

(D) $f(a)$ 不是 $f(x)$ 的极值, $(a, f(a))$ 也不是曲线 $y = f(x)$ 的拐点

知识点睛 0218 函数的极值

解法 1 由于 $\lim\limits_{x \to a} \dfrac{f'(x)}{x-a} = -1$, 且 $\lim\limits_{x \to a}(x-a) = 0$, 则 $\lim\limits_{x \to a} f'(x) = 0$, 由于 $f(x)$ 的导数在 $x = a$ 处连续, 则

$$\lim_{x \to a} f'(x) = f'(a) = 0.$$

又 $\lim\limits_{x \to a} \dfrac{f'(x)}{x-a} = -1 < 0$, 由极限的保号性知, 存在 $\delta > 0$, 当 $0 < |x-a| < \delta$ 时, $\dfrac{f'(x)}{x-a} < 0$, 从而当 $x \in (a-\delta, a)$ 时, $f'(x) > 0$; 当 $x \in (a, a+\delta)$ 时, $f'(x) < 0$.

由极值第一充分条件知 $x = a$ 是 $f(x)$ 的极大值点.

解法 2 如同 (解法 1) 一样得 $f'(a) = 0$, 又

$$\lim_{x \to a} \frac{f'(x)}{x-a} = \lim_{x \to a} \frac{f'(x) - f'(a)}{x-a} = f''(a) \quad (\text{导数定义})$$

$$= -1 < 0,$$

由极值第二充分条件知, $x = a$ 为 $f(x)$ 的极大值点.

解法 3 排除法:取 $f(x)=-\dfrac{1}{2}(x-a)^2$，$f'(x)=-(x-a)$，显然 $f(x)$ 满足题设条件，而 $f(x)$ 在 $x=a$ 取极大值，不取极小值，从而排除(A)和(D)，事实上 $(a,f(a))$ 也不是曲线 $y=f(x)$ 的拐点(二次抛物线的顶点)，排除(C)，故应选(B).

函数的极值及最值问题小结

这里主要是三个基本问题.

1.判断函数单调性的常用结论

(1)设 $f(x)$ 在 $[a,b]$ 上连续，在 (a,b) 内可导

①若在 (a,b) 内 $f'(x)>0(<0)$，则 $f(x)$ 在 $[a,b]$ 上单调增加(减少)；

②若在 (a,b) 内 $f'(x)\geq0(\leq0)$，且在 (a,b) 的任意子区间上 $f'(x)\not\equiv0$，则 $f(x)$ 在 $[a,b]$ 上单调增加(减少).

(2)设 $f(x)$ 在区间 I 上可导，则 $f(x)$ 在 I 上单调不减(增) $\Leftrightarrow f'(x)\geq0(\leq0)$.

2.求函数的极值

分两步进行:

(1)求出可疑的极值点，即驻点和导数不存在的点；

(2)对以上两种点用极值充分条件(第一充分条件或第二充分条件)作判定.

3.求最大值最小值

这里主要是两类问题:

(1)求连续函数 $f(x)$ 在闭区间 $[a,b]$ 上的最值.

首先求出 $f(x)$ 在 (a,b) 内可疑的极值点，即驻点和导数不存在的点，然后将可疑的极值点上的函数值与闭区间两端点上的函数值 $f(a)$，$f(b)$ 作比较，便可得到 $f(x)$ 在 $[a,b]$ 上的最值.

若 $f(x)$ 在 (a,b) 内只有唯一的极值点，且在该点取极值，则该极值必为 $f(x)$ 在 $[a,b]$ 上的最值.

(2)最值的应用题.

首先建立目标函数并确定其定义域，此时问题转化为(1)进一步求解.

128 设在 $[0,1]$ 上，$f''(x)\leq0$，则 $f'(0)$，$f'(1)$，$f(1)-f(0)$ 或 $f(0)-f(1)$ 的大小顺序是(　　).

(A) $f'(1)\leq f'(0)\leq f(1)-f(0)$　　　　(B) $f'(1)\leq f(1)-f(0)\leq f'(0)$

(C) $f(1)-f(0)\leq f'(1)\leq f'(0)$　　　　(D) $f'(1)\leq f(0)-f(1)\leq f'(0)$

知识点睛 0214 拉格朗日中值定理

解 因为 $f''(x)\leq0$，所以 $f'(x)$ 在 $[0,1]$ 上单调不增.故 $f'(1)\leq f'(0)$.而由拉格朗日中值定理，$f(1)-f(0)=f'(\xi)(1-0)$，其中 ξ 介于 $0,1$ 之间.则 $f'(1)\leq f'(\xi)\leq f'(0)$.应选(B).

129 证明函数 $f(x)=\left(1+\dfrac{1}{x}\right)^x$ 在区间 $(0,+\infty)$ 上单调增加.

知识点睛 0219 利用导数判断函数的单调性

证 只需要证明 $f'(x)>0(x>0)$，有

$$f(x)=\mathrm{e}^{x\ln\left(1+\frac{1}{x}\right)},\quad f'(x)=\left(1+\frac{1}{x}\right)^{x}\left[\ln\left(1+\frac{1}{x}\right)-\frac{1}{1+x}\right],$$

由于 $\ln\left(1+\dfrac{1}{x}\right)=\ln(1+x)-\ln x$，考虑 $y=\ln x$ 在 $[x,1+x]$ 上满足拉格朗日中值定理，即存在 $\xi\in(x,x+1)$，使得

$$\ln\left(1+\frac{1}{x}\right)=\ln(1+x)-\ln x=(\ln x)'\big|_{x=\xi}=\frac{1}{\xi}>\frac{1}{1+x}.$$

另由 $\left(1+\dfrac{1}{x}\right)^{x}>0(x>0)$，因而 $f'(x)>0$，所以 $f(x)$ 在 $(0,+\infty)$ 上单调增加.

130　设 $f(x)$ 在 $[a,+\infty)$ 上连续，$f''(x)$ 在 $(a,+\infty)$ 上存在且大于零，记

$$F(x)=\frac{f(x)-f(a)}{x-a}\quad(x>a),$$

证明：$F(x)$ 在 $(a,+\infty)$ 内单调增加.

知识点睛　0214 拉格朗日中值定理，0219 利用导数判断函数的单调性

证　只需证明 $F'(x)>0(a<x<+\infty)$，

$$F'(x)=\frac{f'(x)(x-a)-[f(x)-f(a)]}{(x-a)^2}=\frac{1}{x-a}\left[f'(x)-\frac{f(x)-f(a)}{x-a}\right].$$

由拉格朗日中值定理知，存在 $\xi(a<\xi<x)$，使 $\dfrac{f(x)-f(a)}{x-a}=f'(\xi)$，于是有

$$F'(x)=\frac{1}{x-a}\left[f'(x)-f'(\xi)\right].$$

由于 $f''(x)>0$，可见 $f'(x)$ 在 $(a,+\infty)$ 内单调增加.因此，对于任意 x 和 $\xi(a<\xi<x)$，有 $f'(x)>f'(\xi)$.从而 $F'(x)>0$，于是 $F(x)$ 是单调增加的.

131　设 $0<x_1<x_2<2$，比较 $\dfrac{\mathrm{e}^{x_1}}{x_1^2}$ 和 $\dfrac{\mathrm{e}^{x_2}}{x_2^2}$ 的大小.

知识点睛　0219 利用导数判断函数的单调性

解　设 $y=\dfrac{\mathrm{e}^x}{x^2},x\in(0,2)$，

$$y'=\frac{x^2\mathrm{e}^x-2x\mathrm{e}^x}{x^4}=\frac{\mathrm{e}^x(x-2)}{x^3}<0,$$

故 $y=\dfrac{\mathrm{e}^x}{x^2}$ 为 $(0,2)$ 内单调减少函数.所以，当 $0<x_1<x_2<2$ 时，$\dfrac{\mathrm{e}^{x_1}}{x_1^2}>\dfrac{\mathrm{e}^{x_2}}{x_2^2}$.

132　设 $x>0$，常数 $a>\mathrm{e}$，证明：$(a+x)^a<a^{a+x}$.

知识点睛　0219 利用导数判断函数的单调性

证　欲证明 $(a+x)^a<a^{a+x}$，只需证 $a\ln(a+x)<(a+x)\ln a$.

设 $f(x)=(a+x)\ln a-a\ln(a+x)$，则 $f(x)$ 在 $[0,+\infty)$ 内可导，且

$$f'(x)=\ln a-\frac{a}{a+x},$$

因为 $\ln a>1,\dfrac{a}{a+x}<1$，故 $f'(x)>0$，所以函数 $f(x)$ 在 $[0,+\infty)$ 内单调增加.而 $f(0)=0$，所

以 $f(x)>0(0<x<+\infty)$，即 $a\ln(a+x)<(a+x)\ln a$，也即 $(a+x)^a<a^{a+x}$.

133 设 $b>a>\mathrm{e}$，证明：$a^b>b^a$.

知识点睛 0219 利用导数判断函数的单调性

证法 1 要证 $a^b>b^a$，只需证 $b\ln a>a\ln b$. 令 $f(x)=x\ln a-a\ln x(x\geq a)$，因为

$$f'(x)=\ln a-\frac{a}{x}>1-\frac{a}{x}\geq0\quad(x\geq a),$$

所以 $f(x)$ 在 $x\geq a$ 时单调增加. 于是，当 $b>a$ 时，有 $f(b)>f(a)=0$. 即 $b\ln a>a\ln b$，也即 $a^b>b^a$.

证法 2 要证 $a^b>b^a$，只需证 $b\ln a>a\ln b$，即 $\dfrac{\ln a}{a}>\dfrac{\ln b}{b}$.

令 $f(x)=\dfrac{\ln x}{x}(x\geq a)$，因为

$$f'(x)=\frac{1-\ln x}{x^2}<0\quad(x>a>\mathrm{e}),$$

所以 $f(x)$ 在 $x\geq a$ 时单调减少. 于是 $f(a)>f(b)$，即有 $\dfrac{\ln a}{a}>\dfrac{\ln b}{b}$，也即 $a^b>b^a$.

134 设 $f''(x)<0$，$f(0)=0$，证明：对任何 $x_1>0,x_2>0$，有
$$f(x_1+x_2)<f(x_1)+f(x_2).$$

知识点睛 0219 利用导数判断函数的单调性

证 令 $F(x)=f(x+x_2)-f(x)$，则
$$F'(x)=f'(x+x_2)-f'(x)=x_2f''(x+\theta x_2)<0\quad(0<\theta<1),$$
所以 $F(x)$ 单调减少. 又 $x_1>0$，故 $F(x_1)<F(0)$，即 $f(x_1+x_2)-f(x_1)<f(x_2)-f(0)$. 由 $f(0)=0$，即得 $f(x_1+x_2)<f(x_1)+f(x_2)$.

135 当 a 取下列哪个值时，函数 $f(x)=2x^3-9x^2+12x-a$ 恰有两个不同的零点（　　）.

(A) 2　　　　　　(B) 4　　　　　　(C) 6　　　　　　(D) 8

知识点睛 函数的零点

解 $f'(x)=6x^2-18x+12=6(x-1)(x-2)$，从而 $f(x)$ 可能的极值点为 $x=1,x=2$. 且 $f(1)=5-a$，$f(2)=4-a$. 可见当 $a=4$ 时，函数 $f(x)$ 恰好有两个零点. 应选（B）.

136 讨论函数 $y=\dfrac{1}{x-a_1}+\dfrac{1}{x-a_2}+\dfrac{1}{x-a_3}$ 的零点，其中 $a_1<a_2<a_3$.

知识点睛 函数的零点

解 易知，当 $x<a_1$ 时，$y(x)<0$；当 $x>a_3$ 时，$y(x)>0$. 因此，函数 $y(x)$ 在 $(-\infty,a_1)$ 及 $(a_3,+\infty)$ 内无零点，其零点只可能在 (a_1,a_2) 和 (a_2,a_3) 中.

因为 $y'=\dfrac{-1}{(x-a_1)^2}+\dfrac{-1}{(x-a_2)^2}+\dfrac{-1}{(x-a_3)^2}$，可知 $y'(x)<0$，$x\in(a_1,a_2)$ 或 $x\in(a_2,a_3)$. 故 $y(x)$ 在 (a_1,a_2) 内严格单调下降，在 (a_2,a_3) 内也严格单调下降.

又由 $\lim\limits_{x\to a_1^+}y(x)=+\infty$，$\lim\limits_{x\to a_2^-}y(x)=-\infty$，可知连续函数 $y(x)$ 在 (a_1,a_2) 内有且仅有一个零点. 同理可知，$y(x)$ 在 (a_2,a_3) 内有且仅有一个零点.

综上,函数 $y(x)$ 共有两个零点,它们分别在 (a_1,a_2) 与 (a_2,a_3) 内.

137 设 $f(x)=x\sin x+\cos x$,下列命题中正确的是( ).

(A) $f(0)$ 是极大值,$f\left(\dfrac{\pi}{2}\right)$ 是极小值　　(B) $f(0)$ 是极小值,$f\left(\dfrac{\pi}{2}\right)$ 是极大值

(C) $f(0)$ 是极大值,$f\left(\dfrac{\pi}{2}\right)$ 也是极大值　　(D) $f(0)$ 是极小值,$f\left(\dfrac{\pi}{2}\right)$ 也是极小值

知识点睛 0218 函数的极值

解 $f'(x)=\sin x+x\cos x-\sin x=x\cos x$,显然 $f'(0)=0$,$f'\left(\dfrac{\pi}{2}\right)=0$,又 $f''(x)=\cos x-x\sin x$,且 $f''(0)=1>0$,$f''\left(\dfrac{\pi}{2}\right)=-\dfrac{\pi}{2}<0$,所以 $f(0)$ 是极小值,$f\left(\dfrac{\pi}{2}\right)$ 是极大值. 故应选(B).

138 设 $y=f(x)$ 是方程 $y''+y'-\mathrm{e}^{\sin x}=0$ 的解,且 $f'(x_0)=0$,则 $f(x)$ 在( ).

(A) x_0 的某邻域内单调增加　　　　(B) x_0 的某邻域内单调减少

(C) x_0 处取极小值　　　　　　　　(D) x_0 处取极大值

知识点睛 0218 函数的极值

解 由 $f'(x_0)=0$ 知 x_0 为驻点. 又 $y''|_{x=x_0}=(-y'+\mathrm{e}^{\sin x})|_{x=x_0}=\mathrm{e}^{\sin x_0}>0$. 因此 $f(x)$ 在 x_0 处取极小值.应选(C).

139 设 $\lim\limits_{x\to a}\dfrac{f(x)-f(a)}{(x-a)^2}=-1$,则在点 $x=a$ 处( ).

(A) $f(x)$ 的导数存在,且 $f'(a)\neq0$　　(B) $f(x)$ 取极大值

(C) $f(x)$ 取极小值　　　　　　　　　　(D) $f(x)$ 的导数不存在

知识点睛 0218 函数的极值

解 因为 $\lim\limits_{x\to a}\dfrac{f(x)-f(a)}{(x-a)^2}=-1$,所以 $\lim\limits_{x\to a}\dfrac{f(x)-f(a)}{x-a}=0$,即 $f'(a)=0$.又在 a 的某一去心邻域内有 $\dfrac{f(x)-f(a)}{(x-a)^2}<0$,即 $f(x)-f(a)<0$,所以 $f(x)$ 在 $x=a$ 处取极大值.

故应选(B).

140 设 $y=f(x)$ 是方程 $y''-2y'+4y=0$ 的一个解,若 $f(x_0)>0$,且 $f'(x_0)=0$,试判定 x_0 是否是 $f(x)$ 的极值点? 如果 x_0 为 $f(x)$ 的极值点,是极大值点还是极小值点?

知识点睛 0218 函数的极值

分析 虽然问题以方程形式出现,但由于 $f'(x_0)=0$,因此,可知 x_0 为 $f(x)$ 的驻点. 为了判定 x_0 是否为极值点,由已知条件可以想到,只须判定 $f''(x_0)$ 的符号.

证 由于 $y=f(x)$ 为 $y''-2y'+4y=0$ 的解,从而 $f''(x)-2f'(x)+4f(x)=0$.特别,当 $f(x_0)>0$,$f'(x_0)=0$ 时,上述方程可以化为
$$f''(x_0)+4f(x_0)=0,\quad \text{即}\quad f''(x_0)=-4f(x_0)<0,$$
由极值的第二充分条件可以得知,x_0 为 $f(x)$ 的极大值点.即 $f(x)$ 在 x_0 点取极大值.

141 设函数 $y=y(x)$ 由方程 $2y^3-2y^2+2xy-x^2=1$ 所确定.试求 $y=y(x)$ 的驻点,并判定它是否为极值点.

知识点睛　0218 函数的极值

解　对原方程两边关于 x 求导可得

$$3y^2y' - 2yy' + xy' + y - x = 0, \qquad ①$$

令 $y'=0$，得 $y=x$.将此代入原方程，有 $2x^3-x^2-1=0$，从而得驻点 $x=1$.

①式两边求导，得

$$(3y^2-2y+x)y''+2(3y-1)(y')^2+2y'-1=0,$$

因此，$y''|_{x=1}=\dfrac{1}{2}>0$.故驻点 $x=1$ 是 $y=y(x)$ 的极小值点.

142　求 a 的范围，使函数 $f(x)=x^3+3ax^2-ax-1$ 既无极大值又无极小值.

知识点睛　0218 函数的极值

解　对 $f(x)$ 求导，得 $f'(x)=3x^2+6ax-a$.

当 $\Delta=4(9a^2+3a)<0$ 时，可知 $f(x)$ 无驻点，即 $f(x)$ 无极值点.

当 $\Delta=4(9a^2+3a)=0$ 时，$a=-\dfrac{1}{3}$ 或 0，这时 $f'(x)=3\left(x-\dfrac{1}{3}\right)^2$ 或 $f'(x)=3x^2$，可知这

时函数 $f(x)=\left(x-\dfrac{1}{3}\right)^3+C_1$ 或 $f(x)=x^3+C_2$，从而无极值点.

当 $\Delta=4(9a^2+3a)>0$ 时，易知有两个驻点且为极值点.

综上可知，当 $-\dfrac{1}{3}\leqslant a\leqslant 0$ 时，函数 $f(x)$ 既无极大值又无极小值.

143　设 $a>1$，$f(t)=a^t-at$ 在 $(-\infty,+\infty)$ 内的驻点为 $t(a)$.问 a 为何值时，$t(a)$ 最小？并求出最小值.

知识点睛　0220 函数的最大值与最小值

解　由 $f'(t)=a^t\ln a-a=0$，得唯一驻点 $t(a)=1-\dfrac{\ln\ln a}{\ln a}$.

考查函数 $t(a)=1-\dfrac{\ln\ln a}{\ln a}$ 在 $a>1$ 时的最小值.令

$$t'(a)=-\dfrac{\dfrac{1}{a}-\dfrac{1}{a}\ln\ln a}{(\ln a)^2}=-\dfrac{1-\ln\ln a}{a(\ln a)^2}=0,$$

得唯一驻点 $a=e^e$.当 $a>e^e$ 时，$t'(a)>0$；当 $a<e^e$ 时，$t'(a)<0$，因此 $t(e^e)=1-\dfrac{1}{e}$ 为极小值，从而是最小值.

【评注】根据函数 $f(t)$ 在 $(-\infty,+\infty)$ 内有驻点 $t(a)$，可知 $f'(t)=0$，由此求出 $t(a)$ 的表达式，这是解答本题的关键.在求出驻点 $a=e^e$ 后，应进行判断，验证其确实取得最小值.

144　设函数 $f(x)$ 在 x_0 的某一邻域内具有直到 n 阶的连续导数，且 $f'(x_0)=f''(x_0)=\cdots=f^{(n-1)}(x_0)=0$，而 $f^{(n)}(x_0)\neq 0$，证明：

（1）当 n 为偶数，且 $f^{(n)}(x_0)>0$ 时，则 $f(x_0)$ 为极小值；当 n 为偶数，且 $f^{(n)}(x_0)<0$ 时，则 $f(x_0)$ 为极大值；

（2）当 n 为奇数时，$f(x_0)$ 不是极值.

知识点睛 　0216 泰勒公式，0218 函数的极值

证 　因为 $f'(x_0) = f''(x_0) = \cdots = f^{(n-1)}(x_0) = 0$，由泰勒公式，有

$$f(x) = f(x_0) + \frac{f^{(n)}(\xi)}{n!}(x-x_0)^n,$$

其中 ξ 介于 x 与 x_0 之间，即

$$f(x) - f(x_0) = \frac{f^{(n)}(\xi)}{n!}(x-x_0)^n.$$

因 $f^{(n)}(x)$ 在 x_0 连续，且 $f^{(n)}(x_0) \neq 0$，所以必存在 x_0 的某一邻域 $(x_0-\delta, x_0+\delta)$，使对于该邻域内任意 x，$f^{(n)}(x)$ 与 $f^{(n)}(x_0)$ 同号，进而 $f^{(n)}(\xi)$ 与 $f^{(n)}(x_0)$ 同号，于是，在 $f^{(n)}(x_0)$ 的符号确定后，$f(x)-f(x_0)$ 的符号完全取决于 $(x-x_0)^n$ 的符号.

（1）当 n 为偶数时，$(x-x_0)^n \geq 0$. 所以

当 $f^{(n)}(x_0) < 0$ 时，$f(x)-f(x_0) \leq 0$，即 $f(x) \leq f(x_0)$，从而 $f(x_0)$ 为极大值；

当 $f^{(n)}(x_0) > 0$ 时，$f(x)-f(x_0) \geq 0$，即 $f(x) \geq f(x_0)$，从而 $f(x_0)$ 为极小值.

（2）当 n 为奇数时，若 $x < x_0$，则 $(x-x_0)^n < 0$；若 $x > x_0$，则 $(x-x_0)^n > 0$. 所以不论 $f^{(n)}(x_0)$ 的符号如何，当 $x-x_0$ 由负变正时，则 $f(x)-f(x_0)$ 的符号也随之改变，因此 $f(x)$ 在 x_0 处取不到极值.

§2.4　曲线的凹凸性、拐点与渐近线

2011 数学一，4 分

145 　曲线 $y = (x-1)(x-2)^2(x-3)^3(x-4)^4$ 的拐点是（　　）.

（A）$(1,0)$　　　　（B）$(2,0)$　　　　（C）$(3,0)$　　　　（D）$(4,0)$

知识点睛 　0222 函数图形的拐点

解法 1 　图示法：由曲线方程

$$y = (x-1)(x-2)^2(x-3)^3(x-4)^4$$

可知，该曲线和 x 轴有四个交点，即 $x=1, x=2, x=3, x=4$，且在 $x=2$ 取极大值，$x=4$ 取极小值，则拐点只能在另外两个点上，由 145 题图不难看出 $(3,0)$ 为拐点，应选（C）.

145 题图

解法 2 　记 $g(x) = (x-1)(x-2)^2(x-4)^4$，则

$$y = (x-3)^3 g(x).$$

设 $g(x)$ 在 $x=3$ 处的泰勒展开式为

$$g(x) = a_0 + a_1(x-3) + \cdots,$$

则 $y = a_0(x-3)^3 + a_1(x-3)^4 + \cdots$，由该式可知

$$y''(3) = 0, \quad y'''(3) = a_0 \cdot 3! \neq 0,$$

因为 $a_0 = g(3) \neq 0$，由拐点的第二充分条件知 $(3,0)$ 为拐点. 故应选（C）.

2006 数学一、数学二、数学三，4 分

146 　设函数 $y = f(x)$ 具有二阶导数，且 $f'(x) > 0$，$f''(x) > 0$，Δx 为自变量 x 在点 x_0 处的增量，Δy 与 $\mathrm{d}y$ 分别为 $f(x)$ 在点 x_0 处对应的增量与微分，若 $\Delta x > 0$，则（　　）.

（A）$0 < \mathrm{d}y < \Delta y$　　（B）$0 < \Delta y < \mathrm{d}y$　　（C）$\Delta y < \mathrm{d}y < \Delta x$　　（D）$\mathrm{d}y < \Delta y < 0$

知识点睛 　0201 函数的微分

解法 1 由题设条件知, $y=f(x)$ 单调增加且是凹的, 再由 $\Delta y, \mathrm{d}y$ 的几何意义(如 146 题图所示), 有 $0<\mathrm{d}y<\Delta y$. 应选(A).

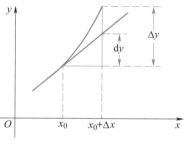

146 题图

解法 2 排除法: 取 $f(x)=x^2, x\in(0,+\infty)$, 显然满足题设条件, 取 $x_0=1$, 则

$$\mathrm{d}y=f'(x_0)\mathrm{d}x=2\mathrm{d}x=2\Delta x,$$

$$\Delta y=f(x_0+\Delta x)-f(x_0)=(1+\Delta x)^2-1^2$$

$$=\Delta x(2+\Delta x)=2\Delta x+(\Delta x)^2.$$

由于 $\Delta x>0$, 则 $0<\mathrm{d}y<\Delta y$. 排除(B)、(C)、(D), 故应选(A).

解法 3 由 $f'(x)>0, \Delta x>0$ 知 $\mathrm{d}y=f'(x_0)\Delta x>0$. 又

$$\Delta y=f(x_0+\Delta x)-f(x_0)=f'(c)\Delta x \quad (x_0<c<x_0+\Delta x),$$

由于 $f''(x)>0$, 则 $f'(x)$ 单调增加, $f'(c)>f'(x_0)$, 从而有 $f'(x_0)\Delta x<f'(c)\Delta x$, 故 $0<\mathrm{d}y<\Delta y$. 应选(A).

147 设函数 $f(x)$ 在 $(0,+\infty)$ 内具有二阶导数, 且 $f''(x)>0$, 令 $u_n=f(n)(n=1,2,\cdots)$, 则下列结论正确的是( ). Ⓚ 2007 数学一、数学二, 4 分

(A) 若 $u_1>u_2$, 则 $\{u_n\}$ 必收敛   (B) 若 $u_1>u_2$, 则 $\{u_n\}$ 必发散

(C) 若 $u_1<u_2$, 则 $\{u_n\}$ 必收敛   (D) 若 $u_1<u_2$, 则 $\{u_n\}$ 必发散

知识点睛 0214 拉格朗日中值定理, 0222 函数图形的拐点

解法 1 图示法: 由 $f''(x)>0$ 知, 曲线 $y=f(x)$ 是凹的.

显然, 如 147 题图所示, 图(1)排除选项(A), 其中 $u_n=f(n)\to-\infty$; 图(2)排除选项(B), 其中 $u_n=f(n)\to0$; 图(3)排除选项(C), 其中 $u_n=f(n)\to+\infty$. 应选(D).

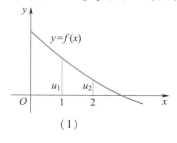 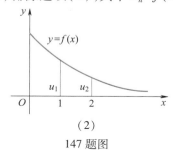 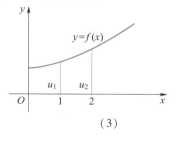

(1)   (2)   (3)

147 题图

解法 2 排除法. 取 $f(x)=(x-2)^2$, 显然在 $(0,+\infty)$, $f''(x)=2>0$, $f(1)=1>f(2)=0$, 但 $u_n=f(n)=(n-2)^2\to+\infty$, 排除(A);

取 $f(x)=\dfrac{1}{x}$, 在 $(0,+\infty)$ 上, $f''(x)>0$, 且 $f(1)=1>f(2)=\dfrac{1}{2}$, 但 $u_n=f(n)=\dfrac{1}{n}\to0$, 排除(B).

取 $f(x)=\mathrm{e}^x$, 在 $(0,+\infty)$ 上, $f''(x)=\mathrm{e}^x>0$, 且 $f(1)=\mathrm{e}<f(2)=\mathrm{e}^2$, 但 $u_n=f(n)=\mathrm{e}^n\to+\infty$, 排除(C). 应选(D).

解法 3 直接法. 由拉格朗日中值定理知

$$u_2-u_1=f(2)-f(1)=f'(c)>0 \quad (1<c<2).$$

当 $n>2$ 时,

$$f(n)=f(n)-f(2)+f(2)=f'(\xi)(n-2)+f(2)\quad(2<\xi<n),$$

由于 $f''(x)>0$，且 $\xi>c$，则 $f'(\xi)>f'(c)>0$，从而有

$$f(n)>f'(c)(n-2)+f(2)\to+\infty,$$

则有 $u_n=f(n)\to+\infty$.应选（D）.

【评注】本题显然是图示法和排除法比较简单.由于大部分读者对这两种方法不熟悉,这就要求我们在平时学习做题时要加强思考,逐步积累.而证明（D）正确又有一定难度,部分读者只能猜答案,准确率较低.

Ｋ 2007 数学一、数学二、数学三,4 分

148 题精解视频

148 曲线 $y=\dfrac{1}{x}+\ln(1+e^x)$ 渐近线的条数为（　　）.

(A) 0　　　　　　(B) 1　　　　　　(C) 2　　　　　　(D) 3

知识点睛　0222 函数图形的渐近线

解　由于

$$\lim_{x\to0}y=\lim_{x\to0}\left[\frac{1}{x}+\ln(1+e^x)\right]=\infty,$$

则 $x=0$ 为曲线的垂直渐近线.

由于

$$\lim_{x\to-\infty}y=\lim_{x\to-\infty}\left[\frac{1}{x}+\ln(1+e^x)\right]=0\quad(\lim_{x\to+\infty}y=+\infty),$$

则 $y=0$ 为曲线的水平渐近线.

由于左侧已有水平渐近线,则斜渐近线只可能出现在右侧,又

$$a=\lim_{x\to+\infty}\frac{y}{x}=\lim_{x\to+\infty}\left[\frac{1}{x^2}+\frac{\ln(1+e^x)}{x}\right]=\lim_{x\to+\infty}\frac{1}{x^2}+\lim_{x\to+\infty}\frac{e^x}{1+e^x}=1,$$

$$b=\lim_{x\to+\infty}(y-ax)=\lim_{x\to+\infty}\left[\frac{1}{x}+\ln(1+e^x)-x\right]$$

$$=\lim_{x\to+\infty}\left[\frac{1}{x}+\ln(1+e^x)-\ln e^x\right]=\lim_{x\to+\infty}\left[\frac{1}{x}+\ln\left(1+\frac{1}{e^x}\right)\right]=0,$$

则曲线有斜渐近线 $y=x$,故该曲线有 3 条渐近线,应选（D）.

【评注】本题是一道基本题,但得分率很低.其主要原因是很多读者选择了（C）,少了一条渐近线.原因可能是读者认为

$$\lim_{x\to\infty}y=\lim_{x\to\infty}\left[\frac{1}{x}+\ln(1+e^x)\right]=\infty,$$

则该曲线没有水平渐近线,又

$$\lim_{x\to\infty}\frac{y}{x}=\lim_{x\to\infty}\left[\frac{1}{x^2}+\frac{\ln(1+e^x)}{x}\right]=1,$$

$$\lim_{x\to\infty}(y-ax)=\lim_{x\to\infty}\left[\frac{1}{x}+\ln(1+e^x)-\ln e^x\right]=0,$$

该曲线有斜渐近线 $y=x$,这样就少了一条水平渐近线,选择了（C）.其问题的关键是读者错误的认为 $\lim\limits_{x\to\infty}e^x=\infty$,这是一种"经典"的错误.正确的是 $\lim\limits_{x\to+\infty}e^x=+\infty$,但 $\lim\limits_{x\to-\infty}e^x=0$.

149 曲线 $y=\dfrac{x^2+x}{x^2-1}$ 的渐近线的条数为(   ).

2012 数学一、数学二、数学三,4 分

(A) 0　　　　　(B) 1　　　　　(C) 2　　　　　(D) 3

知识点睛　0222 函数图形的渐近线

解　由 $\lim\limits_{x\to\infty}y=\lim\limits_{x\to\infty}\dfrac{x^2+x}{x^2-1}=1$,得 $y=1$ 是曲线的一条水平渐近线且没有斜渐近线.

由 $\lim\limits_{x\to1}y=\lim\limits_{x\to1}\dfrac{x^2+x}{x^2-1}=\infty$,得 $x=1$ 是曲线的一条垂直渐近线,由 $\lim\limits_{x\to-1}y=\lim\limits_{x\to-1}\dfrac{x^2+x}{x^2-1}=\dfrac{1}{2}$,

得 $x=-1$ 不是曲线的渐近线,

综上,曲线有两条渐近线,故应选(C).

150 下列曲线中有渐近线的是(   ).

2014 数学一、数学二、数学三,4 分

(A) $y=x+\sin x$　　　(B) $y=x^2+\sin x$　　　(C) $y=x+\sin\dfrac{1}{x}$　　　(D) $y=x^2+\sin\dfrac{1}{x}$

知识点睛　0222 函数图形的渐近线

解法1　由于 $\lim\limits_{x\to\infty}\dfrac{f(x)}{x}=\lim\limits_{x\to\infty}\dfrac{x+\sin\dfrac{1}{x}}{x}=1$,

$$\lim_{x\to\infty}[f(x)-ax]=\lim_{x\to\infty}\left(x+\sin\dfrac{1}{x}-x\right)=\lim_{x\to\infty}\sin\dfrac{1}{x}=0,$$

所以曲线 $y=x+\sin\dfrac{1}{x}$ 有斜渐近线 $y=x$,应选(C).

解法2　考虑曲线 $y=x+\sin\dfrac{1}{x}$ 与直线 $y=x$ 纵坐标之差在 $x\to\infty$ 时的极限

$$\lim_{x\to\infty}\left(x+\sin\dfrac{1}{x}-x\right)=\lim_{x\to\infty}\sin\dfrac{1}{x}=0,$$

则直线 $y=x$ 是曲线 $y=x+\sin\dfrac{1}{x}$ 的一条斜渐近线,应选(C).

【评注】由渐近线的定义可知,直线 $y=ax+b$ 是曲线 $y=f(x)$ 的渐近线的充要条件是 $\lim\limits_{x\to\infty}[f(x)-ax-b]=0$,解法2直接利用了该结论.

151 设函数 $f(x)$ 在 $(-\infty,+\infty)$ 内连续,其二阶导函数 $f''(x)$ 的图形如 151 题图所示,则曲线 $y=f(x)$ 的拐点个数为(   ).

2015 数学一、数学二、数学三,4 分

(A) 0　　　　　　　(B) 1

(C) 2　　　　　　　(D) 3

知识点睛　0222 函数图形的拐点

解　由 151 题图知 $f''(x_1)=f''(x_2)=0$, $f''(0)$ 不存在,其余点上二阶导数 $f''(x)$ 存在且非零,则曲线 $y=f(x)$ 最多有三个拐点,但在 $x=x_1$ 的两侧二阶导数不变号.因此,不是拐点,而在 $x=0$ 和 $x=x_2$ 的两侧二阶导数变号,则曲线 $y=f(x)$ 有两个拐点,故应选(C).

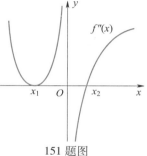

151 题图

2000 数学二，
3 分

152 设函数 $f(x)$ 满足关系式 $f''(x)+[f'(x)]^2=x$，且 $f'(0)=0$，则（ ）．

（A）$f(0)$ 是 $f(x)$ 的极大值

（B）$f(0)$ 是 $f(x)$ 的极小值

（C）点 $(0,f(0))$ 是曲线 $y=f(x)$ 的拐点

（D）$f(0)$ 不是 $f(x)$ 的极值，点 $(0,f(0))$ 也不是曲线 $y=f(x)$ 的拐点

知识点睛 拐点的第二充分条件，0218 函数的极值

解 在关系式 $f''(x)+[f'(x)]^2=x$ 中令 $x=0$，得 $f''(0)=0$，等式 $f''(x)+[f'(x)]^2=x$ 两端对 x 求导，得

$$f'''(x)+2f'(x)f''(x)=1.$$

在上式中令 $x=0$，得 $f'''(0)=1\neq0$，由拐点的第二充分条件得 $(0,f(0))$ 为曲线 $y=f(x)$ 的拐点.应选（C）．

【评注】（1）从题设可知 $f(x)$ 的三阶导数存在，这是因为 $f''(x)=-[f'(x)]^2+x$ 右端可导.

（2）设 $f'(x_0)=f''(x_0)=\cdots=f^{(n-1)}(x_0)=0$，但 $f^{(n)}(x_0)\neq0(n\geq2)$，则

① 当 n 是奇数时，点 $(x_0,f(x_0))$ 为曲线 $y=f(x)$ 的拐点；

② 当 n 是偶数时，$x=x_0$ 为函数 $f(x)$ 的极值点，其中当 $f^{(n)}(x_0)<0$ 时，$x=x_0$ 为 $f(x)$ 的极大值点，当 $f^{(n)}(x_0)>0$ 时，$x=x_0$ 为 $f(x)$ 的极小值点.

2004 数学二，
4 分

153 设函数 $y=y(x)$ 由参数方程 $\begin{cases}x=t^3+3t+1\\y=t^3-3t+1\end{cases}$ 确定，则曲线 $y=y(x)$ 向上凸的 x 的取值范围为_____．

知识点睛 0221 利用导数判定函数图形的凹凸性

解 由于 $\dfrac{\mathrm{d}y}{\mathrm{d}x}=\dfrac{3t^2-3}{3t^2+3}=\dfrac{t^2-1}{t^2+1}=1-\dfrac{2}{t^2+1}$，

$$\frac{\mathrm{d}^2y}{\mathrm{d}x^2}=\frac{\mathrm{d}}{\mathrm{d}t}\left(1-\frac{2}{t^2+1}\right)\cdot\frac{1}{\dfrac{\mathrm{d}x}{\mathrm{d}t}}=\frac{4t}{3(t^2+1)^3}.$$

由题设知 $\dfrac{\mathrm{d}^2y}{\mathrm{d}x^2}<0$，则 $t<0$，又 $x'(t)=3t^2+3>0$，则 $x(t)$ 是 t 的单调增加函数，

$$x(0)=1,\quad \lim_{t\to-\infty}x(t)=\lim_{t\to-\infty}(t^3+3t+1)=-\infty,$$

故 x 的取值范围为 $(-\infty,1)$ 或 $(-\infty,1]$.应填 $(-\infty,1)$ 或 $(-\infty,1]$．

2008 数学二，
4 分

154 曲线 $y=(x-5)x^{\frac{2}{3}}$ 的拐点坐标为_____．

知识点睛 0222 函数图形的拐点

解 本题主要考查拐点的概念和判定及导数计算，拐点只可能在两种点上出现，二阶导数为零的点和二阶导数不存在的点.

$$y=x^{\frac{5}{3}}-5x^{\frac{2}{3}},\quad y'=\frac{5}{3}x^{\frac{2}{3}}-\frac{10}{3}x^{-\frac{1}{3}},$$

$$y''=\frac{10}{9}x^{-\frac{1}{3}}+\frac{10}{9}x^{-\frac{4}{3}}=\frac{10(x+1)}{9\sqrt[3]{x^4}}.$$

显然 $y''(-1)=0$，$y''(0)$ 不存在，由 y'' 的表达式可知在 $x=-1$ 两侧 y'' 变号，而在 $x=0$ 两侧 y'' 不变号，则 $(-1,-6)$ 为拐点.应填 $(-1,-6)$.

【评注】不少读者填 $x=-1$，这是一种典型的错误,拐点是指曲线上的点,要用两个坐标来表示,即 $(-1,-6)$，而 $x=-1$ 是 x 轴上的点.

155 设函数 $y=y(x)$ 由参数方程 $\begin{cases} x=\dfrac{1}{3}t^3+t+\dfrac{1}{3}, \\ y=\dfrac{1}{3}t^3-t+\dfrac{1}{3} \end{cases}$ 确定,求函数 $y=y(x)$ 的极值和

2011 数学二，11 分

曲线 $y=y(x)$ 的凹凸区间及拐点.

知识点睛 0218 函数的极值, 0221 利用导数判断函数图形的凹凸性

解 $x'(t)=t^2+1$, $x''(t)=2t$, $y'(t)=t^2-1$, $y''(t)=2t$, 则

$$\frac{dy}{dx}=\frac{y'(t)}{x'(t)}=\frac{t^2-1}{t^2+1},$$

$$\frac{d^2y}{dx^2}=\frac{y''(t)x'(t)-x''(t)y'(t)}{x'^3(t)}=\frac{2t(t^2+1)-2t(t^2-1)}{(t^2+1)^3}=\frac{4t}{(t^2+1)^3}.$$

令 $\dfrac{dy}{dx}=0$，得 $t=\pm 1$，

当 $t=1$ 时, $x=\dfrac{5}{3}$, $y=-\dfrac{1}{3}$, $\dfrac{d^2y}{dx^2}>0$，所以 $y=-\dfrac{1}{3}$ 为极小值;当 $t=-1$ 时, $x=-1$, $y=1$, $\dfrac{d^2y}{dx^2}<0$，所以 $y=1$ 为极大值.

令 $\dfrac{d^2y}{dx^2}=0$ 得 $t=0$, $x=y=\dfrac{1}{3}$.

当 $t<0$ 时, $x<\dfrac{1}{3}$, $\dfrac{d^2y}{dx^2}<0$，则曲线 $y=y(x)$ 在 $\left(-\infty,\dfrac{1}{3}\right)$ 上是凸的;当 $t>0$ 时, $x>\dfrac{1}{3}$, $\dfrac{d^2y}{dx^2}>0$，则曲线 $y=y(x)$ 在 $\left(\dfrac{1}{3},+\infty\right)$ 上是凹的.点 $\left(\dfrac{1}{3},\dfrac{1}{3}\right)$ 为曲线的拐点.

156 曲线 $y=\dfrac{2x^3}{x^2+1}$ 的渐近线方程为_____.

2010 数学二，4 分

知识点睛 0222 函数图形的渐近线

解 显然,该曲线没有垂直渐近线和水平渐近线.又

$$a=\lim_{x\to\infty}\frac{y}{x}=\lim_{x\to\infty}\frac{2x^3}{x^3+x}=2,$$

$$b=\lim_{x\to\infty}(y-ax)=\lim_{x\to\infty}\left(\frac{2x^3}{x^2+1}-2x\right)=\lim_{x\to\infty}\frac{-2x}{x^2+1}=0,$$

则该曲线有斜渐近线 $y=2x$.应填 $y=2x$.

157 曲线 $y=x^2+x$ $(x<0)$ 上曲率为 $\dfrac{\sqrt{2}}{2}$ 的点的坐标是_____.

2012 数学二，4 分

知识点睛 0223 曲率

解 由 $y=x^2+x$ 得 $y'=2x+1$, $y''=2$, 代入曲率计算公式, 得

$$k=\frac{|y''|}{(1+(y')^2)^{\frac{3}{2}}}=\frac{2}{[1+(2x+1)^2]^{\frac{3}{2}}},$$

由 $k=\frac{\sqrt{2}}{2}$ 得 $(2x+1)^2=1$. 解得 $x=0$ 或 $x=-1$, 又 $x<0$, 则 $x=-1$, 这时 $y=0$, 故所求点的坐标为 $(-1,0)$. 应填 $(-1,0)$.

2016 数学二, 4 分

158 曲线 $y=\dfrac{x^3}{1+x^2}+\arctan(1+x^2)$ 的斜渐近线方程为_____.

知识点睛 0222 函数图形的渐近线

解 $a=\lim\limits_{x\to\infty}\dfrac{y}{x}=\lim\limits_{x\to\infty}\left[\dfrac{x^2}{1+x^2}+\dfrac{\arctan(1+x^2)}{x}\right]=1$,

$b=\lim\limits_{x\to\infty}(y-ax)=\lim\limits_{x\to\infty}\left[\dfrac{x^3}{1+x^2}-x+\arctan(1+x^2)\right]=\lim\limits_{x\to\infty}\dfrac{-x}{1+x^2}+\dfrac{\pi}{2}=\dfrac{\pi}{2}$,

则斜渐近线为 $y=x+\dfrac{\pi}{2}$. 应填 $y=x+\dfrac{\pi}{2}$.

2017 数学二, 4 分

159 曲线 $y=x\left(1+\arcsin\dfrac{2}{x}\right)$ 的斜渐近线方程为_____.

知识点睛 0222 函数图形的渐近线

解 由于

$$a=\lim\limits_{x\to\infty}\frac{y}{x}=\lim\limits_{x\to\infty}\left(1+\arcsin\frac{2}{x}\right)=1,$$

$$b=\lim\limits_{x\to\infty}(y-ax)=\lim\limits_{x\to\infty}x\arcsin\frac{2}{x}=\lim\limits_{x\to\infty}x\cdot\frac{2}{x}=2,$$

所以, 曲线 $y=x\left(1+\arcsin\dfrac{2}{x}\right)$ 的斜渐近线方程为 $y=x+2$. 应填 $y=x+2$.

2018 数学二、数学三, 4 分

160 曲线 $y=x^2+2\ln x$ 在其拐点处的切线方程是_____.

知识点睛 0202 导数的几何意义, 0222 函数图形的拐点

解 $y'=2x+\dfrac{2}{x}$, $y''=2-\dfrac{2}{x^2}$. 令 $y''=0$, 得 $x=1$, $x=-1$ (舍去). 拐点为 $(1,1)$, $y'(1)=2+2=4$.

拐点处的切线方程为 $y-1=4(x-1)$, 即 $y=4x-3$. 应填 $y=4x-3$.

2019 数学二, 4 分

161 曲线 $y=x\sin x+2\cos x\left(-\dfrac{\pi}{2}<x<2\pi\right)$ 的拐点是( ).

(A) $(0,2)$ (B) $(\pi,-2)$ (C) $\left(\dfrac{\pi}{2},\dfrac{\pi}{2}\right)$ (D) $\left(\dfrac{3\pi}{2},-\dfrac{3\pi}{2}\right)$

知识点睛 0222 函数图形的拐点

解 $y'=\sin x+x\cos x-2\sin x=x\cos x-\sin x$, $y''=\cos x-x\sin x-\cos x=-x\sin x$, 令 $y''=0$ 得 $x=0$, $x=\pi$.

又在 $x=0$ 的两侧，y''不变号，则点$(0,2)$不是拐点；在 $x=\pi$ 的两侧，y''变号，则点$(\pi,-2)$是拐点,应选(B).

162 曲线 $y=(x-1)^2(x-3)^2$ 的拐点个数为(   ).

(A) 0　　　　　(B) 1　　　　　(C) 2　　　　　(D) 3

K 2001 数学一,
3分

知识点睛　0222 函数图形的拐点

解　$y'=2(x-1)(x-3)^2+2(x-1)^2(x-3)=4(x-1)(x-2)(x-3)$,

$y''=4[(x-2)(x-3)+(x-1)(x-3)+(x-1)(x-2)]=4(3x^2-12x+11)$.

令 $y''=0$,得 $x_1=2+\dfrac{\sqrt{3}}{3},x_2=2-\dfrac{\sqrt{3}}{3}$,所以

$$y''=4(x-x_1)(x-x_2),$$

y''在 x_1 和 x_2 两侧都变号,则该曲线有两个拐点.应选(C).

163 设 $f(x)=|x(1-x)|$,则(   ).

(A) $x=0$ 是 $f(x)$ 的极值点,但$(0,0)$不是曲线 $y=f(x)$ 的拐点

(B) $x=0$ 不是 $f(x)$ 的极值点,但$(0,0)$是曲线 $y=f(x)$ 的拐点

(C) $x=0$ 是 $f(x)$ 的极值点,且$(0,0)$是曲线 $y=f(x)$ 的拐点

(D) $x=0$ 不是 $f(x)$ 的极值点,$(0,0)$也不是曲线 $y=f(x)$ 的拐点

K 2004 数学二、
数学三,4分

知识点睛　0222 函数图形的拐点

解法1　由于$f(x)=|x(1-x)|\geqslant 0,f(0)=0$,则$x=0$ 为 $f(x)$ 的极小值点,又

当 $x<0$ 时,$f(x)=-x(1-x)=x^2-x,f''(x)=2>0$,

当 $x>0$ 时,$f(x)=x(1-x)=x-x^2,f''(x)=-2<0$.

所以点$(0,0)$是曲线 $y=f(x)$ 的拐点.

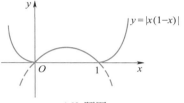

163 题图

解法2　曲线 $y=x(1-x)$ 是过点$(0,0)$和$(1,0)$且开口向下的二次抛物线,而曲线 $y=|x(1-x)|$ 是将 x 轴下方的图形对称翻向 x 轴上方(如163 题图).

从图中不难看出 $x=0$ 是 $f(x)$ 的极小值点,点$(0,0)$为曲线 $y=f(x)$ 的拐点.应选(C).

【评注】本题中函数在 $x=0$ 处,$f'(0)$ 和 $f''(0)$ 都不存在,但$f(x)$ 在 $x=0$ 处连续,此时,极值点和拐点的第一充分条件照样可以用,即若$f'(x)$在 $x=0$ 两侧变号,则 $x=0$ 为 $f(x)$ 的极值点;若$f''(x)$在 $x=0$ 点两侧变号,则$(0,f(0))$为曲线 $y=f(x)$ 的拐点.

164 曲线 $y=(2x-1)\mathrm{e}^{\frac{1}{x}}$ 的斜渐近线的方程为_____.

K 2000 数学二,
3分

知识点睛　0222 函数图形的渐近线

解　因为

$$a=\lim_{x\to\infty}\frac{y}{x}=\lim_{x\to\infty}\frac{2x-1}{x}\mathrm{e}^{\frac{1}{x}}=2,$$

$$b=\lim_{x\to\infty}(y-ax)=\lim_{x\to\infty}[(2x-1)\mathrm{e}^{\frac{1}{x}}-2x]$$

$$=\lim_{x\to\infty}[2x(\mathrm{e}^{\frac{1}{x}}-1)-\mathrm{e}^{\frac{1}{x}}]$$

$$=2\lim_{x\to\infty}x(\mathrm{e}^{\frac{1}{x}}-1)-\lim_{x\to\infty}\mathrm{e}^{\frac{1}{x}}$$

$$= 2\lim_{x\to\infty} x \cdot \frac{1}{x} - 1 = 2 - 1 = 1,$$

故斜渐近线的方程为 $y=2x+1$. 应填 $y=2x+1$.

2010 数学三，4 分

165　若曲线 $y=x^3+ax^2+bx+1$ 有拐点 $(-1,0)$, 则 $b=$ _____.

知识点睛　0222 函数图形的拐点

解　曲线 $y=x^3+ax^2+bx+1$ 应该过点 $(-1,0)$, 则

$$0=-1+a-b+1,$$

即 $a-b=0$. 又

$$y'=3x^2+2ax+b,$$
$$y''=6x+2a, \quad y''|_{x=-1}=0,$$

即 $-6+2a=0$, 则 $a=b=3$. 应填 3.

2007 数学三，10 分

166　设函数 $y=y(x)$ 由方程 $y\ln y-x+y=0$ 确定, 试判断曲线 $y=y(x)$ 在点 $(1,1)$ 附近的凸凹性.

知识点睛　0221 利用导数判断函数图形的凹凸性

分析　问题的关键是要确定在点 $(1,1)$ 附近函数 $y=y(x)$ 的二阶导数 $y''(x)$ 的正负.

解法 1　方程 $y\ln y-x+y=0$ 两端对 x 求导, 得

$$y'\ln y+2y'-1=0,$$

解得

$$y'=\frac{1}{2+\ln y},$$

再对 x 求导, 得

$$y''=-\frac{y'}{y(2+\ln y)^2}=-\frac{1}{y(2+\ln y)^3}.$$

将 $(x,y)=(1,1)$ 代入上式, 得

$$y''|_{y=1}=-\frac{1}{8}<0.$$

由于二阶导数 $y''(x)$ 在 $x=1$ 附近连续, 因此, 在 $x=1$ 附近 $y''(x)<0$, 故曲线 $y=y(x)$ 在 $(1,1)$ 附近是凸的.

解法 2　方程 $y\ln y-x+y=0$ 两端对 x 求导, 得

$$y'\ln y+2y'-1=0,$$

再对 x 求导, 得

$$y''\ln y+\frac{(y')^2}{y}+2y''=0.$$

将 $x=1, y=1$ 代入以上两式得 $y''(1)=-\frac{1}{8}<0.$

由于二阶导数 $y''(x)$ 在 $x=1$ 附近连续, 因此, 在 $x=1$ 附近 $y''(x)<0$, 则曲线 $y=y(x)$ 在点 $(1,1)$ 附近是凸的.

K 2021 数学二, 12 分

167 已知 $f(x)=\dfrac{x|x|}{1+x}$，求曲线 $y=f(x)$ 的凹凸区间及渐近线.

知识点睛　0221 利用导数判断曲线的凹凸性，0222 曲线的铅直和斜渐近线

解　当 $x>0$ 时，

$$f(x)=x-1+\frac{1}{1+x},\quad f'(x)=1-\frac{1}{(1+x)^2},\quad f''(x)=\frac{2}{(1+x)^3}>0,$$

则曲线 $y=f(x)$ 在区间 $(0,+\infty)$ 上是凹的.

当 $-1<x<0$ 时，

$$f(x)=1-x-\frac{1}{1+x},\quad f'(x)=-1+\frac{1}{(1+x)^2},\quad f''(x)=-\frac{2}{(1+x)^3}<0,$$

则曲线 $y=f(x)$ 在区间 $(-1,0)$ 上是凸的.

当 $x<-1$ 时，

$$f(x)=1-x-\frac{1}{1+x},\quad f'(x)=-1+\frac{1}{(1+x)^2},\quad f''(x)=-\frac{2}{(1+x)^3}>0,$$

则曲线 $y=f(x)$ 在区间 $(-\infty,-1)$ 上是凹的.

由于 $\lim\limits_{x\to-1}f(x)=\lim\limits_{x\to-1}\dfrac{x|x|}{1+x}=\infty$，则 $x=-1$ 是曲线 $y=f(x)$ 的铅直渐近线.

又当 $x>0$ 时，$f(x)=x-1+\dfrac{1}{1+x}$；当 $x<-1$ 时，$f(x)=1-x-\dfrac{1}{1+x}$，则曲线 $y=f(x)$ 有两条斜渐近线 $y=x-1$ 和 $y=-x+1$.

168 函数 $y=x^5-4x+2$ 的拐点是_____.

知识点睛　0222 函数图形的拐点

解　$y'=5x^4-4,y''=20x^3$，令 $y''=0$，则 $20x^3=0$，解得 $x=0$，且在 $x=0$ 左右两侧 y'' 改变符号，即在此处存在拐点.所以拐点为 $(0,2)$.应填 $(0,2)$.

169 曲线 $y=x^3-x^2$ （　　）.

（A）没有拐点　　　　（B）有两个拐点　　　（C）有一个拐点　　　（D）有三个拐点

知识点睛　0222 函数图形的拐点

解　$y'=3x^2-2x,y''=6x-2=0$，解得 $x=\dfrac{1}{3}$，且 y'' 在 $x=\dfrac{1}{3}$ 的左、右两侧改变符号，所以 $\left(\dfrac{1}{3},-\dfrac{2}{27}\right)$ 为曲线 $y=x^3-x^2$ 的拐点.应选（C）.

170 点 $(0,1)$ 是曲线 $y=ax^3+bx^2+c$ 的拐点，则 a，b，c 应满足_____.

知识点睛　0222 函数图形的拐点

解　拐点 $(0,1)$ 应在曲线上，则 $y\big|_{x=0}=1$，从而得 $c=1$.

又因为 $y''\big|_{x=0}=0$，而 $y''=6ax+2b$，故 $2b=0$，即 $b=0$.

为保证 y'' 在 $x=0$ 的左、右两侧符号变化，应要求 $a\neq0$.

综上，应填 $a\neq0,b=0,c=1$.

171 设 $f'(x_0)=f''(x_0)=0,f'''(x_0)>0$，则下列选项正确的是（　　）.

（A）$f'(x_0)$ 是 $f'(x)$ 的极大值　　　　（B）$f(x_0)$ 是 $f(x)$ 的极大值

（C）$f(x_0)$ 是 $f(x)$ 的极小值　　　　　　（D）$(x_0,f(x_0))$ 是曲线 $y=f(x)$ 的拐点

知识点睛　0105 极限的保号性，0222 函数图形的拐点

解　$f'''(x_0)=\lim\limits_{x\to x_0}\dfrac{f''(x)-f''(x_0)}{x-x_0}=\lim\limits_{x\to x_0}\dfrac{f''(x)}{x-x_0}>0.$

由极限的保号性知，当 $x<x_0$ 时，$f''(x)<0$；当 $x>x_0$ 时，$f''(x)>0$. 所以 $(x_0,f(x_0))$ 是曲线 $y=f(x)$ 的拐点. 应选（D）.

172　曲线 $y=-6x^2+4x^4$ 的凸区间是_____.

知识点睛　0221 利用导数判断函数图形的凹凸性

解　$y'=-12x+16x^3, y''=-12+48x^2=12(4x^2-1)<0$，解得 $-\dfrac{1}{2}<x<\dfrac{1}{2}$. 应填 $\left(-\dfrac{1}{2},\dfrac{1}{2}\right)$.

173　求曲线 $y=\ln(x^2+1)$ 的凹凸区间和拐点.

知识点睛　0221 利用导数判断函数图形的凹凸性，0222 函数图形的拐点

解　$y'=\dfrac{2x}{x^2+1}, y''=\dfrac{(x^2+1)\cdot 2-2x\cdot 2x}{(x^2+1)^2}=\dfrac{2(1-x^2)}{(x^2+1)^2}.$

令 $y''=0$，得 $1-x^2=0$，解得 $x=\pm 1$. 函数没有二阶导数不存在的点.

点 $x=1$ 和 $x=-1$ 把 $(-\infty,+\infty)$ 分成三部分，在 $(-\infty,-1)$ 和 $(1,+\infty)$ 上 $y''<0$，曲线是凸的；在 $(-1,1)$ 上 $y''>0$，曲线是凹的. 当 $x=\pm 1$ 时，$y=\ln 2$.

故 $(-1,\ln 2)$ 和 $(1,\ln 2)$ 是曲线的拐点.

174　函数 $y=|1+\sin x|$ 在区间 $(\pi,2\pi)$ 内的图形是（　　）.

（A）凹的　　　　（B）凸的　　　　（C）既是凹的又是凸的　　　　（D）为直线

知识点睛　0221 利用导数判断函数图形的凹凸性

解　当 $x\in(\pi,2\pi)$ 时，$-1\le\sin x\le 0$，从而 $0\le 1+\sin x\le 1$，所以
$$y=|1+\sin x|=1+\sin x,\quad y'=\cos x,\quad y''=-\sin x>0,$$
从而函数 $y=|1+\sin x|$ 在 $(\pi,2\pi)$ 内为凹的. 应选（A）.

175　当 $x>0$ 时，曲线 $y=x\sin\dfrac{1}{x}$（　　）.

（A）有且仅有水平渐近线　　　　　　（B）有且仅有铅直渐近线

（C）既有水平渐近线，也有铅直渐近线　　　（D）既无水平渐近线，也无铅直渐近线

知识点睛　0222 函数图形的渐近线

解　因为 $\lim\limits_{x\to+\infty}x\sin\dfrac{1}{x}=\lim\limits_{t\to 0^+}\dfrac{\sin t}{t}=1, \lim\limits_{x\to 0^+}x\sin\dfrac{1}{x}=0$，所以，$y=x\sin\dfrac{1}{x}$ 有水平渐近线，但没有铅直渐近线. 应选（A）.

176　曲线 $y=x\mathrm{e}^{\frac{1}{x^2}}$（　　）.

（A）仅有水平渐近线　　　　　　　　（B）仅有铅直渐近线

（C）既有铅直又有水平渐近线　　　　（D）既有铅直又有斜渐近线

知识点睛　0222 函数图形的渐近线

解　当 $x\to\pm\infty$ 时，极限 $\lim\limits_{x\to\pm\infty}y$ 均不存在，故不存在水平渐近线. 又因为
$$\lim\limits_{x\to\infty}\dfrac{y}{x}=\lim\limits_{x\to\infty}\mathrm{e}^{\frac{1}{x^2}}=1,\quad \lim\limits_{x\to\infty}(x\mathrm{e}^{\frac{1}{x^2}}-x)=0,$$

所以有斜渐近线 $y=x$.

另外，在 $x=0$ 处 $y=xe^{\frac{1}{x^2}}$ 无定义，且 $\lim\limits_{x\to 0}xe^{\frac{1}{x^2}}=\infty$，可见 $x=0$ 为铅直渐近线.所以曲线 $y=xe^{\frac{1}{x^2}}$ 既有铅直渐近线又有斜渐近线.应选（D）.

【评注】铅直渐近线应在函数的无穷间断点处取得.

177 曲线 $y=x\ln\left(e+\dfrac{1}{x}\right)(x>0)$ 的渐近线方程为_____.

知识点睛 0222 函数图形的渐近线

解 设 $y=ax+b$ 为曲线的渐近线.则

$$a=\lim_{x\to+\infty}\frac{f(x)}{x}=\lim_{x\to+\infty}\ln\left(e+\frac{1}{x}\right)=1,$$

$$b=\lim_{x\to+\infty}\left[f(x)-ax\right]=\lim_{x\to+\infty}\left[x\ln\left(e+\frac{1}{x}\right)-x\right]=\lim_{t\to 0^+}\frac{\ln(e+t)-1}{t}=\frac{1}{e},$$

177 题精解视频

所以渐近线方程为 $y=x+\dfrac{1}{e}$. 应填 $y=x+\dfrac{1}{e}$.

【评注】求渐近线应按水平渐近线、铅直渐近线、斜渐近线的顺序逐一考虑.

本题中 $\lim\limits_{x\to+\infty}x\ln\left(e+\dfrac{1}{x}\right)=+\infty$，所以无水平渐近线. $f(0+0)=\lim\limits_{x\to 0^+}x\ln\left(e+\dfrac{1}{x}\right)=0$，所以无铅直渐近线.

178 已知函数 $y=\dfrac{x^3}{(x-1)^2}$，求

（1）函数的增减区间及极值；

（2）函数图形的凹凸区间及拐点；

（3）函数图形的渐近线.

知识点睛 0219 利用导数判断函数的单调性求函数极值，0221 图形的凹凸性，0222 图形的拐点及渐近线

解 所给函数的定义域为 $(-\infty,1)\cup(1,+\infty)$.

$y'=\dfrac{x^2(x-3)}{(x-1)^3}$，令 $y'=0$，得驻点 $x=0$ 及 $x=3$. $y''=\dfrac{6x}{(x-1)^4}$，令 $y''=0$，得 $x=0$.

列表讨论如下：

x	$(-\infty,0)$	0	$(0,1)$	$(1,3)$	3	$(3,+\infty)$
y'	$+$	0	$+$	$-$	0	$+$
y''	$-$	0	$+$	$+$	$+$	$+$
y	↗	拐点$(0,0)$	↗	↘	极小值$\dfrac{27}{4}$	↗

由此可知：(1)函数的单调增加区间为 $(-\infty,1)$ 和 $(3,+\infty)$，单调减少区间为 $(1,3)$；极小值为 $y\big|_{x=3}=\dfrac{27}{4}$.

(2)函数图形在区间 $(-\infty,0)$ 内是凸的，在区间 $(0,1)$，$(1,+\infty)$ 内是凹的，拐点为点 $(0,0)$.

(3)由 $\lim\limits_{x\to 1}\dfrac{x^3}{(x-1)^2}=+\infty$ 知，$x=1$ 是函数图形的铅直渐近线. 又

$$\lim_{x\to\infty}\frac{y}{x}=\lim_{x\to\infty}\frac{x^2}{(x-1)^2}=1,\quad \lim_{x\to\infty}(y-x)=\lim_{x\to\infty}\left[\frac{x^3}{(x-1)^2}-x\right]=2,$$

故 $y=x+2$ 是函数图形的斜渐近线.

179 设函数 $f(x)$ 在定义域内可导，$y=f(x)$ 的图形如 179 题图(1)所示，则导函数 $y=f'(x)$ 的图形如 179 题图(2)中的( ).

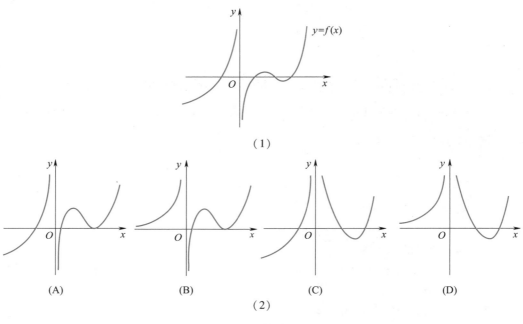

179 题图

知识点睛 0219 利用导数判断函数的单调性

解 根据 $y=f(x)$ 的图形知：当 $x<0$ 时，$f(x)$ 单调递增，故 $f'(x)>0$，排除(A)，(C). 当 $x>0$ 时，$f(x)$ 图形由凸→凹，则 $f''(x)$ 的符号由 −→ +，即 $f'(x)$ 由单减→单增，排除(B). 应选(D).

【评注】本题应注意到曲线 $y=f(x)$ 的图形中曲线上升 $(f'(x)\geqslant 0)$、下降 $(f'(x)\leqslant 0)$ 的区间、驻点个数等几个特性，一般就可以确定 $y=f'(x)$ 的形状.

§2.5　证明函数不等式

180　设函数 $f(x)$ 具有二阶导数，$g(x)=f(0)(1-x)+f(1)x$，则在区间 $[0,1]$ 上（　　）.

K 2014 数学一、数学二、数学三，4分

（A）当 $f'(x) \geqslant 0$ 时，$f(x) \geqslant g(x)$ 　　　　（B）当 $f'(x) \geqslant 0$ 时，$f(x) \leqslant g(x)$

（C）当 $f''(x) \geqslant 0$ 时，$f(x) \geqslant g(x)$ 　　　　（D）当 $f''(x) \geqslant 0$ 时，$f(x) \leqslant g(x)$

知识点睛　0221 利用导数判断函数图形的凹凸性

解法 1　由于 $g(0)=f(0)$，$g(1)=f(1)$，则直线 $y=f(0)(1-x)+f(1)x$ 过点 $(0,f(0))$ 和 $(1,f(1))$，当 $f''(x) \geqslant 0$ 时，曲线 $y=f(x)$ 在区间 $[0,1]$ 上是凹的，曲线 $y=f(x)$ 应位于过两个端点 $(0,f(0))$ 和 $(1,f(1))$ 的弦 $y=f(0)(1-x)+f(1)x$ 的下方，即 $f(x) \leqslant g(x)$. 应选（D）.

解法 2　令 $F(x)=f(x)-g(x)=f(x)-f(0)(1-x)-f(1)x$，则

$$F'(x)=f'(x)+f(0)-f(1), \quad F''(x)=f''(x).$$

当 $f''(x) \geqslant 0$ 时，$F''(x) \geqslant 0$，则曲线 $y=F(x)$ 在区间 $[0,1]$ 上是凹的. 又 $F(0)=F(1)=0$，从而，当 $x \in [0,1]$ 时，$F(x) \leqslant 0$，即 $f(x) \leqslant g(x)$，故应选（D）.

解法 3　令 $F(x)=f(x)-g(x)=f(x)-f(0)(1-x)-f(1)x$，则

$$
\begin{aligned}
F(x) &= f(x)[(1-x)+x]-f(0)(1-x)-f(1)x \\
&= (1-x)[f(x)-f(0)]-x[f(1)-f(x)] \\
&= x(1-x)f'(\xi)-x(1-x)f'(\eta) \quad (\xi \in (0,x), \eta \in (x,1)) \\
&= x(1-x)[f'(\xi)-f'(\eta)].
\end{aligned}
$$

当 $f''(x) \geqslant 0$ 时，$f'(x)$ 单调增加，$f'(\xi) \leqslant f'(\eta)$，从而，当 $x \in [0,1]$ 时，$F(x) \leqslant 0$，即 $f(x) \leqslant g(x)$，故应选（D）.

181　证明：$x\ln\dfrac{1+x}{1-x}+\cos x \geqslant 1+\dfrac{x^2}{2}$（$-1<x<1$）.

K 2012 数学一、数学二、数学三，10分

知识点睛　利用单调性证明不等式

证法 1　记 $f(x)=x\ln\dfrac{1+x}{1-x}+\cos x-\dfrac{x^2}{2}-1$，则

$$f'(x)=\ln\frac{1+x}{1-x}+\frac{2x}{1-x^2}-\sin x-x,$$

$$f''(x)=\frac{4}{1-x^2}+\frac{4x^2}{(1-x^2)^2}-1-\cos x=\frac{4}{(1-x^2)^2}-1-\cos x.$$

当 $-1<x<1$ 时，由于 $\dfrac{4}{(1-x^2)^2} \geqslant 4$，$1+\cos x \leqslant 2$，所以 $f''(x) \geqslant 2>0$，从而 $f'(x)$ 单调增加.

又因为 $f'(0)=0$，所以，当 $-1<x<0$ 时，$f'(x)<0$；当 $0<x<1$，$f'(x)>0$，于是 $f(0)=0$ 是函数 $f(x)$ 在 $(-1,1)$ 内的最小值.

从而当 $-1<x<1$ 时，$f(x) \geqslant f(0)=0$，即 $x\ln\dfrac{1+x}{1-x}+\cos x \geqslant 1+\dfrac{x^2}{2}$.

证法 2　令 $f(x)=x\ln\dfrac{1+x}{1-x}+\cos x-\dfrac{x^2}{2}-1$（$-1<x<1$）. 显然，$f(x)$ 是偶函数，因此，只要

证明 $f(x) \geqslant 0, x \in [0,1)$.

由于 $f'(x) = \ln\dfrac{1+x}{1-x} + \dfrac{2x}{1-x^2} - \sin x - x, x \in (0,1)$. 且 $\ln\dfrac{1+x}{1-x} > 0 \, (x \in (0,1))$, 又

$$\frac{2x}{1-x^2} > 2x = x+x > \sin x + x,$$

从而有 $f'(x) > 0, x \in (0,1)$. 又 $f(0) = 0$, 则 $f(x) \geqslant 0, x \in [0,1)$. 于是原题得证.

■ 1999 数学一,
6 分

182 试证: 当 $x>0$ 时, 有 $(x^2-1)\ln x \geqslant (x-1)^2$.

知识点睛 利用单调性证明不等式

证法 1 令 $f(x) = (x^2-1)\ln x - (x-1)^2 \, (x>0)$, 则 $f(1) = 0$, 且

$$f'(x) = 2x\ln x - x + 2 - \frac{1}{x} = x\left(2\ln x - 1 + \frac{2}{x} - \frac{1}{x^2}\right).$$

令 $\varphi(x) = 2\ln x - 1 + \dfrac{2}{x} - \dfrac{1}{x^2} \, (x>0)$, 则

$$\varphi'(x) = \frac{2}{x} - \frac{2}{x^2} + \frac{2}{x^3} = \frac{2x^2 - 2x + 2}{x^3} = \frac{2\left[\left(x-\frac{1}{2}\right)^2 + \frac{3}{4}\right]}{x^3} > 0 \quad (x>0),$$

可见 $\varphi(x)$ 在 $(0,+\infty)$ 上单调增加, 又 $\varphi(1) = 0$, 则当 $x \in (0,1)$ 时, $\varphi(x) < 0$, 从而 $f'(x) < 0$; 当 $x \in (1,+\infty)$ 时, $\varphi(x) > 0$, 从而 $f'(x) > 0$, 于是 $f(1)$ 为 $f(x)$ 在区间 $(0,+\infty)$ 上的最小值, 又 $f(1) = 0$, 故当 $x>0$ 时, 有 $(x^2-1)\ln x \geqslant (x-1)^2$.

证法 2 只要证明当 $x>1$ 时, $(x+1)\ln x \geqslant x-1$, 且当 $0<x<1$ 时, $(x+1)\ln x \leqslant x-1$ 即可. 令

$$\varphi(x) = (x+1)\ln x - (x-1),$$

则 $\varphi'(x) = \ln x + \dfrac{1}{x}, \varphi''(x) = \dfrac{1}{x} - \dfrac{1}{x^2} = \dfrac{x-1}{x^2}$.

当 $x>1$ 时, $\varphi'(x) > 0$, 从而 $\varphi(x) > \varphi(1) = 0$, 即 $(x+1)\ln x \geqslant x-1$. 当 $0<x<1$ 时, $\varphi''(x) < 0, \varphi'(x)$ 单调减少, 而 $\varphi'(1) = 1 > 0$, 则 $\varphi'(x) > 0$, 从而 $\varphi(x) < \varphi(1) = 0$, 即 $(x+1)\ln x \leqslant x-1$.

原题得证.

■ 1995 数学二,
8 分

183 设 $\lim\limits_{x \to 0} \dfrac{f(x)}{x} = 1$, 且 $f''(x) > 0$, 证明 $f(x) \geqslant x$.

知识点睛 0216 泰勒公式及应用, 0221 函数的凹凸性

证法 1 由于 $\lim\limits_{x \to 0} \dfrac{f(x)}{x} = 1$, 且 $\lim\limits_{x \to 0} x = 0$, 则 $\lim\limits_{x \to 0} f(x) = 0 = f(0)$, 从而

$$\lim_{x \to 0} \frac{f(x)}{x} = \lim_{x \to 0} \frac{f(x) - f(0)}{x} = f'(0) = 1.$$

由泰勒公式, 得

$$f(x) = f(0) + f'(0)x + \frac{f''(\xi)}{2!}x^2 \quad (\xi \text{ 介于 } 0 \text{ 与 } x \text{ 之间})$$

$$= x + \frac{f''(\xi)}{2!}x^2,$$

又 $f''(x)>0$,则 $f(x)\geqslant x$.

证法 2　同证法 1,由 $\lim\limits_{x\to 0}\dfrac{f(x)}{x}=1$ 得,$f(0)=0$,$f'(0)=1$,则

$$f(x)=f(x)-f(0)=f'(c)x \quad(c\text{ 介于 }0\text{ 与 }x\text{ 之间}),$$

由于 $f''(x)>0$,则 $f'(x)$ 单调增加.

若 $x>0$,则 $f'(c)>f'(0)=1$,从而 $f'(c)x\geqslant f'(0)x=x$,若 $x<0$,则 $f'(c)<f'(0)=1$,从而 $f'(c)x\geqslant f'(0)x=x$,则对一切 x,有 $f(x)\geqslant x$.

证法 3　令 $F(x)=f(x)-x$,只要证明 $F(x)\geqslant 0$.由于 $F'(x)=f'(x)-1$,由 $\lim\limits_{x\to 0}\dfrac{f(x)}{x}=1$ 知,$f(0)=0$,$f'(0)=1$,则 $F'(0)=f'(0)-1=0$.

又 $F''(x)=f''(x)>0$,则 $F'(x)$ 单调增加,从而 $x=0$ 为 $F(x)$ 唯一的驻点,又 $F''(0)=f''(0)>0$,则 $F(x)$ 在 $x=0$ 处取极小值,且 $x=0$ 为 $F(x)$ 在 $(-\infty,+\infty)$ 上唯一的极值点,则 $F(0)$ 为 $F(x)$ 在 $(-\infty,+\infty)$ 上的最小值,又 $F(0)=f(0)-0=0$,则对一切 x,有 $f(x)\geqslant x$.

证法 4　由 $f''(x)>0$ 知,曲线 $y=f(x)$ 是凹的,则曲线在其任一点的切线上方.

由 $\lim\limits_{x\to 0}\dfrac{f(x)}{x}=1$ 知,$f(0)=0$,$f'(0)=1$,则曲线在点 $(0,0)$ 的切线方程为 $y=x$,从而有 $f(x)\geqslant x$.

184　设 $0<a<b$,证明不等式

K 2002 数学二,8 分

$$\frac{2a}{a^2+b^2}<\frac{\ln b-\ln a}{b-a}<\frac{1}{\sqrt{ab}}.$$

知识点睛　利用单调性证明不等式,0214 拉格朗日中值定理

证　先证右边不等式.设

$$\varphi(x)=\ln x-\ln a-\frac{x-a}{\sqrt{ax}} \quad(x>a>0).$$

因为

$$\varphi'(x)=\frac{1}{x}-\frac{1}{\sqrt{a}}\left(\frac{1}{2\sqrt{x}}+\frac{a}{2x\sqrt{x}}\right)=-\frac{(\sqrt{x}-\sqrt{a})^2}{2x\sqrt{ax}}<0,$$

故当 $x>a$ 时,$\varphi(x)$ 单调减少.又 $\varphi(a)=0$,所以当 $x>a$ 时,$\varphi(x)<\varphi(a)=0$,即

$$\ln x-\ln a<\frac{x-a}{\sqrt{ax}}.$$

从而,当 $b>a$ 时,$\ln b-\ln a<\dfrac{b-a}{\sqrt{ab}}$,即

$$\frac{\ln b-\ln a}{b-a}<\frac{1}{\sqrt{ab}},$$

右边不等式得证,下面再证左边不等式.

证法 1　设函数 $f(x)=\ln x(x>a>0)$.由拉格朗日中值定理知,至少存在一点 $\xi\in(a,b)$,使

$$\frac{\ln b-\ln a}{b-a}=(\ln x)'|_{x=\xi}=\frac{1}{\xi}.$$

由于 $0<a<\xi<b$,故 $\dfrac{1}{\xi}>\dfrac{1}{b}>\dfrac{2a}{a^2+b^2}$,从而

$$\frac{\ln b-\ln a}{b-a}>\frac{2a}{a^2+b^2}.$$

证法 2   设 $f(x)=(x^2+a^2)(\ln x-\ln a)-2a(x-a)(x>a>0)$,因为

$$f'(x)=2x(\ln x-\ln a)+(x^2+a^2)\frac{1}{x}-2a$$

$$=2x(\ln x-\ln a)+\frac{(x-a)^2}{x}>0,$$

故当 $x>a$ 时 $f(x)$ 单调增加.

又 $f(a)=0$,所以当 $x>a$ 时,$f(x)>f(a)=0$,即

$$(x^2+a^2)(\ln x-\ln a)-2a(x-a)>0.$$

从而,当 $b>a>0$ 时,$(a^2+b^2)(\ln b-\ln a)-2a(b-a)>0$,即

$$\frac{2a}{a^2+b^2}<\frac{\ln b-\ln a}{b-a}.$$

【评注】本题主要考查利用函数的单调性和拉格朗日中值定理证明函数不等式.

K 2004 数学一、
数学二,12 分

185   设 $e<a<b<e^2$,证明 $\ln^2 b-\ln^2 a>\dfrac{4}{e^2}(b-a)$.

知识点睛   0214 拉格朗日中值定理

证法 1   要证的不等式可改写为

$$\frac{\ln^2 b-\ln^2 a}{b-a}>\frac{4}{e^2}.$$

由以上不等式可看出可用拉格朗日中值定理.令 $f(x)=\ln^2 x$,由拉格朗日中值定理知 $\dfrac{f(b)-f(a)}{b-a}=\dfrac{\ln^2 b-\ln^2 a}{b-a}=f'(\xi)=\dfrac{2\ln\xi}{\xi}(a<\xi<b)$.

只要证明 $\dfrac{2\ln\xi}{\xi}>\dfrac{4}{e^2}$,为此,令 $\varphi(x)=\dfrac{\ln x}{x}$,有

$$\varphi'(x)=\frac{1-\ln x}{x^2}<0\quad(e<x<e^2),$$

则 $\varphi(x)$ 在 (e,e^2) 上单调减少,$\varphi(\xi)=\dfrac{\ln\xi}{\xi}>\varphi(e^2)=\dfrac{\ln e^2}{e^2}=\dfrac{2}{e^2}$. 因此,$\dfrac{\ln^2 b-\ln^2 a}{b-a}>\dfrac{4}{e^2}$,即 $\ln^2 b-\ln^2 a>\dfrac{4}{e^2}(b-a)$.

证法 2   要证的不等式改写为

$$\ln^2 b-\ln^2 a-\frac{4}{e^2}(b-a)>0.$$

令 $F(x)=\ln^2 x-\ln^2 a-\dfrac{4}{e^2}(x-a)$,只要利用函数单调性证明 $F(x)>0\ (a<x\leqslant b)$,

$$F'(x) = \frac{2\ln x}{x} - \frac{4}{e^2},$$

由于

$$F''(x) = \frac{2(1-\ln x)}{x^2} < 0 \quad (e<x<e^2),$$

因此, $F'(x)$ 在 (e,e^2) 上单调减少, $F'(x)>F'(e^2)=0$ $(e<x<e^2)$, 从而 $F(x)$ 在 $[e,e^2]$ 上单调增加, 则 $F(x)>F(a)=0$ $(e<a<x\leq b<e^2)$.

特别地, $F(b)>0$, 即 $\ln^2 b - \ln^2 a > \dfrac{4}{e^2}(b-a)$.

> **【评注】**证法 1 是利用拉格朗日中值定理, 证法 2 是利用函数的单调性, 这两种方法是最常用的证明函数不等式的方法. 其中在证法 2 中也可令 $F(x) = \ln^2 x - \dfrac{4}{e^2}x$ 或 $F(x) = e^2 \ln^2 x - 4x$.

186 证明: 当 $0<a<b<\pi$ 时,
$$b\sin b + 2\cos b + \pi b > a\sin a + 2\cos a + \pi a.$$

K 2006 数学二、数学三,10 分

知识点睛 0214 拉格朗日中值定理, 利用单调性证明不等式

分析 若令 $f(x) = x\sin x + 2\cos x + \pi x$, 则本题要证的不等式为 $f(b)>f(a)$. 一种证明思路是证明 $f(x)$ 在 $[0,\pi]$ 上单调增加, 另一种证明思路是利用拉格朗日中值定理证明 $f(b)-f(a)>0$.

证法 1 设 $f(x) = x\sin x + 2\cos x + \pi x$, $x \in [0,\pi]$, 则
$$f'(x) = \sin x + x\cos x - 2\sin x + \pi = x\cos x - \sin x + \pi,$$
$$f''(x) = \cos x - x\sin x - \cos x = -x\sin x < 0, \quad x \in (0,\pi),$$
则 $f'(x)$ 在 $[0,\pi]$ 上单调减少, 从而有
$$f'(x) > f'(\pi) = 0, \quad x \in (0,\pi).$$
因此, $f(x)$ 在 $[0,\pi]$ 上单调增加, 当 $0<a<b<\pi$ 时,
$$f(b) > f(a),$$
即 $b\sin b + 2\cos b + \pi b > a\sin a + 2\cos a + \pi a$.

证法 2 令 $\varphi(x) = x\sin x + 2\cos x$, $x \in [0,\pi]$. 在 $[a,b]$ 上对 $\varphi(x)$ 用拉格朗日中值定理, 得
$$\varphi(b) - \varphi(a) = \varphi'(c)(b-a), \quad c \in (a,b) \subset (0,\pi),$$
即
$$b\sin b + 2\cos b - a\sin a - 2\cos a = (c\cos c - \sin c)(b-a).$$

令 $g(x) = x\cos x - \sin x$, $x \in [0,\pi]$, 则
$$g'(x) = \cos x - x\sin x - \cos x = -x\sin x < 0, \quad x \in (0,\pi),$$
$g(x)$ 在 $[0,\pi]$ 上单调减少, 则
$$g(c) = c\cos c - \sin c > g(\pi) = -\pi,$$
从而有 $b\sin b + 2\cos b - a\sin a - 2\cos a > -\pi(b-a)$, 即
$$b\sin b + 2\cos b + \pi b > a\sin a + 2\cos a + \pi a.$$

【评注】本题证法1是利用单调性证明不等式,证法2是利用拉格朗日中值定理证明不等式,这两种方法是证明函数不等式最常用的两种方法.

1998 数学二,
8分

187 设 $x \in (0,1)$,证明:

$(1) (1+x)\ln^2(1+x) < x^2$; $(2) \dfrac{1}{\ln 2} - 1 < \dfrac{1}{\ln(1+x)} - \dfrac{1}{x} < \dfrac{1}{2}$.

知识点睛 利用单调性证明不等式

证 (1)令 $\varphi(x) = x^2 - (1+x)\ln^2(1+x)$,则

$$\varphi'(x) = 2x - \ln^2(1+x) - 2\ln(1+x),$$

$$\varphi''(x) = 2 - \frac{2\ln(1+x)}{1+x} - \frac{2}{1+x} = \frac{2}{1+x}[x - \ln(1+x)],$$

又 $\ln(1+x) = \ln(1+x) - \ln 1 = \dfrac{x}{1+c} < x \quad (0 < c < x, x \in (0,1))$,则

$$\varphi''(x) > 0, \varphi'(x) > \varphi'(0) = 0, \varphi(x) > \varphi(0) = 0, \quad x \in (0,1),$$

故 $(1+x)\ln^2(1+x) < x^2$.

(2)令 $f(x) = \dfrac{1}{\ln(1+x)} - \dfrac{1}{x}$,

$$f'(x) = -\frac{1}{(1+x)\ln^2(1+x)} + \frac{1}{x^2} = \frac{(1+x)\ln^2(1+x) - x^2}{x^2(1+x)\ln^2(1+x)}.$$

由(1)知 $f'(x) < 0, x \in (0,1)$. 则 $f(x)$ 在 $(0,1)$ 上单调减少,有

$$f(1) < f(x) < f(0+0), \quad x \in (0,1),$$

其中 $f(1) = \dfrac{1}{\ln 2} - 1$,

$$f(0^+) = \lim_{x \to 0^+} \left(\frac{1}{\ln(1+x)} - \frac{1}{x} \right) = \lim_{x \to 0^+} \frac{x - \ln(1+x)}{x\ln(1+x)}$$

$$= \lim_{x \to 0^+} \frac{x - \ln(1+x)}{x^2} = \lim_{x \to 0^+} \frac{1 - \dfrac{1}{1+x}}{2x} = \lim_{x \to 0^+} \frac{\dfrac{x}{1+x}}{2x} = \frac{1}{2}.$$

原题得证.

【评注】事实上本题证明中也可利用结论:

$$\frac{x}{1+x} < \ln(1+x) < x, \quad x \in (0, +\infty),$$

直接得 $\varphi'' = \dfrac{2}{1+x}[x - \ln(1+x)] > 0$. 该结论是一个常用的结论,望读者熟悉.

2009 数学三,
4分

188 使不等式 $\displaystyle\int_1^x \frac{\sin t}{t} dt > \ln x$ 成立的 x 的范围是(   ).

$(A) (0,1)$ $\qquad$ $(B) \left(1, \dfrac{\pi}{2}\right)$ $\qquad$ $(C) \left(\dfrac{\pi}{2}, \pi\right)$ $\qquad$ $(D) (\pi, +\infty)$

知识点睛　0219 利用导数判断函数的单调性,0307 积分上限函数

解法 1　令 $f(x) = \int_1^x \dfrac{\sin t}{t}\mathrm{d}t - \ln x, x \in (0, +\infty)$,则

$$f'(x) = \frac{\sin x}{x} - \frac{1}{x} = \frac{\sin x - 1}{x} \leqslant 0,$$

从而 $f(x)$ 在 $(0, +\infty)$ 上单调减少,又 $f(1) = 0$,则当 $x \in (0, 1)$ 时,$f(x) > 0$,即 $\int_1^x \dfrac{\sin t}{t}\mathrm{d}t > \ln x$. 应选(A).

解法 2　$\int_1^x \dfrac{\sin t}{t}\mathrm{d}t > \ln x$ 成立等价于

$$\int_1^x \frac{\sin t}{t}\mathrm{d}t > \int_1^x \frac{1}{t}\mathrm{d}t \quad (x > 0),$$

又 $\dfrac{\sin t}{t} \leqslant \dfrac{1}{t}$ $(t>0)$. 显然,当 $0<x<1$,必有 $\int_1^x \dfrac{\sin t}{t}\mathrm{d}t > \int_1^x \dfrac{1}{t}\mathrm{d}t$. 应选(A).

【评注】本题是一道函数不等式的基本题,无非是不等式中出现了变上限积分函数. 但不少读者错误地选择了(B),这说明部分读者不适应这种题型的变化.

189　证明:当 $0<x<\pi$ 时,有 $\sin \dfrac{x}{2} > \dfrac{x}{\pi}$.

知识点睛　利用单调性证明不等式,利用凹凸性证明不等式

证法 1　$\sin \dfrac{x}{2} > \dfrac{x}{\pi} \Leftrightarrow \dfrac{\sin \dfrac{x}{2}}{x} > \dfrac{1}{\pi} (0<x<\pi)$. 令 $f(x) = \dfrac{\sin \dfrac{x}{2}}{x} - \dfrac{1}{\pi} (0<x<\pi)$,则

$$f'(x) = \frac{\dfrac{1}{2}\cos \dfrac{x}{2} \cdot x - \sin \dfrac{x}{2}}{x^2} = \frac{\cos \dfrac{x}{2}\left(\dfrac{x}{2} - \tan \dfrac{x}{2}\right)}{x^2}.$$

因为 $0<x<\pi$ 时,$\cos \dfrac{x}{2}>0, \tan \dfrac{x}{2}>\dfrac{x}{2}$,所以 $f'(x)<0$,因此 $f(x)$ 在 $(0,\pi)$ 内单调递减,故 $f(x)>f(\pi)=0$. 即 $\dfrac{\sin \dfrac{x}{2}}{x} > \dfrac{1}{\pi}$.

证法 2　设 $f(x) = \dfrac{x}{\pi} - \sin \dfrac{x}{2}, x \in [0,\pi]$,则 $f(0)=f(\pi)=0$,且

$$f''(x) = \frac{1}{4}\sin \frac{x}{2} > 0 \quad (x \in (0,\pi)).$$

因此 $f(x)$ 在 $[0,\pi]$ 上是凹的连续函数,所以 $f(x)<\max\{f(0), f(\pi)\}=0$, $x \in (0,\pi)$,即 $\sin \dfrac{x}{2} > \dfrac{x}{\pi}$.

【评注】若 $f(x)$ 是 $[a, b]$ 上的凹的连续函数,则 $f(x) \leqslant \max\{f(a), f(b)\}$,$x \in [a,b]$.

190 证明 $\sin \pi x \leqslant \dfrac{\pi^2}{2} x(1-x), x \in [0,1]$.

知识点睛 利用凹凸性证明不等式

证 令 $f(x)=\sin \pi x-\dfrac{\pi^2}{2} x(1-x), x \in [0,1]$，则 $f(0)=f(1)=0$，且

$$f''(x)=\pi^2(1-\sin \pi x) \geqslant 0, \quad x \in [0,1].$$

因此 $f(x)$ 在 $[0,1]$ 上是凹的连续函数，所以 $f(x) \leqslant \max\{f(0),f(1)\}=0$，即

$$\sin \pi x \leqslant \frac{\pi^2}{2} x(1-x), \quad x \in [0,1].$$

191 试比较 π^e 与 e^π 的大小.

知识点睛 0219 利用导数判断函数的单调性

解法 1 令 $f(x)=e^x-x^e (x \geqslant e)$，则

$$f'(x)=e^x-ex^{e-1}, \quad f''(x)=e^x-e(e-1)x^{e-2}, \quad f'''(x)=e^x-e(e-1)(e-2)x^{e-3}.$$

由于 $e-3<0$，故 x^{e-3} 单调减 $(x \geqslant e)$，$-e(e-1)(e-2)x^{e-3}$ 单调增，e^x 也单调增，于是 $f'''(x)$ 在 $x \geqslant e$ 时单调增.当 $x \geqslant e$ 时

$$\begin{aligned} f'''(x) &\geqslant f'''(e)=e^e-e(e-1)(e-2)e^{e-3} \\ &=e^{e-2}(e^2-e^2+3e-2)=e^{e-2}(3e-2)>0, \end{aligned}$$

故 $f''(x)$ 严格增.当 $x \geqslant e$ 时

$$f''(x) \geqslant f''(e)=e^e-e(e-1)e^{e-2}=e^{e-1}>0,$$

故 $f'(x)$ 严格增.当 $x>e$ 时，$f'(x)>f'(e)=0$，故 $f(x)$ 严格增.当 $x>e$ 时，$f(x)>f(e)=0$，取 $x=\pi$ 即得 $f(\pi)>0$，即 $\pi^e<e^\pi$.

解法 2 令 $f(x)=\dfrac{\ln x}{x}, x \in [e,\pi]$. $f'(x)=\dfrac{1-\ln x}{x^2}<0, x \in (e,\pi)$. 所以 $f(x)$ 在 $[e,\pi]$ 上单调减少，故 $f(e)>f(\pi)$，即 $e^\pi>\pi^e$.

192 设 $a_1, a_2, \cdots, a_n$ 为常数，且

$$\left| \sum_{k=1}^n a_k \sin kx \right| \leqslant |\sin x|, \qquad \left| \sum_{j=1}^n a_{n-j+1} \sin jx \right| \leqslant |\sin x|,$$

试证明：$\left| \displaystyle\sum_{k=1}^n a_k \right| \leqslant \dfrac{2}{n+1}$.

知识点睛 0201 导数的定义

证 令 $f(x)=a_1 \sin x+a_2 \sin 2x+\cdots+a_n \sin nx$，则

$$\left| \frac{f(x)}{x} \right| \leqslant \left| \frac{\sin x}{x} \right| \Rightarrow \lim_{x \to 0} \left| \frac{f(x)}{x} \right| \leqslant \lim_{x \to 0} \left| \frac{\sin x}{x} \right|.$$

因为

$$\lim_{x \to 0} \left| \frac{f(x)}{x} \right|=\left| \lim_{x \to 0} \frac{f(x)}{x} \right|=\left| \lim_{x \to 0} \frac{f(x)-f(0)}{x} \right|=|f'(0)|=|a_1+2a_2+3a_3+\cdots+na_n|,$$

$$\lim_{x \to 0} \left| \frac{\sin x}{x} \right|=\left| \lim_{x \to 0} \frac{\sin x}{x} \right|=1,$$

所以

$$|a_1+2a_2+3a_3+\cdots+na_n|\leqslant 1.$$

令 $g(x)=a_1\sin nx+a_2\sin(n-1)x+\cdots+a_n\sin x$，则

$$\left|\frac{g(x)}{x}\right|\leqslant\left|\frac{\sin x}{x}\right|\Rightarrow\lim_{x\to 0}\left|\frac{g(x)}{x}\right|\leqslant\lim_{x\to 0}\left|\frac{\sin x}{x}\right|.$$

因为

$$\lim_{x\to 0}\left|\frac{g(x)}{x}\right|=\left|\lim_{x\to 0}\frac{g(x)}{x}\right|=\left|\lim_{x\to 0}\frac{g(x)-g(0)}{x}\right|=|g'(0)|$$

$$=|na_1+(n-1)a_2+\cdots+2a_{n-1}+a_n|,$$

$$\lim_{x\to 0}\left|\frac{\sin x}{x}\right|=\left|\lim_{x\to 0}\frac{\sin x}{x}\right|=1,$$

所以

$$|na_1+(n-1)a_2+\cdots+2a_{n-1}+a_n|\leqslant 1.$$

综上，有

$$|(1+n)(a_1+a_2+\cdots+a_n)|=|(a_1+na_1)+(2a_2+(n-1)a_2)+\cdots+(na_n+a_n)|$$

$$\leqslant|a_1+2a_2+\cdots+na_n|+|na_1+(n-1)a_2+\cdots+a_n|$$

$$\leqslant 1+1=2.$$

于是 $\left|\displaystyle\sum_{k=1}^{n}a_k\right|\leqslant\dfrac{2}{1+n}.$

193 证明不等式：$\dfrac{a-b}{a}<\ln\dfrac{a}{b}<\dfrac{a-b}{b}, a>b>0.$

知识点睛 0214 拉格朗日中值定理

证 设 $f(x)=\ln x$，在区间 $[b,a]$ 上使用拉格朗日中值定理，得

$$\ln a-\ln b=\frac{1}{\xi}(a-b),\quad\text{其中 }\xi\in(b,a).$$

由 $b<\xi<a$ 得 $\dfrac{1}{a}<\dfrac{1}{\xi}<\dfrac{1}{b}$，故 $\dfrac{a-b}{a}<\ln\dfrac{a}{b}<\dfrac{a-b}{b}.$

§2.6 方程根的存在性与个数

194 在区间 $(-\infty,+\infty)$ 内，方程 $|x|^{\frac{1}{4}}+|x|^{\frac{1}{2}}-\cos x=0$（   ）.　　　Ⓚ 1996 数学二，3 分

（A）无实根　　　　　　　　　　（B）有且仅有一个实根

（C）有且仅有两个实根　　　　　（D）有无穷多个实根

知识点睛 利用导数讨论方程根的个数

解 令 $f(x)=|x|^{\frac{1}{4}}+|x|^{\frac{1}{2}}-\cos x$，则 $f(x)$ 是偶函数，因此，只需讨论 $f(x)$ 在 $(0,+\infty)$ 内零点的个数.

注意到 $f(0)=-1<0, f(\pi)=\pi^{\frac{1}{4}}+\pi^{\frac{1}{2}}+1>0$，且

$$f'(x)=\frac{1}{4}x^{-\frac{3}{4}}+\frac{1}{2}x^{-\frac{1}{2}}+\sin x>0,\quad x\in(0,\pi),$$

则 $f(x)$ 在 $(0,\pi)$ 内有且仅有一个零点.

当 $x>\pi$ 时, $f(x)=|x|^{\frac{1}{4}}+|x|^{\frac{1}{2}}-\cos x>\pi^{\frac{1}{4}}+\pi^{\frac{1}{2}}-1>0$, 则 $f(x)$ 在 $(0,+\infty)$ 内有且仅有一个零点, 故方程 $|x|^{\frac{1}{4}}+|x|^{\frac{1}{2}}-\cos x=0$ 在 $(-\infty,+\infty)$ 内有且仅有两个实根. 应选 (C).

2011 数学三, 10 分

195 证明方程 $4\arctan x-x+\dfrac{4\pi}{3}-\sqrt{3}=0$ 恰有两个实根.

知识点睛 利用导数讨论方程根的个数, 连续函数的零点定理

证 令 $f(x)=4\arctan x-x+\dfrac{4\pi}{3}-\sqrt{3}$, 则

$$f'(x)=\frac{4}{1+x^2}-1=\frac{(\sqrt{3}-x)(\sqrt{3}+x)}{1+x^2}.$$

令 $f'(x)=0$, 解得驻点 $x_1=-\sqrt{3}$, $x_2=\sqrt{3}$.

由单调性判别法知 $f(x)$ 在 $(-\infty,-\sqrt{3})$ 上单调减少, 在 $[-\sqrt{3},\sqrt{3}]$ 上单调增加, 在 $[\sqrt{3},+\infty)$ 上单调减少.

因为 $f(-\sqrt{3})=0$, 且由上述单调性可知 $f(-\sqrt{3})$ 是 $f(x)$ 在 $(-\infty,\sqrt{3})$ 上的最小值, 所以 $x=-\sqrt{3}$ 是函数 $f(x)$ 在 $(-\infty,\sqrt{3}]$ 上唯一的零点.

又因为 $f(\sqrt{3})=2\left(\dfrac{4\pi}{3}-\sqrt{3}\right)>0$, 且 $\lim\limits_{x\to+\infty}f(x)=-\infty$, 所以由连续函数的介值定理知 $f(x)$ 在 $(\sqrt{3},+\infty)$ 内存在零点, 且由 $f(x)$ 的单调性知零点唯一.

综上可知, $f(x)$ 在 $(-\infty,+\infty)$ 内恰有两个零点, 即原方程恰有两个实根.

【评注】本题主要考查确定方程根的个数. 涉及的知识点有函数单调性及极值的判定、连续函数的零点定理等, 是一道综合证明题.

2008 数学二, 4 分

196 设函数 $f(x)=x^2(x-1)(x-2)$, 则 $f'(x)$ 的零点个数为 ( ).
(A) 0 　　　　(B) 1 　　　　(C) 2 　　　　(D) 3

知识点睛 0214 罗尔定理

解 由于 $f(0)=f(1)=f(2)=0$, 则由罗尔定理可知, $f'(x)$ 在区间 $(0,1)$ 和 $(1,2)$ 内至少各有一个零点, 又

$$f'(x)=2x[(x-1)(x-2)]+x^2[(x-1)(x-2)]'.$$

显然 $f'(0)=0$, 则 $f'(x)$ 至少有三个零点, 由于 $f(x)$ 是四次多项式, 则 $f'(x)=0$ 为三次方程, 最多三个实根, 故 $f'(x)$ 有且仅有三个零点. 应选 (D).

【评注】(1) 也可直接计算: $f(x)=x^4-3x^3+2x^2$,
$$f'(x)=4x^3-9x^2+4x=x(4x^2-9x+4),$$
得 $f'(x)$ 有三个零点.

(2) 本题事实上就是方程 $f'(x)=0$ 根的个数的问题, 本题在说明根的存在时, 利用了罗尔定理.

2019 数学三, 4 分

197 已知方程 $x^5-5x+k=0$ 有 3 个不同的实根, 则 k 的取值范围是 ( ).
(A) $(-\infty,-4)$ 　　(B) $(4,+\infty)$ 　　(C) $\{-4,4\}$ 　　(D) $(-4,4)$

知识点睛 利用导数讨论方程根的个数

解 令 $f(x)=x^5-5x$, 则 $f'(x)=5x^4-5$.

令 $f'(x)=0$, 得 $x=\pm1$.

当 $x\in(-\infty,-1)$ 时, $f'(x)>0$, $f(x)$ 递增;

当 $x\in(-1,1)$ 时, $f'(x)<0$, $f(x)$ 递减;

当 $x\in(1,+\infty)$ 时, $f'(x)>0$, $f(x)$ 递增.

又 $\lim\limits_{x\to-\infty}f(x)=-\infty$, $\lim\limits_{x\to+\infty}f(x)=+\infty$, $f(-1)=4$, $f(1)=-4$,

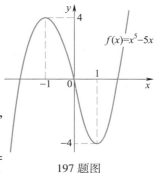

197 题图

则曲线 $y=f(x)=x^5-5x$ 如 197 题图所示.

方程 $x^5-5x+k=0$ 有 3 个不同实根的几何意义是曲线 $y=f(x)=x^5-5x$ 与直线 $y=-k$ 有 3 个交点, 由此可知 $-4<k<4$, 故应选(D).

方程根的问题小结

方程根的问题通常是两个基本问题

1. 根的存在性问题

方法 $1°$ 利用连续函数的零点定理

若 $f(x)$ 在 $[a,b]$ 上连续, 且 $f(a)$ 与 $f(b)$ 异号, 则方程 $f(x)=0$ 在 (a,b) 内至少有一个实根;

方法 $2°$ 利用罗尔定理

若 $F(x)$ 在 $[a,b]$ 上满足罗尔定理条件, 且 $F'(x)\equiv f(x)$, $x\in(a,b)$, 则方程 $f(x)=0$ 在 (a,b) 内至少有一个实根.

2. 根的个数

方法 $1°$ 利用函数的单调性

若 $f(x)$ 在 (a,b) 内单调(可通过 $f'(x)>0$ 或 $f'(x)<0$ 判定), 则方程 $f(x)=0$ 在 (a,b) 内最多有一个实根.

方法 $2°$ 利用罗尔定理的推论

若在区间 I 上 $f^{(n)}(x)\neq0$, 则方程 $f(x)=0$ 在 (a,b) 内有至多 n 个实根.

---

§2.7 洛必达法则与泰勒公式的应用

198 计算 $\lim\limits_{x\to0}\dfrac{x-\sin x}{x^3}$.

知识点睛 0217 "$\dfrac{0}{0}$" 洛必达法则

解 原式 $\xlongequal{\frac{0}{0}}\lim\limits_{x\to0}\dfrac{1-\cos x}{3x^2}=\lim\limits_{x\to0}\dfrac{\frac{1}{2}x^2}{3x^2}=\dfrac{1}{6}$.

199 计算 $\lim\limits_{x\to\frac{\pi}{2}}\dfrac{\ln\sin x}{(\pi-2x)^2}$.

知识点睛 0217 "$\dfrac{0}{0}$" 洛必达法则

解 原式$\overset{\frac{0}{0}}{=\!=\!=}\lim\limits_{x\to\frac{\pi}{2}}\dfrac{\frac{\cos x}{\sin x}}{2(\pi-2x)\cdot(-2)}=-\dfrac{1}{4}\lim\limits_{x\to\frac{\pi}{2}}\dfrac{1}{\sin x}\cdot\lim\limits_{x\to\frac{\pi}{2}}\dfrac{\cos x}{\pi-2x}=-\dfrac{1}{4}\lim\limits_{x\to\frac{\pi}{2}}\dfrac{\cos x}{\pi-2x}.$

$\qquad\overset{\frac{0}{0}}{=\!=\!=}-\dfrac{1}{4}\lim\limits_{x\to\frac{\pi}{2}}\dfrac{-\sin x}{-2}=-\dfrac{1}{8}.$

200 计算 $\lim\limits_{x\to0}\dfrac{\arctan x-x}{\ln(1+2x^3)}.$

知识点睛 0217 "$\dfrac{0}{0}$" 洛必达法则

解 原式$=\lim\limits_{x\to0}\dfrac{\arctan x-x}{2x^3}=\lim\limits_{x\to0}\dfrac{\frac{1}{1+x^2}-1}{6x^2}=\dfrac{1}{6}\lim\limits_{x\to0}\dfrac{-x^2}{x^2(1+x^2)}=-\dfrac{1}{6}.$

201 求 $\lim\limits_{x\to0}\dfrac{\sin^2 x-x^2\cos^2 x}{x(e^{2x}-1)\ln(1+\tan^2 x)}.$

知识点睛 0112 等价无穷小代换,0217 "$\dfrac{0}{0}$" 洛必达法则

解 原式$=\lim\limits_{x\to0}\dfrac{\sin^2 x-x^2\cos^2 x}{x\cdot2x\cdot\tan^2 x}$

$\qquad=\dfrac{1}{2}\lim\limits_{x\to0}\dfrac{(\sin x-x\cos x)(\sin x+x\cos x)}{x^4}=\dfrac{1}{2}\lim\limits_{x\to0}\dfrac{\sin x-x\cos x}{x^3}\cdot\lim\limits_{x\to0}\dfrac{\sin x+x\cos x}{x}$

$\qquad=\dfrac{1}{2}\lim\limits_{x\to0}\dfrac{\sin x-x\cos x}{x^3}\cdot2\overset{\frac{0}{0}}{=\!=\!=}\lim\limits_{x\to0}\dfrac{\cos x-\cos x+x\sin x}{3x^2}$

$\qquad=\lim\limits_{x\to0}\dfrac{x\sin x}{3x^2}=\lim\limits_{x\to0}\dfrac{x^2}{3x^2}=\dfrac{1}{3}.$

202 求 $\lim\limits_{x\to\frac{\pi}{2}^-}\dfrac{\ln\cot x}{\tan x}.$

知识点睛 0217 "$\dfrac{\infty}{\infty}$" 洛必达法则

解 原式$=\lim\limits_{x\to\frac{\pi}{2}^-}\dfrac{-\ln\tan x}{\tan x}\overset{\frac{\infty}{\infty}}{=\!=\!=}-\lim\limits_{x\to\frac{\pi}{2}^-}\dfrac{\frac{\sec^2 x}{\tan x}}{\sec^2 x}=-\lim\limits_{x\to\frac{\pi}{2}^-}\dfrac{1}{\tan x}=0.$

203 求 $\lim\limits_{x\to0}\dfrac{1}{x}\left(\dfrac{1}{\sin x}-\dfrac{1}{\tan x}\right).$

知识点睛 0217 洛必达法则

解 原式$=\lim\limits_{x\to0}\dfrac{1}{x}\left(\dfrac{1}{\sin x}-\dfrac{\cos x}{\sin x}\right)=\lim\limits_{x\to0}\dfrac{1-\cos x}{x\sin x}=\lim\limits_{x\to0}\dfrac{1-\cos x}{x^2}\overset{\frac{0}{0}}{=\!=\!=}\lim\limits_{x\to0}\dfrac{\sin x}{2x}=\dfrac{1}{2}.$

204 求 $\lim\limits_{n\to\infty}n^3(a^{\frac{1}{n}}-a^{\sin\frac{1}{n}})\ (a>0).$

知识点睛 0112 等价无穷小代换，0217 洛必达法则，数列极限连续化

分析 数列求极限若需使用洛必达法则应先连续化.即求极限 $\lim\limits_{x\to+\infty} x^3(a^{\frac{1}{x}}-a^{\sin\frac{1}{x}})$.

解 令 $x=\dfrac{1}{t}$，则

$$\lim_{x\to+\infty} x^3(a^{\frac{1}{x}}-a^{\sin\frac{1}{x}})=\lim_{t\to0^+}\frac{a^t-a^{\sin t}}{t^3}=\lim_{t\to0^+}\frac{a^t(1-a^{\sin t-t})}{t^3}=\lim_{t\to0^+}\frac{t-\sin t}{t^3}\cdot\ln a$$

$$\xlongequal{\frac{0}{0}}\ln a\lim_{t\to0^+}\frac{1-\cos t}{3t^2}\xlongequal{\frac{0}{0}}\ln a\lim_{t\to0^+}\frac{\sin t}{6t}=\frac{1}{6}\ln a.$$

204 题精解视频

故原式 $=\dfrac{1}{6}\ln a.$

205 计算 $\lim\limits_{x\to1}\left(\dfrac{x}{x-1}-\dfrac{1}{\ln x}\right).$

知识点睛 0112 等价无穷小代换，0217 洛必达法则

解 原式 $=\lim\limits_{x\to1}\dfrac{x\ln x-x+1}{(x-1)\ln x}=\lim\limits_{x\to1}\dfrac{x\ln x-x+1}{(x-1)\ln[1+(x-1)]}=\lim\limits_{x\to1}\dfrac{x\ln x-x+1}{(x-1)^2}$

$$\xlongequal{\frac{0}{0}}\lim_{x\to1}\frac{\ln x}{2(x-1)}\xlongequal{\frac{0}{0}}\lim_{x\to1}\frac{\frac{1}{x}}{2}=\frac{1}{2}.$$

206 求 $\lim\limits_{x\to0}\left(\dfrac{1}{x^2}-\dfrac{1}{x\tan x}\right).$

知识点睛 0112 等价无穷小代换，0217 洛必达法则

解 原式 $=\lim\limits_{x\to0}\dfrac{\tan x-x}{x^2\tan x}=\lim\limits_{x\to0}\dfrac{\tan x-x}{x^3}=\lim\limits_{x\to0}\dfrac{\sec^2 x-1}{3x^2}=\lim\limits_{x\to0}\dfrac{\tan^2 x}{3x^2}=\dfrac{1}{3}.$

207 求 $\lim\limits_{x\to0}\left(\dfrac{1+x}{1-e^{-x}}-\dfrac{1}{x}\right).$

知识点睛 0112 等价无穷小代换，0217 洛必达法则

解 原式 $=\lim\limits_{x\to0}\dfrac{x+x^2-1+e^{-x}}{x(1-e^{-x})}=\lim\limits_{x\to0}\dfrac{x+x^2-1+e^{-x}}{x^2}\xlongequal{\frac{0}{0}}\lim\limits_{x\to0}\dfrac{1+2x-e^{-x}}{2x}\xlongequal{\frac{0}{0}}\lim\limits_{x\to0}\dfrac{2+e^{-x}}{2}=\dfrac{3}{2}.$

208 求 $\lim\limits_{x\to0}(\cos x)^{\frac{1}{\sin^2 x}}.$

知识点睛 0112 等价无穷小代换，0217 洛必达法则

解 $\lim\limits_{x\to0}(\cos x)^{\frac{1}{\sin^2 x}}=\exp\left[\lim\limits_{x\to0}\dfrac{1}{\sin^2 x}\ln\cos x\right]$，而

$$\lim_{x\to0}\frac{\ln\cos x}{\sin^2 x}=\lim_{x\to0}\frac{\ln\cos x}{x^2}\xlongequal{\frac{0}{0}}\lim_{x\to0}\frac{-\dfrac{\sin x}{\cos x}}{2x}=-\frac{1}{2},$$

所以，原式 $=e^{-\frac{1}{2}}=\dfrac{1}{\sqrt{e}}.$

209 若 $a>0,b>0$ 均为常数,则 $\lim\limits_{x\to 0}\left(\dfrac{a^x+b^x}{2}\right)^{\frac{3}{x}}=$ _____.

知识点睛 0217 洛必达法则

解 设 $y=\left(\dfrac{a^x+b^x}{2}\right)^{\frac{3}{x}}$,则

$$\lim_{x\to 0}\ln y=3\lim_{x\to 0}\frac{\ln(a^x+b^x)-\ln 2}{x}=3\lim_{x\to 0}\frac{\dfrac{a^x\ln a+b^x\ln b}{a^x+b^x}-0}{1}=\frac{3}{2}\ln(ab)=\ln(ab)^{\frac{3}{2}},$$

所以 $\lim\limits_{x\to 0}y=(ab)^{\frac{3}{2}}$.应填 $(ab)^{\frac{3}{2}}$.

210 当 $x\to 0$ 时,$\alpha(x)=kx^2$ 与 $\beta(x)=\sqrt{1+x\arcsin x}-\sqrt{\cos x}$ 是等价无穷小量,则 $k=$ _____.

知识点睛 分子有理化

解 由题设,

$$\lim_{x\to 0}\frac{\beta(x)}{\alpha(x)}=\lim_{x\to 0}\frac{\sqrt{1+x\arcsin x}-\sqrt{\cos x}}{kx^2}=\lim_{x\to 0}\frac{x\arcsin x+1-\cos x}{kx^2(\sqrt{1+x\arcsin x}+\sqrt{\cos x})}$$

$$=\frac{1}{2k}\lim_{x\to 0}\frac{x\arcsin x+1-\cos x}{x^2}=\frac{3}{4k}=1,$$

得 $k=\dfrac{3}{4}$.应填 $\dfrac{3}{4}$.

211 若 $f(x)=\begin{cases}\dfrac{\sin 2x+e^{2ax}-1}{x},& x\neq 0,\\ a,& x=0\end{cases}$ 在 $(-\infty,+\infty)$ 上连续,则 $a=$ _____.

知识点睛 0114 函数的连续性,0217 洛必达法则

解 若 $f(x)$ 在 $(-\infty,+\infty)$ 上连续,则 $f(x)$ 必在 $x=0$ 处连续.即 $\lim\limits_{x\to 0}f(x)=f(0)=a$.而

$$\lim_{x\to 0}f(x)=\lim_{x\to 0}\frac{\sin 2x+e^{2ax}-1}{x}\xlongequal{\frac{0}{0}}\lim_{x\to 0}\frac{2\cos 2x+2ae^{2ax}}{1}=2+2a,$$

所以 $2+2a=a$,则 $a=-2$. 应填 -2.

212 $y=2^x$ 的麦克劳林公式中 x^n 项的系数是 _____.

知识点睛 0216 泰勒公式

解 因为 $y'=2^x\ln 2,y''=2^x(\ln 2)^2,\cdots,y^{(n)}=2^x(\ln 2)^n$,于是有 $y^{(n)}(0)=(\ln 2)^n$,所以麦克劳林公式中 x^n 项的系数是 $\dfrac{y^{(n)}(0)}{n!}=\dfrac{(\ln 2)^n}{n!}$.应填 $\dfrac{(\ln 2)^n}{n!}$.

213 求 $\lim\limits_{x\to 0}\dfrac{x\ln(1+x)}{e^x-x-1}$.

知识点睛 0112 等价无穷小代换,0216 泰勒公式

解 因为 $e^x=1+x+\dfrac{x^2}{2!}+o(x^2)$,且 $x\to 0$ 时,$\ln(1+x)\sim x$,所以

$$原式=\lim_{x\to0}\frac{x^2}{e^x-x-1}=\lim_{x\to0}\frac{x^2}{\frac{x^2}{2!}+o(x^2)}=2.$$

214 求极限 $\lim\limits_{x\to+\infty}\left\{\dfrac{e}{2}x+x^2\left[\left(1+\dfrac{1}{x}\right)^x-e\right]\right\}.$

知识点睛 0216 泰勒公式

214 题精解视频

解 由泰勒公式,

$$\left(1+\frac{1}{x}\right)^x=e^{x\ln\left(1+\frac{1}{x}\right)}=e^{x\left[\frac{1}{x}-\frac{1}{2x^2}+\frac{1}{3x^3}+o\left(\frac{1}{x^3}\right)\right]}=e^{1-\frac{1}{2x}+\frac{1}{3x^2}+o\left(\frac{1}{x^2}\right)}$$

$$=e\left\{1-\frac{1}{2x}+\frac{1}{3x^2}+o\left(\frac{1}{x^2}\right)+\frac{1}{2!}\left[-\frac{1}{2x}+\frac{1}{3x^2}+o\left(\frac{1}{x^2}\right)\right]^2+o\left(\frac{1}{x^2}\right)\right\}$$

$$=e-\frac{e}{2}\cdot\frac{1}{x}+\frac{11}{24}e\cdot\frac{1}{x^2}+o\left(\frac{1}{x^2}\right),$$

从而,有 $x^2\left[\left(1+\dfrac{1}{x}\right)^x-e\right]=-\dfrac{e}{2}x+\dfrac{11}{24}e+x^2\cdot o\left(\dfrac{1}{x^2}\right)$,所以

$$\lim_{x\to+\infty}\left\{\frac{e}{2}x+x^2\left[\left(1+\frac{1}{x}\right)^x-e\right]\right\}=\lim_{x\to+\infty}\left[\frac{e}{2}x-\frac{e}{2}x+\frac{11}{24}e+x^2\cdot o\left(\frac{1}{x^2}\right)\right]=\frac{11}{24}e.$$

215 设当 $x\to0$ 时,$e^x-(ax^2+bx+1)$ 是比 x^2 高阶的无穷小,则( ).

(A)$a=\dfrac{1}{2},b=1$ (B) $a=1,b=1$ (C)$a=-\dfrac{1}{2},b=1$ (D) $a=-1,b=1$

知识点睛 0216 泰勒公式

解 由 $e^x=1+x+\dfrac{x^2}{2!}+o(x^2)$ 知 $e^x-(ax^2+bx+1)=(1-b)x+\left(\dfrac{1}{2}-a\right)x^2+o(x^2)$.所以必有

$a=\dfrac{1}{2},b=1.$应选(A).

216 当 $x\to0$ 时,$1-\cos x\cos2x\cos3x$ 对于无穷小量 x 的阶数等于_____.

知识点睛 0111 无穷小量的比较,0216 泰勒公式

解 应用麦克劳林公式,有 $\cos x=1-\dfrac{1}{2}x^2+o(x^2)$.

$$1-\cos x\cos2x\cos3x=1-\left[1-\frac{1}{2}x^2+o(x^2)\right]\left[1-\frac{1}{2}(2x)^2+o(x^2)\right]\left[1-\frac{1}{2}(3x)^2+o(x^2)\right]$$

$$=7x^2+o(x^2),$$

所以,原式的无穷小阶数为 2.应填 2.

217 当 $a=$_____,$b=$_____ 时,$f(x)=\ln(1-ax)+\dfrac{x}{1+bx}$ 在 $x\to0$ 时关于 x

的无穷小的阶数最高.

知识点睛 0216 泰勒公式

解 应用麦克劳林公式,有

$$\ln(1-ax)=-ax-\frac{1}{2}(ax)^2-\frac{1}{3}(ax)^3+o(x^3),$$

$$\frac{1}{1+bx} = 1 - bx + (bx)^2 - (bx)^3 + o(x^3),$$

所以

$$f(x) = -ax - \frac{1}{2}(ax)^2 - \frac{1}{3}(ax)^3 + x - bx^2 + b^2x^3 + o(x^3)$$

$$= (1-a)x - \left(\frac{a^2}{2} + b\right)x^2 + \left(b^2 - \frac{1}{3}a^3\right)x^3 + o(x^3).$$

令 $\begin{cases} 1-a=0, \\ \frac{a^2}{2}+b=0, \end{cases}$ 解得 $a=1, b=-\frac{1}{2}$，此时 $f(x) = -\frac{1}{12}x^3 + o(x^3)$. 所以 $a=1, b=-\frac{1}{2}$ 时，$f(x)$ 在

$x \to 0$ 时关于 x 的无穷小阶数最高（3 阶）. 应填 $1, -\frac{1}{2}$.

218   当 $x \to 0$ 时，$e^x + \ln(1-x) - 1$ 与 x^n 是同阶无穷小，则 $n =$ _____.

知识点睛   0216 泰勒公式

解   应用 $e^x, \ln(1-x)$ 的麦克劳林公式，有

$$e^x = 1 + x + \frac{1}{2!}x^2 + \frac{1}{3!}x^3 + o(x^3) = 1 + x + \frac{1}{2}x^2 + \frac{1}{6}x^3 + o(x^3),$$

$$\ln(1-x) = -x - \frac{1}{2}x^2 - \frac{1}{3}x^3 + o(x^3),$$

于是

$$e^x + \ln(1-x) - 1 = 1 + x + \frac{1}{2}x^2 + \frac{1}{6}x^3 - x - \frac{1}{2}x^2 - \frac{1}{3}x^3 - 1 + o(x^3)$$

$$= -\frac{1}{6}x^3 + o(x^3),$$

即原式是 x 的 3 阶无穷小，故 $n=3$. 应填 3.

219   用泰勒公式求下列极限：

（1）$\lim\limits_{x \to 0} \dfrac{\cos x - e^{-\frac{x^2}{2}}}{x^4}$;

（2）$\lim\limits_{x \to 0} \dfrac{\tan x - x - \dfrac{x^3}{3}}{x^5}$;

（3）$\lim\limits_{x \to 0} \dfrac{\tan\tan x - \sin\sin x}{\tan x - \sin x}$;

（4）$\lim\limits_{x \to +\infty} \left(\sqrt[6]{x^6 + x^5} - \sqrt[6]{x^6 - x^5}\right)$.

219(1)题精解视频

知识点睛   0216 泰勒公式及应用

解   （1）利用带有佩亚诺型余项的麦克劳林公式，有

$$\lim_{x \to 0} \frac{\cos x - e^{-\frac{x^2}{2}}}{x^4} = \lim_{x \to 0} \frac{\left(1 - \dfrac{x^2}{2} + \dfrac{x^4}{24} + o(x^4)\right) - \left(1 - \dfrac{x^2}{2} + \dfrac{x^4}{8} + o(x^4)\right)}{x^4}$$

$$= \lim_{x \to 0} \frac{-\dfrac{x^4}{12} + o(x^4)}{x^4} = -\frac{1}{12}.$$

（2）通过 $\sin x, \cos x$ 的麦克劳林展开式可得 $\tan x$ 的麦克劳林展开式为

$$\tan x = x + \frac{1}{3}x^3 + \frac{2}{15}x^5 + o(x^5),$$

于是, $\lim\limits_{x\to 0}\dfrac{\tan x - x - \dfrac{x^3}{3}}{x^5} = \lim\limits_{x\to 0}\dfrac{\left(x + \dfrac{x^3}{3} + \dfrac{2}{15}x^5 + o(x^5)\right) - x - \dfrac{x^3}{3}}{x^5} = \dfrac{2}{15}.$

（3）由麦克劳林公式得到

$$\tan x - \sin x = \left(x + \frac{x^3}{3} + o(x^3)\right) - \left(x - \frac{x^3}{6} + o(x^3)\right) = \frac{x^3}{2} + o(x^3),$$

$$\tan\tan x = \tan x + \frac{1}{3}\tan^3 x + o(\tan^3 x)$$

$$= \left(x + \frac{1}{3}x^3 + o(x^3)\right) + \frac{1}{3}(x + o(x))^3 + o(x^3) = x + \frac{2}{3}x^3 + o(x^3),$$

$$\sin\sin x = \sin x - \frac{1}{6}\sin^3 x + o(\sin^3 x)$$

$$= x - \frac{x^3}{6} + o(x^3) - \frac{1}{6}(x + o(x))^3 + o(x^3) = x - \frac{x^3}{3} + o(x^3),$$

有

$$\tan\tan x - \sin\sin x = x^3 + o(x^3).$$

于是

$$\lim_{x\to 0}\frac{\tan\tan x - \sin\sin x}{\tan x - \sin x} = \lim_{x\to 0}\frac{x^3 + o(x^3)}{\dfrac{x^3}{2} + o(x^3)} = 2.$$

（4）利用泰勒公式可以得到

$$\sqrt[6]{x^6 + x^5} = x\left(1 + \frac{1}{x}\right)^{\frac{1}{6}} = x\left(1 + \frac{1}{6}\cdot\frac{1}{x} + o\left(\frac{1}{x}\right)\right) = x + \frac{1}{6} + o(1),$$

其中 $o(1)$ 表示 $x\to +\infty$ 时的无穷小.

$$\sqrt[6]{x^6 - x^5} = x\left(1 - \frac{1}{x}\right)^{\frac{1}{6}} = x\left(1 + \frac{1}{6}\cdot\left(-\frac{1}{x}\right) + o\left(\frac{1}{x}\right)\right) = x - \frac{1}{6} + o(1),$$

因此

$$\lim_{x\to +\infty}\left(\sqrt[6]{x^6 + x^5} - \sqrt[6]{x^6 - x^5}\right) = \lim_{x\to +\infty}\left(x + \frac{1}{6} + o(1) - x + \frac{1}{6} + o(1)\right) = \frac{1}{3}.$$

【评注】利用带有佩亚诺型余项的泰勒公式计算极限,对于处理一些表达式复杂的极限问题有重要作用.

220　已知函数 $f(x)$ 在 $x = 0$ 的某个邻域内有连续导数,且

$$\lim_{x\to 0}\left(\frac{\sin x}{x^2} + \frac{f(x)}{x}\right) = 2,$$

求 $f(0)$ 及 $f'(0)$.

知识点睛　0216 泰勒公式及应用

解　当 $x \to 0$ 时，应用麦克劳林公式，有

$$f(x) = f(0) + f'(0)x + o(x) , \sin x = x + o(x^2) ,$$

代入原等式，得

$$\lim_{x \to 0} \left(\frac{\sin x}{x^2} + \frac{f(x)}{x} \right) = \lim_{x \to 0} \frac{x + o(x^2) + f(0)x + f'(0)x^2 + o(x^2)}{x^2}$$

$$= \lim_{x \to 0} \frac{(1 + f(0))x + f'(0)x^2 + o(x^2)}{x^2} = 2.$$

所以 $f(0) = -1, f'(0) = 2.$

221 题精解视频

221　设 $f(x)$ 具有连续的二阶导数，且

$$\lim_{x \to 0} \left(1 + x + \frac{f(x)}{x} \right)^{\frac{1}{x}} = e^3 ,$$

试求 $f(0), f'(0), f''(0)$ 及 $\lim_{x \to 0} \left(1 + \frac{f(x)}{x} \right)^{\frac{1}{x}}$.

知识点睛　0216 泰勒公式及应用

解　由 $\lim_{x \to 0} \left(1 + x + \frac{f(x)}{x} \right)^{\frac{1}{x}} = e^3$，得 $\lim_{x \to 0} \frac{\ln \left(1 + x + \frac{f(x)}{x} \right)}{x} = 3$，故

$$\lim_{x \to 0} \ln \left(1 + x + \frac{f(x)}{x} \right) = 0 \Rightarrow \lim_{x \to 0} \frac{f(x)}{x} = 0.$$

由此 $f(0) = \lim_{x \to 0} f(x) = 0, f'(0) = \lim_{x \to 0} \frac{f(x) - f(0)}{x} = \lim_{x \to 0} \frac{f(x)}{x} = 0$，且

$$3 = \lim_{x \to 0} \frac{\ln \left(1 + x + \frac{f(x)}{x} \right)}{x} = \lim_{x \to 0} \frac{x + \frac{f(x)}{x}}{x} = \lim_{x \to 0} \frac{f(x)}{x^2} + 1 ,$$

故 $\lim_{x \to 0} \frac{f(x)}{x^2} = 2.$

应用麦克劳林公式，$x \to 0$ 时，有

$$f(x) = f(0) + f'(0)x + \frac{f''(0)}{2}x^2 + o(x^2) = \frac{f''(0)}{2}x^2 + o(x^2)$$

$$\Rightarrow \lim_{x \to 0} \frac{f(x)}{x^2} = \lim_{x \to 0} \frac{\frac{1}{2}f''(0)x^2 + o(x^2)}{x^2} = \frac{1}{2}f''(0) = 2 \Rightarrow f''(0) = 4.$$

从而

$$\lim_{x \to 0} \left(1 + \frac{f(x)}{x} \right)^{\frac{1}{x}} = \lim_{x \to 0} \left(1 + \frac{f(x)}{x} \right)^{\frac{x}{f(x)} \cdot \frac{f(x)}{x^2}} = e^2.$$

222　设 $\lim_{x \to 0} \frac{a\tan x + b(1 - \cos x)}{c\ln(1 - 2x) + d(1 - e^{-x^2})} = 2$，其中 $a^2 + c^2 \neq 0$，则必有（　　）.

（A）$b = 4d$　　　　　（B）$b = -4d$　　　　（C）$a = 4c$　　　　（D）$a = -4c$

知识点睛　0217 洛必达法则

解　左边 $\xlongequal{\frac{0}{0}}$ $\lim\limits_{x\to 0}\dfrac{a\sec^2 x+b\sin x}{c\cdot\dfrac{-2}{1-2x}+d\cdot 2xe^{-x^2}}=\lim\limits_{x\to 0}\dfrac{a+b\sin x\cos^2 x}{-2c+2dxe^{-x^2}(1-2x)}\cdot\dfrac{1-2x}{\cos^2 x}$

$$=\lim\limits_{x\to 0}\dfrac{a+b\sin x\cos^2 x}{-2c+2dxe^{-x^2}(1-2x)}=-\dfrac{a}{2c}.$$

由 $-\dfrac{a}{2c}=2$，得 $a=-4c$. 故应选（D）.

223　求 $\lim\limits_{x\to+\infty}\left(\sqrt[3]{x^3+2x^2+1}-xe^{\frac{1}{x}}\right)$.

知识点睛　0217 洛必达法则

解　令 $x=\dfrac{1}{t}$，并运用洛必达法则，有

$$原式=\lim\limits_{t\to 0^+}\dfrac{\sqrt[3]{1+2t+t^3}-e^t}{t}=\lim\limits_{t\to 0^+}\dfrac{\dfrac{1}{3}(1+2t+t^3)^{-\frac{2}{3}}(2+3t^2)-e^t}{1}$$

$$=\dfrac{1}{3}\times 1\times 2-1=-\dfrac{1}{3}.$$

§2.8　与微分中值定理有关的证明题

224　设 $f(x)$ 在 $[0,+\infty)$ 上连续可导，$f(0)=1$. 且对一切 $x\geqslant 0$ 有 $|f(x)|\leqslant e^{-x}$，求证：$\exists\xi\in(0,+\infty)$，使得 $f'(\xi)=-e^{-\xi}$.

知识点睛　0201 费马引理

证　令 $F(x)=f(x)-e^{-x}$，则 $F(x)$ 在 $(0,+\infty)$ 上连续可导，且 $F(0)=f(0)-1=0$. 由于 $|f(x)|\leqslant e^{-x}$，所以

$$\lim\limits_{x\to+\infty}|f(x)|\leqslant\lim\limits_{x\to+\infty}e^{-x}=0\Leftrightarrow\lim\limits_{x\to+\infty}f(x)=0,$$

于是

$$\lim\limits_{x\to+\infty}F(x)=\lim\limits_{x\to+\infty}f(x)-\lim\limits_{x\to+\infty}e^{-x}=0.$$

若 $f(x)=e^{-x}$，则 $\forall x\in[0,+\infty)$，$F(x)=0$，于是 $\forall\xi\in(0,+\infty)$，有 $f'(\xi)=-e^{-\xi}$. 若 $f(x)\neq e^{-x}$，由于 $|f(x)|\leqslant e^{-x}$，所以 $\exists c\in(0,+\infty)$，使得 $f(c)<e^{-c}$，则 $F(c)<0$. 于是 $F(x)$ 在 $(0,+\infty)$ 内取得最小值，若 $F(\xi)$ 是其最小值，则 $F'(\xi)=0$. 即 $\exists\xi\in(0,+\infty)$，使得 $F'(\xi)=0$，即 $f'(\xi)=-e^{-\xi}$.

225　已知 $f(x)$ 在 $[a,+\infty)$ 上连续，在 $(a,+\infty)$ 上可导，且 $\lim\limits_{x\to+\infty}f(x)=f(a)$，求证：$\exists\xi\in(a,+\infty)$，使得 $f'(\xi)=0$.

知识点睛　0117 介值定理，0214 罗尔定理

证　若 $\forall x\geqslant a$ 有 $f(x)=f(a)$，则 $\forall x>a$，有 $f'(\xi)=0$. 若 $f(x)\neq f(a)$，则 $\exists b>a$，使得 $f(b)\neq f(a)$. 不妨设 $f(b)>f(a)$. 记 $f(b)-f(a)=2\varepsilon$，$\varepsilon>0$，在区间 $[a,b]$ 上应用介值定理，$\exists c_1\in(a,b)$，使得 $f(c_1)=f(a)+\varepsilon$. 由 $\lim\limits_{x\to+\infty}f(x)=f(a)$，应用极限的性质，$\exists N\in(b,+\infty)$，使得

$$f(a)-\varepsilon<f(N)<f(a)+\varepsilon.$$

在 $[b,N]$ 上再次应用介值定理, $\exists c_2 \in [b,N)$, 使得 $f(c_2)=f(a)+\varepsilon$. 最后在区间 $[c_1,c_2]$ 上应用罗尔定理, $\exists \xi \in (c_1,c_2) \subset (a,+\infty)$, 使得 $f'(\xi)=0$.

226 设 $f(x),g(x)$ 在 $[a,b]$ 上连续, 在 (a,b) 内可导, 且对于 (a,b) 内的一切 x 均有 $f'(x)g(x)-f(x)g'(x)\neq 0$. 证明: 如果 $f(x)$ 在 (a,b) 内有两个零点, 则介于这两个零点之间, $g(x)$ 至少有一个零点.

知识点睛 0214 罗尔定理

证 用反证法. 假设 $\forall x \in (x_1,x_2) \subset (a,b)$, $g(x)\neq 0$, 这里 $f(x_1)=f(x_2)=0$. 令 $F(x)=\dfrac{f(x)}{g(x)}$, 由于

$$f'(x_1)g(x_1)-f(x_1)g'(x_1)=f'(x_1)g(x_1)\neq 0,$$
$$f'(x_2)g(x_2)-f(x_2)g'(x_2)=f'(x_2)g(x_2)\neq 0,$$

所以 $g(x_1)\neq 0$, $g(x_2)\neq 0$. 于是 $F(x)$ 在 $[x_1,x_2]$ 上可导, 且 $F(x_1)=F(x_2)=0$. 应用罗尔定理, 必 $\exists \xi \in (x_1,x_2)$, 使得 $F'(\xi)=0$. 由于

$$F'(x)=\frac{f'(x)g(x)-f(x)g'(x)}{g^2(x)},$$

所以 $f'(\xi)g(\xi)-f(\xi)g'(\xi)=0$, 此与条件 $\forall x \in (a,b)$, $f'(x)g(x)-f(x)g'(x)\neq 0$ 矛盾. 原题得证.

227 设 $f(x),g(x)$ 在 $[a,b]$ 上可微, 且 $g'(x)\neq 0$, 证明: 存在一点 $c(a<c<b)$, 使得

$$\frac{f(a)-f(c)}{g(c)-g(b)}=\frac{f'(c)}{g'(c)}.$$

知识点睛 0214 罗尔定理

证 取辅助函数

$$F(x)=f(a)g(x)+g(b)f(x)-f(x)g(x),$$

则 $F(x)$ 在 $[a,b]$ 上可微, 且 $F(a)=F(b)=f(a)g(b)$. 应用罗尔定理, $\exists c \in (a,b)$, 使得 $F'(c)=0$. 由于

$$F'(x)=f(a)g'(x)+g(b)f'(x)-[f'(x)g(x)+f(x)g'(x)],$$

则

$$F'(c)=f(a)g'(c)+g(b)f'(c)-[f'(c)g(c)+f(c)g'(c)]=0,$$

化简, 得

$$g'(c)(f(a)-f(c))=f'(c)(g(c)-g(b)).$$

由于 $g'(c)\neq 0$, 且 $g(c)-g(b)\neq 0$ (否则 $\exists \xi \in (c,b)$, 使得 $g'(\xi)=0$, 此与 $g'(x)\neq 0$ 矛盾), 所以上式等价于

$$\frac{f(a)-f(c)}{g(c)-g(b)}=\frac{f'(c)}{g'(c)}.$$

【评注】解此题的关键是作辅助函数 $F(x)$, 使 $F(a)=F(b)$, 以便应用罗尔定理. 希读者逐步积累解题经验.

228 设 $f(x)$ 在区间 $[0,1]$ 上可微,$f(0)=0$,$f(1)=1$,3 个正数 $\lambda_1,\lambda_2,\lambda_3$ 的和为 1,证明存在 3 个不同的数 $x_1,x_2,x_3\in(0,1)$,使得

$$\frac{\lambda_1}{f'(x_1)}+\frac{\lambda_2}{f'(x_2)}+\frac{\lambda_3}{f'(x_3)}=1.$$

知识点睛 0214 拉格朗日中值定理

证 利用介值定理选择 $0<a<b<1$ 使得 $f(a)=\lambda_1$,$f(b)=\lambda_1+\lambda_2$.分别在 3 个区间 $[0,a],[a,b],[b,1]$ 上使用拉格朗日中值定理,得到

$$\frac{f(a)-f(0)}{a-0}=f'(x_1),\quad \frac{f(b)-f(a)}{b-a}=f'(x_2),\quad \frac{f(1)-f(b)}{1-b}=f'(x_3),$$

其中 x_1,x_2,x_3 分别在区间 $(0,a),(a,b),(b,1)$ 内.变形为

$$\frac{\lambda_1}{f'(x_1)}=a,\quad \frac{\lambda_2}{f'(x_2)}=b-a,\quad \frac{\lambda_3}{f'(x_3)}=1-b,$$

相加得 $\dfrac{\lambda_1}{f'(x_1)}+\dfrac{\lambda_2}{f'(x_2)}+\dfrac{\lambda_3}{f'(x_3)}=1.$

229 设 $f(x)$ 在 $[a,b]$ 上连续,在 (a,b) 内可导,且 $f(a)=0$,$f(b)=1$,求证:$\exists\xi\in(a,b)$,$\eta\in(a,b)$,$\xi\neq\eta$,使得

$$\frac{1}{f'(\xi)}+\frac{1}{f'(\eta)}=2(b-a).$$

知识点睛 0117 介值定理,0214 拉格朗日中值定理

证 首先应用介值定理,可知 $\exists c\in(a,b)$,使得 $f(c)=\dfrac{1}{2}$.在区间 $[a,c]$ 与 $[c,b]$ 上分别应用拉格朗日中值定理,可知 $\exists\xi\in(a,c)\subset(a,b)$,$\eta\in(c,b)\subset(a,b)$,且 $\xi\neq\eta$,使得

$$f(c)-f(a)=f'(\xi)(c-a),f(b)-f(c)=f'(\eta)(b-c),$$

即有

$$\frac{\frac{1}{2}}{f'(\xi)}+\frac{\frac{1}{2}}{f'(\eta)}=c-a+b-c=b-a,$$

故

$$\frac{1}{f'(\xi)}+\frac{1}{f'(\eta)}=2(b-a).$$

230 设 $f(x)$ 在 $[0,1]$ 上连续,在 $(0,1)$ 内可导,且有 $f(0)=0$,$f(1)=1$,若 $a>0$,$b>0$,求证:$\exists\xi\in(0,1)$,$\eta\in(0,1)$,$\xi\neq\eta$,使得

$$(1)\ \frac{a}{f'(\xi)}+\frac{b}{f'(\eta)}=a+b;\qquad\qquad (2)\ af'(\xi)+bf'(\eta)=a+b.$$

知识点睛 0117 介值定理,0214 拉格朗日中值定理

证 (1) $\forall k\in(0,1)$,应用介值定理,$\exists c\in(0,1)$,使得 $f(c)=k$.在 $[0,c]$ 与 $[c,1]$ 上分别应用拉格朗日中值定理,$\exists\xi\in(0,c)\subset(0,1)$,$\eta\in(c,1)\subset(0,1)$,则 $\xi\neq\eta$,使得

$$f(c)-f(0)=f'(\xi)(c-0),\quad f(1)-f(c)=f'(\eta)(1-c),$$

即

$$\frac{k}{f'(\xi)}=c,\quad \frac{1-k}{f'(\eta)}=1-c.$$

取 $k=\dfrac{a}{a+b}$，则 $1-k=\dfrac{b}{a+b}$，代入上式即得

$$\frac{a}{f'(\xi)}+\frac{b}{f'(\eta)}=a+b.$$

(2) $\dfrac{a}{a+b}\in(0,1)$，对 $f(x)$ 在 $\left[0,\dfrac{a}{a+b}\right]$ 与 $\left[\dfrac{a}{a+b},1\right]$ 上分别应用拉格朗日中值定理，

$\exists\,\xi\in\left(0,\dfrac{a}{a+b}\right),\eta\in\left(\dfrac{a}{a+b},1\right)$，使得

$$f\left(\frac{a}{a+b}\right)-f(0)=f'(\xi)\frac{a}{a+b},\quad f(1)-f\left(\frac{a}{a+b}\right)=f'(\eta)\left(1-\frac{a}{a+b}\right).$$

上述两式相加，得

$$f(1)-f(0)=\frac{a}{a+b}f'(\xi)+\frac{b}{a+b}f'(\eta),$$

即

$$af'(\xi)+bf'(\eta)=a+b.$$

231　验证罗尔定理对 $y=\ln\sin x$ 在 $\left[\dfrac{\pi}{6},\dfrac{5}{6}\pi\right]$ 上的正确性.

　　知识点睛　0214 罗尔定理

　　证　$y=\ln\sin x$ 的定义域为

$$\{x\mid 2n\pi<x<(2n+1)\pi,\ n=0,\pm1,\pm2,\cdots\}.$$

因为初等函数在定义区间内连续，所以该函数在 $\left[\dfrac{\pi}{6},\dfrac{5}{6}\pi\right]$ 上连续.

又 $y'=\cot x$ 在 $\left(\dfrac{\pi}{6},\dfrac{5}{6}\pi\right)$ 内处处存在，并且 $y\left(\dfrac{\pi}{6}\right)=y\left(\dfrac{5}{6}\pi\right)=-\ln 2$，可知函数 y 在

$\left[\dfrac{\pi}{6},\dfrac{5}{6}\pi\right]$ 上满足罗尔定理条件. 由 $y'=\cot x=0$ 在 $\left(\dfrac{\pi}{6},\dfrac{5}{6}\pi\right)$ 内显然有解 $x=\dfrac{\pi}{2}$，取 $\xi=\dfrac{\pi}{2}$，

则 $y'(\xi)=0$.

232　验证函数 $f(x)=\begin{cases}1-x^2,&-1\leqslant x<0,\\ 1+x^2,&0\leqslant x\leqslant 1\end{cases}$ 在 $-1\leqslant x\leqslant 1$ 上是否满足拉格朗日定

理，如满足，求出满足定理的中值 ξ.

　　知识点睛　0214 拉格朗日中值定理

　　证　函数 $f(x)$ 在 $(0,1]$ 和 $[-1,0)$ 上连续且可导，从而只需验证 $f(x)$ 在 $x=0$ 处的

连续性与可导性.

　　由于 $f(0+0)=\lim\limits_{x\to 0^+}(1+x^2)=1,\ f(0-0)=\lim\limits_{x\to 0^-}(1-x^2)=1,\ f(0)=1$，所以，$f(x)$ 在 $x=0$

处连续. 又

$$f'_+(0) = \lim_{x \to 0^+} \frac{f(x) - f(0)}{x} = \lim_{x \to 0^+} \frac{1 + x^2 - 1}{x} = 0,$$

$$f'_-(0) = \lim_{x \to 0^-} \frac{f(x) - f(0)}{x} = \lim_{x \to 0^-} \frac{1 - x^2 - 1}{x} = 0,$$

从而 $f(x)$ 在 $x = 0$ 处可导.

因而 $f(x)$ 在 $[-1,1]$ 上连续,在 $(-1,1)$ 内可导,满足拉格朗日中值定理所有条件,此时存在 $\xi \in (-1,1)$,使得

$$\frac{f(1) - f(-1)}{1 - (-1)} = f'(\xi),$$

而

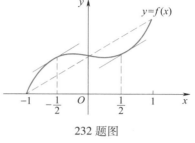

$$\frac{f(1) - f(-1)}{1 - (-1)} = \frac{2 - 0}{2} = 1,$$

$$f'(x) = \begin{cases} 2x, & 0 \leq x \leq 1, \\ -2x, & -1 \leq x < 0, \end{cases}$$

232 题图

故由 $2x = 1$,解得 $\xi_1 = \dfrac{1}{2}$;由 $-2x = 1$,解得 $\xi_2 = -\dfrac{1}{2}$.从而,满足定理的中值共有两个:$\xi_1 = \dfrac{1}{2}$ 和 $\xi_2 = -\dfrac{1}{2}$(如 232 题图).

233 设 $f(x)$ 在 $[0,1]$ 上连续,在 $(0,1)$ 内可导,且 $f(1) = 0$,试证:至少存在一点 $\xi \in (0,1)$,使 $f'(\xi) = -\dfrac{2f(\xi)}{\xi}$.

知识点睛 原函数法,0214 罗尔定理

分析 显然 $f(x)$ 在 $[0,1]$ 上满足拉格朗日中值定理,但是问题的形式并不是拉格朗日定理形式,因此需另辟蹊径.为此,可先将问题变形为

$$\xi f'(\xi) + 2f(\xi) = 0. \qquad\qquad ①$$

如果令 $F'(\xi) = \xi f'(\xi) + 2f(\xi)$,此时若能求出 $F(x)$,且 $F(x)$ 在 $[0,1]$ 上满足罗尔定理的条件,则问题易证,然而 $F(x)$ 难以判定,但注意到 $\xi \neq 0$,由①式有

$$\xi^2 f'(\xi) + 2\xi f(\xi) = 0, \qquad\qquad ②$$

且①式与②式等价.若记 $\Phi'(\xi) = \xi^2 f'(\xi) + 2\xi f(\xi)$,则易知 $\Phi(x) = x^2 f(x)$,且 $\Phi(x)$ 在 $[0,1]$ 上满足罗尔定理条件.于是问题得证.

证 作辅助函数

$$\Phi(x) = x^2 f(x),$$

由已知条件可知,$\Phi(x)$ 在 $[0,1]$ 上满足罗尔定理条件.因此,至少存在一点 $\xi \in (0,1)$,使

$$\Phi'(\xi) = \xi^2 f'(\xi) + 2\xi f(\xi) = 0.$$

由于 $\xi \neq 0$,可知必有

$$\xi f'(\xi) + 2f(\xi) = 0, \quad 即 \quad f'(\xi) = -\frac{2f(\xi)}{\xi}.$$

【评注】(1)当欲证结论为"至少存在一点 $\xi \in (a,b)$ 使得 $f'(\xi) = h(\xi)$ 及类似命题",其证题程序一般为:"第一步构造辅助函数 $F(x)$;第二步验证 $F(x)$ 满足罗尔定理条件".

(2)辅助函数的构造常用原函数法,其步骤为:

第一步 把结论中的 ξ 换成 x;

第二步 通过恒等变形化为易于消除导数符号的形式;

第三步 利用观察法或积分求出全部原函数;

第四步 移项使等式一边为积分常数,另一边就是所构造的辅助函数.

234 若函数 $f(x)$ 在 (a,b) 内具有二阶导数,且 $f(x_1) = f(x_2) = f(x_3)$,其中 $a < x_1 < x_2 < x_3 < b$,证明:在 (x_1, x_3) 内至少有一点 ξ,使 $f''(\xi) = 0$.

知识点睛 0214 罗尔定理

证 由于 $f(x)$ 在 (a,b) 内具有二阶导数,所以 $f(x)$ 在 $[x_1, x_2]$ 上连续,在 (x_1, x_2) 内可导,再根据题意 $f(x_1) = f(x_2)$,由罗尔定理知至少存在一点 $\xi_1 \in (x_1, x_2)$,使 $f'(\xi_1) = 0$.

同理,在 $[x_2, x_3]$ 上对函数 $f(x)$ 使用罗尔定理,至少存在一点 $\xi_2 \in (x_2, x_3)$,使 $f'(\xi_2) = 0$.

对函数 $f'(x)$,由已知条件知 $f'(x)$ 在 $[\xi_1, \xi_2]$ 上连续,在 (ξ_1, ξ_2) 内可导,且 $f'(\xi_1) = f'(\xi_2) = 0$,由罗尔定理知至少存在一点 $\xi \in (\xi_1, \xi_2)$,使 $f''(\xi) = 0$,且 $\xi \in (\xi_1, \xi_2) \subset (x_1, x_3)$,故结论得证.

235 设函数 $f(x)$ 在区间 $[0,1]$ 上连续,在 $(0,1)$ 内可导,且 $f(0) = f(1) = 0$,$f\left(\dfrac{1}{2}\right) = 1$.试证:

235 题精解视频

(1)存在 $\eta \in \left(\dfrac{1}{2}, 1\right)$,使 $f(\eta) = \eta$;

(2)对任意实数 λ,必存在 $\xi \in (0, \eta)$,使得 $f'(\xi) - \lambda[f(\xi) - \xi] = 1$.

知识点睛 0117 介值定理,0214 罗尔定理

证 (1)令 $\Phi(x) = f(x) - x$,则 $\Phi(x)$ 在 $[0,1]$ 上连续.又

$$\Phi(1) = -1 < 0, \quad \Phi\left(\frac{1}{2}\right) = \frac{1}{2} > 0,$$

故由闭区间上连续函数的零点定理知,存在 $\eta \in \left(\dfrac{1}{2}, 1\right)$,使得

$$\Phi(\eta) = f(\eta) - \eta = 0, \text{即} f(\eta) = \eta.$$

(2)设 $F(x) = e^{-\lambda x}\Phi(x) = e^{-\lambda x}[f(x) - x]$,则 $F(x)$ 在 $[0, \eta]$ 上连续,在 $(0, \eta)$ 内可导,且

$$F(0) = 0, \quad F(\eta) = e^{-\lambda\eta}\Phi(\eta) = 0,$$

即 $F(x)$ 在 $[0, \eta]$ 上满足罗尔定理的条件,故存在 $\xi \in (0, \eta)$,使得

$$F'(\xi) = 0, \quad \text{即} \quad e^{-\lambda\xi}\{f'(\xi) - \lambda[f(\xi) - \xi] - 1\} = 0,$$

从而 $f'(\xi) - \lambda[f(\xi) - \xi] = 1$.

【评注】要证结论中不含未知函数的导数,可考虑用零点定理.例如本题(1)中设辅助函数 $\Phi(x)=f(x)-x$,然后利用零点定理.

要证结论中含有未知函数的导数值,则可考虑用罗尔定理或其他中值定理,通过构造辅助函数证得结论.

236 设 $a_0,a_1,\cdots,a_n$ 是满足 $a_0+\dfrac{a_1}{2}+\dfrac{a_2}{3}+\cdots+\dfrac{a_n}{n+1}=0$ 的实数,证明多项式

$$f(x)=a_0+a_1x+a_2x^2+\cdots+a_nx^n$$

在 $(0,1)$ 内至少有一个零点.

知识点睛 0214 罗尔定理

证 令 $F(x)=a_0x+\dfrac{a_1}{2}x^2+\cdots+\dfrac{a_n}{n+1}x^{n+1}$,显然 $F(x)$ 在 $[0,1]$ 上连续,在 $(0,1)$ 内可导,且 $F(0)=0,F(1)=a_0+\dfrac{a_1}{2}+\cdots+\dfrac{a_n}{n+1}=0$,由罗尔定理知,在 $(0,1)$ 内至少存在一点 ξ,使 $F'(\xi)=0$,即 $a_0+a_1\xi+\cdots+a_n\xi^n=0$.从而,$f(x)=a_0+a_1x+\cdots+a_nx^n$ 在 $(0,1)$ 内至少有一个零点.

237 若方程 $a_0x^n+a_1x^{n-1}+\cdots+a_{n-1}x=0$ 有一个正根 x_0,证明方程

$$a_0nx^{n-1}+a_1(n-1)x^{n-2}+\cdots+a_{n-1}=0$$

必有一个小于 x_0 的正根.

知识点睛 0214 罗尔定理

证 令 $F(x)=a_0x^n+a_1x^{n-1}+\cdots+a_{n-1}x$,显然 $F(x)$ 在 $[0,x_0]$ 上连续,在 $(0,x_0)$ 内可导,且 $F(0)=0,F(x_0)=a_0x_0^n+a_1x_0^{n-1}+\cdots+a_{n-1}x_0=0$.由罗尔定理知在 $(0,x_0)$ 内至少存在一点 ξ,使 $F'(\xi)=0$,即

$$a_0n\xi^{n-1}+a_1(n-1)\xi^{n-2}+\cdots+a_{n-1}=0.$$

从而得证.

238 设 $a_1,a_2,\cdots,a_n$ 满足 $a_1-\dfrac{a_2}{3}+\dfrac{a_3}{5}+\cdots+(-1)^{n-1}\dfrac{a_n}{2n-1}=0,a_i\in\mathbf{R},i=1,2,\cdots,n$.

证明:方程 $a_1\cos x+a_2\cos 3x+\cdots+a_n\cos(2n-1)x=0$ 在 $\left(0,\dfrac{\pi}{2}\right)$ 内至少有一个实根.

知识点睛 0214 罗尔定理

证 设 $F(x)=a_1\sin x+\dfrac{a_2}{3}\sin 3x+\cdots+\dfrac{a_n}{2n-1}\sin(2n-1)x$,则

$$F'(x)=a_1\cos x + a_2\cos 3x + \cdots + a_n\cos(2n-1)x,$$

$$F(0)=0,\quad F\left(\frac{\pi}{2}\right)=a_1-\frac{a_2}{3}+\frac{a_3}{5}+\cdots+(-1)^{n-1}\cdot\frac{a_n}{2n-1}=0.$$

由罗尔定理知至少存在一点 $\xi\in\left(0,\dfrac{\pi}{2}\right)$,使 $F'(\xi)=0$,即方程

$$a_1\cos x+a_2\cos 3x+\cdots+a_n\cos(2n-1)x=0$$

在 $\left(0, \dfrac{\pi}{2}\right)$ 内至少有一个实根.

【评注】利用中值定理验证方程根的思路主要有两种：

(1)把所证问题化为 $f^{(n)}(\xi)=0$ 形式.

当 $n=0$ 时,直接用连续函数的零点定理证明;

当 $n=1$ 时,应用罗尔定理证明;

当 $n=2$ 时,对导函数 $f'(x)$ 应用罗尔定理证明, $n>2$ 时,反复对高阶导数应用罗尔定理.

(2)把所证命题化为 $f'(\xi)=\dfrac{f(b)-f(a)}{b-a}$, $[a,b]$ 为闭区间,然后用拉格朗日定理证明.

以上思路的关键是要构造出适当的函数 $f(x)$ 及相应的区间 $[a,b]$,原函数法是构造函数的重要方法.

239 设函数 $f(x)$ 在 $(0,+\infty)$ 内有界且可导,则(　).

(A)当 $\lim\limits_{x\to+\infty}f(x)=0$ 时,必有 $\lim\limits_{x\to+\infty}f'(x)=0$

(B)当 $\lim\limits_{x\to+\infty}f'(x)$ 存在时,必有 $\lim\limits_{x\to+\infty}f'(x)=0$

(C)当 $\lim\limits_{x\to0^+}f(x)=0$ 时,必有 $\lim\limits_{x\to0^+}f'(x)=0$

(D)当 $\lim\limits_{x\to0^+}f'(x)$ 存在时,必有 $\lim\limits_{x\to0^+}f'(x)=0$

知识点睛　0214 拉格朗日中值定理

解　对 $f(x)$ 在区间 $[a,x]$ 上使用拉格朗日中值定理,得

$$f'(\xi)=\dfrac{f(x)-f(a)}{x-a},$$

其中 ξ 介于 a 与 x 之间.

因为 $f(x)$ 在 $[a,x]\subset(0,+\infty)$ 上有界,所以 $f(x)-f(a)$ 有界,

$$\lim_{x\to+\infty}f'(x)=\lim_{\xi\to+\infty}f'(\xi)=\lim_{x\to+\infty}\dfrac{1}{x-a}\cdot[f(x)-f(a)]=0.$$

应选(B).

240 设 $f(x)$ 处处可导,则(　).

(A)当 $\lim\limits_{x\to-\infty}f(x)=-\infty$,必有 $\lim\limits_{x\to-\infty}f'(x)=-\infty$

(B)当 $\lim\limits_{x\to-\infty}f'(x)=-\infty$,必有 $\lim\limits_{x\to-\infty}f(x)=-\infty$

(C)当 $\lim\limits_{x\to+\infty}f(x)=+\infty$,必有 $\lim\limits_{x\to+\infty}f'(x)=+\infty$

(D)当 $\lim\limits_{x\to+\infty}f'(x)=+\infty$,必有 $\lim\limits_{x\to+\infty}f(x)=+\infty$

知识点睛　0214 拉格朗日中值定理

解　由 $\lim\limits_{x\to+\infty}f'(x)=+\infty$ 知,存在 $X>0$,当 $x>X$ 时, $f'(x)>M$ (M 为任意大正数).在 $[X,x]$ 上使用拉格朗日中值定理有 $f(x)-f(X)=f'(\xi)(x-X)$,其中 $\xi\in(X,x)$,则

$$f(x)-f(X)=f'(\xi)(x-X)>M(x-X)\to+\infty \quad (x\to+\infty),$$

故 $f(x)-f(X)\to+\infty$,而 $f(X)$ 为确定值,从而 $f(x)\to+\infty$ ($x\to+\infty$). 应选(D).

241 以下四个命题中,正确的是( ).

(A)若$f'(x)$在$(0,1)$内连续,则$f(x)$在$(0,1)$内有界

(B)若$f(x)$在$(0,1)$内连续,则$f(x)$在$(0,1)$内有界

(C)若$f'(x)$在$(0,1)$内有界,则$f(x)$在$(0,1)$内有界

(D)若$f(x)$在$(0,1)$内有界,则$f'(x)$在$(0,1)$内有界

知识点睛 0214 拉格朗日中值定理

解 通过举反例用排除法找到正确答案即可.

设$f(x)=\dfrac{1}{x}$,则$f(x)$及$f'(x)=-\dfrac{1}{x^2}$均在$(0,1)$内连续,但$f(x)$在$(0,1)$内无界,排

除(A)、(B);又$f(x)=\sqrt{x}$在$(0,1)$内有界,但$f'(x)=\dfrac{1}{2\sqrt{x}}$在$(0,1)$内无界,排除(D).应

选(C).

【评注】用拉格朗日中值定理可直接证明选项(C)正确.事实上,由$f'(x)$在$(0,1)$内有界,可知存在正数M,使得当$x\in(0,1)$时, $|f'(x)|\leqslant M$成立.由题设知对任何$x\in$ $(0,1)$有介于x与$\dfrac{1}{2}$之间的ξ,使得

$$f(x)-f\left(\frac{1}{2}\right)=f'(\xi)\left(x-\frac{1}{2}\right), \quad 即 \quad f(x)=f\left(\frac{1}{2}\right)+f'(\xi)\left(x-\frac{1}{2}\right),$$

故$|f(x)|\leqslant\left|f\left(\dfrac{1}{2}\right)\right|+|f'(\xi)|\cdot\left|x-\dfrac{1}{2}\right|\leqslant\left|f\left(\dfrac{1}{2}\right)\right|+\dfrac{1}{2}M,x\in(0,1)$. 这表明函数$f(x)$在$(0,1)$内有界.

242 设$f(x)$在区间$[a,b]$上连续,在(a,b)内可导.证明:在(a,b)内至少存在一点ξ,使

$$\frac{bf(b)-af(a)}{b-a}=f(\xi)+\xi f'(\xi).$$

知识点睛 0214 拉格朗日中值定理

证 作辅助函数$F(x)=xf(x)$,则$F(x)$在$[a,b]$上满足拉格朗日中值定理的条件,从而在(a,b)内至少存在一点ξ,使$\dfrac{F(b)-F(a)}{b-a}=F'(\xi)$,即

$$\frac{bf(b)-af(a)}{b-a}=f(\xi)+\xi f'(\xi).$$

243 设函数$f(x)$在$[a,b]$上满足罗尔定理的条件,且$f(x)$不恒等于常数.证明:在(a,b)内至少存在一点ξ,使$f'(\xi)>0$.

知识点睛 0214 拉格朗日中值定理

证 因为$f(x)$在$[a,b]$上满足罗尔定理的条件,且不恒等于常数,所以至少存在一点$x_0\in(a,b)$,使$f(x_0)\neq f(a)=f(b)$.

(1)若$f(x_0)>f(a)$,则对$f(x)$在$[a,x_0]$应用拉格朗日中值定理,至少存在一点$\xi_1\in(a,x_0)$使$f'(\xi_1)=\dfrac{f(x_0)-f(a)}{x_0-a}>0$.

（2）若 $f(x_0)<f(b)$，则对 $f(x)$ 在 $[x_0,b]$ 上应用拉格朗日中值定理，至少存在一点 $\xi_2 \in (x_0,b)$ 使 $f'(\xi_2)=\dfrac{f(b)-f(x_0)}{b-x_0}>0$.

综合（1）（2），可得在 (a,b) 内至少存在一点 ξ，使 $f'(\xi)>0$.

244 证明：$\arctan x = \arcsin \dfrac{x}{\sqrt{1+x^2}}$ $(-\infty<x<+\infty)$.

知识点睛 两函数相等的充分条件

证 设 $g(x)=\arctan x-\arcsin \dfrac{x}{\sqrt{1+x^2}}$，则

$$g'(x)=\frac{1}{1+x^2}-\frac{\dfrac{\sqrt{1+x^2}-\dfrac{x^2}{\sqrt{1+x^2}}}{1+x^2}}{\sqrt{1-\left(\dfrac{x}{\sqrt{1+x^2}}\right)^2}}=0,$$

故 $g(x)=C$.令 $x=0$ 得 $g(0)=0$，所以 $g(x)=0$.结论得证.

245 设 $f(x)$ 在 $[a,b]$ 上连续，(a,b) 内可导，$0<a<b$，试证：存在 $\xi \in (a,b)$，使

$$\frac{f(b)-f(a)}{b-a}=(a^2+ab+b^2)\frac{f'(\xi)}{3\xi^2}.$$

知识点睛 0215 柯西定理

分析 要证关系式可改写为

$$\frac{f(b)-f(a)}{(b-a)(a^2+ab+b^2)}=\frac{f'(\xi)}{3\xi^2}, \quad 即 \quad \frac{f(b)-f(a)}{b^3-a^3}=\frac{f'(\xi)}{3\xi^2},$$

因此对 $f(x)$，$g(x)=x^3$ 在 $[a,b]$ 上应用柯西中值定理即可.

证 令 $g(x)=x^3$，则 $f(x)$，$g(x)$ 在 $[a,b]$ 上连续，在 (a,b) 内可导，且 $g'(x)\neq 0$，$x>0$.由柯西中值定理知存在 $\xi \in (a,b)$，使

$$\frac{f(b)-f(a)}{g(b)-g(a)}=\frac{f'(\xi)}{g'(\xi)}, \quad 即 \quad \frac{f(b)-f(a)}{b^3-a^3}=\frac{f'(\xi)}{3\xi^2},$$

也即 $\dfrac{f(b)-f(a)}{b-a}=(a^2+ab+b^2)\dfrac{f'(\xi)}{3\xi^2}$.原题得证.

§2.9 综合提高题

246 已知函数 $f(x)$ 在 $(0,+\infty)$ 内可导，$f(x)>0$，$\lim\limits_{x\to+\infty}f(x)=1$，且满足

$$\lim_{h\to 0}\left[\frac{f(x+hx)}{f(x)}\right]^{\frac{1}{h}}=e^{\frac{1}{x}},$$

求 $f(x)$.

知识点睛 0201 导数的定义

解 设 $y=\left[\dfrac{f(x+hx)}{f(x)}\right]^{\frac{1}{h}}$,则 $\ln y=\dfrac{1}{h}\ln\dfrac{f(x+hx)}{f(x)}$.因为

$$\lim_{h\to 0}\ln y=\lim_{h\to 0}\frac{1}{h}\ln\frac{f(x+hx)}{f(x)}=\lim_{h\to 0}\frac{x[\ln f(x+hx)-\ln f(x)]}{hx}=x[\ln f(x)]',$$

故 $\displaystyle\lim_{h\to 0}\left[\dfrac{f(x+hx)}{f(x)}\right]^{\frac{1}{h}}=\mathrm{e}^{x[\ln f(x)]'}$.

由已知条件得 $\mathrm{e}^{x[\ln f(x)]'}=\mathrm{e}^{\frac{1}{x}}$,因此 $x[\ln f(x)]'=\dfrac{1}{x}$,即 $[\ln f(x)]'=\dfrac{1}{x^2}$.解之得

$f(x)=C\mathrm{e}^{-\frac{1}{x}}$.由 $\displaystyle\lim_{x\to+\infty}f(x)=1$,得 $C=1$,故 $f(x)=\mathrm{e}^{-\frac{1}{x}}$.

247 设 $\displaystyle\lim_{x\to a}\dfrac{f(x)-a}{x-a}=b$,则 $\displaystyle\lim_{x\to a}\dfrac{\sin f(x)-\sin a}{x-a}=($).

（A）$b\sin a$ （B）$b\cos a$ （C）$b\sin f(a)$ （D）$b\cos f(a)$

Ⅸ 2020 数学三,4 分

知识点睛 0201 导数的定义,0214 拉格朗日中值定理

解法 1 $\displaystyle\lim_{x\to a}\dfrac{\sin f(x)-\sin a}{x-a}=\lim_{x\to a}\dfrac{\cos\xi\cdot(f(x)-a)}{x-a}$（$\xi$ 介于 $f(x)$ 与 a 之间,拉格朗

日中值定理）

$$=\cos a\lim_{x\to a}\frac{f(x)-a}{x-a}=b\cos a.$$

解法 2 令 $f(a)=a$,则由 $\displaystyle\lim_{x\to a}\dfrac{f(x)-a}{x-a}=\lim_{x\to a}\dfrac{f(x)-f(a)}{x-a}=b$ 知,$b=f'(a)$,所以

$$\lim_{x\to a}\frac{\sin f(x)-\sin f(a)}{x-a}=[\sin f(x)]'\Big|_{x=a}=f'(a)\cos f(a)=b\cos a.$$

故应选（B）.

248 设 $f'(x)$ 在 $[a,b]$ 上连续,且 $f'(a)>0,f'(b)<0$,则下列结论中错误的

是( ).

（A）至少存在一点 $x_0\in(a,b)$,使得 $f(x_0)>f(a)$

（B）至少存在一点 $x_0\in(a,b)$,使得 $f(x_0)>f(b)$

（C）至少存在一点 $x_0\in(a,b)$,使得 $f'(x_0)=0$

（D）至少存在一点 $x_0\in(a,b)$,使得 $f(x_0)=0$

知识点睛 0105 极限的保号性,0107 函数极限的性质,0117 介值定理

解 首先,由已知 $f'(x)$ 在 $[a,b]$ 上连续,且 $f'(a)>0,f'(b)<0$,则由零点定理,至少存在一点 $x_0\in(a,b)$,使得 $f'(x_0)=0$.

另外,$f'(a)=\displaystyle\lim_{x\to a^+}\dfrac{f(x)-f(a)}{x-a}>0$,由极限的局部保号性知,至少存在一点 $x_0\in(a,$ $b)$,使得 $\dfrac{f(x_0)-f(a)}{x_0-a}>0$,即 $f(x_0)>f(a)$.同理,至少存在一点 $x_0\in(a,b)$ 使得 $f(x_0)>f(b)$.所以,选项（A）、（B）、（C）都正确.应选（D）.

Ⓚ 2020 数学三,
4 分

249 设奇函数 $f(x)$ 在 $(-\infty, +\infty)$ 上具有连续导数,则( ).

(A) $\int_0^x [\cos f(t) + f'(t)] \, dt$ 是奇函数　　(B) $\int_0^x [\cos f(t) + f'(t)] \, dt$ 是偶函数

(C) $\int_0^x [\cos f'(t) + f(t)] \, dt$ 是奇函数　　(D) $\int_0^x [\cos f'(t) + f(t)] \, dt$ 是偶函数

知识点睛　0307 积分上限函数

解　因为 $f(x)$ 为奇函数,所以 $f'(x)$ 为偶函数. 又因为
$$\cos f(-x) = \cos[-f(x)] = \cos f(x),$$
所以 $\cos f(x)$ 为偶函数,因而 $\cos f(x) + f'(x)$ 为偶函数.

记 $F(x) = \int_0^x [\cos f(t) + f'(t)] \, dt$,得 $F'(x) = \cos f(x) + f'(x)$,可知 $F'(x)$ 为偶函数,又因为 $F(0) = 0$,所以 $F(x) = \int_0^x [\cos f(t) + f'(t)] \, dt$ 是奇函数,故应选(A).

250 设函数 $f(x)$ 具有一阶连续导数,且 $f''(0)$ 存在,$f(0) = 0$,证明:函数
$$F(x) = \begin{cases} f'(0), & x = 0, \\ \dfrac{f(x)}{x}, & x \neq 0 \end{cases}$$
是连续的,且具有一阶连续导数.

知识点睛　0114 函数的连续性,0201 导数的定义

证　函数 $F(x)$ 在 $x \neq 0$ 时显然连续. 由导数定义,有
$$\lim_{x \to 0} F(x) = \lim_{x \to 0} \frac{f(x)}{x} = \lim_{x \to 0} \frac{f(x) - f(0)}{x - 0} = f'(0) = F(0),$$
故 $F(x)$ 在 $x = 0$ 处连续.

当 $x \neq 0$ 时,$F'(x) = \dfrac{xf'(x) - f(x)}{x^2}$ 显然是连续的. 现证 $F(x)$ 在 $x = 0$ 处是可导的.
$$F'(0) = \lim_{x \to 0} \frac{F(x) - F(0)}{x} = \lim_{x \to 0} \frac{f(x) - xf'(0)}{x^2} = \lim_{x \to 0} \frac{f'(x) - f'(0)}{2x} = \frac{1}{2} f''(0).$$

再证明 $F'(x)$ 在 $x = 0$ 处是连续的. 事实上,由连续的定义,有
$$\lim_{x \to 0} F'(x) = \lim_{x \to 0} \frac{xf'(x) - f(x)}{x^2} = \lim_{x \to 0} \left\{ \frac{x[f'(x) - f'(0)]}{x^2} - \frac{f(x) - xf'(0)}{x^2} \right\}$$
$$= \lim_{x \to 0} \frac{f'(x) - f'(0)}{x} - \lim_{x \to 0} \frac{f'(x) - f'(0)}{2x} = f''(0) - \frac{1}{2} f''(0) = F'(0),$$
故 $F(x)$ 具有一阶连续导数.

251 设函数 $f(x) = \ln(1 + ax^2) - b \int \dfrac{dx}{1 + ax^2}$,试问 a, b 为何值时,$f''(0) = 4$.

知识点睛　0209 高阶导数

解　因为 $f'(x) = \dfrac{2ax - b}{1 + ax^2}$,所以有 $f''(x) = \dfrac{2a(1 + ax^2) - 2ax(2ax - b)}{(1 + ax^2)^2}$. 由 $4 = f''(0) = 2a$,可知 $a = 2$,而 b 可为任一实数.

252 设函数 $y = y(x)$ 由方程组 $\begin{cases} x = 3t^2 + 2t + 3, \\ e^y \sin t - y + 1 = 0 \end{cases}$ 所确定,试求 $\dfrac{d^2 y}{dx^2} \Big|_{t=0}$.

知识点睛 0209 高阶导数，0212 参数方程求导

解 对方程组每个方程两边分别取微分，得

$$\begin{cases} dx = (6t+2)\,dt, \\ e^y \sin t\,dy + e^y \cos t\,dt - dy = 0, \end{cases}$$

则 $\dfrac{dx}{dt} = 6t+2,\ \dfrac{dy}{dt} = \dfrac{e^y \cos t}{1 - e^y \sin t}$，且 $y = e^y \sin t + 1$，

$$\frac{dy}{dx} = \frac{dy}{dt} \cdot \frac{dt}{dx} = \frac{e^y \cos t}{(1 - e^y \sin t)(6t+2)} = \frac{e^y \cos t}{(2-y)(6t+2)},$$

$$\frac{d^2 y}{dx^2} = \frac{d}{dx}\left(\frac{dy}{dx}\right) = \frac{d}{dt}\left[\frac{e^y \cos t}{(2-y)(6t+2)}\right]\frac{dt}{dx}$$

$$= \frac{(2-y)(6t+2)\left(e^y \cos t \dfrac{dy}{dt} - e^y \sin t\right)}{(2-y)^2(6t+2)^3} - \frac{e^y \cos t\left[(2-y)6 - \dfrac{dy}{dt}(6t+2)\right]}{(2-y)^2(6t+2)^3}.$$

由于 $\dfrac{dy}{dt}\bigg|_{t=0} = e$，$y\big|_{t=0} = 1$，代入上式，得 $\dfrac{d^2 y}{dx^2}\bigg|_{t=0} = \dfrac{e(2e-3)}{4}$.

253 设 (x_0, y_0) 是抛物线 $y = ax^2 + bx + c$ 上的一点，若在该点的切线过原点，则系数应满足的关系是_____.

知识点睛 0202 导数的几何意义

解 $y' = 2ax + b$，$y'\big|_{x=x_0} = 2ax_0 + b$，则曲线在 (x_0, y_0) 点的切线方程为

$$y - (ax_0^2 + bx_0 + c) = (2ax_0 + b)(x - x_0),$$

把 $(0,0)$ 代入方程得 $ax_0^2 - c = 0$.

故应填 $ax_0^2 = c$，b 任意.

254 设函数 $y = f(x)$ 由方程 $e^{2x+y} - \cos(xy) = e-1$ 所确定，则曲线 $y = f(x)$ 在点 $(0,1)$ 处的法线方程为_____.

知识点睛 0202 导数的几何意义，0211 隐函数的导数

解 方程两边关于 x 求导，得 $e^{2x+y} \cdot (2+y') + \sin(xy) \cdot (y + xy') = 0$.

把 $\begin{cases} x=0 \\ y=1 \end{cases}$，代入得 $y'\big|_{\substack{x=0 \\ y=1}} = -2$，故 $y = f(x)$ 在点 $(0,1)$ 处的法线方程为 $y - 1 = \dfrac{1}{2}(x - 0)$，即 $x - 2y + 2 = 0$. 应填 $x - 2y + 2 = 0$.

255 对数螺线 $r = e^\theta$ 在点 $(r, \theta) = \left(e^{\frac{\pi}{2}}, \dfrac{\pi}{2}\right)$ 处的切线的直角坐标方程为_____.

知识点睛 0202 导数的几何意义，0211 隐函数的导数

解 对数螺线的参数方程为 $\begin{cases} x = e^\theta \cos\theta \\ y = e^\theta \sin\theta, \end{cases}$ $\theta = \dfrac{\pi}{2}$ 处对应点为 $\left(0, e^{\frac{\pi}{2}}\right)$. 而 $\dfrac{dy}{dx} = \dfrac{dy/d\theta}{dx/d\theta} = \dfrac{\sin\theta + \cos\theta}{\cos\theta - \sin\theta}$，所以 $\dfrac{dy}{dx}\bigg|_{\theta=\frac{\pi}{2}} = -1$. 则对数螺线在点 $\left(0, e^{\frac{\pi}{2}}\right)$ 处的切线方程为

$$y - e^{\frac{\pi}{2}} = -x.$$

应填 $x + y - e^{\frac{\pi}{2}} = 0$.

256 设函数 $f(x)$ 在 $[0,3]$ 上连续,在 $(0,3)$ 内可导,且 $f(0)+f(1)+f(2)=3$,$f(3)=1$.试证必存在 $\xi\in(0,3)$,使 $f'(\xi)=0$.

知识点睛 0117 介值定理,0214 罗尔定理

证 因为 $f(x)$ 在 $[0,3]$ 上连续,所以 $f(x)$ 在 $[0,2]$ 上连续,且在 $[0,2]$ 上必有最大值 M 和最小值 m,于是

$$m\leqslant f(0)\leqslant M,\quad m\leqslant f(1)\leqslant M,\quad m\leqslant f(2)\leqslant M,$$

故 $m\leqslant\dfrac{f(0)+f(1)+f(2)}{3}\leqslant M$.由介值定理知,至少存在一点 $c\in[0,2]$,使

$$f(c)=\frac{f(0)+f(1)+f(2)}{3}=1.$$

因为 $f(c)=1=f(3)$,且 $f(x)$ 在 $[c,3]$ 上连续,在 $(c,3)$ 内可导,所以由罗尔定理知,必存在 $\xi\in(c,3)\subset(0,3)$,使 $f'(\xi)=0$.

257 题精解视频

257 假设函数 $f(x)$ 和 $g(x)$ 在 $[a,b]$ 上存在二阶导数,并且 $g''(x)\neq0$,$f(a)=f(b)=g(a)=g(b)=0$,试证:

(1)在开区间 (a,b) 内 $g(x)\neq0$;

(2)在开区间 (a,b) 内至少存在一点 ξ,使 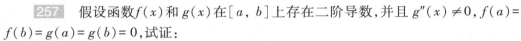 $\dfrac{f(\xi)}{g(\xi)}=\dfrac{f''(\xi)}{g''(\xi)}$.

知识点睛 0214 罗尔定理

证 (1)用反证法.若存在点 $c\in(a,b)$,使得 $g(c)=0$,则对 $g(x)$ 在 $[a,c]$ 和 $[c,b]$ 上分别用罗尔定理,知存在 $\xi_1\in(a,c)$,$\xi_2\in(c,b)$,使 $g'(\xi_1)=g'(\xi_2)=0$.

再对 $g'(x)$ 在 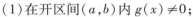 $[\xi_1,\xi_2]$ 上应用罗尔定理,知存在 $\xi_3\in(\xi_1,\xi_2)$,使 $g''(\xi_3)=0$.这与题设 $g''(x)\neq0$ 矛盾.故在 (a,b) 内 $g(x)\neq0$.

(2)令 $\varphi(x)=f(x)g'(x)-f'(x)g(x)$,易知 $\varphi(a)=\varphi(b)=0$.对 $\varphi(x)$ 在 $[a,b]$ 上应用罗尔定理知存在 $\xi\in(a,b)$,使 $\varphi'(\xi)=0$,即 $f(\xi)g''(\xi)-f''(\xi)g(\xi)=0$.因 $g(\xi)\neq0$,$g''(\xi)\neq0$,故得

$$\frac{f(\xi)}{g(\xi)}=\frac{f''(\xi)}{g''(\xi)}.$$

【评注】连续 2 次运用罗尔定理.

258 设 $f(x)$ 在 $[a,b]$ 上连续,在 (a,b) 内可导,且 $f(a)\cdot f(b)>0$,$f(a)\cdot f\left(\dfrac{a+b}{2}\right)<0$,试证至少有一点 $\xi\in(a,b)$,使 $f'(\xi)=f(\xi)$.

知识点睛 0214 罗尔定理,0117 零点定理

证 因 $f(a)\cdot f(b)>0$,$f(a)\cdot f\left(\dfrac{a+b}{2}\right)<0$,则不妨设 $f(a)>0$,有 $f(b)>0$,$f\left(\dfrac{a+b}{2}\right)<0$.设 $F(x)=\mathrm{e}^{-x}f(x)$,则

$$F(a)=f(a)\mathrm{e}^{-a}>0,\quad F\left(\frac{a+b}{2}\right)=f\left(\frac{a+b}{2}\right)\mathrm{e}^{-\frac{a+b}{2}}<0,\quad F(b)=f(b)\mathrm{e}^{-b}>0.$$

所以,由零点定理知,存在 $\xi_1 \in \left(a, \dfrac{a+b}{2}\right), \xi_2 \in \left(\dfrac{a+b}{2}, b\right)$, 使 $F(\xi_1) = 0, F(\xi_2) = 0$. 再对 $F(x)$ 在区间 $[\xi_1, \xi_2]$ 上使用罗尔定理即得结果.

259 若 $f(x)$ 在 $[a, b]$ 上连续, 在 (a, b) 内二阶可导, $f(a) = f(b) = 0$, 且有 $c(a<c<b)$, 使 $f(c) > 0$. 则至少存在一点 $\xi \in (a, b)$, 使 $f''(\xi) < 0$.

知识点睛 0214 拉格朗日中值定理

证 因为 $f(x)$ 在 $[a, b]$ 上连续, 在 (a, b) 内二阶可导, 所以 $f(x)$ 满足拉格朗日中值定理的条件, 对函数 $f(x)$ 分别在 $[a, c]$, $[c, b]$ 上应用拉格朗日中值定理, 得

$$f'(\xi_1) = \frac{f(c) - f(a)}{c - a}, \xi_1 \in (a, c),$$

$$f'(\xi_2) = \frac{f(b) - f(c)}{b - c}, \xi_2 \in (c, b).$$

根据已知条件可知 $f'(\xi_1) > 0, f'(\xi_2) < 0$. 对 $f'(x)$ 在 $[\xi_1, \xi_2]$ 上再次应用拉格朗日中值定理, 至少存在一点 $\xi \in (a, b)$, 使 $f''(\xi) = \dfrac{f'(\xi_2) - f'(\xi_1)}{\xi_2 - \xi_1} < 0$.

260 设 $0 \leqslant a < b$, $f(x)$ 在 $[a, b]$ 上连续, 在 (a, b) 内可导, 证明: 在 (a, b) 内必有 ξ 与 η 使 $f'(\xi) = \dfrac{a+b}{2\eta} \cdot f'(\eta)$.

知识点睛 0214 罗尔定理, 拉格朗日中值定理

260 题精解视频

证法 1 首先, 由拉格朗日中值定理, 必有 $\xi \in (a, b)$ 使 $f'(\xi) = \dfrac{f(b) - f(a)}{b - a}$. 因此, 问题转化为须证: 存在 $\eta \in (a, b)$ 使

$$\frac{f(b) - f(a)}{b - a} = \frac{a+b}{2\eta} f'(\eta),$$

或

$$\frac{f(b) - f(a)}{b - a} \eta - \frac{a+b}{2} f'(\eta) = 0,$$

为此, 令

$$F(x) = \frac{f(b) - f(a)}{b - a} \cdot \frac{x^2}{2} - \frac{a+b}{2} f(x),$$

则 $F(x)$ 在 $[a, b]$ 上连续, 在 (a, b) 内可导且

$$F(a) = \frac{f(b) - f(a)}{b - a} \cdot \frac{a^2}{2} - \frac{a+b}{2} f(a)$$

$$= \frac{a^2 f(b) - b^2 f(a)}{2(b - a)} = F(b),$$

即 $F(x)$ 满足罗尔定理的条件, 则存在 $\eta \in (a, b)$ 使 $F'(\eta) = 0$.

证法 2 对 $f(x)$ 在 $[a, b]$ 上应用拉格朗日中值定理, 存在 $\xi \in (a, b)$, 使

$$f'(\xi) = \frac{f(b) - f(a)}{b - a}, \tag{①}$$

对 $f(x)$ 及 x^2 在 $[a, b]$ 上应用柯西中值定理, $\exists \eta \in (a, b)$, 使

$$\frac{f'(\eta)}{2\eta} = \frac{f(b) - f(a)}{b^2 - a^2}, \qquad ②$$

由①②两式,可得 $f'(\xi) = \dfrac{a+b}{2\eta} f'(\eta)$.

261 设 $f(x)$ 在 $[a, b]$ 上连续,在 (a,b) 内可导,且 $f(a) = f(b) = 1$.试证:存在 $\xi, \eta \in (a, b)$,使 $e^{\eta - \xi}[f(\eta) + f'(\eta)] = 1$.

知识点睛 0214 拉格朗日中值定理

证 令 $F(x) = e^x f(x)$,则 $F(x)$ 在 $[a, b]$ 上满足拉格朗日中值定理的条件,故存在 $\eta \in (a, b)$,使

$$\frac{e^b f(b) - e^a f(a)}{b - a} = e^\eta [f(\eta) + f'(\eta)].$$

由条件 $f(a) = f(b) = 1$,得

$$\frac{e^b - e^a}{b - a} = e^\eta [f(\eta) + f'(\eta)]. \qquad ①$$

再令 $\varphi(x) = e^x$,则 $\varphi(x)$ 在 $[a, b]$ 上满足拉格朗日中值定理的条件.故存在 $\xi \in (a, b)$,使

$$\frac{e^b - e^a}{b - a} = e^\xi. \qquad ②$$

综合①,②两式,有 $e^{\eta - \xi}[f(\eta) + f'(\eta)] = 1$.

262 设 $f(x)$ 在 $[0,1]$ 上具有二阶导数,且满足条件 $|f(x)| \leq a$,$|f''(x)| \leq b$,其中 a, b 都是非负常数,c 是 $(0,1)$ 内任意一点.

(1)写出点 c 处带拉格朗日型余项的一阶泰勒公式;

(2)证明 $|f'(c)| \leq 2a + \dfrac{b}{2}$.

知识点睛 0216 泰勒公式及应用

(1)解 $f(x) = f(c) + f'(c)(x-c) + \dfrac{f''(\xi)}{2!}(x-c)^2$,其中 $\xi = c + \theta(x-c)$ $(0 < \theta < 1)$.

(2)证 由(1)有

$$f(x) = f(c) + f'(c)(x - c) + \frac{f''(\xi)(x - c)^2}{2!}, \qquad ①$$

其中 $\xi = c + \theta(x-c)$,$0 < \theta < 1$.

在①式中,令 $x = 0$,则有

$$f(0) = f(c) + f'(c)(0 - c) + \frac{f''(\xi_1)(0 - c)^2}{2!}, \quad 0 < \xi_1 < c < 1. \qquad ②$$

在①式中,令 $x = 1$,则有

$$f(1) = f(c) + f'(c)(1 - c) + \frac{f''(\xi_2)(1 - c)^2}{2!}, \quad 0 < c < \xi_2 < 1. \qquad ③$$

②、③两式相减,得

$$f(1) - f(0) = f'(c) + \frac{1}{2!}[f''(\xi_2)(1-c)^2 - f''(\xi_1)c^2],$$

于是

$$\begin{aligned}
|f'(c)| &= \left| f(1) - f(0) - \frac{1}{2!}[f''(\xi_2)(1-c)^2 - f''(\xi_1)c^2] \right| \\
&\leqslant |f(1)| + |f(0)| + \frac{1}{2}|f''(\xi_2)|(1-c)^2 + \frac{1}{2}|f''(\xi_1)|c^2 \\
&\leqslant a + a + \frac{b}{2}[(1-c)^2 + c^2],
\end{aligned}$$

又因 $c \in (0,1)$，$(1-c)^2 + c^2 \leqslant 1$．故

$$|f'(c)| \leqslant 2a + \frac{b}{2}.$$

第九届数学竞赛决赛，11 分

263 设函数 $f(x)$ 在区间 $(0,1)$ 内连续，且存在两两互异的点 $x_1, x_2, x_3, x_4 \in (0,1)$，使得 $\alpha = \dfrac{f(x_1) - f(x_2)}{x_1 - x_2} < \dfrac{f(x_3) - f(x_4)}{x_3 - x_4} = \beta$．证明：对任意 $\lambda \in (\alpha, \beta)$，存在互异的点 $x_5, x_6 \in (0,1)$，使得 $\lambda = \dfrac{f(x_5) - f(x_6)}{x_5 - x_6}$．

知识点睛 0117 介值定理

证 不妨设 $x_1 < x_2 < x_3 < x_4$，考虑辅助函数

$$F(x) = \frac{f((1-t)x_2 + tx_4) - f((1-t)x_1 + tx_3)}{(1-t)(x_2 - x_1) + t(x_4 - x_3)},$$

则 $F(t)$ 在闭区间 $[0,1]$ 上连续，且 $F(0) = \alpha < \lambda < \beta = F(1)$．根据连续函数介值定理，存在 $t_0 \in (0,1)$，使得 $F(t_0) = \lambda$．令 $x_5 = (1-t_0)x_1 + t_0 x_3$，$x_6 = (1-t_0)x_2 + t_0 x_4$，则 $x_5, x_6 \in (0,1)$，$x_5 < x_6$，且

$$\lambda = F(t_0) = \frac{f(x_5) - f(x_6)}{x_5 - x_6}.$$

264 设 $f(x)$ 在点 $x = 0$ 的某个邻域内二阶可导，且 $\lim\limits_{x \to 0} \dfrac{\sin x + x f(x)}{x^3} = \dfrac{1}{2}$，试求：$f(0)$，$f'(0)$ 及 $f''(0)$ 的值.

264 题精解视频

知识点睛 0216 泰勒公式

解 因为

$$\sin x = x - \frac{x^3}{3!} + o(x^3), \quad f(x) = f(0) + f'(0)x + \frac{1}{2!}f''(0)x^2 + o(x^2),$$

所以，由 $\lim\limits_{x \to 0} \dfrac{\sin x + x f(x)}{x^3} = \dfrac{1}{2}$ 可知

$$\lim_{x \to 0} \frac{1}{x^3}\left[x - \frac{x^3}{3!} + o(x^3) + f(0)x + f'(0)x^2 + \frac{f''(0)}{2}x^3 + xo(x^2) \right]$$

$$= \lim_{x \to 0} \frac{1}{x^3}\left[(1 + f(0))x + f'(0)x^2 + \left(\frac{f''(0)}{2} - \frac{1}{6} \right)x^3 + o(x^3) \right] = \frac{1}{2},$$

所以 $1 + f(0) = 0$，$f'(0) = 0$，$\dfrac{f''(0)}{2} - \dfrac{1}{6} = \dfrac{1}{2}$.

故 $f(0) = -1, f'(0) = 0, f''(0) = \dfrac{4}{3}$.

【评注】此题不能连续两次使用洛必达法则求解.

265 就 k 的不同取值情况,确定方程 $x - \dfrac{\pi}{2}\sin x = k$ 在开区间 $\left(0, \dfrac{\pi}{2}\right)$ 内根的个数,并证明你的结论.

知识点睛 利用导数讨论方程根的个数

解 设 $f(x) = x - \dfrac{\pi}{2}\sin x$,则 $f(x)$ 在 $\left[0, \dfrac{\pi}{2}\right]$ 上连续.

由 $f'(x) = 1 - \dfrac{\pi}{2}\cos x = 0$ 解得 $f(x)$ 在 $\left(0, \dfrac{\pi}{2}\right)$ 内的唯一驻点 $x_0 = \arccos\dfrac{2}{\pi}$.

由于当 $x \in (0, x_0)$ 时,$f'(x) < 0$;当 $x \in \left(x_0, \dfrac{\pi}{2}\right)$ 时,$f'(x) > 0$.所以 $f(x)$ 在 $[0, x_0]$ 上单调减少,在 $\left[x_0, \dfrac{\pi}{2}\right]$ 上单调增加.因此,x_0 是 $f(x)$ 在 $\left(0, \dfrac{\pi}{2}\right)$ 内的唯一最小值点,最小值为 $y_0 = f(x_0) = x_0 - \dfrac{\pi}{2}\sin x_0$.又因 $f(0) = f\left(\dfrac{\pi}{2}\right) = 0$,故在 $\left(0, \dfrac{\pi}{2}\right)$ 内 $f(x)$ 的取值范围为 $(y_0, 0)$.

因此,当 $k \notin [y_0, 0)$,即 $k < y_0$ 或 $k \geqslant 0$ 时,原方程在 $\left(0, \dfrac{\pi}{2}\right)$ 内没有根;当 $k = y_0$ 时,原方程在 $\left(0, \dfrac{\pi}{2}\right)$ 内有唯一根 x_0;当 $k \in (y_0, 0)$ 时,原方程在 $(0, x_0)$ 和 $\left(x_0, \dfrac{\pi}{2}\right)$ 内各恰有一根,即原方程在 $\left(0, \dfrac{\pi}{2}\right)$ 内恰有两个不同的根.

【评注】本题主要考查利用导数分析函数图形的属性.令 $f(x) = x - \dfrac{\pi}{2}\sin x$,讨论方程 $f(x) = k$ 在开区间 $\left(0, \dfrac{\pi}{2}\right)$ 内根的个数,实际上只需研究函数 $f(x)$ 在 $\left(0, \dfrac{\pi}{2}\right)$ 上图形的特点,$f(x) = k$ 在开区间 $\left(0, \dfrac{\pi}{2}\right)$ 内根的个数即为直线 $y = k$ 与曲线 $y = f(x)$ 在区间 $\left(0, \dfrac{\pi}{2}\right)$ 内交点的个数.

2007 数学一、数学二、数学三,11 分

266 设函数 $f(x), g(x)$ 在 $[a, b]$ 上连续,在 (a, b) 内具有二阶导数且存在相等的最大值,$f(a) = g(a)$,$f(b) = g(b)$,证明:存在 $\xi \in (a, b)$,使得 $f''(\xi) = g''(\xi)$.

知识点睛 0214 罗尔定理

分析 若令 $F(x) = f(x) - g(x)$,则本题要证明存在 $\xi \in (a, b)$,使 $F''(\xi) = 0$,又 $F(a) = F(b) = 0$,若能证明存在 $\eta \in (a, b)$,使 $F(\eta) = 0$,对 $F(x)$ 反复应用罗尔定理可证明本题.

证法 1 令 $F(x) = f(x) - g(x)$,则 $F(a) = F(b) = 0$.

设 $f(x),g(x)$ 在 (a,b) 内的最大值为 M，且分别在 $\alpha\in(a,b),\beta\in(a,b)$ 取到，即 $f(\alpha)=M,g(\beta)=M$.

ⅰ）若 $\alpha=\beta$，取 $\eta=\alpha$，则 $F(\eta)=0$；

ⅱ）若 $\alpha\neq\beta$，则

$$F(\alpha)=f(\alpha)-g(\alpha)=M-g(\alpha)\geqslant 0,$$
$$F(\beta)=f(\beta)-g(\beta)=f(\beta)-M\leqslant 0.$$

此时，由连续函数介值定理知在 α 与 β 之间至少存在点 η，使 $F(\eta)=0$.

综上所述，存在 $\eta\in(a,b)$，使 $F(\eta)=0$.

由罗尔定理知存在 $\xi_1\in(a,\eta),\xi_2\in(\eta,b)$，使得 $F'(\xi_1)=0,F'(\xi_2)=0$. 再由罗尔定理得，存在 $\xi\in(\xi_1,\xi_2)\subset(a,b)$，使得 $F''(\xi)=0$，即 $f''(\xi)=g''(\xi)$.

证法 2 为证明存在 $\eta\in(a,b)$ 使 $F(\eta)=0$，用反证法，假设不存在 $\eta\in(a,b)$，使 $F(\eta)=0$，由 $F(x)$ 的连续性知对一切 $x\in(a,b)$，$F(x)$ 恒大于零或恒小于零，

不妨设 $F(x)>0$，设 $g(x)$ 在 $x_0\in(a,b)$ 取到最大值，则

$$F(x_0)=f(x_0)-g(x_0)>0, \quad \text{即} \quad f(x_0)>g(x_0).$$

从而可知 $f(x)$ 在 (a,b) 上的最大值必大于 $g(x)$ 在 (a,b) 上最大值，这与题设矛盾，故存在 $\eta\in(a,b)$，使 $F(\eta)=0$.

以下同证法 1.

【评注】本题证明完全的读者并不多，错误多种多样，主要有

（1）部分读者将题设"存在相等的最大值"误解为"不但最大值相等，而且取得最大值的点也相同"即存在 $\eta\in(a,b)$，使

$$f(\eta)=\max_{[a,b]}f(x), \quad g(\eta)=\max_{[a,b]}g(x),$$

这样 $f(\eta)=g(\eta)$，证明就简单多了，这显然是错误的.

（2）有些读者不考虑题设条件，直接用柯西中值定理（柯西中值定理要求某函数导数不为零）. 可能是受"只要题中有两个函数的导数等式，就用柯西中值定理"的误导.

267 （1）证明拉格朗日中值定理：若函数 $f(x)$ 在 $[a,b]$ 上连续，在 (a,b) 内可导，则存在点 $\xi\in(a,b)$，使得 $f(b)-f(a)=f'(\xi)(b-a)$；

（2）证明：若函数 $f(x)$ 在 $x=0$ 处连续，在 $(0,\delta)(\delta>0)$ 内可导，且 $\lim\limits_{x\to 0^+}f'(x)=A$，则 $f'_+(0)$ 存在，且 $f'_+(0)=A$.

2009 数学一、数学二、数学三，11 分

知识点睛 0201 导数的定义，0214 罗尔定理

（1）证 令 $F(x)=f(x)-\dfrac{f(b)-f(a)}{b-a}(x-a)$，由题设知 $F(x)$ 在 $[a,b]$ 上连续，在 (a,b) 内可导，且

$$F(a)=f(a)-\frac{f(b)-f(a)}{b-a}(a-a)=f(a),$$

$$F(b)=f(b)-\frac{f(b)-f(a)}{b-a}(b-a)=f(a).$$

根据罗尔定理，存在 $\xi\in(a,b)$，使得 $F'(\xi)=0$，即

$$f'(\xi) - \frac{f(b)-f(a)}{b-a} = 0,$$

故 $f(b)-f(a)=f'(\xi)(b-a)$.

（2）证法1

$$f'_+(0) = \lim_{x\to 0^+} \frac{f(x)-f(0)}{x} = \lim_{x\to 0^+} f'(\xi), \quad \xi \in (0,x).$$

由于 $\lim\limits_{x\to 0^+} f'(x) = A$，且当 $x\to 0^+$ 时，$\xi\to 0^+$，所以

$$f'_+(0) = \lim_{x\to 0^+} f'(\xi) = \lim_{\xi\to 0^+} f'(\xi) = A,$$

故 $f'_+(0)$ 存在，且 $f'_+(0)=A$.

证法2 $\quad f'_+(0) = \lim\limits_{x\to 0^+} \dfrac{f(x)-f(0)}{x}$ （右导数定义）

$$= \lim_{x\to 0^+} \frac{f'(x)}{1} \quad （洛必达法则）$$

$$= A.$$

【评注】辅助函数也可构造为

$$F(x) = f(x) - \frac{f(b)-f(a)}{b-a}x, \quad F(x) = [f(b)-f(a)]x - (b-a)f(x)$$

等.读者可细细体会.

Ⓚ 2013 数学一、数学二,10分

268题精解视频

268 设奇函数 $f(x)$ 在 $[-1,1]$ 上具有二阶导数，且 $f(1)=1$，证明：

（1）存在 $\xi\in(0,1)$，使得 $f'(\xi)=1$；

（2）存在 $\eta\in(-1,1)$，使得 $f''(\eta)+f'(\eta)=1$.

知识点睛 奇函数的导数是偶函数，偶函数的导数是奇函数，0214 罗尔定理、拉格朗日中值定理

（1）证 因为 $f(x)$ 是 $[-1,1]$ 上的奇函数，所以 $f(0)=0$.因为函数 $f(x)$ 在 $[0,1]$ 上可导，根据拉格朗日中值定理，存在 $\xi\in(0,1)$，使得

$$f(1)-f(0)=f'(\xi),$$

又因为 $f(1)=1$，所以 $f'(\xi)=1$.

（2）证法1 因为 $f(x)$ 是奇函数，所以 $f'(x)$ 是偶函数，故 $f'(-\xi)=f'(\xi)=1$.

令 $F(x)=[f'(x)-1]\mathrm{e}^x$，则 $F(x)$ 可导，且 $F(-\xi)=F(\xi)=0$.根据罗尔定理，存在 $\eta\in(-\xi,\xi)\subset(-1,1)$，使得 $F'(\eta)=0$.由 $F'(\eta)=[f''(\eta)+f'(\eta)-1]\mathrm{e}^\eta$ 且 $\mathrm{e}^\eta\neq 0$，得 $f''(\eta)+f'(\eta)=1$.

证法2 因为 $f(x)$ 是 $[-1,1]$ 上的奇函数，所以 $f'(x)$ 是偶函数，令

$$F(x)=f'(x)+f(x)-x,$$

则 $F(x)$ 在 $[-1,1]$ 上可导，且

$$F(1)=f'(1)+f(1)-1=f'(1),$$

$$F(-1)=f'(-1)+f(-1)+1=f'(1)-f(1)+1=f'(1).$$

由罗尔定理可知，存在 $\eta\in(-1,1)$，使得 $F'(\eta)=0$.由 $F'(x)=f''(x)+f'(x)-1$，知

$$f''(\eta)+f'(\eta)-1=0, \quad 即 \quad f''(\eta)+f'(\eta)=1.$$

【评注】本题是一道微分中值定理的证明题,其难点在于(2)中辅助函数的构造.欲证 $f''(\eta)+f'(\eta)=1$,只要证 $f''(\eta)+(f'(\eta)-1)=0$,即 $[(f'(x)-1)'+(f'(x)-1)]\big|_{x=\eta}=0$,因此,应考虑辅助函数 $F(x)=[f'(x)-1]e^x$;另一种思路是欲证 $f''(\eta)+f'(\eta)=1$,只要证 $f''(\eta)+f'(\eta)-1=0$,因此,应考虑辅助函数 $F(x)=f'(x)+f(x)-x$.

269 设函数 $f(x)$ 在 $[0,3]$ 上连续,在 $(0,3)$ 内存在二阶导数,且 $2f(0)=\int_0^2 f(x)\,dx=f(2)+f(3)$,

K 2010 数学三,10 分

(Ⅰ)证明:存在 $\eta\in(0,2)$,使 $f(\eta)=f(0)$;

(Ⅱ)证明:存在 $\xi\in(0,3)$,使得 $f''(\xi)=0$.

知识点睛 0214 罗尔定理、拉格朗日中值定理,0304 积分中值定理

分析 对(Ⅰ)只要证明存在 $\eta\in(0,2)$,使 $\int_0^2 f(x)\,dx=2f(\eta)$,这是积分中值定理的推广,因为这里要求 η 属于开区间 $(0,2)$,而不是闭区间 $[0,2]$.

对(Ⅱ)只要能证明 $f(x)$ 在 $[0,3]$ 上有三个点函数值相等,反复应用罗尔定理即可证明.

证 (Ⅰ) 设 $F(x)=\int_0^x f(t)\,dt$ $(0\leqslant x\leqslant 2)$,则

$$\int_0^2 f(x)\,dx=F(2)-F(0).$$

由拉格朗日中值定理知,存在 $\eta\in(0,2)$,使

$$F(2)-F(0)=2F'(\eta)=2f(\eta),$$

即

$$\int_0^2 f(x)\,dx=2f(\eta).$$

由题设 $2f(0)=\int_0^2 f(x)\,dx$ 知,$f(\eta)=f(0)$.

(Ⅱ)由于 $f(x)$ 在 $[2,3]$ 上连续,则 $f(x)$ 在 $[2,3]$ 上有最大值 M 和最小值 m,从而有

$$m\leqslant\frac{f(2)+f(3)}{2}\leqslant M.$$

由连续函数的介值定理知,存在 $c\in[2,3]$,使

$$f(c)=\frac{f(2)+f(3)}{2},$$

由(Ⅰ)的结果知

$$f(0)=f(\eta)=f(c)\quad(0<\eta<c),$$

根据罗尔定理,存在 $\xi_1\in(0,\eta)$,$\xi_2\in(\eta,c)$,使 $f'(\xi_1)=0$,$f'(\xi_2)=0$.再根据罗尔定理,存在 $\xi\in(\xi_1,\xi_2)\subset(0,3)$,使 $f''(\xi)=0$.

【评注】本题是一道综合题,主要考查罗尔定理、拉格朗日中值定理、连续函数的最大最小值定理及介值定理的应用.读者的主要错误是

(1)部分读者在证(Ⅰ)时,直接用一般教材上的积分中值定理,得

$$\int_0^2 f(x)\,\mathrm{d}x = 2f(\eta)\quad (0 \leqslant \eta \leqslant 2),$$

由此得 $f(\eta)=f(0)$，但 η 的范围没有说明在开区间 $(0,2)$ 内.

（2）部分读者在证明（Ⅱ）时，将题设条件"$\dfrac{f(2)+f(3)}{2}=f(0)$"变形为"$f(2)-f(0)+f(3)-f(0)=0$"，由拉格朗日定理得 $2f'(\xi_1)+3f'(\xi_2)=0$，$\xi_1 \in (0,2)$，$\xi_2 \in (0,3)$. 由此推得 $f'(\xi_1)$ 与 $f'(\xi_2)$ 异号，再由导函数 $f'(x)$ 的介值性知存在 $\xi_3 \in (\xi_1,\xi_2)$，使 $f'(\xi_3)=0$. 由（Ⅰ）的结论易推得存在 $\xi_4 \in (0,\eta)$，使 $f'(\xi_4)=0$. 从而存在 $\xi \in (\xi_4,\xi_3)$，使 $f''(\xi)=0$.

由于上述 ξ_1,ξ_2 存在的区间具有公共部分，不能保证 ξ_1,ξ_2 是两个不同的点，所以这个证明是不对的.

由（Ⅰ）的证明可得到一个"升级版"积分中值定理：

若 $f(x)$ 在 $[a,b]$ 上连续，则

$$\int_a^b f(x)\,\mathrm{d}x = f(\xi)(b-a)\quad (a < \xi < b),$$

注意这里的 ξ 是在开区间，该结论以后可直接用，在很多问题中会带来方便.

Ⓚ 1998 数学三，6分

270　设函数 $f(x)$ 在 $[a,b]$ 上连续，在 (a,b) 内可导，且 $f'(x)\neq 0$. 试证存在 ξ，$\eta \in (a,b)$，使得

$$\frac{f'(\xi)}{f'(\eta)} = \frac{\mathrm{e}^b-\mathrm{e}^a}{b-a}\mathrm{e}^{-\eta}.$$

知识点睛　0214 拉格朗日中值定理，0215 柯西中值定理

270 题精解视频

分析　这种证明存在两个点 $\xi,\eta \in (a,b)$（即双中值），又不要求 $\xi \neq \eta$，往往在 (a,b) 上要用两次中值定理，一般是用拉格朗日中值定理和柯西中值定理，为此，把含有 ξ 和含有 η 的项分离到等式两边作分析，即 $f'(\xi)=\dfrac{\mathrm{e}^b-\mathrm{e}^a}{b-a}\dfrac{f'(\eta)}{\mathrm{e}^\eta}$.

证　对 $f(x)$ 在 $[a,b]$ 上用拉格朗日中值定理，存在 $\xi \in (a,b)$，使

$$\frac{f(b)-f(a)}{b-a}=f'(\xi).$$

对 $f(x)$ 和 e^x 在 $[a,b]$ 上用柯西中值定理，存在 $\eta \in (a,b)$，使

$$\frac{f(b)-f(a)}{\mathrm{e}^b-\mathrm{e}^a}=\frac{f'(\eta)}{\mathrm{e}^\eta},$$

即 $f(b)-f(a)=(\mathrm{e}^b-\mathrm{e}^a)\cdot\dfrac{f'(\eta)}{\mathrm{e}^\eta}$，从而有 $(b-a)f'(\xi)=(\mathrm{e}^b-\mathrm{e}^a)\dfrac{f'(\eta)}{\mathrm{e}^\eta}$，故

$$\frac{f'(\xi)}{f'(\eta)}=\frac{\mathrm{e}^b-\mathrm{e}^a}{b-a}\mathrm{e}^{-\eta}.$$

Ⓚ 2008 数学二，11分

271　（Ⅰ）证明积分中值定理：若函数 $f(x)$ 在闭区间 $[a,b]$ 上连续，则至少存在一点 $\eta \in [a,b]$，使得 $\displaystyle\int_a^b f(x)\,\mathrm{d}x = f(\eta)(b-a)$.

（Ⅱ）若函数 $\varphi(x)$ 具有二阶导数，且满足 $\varphi(2) > \varphi(1)$，$\varphi(2) > \displaystyle\int_2^3 \varphi(x)\,\mathrm{d}x$，则至

少存在一点 $\xi \in (1,3)$,使得 $\varphi''(\xi) < 0$.

知识点睛 0117 介值定理,0214 拉格朗日中值定理

证 (Ⅰ)设 M 与 m 为连续函数 $f(x)$ 在区间 $[a,b]$ 上的最大值和最小值,则

$$m \leqslant f(x) \leqslant M, \quad x \in [a,b].$$

由定积分性质,得

$$m(b-a) \leqslant \int_a^b f(x)\mathrm{d}x \leqslant M(b-a),$$

即 $m \leqslant \dfrac{\displaystyle\int_a^b f(x)\mathrm{d}x}{b-a} \leqslant M$,由连续函数的介值定理,至少存在一点 $\eta \in [a,b]$,使得

$$f(\eta) = \frac{\displaystyle\int_a^b f(x)\mathrm{d}x}{b-a},$$

即 $\displaystyle\int_a^b f(x)\mathrm{d}x = f(\eta)(b-a)$.

(Ⅱ)由(Ⅰ)的结论可知,存在 $\eta \in [2,3]$,使

$$\int_2^3 \varphi(x)\mathrm{d}x = \varphi(\eta)(3-2) = \varphi(\eta),$$

又由 $\varphi(2) > \displaystyle\int_2^3 \varphi(x)\mathrm{d}x = \varphi(\eta)$ 知,$\eta \in (2,3]$.

对 $\varphi(x)$ 在 $[1,2]$ 和 $[2,\eta]$ 上分别应用拉格朗日中值定理,并注意到 $\varphi(1)<\varphi(2)$,$\varphi(\eta)<\varphi(2)$,

$$\frac{\varphi(2)-\varphi(1)}{2-1} = \varphi'(\xi_1) > 0 \quad (1 < \xi_1 < 2),$$

$$\frac{\varphi(\eta)-\varphi(2)}{\eta-2} = \varphi'(\xi_2) < 0 \quad (2 < \xi_2 < \eta),$$

在区间 $[\xi_1,\xi_2]$ 上对 $\varphi'(x)$ 应用拉格朗日中值定理,得

$$\frac{\varphi'(\xi_2)-\varphi'(\xi_1)}{\xi_2-\xi_1} = \varphi''(\xi)<0, \ \xi \in (\xi_1,\xi_2) \subset (1,3).$$

272 设函数 $f(x)$ 在闭区间 $[0,1]$ 上连续,在开区间 $(0,1)$ 内可导,且 $f(0)=0$,$f(1)=\dfrac{1}{3}$,证明:存在 $\xi \in \left(0,\dfrac{1}{2}\right)$,$\eta \in \left(\dfrac{1}{2},1\right)$,使得

$$f'(\xi)+f'(\eta) = \xi^2+\eta^2.$$

Ⓚ2010 数学二,10 分

272 题精解视频

知识点睛 0214 拉格朗日中值定理

分析 将要证的结论改写成 $f'(\xi)-\xi^2+f'(\eta)-\eta^2=0$.若令 $F(x)=f(x)-\dfrac{1}{3}x^3$,即就是要证 $F'(\xi)+F'(\eta)=0$.

证 令 $F(x)=f(x)-\dfrac{1}{3}x^3$,由题知 $F(0)=F(1)=0$.在区间 $\left[0,\dfrac{1}{2}\right]$ 和 $\left[\dfrac{1}{2},1\right]$ 上分别对 $F(x)$ 用拉格朗日中值定理,得

$$\frac{F\left(\frac{1}{2}\right) - F(0)}{\frac{1}{2} - 0} = F'(\xi), \quad \xi \in \left(0, \frac{1}{2}\right),$$

$$\frac{F(1) - F\left(\frac{1}{2}\right)}{1 - \frac{1}{2}} = F'(\eta), \quad \eta \in \left(\frac{1}{2}, 1\right).$$

则

$$F'(\xi) + F'(\eta) = \frac{F\left(\frac{1}{2}\right) - F(0)}{\frac{1}{2}} + \frac{F(1) - F\left(\frac{1}{2}\right)}{1 - \frac{1}{2}} = \frac{F(1) - F(0)}{\frac{1}{2}} = 0,$$

即

$$F'(\xi) + F'(\eta) = 0, \quad f'(\xi) - \xi^2 + f'(\eta) - \eta^2 = 0.$$

故 $f'(\xi) + f'(\eta) = \xi^2 + \eta^2$.

K 2015 数学二, 11 分

273 已知函数 $f(x) = \int_x^1 \sqrt{1 + t^2}\, \mathrm{d}t + \int_1^{x^2} \sqrt{1 + t}\, \mathrm{d}t$, 求 $f(x)$ 零点的个数.

知识点睛 利用导数讨论函数零点的个数

解 因为 $f(x) = \int_x^1 \sqrt{1 + t^2}\, \mathrm{d}t + \int_1^{x^2} \sqrt{1 + t}\, \mathrm{d}t$, 所以

$$f'(x) = -\sqrt{1 + x^2} + 2x\sqrt{1 + x^2} = (2x - 1)\sqrt{1 + x^2}.$$

令 $f'(x) = 0$, 得 $x = \frac{1}{2}$.

当 $x \in \left(-\infty, \frac{1}{2}\right)$, $f'(x) < 0$, $f(x)$ 单调减少, 在该区间上 $f(x)$ 最多一个零点.

当 $x \in \left(\frac{1}{2}, +\infty\right)$, $f'(x) > 0$, $f(x)$ 单调增加, 在该区间上 $f(x)$ 最多一个零点.

$$f(0) = \int_0^1 \sqrt{1 + x^2}\, \mathrm{d}x + \int_1^0 \sqrt{1 + x}\, \mathrm{d}x = \int_0^1 \left(\sqrt{1 + x^2} - \sqrt{1 + x}\right) \mathrm{d}x < 0.$$

又 $f(-1) = \int_{-1}^1 \sqrt{1 + x^2}\, \mathrm{d}x = 2\int_0^1 \sqrt{1 + x^2}\, \mathrm{d}x > 0$, 则 $f(x)$ 在 $(-1, 0)$ 上至少有一个零点, 且

$$f(1) = \int_1^1 \sqrt{1 + x^2}\, \mathrm{d}x + \int_1^1 \sqrt{1 + x}\, \mathrm{d}x = 0,$$

故 $f(x)$ 共有两个零点.

K 2019 数学二, 11 分

274 已知函数 $f(x)$ 在 $[0, 1]$ 上具有 2 阶导数, 且 $f(0) = 0$, $f(1) = 1$, $\int_0^1 f(x)\, \mathrm{d}x = 1$, 证明:

(I) 存在 $\xi \in (0, 1)$, 使得 $f'(\xi) = 0$;

(II) 存在 $\eta \in (0, 1)$, 使得 $f''(\eta) < -2$.

知识点睛 0216 泰勒公式, 0304 定积分中值定理

证 (I) 由于 $f(x)$ 在 $[0, 1]$ 上连续, 则在该区间上必有最大值, 设其最大值在 ξ 点

取到,由

$$\int_0^1 f(x)\,\mathrm{d}x = 1,$$

可知 $f(\xi)>1$,否则对一切 $x\in[0,1]$,有 $f(x)\leqslant 1$,又 $f(0)=0$,由此可知

$$\int_0^1 f(x)\,\mathrm{d}x < 1.$$

这与题设矛盾,所以 $f(\xi)>1$.又 $f(0)=0$,$f(1)=1$,则 $\xi\in(0,1)$,从而

$$f'(\xi)=0.$$

(Ⅱ)由泰勒公式可知

$$f(x)=f(\xi)+f'(\xi)(x-\xi)+\frac{f''(\eta)}{2!}(x-\xi)^2,$$

令 $x=0$,得

$$0=f(\xi)+\frac{f''(\eta)}{2!}\xi^2,$$

则

$$f''(\eta)=(-2)\frac{f(\xi)}{\xi^2}.$$

由于 $f(\xi)>1$,则 $\dfrac{f(\xi)}{\xi^2}>1$,故

$$f''(\eta)<-2.$$

微分中值定理小结

微分中值定理证明题通常主要是三类问题:

1.证明存在一个点 ξ,使 $F[\xi,f(\xi),f'(\xi)]=0$.

这类问题一般是构造辅助函数用罗尔定理(如题268)或用拉格朗日中值定理(如题272).常用的辅助函数有:

要证明的结论	可考虑的辅助函数
$\xi f'(\xi)+f(\xi)=0$	$xf(x)$
$\xi f'(\xi)+nf(\xi)=0$	$x^n f(x)$
$\xi f'(\xi)-f(\xi)=0$	$\dfrac{f(x)}{x}$
$\xi f'(\xi)-nf(\xi)=0$	$\dfrac{f(x)}{x^n}$
$f'(\xi)+\lambda f(\xi)=0$	$\mathrm{e}^{\lambda x}f(x)$
$f'(\xi)+f(\xi)=0$	$\mathrm{e}^x f(x)$
$f'(\xi)-f(\xi)=0$	$\mathrm{e}^{-x}f(x)$

2.证明存在两个点 ξ,η（双中值）使 $F(\xi,f(\xi),f'(\xi),\eta,f(\eta),f'(\eta))=0$.

这里又可分为两种问题:

(1)不要求 $\xi\neq\eta$

这种问题通常是在同一区间 $[a,b]$ 上用两次微分中值定理,一般是用拉格朗日中值定理和柯西中值定理,具体如何用要将要证结论中含有 ξ 的项和含有 η 的项分离开然后再确定.

(2)要求 $\xi \neq \eta$(如题 272)

这种问题不能在同一区间 $[a,b]$ 上用两次中值定理,因为无法证明 $\xi \neq \eta$.通常要将原区间 $[a,b]$ 分成两个区间 $[a,c]$ 和 $[c,b]$,然后在 $[a,c]$ 和 $[c,b]$ 上分别用拉格朗日中值定理.这里分点 c 的选取是关键,题 272 中较明显,$c=\dfrac{1}{2}$.

3.有关泰勒中值定理的证明题

一般来说,当题设条件或要证的结论中出现二阶或二阶以上导数往往要用泰勒中值定理.

Ⓚ 2013 数学三,
10 分

275　设函数 $f(x)$ 在 $[0,+\infty)$ 上可导,$f(0)=0$ 且 $\lim\limits_{x\to+\infty}f(x)=2$,证明

(Ⅰ)存在 $a>0$,使得 $f(a)=1$;

(Ⅱ)对(Ⅰ)中的 a,存在 $\xi \in(0,a)$,使得 $f'(\xi)=\dfrac{1}{a}$.

知识点睛　0117 介值定理,0214 拉格朗日中值定理

证　(Ⅰ)因为 $\lim\limits_{x\to+\infty}f(x)=2$,所以存在 $x_0>0$,使得 $f(x_0)>1$.

因为 $f(x)$ 在 $[0,+\infty)$ 上可导,所以 $f(x)$ 在 $[0,+\infty)$ 上连续.

又 $f(0)=0$,根据连续函数的介值定理,存在 $a\in(0,x_0)$,使得 $f(a)=1$.

(Ⅱ)因为函数 $f(x)$ 在区间 $[0,a]$ 上可导,根据拉格朗日中值定理,存在 $\xi \in(0,a)$,使得

$$f(a)-f(0)=af'(\xi),$$

又因为 $f(0)=0$,$f(a)=1$,所以 $f'(\xi)=\dfrac{1}{a}$.

【评注】本题主要考查拉格朗日中值定理,连续函数的零点定理及极限的局部保号性.

Ⓚ 2005 数学一,
数学二,12 分

276 题精解视频

276　已知函数 $f(x)$ 在 $[0,1]$ 上连续,在 $(0,1)$ 内可导,且 $f(0)=0$,$f(1)=1$.证明:

(Ⅰ)存在 $\xi \in(0,1)$,使得 $f(\xi)=1-\xi$;

(Ⅱ)存在两个不同的点 $\eta,\zeta \in(0,1)$,使得 $f'(\eta)f'(\zeta)=1$.

知识点睛　0117 介值定理,0214 拉格朗日中值定理

证　(Ⅰ)令 $F(x)=f(x)-1+x$,$x\in[0,1]$,由题设知,$F(x)$ 在 $[0,1]$ 上连续,又

$$F(0)=f(0)-1=-1<0,\quad F(1)=f(1)=1>0,$$

由连续函数的零点定理知,存在 $\xi \in(0,1)$,使得 $F(\xi)=0$,即

$$f(\xi)=1-\xi.$$

(Ⅱ)在区间 $[0,\xi]$ 和 $[\xi,1]$ 上分别对 $f(x)$ 用拉格朗日中值定理,得

$$\frac{f(\xi)-f(0)}{\xi}=f'(\eta),\quad \eta \in(0,\xi),$$

$$\frac{f(1) - f(\xi)}{1 - \xi} = f'(\zeta), \quad \zeta \in (\xi, 1).$$

此时, $f'(\eta)f'(\zeta) = \dfrac{f(\xi) - f(0)}{\xi} \cdot \dfrac{f(1) - f(\xi)}{1 - \xi} = \dfrac{f(\xi)}{1 - \xi} \cdot \dfrac{1 - f(\xi)}{\xi} = 1.$

277 设 $f(x)$ 在 $[a, b]$ 上连续, 在 (a, b) 内可导, 且有 $f(a) = a$, $\displaystyle\int_a^b f(x)\mathrm{d}x = \dfrac{1}{2}(b^2 - a^2)$, 求证: 在 (a, b) 内至少有一点 ξ, 使得

$$f'(\xi) = f(\xi) - \xi + 1.$$

知识点睛 0214 罗尔定理, 0304 定积分中值定理

证 由题意,

$$\int_a^b f(x)\mathrm{d}x = \frac{1}{2}(b^2 - a^2) \Rightarrow \int_a^b (f(x) - x)\mathrm{d}x = 0,$$

对上面的右式应用积分中值定理, $\exists c \in (a, b)$, 使得

$$\int_a^b (f(x) - x)\mathrm{d}x = (f(c) - c)(b - a) = 0.$$

于是, $f(c) - c = 0 (a < c < b)$. 做辅助函数

$$F(x) = \mathrm{e}^{-x}(f(x) - x),$$

则 $F(a) = F(c) = 0$, 且 $F(x)$ 在 $[a, c]$ 上连续, 在 (a, c) 内可导, 应用罗尔定理, $\exists \xi \in (a, c) \subset (a, b)$, 使得 $F'(\xi) = 0$. 因为

$$F'(x) = \mathrm{e}^{-x}(f'(x) - 1 - f(x) + x),$$

所以 $F'(\xi) = \mathrm{e}^{-\xi}(f'(\xi) - 1 - f(\xi) + \xi) = 0$, 即

$$f'(\xi) = f(\xi) - \xi + 1.$$

278 已知函数 $f(x)$ 在 $[0, 1]$ 上三阶可导, 且 $f(0) = -1$, $f(1) = 0$, $f'(0) = 0$, 试证: 至少存在一点 $\xi \in (0, 1)$, 使

$$f(x) = -1 + x^2 + \frac{x^2(x-1)}{3!}f'''(\xi), \quad x \in (0, 1).$$

知识点睛 0214 罗尔定理

证 令 $F(t) = f(t) - t^2 + 1 - \dfrac{t^2(t-1)}{x^2(x-1)}[f(x) - x^2 + 1]$, $x \in (0, 1)$, 则 $F(t)$ 在 $[0, 1]$ 上连续, 在 $(0, 1)$ 内可导, 且 $F(0) = F(x) = F(1) = 0$. 在 $[0, x]$ 与 $[x, 1]$ 上对 $F(t)$ 分别应用罗尔定理, $\exists \xi_1 \in (0, x)$, $\xi_2 \in (x, 1)$, 使得

$$F'(\xi_1) = 0, F'(\xi_2) = 0 \quad \text{且} \quad F'(0) = 0.$$

又 $F'(t)$ 在 $[0, 1]$ 上连续, 在 $(0, 1)$ 内可导, 因此再在 $[0, \xi_1]$ 与 $[\xi_1, \xi_2]$ 上对 $F'(t)$ 分别应用罗尔定理, $\exists \eta_1 \in (0, \xi_1)$, $\eta_2 \in (\xi_1, \xi_2)$, 使得

$$F''(\eta_1) = 0, \quad F''(\eta_2) = 0.$$

由于 $F''(t)$ 在 $[0, 1]$ 上连续, 在 $(0, 1)$ 内可导, 再在 $[\eta_1, \eta_2]$ 上对 $F''(t)$ 应用罗尔定理知, $\exists \xi \in (\eta_1, \eta_2) \subset (0, 1)$, 使 $F'''(\xi) = 0$, 而 $F'''(t) = f'''(t) - \dfrac{3!}{x^2(x-1)}[f(x) - x^2 + 1]$, 故 $\exists \xi \in (0, 1)$, 使

$$f(x) = -1 + x^2 + \frac{x^2(x-1)}{3!} f'''(\xi).$$

279   设 $f(x)$ 三阶可导, 且 $f'''(a) \neq 0$,

$$f(x) = f(a) + f'(x)(x-a) + \frac{f''[a+\theta(x-a)]}{2}(x-a)^2 \quad (0 < \theta < 1), \qquad ①$$

证明: $\lim\limits_{x \to a} \theta = \dfrac{1}{3}$.

知识点睛   0216 泰勒公式

证   把 $f(x)$ 及 $f''(x)$ 在 $x = a$ 处展为泰勒公式:

$$f(x) = f(a) + f'(a)(x-a) + \frac{f''(a)}{2!}(x-a)^2 + \frac{f'''(a)}{3!}(x-a)^3 + o((x-a)^3), \qquad ②$$

$$f''(x) = f''(a) + f'''(a)(x-a) + o(x-a). \qquad ③$$

把 $x = a + \theta(x-a)$ 代入③式, 得

$$f''[a+\theta(x-a)] = f''(a) + f'''(a)\theta(x-a) + o(x-a). \qquad ④$$

另一方面, 由①式 - ②式, 得

$$f''[a+\theta(x-a)] = f''(a) + \frac{f'''(a)}{3}(x-a) + o(x-a), \qquad ⑤$$

④式、⑤式联立, 得

$$\frac{1}{3}f'''(a)(x-a) + o(x-a) = f'''(a)\theta(x-a) + o(x-a),$$

所以 $\lim\limits_{x \to a} \theta = \dfrac{1}{3}$.

280 题精解视频

280   求 $\lim\limits_{x \to \infty} \left(\dfrac{a_1^{\frac{1}{x}} + a_2^{\frac{1}{x}} + \cdots + a_n^{\frac{1}{x}}}{n} \right)^{nx}$ (其中 $a_1, a_2, \cdots, a_n > 0$).

知识点睛   0217 洛必达法则

解   设 $y = \left(\dfrac{a_1^{\frac{1}{x}} + a_2^{\frac{1}{x}} + \cdots + a_n^{\frac{1}{x}}}{n} \right)^{nx}$, 则

$$\ln y = nx \left[\ln\left(a_1^{\frac{1}{x}} + a_2^{\frac{1}{x}} + \cdots + a_n^{\frac{1}{x}} \right) - \ln n \right],$$

$$\lim\limits_{x \to \infty} \ln y = \lim\limits_{x \to \infty} \left\{ nx \left[\ln\left(a_1^{\frac{1}{x}} + a_2^{\frac{1}{x}} + \cdots + a_n^{\frac{1}{x}} \right) - \ln n \right] \right\}$$

$$= n \lim\limits_{x \to \infty} \frac{\ln\left(a_1^{\frac{1}{x}} + a_2^{\frac{1}{x}} + \cdots + a_n^{\frac{1}{x}} \right) - \ln n}{\frac{1}{x}}$$

$$= n \lim\limits_{x \to \infty} \frac{\frac{1}{a_1^{\frac{1}{x}} + a_2^{\frac{1}{x}} + \cdots + a_n^{\frac{1}{x}}}}{-\frac{1}{x^2}} \cdot \left[a_1^{\frac{1}{x}}\left(-\frac{1}{x^2} \right) \ln a_1 + \cdots + a_n^{\frac{1}{x}}\left(-\frac{1}{x^2} \right) \ln a_n \right]$$

$$= n \lim_{x \to \infty} \frac{a_1^{\frac{1}{x}} \ln a_1 + \cdots + a_n^{\frac{1}{x}} \ln a_n}{a_1^{\frac{1}{x}} + a_2^{\frac{1}{x}} + \cdots + a_n^{\frac{1}{x}}} = n \frac{\ln a_1 + \cdots + \ln a_n}{n} = \ln(a_1 a_2 \cdots a_n),$$

所以 $\lim\limits_{x \to \infty} y = \mathrm{e}^{\ln(a_1 a_2 \cdots a_n)} = a_1 a_2 \cdots a_n.$

281 已知方程 $\dfrac{1}{\ln(1+x)} - \dfrac{1}{x} = k$ 在区间 $(0,1)$ 内有实根,确定常数 k 的取值范围. Ⓚ 2017 数学三, 10 分

知识点睛 利用导数讨论方程的根

解 令 $f(x) = \dfrac{1}{\ln(1+x)} - \dfrac{1}{x}, x \in (0,1)$,则

$$f'(x) = -\frac{1}{(1+x)\ln^2(1+x)} + \frac{1}{x^2} = \frac{(1+x)\ln^2(1+x) - x^2}{x^2(1+x)\ln^2(1+x)}.$$

令 $g(x) = (1+x)\ln^2(1+x) - x^2$,则

$$g'(x) = \ln^2(1+x) + 2\ln(1+x) - 2x,$$

$$g''(x) = \frac{2\ln(1+x)}{1+x} + \frac{2}{1+x} - 2 = \frac{2}{1+x}[\ln(1+x) - x] < 0, x \in (0,1).$$

又 $g(0) = 0, g'(0) = 0$,则 $g(x) < 0, x \in (0,1)$.

$f'(x) < 0, x \in (0,1), f(x)$ 在 $(0,1]$ 上单调减少,有

$$\lim_{x \to 0^+} f(x) = \lim_{x \to 0^+} \left[\frac{1}{\ln(1+x)} - \frac{1}{x} \right] = \lim_{x \to 0^+} \frac{x - \ln(1+x)}{x\ln(1+x)}$$

$$= \lim_{x \to 0^+} \frac{\frac{1}{2}x^2}{x^2} = \frac{1}{2},$$

且 $f(1) = \dfrac{1}{\ln 2} - 1$,则

$$\frac{1}{\ln 2} - 1 < f(x) < \frac{1}{2} \quad x \in (0,1).$$

由此可得 $\dfrac{1}{\ln 2} - 1 < k < \dfrac{1}{2}$.

282 讨论曲线 $y = 4\ln x + k$ 与 $y = 4x + \ln^4 x$ 的交点个数. Ⓚ 2003 数学二, 12 分

知识点睛 利用导数讨论方程根的个数

分析 问题等价于讨论方程 $\ln^4 x - 4\ln x + 4x - k = 0$ 在 $(0, +\infty)$ 内实根的个数.

解 令 $\varphi(x) = \ln^4 x - 4\ln x + 4x - k$,则

$$\varphi'(x) = \frac{4\ln^3 x}{x} - \frac{4}{x} + 4 = \frac{4}{x}(\ln^3 x - 1 + x),$$

显然,$\varphi'(1) = 0$,且当 $0 < x < 1$ 时,$\varphi'(x) < 0, \varphi(x)$ 单调减少,当 $1 < x < +\infty$ 时,$\varphi'(x) > 0$,$\varphi(x)$ 单调增加.又

$$\lim_{x \to 0^+} \varphi(x) = \lim_{x \to 0^+} [\ln x(\ln^3 x - 4) + 4x - k] = +\infty,$$

$$\lim_{x \to +\infty} \varphi(x) = \lim_{x \to +\infty} [\ln x(\ln^3 x - 4) + 4x - k] = +\infty.$$

$\varphi(1) = 4 - k$,则

（1）当 $4-k>0$，即 $k<4$ 时，$\varphi(x)$ 无零点；

（2）当 $4-k=0$，即 $k=4$ 时，$\varphi(x)$ 有一个零点；

（3）当 $4-k<0$，即 $k>4$ 时，$\varphi(x)$ 有两个零点.

综上所述，当 $k<4$ 时，两条曲线没有交点；当 $k=4$ 时，两条曲线只有一个交点；当 $k>4$ 时，两条曲线有两个交点.

283　（Ⅰ）证明方程 $x^n+x^{n-1}+\cdots+x=1$（n 为大于 1 的整数）在区间 $\left(\dfrac{1}{2},1\right)$ 内有且仅有一个实根；

2012 数学二，10 分

（Ⅱ）记（Ⅰ）中的实根为 x_n，证明 $\lim\limits_{n\to\infty}x_n$ 存在，并求此极限.

知识点睛　0117 介值定理（零点定理），0108 数列极限存在准则——单调有界定理

（Ⅰ）证　令 $f(x)=x^n+x^{n-1}+\cdots+x-1$（$n>1$），则 $f(x)$ 在 $\left[\dfrac{1}{2},1\right]$ 上连续，且

$$f\left(\frac{1}{2}\right)=\frac{\dfrac{1}{2}\left(1-\dfrac{1}{2^n}\right)}{1-\dfrac{1}{2}}-1=-\frac{1}{2^n}<0,\quad f(1)=n-1>0,$$

由连续函数的零点定理知，方程 $f(x)=0$ 在 $\left(\dfrac{1}{2},1\right)$ 内至少有一个实根.当 $x\in\left(\dfrac{1}{2},1\right)$ 时，

$$f'(x)=nx^{n-1}+(n-1)x^{n-2}+\cdots+2x+1>0,$$

故 $f(x)$ 在 $\left(\dfrac{1}{2},1\right)$ 内单调增加.

综上所述，方程 $f(x)=0$ 在 $\left(\dfrac{1}{2},1\right)$ 内有且仅有一个实根.

（Ⅱ）解　由 $x_n\in\left(\dfrac{1}{2},1\right)$ 知数列 $\{x_n\}$ 有界，又

$$x_n^n+x_n^{n-1}+\cdots+x_n=1,$$
$$x_{n+1}^{n+1}+x_{n+1}^n+x_{n+1}^{n-1}+\cdots+x_{n+1}=1.$$

因为 $x_{n+1}^{n+1}>0$，所以

$$x_n^n+x_n^{n-1}+\cdots+x_n>x_{n+1}^n+x_{n+1}^{n-1}+\cdots+x_{n+1},$$

于是有 $x_n>x_{n+1}$，$n=1,2,\cdots$，即 $\{x_n\}$ 单调减少.

综上所述，数列 $\{x_n\}$ 单调有界，故 $\{x_n\}$ 收敛.

记 $a=\lim\limits_{n\to\infty}x_n$，由于 $x_n^n+x_n^{n-1}+\cdots+x_n=1$，则 $\dfrac{x_n-x_n^{n+1}}{1-x_n}=1$，令 $n\to\infty$ 并注意到 $\dfrac{1}{2}<x_n<x_1<1$，

则有 $\dfrac{a}{1-a}=1$，解得 $a=\dfrac{1}{2}$，即 $\lim\limits_{n\to\infty}x_n=\dfrac{1}{2}$.

2018 数学二，10 分

284　已知常数 $k\geqslant\ln 2-1$.证明：$(x-1)(x-\ln^2 x+2k\ln x-1)\geqslant0$.

知识点睛　利用单调性证明不等式

解　设 $f(x)=x-\ln^2 x+2k\ln x-1$，$x\in(0,+\infty)$ 则

$$f'(x) = 1 - \frac{2\ln x}{x} + \frac{2k}{x} = \frac{x - 2\ln x + 2k}{x}.$$

设 $g(x) = x - 2\ln x + 2k$, 则 $g'(x) = 1 - \frac{2}{x}$. 当 $0 < x < 2$, $g'(x) < 0$, $g(x)$ 单调减少；当 $2 < x < +\infty$, $g'(x) > 0$, $g(x)$ 单调增加. $g(x)$ 在 $x = 2$ 处取最小值,

$$g(2) = 2 - 2\ln 2 + 2k = 2(k - \ln 2 + 1) \geqslant 0,$$

则 $f'(x) \geqslant 0$, $x \in (0, +\infty)$. 所以 $f(x)$ 单调增加, 又 $f(1) = 0$, 则当 $x \in (0, 1)$ 时, $f(x) < 0$；当 $x \in (1, +\infty)$ 时, $f(x) > 0$, 从而 $(x - 1)f(x) \geqslant 0$, 即

$$(x - 1)(x - \ln^2 x + 2k\ln x - 1) \geqslant 0.$$

285 若 $f''(x)$ 不变号, 且曲线 $y = f(x)$ 在点 $(1,1)$ 处的曲率圆为 $x^2 + y^2 = 2$, 则函数 $f(x)$ 在区间 $(1,2)$ 内( ). 2009 数学二, 4 分

(A) 有极值点, 无零点 (B) 无极值点, 有零点

(C) 有极值点, 有零点 (D) 无极值点, 无零点

知识点睛 0117 介值定理(零点定理)

解法 1 等式 $x^2 + y^2 = 2$ 两端对 x 求导, 得

$$2x + 2yy' = 0, \quad y'(1) = -1.$$

再求导得 $2 + 2(y')^2 + 2yy'' = 0$, $y''(1) = -2$. 即 $f'(1) = -1$, $f''(1) = -2$, 由于 $f''(x)$ 不变号, 则 $f''(x) < 0$, 从而 $f'(x)$ 单调减, 又 $f'(1) = -1 < 0$, 则

$$f'(x) < 0, \quad x \in (1, 2).$$

$f(x)$ 在 $(1,2)$ 上单调减, 从而也就无极值, 又 $f(1) = 1 > 0$,

$$f(2) = f(2) - f(1) + f(1) = f'(\xi) + f(1) \quad (1 < \xi < 2),$$
$$< f'(1) + 1 = 0,$$

由连续函数零点定理知, $f(x)$ 在 $(1,2)$ 内有零点.

解法 2 由题设知曲线 $y = f(x)$ 及曲率圆如 285 题图所示, 且 $f''(x) < 0$, 曲线 $y = f(x)$ 在点 $(1,1)$ 的切线 l 的方程为 $x + y = 2$, 则 $f'(1) = -1 < 0$, 又 $f''(x) < 0$ 则 $f'(x) < 0(1 < x < 2)$, $f(x)$ 单调减, 则 $f(x)$ 在 $(1,2)$ 上无极值, 又 $f''(x) < 0$, 则曲线是凸的, 则曲线 $y = f(x)$ 应在切线 $x + y = 2$ 的下方, 则曲线 $y = f(x)$ 在 $(1,2)$ 内和 x 轴有交点, 故 $f(x)$ 在区间 $(1,2)$ 内无极值有零点. 应选(B).

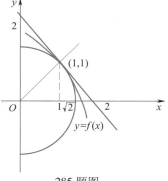

285 题图

【评注】 本题是一道综合题, 有一定难度. $f(x)$ 有无零点的问题就是方程 $f(x) = 0$ 有无实根的问题, 本题是利用连续函数零点定理说明了 $f(x) = 0$ 有实根.

286 证明: 若 $f(x)$ 在 $[a, b]$ 上存在二阶导数, 且 $f'(a) = f'(b) = 0$, 则存在 $\xi \in (a, b)$, 使 $|f''(\xi)| \geqslant \frac{4}{(b-a)^2}|f(b) - f(a)|$.

知识点睛 0216 泰勒公式

证 将 $f\left(\frac{a+b}{2}\right)$ 分别在点 a 和点 b 泰勒展开, 得

$$f\left(\frac{a+b}{2}\right)=f(a)+\frac{f''(\xi_1)}{2}\left(\frac{b-a}{2}\right)^2, \quad \xi_1 \in \left(a,\frac{a+b}{2}\right),$$

$$f\left(\frac{a+b}{2}\right)=f(b)+\frac{f''(\xi_2)}{2}\left(\frac{b-a}{2}\right)^2, \quad \xi_2 \in \left(\frac{a+b}{2},b\right).$$

令 $|f''(\xi)|=\max\{|f''(\xi_1)|,|f''(\xi_2)|\}$,则

$$|f(b)-f(a)|=\left|\frac{f''(\xi_1)}{2}-\frac{f''(\xi_2)}{2}\right|\cdot\frac{(b-a)^2}{4}\leqslant|f''(\xi)|\frac{(b-a)^2}{4},$$

即存在 $\xi\in(a,b)$,使 $|f''(\xi)|\geqslant\dfrac{4}{(b-a)^2}|f(b)-f(a)|$.

Ⓚ 2017 数学一、
数学二,10 分

287 设函数 $f(x)$ 在区间 $[0,1]$ 上具有 2 阶导数,且 $f(1)>0$,$\lim\limits_{x\to0^+}\dfrac{f(x)}{x}<0$,证明:

(Ⅰ)方程 $f(x)=0$ 在区间 $(0,1)$ 内至少存在一个实根;

(Ⅱ)方程 $f(x)f''(x)+[f'(x)]^2=0$ 在区间 $(0,1)$ 内至少存在两个不同实根.

知识点睛　0117 介值定理(零点定理),0214 罗尔定理

证　(Ⅰ)由 $\lim\limits_{x\to0^+}\dfrac{f(x)}{x}<0$ 及极限保号性知,存在 $\delta>0$,在 $(0,\delta)$ 内 $\dfrac{f(x)}{x}<0$,则存在 $x_1\in(0,\delta)$ 使 $f(x_1)<0$.又 $f(1)>0$,由连续函数零点定理知至少存在 $\xi\in(x_1,1)$,使 $f(\xi)=0$,即方程 $f(x)=0$ 在区间 $(0,1)$ 内至少存在一个实根.

(Ⅱ)令 $F(x)=f(x)f'(x)$,则

$$F'(x)=f(x)f''(x)+[f'(x)]^2.$$

又由 $\lim\limits_{x\to0^+}\dfrac{f(x)}{x}$ 存在,且分母趋于零,则 $\lim\limits_{x\to0^+}f(x)=f(0)=0$,又 $f(\xi)=0$,由罗尔定理知存在 $\eta\in(0,\xi)$,使 $f'(\eta)=0$,则

$$F(0)=f(0)f'(0)=0,F(\eta)=f(\eta)f'(\eta)=0,F(\xi)=f(\xi)f'(\xi)=0.$$

由罗尔定理知,存在 $\eta_1\in(0,\eta)$,使 $F'(\eta_1)=0$,存在 $\eta_2\in(\eta,\xi)$,使 $F'(\eta_2)=0$,即 η_1 和 η_2 是方程

$$f(x)f''(x)+[f'(x)]^2=0$$

的两个不同的实根,原题得证.

Ⓚ 2011 数学一,
10 分

288 求方程 $k\arctan x-x=0$ 不同实根的个数,其中 k 为参数.

知识点睛　利用导数讨论方程根的个数

解法 1　令 $f(x)=k\arctan x-x$,则 $f(x)$ 是 $(-\infty,+\infty)$ 上的奇函数,则其零点关于原点对称,因此,只需讨论 $f(x)$ 在 $[0,+\infty)$ 上的零点个数.

又 $f(0)=0$,$f'(x)=\dfrac{k}{1+x^2}-1=\dfrac{k-1-x^2}{1+x^2}$.

(1)当 $k-1\leqslant0$,即 $k\leqslant1$,$f'(x)<0(x>0)$,$f(x)$ 在 $(0,+\infty)$ 上无零点.

(2)当 $k-1>0$,即 $k>1$ 时,在 $(0,\sqrt{k-1})$ 内 $f'(x)>0$,又 $f(0)=0$,则 $f(\sqrt{k-1})>0$,在 $(\sqrt{k-1},+\infty)$ 内 $f'(x)<0$,又

$$\lim_{x\to+\infty}f(x)=\lim_{x\to+\infty}(k\arctan x-x)=-\infty,$$

则 $f(x)$ 在 $(\sqrt{k-1},+\infty)$ 内有一个零点.

综上所述,当 $k \leqslant 1$ 时原方程有一个实根,当 $k>1$ 时,原方程有三个实根.

解法 2 $f(x)=k\arctan x-x$ 是奇函数,只需讨论 $f(x)$ 在 $(0,+\infty)$ 内零点个数,为此,令

$$g(x)=\frac{x}{\arctan x}-k, \quad x \in(0,+\infty).$$

$g(x)$ 与 $f(x)$ 在 $(0,+\infty)$ 内零点个数相同,又

$$g'(x)=\frac{\arctan x-\dfrac{x}{1+x^2}}{(\arctan x)^2}=\frac{(1+x^2)\arctan x-x}{(1+x^2)(\arctan x)^2}.$$

令 $\varphi(x)=(1+x^2)\arctan x-x$,则 $\varphi'(x)=2x\arctan x>0,x \in(0,+\infty)$. $\varphi(0)=0$,则 $\varphi(x)>0$,从而 $g'(x)>0$,$g(x)$ 在 $(0,+\infty)$ 上单调增加,又

$$\lim_{x \to 0^+}g(x)=\lim_{x \to 0^+}\left(\frac{x}{\arctan x}-k\right)=1-k,$$

$$\lim_{x \to +\infty}f(x)=\lim_{x \to +\infty}\left(\frac{x}{\arctan x}-k\right)=+\infty.$$

(1) 若 $k \leqslant 1$,$g(x)$ 在 $(0,+\infty)$ 无零点,原方程有唯一实根 $x=0$;

(2) 若 $k>1$,$g(x)$ 在 $(0,+\infty)$ 内有唯一零点,原方程有三个实根.

289 讨论函数 $f(x)=\ln x-ax(a>0)$ 有几个零点?

分析 讨论函数的零点问题,也就是讨论函数曲线与 x 轴的交点问题,此类问题通常可由函数的单调性、极值及连续函数的介值定理等来判定.

知识点睛 利用导数讨论方程根的个数

解 令 $f'(x)=\dfrac{1}{x}-a=0$,得驻点 $x=\dfrac{1}{a}$.

当 $0<x<\dfrac{1}{a}$ 时,$f'(x)>0$,即 $f(x)$ 单调增加;当 $x>\dfrac{1}{a}$ 时,$f'(x)<0$,即 $f(x)$ 单调减少,因此 $f\left(\dfrac{1}{a}\right)=\ln\dfrac{1}{a}-1$ 为 $f(x)$ 极大值,亦为最大值.

又可判断当 $x \to 0^+$ 或 $x \to +\infty$ 时,$f(x)\to-\infty$,从而依据连续函数的介值定理,得

(1) 当 $f\left(\dfrac{1}{a}\right)>0$,即 $a<\dfrac{1}{e}$ 时,曲线 $f(x)$ 与 x 轴在区间 $\left(0,\dfrac{1}{a}\right)$ 与 $\left(\dfrac{1}{a},+\infty\right)$ 上各有一个交点,即 $f(x)$ 有二个零点;

(2) 当 $f\left(\dfrac{1}{a}\right)=0$,即 $a=\dfrac{1}{e}$ 时,曲线 $f(x)$ 与 x 轴仅有一个交点,即 $f(x)$ 仅有一个零点;

(3) 当 $f\left(\dfrac{1}{a}\right)<0$,即 $a>\dfrac{1}{e}$ 时,曲线 $f(x)$ 与 x 轴无交点,即 $f(x)$ 没有零点.

290 设函数 $f(x)$ 在 $[0,1]$ 上二阶可导,且 $\int_0^1 f(x)\,dx=0$,则( ).

2018 数学二、数学三,4 分

(A) 当 $f'(x)<0$ 时，$f\left(\dfrac{1}{2}\right)<0$ (B) 当 $f''(x)<0$ 时，$f\left(\dfrac{1}{2}\right)<0$

(C) 当 $f'(x)>0$ 时，$f\left(\dfrac{1}{2}\right)<0$ (D) 当 $f''(x)>0$ 时，$f\left(\dfrac{1}{2}\right)<0$

知识点睛 0216 泰勒公式

解法 1 $f(x)=f\left(\dfrac{1}{2}\right)+f'\left(\dfrac{1}{2}\right)\left(x-\dfrac{1}{2}\right)+\dfrac{f''(\xi)}{2!}\left(x-\dfrac{1}{2}\right)^2$，$\xi$ 在 $\dfrac{1}{2}$ 与 x 之间，

$$\int_0^1 f(x)\,\mathrm{d}x = \int_0^1 f\left(\frac{1}{2}\right)\mathrm{d}x + \int_0^1 f'\left(\frac{1}{2}\right)\left(x-\frac{1}{2}\right)\mathrm{d}x + \frac{1}{2!}\int_0^1 f''(\xi)\left(x-\frac{1}{2}\right)^2\mathrm{d}x$$

$$= f\left(\frac{1}{2}\right) + \frac{1}{2}\int_0^1 f''(\xi)\left(x-\frac{1}{2}\right)^2\mathrm{d}x.$$

若 $f''(x)>0$，则 $\int_0^1 f''(\xi)\left(x-\dfrac{1}{2}\right)^2\mathrm{d}x>0$，由 $\int_0^1 f(x)\,\mathrm{d}x=0$ 知，$f\left(\dfrac{1}{2}\right)<0$.

解法 2 排除法. 令 $f(x)=-\left(x-\dfrac{1}{2}\right)$，显然 $f'(x)=-1<0$，$\int_0^1 f(x)\,\mathrm{d}x=0$，但

$f\left(\dfrac{1}{2}\right)=0$，则（A）不正确.

令 $f(x)=x-\dfrac{1}{2}$，则 $f'(x)=1>0$，$\int_0^1 f(x)\,\mathrm{d}x=0$. 但 $f\left(\dfrac{1}{2}\right)=0$，则（C）不正确.

令 $f(x)=-x^2+\dfrac{1}{3}$，则 $f''(x)=-2<0$，$\int_0^1 f(x)\,\mathrm{d}x=0$，但 $f\left(\dfrac{1}{2}\right)=-\dfrac{1}{4}+\dfrac{1}{3}>0$，则

（B）不正确. 应选（D）.

291 设 $f(x)$ 在 $[0,1]$ 上二阶可导，且 $f(0)=f(1)=0$. $f(x)$ 在 $[0,1]$ 上的最小值
等于 -1，试证至少存在一点 $\xi\in(0,1)$，使 $f''(\xi)\geqslant 8$.

知识点睛 0216 泰勒公式

证 由题设存在 $a\in(0,1)$，使 $f(a)=-1$，$f'(a)=0$. 利用泰勒公式

$$f(x)=f(a)+f'(a)(x-a)+\frac{f''(\xi)}{2!}(x-a)^2=-1+\frac{f''(\xi)}{2}(x-a)^2,$$

令 $x=0,x=1$，得

$$0=-1+\frac{f''(\xi_1)}{2}a^2, \qquad 0<\xi_1<a. \tag{①}$$

$$0=-1+\frac{f''(\xi_2)}{2}(1-a)^2, \quad a<\xi_2<1. \tag{②}$$

若 $0<a<\dfrac{1}{2}$，由①式得 $f''(\xi_1)>8$；若 $\dfrac{1}{2}\leqslant a<1$，由②式得 $f''(\xi_2)\geqslant 8$，故结论成立.

291 题精解视频

【评注】用泰勒公式时，x_0 的选取是关键. 若证明结果中不含一阶导数时，x_0 可考虑
选取为题设条件已知一阶导数的点或隐含为一阶导数已知的点. 若是积分不等式，还可考
虑选取 $x_0=\dfrac{a+b}{2}$，因为 $\int_a^b f'(x_0)\left(x-\dfrac{a+b}{2}\right)\mathrm{d}x=0$，积分后可把含有 $f'(x_0)$ 的项消去.

292 设 $f(x)=x^2(x-1)^2(x-3)^2$，试问曲线 $y=f(x)$ 有几个拐点，证明你的结论.

知识点睛 0222 函数图形的拐点

解 令 $u(x)=x(x-1)(x-3)$，则 $f(x)=u^2,f'(x)=2u(x)u'(x),u'(x)=3x^2-8x+3.$
令 $u'(x)=0$，解得 $x=\dfrac{4\pm\sqrt{7}}{3}$，所以 $f'(x)$ 有 5 个零点：$x=0,\dfrac{4-\sqrt{7}}{3},1,\dfrac{4+\sqrt{7}}{3},3.$ 应用罗尔定理，在 $f'(x)$ 的相邻零点之间必有 $f''(x)$ 的零点，所以 $f''(x)$ 至少有 4 个零点，但由于 $f''(x)$ 是 4 次多项式，故 $f''(x)=0$ 最多有 4 个实根.因此 $f''(x)$ 恰有 4 个零点，分别位于 $\left(0,\dfrac{4-\sqrt{7}}{3}\right),\left(\dfrac{4-\sqrt{7}}{3},1\right),\left(1,\dfrac{4+\sqrt{7}}{3}\right),\left(\dfrac{4+\sqrt{7}}{3},3\right)$ 内.

由于 $f(x)$ 是多项式，它的一阶导数、二阶导数都是连续的. $x=0,1,3$ 显然是 $f(x)$ 的极小值点.由连续函数的最值定理，$f(x)$ 在 $[0,1],[1,3]$ 内分别有最大值，且其最大值点应是 $f'(x)$ 的零点，所以 $x=\dfrac{4-\sqrt{7}}{3},\dfrac{4+\sqrt{7}}{3}$ 是 $f(x)$ 的极大值点.

由于 $f(x)$ 在极小值点 $x=0,1,3$ 的附近是凹的，在极大值点 $x=\dfrac{4-\sqrt{7}}{3},\dfrac{4+\sqrt{7}}{3}$ 的附近是凸的，所以 $f''(x)$ 的 4 个零点左、右两侧的凹凸性改变，故 $f(x)$ 恰有 4 个拐点.由 $f(x)$ 的简图也可见此结论（如 292 题图所示）.

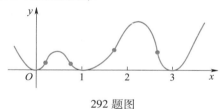

292 题图

293 设 $f(x)$ 连续，$\varphi(x)=\displaystyle\int_0^1 f(xt)\,dt$ 且 $\lim\limits_{x\to 0}\dfrac{f(x)}{x}=A$（$A$ 为常数），求 $\varphi'(x)$ 并讨论 $\varphi'(x)$ 在 $x=0$ 处的连续性.

第一届数学竞赛,15 分

1997 数学一、数学二,8 分

293 题精解视频

知识点睛 0217 洛必达法则，0305 换元积分法，0307 积分上限函数及其导数

分析 首先通过变量代换将 $\varphi(x)$ 化为积分上限的函数，然后求 $\varphi'(x)$ 并讨论 $\varphi'(x)$ 的连续性.

解 由 $\lim\limits_{x\to 0}\dfrac{f(x)}{x}=A$ 及 $f(x)$ 的连续性知，$f(0)=0$，从而有
$$\varphi(0)=\int_0^1 f(0)\,dt=0.$$

当 $x\neq 0$ 时，令 $xt=u$，则 $t=\dfrac{u}{x},dt=\dfrac{du}{x}$，于是
$$\varphi(x)=\frac{\displaystyle\int_0^x f(u)\,du}{x},$$

$$\varphi'(x) = \frac{xf(x) - \int_0^x f(u)\,du}{x^2}, x \neq 0,$$

且

$$\varphi'(0) = \lim_{x \to 0} \frac{\varphi(x) - \varphi(0)}{x} = \lim_{x \to 0} \frac{\int_0^x f(u)\,du}{x^2} = \lim_{x \to 0} \frac{f(x)}{2x} = \frac{A}{2}.$$

由于

$$\lim_{x \to 0}\varphi'(x) = \lim_{x \to 0} \frac{xf(x) - \int_0^x f(u)\,du}{x^2} = \lim_{x \to 0} \frac{f(x)}{x} - \lim_{x \to 0} \frac{\int_0^x f(u)\,du}{x^2}$$

$$= A - \frac{A}{2} = \frac{A}{2} = \varphi'(0),$$

则 $\varphi'(x)$ 在 $x=0$ 处连续.

【评注】这是一道综合性很强的考题,主要考查定积分的换元法、变上限积分求导、洛必达法则、导数定义及函数连续性的概念.读者的主要问题有:

(1) 部分读者不会由 $\lim\limits_{x \to 0} \dfrac{f(x)}{x} = A$ 得出 $f(0) = 0$,从而得出 $\varphi(0) = 0$ 的结论.

(2) 部分读者不分 $x = 0$ 和 $x \neq 0$,得出 $\varphi(x) \xlongequal{xt = u} \dfrac{\int_0^x f(u)\,du}{x}$,从而得 $\varphi'(0)$ 不存在,故 $\varphi'(x)$ 在 $x = 0$ 处不连续.

(3) 有的读者在求 $\lim\limits_{x \to 0}\varphi'(x)$ 时,不是拆项求极限,而是直接用洛必达法则

$$\lim_{x \to 0}\varphi'(x) = \lim_{x \to 0} \frac{xf'(x) + f(x) - f(x)}{2x} = \frac{1}{2}\lim_{x \to 0}f'(x).$$

这显然是错误的,因为原题只假设 $f(x)$ 连续,而 $f'(x)$ 不一定存在.

♩第二届数学
竞赛预赛,15分

294 设函数 $f(x)$ 在 $(-\infty, +\infty)$ 上具有二阶导数,并且

$$f''(x) > 0, \quad \lim_{x \to +\infty} f'(x) = \alpha > 0, \quad \lim_{x \to -\infty} f'(x) = \beta < 0,$$

且存在一点 x_0,使得 $f(x_0) < 0$.证明:方程 $f(x) = 0$ 在 $(-\infty, +\infty)$ 恰有两个实根.

知识点睛 0117 介值定理,0214 罗尔定理

证法 1 由 $\lim\limits_{x \to +\infty} f'(x) = \alpha > 0$ 知,必有一个充分大的 $a > x_0$,使得 $f'(a) > 0$.

由 $f''(x) > 0$ 知 $y = f(x)$ 是凹函数,从而

$$f(x) > f(a) + f'(a)(x - a), \quad x > a.$$

当 $x \to +\infty$ 时,

$$f(a) + f'(a)(x - a) \to +\infty,$$

故存在 $b > a$,使得

$$f(b) > f(a) + f'(a)(b - a) > 0.$$

同理,由 $\lim\limits_{x \to -\infty} f'(x) = \beta < 0$,必有 $c > x_0$,使得 $f'(c) < 0$.

由 $f''(x)>0$ 知 $y=f(x)$ 是凹函数,从而
$$f(x)>f(c)+f'(c)(x-c), \quad x<c.$$
当 $x\to-\infty$ 时,
$$f(c)+f'(c)(x-c)\to+\infty,$$
故存在 $d<c$,使得
$$f(d)>f(c)+f'(c)(d-c)>0.$$

在 $[x_0,b]$ 和 $[d,x_0]$ 利用零点定理,$\exists x_1\in(x_0,b)$,$\exists x_2\in(d,x_0)$ 使得 $f(x_1)=f(x_2)=0$.

下面证明方程 $f(x)=0$ 在 $(-\infty,+\infty)$ 只有两个实根.

用反证法.假设方程 $f(x)=0$ 在 $(-\infty,+\infty)$ 内有 3 个实根,不妨设为 x_1,x_2,x_3 且 $x_1<x_2<x_3$.对 $f(x)$ 在区间 $[x_1,x_2]$ 和 $[x_2,x_3]$ 上分别应用罗尔定理,则各至少存在一点 $\xi_1(x_1<\xi_1<x_2)$ 和 $\xi_2(x_2<\xi_2<x_3)$,使得 $f'(\xi_1)=f'(\xi_2)=0$.再对 $f'(x)$ 在区间 $[\xi_1,\xi_2]$ 上应用罗尔定理,则至少存在一点 $\eta(\xi_1<\eta<\xi_2)$,使 $f''(\eta)=0$.此与条件 $f''(x)>0$ 矛盾.从而方程 $f(x)=0$ 在 $(-\infty,+\infty)$ 不能多于两个实根.

证法 2 先证方程 $f(x)=0$ 至少有两个实根.由 $\lim\limits_{x\to+\infty}f'(x)=\alpha>0$,必有一个充分大的 $a>x_0$,使得 $f'(a)>0$.

因 $f(x)$ 在 $(-\infty,+\infty)$ 上具有二阶导数,故 $f'(x)$ 在 $(-\infty,+\infty)$ 连续.由拉格朗日中值定理,对于 $x>a$,有
$$\begin{aligned}f(x)-[f(a)+f'(a)(x-a)]&=f(x)-f(a)-f'(a)(x-a)\\&=f'(\xi)(x-a)-f'(a)(x-a)\\&=[f'(\xi)-f'(a)](x-a)\\&=f''(\eta)(\xi-a)(x-a),\end{aligned}$$
其中,$a<\xi<x,a<\eta<x$.注意到 $f''(\eta)>0$(因为 $f''(x)>0$),则
$$f(x)>f(a)+f'(a)(x-a), \quad x>a.$$
又因 $f'(a)>0$,故存在 $b>a$,使得
$$f(b)>f(a)+f'(a)(b-a)>0.$$
又已知 $f(x_0)<0$,由连续函数的介值定理,至少存在一点 $x_1(x_0<x_1<b)$ 使得 $f(x_1)=0$,即方程 $f(x)=0$ 在 $(x_0,+\infty)$ 上至少有一个根 x_1.

同理可证方程 $f(x)=0$ 在 $(-\infty,x_0)$ 上至少有一个根 x_2.

下面证明方程 $f(x)=0$ 在 $(-\infty,+\infty)$ 只有两个实根.(以下同证法 1.)

第三届数学竞赛预赛,15 分

295 题精解视频

295 设函数 $f(x)$ 在闭区间 $[-1,1]$ 上具有连续的三阶导数,且 $f(-1)=0,f(1)=1,f'(0)=0$.求证:在开区间 $(-1,1)$ 内至少存在一点 x_0,使得 $f'''(x_0)=3$.

知识点晴 0216 泰勒公式

证 由麦克劳林公式,得
$$f(x)=f(0)+\frac{f''(0)}{2!}x^2+\frac{f'''(\eta)}{3!}x^3, \quad \eta \text{ 介于 } 0 \text{ 与 } x \text{ 之间},x\in[-1,1].$$

在上式中分别取 $x=1$ 和 $x=-1$,得
$$1=f(1)=f(0)+\frac{f''(0)}{2!}+\frac{f'''(\eta_1)}{3!}, \quad 0<\eta_1<1,$$

$$0 = f(-1) = f(0) + \frac{f''(0)}{2!} - \frac{f'''(\eta_2)}{3!}, \quad -1 < \eta_2 < 0,$$

上两式相减,得

$$f'''(\eta_1) + f'''(\eta_2) = 6.$$

由于 $f'''(x)$ 在闭区间 $[-1,1]$ 上连续,因此 $f'''(x)$ 在闭区间 $[\eta_2,\eta_1]$ 上有最大值 M 和最小值 m,从而 $m \leqslant \frac{1}{2}(f'''(\eta_1) + f'''(\eta_2)) \leqslant M$,再由连续函数的介值定理,至少存在一点 $x_0 \in [\eta_2, \eta_1] \subset (-1,1)$,使得

$$f'''(x_0) = \frac{1}{2}(f'''(\eta_1) + f'''(\eta_2)) = 3.$$

第五届数学
竞赛预赛,6 分

296 题精解视频

296 设函数 $y = y(x)$ 由 $x^3 + 3x^2 y - 2y^3 = 2$ 所确定,求 $y(x)$ 的极值.

知识点睛 0218 函数的极值

解 方程两边对 x 求导,得 $3x^2 + 6xy + 3x^2 y' - 6y^2 y' = 0$,故 $y' = \frac{x(x+2y)}{2y^2 - x^2}$,令 $y' = 0$,得 $x = 0$ 或 $x = -2y$.

将 $x = 0$ 和 $x = -2y$ 代入所给方程,得 $\begin{cases} x = 0, \\ y = -1 \end{cases}$ 和 $\begin{cases} x = -2, \\ y = 1. \end{cases}$ 又

$$y'' = \frac{(2y^2 - x^2)(2x + 2xy' + 2y) - (x^2 + 2xy)(4yy' - 2x)}{(2y^2 - x^2)^2} \Bigg|_{\substack{x=0 \\ y=-1}} = -1 < 0, \quad y'' \Bigg|_{\substack{x=-2 \\ y=1}} > 0,$$

故 $y(0) = -1$ 为极大值, $y(-2) = 1$ 为极小值.

第四届数学
竞赛预赛,12 分

297 题精解视频

297 设函数 $f(x)$ 的二阶导数连续,且 $f''(x) > 0$, $f(0) = 0$, $f'(0) = 0$,求 $\lim\limits_{x \to 0} \dfrac{x^3 f(u)}{f(x) \sin^3 u}$,其中 u 是曲线 $y = f(x)$ 在点 $P(x, f(x))$ 处的切线在 x 轴上的截距.

知识点睛 0216 泰勒公式

解 曲线 $y = f(x)$ 在点 $P(x, f(x))$ 处的切线方程为

$$Y - f(x) = f'(x)(X - x),$$

令 $Y = 0$,则有 $X = x - \dfrac{f(x)}{f'(x)}$,由此 $u = x - \dfrac{f(x)}{f'(x)}$,且有

$$\lim_{x \to 0} u = \lim_{x \to 0} \left(x - \frac{f(x)}{f'(x)} \right) = -\lim_{x \to 0} \frac{\dfrac{f(x) - f(0)}{x}}{\dfrac{f'(x) - f'(0)}{x}} = \frac{f'(0)}{f''(0)} = 0.$$

由 $f(x)$ 在 $x = 0$ 处的二阶泰勒公式

$$f(x) = f(0) + f'(0)x + \frac{f''(0)}{2}x^2 + o(x^2) = \frac{f''(0)}{2}x^2 + o(x^2),$$

得

$$\lim_{x \to 0} \frac{u}{x} = 1 - \lim_{x \to 0} \frac{f(x)}{xf'(x)} = 1 - \lim_{x \to 0} \frac{\dfrac{f''(0)}{2}x^2 + o(x^2)}{xf'(x)}$$

$$= 1 - \lim_{x \to 0} \frac{\dfrac{f''(0)}{2} + \dfrac{o(x^2)}{x^2}}{\dfrac{f'(x) - f'(0)}{x}}$$

$$= 1 - \frac{1}{2} \frac{f''(0)}{f''(0)} = \frac{1}{2},$$

故

$$\lim_{x \to 0} \frac{x^3 f(u)}{f(x) \sin^3 u} = \lim_{x \to 0} \frac{x^3 \left(\dfrac{f''(0)}{2} u^2 + o(u^2) \right)}{u^3 \left(\dfrac{f''(0)}{2} x^2 + o(x^2) \right)} = \lim_{x \to 0} \frac{x}{u} = 2.$$

298 设 $f(x) = e^x \sin 2x$，求 $f^{(4)}(0)$.

第八届数学竞赛预赛, 6 分

知识点睛 0216 泰勒公式

解 将 e^x 和 $\sin 2x$ 展开为带有佩亚诺型余项的麦克劳林公式，有

$$f(x) = \left(1 + x + \frac{1}{2!} x^2 + \frac{1}{3!} x^3 + o(x^3) \right) \cdot \left(2x - \frac{1}{3!} (2x)^3 + o(x^4) \right)$$

$$= 2x + 2x^2 + \left(1 - \frac{2^3}{3!} \right) x^3 + \left(\frac{2}{3!} - \frac{2^3}{3!} \right) x^4 + o(x^4),$$

所以有 $\dfrac{f^{(4)}(0)}{4!} = \dfrac{2}{3!} - \dfrac{8}{3!} = -1$，即 $f^{(4)}(0) = -24$.

299 设函数 $f(x) = (x+1)^n e^{-x^2}$，则 $f^{(n)}(-1) = $ _____.

第十二届数学竞赛预赛, 6 分

知识点睛 0209 高阶导数

解 利用布莱尼茨求导法则，得

$$f^{(n)}(x) = n! e^{-x^2} + \sum_{k=0}^{n-1} C_n^k \left[(x+1)^n \right]^{(k)} \left(e^{-x^2} \right)^{(n-k)},$$

所以 $f^{(n)}(-1) = \dfrac{n!}{e}$. 应填 $\dfrac{n!}{e}$.

300 设 $f(x)$ 有二阶连续导数，且 $f(0) = f'(0) = 0$，$f''(0) = 6$，求 $\lim_{x \to 0} \dfrac{f(\sin^2 x)}{x^4}$.

第九届数学竞赛预赛, 7 分

知识点睛 0216 泰勒公式

解 由麦克劳林公式，有 $f(x) = f(0) + f'(0)x + \dfrac{1}{2} f''(\xi) x^2$，且 $f(0) = f'(0) = 0$，所以

$$f(\sin^2 x) = \frac{1}{2} f''(\zeta) \sin^4 x,$$

这样

$$\lim_{x \to 0} \frac{f(\sin^2 x)}{x^4} = \lim_{x \to 0} \frac{f''(\zeta) \sin^4 x}{2x^4} = \lim_{x \to 0} \frac{f''(\zeta)}{2} \cdot \frac{\sin^4 x}{x^4} = 3.$$

301 设 $y = f(x)$ 是由方程

第十二届数学竞赛预赛, 6 分

$$\arctan \frac{x}{y} = \ln \sqrt{x^2 + y^2} - \frac{1}{2} \ln 2 + \frac{\pi}{4}$$

确定的隐函数,且满足 $f(1)=1$,则曲线 $y=f(x)$ 在点 $(1,1)$ 处的切线方程为 _____.

知识点睛　0202 导数的几何意义,0211 隐函数的导数

解　对所给方程两端关于 x 求导,得 $\dfrac{\frac{y-xy'}{y^2}}{1+\left(\frac{x}{y}\right)^2}=\dfrac{x+yy'}{x^2+y^2}$,即 $(x+y)y'=y-x$,所以

$f'(1)=0$,曲线 $y=f(x)$ 在点 $(1,1)$ 处的切线方程为 $y=1$.应填 $y=1$.

第十二届数学
竞赛预赛,10分

302题精解视频

302　设 $f(x)$ 在 $[0,1]$ 上连续,$f(x)$ 在 $(0,1)$ 内可导,且 $f(0)=0$,$f(1)=1$.证明:

(1)存在 $x_0\in(0,1)$ 使得 $f(x_0)=2-3x_0$;

(2)存在 $\xi,\eta\in(0,1)$,且 $\xi\neq\eta$,使得 $[1+f'(\xi)][1+f'(\eta)]=4$.

知识点睛　0117 介值定理,0214 拉格朗日中值定理

证　(1)令 $F(x)=f(x)-2+3x$,则 $F(x)$ 在 $[0,1]$ 上连续,且 $F(0)=-2$,$F(1)=2$.根据连续函数的介值定理,存在 $x_0\in(0,1)$ 使得 $F(x_0)=0$,即 $f(x_0)=2-3x_0$.

(2)在区间 $[0,x_0]$,$[x_0,1]$ 上利用拉格朗日中值定理,存在 $\xi\in(0,x_0)$,$\eta\in(x_0,1)$,$\xi\neq\eta$,使得 $\dfrac{f(x_0)-f(0)}{x_0-0}=f'(\xi)$,且 $\dfrac{f(x_0)-f(1)}{x_0-1}=f'(\eta)$.所以

$$[1+f'(\xi)][1+f'(\eta)]=4.$$

第一届数学
竞赛决赛,12分

303题精解视频

303　设函数 $f(x)$ 在 $[0,1]$ 上连续,在 $(0,1)$ 内可微且 $f(0)=f(1)=0$,$f\left(\dfrac{1}{2}\right)=1$,证明:

(1)存在 $\xi\in\left(\dfrac{1}{2},1\right)$,使得 $f(\xi)=\xi$;

(2)存在 $\eta\in(0,\xi)$,使得 $f'(\eta)=f(\eta)-\eta+1$.

知识点睛　0117 介值定理(零点定理),0214 罗尔定理

证　(1)令 $F(x)=f(x)-x$,则 $F(x)$ 在 $[0,1]$ 上连续,且有

$$F\left(\frac{1}{2}\right)=\frac{1}{2}>0,\quad F(1)=-1<0.$$

所以,存在一个 $\xi\in\left(\dfrac{1}{2},1\right)$,使得 $F(\xi)=0$,即 $f(\xi)=\xi$.

(2)令 $G(x)=e^{-x}[f(x)-x]$,则 $G(0)=G(\xi)=0$.由罗尔定理知,存在 $\eta\in(0,\xi)$,使 $G'(\eta)=0$,即

$$G'(\eta)=e^{-\eta}[f'(\eta)-1]-e^{-\eta}[f(\eta)-\eta]=0,$$

也即 $f'(\eta)=f(\eta)-\eta+1$.

第四届数学
竞赛决赛,15分

304　设函数 $f(x)$ 在 $[-2,2]$ 上二阶可导,且 $|f(x)|<1$.又 $f^2(0)+[f'(0)]^2=4$.试证在 $(-2,2)$ 内至少存在一点 ξ,使得 $f(\xi)+f''(\xi)=0$.

知识点睛　0214 拉格朗日中值定理

证　在 $[-2,0]$ 与 $[0,2]$ 上分别对 $f(x)$ 应用拉格朗日中值定理,可知存在 $\xi_1\in(-2,0)$,$\xi_2\in(0,2)$,使得

$$f'(\xi_1)=\frac{f(0)-f(-2)}{2},\quad f'(\xi_2)=\frac{f(2)-f(0)}{2}.$$

由于 $|f(x)| \leqslant 1$,所以 $|f'(\xi_1)| \leqslant 1$,$|f'(\xi_2)| \leqslant 1$.

设 $F(x) = f^2(x) + [f'(x)]^2$,则

$$|F(\xi_1)| \leqslant 2, \quad |F(\xi_2)| \leqslant 2. \qquad ①$$

由于 $F(0) = f^2(0) + [f'(0)]^2 = 4$,且 $F(x)$ 为 $[\xi_1, \xi_2]$ 上的连续函数,应用闭区间上连续函数的最大值定理,$F(x)$ 在 $[\xi_1, \xi_2]$ 上必定能够取得最大值,设为 M. 则当 ξ 为 $F(x)$ 的最大值点时,$M = F(\xi) \geqslant 4$,由①式知,$\xi \in (\xi_1, \xi_2)$. 所以 ξ 必是 $F(x)$ 的极大值点,注意到 $F(x)$ 可导,由极值的必要条件可知

$$F'(\xi) = 2f'(\xi)[f(\xi) + f''(\xi)] = 0,$$

由于 $F(\xi) = f^2(\xi) + [f'(\xi)]^2 \geqslant 4$,$|f(\xi)| \leqslant 1$,可知 $f'(\xi) \neq 0$,由上式知 $f(\xi) + f''(\xi) = 0$.

305 设 $f^{(4)}(x)$ 在 $(-\infty, +\infty)$ 内连续,且

第五届数学竞赛决赛,12 分

$$f(x+h) = f(x) + f'(x)h + \frac{1}{2}f''(x+\theta h)h^2,$$

其中 θ 是与 x,h 无关的常数,证明 f 是不超过 3 次的多项式.

知识点睛 0216 泰勒公式

证 由泰勒公式

$$f(x+h) = f(x) + f'(x)h + \frac{1}{2}f''(x)h^2 + \frac{1}{6}f'''(x)h^3 + \frac{1}{24}f^{(4)}(\xi)h^4, \qquad ①$$

$$f''(x+\theta h) = f''(x) + f'''(x)\theta h + \frac{1}{2}f^{(4)}(\eta)\theta^2 h^2, \qquad ②$$

其中 ξ 介于 x 与 $x+h$ 之间,η 介于 x 与 $x+\theta h$ 之间.由①与②式与已知条件

$$f(x+h) = f(x) + f'(x)h + \frac{1}{2}f''(x+\theta h)h^2,$$

可得

$$4(1-3\theta)f'''(x) = [6f^{(4)}(\eta)\theta^2 - f^{(4)}(\xi)]h.$$

当 $\theta \neq \frac{1}{3}$ 时,令 $h \to 0$ 得 $f'''(x) = 0$,此时 f 是不超过二次的多项式;当 $\theta = \frac{1}{3}$ 时,有 $\frac{2}{3}f^{(4)}(\eta) = f^{(4)}(\xi)$.令 $h \to 0$,注意到 $\xi \to x$,$\eta \to x$,有 $f^{(4)}(x) = 0$,从而 f 是不超过三次的多项式.

306 设 $0 < x < \frac{\pi}{2}$,证明:$\dfrac{4}{\pi^2} < \dfrac{1}{x^2} - \dfrac{1}{\tan^2 x} < \dfrac{2}{3}$.

第八届数学竞赛决赛,14 分

知识点睛 利用单调性证明不等式

证 设 $f(x) = \dfrac{1}{x^2} - \dfrac{1}{\tan^2 x}$ $\left(0 < x < \dfrac{\pi}{2}\right)$,则

$$f'(x) = -\frac{2}{x^3} + \frac{2\cos x}{\sin^3 x} = \frac{2(x^3 \cos x - \sin^3 x)}{x^3 \sin^3 x}. \qquad ①$$

令 $\varphi(x) = \dfrac{\sin x}{\sqrt[3]{\cos x}} - x$ $\left(0 < x < \dfrac{\pi}{2}\right)$,则

$$\varphi'(x) = \frac{\cos^{\frac{4}{3}}x + \frac{1}{3}\cos^{-\frac{2}{3}}x \sin^2 x}{\cos^{\frac{2}{3}}x} - 1 = \frac{2}{3}\cos^{\frac{2}{3}}x + \frac{1}{3}\cos^{-\frac{4}{3}}x - 1.$$

由均值不等式, 得

$$\frac{2}{3}\cos^{\frac{2}{3}}x + \frac{1}{3}\cos^{-\frac{4}{3}}x = \frac{1}{3}(\cos^{\frac{2}{3}}x + \cos^{\frac{2}{3}}x + \cos^{-\frac{4}{3}}x)$$

$$> \sqrt[3]{\cos^{\frac{2}{3}}x \cdot \cos^{\frac{2}{3}}x \cdot \cos^{-\frac{4}{3}}x} = 1,$$

所以, 当 $0 < x < \dfrac{\pi}{2}$ 时, $\varphi'(x) > 0$, 从而 $\varphi(x)$ 单调递增, 又 $\varphi(0) = 0$, 因此 $\varphi(x) > 0$, 即

$$x^3\cos x - \sin^3 x < 0.$$

由①式得 $f'(x) < 0$, 从而 $f(x)$ 在区间 $\left(0, \dfrac{\pi}{2}\right)$ 单调递减. 由于

$$\lim_{x \to \frac{\pi}{2}^-} f(x) = \lim_{x \to \frac{\pi}{2}^-}\left(\frac{1}{x^2} - \frac{1}{\tan^2 x}\right) = \frac{4}{\pi^2},$$

$$\lim_{x \to 0^+} f(x) = \lim_{x \to 0^+}\left(\frac{1}{x^2} - \frac{1}{\tan^2 x}\right)$$

$$= \lim_{x \to 0^+}\left(\frac{\tan x + x}{x} \cdot \frac{\tan x - x}{x \tan^2 x}\right) = 2\lim_{x \to 0^+}\frac{\tan x - x}{x^3} = \frac{2}{3},$$

所以, 当 $0 < x < \dfrac{\pi}{2}$ 时, 有

$$\frac{4}{\pi^2} < \frac{1}{x^2} - \frac{1}{\tan^2 x} < \frac{2}{3}.$$

第3章
一元函数积分学

知识要点

一、不定积分的概念与性质

1.原函数与不定积分的定义　设函数 $F(x)$ 与 $f(x)$ 在区间 (a,b) 内有定义,若对于任意 $x \in (a,b)$,有

$$F'(x) = f(x) \quad \text{或} \quad \mathrm{d}F(x) = f(x)\mathrm{d}x,$$

则称 $F(x)$ 是 $f(x)$ 在 (a,b) 上的一个原函数.

函数 $f(x)$ 的全体原函数称为 $f(x)$ 的不定积分,记为 $\int f(x)\mathrm{d}x$. 设 $F(x)$ 是 $f(x)$ 的一个原函数,则 $\int f(x)\mathrm{d}x = F(x) + C$, C 为任意常数.

2.不定积分的基本性质

$(1) \int f'(x)\mathrm{d}x = f(x) + C;$　　　　　$(2) \dfrac{\mathrm{d}}{\mathrm{d}x}\left[\int f(x)\mathrm{d}x\right] = f(x);$

$(3) \int [k_1 f(x) \pm k_2 g(x)]\mathrm{d}x = k_1 \int f(x)\mathrm{d}x \pm k_2 \int g(x)\mathrm{d}x$ $(k_1, k_2$ 不同时为零$)$.

3.基本公式

$(1) \int x^a \mathrm{d}x = \dfrac{1}{a+1}x^{a+1} + C \quad (a \neq -1);$　　$(2) \int \dfrac{1}{x}\mathrm{d}x = \ln|x| + C;$

$(3) \int a^x \mathrm{d}x = \dfrac{1}{\ln a}a^x + C \quad (a > 0, a \neq 1);$　$(4) \int \mathrm{e}^x \mathrm{d}x = \mathrm{e}^x + C;$

$(5) \int \sin x \mathrm{d}x = -\cos x + C;$　　　　$(6) \int \cos x \mathrm{d}x = \sin x + C;$

$(7) \int \sec^2 x \mathrm{d}x = \tan x + C;$　　　　$(8) \int \csc^2 x \mathrm{d}x = -\cot x + C;$

$(9) \int \tan x \mathrm{d}x = -\ln|\cos x| + C;$　　$(10) \int \cot x \mathrm{d}x = \ln|\sin x| + C;$

$(11) \int \sec x \mathrm{d}x = \ln|\sec x + \tan x| + C;$　$(12) \int \csc x \mathrm{d}x = \ln|\csc x - \cot x| + C;$

$(13) \int \dfrac{\mathrm{d}x}{\sqrt{a^2 - x^2}} = \arcsin \dfrac{x}{a} + C;$　　　$(14) \int \dfrac{\mathrm{d}x}{a^2 + x^2} = \dfrac{1}{a}\arctan \dfrac{x}{a} + C;$

$(15) \int \dfrac{\mathrm{d}x}{a^2 - x^2} = \dfrac{1}{2a}\ln\left|\dfrac{a+x}{a-x}\right| + C;$

$(16) \int \dfrac{\mathrm{d}x}{\sqrt{x^2 \pm a^2}} = \ln|x + \sqrt{x^2 \pm a^2}| + C;$

(17) $\int \sqrt{a^2 - x^2} \, dx = \dfrac{x}{2}\sqrt{a^2 - x^2} + \dfrac{a^2}{2}\arcsin \dfrac{x}{a} + C$;

(18) $\int \sqrt{x^2 - a^2} \, dx = \dfrac{x}{2}\sqrt{x^2 - a^2} - \dfrac{a^2}{2}\ln \mid x + \sqrt{x^2 - a^2} \mid + C$;

(19) $\int \sqrt{x^2 + a^2} \, dx = \dfrac{x}{2}\sqrt{x^2 + a^2} + \dfrac{a^2}{2}\ln \mid x + \sqrt{x^2 + a^2} \mid + C$;

(20) $\int \mathrm{sh}\, x \, dx = \mathrm{ch}\, x + C$;　　　　　　(21) $\int \mathrm{ch}\, x \, dx = \mathrm{sh}\, x + C$.

二、不定积分的换元积分法与分部积分法

1.第一换元法(凑微分法) 设 $\int f(u)\,du = F(u) + C$, 且 $u = \varphi(x)$ 可微, 则

$$\int f[\varphi(x)]\varphi'(x)\,dx = \int f[\varphi(x)]\,d\varphi(x) = F[\varphi(x)] + C.$$

2.第二换元法 设 $x = \varphi(t)$ 严格单调且可微, $\varphi'(t) \neq 0$, 若 $\int f[\varphi(t)]\varphi'(t)\,dt = \Phi(t) + C$, 则

$$\int f(x)\,dx = \Phi[\varphi^{-1}(x)] + C.$$

(1)三角代换:三角代换包括弦代换、切代换、割代换 3 种.

①弦代换:弦代换是针对形如 $\sqrt{a^2 - x^2}\ (a > 0)$ 的根式进行的, 目的是去掉根号. 方法是令 $x = a\sin t$, 则 $\sqrt{a^2 - x^2} = a\cos t$, $dx = a\cos t\,dt$, $t = \arcsin \dfrac{x}{a}$, 变量还原时, 常用辅助直角三角形.

②切代换:切代换是针对形如 $\sqrt{a^2 + x^2}\ (a > 0)$ 的根式进行的, 目的是去掉根号. 方法是令 $x = a\tan t$, 则 $\sqrt{a^2 + x^2} = a\sec t$, $dx = a\sec^2 t\,dt$, $t = \arctan \dfrac{x}{a}$, 变量还原时, 常用辅助直角三角形.

③割代换:割代换是针对形如 $\sqrt{x^2 - a^2}\ (a > 0)$ 的根式进行的, 目的是去掉根号. 方法是令 $x = a\sec t$, 则 $\sqrt{x^2 - a^2} = a\tan t$, $dx = a\sec t \tan t\,dt$, 变量还原时, 常用辅助直角三角形.

(2)无理代换:若被积函数是 $\sqrt[n_1]{x}, \sqrt[n_2]{x}, \cdots, \sqrt[n_k]{x}$ 的有理式, 设 n 为 $n_i(1 \leqslant i \leqslant k)$ 的最小公倍数, 做代换 $t = \sqrt[n]{x}$, 有 $x = t^n$, $dx = nt^{n-1}\,dt$, 可化被积函数为 t 的有理函数;若被积函数中只有一种根式 $\sqrt[n]{ax + b}$ 或 $\sqrt[n]{\dfrac{ax + b}{cx + d}}$, 可做代换 $t = \sqrt[n]{ax + b}$ 或 $t = \sqrt[n]{\dfrac{ax + b}{cx + d}}$.

(3)倒代换:设被积函数的分子、分母关于 x 的最高次数分别为 m 和 n, 若 $n - m > 1$, 使用倒代换, 即令 $x = \dfrac{1}{t}$, 则 $dx = -\dfrac{1}{t^2}\,dt$.

(4)万能代换:万能代换常用于三角有理函数的积分, 令 $t = \tan \dfrac{x}{2}$, 就有

$$\sin x = \frac{2t}{1 + t^2}, \quad \cos x = \frac{1 - t^2}{1 + t^2}, \quad \tan x = \frac{2t}{1 - t^2}, \quad x = 2\arctan t, \quad dx = \frac{2\,dt}{1 + t^2}.$$

3.分部积分法

设函数 $u(x)$ 与 $v(x)$ 都可微,不定积分 $\int v(x)u'(x)\mathrm{d}x$ 存在,则 $\int u(x)v'(x)\mathrm{d}x$ 也存在,且有

$$\int u(x)v'(x)\mathrm{d}x = u(x)v(x) - \int v(x)u'(x)\mathrm{d}x.$$

这个公式称为分部积分公式.

[注]　分部积分法的关键是合理选取 $u(x)$ 与 $v(x)$,一般来说有下列结论.

(1)形如 $\int x^n\mathrm{e}^{ax}\mathrm{d}x$,取 $u(x)=x^n$,$v'(x)=\mathrm{e}^{ax}$.

(2)形如 $\int x^n\sin\,ax\mathrm{d}x$(或 $\int x^n\cos\,ax\mathrm{d}x$),取 $u(x)=x^n$,$v'(x)=\sin\,ax$(或 $\cos\,ax$).

(3)形如 $\int x^n\ln^m x\mathrm{d}x$,取 $u(x)=\ln^m x$,$v'(x)=x^n$.

(4)形如 $\int x^n\arctan\,x\mathrm{d}x$,$\int x^n\mathrm{arccot}\,x\mathrm{d}x$,$\int x^n\arcsin\,x\mathrm{d}x$,$\int x^n\arccos\,x\mathrm{d}x$,取 $u(x)$ 为反三角函数,$v'(x)=x^n$.

(5)形如 $\int\mathrm{e}^{ax}\sin\,bx\mathrm{d}x$(或 $\int\mathrm{e}^{ax}\cos\,bx\mathrm{d}x$),取 $u(x)=\sin\,bx$(或 $\cos\,bx$),$v'(x)=\mathrm{e}^{ax}$;也可以取 $u(x)=\mathrm{e}^{ax}$,$v'(x)=\sin\,bx$(或 $\cos\,bx$).

三、有理函数的积分

1.有理函数(有理分式)　函数 $\dfrac{P(x)}{Q(x)}$ 叫作有理函数,其中 $P(x)$ 与 $Q(x)$ 是没有公因子的多项式.如果 $P(x)$ 的次数大于或等于 $Q(x)$ 的次数,则叫作假分式;如果 $Q(x)$ 的次数大于 $P(x)$ 的次数,则叫作真分式.

[注]　(1)任何一个假分式总可以化为整式与有理真分式和的形式.

(2)首项系数为 1 的 m 次实系数多项式 $Q(x)$ 必可唯一地分解成以下形式:
$$Q(x) = (x-a_1)^{\lambda_1}(x-a_2)^{\lambda_2}\cdots(x-a_k)^{\lambda_k}(x^2+p_1x+q_1)^{\mu_1}\cdots(x^2+p_nx+q_n)^{\mu_n},$$
其中 $\lambda_1,\lambda_2,\cdots,\lambda_k,\mu_1,\mu_2,\cdots,\mu_n$ 都是正整数,且二次三项式 $x^2+p_ix+q_i$ 满足 $p_i^2-4q_i<0$（$i=1,2,\cdots,n$）,$\lambda_1+\lambda_2+\cdots+\lambda_k+2(\mu_1+\mu_2+\cdots+\mu_n)=m$.

2.分解原理　如下所示.
$$\frac{P(x)}{Q(x)} = \left[\frac{A_1^{(1)}}{x-a_1}+\frac{A_2^{(1)}}{(x-a_1)^2}+\cdots+\frac{A_{\lambda_1}^{(1)}}{(x-a_1)^{\lambda_1}}\right]+\cdots+\left[\frac{A_1^{(k)}}{x-a_k}+\frac{A_2^{(k)}}{(x-a_k)^2}+\cdots+\frac{A_{\lambda_k}^{(k)}}{(x-a_k)^{\lambda_k}}\right]+$$
$$\left[\frac{B_1^{(1)}x+C_1^{(1)}}{x^2+p_1x+q_1}+\frac{B_2^{(1)}x+C_2^{(1)}}{(x^2+p_1x+q_1)^2}+\cdots+\frac{B_{\mu_1}^{(1)}x+C_{\mu_1}^{(1)}}{(x^2+p_1x+q_1)^{\mu_1}}\right]+$$
$$\cdots+\left[\frac{B_1^{(n)}x+C_1^{(n)}}{x^2+p_nx+q_n}+\frac{B_2^{(n)}x+C_2^{(n)}}{(x^2+p_nx+q_n)^2}+\cdots+\frac{B_{\mu_n}^{(n)}x+C_{\mu_n}^{(n)}}{(x^2+p_nx+q_n)^{\mu_n}}\right].$$

3.计算三角有理函数的积分 $\int R(\sin\,x,\cos\,x)\mathrm{d}x$ 时,可灵活运用以下技巧.

(1)若 $R(\sin\,x,\cos\,x)$ 满足条件 $R(-\sin\,x,\cos\,x)=-R(\sin\,x,\cos\,x)$,则令 $\cos\,x=t$.

(2)若 $R(\sin\,x,\cos\,x)$ 满足条件 $R(\sin\,x,-\cos\,x)=-R(\sin\,x,\cos\,x)$,则令 $\sin\,x=t$.

（3）若 $R(\sin x,\cos x)$ 满足条件 $R(-\sin x,-\cos x)=R(\sin x,\cos x)$，则令 $\tan x=t$.

（4）利用积化和差公式：

$$\sin x\cos y=\frac{1}{2}\left[\sin(x+y)+\sin(x-y)\right],$$

$$\sin x\sin y=\frac{1}{2}\left[\cos(x-y)-\cos(x+y)\right],$$

$$\cos x\cos y=\frac{1}{2}\left[\cos(x+y)+\cos(x-y)\right].$$

（5）利用降幂公式：$\sin^2 x=\dfrac{1-\cos 2x}{2}$，$\cos^2 x=\dfrac{1+\cos 2x}{2}$.

（6）利用万能代换：令 $\tan\dfrac{x}{2}=t$，则

$$\int R(\sin x,\cos x)\mathrm{d}x=\int R\left(\frac{2t}{1+t^2},\frac{1-t^2}{1+t^2}\right)\cdot\frac{2}{1+t^2}\mathrm{d}t.$$

4.简单无理函数的积分 所谓简单无理函数的积分，通常是指在被积函数中含有形如 $\sqrt[n]{ax+b}$，$\sqrt[n]{\dfrac{ax+b}{cx+d}}$ 或 $\sqrt{ax^2+bx+c}$ 的根式.此时一般都是要通过变量替换将根式去掉，化为有理函数的积分.具体方法是：

对第一个可令 $\sqrt[n]{ax+b}=t$，即 $x=\varphi(t)=\dfrac{1}{a}(t^n-b)$；

对第二个可令 $\sqrt[n]{\dfrac{ax+b}{cx+d}}=t$，即 $x=\varphi(t)=\dfrac{b-dt^n}{ct^n-a}$；

而第三个根式经过配方后，都可以化为在第二换元积分法中所介绍的 $\sqrt{a^2-x^2}$，$\sqrt{a^2+x^2}$ 与 $\sqrt{x^2-a^2}$ 中的一种.

四、定积分的概念与性质

1.定积分的概念

设函数 $f(x)$ 在区间 $[a,b]$ 上有界，在 $[a,b]$ 内任意插入 $n-1$ 个分点

$$a=x_0<x_1<\cdots<x_{n-1}<x_n=b,$$

将区间 $[a,b]$ 分成 n 个小区间 $[x_{i-1},x_i]$ $(i=1,2,\cdots,n)$，每个小区间的长度记为 $\Delta x_i=x_i-x_{i-1}(i=1,2,\cdots,n)$，在每个小区间上任取一点 $\xi_i\in[x_{i-1},x_i]$，作乘积 $f(\xi_i)\Delta x_i$，再求和 $\sum\limits_{i=1}^{n}f(\xi_i)\Delta x_i$，记 $\lambda=\max\limits_{1\leqslant i\leqslant n}\{\Delta x_i\}$ $(i=1,2,\cdots,n)$，若 $\lim\limits_{\lambda\to 0}\sum\limits_{i=1}^{n}f(\xi_i)\Delta x_i$ 存在，且极限值与 $[a,b]$ 的分法以及点 $\xi_i\in[x_{i-1},x_i]$ 的选取都无关，则称函数 $f(x)$ 在区间 $[a,b]$ 上可积，此极限值为函数 $f(x)$ 在区间 $[a,b]$ 上的定积分，记作 $\int_a^b f(x)\mathrm{d}x$，即

$$\int_a^b f(x)\mathrm{d}x=\lim_{\lambda\to 0}\sum_{i=1}^{n}f(\xi_i)\Delta x_i,$$

其中 $f(x)$ 称为被积函数，x 称为积分变量，$f(x)\mathrm{d}x$ 称为被积表达式，$[a,b]$ 称为积分区间，a 为积分下限，b 为积分上限，$\sum\limits_{i=1}^{n}f(\xi_i)\Delta x_i$ 称为 $f(x)$ 在 $[a,b]$ 上的积分和.

特别地,把区间$[a,b]$分为n等份,ξ_i取为每个小区间的右端点,则有

$$\lim_{n\to\infty}\frac{b-a}{n}\sum_{i=1}^{n}f\left(a+\frac{b-a}{n}i\right)=\int_a^b f(x)\mathrm{d}x.$$

$$\lim_{n\to\infty}\frac{1}{n}\sum_{i=1}^{n}f\left(\frac{i}{n}\right)=\int_0^1 f(x)\mathrm{d}x\quad(此时\ a=0,b=1).$$

使用以上两个公式可计算某些和式的极限.

2.定积分的基本性质

(1)定积分与积分变量无关,即$\displaystyle\int_a^b f(x)\mathrm{d}x=\int_a^b f(t)\mathrm{d}t$;

(2)$\displaystyle\int_a^a f(x)\mathrm{d}x=0$;

(3)$\displaystyle\int_b^a f(x)\mathrm{d}x=-\int_a^b f(x)\mathrm{d}x$;

(4)若$f(x)$在$[a,b]$上可积,k为任一常数,则$\displaystyle\int_a^b kf(x)\mathrm{d}x=k\int_a^b f(x)\mathrm{d}x$;

(5)若$f(x)$、$g(x)$在$[a,b]$上都可积,则

$$\int_a^b[f(x)\pm g(x)]\mathrm{d}x=\int_a^b f(x)\mathrm{d}x\pm\int_a^b g(x)\mathrm{d}x;$$

(6)设函数$f(x)$在$[a,c]$,$[c,b]$,$[a,b]$上都可积,则

$$\int_a^b f(x)\mathrm{d}x=\int_a^c f(x)\mathrm{d}x+\int_c^b f(x)\mathrm{d}x$$

当点c在$[a,b]$外时,结论仍成立;

(7)设$f(x)$、$g(x)$在$[a,b]$上可积,且满足$f(x)\leqslant g(x)$,$x\in[a,b]$,则

$$\int_a^b f(x)\mathrm{d}x\leqslant\int_a^b g(x)\mathrm{d}x;$$

(8)**估值定理**　设$f(x)$在$[a,b]$上的最大值、最小值分别为M和m,则有

$$m(b-a)\leqslant\int_a^b f(x)\mathrm{d}x\leqslant M(b-a);$$

(9)**定积分中值定理**　设$f(x)$在$[a,b]$上连续,则在$[a,b]$上至少存在一点ξ,使得

$$\int_a^b f(x)\mathrm{d}x=f(\xi)(b-a),$$

称$\dfrac{1}{b-a}\displaystyle\int_a^b f(x)\mathrm{d}x$为函数$f(x)$在$[a,b]$上的积分平均值.

3.积分不等式　设$f(x)$、$g(x)$在区间$[a,b]$上可积,则有下列不等式

(1)$\left|\displaystyle\int_a^b f(x)\mathrm{d}x\right|\leqslant\displaystyle\int_a^b|f(x)|\mathrm{d}x$;

(2)柯西-施瓦茨不等式

$$\left[\int_a^b f(x)g(x)\mathrm{d}x\right]^2\leqslant\int_a^b[f(x)]^2\mathrm{d}x\cdot\int_a^b[g(x)]^2\mathrm{d}x.$$

五、微积分基本公式

1.变上限定积分

(1)若$f(x)$在$[a,b]$上连续,则$\Phi(x)=\displaystyle\int_a^x f(t)\mathrm{d}t$在$[a,b]$上可导,且有

$$\Phi'(x) = \frac{\mathrm{d}}{\mathrm{d}x} \int_a^x f(t)\mathrm{d}t = f(x).$$

(2) 若 $f(x)$ 在 $[a,b]$ 上连续，$g(x)$ 是可微的，则

$$\frac{\mathrm{d}}{\mathrm{d}x}\Big(\int_a^{g(x)} f(t)\mathrm{d}t\Big) = f[g(x)]g'(x).$$

(3) 若上、下限都是 x 的可微函数，则

$$\frac{\mathrm{d}}{\mathrm{d}x}\Big(\int_{a(x)}^{b(x)} f(t)\mathrm{d}t\Big) = f[b(x)]b'(x) - f[a(x)]a'(x),$$

实际上，这是一个求复合函数的导数问题.

2. 定积分和不定积分的关系

(1) 原函数存在定理　若函数 $f(x)$ 在 $[a,b]$ 上连续，则函数 $\Phi(x) = \int_a^x f(t)\mathrm{d}t$ 是 $f(x)$ 在 $[a,b]$ 上的一个原函数.

(2) 牛顿-莱布尼茨公式　若 $F(x)$ 是连续函数 $f(x)$ 在 $[a,b]$ 上的一个原函数，则

$$\int_a^b f(x)\mathrm{d}x = F(b) - F(a),$$

这个公式也称为**微积分基本公式**，它指出了定积分与不定积分的内在联系.

六、定积分的计算

1. 换元积分法　若函数 $f(x)$ 在 $[a,b]$ 上连续；函数 $x = \varphi(t)$ 在 $[\alpha,\beta]$ 上单调且具有连续导数，当 $\alpha \leqslant t \leqslant \beta$ 时，$a \leqslant \varphi(t) \leqslant b$，且 $\varphi(\alpha) = a$，$\varphi(\beta) = b$，则有定积分的换元公式

$$\int_a^b f(x)\mathrm{d}x = \int_\alpha^\beta f[\varphi(t)]\varphi'(t)\mathrm{d}t.$$

2. 分部积分法　设函数 $u(x)$，$v(x)$ 在 $[a,b]$ 上具有连续导数 $u'(x)$、$v'(x)$，则有定积分的分部积分公式

$$\int_a^b u(x)v'(x)\mathrm{d}x = [u(x)v(x)]\Big|_a^b - \int_a^b v(x)u'(x)\mathrm{d}x.$$

3. 常用公式　设 $f(x)$ 为连续函数

(1) $\int_{-a}^a f(x)\mathrm{d}x = \int_0^a [f(x) + f(-x)]\mathrm{d}x$；

(2) $\int_{-a}^a f(x)\mathrm{d}x = \begin{cases} 2\int_0^a f(x)\mathrm{d}x, & f(x) \text{ 是偶函数}, \\ 0, & f(x) \text{ 是奇函数}; \end{cases}$

(3) $\int_0^{\frac{\pi}{2}} f(\sin x)\mathrm{d}x = \int_0^{\frac{\pi}{2}} f(\cos x)\mathrm{d}x$；

(4) $\int_0^\pi x f(\sin x)\mathrm{d}x = \frac{\pi}{2}\int_0^\pi f(\sin x)\mathrm{d}x$；

(5) $f(x+T) = f(x) \ (T>0)$，则 $\int_0^T f(x)\mathrm{d}x = \int_{-\frac{T}{2}}^{\frac{T}{2}} f(x)\mathrm{d}x = \int_a^{a+T} f(x)\mathrm{d}x$；

(6) $\int_0^{\frac{\pi}{2}} \sin^n x\mathrm{d}x = \int_0^{\frac{\pi}{2}} \cos^n x\mathrm{d}x = \begin{cases} \dfrac{(n-1)!!}{n!!} \cdot \dfrac{\pi}{2}, & \text{当 } n \text{ 为偶数时}, \\ \dfrac{(n-1)!!}{n!!}, & \text{当 } n \text{ 为奇数时}. \end{cases}$

公式(6)称为沃利斯公式,在定积分计算中十分有用,应记住.当 n 为偶数时,$n!!$ 表示不大于 n 的所有正偶数的连乘积;n 为奇数时,$n!!$ 表示不大于 n 的所有正奇数的连乘积.

七、反常积分

1.无穷区间上的反常积分 设函数 $f(x)$ 在 $[a,+\infty)$ 上有定义,在 $[a,b](b<+\infty)$ 上可积,若极限 $\lim\limits_{b\to+\infty}\int_a^b f(x)\mathrm{d}x$ 存在,则定义

$$\int_a^{+\infty} f(x)\mathrm{d}x = \lim_{b\to+\infty}\int_a^b f(x)\mathrm{d}x,$$

并称 $\int_a^{+\infty} f(x)\mathrm{d}x$ 为 $f(x)$ 在 $[a,+\infty)$ 上的反常积分,这时也称反常积分 $\int_a^{+\infty} f(x)\mathrm{d}x$ 存在或收敛;若上述极限不存在,则称反常积分 $\int_a^{+\infty} f(x)\mathrm{d}x$ 不存在或发散.

类似地,定义

$$\int_{-\infty}^b f(x)\mathrm{d}x = \lim_{a\to-\infty}\int_a^b f(x)\mathrm{d}x,$$

$$\int_{-\infty}^{+\infty} f(x)\mathrm{d}x = \int_{-\infty}^c f(x)\mathrm{d}x + \int_c^{+\infty} f(x)\mathrm{d}x = \lim_{a\to-\infty}\int_a^c f(x)\mathrm{d}x + \lim_{b\to+\infty}\int_c^b f(x)\mathrm{d}x.$$

2.无界函数的反常积分(瑕积分) 设函数 $f(x)$ 在 $[a,b)$ 上连续,而且 $\lim\limits_{x\to b^-} f(x) = \infty$,若极限 $\lim\limits_{\varepsilon\to0^+}\int_a^{b-\varepsilon} f(x)\mathrm{d}x$ 存在,则定义

$$\int_a^b f(x)\mathrm{d}x = \lim_{\varepsilon\to0^+}\int_a^{b-\varepsilon} f(x)\mathrm{d}x,$$

并称 $\int_a^b f(x)\mathrm{d}x$ 为 $f(x)$ 在 $[a,b]$ 上的反常积分,这时也称反常积分 $\int_a^b f(x)\mathrm{d}x$ 存在或收敛;若上述极限不存在,则称反常积分 $\int_a^b f(x)\mathrm{d}x$ 不存在或发散.

类似地,若 $f(x)$ 在 $(a,b]$ 上连续,$\lim\limits_{x\to a^+} f(x) = \infty$,则定义

$$\int_a^b f(x)\mathrm{d}x = \lim_{\varepsilon\to0^+}\int_{a+\varepsilon}^b f(x)\mathrm{d}x,$$

若 $f(x)$ 在 (a,b) 内连续,$\lim\limits_{x\to a^+} f(x) = \infty$,$\lim\limits_{x\to b^-} f(x) = \infty$,则定义

$$\int_a^b f(x)\mathrm{d}x = \lim_{\varepsilon_1\to0^+}\int_{a+\varepsilon_1}^c f(x)\mathrm{d}x + \lim_{\varepsilon_2\to0^+}\int_c^{b-\varepsilon_2} f(x)\mathrm{d}x.$$

八、定积分在几何上的应用

1.平面图形的面积

(1)直角坐标情形:由连续曲线 $y=f_1(x)$,$y=f_2(x)(f_1(x)\leqslant f_2(x))$ 与直线 $x=a$,$x=b$ 围成的图形面积($a\leqslant b$)

$$A = \int_a^b [f_2(x) - f_1(x)]\mathrm{d}x.$$

由连续曲线 $x=g_1(y)$,$x=g_2(y)$ $(g_1(y)\leqslant g_2(y))$ 与直线 $y=c$,$y=d$ 围成的图形面积($c\leqslant d$)

$$A = \int_c^d [g_2(y) - g_1(y)]\mathrm{d}y.$$

（2）极坐标情形：由连续曲线 $r=r(\theta)$ 与射线 $\theta=\alpha, \theta=\beta$ 围成的图形面积

$$A = \frac{1}{2}\int_{\alpha}^{\beta} r^2(\theta)\,\mathrm{d}\theta.$$

2. 旋转体的体积

（1）设 $f(x)$ 为 $[a,b]$ 上的连续函数，则由曲线 $y=f(x)$ 与直线 $x=a, x=b$ 及 x 轴所围成的平面区域绕 x 轴旋转一周而成的旋转体体积为

$$V = \pi\int_{a}^{b} y^2\,\mathrm{d}x = \pi\int_{a}^{b} f^2(x)\,\mathrm{d}x.$$

（2）设 $g(y)$ 为 $[c,d]$ 上的连续函数，则由曲线 $x=g(y)$ 与直线 $y=c, y=d$ 及 y 轴所围成的平面区域绕 y 轴旋转一周而成的旋转体体积

$$V = \pi\int_{c}^{d} x^2\,\mathrm{d}y = \pi\int_{c}^{d} g^2(y)\,\mathrm{d}y.$$

3. 旋转曲面的面积

（1）光滑曲线 $y=f(x)$ $(a \leqslant x \leqslant b)$ 绕 x 轴旋转而成的旋转曲面面积

$$S = 2\pi\int_{a}^{b} |y|\sqrt{1+y'^2}\,\mathrm{d}x.$$

（2）光滑曲线 $\begin{cases} x=x(t), \\ y=y(t) \end{cases}$ $(\alpha \leqslant t \leqslant \beta)$ 绕 x 轴旋转而成的旋转曲面面积

$$S = 2\pi\int_{\alpha}^{\beta} |y(t)|\sqrt{[x'(t)]^2+[y'(t)]^2}\,\mathrm{d}t.$$

4. 曲线的弧长公式

（1）光滑曲线 $y=f(x)$ $(a \leqslant x \leqslant b)$ 的弧长

$$l = \int_{a}^{b}\sqrt{1+[f'(x)]^2}\,\mathrm{d}x.$$

（2）光滑曲线 $\begin{cases} x=x(t), \\ y=y(t) \end{cases}$ $(\alpha \leqslant t \leqslant \beta)$ 的弧长

$$l = \int_{\alpha}^{\beta}\sqrt{[x'(t)]^2+[y'(t)]^2}\,\mathrm{d}t.$$

（3）光滑曲线 $r=r(\theta), \varphi_0 \leqslant \theta \leqslant \varphi_1$ 的弧长

$$l = \int_{\varphi_0}^{\varphi_1}\sqrt{r^2+r'^2}\,\mathrm{d}\theta.$$

九、定积分在物理上的应用

定积分在物理中的应用主要包括变力作功、引力、液体的静压力、质量、重心及转动惯量等，解这些应用题首先是把实际问题化为数学问题，并把合力分解投影到坐标轴的分力后分别进行积分计算.

对于几何、物理学中的实际问题，定积分的微元法提供了一个解决问题的很好的途径. 在微元法的使用过程中，先取积分变量 x 与积分区间 $[a,b]$ 及寻求所求量 u 的积分微元 $\mathrm{d}u=f(x)\mathrm{d}x$ 的表达式是最为关键的两点. 特别是在确定积分微元的表达式时，需先把最简单的情况下如何计算相应的量搞清楚，例如变力做功的计算，就要先搞清楚质点沿直线运动时常力所做的功为 $\boldsymbol{F} \cdot \boldsymbol{S}$，这样才清楚变力在小曲线段上做功的近似值为 $\boldsymbol{F} \cdot \boldsymbol{n}\mathrm{d}s$，其中 $\boldsymbol{n}$ 为曲线的切向量. 其它如面积、弧长、体积、引力、压力等都是如此.

§3.1　不定积分的计算

1 若$f(x)$的导函数为$\sin x$,则$f(x)$的一个原函数是(　　).

（A）$1+\sin x$　　　　（B）$1-\sin x$　　　　（C）$1+\cos x$　　　　（D）$1-\cos x$

知识点睛　0301 原函数的概念

分析　由定义,$f(x)$的导函数是$\sin x$,则$f(x)$是$\sin x$的原函数,因此可先对$\sin x$求不定积分得到$f(x)$,再对$f(x)$求不定积分找到它的原函数,然后比较所给选项得到正确答案.

解　因为$f'(x)=\sin x$,所以$f(x)=\int \sin x\,\mathrm{d}x=-\cos x+C_1$,而

$$\int f(x)\,\mathrm{d}x=\int(-\cos x+C_1)\,\mathrm{d}x=-\sin x+C_1 x+C_2,$$

取$C_1=0,C_2=1$得$f(x)$的一个原函数为$1-\sin x$.应选（B）.

【评注】利用原函数的定义求两次不定积分,并根据题目选取恰当的常数C_1和C_2,从而找到所要求的一个原函数是本题的主要方法,只要熟悉原函数的定义及基本积分表,题目便迎刃而解了.

2 设$\int F'(x)\,\mathrm{d}x=\int G'(x)\,\mathrm{d}x$,则下列结论中错误的是(　　).

（A）$F(x)=G(x)$　　　　　　　　　　（B）$F(x)=G(x)+C$

（C）$F'(x)=G'(x)$　　　　　　　　　　（D）$\mathrm{d}\int F'(x)\,\mathrm{d}x=\mathrm{d}\int G'(x)\,\mathrm{d}x$

知识点睛　0301 不定积分的概念

解　由不定积分的定义,$\int F'(x)\,\mathrm{d}x=F(x)+C_1,\int G'(x)\,\mathrm{d}x=G(x)+C_2$,其中$C_1,C_2$都是任意常数,所以有$F(x)+C_1=G(x)+C_2$,即$F(x)=G(x)+C$,此即选项（B）;而结论（B）,（C）,（D）是互相等价的,所以错误的是（A）.应选（A）.

3 若$F'(x)=\dfrac{1}{\sqrt{1-x^2}}$,$F(1)=\dfrac{3}{2}\pi$,则$F(x)$为(　　).

（A）$\arcsin x$　　　（B）$\arcsin x+C$　　　（C）$\arccos x+\pi$　　　（D）$\arcsin x+\pi$

知识点睛　0302 不定积分的基本公式

分析　由$F'(x)=\dfrac{1}{\sqrt{1-x^2}}$,对其求不定积分即可求得$F(x)$,此$F(x)$中带有常数$C$.又知$F(1)=\dfrac{3}{2}\pi$,由此条件,常数$C$便可确定下来.

解　由题意知$F(x)=\int \dfrac{\mathrm{d}x}{\sqrt{1-x^2}}=\arcsin x+C$. 又$F(1)=\dfrac{3}{2}\pi$,则$\arcsin 1+C=\dfrac{3}{2}\pi$,所以$C=\pi$.应选（D）.

4 设$F_1(x)$,$F_2(x)$是区间I内连续函数$f(x)$的两个不同的原函数,且$f(x)\neq 0$,则在区间I内必有(　　).

(A) $F_1(x)+F_2(x)=C$ (B) $F_1(x)\cdot F_2(x)=C$

(C) $F_1(x)=CF_2(x)$ (D) $F_1(x)-F_2(x)=C$ （C 为常数）

知识点睛 0301 原函数的概念及性质

分析 由原函数定义，$F_1'(x)=F_2'(x)=f(x)$，由 $[F_1(x)-F_2(x)]'=F_1'(x)-F_2'(x)$，则 $F_1(x)-F_2(x)=C$，得 $F_1(x)$ 与 $F_2(x)$ 的关系．

解 设 $G(x)=F_1(x)-F_2(x)$，则

$$G'(x)=[F_1(x)-F_2(x)]'=F_1'(x)-F_2'(x)=f(x)-f(x)=0,$$

从而 $G(x)=C$，即 $F_1(x)-F_2(x)=C$．应选（D）．

> **【评注】** 一个函数的任意两个原函数之间只相差一个常数，这是原函数的一个重要性质，由原函数的定义即可证明．此性质需熟记．

5 若 $\int f(x)\,dx=xe^x+C$，则 $f(x)=$ _____．

知识点睛 0301 不定积分的概念

解 两边求导数，得 $f(x)=e^x+xe^x=(1+x)e^x$．应填 $(1+x)e^x$．

6 如果等式 $\int f(x)e^{-\frac{1}{x}}\,dx=-e^{-\frac{1}{x}}+C$，则函数 $f(x)=$（   ）．

(A) $-\dfrac{1}{x}$ (B) $-\dfrac{1}{x^2}$ (C) $\dfrac{1}{x}$ (D) $\dfrac{1}{x^2}$

知识点睛 0301 原函数的概念及性质

解 这是关于原函数与被积函数关系的概念题．因为 $\int f(x)\,dx=F(x)+C$，则有 $F'(x)=f(x)$，因此 $f(x)e^{-\frac{1}{x}}=\left(-e^{-\frac{1}{x}}\right)'=-\dfrac{1}{x^2}e^{-\frac{1}{x}}$，比较等式两边可知 $f(x)=-\dfrac{1}{x^2}$．应选（B）．

7 设 $f(x)=|x|+2$，则 $\int f(x)\,dx=$ _____．

知识点睛 分段函数的不定积分

解 $f(x)=\begin{cases} x+2, & x>0, \\ -x+2, & x\leqslant 0. \end{cases}$

当 $x>0$ 时，

$$\int f(x)\,dx=\int (x+2)\,dx=\frac{1}{2}x^2+2x+C_1,$$

当 $x\leqslant 0$ 时，

$$\int f(x)\,dx=\int (-x+2)\,dx=-\frac{1}{2}x^2+2x+C_2.$$

因为 $F(x)$ 在点 $x=0$ 连续，故 $\frac{1}{2}\cdot 0+2\cdot 0+C_1=-\frac{1}{2}\cdot 0+2\cdot 0+C_2$，所以 $C_1=C_2$．

故

$$\int f(x)\,dx=\begin{cases} \dfrac{1}{2}x^2+2x+C, & x>0, \\[2mm] -\dfrac{1}{2}x^2+2x+C, & x\leqslant 0. \end{cases}$$

8 求下列不定积分.

(1) $\displaystyle\int \frac{1}{x^2(1+x^2)}\,dx$;

(2) $\displaystyle\int \sec x(\sec x - \tan x)\,dx$;

(3) $\displaystyle\int \left(\frac{1}{\cos^2 x} - \frac{1}{\sin^2 x}\right)dx$;

(4) $\displaystyle\int 3^x e^{3x}\,dx$;

(5) $\displaystyle\int \frac{2^{2x+1} - 5^{x-1}}{10^x}\,dx$;

(6) $\displaystyle\int 2^x 3^{2x} 5^{3x}\,dx$;

(7) $\displaystyle\int \left(\frac{2}{\sqrt{1-x^2}} - \frac{3}{1+x^2} + \frac{1}{x}\right)dx$;

(8) $\displaystyle\int \frac{4\sin^3 x - 1}{\sin^2 x}\,dx$.

知识点睛 0302 不定积分的基本积分公式

分析 利用不定积分的性质及基本积分公式求不定积分的方法称为直接积分法,这是积分常用的方法之一.被积函数如果不是基本积分表中的类型,可先把被积函数进行恒等变形,然后再积分.

解 (1) $\displaystyle\int \frac{1}{x^2(1+x^2)}\,dx = \int \left(\frac{1}{x^2} - \frac{1}{1+x^2}\right)dx = -\frac{1}{x} - \arctan x + C$.

(2) $\displaystyle\int \sec x(\sec x - \tan x)\,dx = \int (\sec^2 x - \sec x\tan x)\,dx = \tan x - \sec x + C$.

(3) $\displaystyle\int \left(\frac{1}{\cos^2 x} - \frac{1}{\sin^2 x}\right)dx = \int (\sec^2 x - \csc^2 x)\,dx = \tan x + \cot x + C$.

(4) $\displaystyle\int 3^x e^{3x}\,dx = \int (3e^3)^x\,dx = \frac{(3e^3)^x}{\ln(3e^3)} + C = \frac{3^x e^{3x}}{3 + \ln 3} + C$.

(5) $\displaystyle\int \frac{2^{2x+1} - 5^{x-1}}{10^x}\,dx = \int \left[2\left(\frac{2}{5}\right)^x - \frac{1}{5}\left(\frac{1}{2}\right)^x\right]dx$

$\displaystyle\qquad = \frac{2}{\ln 2 - \ln 5}\left(\frac{2}{5}\right)^x + \frac{1}{5\ln 2}\left(\frac{1}{2}\right)^x + C$.

(6) $\displaystyle\int 2^x 3^{2x} 5^{3x}\,dx = \int 2^x (3^2)^x (5^3)^x\,dx = \int (2 \cdot 3^2 \cdot 5^3)^x\,dx$

$\displaystyle\qquad = \frac{2^x 3^{2x} 5^{3x}}{\ln 2 + 2\ln 3 + 3\ln 5} + C$.

(7) $\displaystyle\int \left(\frac{2}{\sqrt{1-x^2}} - \frac{3}{1+x^2} + \frac{1}{x}\right)dx = 2\arcsin x - 3\arctan x + \ln|x| + C$.

(8) $\displaystyle\int \frac{4\sin^3 x - 1}{\sin^2 x}\,dx = \int (4\sin x - \csc^2 x)\,dx = -4\cos x + \cot x + C$.

【评注】直接积分法要求熟练掌握基本积分公式,对被积函数可通过恒等变形后利用积分性质化为若干个基本积分公式的形式,从而求得积分.

9 设 $f(x)$ 在 $[0, +\infty)$ 上连续,在 $(0, +\infty)$ 内可导,$g(x)$ 在 $(-\infty, +\infty)$ 内可导,$g(0) = 1$.又当 $x > 0$ 时,

$$f(x) + g(x) = 3x + 2,$$
$$f'(x) - g'(x) = 1,$$

$$f'(2x) - g'(-2x) = -12x^2 + 1,$$

求 $f(x)$ 与 $g(x)$ 的表达式.

知识点睛 0302 不定积分的基本积分公式

解 由 $f(x)+g(x)=3x+2$, 令 $x\to0^+$, 由 $g(0)=1$ 得 $f(0)=1$. 将 $f'(x)-g'(x)=1$ 积分得 $f(x)-g(x)=x+C_1$. 由 $f(0)=g(0)=1$, 可得 $C_1=0$, 故 $f(x)-g(x)=x$.

将上式与 $f(x)+g(x)=3x+2$ 联立, 解得

$$f(x)=2x+1, g(x)=x+1, \quad x\geq0.$$

在 $f'(2x)-g'(-2x)=-12x^2+1$ 中令 $u=2x$, 得

$$f'(u)-g'(-u)=-3u^2+1,$$

两边积分, 得

$$f(u)+g(-u)=-u^3+u+C_2.$$

由 $f(0)=g(0)=1$, 可得 $C_2=2$, 所以

$$g(-u)=-u^3+u+2-f(u)=-u^3-u+1, u\geq0,$$

即

$$g(x)=x^3+x+1, x<0.$$

于是

$$f(x)=2x+1, x\geq0, \quad g(x)=\begin{cases}x+1, & x\geq0, \\ x^3+x+1, & x<0.\end{cases}$$

10 设 $f(x)$ 定义在 **R** 上, 且满足

$$f'(\ln x)=\begin{cases}1, & x\in(0,1], \\ x, & x\in(1,+\infty),\end{cases}$$

$f(0)=1$, 则 $f(x)=$ _____.

知识点睛 0302 不定积分的基本积分公式

解 令 $\ln x=t$, 则 $e^t=x$, 且

$$f'(t)=\begin{cases}1, & -\infty<t\leq0, \\ e^t, & 0<t<+\infty,\end{cases}$$

积分, 得

$$f(t)=\begin{cases}t+C_1, & t\leq0, \\ e^t+C_2, & t>0.\end{cases}$$

令 $t=0$, 得 $f(0)=C_1=\lim\limits_{t\to0^+}f(t)=\lim\limits_{t\to0^+}(e^t+C_2)=1+C_2=1$, 故 $C_1=1, C_2=0$. 于是

$$f(x)=\begin{cases}x+1, & x\leq0, \\ e^x, & x>0.\end{cases}$$

11 求 $\int\dfrac{1+x+x^2}{x(1+x^2)}\,dx$.

知识点睛 0302 不定积分的基本积分公式

分析 基本积分表中没有这种类型的积分, 我们可以先把被积函数变形, 化为表中所列类型之后, 再逐项积分.

解 $\int\dfrac{1+x+x^2}{x(1+x^2)}\,dx=\int\dfrac{x+(1+x^2)}{x(1+x^2)}\,dx=\int\left(\dfrac{1}{1+x^2}+\dfrac{1}{x}\right)dx=\int\dfrac{1}{1+x^2}\,dx+\int\dfrac{1}{x}\,dx$

$$= \arctan x + \ln \mid x \mid + C.$$

12 求 $\displaystyle\int \frac{1 + \sin^2 x}{1 - \cos 2x} \mathrm{d}x$.

知识点睛 0302 不定积分的基本积分公式

解 $\displaystyle\int \frac{1 + \sin^2 x}{1 - \cos 2x} \mathrm{d}x = \int \frac{1 + \sin^2 x}{2\sin^2 x} \mathrm{d}x = \frac{1}{2} \int (\csc^2 x + 1) \mathrm{d}x$

$$= -\frac{1}{2} \cot x + \frac{1}{2} x + C.$$

13 设 $F(x)$ 是 $f(x)$ 的一个原函数,则 $\displaystyle\int \mathrm{e}^{-x} f(\mathrm{e}^{-x}) \mathrm{d}x = ($ $).$

(A) $F(\mathrm{e}^{-x}) + C$ (B) $-F(\mathrm{e}^{-x}) + C$ (C) $F(\mathrm{e}^{x}) + C$ (D) $-F(\mathrm{e}^{x}) + C$

知识点睛 0301 原函数的概念

解 这是考查原函数定义和不定积分换元积分法的基本概念题.因为

$$\int f(x) \mathrm{d}x = F(x) + C (原函数的概念),$$

又 $\displaystyle\int \mathrm{e}^{-x} f(\mathrm{e}^{-x}) \mathrm{d}x = -\int f(\mathrm{e}^{-x}) \mathrm{d}\mathrm{e}^{-x} = -F(\mathrm{e}^{-x}) + C.$ 故应选(B).

14 设 $\displaystyle\int x f(x) \mathrm{d}x = \arcsin x + C$,求 $\displaystyle\int \frac{1}{f(x)} \mathrm{d}x$.

知识点睛 0305 换元积分法

解 对等式两边求导,得 $x f(x) = \dfrac{1}{\sqrt{1-x^2}}$,从而 $\dfrac{1}{f(x)} = x\sqrt{1-x^2}$.所以

$$\int \frac{1}{f(x)} \mathrm{d}x = \int x\sqrt{1-x^2} \mathrm{d}x = -\frac{1}{3}(1-x^2)^{\frac{3}{2}} + C.$$

15 如果 $f(x) = \mathrm{e}^{-x}$,则 $\displaystyle\int \frac{f'(\ln x)}{x} \mathrm{d}x = ($ $).$

(A) $-\dfrac{1}{x} + C$ (B) $\dfrac{1}{x} + C$ (C) $-\ln x + C$ (D) $\ln x + C$

知识点睛 0305 换元积分法

解 $\displaystyle\int \frac{f'(\ln x)}{x} \mathrm{d}x = \int f'(\ln x) \mathrm{d}\ln x = f(\ln x) + C$

$$= \mathrm{e}^{-\ln x} + C = \frac{1}{x} + C.$$

应选(B).

16 求下列不定积分.

(1) $\displaystyle\int \frac{1}{\sqrt{x}} \sin\sqrt{x} \,\mathrm{d}x$;   (2) $\displaystyle\int \frac{1}{x\ln x} \mathrm{d}x$;   (3) $\displaystyle\int \frac{\ln^2 x}{x} \mathrm{d}x$;

(4) $\displaystyle\int \frac{\mathrm{e}^x}{\mathrm{e}^x - 1} \mathrm{d}x$;   (5) $\displaystyle\int \frac{1}{4 + 9x^2} \mathrm{d}x$.

知识点睛 0305 换元积分法(凑微分法)

解 （1）$\int \dfrac{1}{\sqrt{x}} \sin\sqrt{x}\,\mathrm{d}x = 2\int \sin\sqrt{x}\,\mathrm{d}\sqrt{x} = -2\cos\sqrt{x} + C.$

（2）$\int \dfrac{1}{x\ln x}\,\mathrm{d}x = \int \dfrac{1}{\ln x}\,\mathrm{d}\ln x = \ln|\ln x| + C.$

（3）$\int \dfrac{\ln^2 x}{x}\,\mathrm{d}x = \int \ln^2 x\,\mathrm{d}\ln x = \dfrac{1}{3}\ln^3 x + C.$

（4）$\int \dfrac{\mathrm{e}^x}{\mathrm{e}^x - 1}\,\mathrm{d}x = \int \dfrac{1}{\mathrm{e}^x - 1}\,\mathrm{d}(\mathrm{e}^x - 1) = \ln|\mathrm{e}^x - 1| + C.$

（5）$\int \dfrac{1}{4 + 9x^2}\,\mathrm{d}x = \dfrac{1}{4}\int \dfrac{1}{\left(\dfrac{3}{2}x\right)^2 + 1}\,\mathrm{d}x = \dfrac{1}{6}\int \dfrac{1}{\left(\dfrac{3}{2}x\right)^2 + 1}\,\mathrm{d}\left(\dfrac{3}{2}x\right) = \dfrac{1}{6}\arctan\dfrac{3x}{2} + C.$

17 求下列不定积分.

（1）$\int \sin^3 x\cos^2 x\,\mathrm{d}x$; （2）$\int \dfrac{\cos^5 x}{\sin^4 x}\,\mathrm{d}x$; （3）$\int \dfrac{1}{\sin^4 x\cos^2 x}\,\mathrm{d}x$;

（4）$\int \sin 3x\cos 2x\,\mathrm{d}x$; （5）$\int \cos^4 x\,\mathrm{d}x$; （6）$\int \dfrac{1}{3 + 5\cos x}\,\mathrm{d}x.$

知识点睛 0306 三角函数有理式积分

解 （1）令 $t = \cos x$，则

$$\int \sin^3 x\cos^2 x\,\mathrm{d}x = -\int \sin^2 x\cos^2 x\,\mathrm{d}\cos x = -\int(1 - t^2)t^2\,\mathrm{d}t = -\dfrac{t^3}{3} + \dfrac{t^5}{5} + C$$

$$= -\dfrac{\cos^3 x}{3} + \dfrac{\cos^5 x}{5} + C.$$

（2）令 $t = \sin x$，则

$$\int \dfrac{\cos^5 x}{\sin^4 x}\,\mathrm{d}x = \int \dfrac{\cos^4 x}{\sin^4 x}\,\mathrm{d}\sin x = \int \dfrac{(1 - t^2)^2}{t^4}\,\mathrm{d}t = \int\left(\dfrac{1}{t^4} - \dfrac{2}{t^2} + 1\right)\mathrm{d}t$$

$$= -\dfrac{1}{3t^3} + \dfrac{2}{t} + t + C = -\dfrac{1}{3\sin^3 x} + \dfrac{2}{\sin x} + \sin x + C.$$

（3）令 $t = \tan x$，则

$$\int \dfrac{1}{\sin^4 x\cos^2 x}\,\mathrm{d}x = \int \dfrac{1}{\dfrac{\sin^4 x}{\cos^4 x}\cos^6 x}\,\mathrm{d}x = \int \dfrac{\sec^6 x}{\tan^4 x}\,\mathrm{d}x = \int \dfrac{\sec^4 x}{\tan^4 x}\,\mathrm{d}\tan x$$

$$= \int \dfrac{(1 + t^2)^2}{t^4}\,\mathrm{d}t = \int\left(\dfrac{1}{t^4} + \dfrac{2}{t^2} + 1\right)\mathrm{d}t = -\dfrac{1}{3t^3} - \dfrac{2}{t} + t + C$$

$$= -\dfrac{1}{3\tan^3 x} - \dfrac{2}{\tan x} + \tan x + C.$$

（4）$\int \sin 3x\cos 2x\,\mathrm{d}x = \dfrac{1}{2}\int(\sin 5x + \sin x)\,\mathrm{d}x = -\dfrac{\cos 5x}{10} - \dfrac{\cos x}{2} + C.$

（5）$\int \cos^4 x\,\mathrm{d}x = \int\left(\dfrac{1 + \cos 2x}{2}\right)^2\mathrm{d}x = \dfrac{1}{4}\int(1 + 2\cos 2x + \cos^2 2x)\,\mathrm{d}x$

$$= \frac{1}{4} \int \left(1 + 2\cos 2x + \frac{1 + \cos 4x}{2} \right) dx$$

$$= \frac{3}{8} x + \frac{\sin 2x}{4} + \frac{\sin 4x}{32} + C.$$

（6）令 $\tan \frac{x}{2} = t$，则

$$\int \frac{1}{3 + 5\cos x} dx = \int \frac{1}{3 + 5 \cdot \frac{1 - t^2}{1 + t^2}} \cdot \frac{2}{1 + t^2} dt = \int \frac{1}{4 - t^2} dt$$

$$= \frac{1}{4} \ln \left| \frac{2 + t}{2 - t} \right| + C = \frac{1}{4} \ln \left| \frac{2 + \tan \frac{x}{2}}{2 - \tan \frac{x}{2}} \right| + C.$$

【评注】计算三角函数有理式的积分 $\int R(\sin x, \cos x) dx$ 时，可灵活运用以下技巧.

（1）若 $R(\sin x, \cos x)$ 满足条件 $R(-\sin x, \cos x) = -R(\sin x, \cos x)$，则令 $\cos x = t$.

（2）若 $R(\sin x, \cos x)$ 满足条件 $R(\sin x, -\cos x) = -R(\sin x, \cos x)$，则令 $\sin x = t$.

（3）若 $R(\sin x, \cos x)$ 满足条件 $R(-\sin x, -\cos x) = R(\sin x, \cos x)$，则令 $\tan x = t$.

（4）利用积化和差公式：

$$\sin x \cos y = \frac{1}{2} [\sin (x + y) + \sin (x - y)],$$

$$\sin x \sin y = \frac{1}{2} [\cos (x - y) - \cos (x + y)],$$

$$\cos x \cos y = \frac{1}{2} [\cos (x + y) + \cos (x - y)].$$

（5）利用降幂公式：$\sin^2 x = \frac{1 - \cos 2x}{2}, \cos^2 x = \frac{1 + \cos 2x}{2}$.

（6）利用万能代换：令 $\tan \frac{x}{2} = t$，则 $\int R(\sin x, \cos x) dx = \int R\left(\frac{2t}{1 + t^2}, \frac{1 - t^2}{1 + t^2} \right) \cdot \frac{2}{1 + t^2} dt$.

18 求下列不定积分.

（1）$\int \sqrt{a^2 + x^2} \, dx$；　　　（2）$\int x^3 \ln(1 + x) dx$；　　　（3）$\int \frac{\sin^2 x}{e^x} dx$；

（4）$\int e^{\sqrt{x}} dx$；　　　（5）$\int x^2 \arctan x \, dx$.

知识点睛　0305 分部积分法

解　（1）记 $I = \int \sqrt{a^2 + x^2} \, dx$，则

$$I = \int \sqrt{a^2 + x^2} \, dx = x\sqrt{a^2 + x^2} - \int \frac{x^2}{\sqrt{a^2 + x^2}} dx = x\sqrt{a^2 + x^2} - \int \frac{(x^2 + a^2) - a^2}{\sqrt{a^2 + x^2}} dx$$

$$= x\sqrt{a^2 + x^2} - I + a^2\int \frac{1}{\sqrt{a^2 + x^2}}\,dx = x\sqrt{a^2 + x^2} - I + a^2\ln(x + \sqrt{a^2 + x^2}) + 2C,$$

所以 $I = \dfrac{x}{2}\sqrt{a^2 + x^2} + \dfrac{a^2}{2}\ln(x + \sqrt{a^2 + x^2}) + C.$

(2) $\displaystyle\int x^3\ln(1 + x)\,dx = \frac{1}{4}\int \ln(1 + x)\,dx^4 = \frac{1}{4}x^4\ln(1 + x) - \frac{1}{4}\int \frac{x^4}{1 + x}\,dx$

$$= \frac{1}{4}x^4\ln(1 + x) - \frac{1}{4}\int \frac{x^4 - 1 + 1}{1 + x}\,dx$$

$$= \frac{1}{4}x^4\ln(1 + x) - \frac{1}{4}\int \frac{x^4 - 1}{1 + x}\,dx - \frac{1}{4}\int \frac{1}{1 + x}\,dx$$

$$= \frac{1}{4}x^4\ln(1 + x) - \frac{1}{4}\int (x^3 - x^2 + x - 1)\,dx - \frac{1}{4}\int \frac{1}{1 + x}\,dx$$

$$= \frac{1}{4}x^4\ln(1 + x) - \frac{1}{16}x^4 + \frac{1}{12}x^3 - \frac{1}{8}x^2 + \frac{1}{4}x - \frac{1}{4}\ln(1 + x) + C.$$

(3) $\displaystyle\int \frac{\sin^2 x}{e^x}\,dx = \int e^{-x}\sin^2 x\,dx = -\int \sin^2 x\,de^{-x} = -e^{-x}\sin^2 x + \int e^{-x}\sin 2x\,dx.$

记 $I = \displaystyle\int e^{-x}\sin 2x\,dx$，则

$$I = \int e^{-x}\sin 2x\,dx = -\int \sin 2x\,de^{-x} = -e^{-x}\sin 2x + 2\int e^{-x}\cos 2x\,dx$$

$$= -e^{-x}\sin 2x - 2\int \cos 2x\,de^{-x} = -e^{-x}\sin 2x - 2\left(e^{-x}\cos 2x + 2\int e^{-x}\sin 2x\,dx\right)$$

$$= -e^{-x}\sin 2x - 2e^{-x}\cos 2x - 4I,$$

所以 $I = -\dfrac{e^{-x}(\sin 2x + 2\cos 2x)}{5} + C$，从而

$$\int \frac{\sin^2 x}{e^x}\,dx = -e^{-x}\sin^2 x - \frac{e^{-x}(\sin 2x + 2\cos 2x)}{5} + C.$$

(4) 令 $u = \sqrt{x}$，$x = u^2$，则 $dx = 2u\,du$，从而

$$\int e^{\sqrt{x}}\,dx = 2\int u e^u\,du = 2\int u\,de^u = 2\left(u e^u - \int e^u\,du\right)$$

$$= 2(u e^u - e^u) + C = 2(\sqrt{x} - 1)e^{\sqrt{x}} + C.$$

(5) $\displaystyle\int x^2\arctan x\,dx = \frac{1}{3}\int \arctan x\,dx^3 = \frac{1}{3}x^3\arctan x - \frac{1}{3}\int \frac{x^3}{1 + x^2}\,dx$

$$= \frac{1}{3}x^3\arctan x - \frac{1}{3}\int \frac{x^3 + x}{1 + x^2}\,dx + \frac{1}{3}\int \frac{x}{1 + x^2}\,dx$$

$$= \frac{1}{3}x^3\arctan x - \frac{1}{6}x^2 + \frac{1}{6}\ln(1 + x^2) + C.$$

Ⓚ 2018 数学三，
4 分
19　求 $\displaystyle\int e^x\arcsin\sqrt{1 - e^{2x}}\,dx.$

知识点睛　0305 分部积分法

解 $\int e^x \arcsin \sqrt{1-e^{2x}}\, dx = \int \arcsin \sqrt{1-e^{2x}}\, de^x$

$= e^x \arcsin \sqrt{1-e^{2x}} - \int e^x \cdot \dfrac{1}{\sqrt{1-(1-e^{2x})}} \cdot \dfrac{-2e^{2x}}{2\sqrt{1-e^{2x}}}\, dx$

$= e^x \arcsin \sqrt{1-e^{2x}} + \int \dfrac{e^{2x}}{\sqrt{1-e^{2x}}}\, dx$

$= e^x \arcsin \sqrt{1-e^{2x}} - \sqrt{1-e^{2x}} + C.$

【评注】分部积分法的关键是合理选取 $u(x)$ 与 $v(x)$，一般来说有下列结论.

(1) 形如 $\int x^n e^{ax} dx$，取 $u(x)=x^n, v'(x)=e^{ax}$.

(2) 形如 $\int x^n \sin ax dx \big(\text{或} \int x^n \cos ax dx\big)$，取 $u(x)=x^n, v'(x)=\sin ax (\text{或} \cos ax)$.

(3) 形如 $\int x^n \ln^m x dx$，取 $u(x)=\ln^m x, v'(x)=x^n$.

(4) 形如 $\int x^n \arctan x dx, \int x^n \text{arccot } x dx, \int x^n \arcsin x dx; \int x^n \arccos x dx$，取 $u(x)$ 为反三角函数，$v'(x)=x^n$.

(5) 形如 $\int e^{ax} \sin bx dx$ 或 $\int e^{ax} \cos bx dx$，取 $u(x)=\sin bx (\text{或} \cos bx), v'(x)=e^{ax}$；也可以取 $u(x)=e^{ax}, v'(x)=\sin bx (\text{或} \cos bx)$.

20 求 $\int \dfrac{x+\ln^3 x}{(x\ln x)^2}\, dx.$

知识点睛 0305 换元积分法, 分部积分法

解 由于分母为一项, 分子为两项, 应先考虑分成两项, 再用凑微分及分部积分法积分.

$\int \dfrac{x+\ln^3 x}{(x\ln x)^2}\, dx = \int \dfrac{1}{x\ln^2 x}\, dx + \int \dfrac{\ln x}{x^2}\, dx = \int \dfrac{1}{\ln^2 x}\, d\ln x + \int \ln x\, d\Big(-\dfrac{1}{x}\Big)$

$= -\dfrac{1}{\ln x} - \dfrac{1}{x}\ln x + \int \dfrac{1}{x^2}\, dx = -\dfrac{1}{\ln x} - \dfrac{1}{x}\ln x - \dfrac{1}{x} + C.$

21 求 $\int \ln(x+\sqrt{x^2+1})\, dx.$

知识点睛 0305 分部积分法

解 $\int \ln(x+\sqrt{x^2+1})\, dx$

$= x\ln(x+\sqrt{x^2+1}) - \int x \cdot \dfrac{1}{x+\sqrt{x^2+1}}\Big(1+\dfrac{x}{\sqrt{x^2+1}}\Big)\, dx$

$= x\ln(x+\sqrt{x^2+1}) - \int \dfrac{x}{\sqrt{x^2+1}}\, dx$

$= x\ln(x+\sqrt{x^2+1}) - \sqrt{x^2+1} + C.$

22 求 $\displaystyle\int \frac{\ln x - 1}{x^2}\,\mathrm{d}x$.

知识点睛 0305 分部积分法

解 原式 $= \displaystyle\int \ln x\,\mathrm{d}\left(-\frac{1}{x}\right) - \int \frac{1}{x^2}\,\mathrm{d}x = -\frac{1}{x}\ln x + \int \frac{1}{x^2}\,\mathrm{d}x - \int \frac{1}{x^2}\,\mathrm{d}x + C$

$$= -\frac{1}{x}\ln x + C.$$

23 $\displaystyle\int \arctan\sqrt{x}\,\mathrm{d}x = \underline{\hspace{3cm}}$.

知识点睛 0305 分部积分法

解 利用分部积分法,注意到 $\mathrm{d}(\arctan\sqrt{x}) = \dfrac{1}{1+x}\,\mathrm{d}\sqrt{x}$,

$$\int \arctan\sqrt{x}\,\mathrm{d}x = x\arctan\sqrt{x} - \int x\,\mathrm{d}(\arctan\sqrt{x}) = x\arctan\sqrt{x} - \int \frac{x}{1+x}\,\mathrm{d}(\sqrt{x})$$

$$= x\arctan\sqrt{x} - \sqrt{x} + \arctan\sqrt{x} + C$$

$$= (x+1)\arctan\sqrt{x} - \sqrt{x} + C.$$

应填 $(x+1)\arctan\sqrt{x} - \sqrt{x} + C$.

24 求 $\displaystyle\int (\arcsin x)^2\,\mathrm{d}x$.

知识点睛 0305 分部积分法

解 令 $t = \arcsin x$,则

$$\int (\arcsin x)^2\,\mathrm{d}x = \int t^2\,\mathrm{d}\sin t = t^2\sin t - 2\int t\sin t\,\mathrm{d}t$$

$$= t^2\sin t + 2\int t\,\mathrm{d}\cos t = t^2\sin t + 2t\cos t - 2\int \cos t\,\mathrm{d}t$$

$$= t^2\sin t + 2t\cos t - 2\sin t + C$$

$$= x(\arcsin x)^2 + 2\sqrt{1-x^2}\arcsin x - 2x + C.$$

25 求 $\displaystyle\int \frac{\ln(\sin x)}{\sin^2 x}\,\mathrm{d}x$.

知识点睛 0305 分部积分法

解 原式 $= -\displaystyle\int \ln(\sin x)\,\mathrm{d}(\cot x) = -\cot x \cdot \ln(\sin x) + \int \cot x \cdot \frac{\cos x}{\sin x}\,\mathrm{d}x$

$$= -\cot x \cdot \ln(\sin x) + \int (\csc^2 x - 1)\,\mathrm{d}x$$

$$= -\cot x \cdot \ln(\sin x) - \cot x - x + C.$$

【评注】因为 $\dfrac{1}{\sin^2 x}\,\mathrm{d}x = -\mathrm{d}(\cot x)$,故采用分部积分公式计算.

一般地,对形如 $\displaystyle\int \frac{f(x)}{\varphi(x)}\,\mathrm{d}x$ 的积分可考虑转化为 $\displaystyle\int f(x)\,\mathrm{d}g(x)$,然后使用分部积分公式计算,其中 $g'(x) = \dfrac{1}{\varphi(x)}$.

26 求 $\displaystyle\int \frac{\mathrm{d}x}{\sqrt{x}\,(\,1+\sqrt[3]{x}\,)}$.

知识点睛 0306 简单无理函数的积分

解 为了除去根号,设 $x=t^6\,(t>0)$,则 $t=\sqrt[6]{x}$,这时

$$\int \frac{\mathrm{d}x}{\sqrt{x}\,(\,1+\sqrt[3]{x}\,)}=\int \frac{\mathrm{d}t^6}{t^3(\,1+t^2\,)}=\int \frac{6t^5\,\mathrm{d}t}{t^3(\,1+t^2\,)}=6\int \frac{t^2}{1+t^2}\,\mathrm{d}t=6\int \frac{t^2+1-1}{1+t^2}\,\mathrm{d}t$$

$$=6\int \left(1-\frac{1}{1+t^2}\right)\mathrm{d}t=6(\,t-\arctan t\,)+C=6(\sqrt[6]{x}-\arctan \sqrt[6]{x}\,)+C.$$

27 求 $\displaystyle\int \frac{\mathrm{d}x}{(\,2-x\,)\sqrt{1-x}}$.

知识点睛 0306 简单无理函数的积分

解 原式 $\xlongequal{\sqrt{1-x}=t} \displaystyle\int \frac{-2t}{(\,1+t^2\,)t}\,\mathrm{d}t=-2\int \frac{1}{1+t^2}\,\mathrm{d}t=-2\arctan t+C$

$$=-2\arctan \sqrt{1-x}+C.$$

28 求 $\displaystyle\int \frac{\mathrm{d}x}{x\sqrt{x^2+1}}$.

知识点睛 0305 换元积分法

解 令 $\dfrac{1}{x}=t$,则

(1)当 $x>0$ 时,

$$原式 =\int \frac{-\dfrac{1}{t^2}}{\dfrac{1}{t}\sqrt{\dfrac{1}{t^2}+1}}\,\mathrm{d}t=-\int \frac{1}{\sqrt{1+t^2}}\,\mathrm{d}t=-\ln(\,t+\sqrt{1+t^2}\,)+C$$

$$=-\ln\left(\frac{1}{x}+\sqrt{1+\frac{1}{x^2}}\right)+C=-\ln \frac{1+\sqrt{1+x^2}}{x}+C.$$

(2)当 $x<0$ 时,

$$原式 =\int \frac{-\dfrac{1}{t^2}}{\dfrac{1}{t}\sqrt{\dfrac{1}{t^2}+1}}\,\mathrm{d}t=\ln(\,t+\sqrt{1+t^2}\,)+C=\ln\left(\frac{1}{x}+\sqrt{1+\frac{1}{x^2}}\right)+C$$

$$=\ln \frac{1-\sqrt{1+x^2}}{x}+C=-\ln \frac{1+\sqrt{1+x^2}}{-x}+C.$$

综上, $\displaystyle\int \frac{1}{x\sqrt{x^2+1}}\,\mathrm{d}x=-\ln \frac{1+\sqrt{1+x^2}}{|x|}+C.$

29 求 $\displaystyle\int \frac{\sqrt{a^2-x^2}}{x^4}\,\mathrm{d}x$.

知识点睛 0305 换元积分法

解 设 $x = \dfrac{1}{t}$，那么 $\mathrm{d}x = -\dfrac{\mathrm{d}t}{t^2}$，于是

$$\int \frac{\sqrt{a^2 - x^2}}{x^4}\mathrm{d}x = \int \frac{\sqrt{a^2 - \dfrac{1}{t^2}} \cdot \left(-\dfrac{\mathrm{d}t}{t^2}\right)}{\dfrac{1}{t^4}} = -\int (a^2 t^2 - 1)^{\frac{1}{2}} \mid t \mid \mathrm{d}t.$$

当 $x > 0$ 时，有

$$\int \frac{\sqrt{a^2 - x^2}}{x^4}\mathrm{d}x = -\frac{1}{2a^2}\int (a^2 t^2 - 1)^{\frac{1}{2}} \mathrm{d}(a^2 t^2 - 1) = -\frac{(a^2 t^2 - 1)^{\frac{3}{2}}}{3a^2} + C$$

$$= -\frac{(a^2 - x^2)^{\frac{3}{2}}}{3a^2 x^3} + C.$$

当 $x < 0$ 时，有相同的结果. 故无论何种情形，总有

$$\int \frac{\sqrt{a^2 - x^2}}{x^4}\mathrm{d}x = -\frac{(a^2 - x^2)^{\frac{3}{2}}}{3a^2 x^3} + C.$$

30 求不定积分 $\displaystyle\int \frac{1}{x}\sqrt{\frac{x+2}{x-2}}\mathrm{d}x$.

知识点睛 0306 简单无理函数的积分

解 令 $t = \sqrt{\dfrac{x+2}{x-2}}$，则 $x = 2 + \dfrac{4}{t^2 - 1}$，$\mathrm{d}x = -\dfrac{8t}{(t^2 - 1)^2}\mathrm{d}t$，因而有

$$\int \frac{1}{x}\sqrt{\frac{x+2}{x-2}}\mathrm{d}x = \int \frac{t^2 - 1}{2(t^2 + 1)} \cdot t \cdot \frac{-8t}{(t^2 - 1)^2}\mathrm{d}t = 4\int \frac{t^2}{(1 + t^2)(1 - t^2)}\mathrm{d}t$$

$$= 2\int \left(\frac{1}{1 - t^2} - \frac{1}{1 + t^2}\right)\mathrm{d}t = \ln\left|\frac{1 + t}{1 - t}\right| - 2\arctan t + C$$

$$= \ln\left|\frac{1 + \sqrt{\dfrac{x+2}{x-2}}}{1 - \sqrt{\dfrac{x+2}{x-2}}}\right| - 2\arctan\sqrt{\frac{x+2}{x-2}} + C.$$

31 已知 $f(x)$ 的一个原函数为 $\ln^2 x$，则 $\displaystyle\int x f'(x)\mathrm{d}x =$ _____.

知识点睛 0301 原函数的概念

解 $\displaystyle\int x f'(x)\mathrm{d}x = \int x\mathrm{d}f(x) = x f(x) - \int f(x)\mathrm{d}x = x(\ln^2 x)' - \ln^2 x + C$

$$= 2\ln x - \ln^2 x + C.$$

应填 $2\ln x - \ln^2 x + C$.

32 已知 $\dfrac{\sin x}{x}$ 是函数 $f(x)$ 的一个原函数，求 $\displaystyle\int x^3 f'(x)\mathrm{d}x$.

知识点睛 0301 原函数的概念

解 由于 $\dfrac{\sin x}{x}$ 是函数 $f(x)$ 的一个原函数，有 $f(x)=\left(\dfrac{\sin x}{x}\right)'=\dfrac{x\cos x-\sin x}{x^2}$. 因此

$$\int x^3 f'(x)\,\mathrm{d}x = x^3 f(x) - 3\int x^2 f(x)\,\mathrm{d}x = x^3 f(x) - 3\int x^2 \mathrm{d}\left(\dfrac{\sin x}{x}\right)$$

$$= x^3 f(x) - 3\left(x^2 \cdot \dfrac{\sin x}{x} - 2\int \sin x\,\mathrm{d}x\right)$$

$$= x^3 f(x) - 3x\sin x - 6\cos x + C$$

$$= x^2\cos x - 4x\sin x - 6\cos x + C.$$

【评注】在不定积分运算中，若被积函数中含有 $f'(x)$ 项，则一般考虑使用分部积分公式计算，令 $v=f(x)$.

33 设 $f(x)$ 的一个原函数为 e^{x^2}，求 $\int x f''(x)\,\mathrm{d}x$.

知识点睛 0301 原函数的概念

解 $\int x f''(x)\,\mathrm{d}x = \int x\,\mathrm{d}f'(x) = x f'(x) - \int f'(x)\,\mathrm{d}x = x f'(x) - f(x) + C.$

由于 $f(x)=(\mathrm{e}^{x^2})'=2x\mathrm{e}^{x^2}$，则 $f'(x)=2\mathrm{e}^{x^2}+4x^2\mathrm{e}^{x^2}$，代入上式，得

$$\int x f''(x)\,\mathrm{d}x = 4x^3\mathrm{e}^{x^2} + C.$$

34 求不定积分 $\displaystyle\int \dfrac{x^3}{x+3}\,\mathrm{d}x$.

知识点睛 0306 有理函数的积分

解 $\displaystyle\int \dfrac{x^3}{x+3}\,\mathrm{d}x = \int\left(x^2 - 3x + 9 - \dfrac{27}{x+3}\right)\mathrm{d}x$

$$= \dfrac{1}{3}x^3 - \dfrac{3}{2}x^2 + 9x - 27\ln|x+3| + C.$$

【评注】此题为有理假分式，所以先化为整式与真分式的和，再逐项积分.

35 求不定积分 $\displaystyle\int \dfrac{1}{(x^2+1)(x+1)^2}\,\mathrm{d}x$.

知识点睛 0306 有理函数的积分，待定系数法

解 设 $\dfrac{1}{(x^2+1)(x+1)^2}=\dfrac{Ax+B}{x^2+1}+\dfrac{C}{(x+1)^2}+\dfrac{D}{x+1}$，通分后由分子得

$$1=(Ax+B)(x+1)^2+C(x^2+1)+D(x+1)(x^2+1).$$

比较 x 的各次幂的系数，得

$$\begin{cases}A+D=0,\\2A+B+C+D=0,\\A+2B+D=0,\\B+C+D=1\end{cases} \Rightarrow \begin{cases}A=-\dfrac{1}{2},\\B=0,\\C=\dfrac{1}{2},\\D=\dfrac{1}{2}.\end{cases}$$

故

$$原式 = -\frac{1}{2}\int \frac{x}{x^2+1}\,dx + \frac{1}{2}\int \frac{1}{(x+1)^2}\,dx + \frac{1}{2}\int \frac{1}{x+1}\,dx$$

$$= -\frac{1}{4}\ln(x^2+1) - \frac{1}{2(x+1)} + \frac{1}{2}\ln|x+1| + C.$$

【评注】此题分母已经分解成一次因式与二次因式积的形式,只需用待定系数法将有理函数分解成部分分式的和再逐项积分即可.

36 求不定积分 $\int \frac{4x+3}{(x-2)^3}\,dx$.

知识点睛 0306 有理函数的积分

解法 1 设 $\dfrac{4x+3}{(x-2)^3} = \dfrac{A_1}{x-2} + \dfrac{A_2}{(x-2)^2} + \dfrac{A_3}{(x-2)^3}$,通分比较系数得

$$\begin{cases} A_1 = 0, \\ -4A_1 + A_2 = 4, \\ 4A_1 - 2A_2 + A_3 = 3, \end{cases}$$

解得 $A_1 = 0, A_2 = 4, A_3 = 11$. 故 $\dfrac{4x+3}{(x-2)^3} = \dfrac{4}{(x-2)^2} + \dfrac{11}{(x-2)^3}$,有

$$\int \frac{4x+3}{(x-2)^3}\,dx = 4\int \frac{dx}{(x-2)^2} + 11\int \frac{dx}{(x-2)^3} = -\frac{4}{x-2} - \frac{11}{2}\cdot\frac{1}{(x-2)^2} + C.$$

解法 2 令 $t = x-2$,得

$$\int \frac{4x+3}{(x-2)^3}\,dx = \int \frac{4(t+2)+3}{t^3}\,dt = 4\int \frac{1}{t^2}\,dt + 11\int \frac{1}{t^3}\,dt$$

$$= -\frac{4}{t} - \frac{11}{2}\cdot\frac{1}{t^2} + C = -\frac{4}{x-2} - \frac{11}{2}\cdot\frac{1}{(x-2)^2} + C.$$

【评注】事实上,在求 A_1、A_2、A_3 时可用特殊值法. 如通分后得

$$4x+3 = A_1(x-2)^2 + A_2(x-2) + A_3,$$

令 $x=2$ 得 $11 = A_3$,代入经整理得 $4 = A_1(x-2) + A_2$,再比较系数得 A_1、A_2.

37 求不定积分 $\int \frac{1}{x(x+1)(x^2+x+1)}\,dx$.

知识点睛 0306 有理函数的积分

解 因为

$$\frac{1}{x(x+1)(x^2+x+1)} = \frac{1}{(x^2+x)(x^2+x+1)} = \frac{1}{x+x^2} - \frac{1}{x^2+x+1} = \frac{1}{x} - \frac{1}{1+x} - \frac{1}{1+x+x^2},$$

所以

$$原式 = \int \frac{1}{x}\,dx - \int \frac{1}{1+x}\,dx - \int \frac{1}{1+x+x^2}\,dx$$

$$= \ln |x| - \ln |1 + x| - \frac{2}{\sqrt{3}} \arctan \frac{2x + 1}{\sqrt{3}} + C.$$

【评注】当被积函数容易分解时也不必墨守成规非要用待定系数法,直接分解即可.

38 求不定积分 $\int \frac{x^3}{(x-1)^{10}} \mathrm{d}x$.

知识点睛 0306 有理函数的积分

解 令 $x - 1 = u$,则 $\mathrm{d}x = \mathrm{d}u$,

$$\int \frac{x^3}{(x-1)^{10}} \mathrm{d}x = \int \frac{(1 + u)^3}{u^{10}} \mathrm{d}u = \int \frac{u^3 + 3u^2 + 3u + 1}{u^{10}} \mathrm{d}u$$

$$= \int \frac{1}{u^7} \mathrm{d}u + 3 \int \frac{1}{u^8} \mathrm{d}u + 3 \int \frac{1}{u^9} \mathrm{d}u + \int \frac{1}{u^{10}} \mathrm{d}u$$

$$= -\frac{1}{6u^6} - \frac{3}{7} \frac{1}{u^7} - \frac{3}{8} \frac{1}{u^8} - \frac{1}{9} \frac{1}{u^9} + C$$

$$= -\frac{1}{6(x-1)^6} - \frac{3}{7} \frac{1}{(x-1)^7} - \frac{3}{8} \frac{1}{(x-1)^8} - \frac{1}{9} \frac{1}{(x-1)^9} + C.$$

【评注】求不定积分的基本方法是换元积分法和分部积分法,将有理分式化为部分分式和三角函数有理式的积分仅作为以上两种方法的补充.如本题,若将分母看成 $x = 1$ 是其 10 重根,然后利用有理分式化为部分分式将会非常麻烦.

39 求 $\int \frac{\mathrm{d}x}{\sqrt[3]{(x+1)^2(x-1)^4}}$.

知识点睛 0306 简单无理函数的积分

分析 根号下太复杂,可先将分母中部分有理化.

解 $\int \frac{\mathrm{d}x}{\sqrt[3]{(x+1)^2(x-1)^4}} = \int \frac{1}{(x+1)(x-1)} \sqrt[3]{\frac{x+1}{x-1}} \mathrm{d}x.$

令 $\sqrt[3]{\frac{x+1}{x-1}} = t$,则 $x = \frac{t^3 + 1}{t^3 - 1}$,$\mathrm{d}x = \frac{-6t^2}{(t^3 - 1)^2} \mathrm{d}t$,从而

$$\int \frac{\mathrm{d}x}{\sqrt[3]{(x+1)^2(x-1)^4}} = \int \frac{t}{\frac{4t^3}{(t^3-1)^2}} \cdot \frac{-6t^2}{(t^3-1)^2} \mathrm{d}t = -\frac{3}{2} \int \mathrm{d}t = -\frac{3}{2}t + C$$

$$= -\frac{3}{2} \sqrt[3]{\frac{x+1}{x-1}} + C.$$

40 求 $\int \frac{1}{\sqrt{1+x} + \sqrt[3]{1+x}} \mathrm{d}x$.

知识点睛 0306 简单无理函数的积分

分析 被积函数中出现两个根号 $\sqrt[n]{f(x)}$ 与 $\sqrt[m]{f(x)}$,一般设 $t = \sqrt[k]{f(x)}$,其中 k 为 m, n 的最小公倍数.

解 令 $\sqrt[6]{1+x}=t, x=t^6-1, dx=6t^5 dt$, 则

$$\int \frac{1}{\sqrt{1+x}+\sqrt[3]{1+x}} dx = \int \frac{1}{t^3+t^2} 6t^5 dt = 6\int \frac{t^3}{t+1} dt = 6\int \frac{t^3+1-1}{t+1} dt$$

$$= 6\int \left(t^2 - t + 1 - \frac{1}{t+1}\right) dt = 2t^3 - 3t^2 + 6t - 6\ln|t+1| + C$$

$$= 2\sqrt{1+x} - 3\sqrt[3]{1+x} + 6\sqrt[6]{1+x} - 6\ln|\sqrt[6]{1+x}+1| + C.$$

41 求 $\int \dfrac{x^2}{1+x^2}\arctan x\, dx$.

知识点睛 0305 换元积分法, 分部积分法

41 题精解视频

解法 1 令 $\arctan x = u$, 则 $x = \tan u, dx = \dfrac{du}{\cos^2 u}$. 于是

$$原式 = \int \frac{\tan^2 u}{1+\tan^2 u} \cdot u \cdot \frac{du}{\cos^2 u} = \int u\tan^2 u\, du$$

$$= \int u(\sec^2 u - 1) du = \int u\sec^2 u\, du - \frac{1}{2}u^2$$

$$= \int u\, d\tan u - \frac{1}{2}u^2 = u\tan u - \int \tan u\, du - \frac{1}{2}u^2$$

$$= u\tan u + \ln|\cos u| - \frac{1}{2}u^2 + C$$

$$= x\arctan x + \ln \frac{1}{\sqrt{1+x^2}} - \frac{1}{2}(\arctan x)^2 + C$$

$$= x\arctan x - \frac{1}{2}\ln(1+x^2) - \frac{1}{2}(\arctan x)^2 + C.$$

解法 2 $\displaystyle\int \frac{x^2}{1+x^2}\arctan x\, dx = \int \arctan x\, dx - \int \frac{\arctan x}{1+x^2} dx$

$$= x\arctan x - \int \frac{x}{1+x^2} dx - \frac{1}{2}(\arctan x)^2 + C$$

$$= x\arctan x - \frac{1}{2}\ln(1+x^2) - \frac{1}{2}(\arctan x)^2 + C.$$

42 求不定积分 $\displaystyle\int \frac{dx}{x^2\sqrt{1+x^2}}$.

知识点睛 0305 换元积分法 (倒代换)

解法 1 令 $x = \dfrac{1}{t}$, 则 $dx = -\dfrac{1}{t^2} dt$, 因而有

(1) 当 $x>0$ 时,

$$\int \frac{dx}{x^2\sqrt{1+x^2}} = \int \frac{t^2}{\sqrt{1+\dfrac{1}{t^2}}} \cdot \left(-\frac{1}{t^2}\right) dt = -\int \frac{t}{\sqrt{1+t^2}} dt = -\sqrt{1+t^2} + C = -\frac{\sqrt{1+x^2}}{x} + C.$$

（2）当 $x<0$ 时，

$$\int \frac{\mathrm{d}x}{x^2\sqrt{1+x^2}} = \int \frac{t^2}{\sqrt{1+\dfrac{1}{t^2}}}\left(-\frac{1}{t^2}\right)\mathrm{d}t = \int \frac{t}{\sqrt{1+t^2}}\mathrm{d}t = \sqrt{1+t^2} + C$$

$$= \sqrt{1+\frac{1}{x^2}} + C = -\frac{\sqrt{1+x^2}}{x} + C.$$

解法 2 令 $x=\tan u$，则

$$\int \frac{1}{x^2\sqrt{1+x^2}}\mathrm{d}x = \int \frac{\sec^2 u}{\tan^2 u \cdot \sec u}\mathrm{d}u = \int \frac{\cos u}{\sin^2 u}\mathrm{d}u = \int \frac{1}{\sin^2 u}\mathrm{d}\sin u$$

$$= -\frac{1}{\sin u} + C = -\csc u + C = -\frac{\sqrt{1+x^2}}{x} + C.$$

43 求不定积分 $\displaystyle\int \frac{1+\sin x}{\sin x(1+\cos x)}\mathrm{d}x$.

知识点睛 0306 三角函数有理式积分

解 令 $\tan \dfrac{x}{2}=t$，则 $\mathrm{d}x=\dfrac{2}{1+t^2}\mathrm{d}t$，因而有

$$\int \frac{1+\sin x}{\sin x(1+\cos x)}\mathrm{d}x = \int \frac{1+\dfrac{2t}{1+t^2}}{\dfrac{2t}{1+t^2}\left(1+\dfrac{1-t^2}{1+t^2}\right)} \cdot \frac{2}{1+t^2}\mathrm{d}t$$

$$= \int \frac{1+t^2+2t}{2t}\mathrm{d}t = \frac{1}{2}\left(\frac{1}{2}t^2 + 2t + \ln|t|\right) + C$$

$$= \frac{1}{4}\tan^2 \frac{x}{2} + \tan \frac{x}{2} + \frac{1}{2}\ln\left|\tan \frac{x}{2}\right| + C.$$

44 求不定积分 $\displaystyle\int \frac{\mathrm{d}x}{x(x^2+1)}$.

知识点睛 0306 有理函数的积分

解 $\displaystyle\int \frac{\mathrm{d}x}{x(x^2+1)} = \int \frac{x\mathrm{d}x}{x^2(x^2+1)} = \frac{1}{2}\int \frac{\mathrm{d}(x^2)}{x^2(x^2+1)} = \frac{1}{2}\ln \frac{x^2}{x^2+1} + C.$

【评注】第一类换元积分法也称为凑微分法.要熟练掌握一些常见的凑微分形式.一般是先变形再凑微分.

45 求 $\displaystyle\int \frac{\mathrm{d}x}{\sqrt{x(1-x)}}$.

知识点睛 0306 简单无理函数的积分

解 令 $x=\sin^2 t, t\in\left(0,\dfrac{\pi}{2}\right)$，则 $\mathrm{d}x=2\sin t\cos t\mathrm{d}t$，因而有

$$\int \frac{\mathrm{d}x}{\sqrt{x(1-x)}} = 2\int \frac{\sin t\cos t}{\sin t\cos t}\mathrm{d}t = 2\int 1\mathrm{d}t = 2\arcsin\sqrt{x} + C.$$

46 计算不定积分 $\int \dfrac{\mathrm{d}x}{x^4\sqrt{x^2-1}}$.

知识点睛 0306 简单无理函数的积分

解 （1）当 $x>1$ 时，令 $x=\sec t$ $\left(0<t<\dfrac{\pi}{2}\right)$，则 $\mathrm{d}x=\sec t\cdot\tan t\mathrm{d}t$，因而有

$$\int\frac{\mathrm{d}x}{x^4\sqrt{x^2-1}}=\int\frac{\sec t\cdot\tan t\mathrm{d}t}{\sec^4 t\cdot\tan t}=\int\cos^3 t\mathrm{d}t=\int\cos^2 t\mathrm{d}(\sin t)$$

$$=\int(1-\sin^2 t)\mathrm{d}(\sin t)=\sin t-\frac{1}{3}\sin^3 t+C$$

$$=\frac{\sqrt{x^2-1}}{x}-\frac{\sqrt{(x^2-1)^3}}{3x^3}+C.$$

（2）当 $x<-1$ 时，令 $x=-u$，则 $u>1$，由（1）有

$$\int\frac{\mathrm{d}x}{x^4\sqrt{x^2-1}}=-\int\frac{1}{u^4\sqrt{u^2-1}}\mathrm{d}u=-\left(\frac{\sqrt{u^2-1}}{u}-\frac{\sqrt{(u^2-1)^3}}{3u^3}\right)+C$$

$$=\frac{\sqrt{x^2-1}}{x}-\frac{\sqrt{(x^2-1)^3}}{3x^3}+C.$$

47 计算不定积分 $\int\dfrac{\mathrm{d}x}{\sqrt{x(x-1)}}$.

知识点睛 0305 换元积分法

解 （1）当 $x>1$ 时，$\int\dfrac{\mathrm{d}x}{\sqrt{x(x-1)}}=2\int\dfrac{\mathrm{d}\sqrt{x}}{\sqrt{(\sqrt{x})^2-1}}=2\ln|\sqrt{x}+\sqrt{x-1}|+C.$

（2）当 $x<0$ 时，令 $x=-u$，则 $u>0$，因而有

$$\int\frac{\mathrm{d}x}{\sqrt{x(x-1)}}=-\int\frac{\mathrm{d}u}{\sqrt{u(u+1)}}=-2\int\frac{\mathrm{d}\sqrt{u}}{\sqrt{(\sqrt{u})^2+1}}=-2\ln(\sqrt{u}+\sqrt{u+1})+C$$

$$=-2\ln(\sqrt{-x}+\sqrt{1-x})+C=2\ln(\sqrt{1-x}-\sqrt{-x})+C.$$

48 计算不定积分 $\int\dfrac{\mathrm{d}x}{1+\sqrt[3]{x+2}}$.

知识点睛 0306 简单无理函数的积分

解 令 $t=\sqrt[3]{x+2}$，则 $\mathrm{d}x=3t^2\mathrm{d}t$，因而有

$$\int\frac{\mathrm{d}x}{1+\sqrt[3]{x+2}}=3\int\frac{t^2}{1+t}\mathrm{d}t=3\int\left(t-1+\frac{1}{1+t}\right)\mathrm{d}t=3\left(\frac{1}{2}t^2-t+\ln|1+t|\right)+C$$

$$=3\left[\frac{1}{2}\sqrt[3]{(x+2)^2}-\sqrt[3]{x+2}+\ln\left|\sqrt[3]{x+2}+1\right|\right]+C.$$

49 计算不定积分 $\int\dfrac{x\mathrm{d}x}{\sqrt{1+x+x^2}}$.

知识点睛 0306 简单无理函数的积分，配方法

解 $\displaystyle\int \frac{x\,\mathrm{d}x}{\sqrt{1+x+x^2}} = \int \frac{x}{\sqrt{\dfrac{3}{4}+\left(x+\dfrac{1}{2}\right)^2}}\,\mathrm{d}x \xlongequal{\text{令 } t = x + \frac{1}{2}} \int \frac{t-\dfrac{1}{2}}{\sqrt{\dfrac{3}{4}+t^2}}\,\mathrm{d}t$

$\displaystyle\qquad\qquad = \int \frac{t}{\sqrt{\dfrac{3}{4}+t^2}}\,\mathrm{d}t - \frac{1}{2}\int \frac{1}{\sqrt{\dfrac{3}{4}+t^2}}\,\mathrm{d}t$

$\displaystyle\qquad\qquad = \sqrt{\frac{3}{4}+t^2} - \frac{1}{2}\ln\left(t+\sqrt{\frac{3}{4}+t^2}\right) + C$

$\displaystyle\qquad\qquad = \sqrt{1+x+x^2} - \frac{1}{2}\ln\left(x+\frac{1}{2}+\sqrt{1+x+x^2}\right) + C.$

【评注】遇到二次三项式首先应想到配方,然后再求解.

50 计算 $\displaystyle\int \frac{\sqrt{1+x^4}}{1-x^4}\,\mathrm{d}x$.

知识点睛 0305 换元积分法

解

$\displaystyle\int \frac{\sqrt{1+x^4}}{1-x^4}\,\mathrm{d}x \xlongequal{x^2=\tan u} \int \frac{\sec u}{1-\tan^2 u}\cdot\frac{\sec^2 u}{2\sqrt{\tan u}}\,\mathrm{d}u = \frac{1}{2}\int \frac{\sec u}{\sqrt{\tan u}\cos 2u}\,\mathrm{d}u$

$\displaystyle\qquad = \frac{1}{2}\int \frac{1}{\sqrt{\sin u\cos u}\cos 2u}\,\mathrm{d}u = \frac{1}{\sqrt{2}}\int \frac{1}{\sqrt{\sin 2u}\cos 2u}\,\mathrm{d}u$

$\displaystyle\qquad \xlongequal{t=2u} \frac{1}{2\sqrt{2}}\int \frac{1}{\sqrt{\sin t}\cos t}\,\mathrm{d}t \xlongequal{v=\sqrt{\sin t}} \frac{1}{2\sqrt{2}}\int \frac{2v}{v(1-v^4)}\,\mathrm{d}v = \frac{1}{\sqrt{2}}\int \frac{1}{1-v^4}\,\mathrm{d}v$

$\displaystyle\qquad = \frac{1}{2\sqrt{2}}\int\left(\frac{1}{1-v^2}+\frac{1}{1+v^2}\right)\mathrm{d}v = \frac{1}{4\sqrt{2}}\ln\left|\frac{1+v}{1-v}\right| + \frac{1}{2\sqrt{2}}\arctan v + C$

$\displaystyle\qquad = \frac{1}{4\sqrt{2}}\ln\frac{1+\sqrt{\sin 2u}}{1-\sqrt{\sin 2u}} + \frac{1}{2\sqrt{2}}\arctan\sqrt{\sin 2u} + C$

$\displaystyle\qquad = \frac{1}{4\sqrt{2}}\ln\frac{1+\dfrac{\sqrt{2}\,x}{\sqrt{1+x^4}}}{1-\dfrac{\sqrt{2}\,x}{\sqrt{1+x^4}}} + \frac{1}{2\sqrt{2}}\arctan\frac{\sqrt{2}\,x}{\sqrt{1+x^4}} + C$

$\displaystyle\qquad = \frac{1}{4\sqrt{2}}\ln\frac{\sqrt{1+x^4}+\sqrt{2}\,x}{\sqrt{1+x^4}-\sqrt{2}\,x} + \frac{1}{2\sqrt{2}}\arctan\frac{\sqrt{2}\,x}{\sqrt{1+x^4}} + C.$

§3.2 定积分的概念、性质及几何意义

51 设函数 $f(x)$ 与 $g(x)$ 在 $[0,1]$ 上连续,且 $f(x)\leqslant g(x)$,则对任何 $c\in(0,1)$（ ）.

(A) $\int_{\frac{1}{2}}^{c} f(t)\,\mathrm{d}t \geqslant \int_{\frac{1}{2}}^{c} g(t)\,\mathrm{d}t$ \qquad (B) $\int_{\frac{1}{2}}^{c} f(t)\,\mathrm{d}t \leqslant \int_{\frac{1}{2}}^{c} g(t)\,\mathrm{d}t$

(C) $\int_{c}^{1} f(t)\,\mathrm{d}t \geqslant \int_{c}^{1} g(t)\,\mathrm{d}t$ \qquad (D) $\int_{c}^{1} f(t)\,\mathrm{d}t \leqslant \int_{c}^{1} g(t)\,\mathrm{d}t$

知识点睛 0303 定积分的基本性质

解 由定积分的不等式性质知,当 $c \in (0,1)$ 时, $\int_{c}^{1} f(t)\,\mathrm{d}t \leqslant \int_{c}^{1} g(t)\,\mathrm{d}t$, 应选(D).

52 设 $M = \int_{-\frac{\pi}{2}}^{\frac{\pi}{2}} \dfrac{\sin x}{1+x^2}\cos^4 x\,\mathrm{d}x, N = \int_{-\frac{\pi}{2}}^{\frac{\pi}{2}} (\sin^3 x + \cos^4 x)\,\mathrm{d}x, P = \int_{-\frac{\pi}{2}}^{\frac{\pi}{2}} (x^2\sin^3 x - \cos^4 x)\,\mathrm{d}x$, 则有( ).

(A) $N<P<M$ \qquad (B) $M<P<N$ \qquad (C) $N<M<P$ \qquad (D) $P<M<N$

知识点睛 0303 定积分的基本性质

解 根据定积分的性质,知

$$M = 0, \quad N = 2\int_{0}^{\frac{\pi}{2}} \cos^4 x\,\mathrm{d}x > 0, \quad P = -2\int_{0}^{\frac{\pi}{2}} \cos^4 x\,\mathrm{d}x < 0,$$

所以 $P<M<N$. 应选(D).

K 2022 数学一、数学二、数学三, 5 分

53 $I_1 = \int_{0}^{1} \dfrac{x}{2(1+\cos x)}\,\mathrm{d}x, I_2 = \int_{0}^{1} \dfrac{\ln(1+x)}{1+\cos x}\,\mathrm{d}x, I_3 = \int_{0}^{1} \dfrac{2x}{1+\sin x}\,\mathrm{d}x$, 则( ).

(A) $I_1<I_2<I_3$ \qquad (B) $I_2<I_1<I_3$ \qquad (C) $I_1<I_3<I_2$ \qquad (D) $I_3<I_2<I_1$

知识点睛 0303 定积分的基本性质

解 当 $0<x<1$ 时, $\dfrac{x}{2} < \dfrac{x}{1+x} < \ln(1+x) < x, \dfrac{1+\sin x}{2} < 1+\cos x$, 则

$$\dfrac{x}{2(1+\cos x)} < \dfrac{\ln(1+x)}{1+\cos x} < \dfrac{x}{\dfrac{1+\sin x}{2}} = \dfrac{2x}{1+\sin x},$$

从而

$$\int_{0}^{1} \dfrac{x}{2(1+\cos x)}\,\mathrm{d}x < \int_{0}^{1} \dfrac{\ln(1+x)}{1+\cos x}\,\mathrm{d}x < \int_{0}^{1} \dfrac{2x}{1+\sin x}\,\mathrm{d}x,$$

即 $I_1<I_2<I_3$. 应选(A).

54 若 $f(x) = \dfrac{1}{1+x^2} + \sqrt{1-x^2}\int_{0}^{1} f(x)\,\mathrm{d}x$, 则 $\int_{0}^{1} f(x)\,\mathrm{d}x =$ _____.

知识点睛 0303 定积分的概念, 0302 不定积分常用公式

解 记 $\int_{0}^{1} f(x)\,\mathrm{d}x = I$, 则

$$f(x) = \dfrac{1}{1+x^2} + \sqrt{1-x^2}\cdot I, \quad \int_{0}^{1} f(x)\,\mathrm{d}x = I = \int_{0}^{1} \dfrac{1}{1+x^2}\,\mathrm{d}x + I\cdot\int_{0}^{1}\sqrt{1-x^2}\,\mathrm{d}x,$$

所以

$$I = \dfrac{\displaystyle\int_{0}^{1} \dfrac{1}{1+x^2}\,\mathrm{d}x}{1 - \displaystyle\int_{0}^{1}\sqrt{1-x^2}\,\mathrm{d}x} = \dfrac{\dfrac{\pi}{4}}{1 - \dfrac{\pi}{4}} = \dfrac{\pi}{4-\pi}.$$

应填$\dfrac{\pi}{4-\pi}$.

【评注】本题主要考查定积分的基本概念.由于$\int_0^1 f(x)\mathrm{d}x$是一常数,只要在等式两端求定积分即可得到答案.另外,复习时我们应该熟练掌握不定积分常用公式.

55 已知$f(x)=x^2-x\int_0^2 f(x)\mathrm{d}x+2\int_0^1 f(x)\mathrm{d}x$,试求$f(x)$.

知识点睛 0303 定积分的概念

解 记$\int_0^2 f(x)\mathrm{d}x=a$,$\int_0^1 f(x)\mathrm{d}x=b$,则$f(x)=x^2-ax+2b$,分别代入前两式,得

$$\int_0^2 (x^2-ax+2b)\mathrm{d}x=a,\quad \int_0^1 (x^2-ax+2b)\mathrm{d}x=b,$$

积分,得

$$\left(\frac{1}{3}x^3-\frac{1}{2}ax^2+2bx\right)\Big|_0^2=a,\quad 即\quad 3a-4b=\frac{8}{3},\qquad ①$$

$$\left(\frac{1}{3}x^3-\frac{1}{2}ax^2+2bx\right)\Big|_0^1=b,\quad 即\quad a-2b=\frac{2}{3},\qquad ②$$

由①、②两式得$a=\dfrac{4}{3}$,$b=\dfrac{1}{3}$,故$f(x)=x^2-\dfrac{4}{3}x+\dfrac{2}{3}$.

56 设$f'(x)\cdot\int_0^2 f(x)\mathrm{d}x=50$,且$f(0)=0$,$f(x)\geqslant0$,求$\int_0^2 f(x)\mathrm{d}x$及$f(x)$.

知识点睛 0303 定积分的概念

解 在$f'(x)\int_0^2 f(x)\mathrm{d}x=50$两边对$x$从0到$t$积分,得

$$[f(t)-f(0)]\int_0^2 f(x)\mathrm{d}x=50t.$$

由$f(0)=0$,得$f(t)\int_0^2 f(x)\mathrm{d}x=50t$,两端对$t$从0到2积分,得

$$\int_0^2 f(t)\mathrm{d}t\cdot\int_0^2 f(x)\mathrm{d}x=\int_0^2 50t\mathrm{d}t=100.$$

由于$f(x)\geqslant0$,则$\int_0^2 f(x)\mathrm{d}x\geqslant0$,因此$\int_0^2 f(x)\mathrm{d}x=10$,则

$$f(t)=\frac{50t}{\int_0^2 f(x)\mathrm{d}x}=\frac{50t}{10}=5t,$$

即$f(x)=5x$.

57 设函数$f(x)=\begin{cases}x^2, & 0\leqslant x\leqslant1,\\ 2-x, & 1<x\leqslant2,\end{cases}$记$F(x)=\int_0^x f(t)\mathrm{d}t$,$0\leqslant x\leqslant2$,则(　　).

(A) $F(x)=\begin{cases}\dfrac{x^3}{3}, & 0\leqslant x\leqslant1,\\[2mm] \dfrac{1}{3}+2x-\dfrac{x^2}{2}, & 1<x\leqslant2\end{cases}$

(B) $F(x)=\begin{cases}\dfrac{x^3}{3}, & 0\leqslant x\leqslant1,\\[2mm] -\dfrac{7}{6}+2x-\dfrac{x^2}{2}, & 1<x\leqslant2\end{cases}$

(C) $F(x)=\begin{cases}\dfrac{x^3}{3}, & 0\leqslant x\leqslant1,\\[3mm]\dfrac{x^3}{3}+2x-\dfrac{x^2}{2}, & 1<x\leqslant2\end{cases}$ (D) $F(x)=\begin{cases}\dfrac{x^3}{3}, & 0\leqslant x\leqslant1,\\[3mm]2x-\dfrac{x^2}{2}, & 1<x\leqslant2\end{cases}$

知识点睛 分段函数的积分，0301 原函数的概念

解 本题是求分段函数的某个原函数，这时要注意分段点和分段区间的选择．

当 $0\leqslant x\leqslant1$ 时，$F(x)=\displaystyle\int_0^x f(t)\,\mathrm{d}t=\int_0^x t^2\,\mathrm{d}t=\dfrac{1}{3}x^3$；

当 $1<x\leqslant2$ 时，

$$F(x)=\int_0^x f(t)\,\mathrm{d}t=\int_0^1 f(t)\,\mathrm{d}t+\int_1^x f(t)\,\mathrm{d}t=\frac{1}{3}+\int_1^x(2-t)\,\mathrm{d}t$$

$$=\frac{1}{3}+\left(2t-\frac{1}{2}t^2\right)\bigg|_1^x=-\frac{7}{6}+2x-\frac{1}{2}x^2.$$

应选(B)．

$\boxed{58}$ 设 $f(x)=\begin{cases}1, & x>0,\\0, & x=0,\\-1, & x<0,\end{cases}$ $F(x)=\displaystyle\int_0^x f(t)\,\mathrm{d}t$，则（ ）．

(A) $F(x)$ 在 $x=0$ 点不连续

(B) $F(x)$ 在 $(-\infty,+\infty)$ 内连续，在 $x=0$ 点不可导

(C) $F(x)$ 在 $(-\infty,+\infty)$ 内可导，且满足 $F'(x)=f(x)$

(D) $F(x)$ 在 $(-\infty,+\infty)$ 内可导，但不一定满足 $F'(x)=f(x)$

知识点睛 0301 原函数的概念

解 当 $x<0$ 时，$F(x)=\displaystyle\int_0^x(-1)\,\mathrm{d}t=-x$；当 $x>0$ 时，$F(x)=\displaystyle\int_0^x1\,\mathrm{d}t=x$；当 $x=0$ 时，$F(0)=0$．即 $F(x)=|x|$，显然，$F(x)$ 在 $(-\infty,+\infty)$ 内连续，但在 $x=0$ 点不可导．应选(B)．

$\boxed{59}$ 设 $g(x)=\displaystyle\int_0^x f(u)\,\mathrm{d}u$，其中

$$f(x)=\begin{cases}\dfrac{1}{2}(x^2+1), & \text{若 }0\leqslant x<1,\\[3mm]\dfrac{1}{3}(x-1), & \text{若 }1\leqslant x<2,\end{cases}$$

则 $g(x)$ 在区间 $(0,2)$ 内（ ）．

(A) 无界   (B) 递减   (C) 不连续   (D) 连续

知识点睛 分段函数的积分，0301 原函数的概念

解 $0\leqslant x<1$ 时，$g(x)=\displaystyle\int_0^x\frac{1}{2}(u^2+1)\,\mathrm{d}u=\frac{1}{2}\left(\frac{x^3}{3}+x\right)$；$1\leqslant x<2$ 时，

$$g(x)=\int_0^1\frac{1}{2}(u^2+1)\,\mathrm{d}u+\int_1^x\frac{1}{3}(u-1)\,\mathrm{d}u=\frac{1}{3}\left(\frac{x^2}{2}-x\right)+\frac{5}{6},$$

故

$$g(x) = \begin{cases} \dfrac{1}{2}\left(\dfrac{x^3}{3}+x\right), & 0 \leqslant x < 1, \\[3mm] \dfrac{1}{3}\left(\dfrac{x^2}{2}-x\right)+\dfrac{5}{6}, & 1 \leqslant x < 2. \end{cases}$$

由 $\lim\limits_{x \to 1^-} g(x) = \lim\limits_{x \to 1^+} g(x) = \dfrac{2}{3}$ 知，$g(x)$ 在 $x=1$ 连续. 应选 (D).

60 如 60 题图所示，连续函数 $y=f(x)$ 在区间 $[-3,-2]$，$[2,3]$ 上的图形分别是直径为 1 的上、下半圆周，在区间 $[-2,0]$，$[0,2]$ 上的图形分别是直径为 2 的下、上半圆周，设 $F(x) = \displaystyle\int_0^x f(t)\,\mathrm{d}t$，则下列结论正确的是（　　）. K 2007 数学一、数学二、数学三，4 分

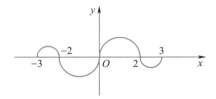

60 题图

(A) $F(3) = -\dfrac{3}{4}F(-2)$　　　　　　(B) $F(3) = \dfrac{5}{4}F(2)$

(C) $F(-3) = \dfrac{3}{4}F(2)$　　　　　　(D) $F(-3) = -\dfrac{5}{4}F(-2)$

知识点睛　0303 定积分的概念及基本性质

解法 1　四个选项中出现的 $F(x)$ 在四个点上的函数值可根据定积分的几何意义确定.

$$F(3) = \int_0^3 f(t)\,\mathrm{d}t = \int_0^2 f(t)\,\mathrm{d}t + \int_2^3 f(t)\,\mathrm{d}t = \frac{\pi}{2} - \frac{\pi}{8} = \frac{3}{8}\pi,$$

$$F(2) = \int_0^2 f(t)\,\mathrm{d}t = \frac{\pi}{2},$$

$$F(-2) = \int_0^{-2} f(t)\,\mathrm{d}t = -\int_{-2}^0 f(t)\,\mathrm{d}t = -\left(-\frac{\pi}{2}\right) = \frac{\pi}{2},$$

$$F(-3) = \int_0^{-3} f(t)\,\mathrm{d}t = -\int_{-3}^0 f(t)\,\mathrm{d}t = -\left(\frac{\pi}{8} - \frac{\pi}{2}\right) = \frac{3}{8}\pi,$$

则 $F(-3) = \dfrac{3}{4}F(2)$.

解法 2　由定积分的几何意义知 $F(2) > F(3) > 0$，排除 (B).

又由 $f(x)$ 的图形可知 $f(x)$ 为奇函数，则 $F(x) = \displaystyle\int_0^x f(t)\,\mathrm{d}t$ 为偶函数，从而

$$F(-3) = F(3) > 0, \quad F(-2) = F(2) > 0,$$

显然排除 (A) 和 (D)，故选 (C).

【评注】（1）部分读者选（A），可能是没注意到

$$F(-2) = \int_0^{-2} f(t)\,\mathrm{d}t = -\int_{-2}^0 f(t)\,\mathrm{d}t = \frac{\pi}{2},$$

误以为 $F(-2) = \int_0^{-2} f(t)\,\mathrm{d}t = -\frac{\pi}{2}$.

（2）解法 2 简单，这里用到一个基本结论：设 $f(x)$ 是连续函数，则

$$f(x) \text{ 为奇函数} \Rightarrow F(x) = \int_0^x f(t)\,\mathrm{d}t \text{ 为偶函数},$$

$$f(x) \text{ 为偶函数} \Rightarrow F(x) = \int_0^x f(t)\,\mathrm{d}t \text{ 为奇函数}.$$

Ⓚ 2011 数学一、
数学二、数学三，
4 分

61 设 $I = \int_0^{\frac{\pi}{4}} \ln(\sin x)\,\mathrm{d}x, J = \int_0^{\frac{\pi}{4}} \ln(\cot x)\,\mathrm{d}x, K = \int_0^{\frac{\pi}{4}} \ln(\cos x)\,\mathrm{d}x$，则 I, J, K 的大小

关系为（ ）.

（A）$I < J < K$　　　（B）$I < K < J$　　　（C）$J < I < K$　　　（D）$K < J < I$

知识点睛　0303 定积分的基本性质

解　同一区间上定积分大小比较最常用的想法就是比较被积函数大小.

由于当 $0 < x < \frac{\pi}{4}$ 时，$0 < \sin x < \cos x < 1 < \cot x$，又因为 $\ln x$ 为 $(0, +\infty)$ 上的单调增加函

数，所以

$$\ln(\sin x) < \ln(\cos x) < \ln(\cot x), \quad x \in \left(0, \frac{\pi}{4}\right),$$

故 $\int_0^{\frac{\pi}{4}} \ln(\sin x)\,\mathrm{d}x < \int_0^{\frac{\pi}{4}} \ln(\cos x)\,\mathrm{d}x < \int_0^{\frac{\pi}{4}} \ln(\cot x)\,\mathrm{d}x$，即 $I < K < J$. 故选（B）.

Ⓚ 2012 数学一、
数学二，4 分

62 设 $I_k = \int_0^{k\pi} \mathrm{e}^{x^2} \sin x\,\mathrm{d}x \quad (k = 1, 2, 3)$，则有（ ）.

（A）$I_1 < I_2 < I_3$　　　（B）$I_3 < I_2 < I_1$　　　（C）$I_2 < I_3 < I_1$　　　（D）$I_2 < I_1 < I_3$

知识点睛　0303 定积分的概念及基本性质

解法 1　由于

$$I_2 = \int_0^{2\pi} \mathrm{e}^{x^2} \sin x\,\mathrm{d}x = \int_0^{\pi} \mathrm{e}^{x^2} \sin x\,\mathrm{d}x + \int_{\pi}^{2\pi} \mathrm{e}^{x^2} \sin x\,\mathrm{d}x = I_1 + \int_{\pi}^{2\pi} \mathrm{e}^{x^2} \sin x\,\mathrm{d}x,$$

又 $\mathrm{e}^{x^2} \sin x < 0, \quad x \in (\pi, 2\pi)$，则

$$\int_{\pi}^{2\pi} \mathrm{e}^{x^2} \sin x\,\mathrm{d}x < 0,$$

从而有 $I_2 < I_1$. 而

$$I_3 = \int_0^{3\pi} \mathrm{e}^{x^2} \sin x\,\mathrm{d}x = \int_0^{\pi} \mathrm{e}^{x^2} \sin x\,\mathrm{d}x + \int_{\pi}^{3\pi} \mathrm{e}^{x^2} \sin x\,\mathrm{d}x$$

$$= I_1 + \int_{\pi}^{3\pi} \mathrm{e}^{x^2} \sin x\,\mathrm{d}x.$$

以下证明 $\int_{\pi}^{3\pi} \mathrm{e}^{x^2} \sin x\,\mathrm{d}x > 0$. 由于

$$\int_\pi^{3\pi} e^{x^2}\sin x\,dx = \int_\pi^{2\pi} e^{x^2}\sin x\,dx + \int_{2\pi}^{3\pi} e^{x^2}\sin x\,dx$$

$$= e^{\eta^2}\int_\pi^{2\pi}\sin x\,dx + e^{\xi^2}\int_{2\pi}^{3\pi}\sin x\,dx \quad (\text{积分中值定理})$$

$$= 2(e^{\xi^2} - e^{\eta^2}) > 0 \quad (2\pi<\xi<3\pi,\ \pi<\eta<2\pi),$$

则 $I_3>I_1$, $I_2<I_1<I_3$. 应选(D).

解法 2 利用定积分的几何意义.

曲线 $y=\sin x$ 如 62 题图(1)所示,而 e^{x^2} 在 $(0,+\infty)$ 上单调增加且大于 1,则曲线 $y=e^{x^2}\sin x$ 如 62 题图(2)所示. 该曲线与 x 轴所围三块区域的面积分别记为 S_1,S_2,S_3(如 62 题图(2)所示). 显然 $S_1<S_2<S_3$.

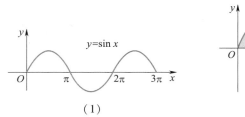
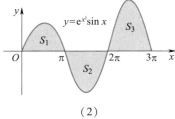

(1)　　　　　　　　　　　(2)

62 题图

由定积分的几何意义知

$$I_1 = \int_0^{\pi} e^{x^2}\sin x\,dx = S_1 > 0,$$

$$I_2 = \int_0^{2\pi} e^{x^2}\sin x\,dx = S_1 - S_2 < 0,$$

$$I_3 = \int_0^{3\pi} e^{x^2}\sin x\,dx = S_1 - S_2 + S_3 = S_1 + (S_3 - S_2) > S_1 = I_1.$$

故 $I_2<I_1<I_3$, 应选(D).

63 甲、乙两人赛跑,计时开始时,甲在乙前方 10(单位:m)处,63 题图中实线表示甲的速度曲线 $v=v_1(t)$(单位:m·s^{-1}),虚线表示乙的速度曲线 $v=v_2(t)$,三块阴影部分面积的数值依次为 10,20,3.计时开始后乙追上甲的时刻记为 t_0(单位:s),则(　　　). 〔2017 数学一, 4 分〕

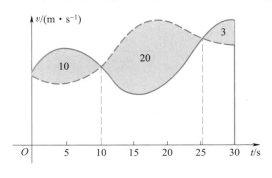

63 题图

(A) $t_0 = 10$　　　　(B) $15<t_0<20$　　　　(C) $t_0 = 25$　　　　(D) $t_0>25$

知识点睛 0303 定积分的概念

解 由题设及图形知,从一开始 $t=0$ 到时刻 $t=t_0$,甲、乙移动的距离分别为

$$S_1 = \int_0^{t_0} v_1(t)\,\mathrm{d}t, \quad S_2 = \int_0^{t_0} v_2(t)\,\mathrm{d}t,$$

其中积分在几何上分别表示曲线 $v=v_1(t)$,$t=t_0$ 及两坐标轴围成的面积,曲线 $v=v_2(t)$,$t=t_0$ 及两坐标轴围成的面积.若 t_0 为计时开始后乙追上甲的时刻,则

$$S_1 + 10 = S_2,$$

即

$$\int_0^{t_0} v_1(t)\,\mathrm{d}t + 10 = \int_0^{t_0} v_2(t)\,\mathrm{d}t, \quad \int_0^{t_0}\left[v_2(t) - v_1(t)\right]\mathrm{d}t = 10.$$

由 63 题图可知 $t_0 = 25$.应选(C).

2018 数学一、数学二、数学三,4 分

64 设 $M = \int_{-\frac{\pi}{2}}^{\frac{\pi}{2}} \dfrac{(1+x)^2}{1+x^2}\,\mathrm{d}x$,$N = \int_{-\frac{\pi}{2}}^{\frac{\pi}{2}} \dfrac{1+x}{\mathrm{e}^x}\,\mathrm{d}x$,$K = \int_{-\frac{\pi}{2}}^{\frac{\pi}{2}}\left(1 + \sqrt{\cos x}\right)\mathrm{d}x$,则( ).

(A) $M>N>K$ (B) $M>K>N$

(C) $K>M>N$ (D) $K>N>M$

知识点睛 0303 定积分的基本性质

解 $M = \int_{-\frac{\pi}{2}}^{\frac{\pi}{2}} \dfrac{1 + 2x + x^2}{1+x^2}\,\mathrm{d}x = \int_{-\frac{\pi}{2}}^{\frac{\pi}{2}}\left(1 + \dfrac{2x}{1+x^2}\right)\mathrm{d}x = \pi + 0 = \pi.$

由不等式 $\mathrm{e}^x > 1+x\,(x \neq 0)$ 可知

$$N = \int_{-\frac{\pi}{2}}^{\frac{\pi}{2}} \dfrac{1+x}{\mathrm{e}^x}\,\mathrm{d}x < \int_{-\frac{\pi}{2}}^{\frac{\pi}{2}} 1\,\mathrm{d}x = \pi,$$

$$K = \int_{-\frac{\pi}{2}}^{\frac{\pi}{2}}\left(1 + \sqrt{\cos x}\right)\mathrm{d}x > \int_{-\frac{\pi}{2}}^{\frac{\pi}{2}} 1\,\mathrm{d}x = \pi,$$

则 $K>M>N$,应选(C).

2002 数学二,3 分

65 求 $\lim\limits_{n \to \infty} \dfrac{1}{n}\left(\sqrt{1+\cos\dfrac{\pi}{n}} + \sqrt{1+\cos\dfrac{2\pi}{n}} + \cdots + \sqrt{1+\cos\dfrac{n\pi}{n}}\right)$.

知识点睛 0303 定积分的概念

解 $\lim\limits_{n \to \infty} \dfrac{1}{n}\left(\sqrt{1 + \cos\dfrac{\pi}{n}} + \sqrt{1 + \cos\dfrac{2\pi}{n}} + \cdots + \sqrt{1 + \cos\dfrac{n\pi}{n}}\right)$

$= \lim\limits_{n \to \infty} \dfrac{1}{n}\sum\limits_{i=1}^{n}\sqrt{1 + \cos\dfrac{i\pi}{n}} = \int_0^1 \sqrt{1 + \cos\pi x}\,\mathrm{d}x$

$= \int_0^1 \sqrt{2\cos^2\dfrac{\pi x}{2}}\,\mathrm{d}x = \sqrt{2}\int_0^1 \cos\dfrac{\pi x}{2}\,\mathrm{d}x = \dfrac{2\sqrt{2}}{\pi}.$

1997 数学一、数学二,3 分

66 设在区间 $[a,b]$ 上,$f(x)>0$,$f'(x)<0$,$f''(x)>0$,记 $S_1 = \int_a^b f(x)\,\mathrm{d}x$,$S_2 = f(b)(b-a)$,$S_3 = \dfrac{1}{2}[f(a) + f(b)](b-a)$,则( ).

(A) $S_1<S_2<S_3$ (B) $S_2<S_1<S_3$

(C) $S_3<S_1<S_2$ (D) $S_2<S_3<S_1$

知识点睛 0303 定积分的基本性质

解法 1 由于本题的几何意义很清楚,所以,可利用几何意义求解.

由题设知,曲线 $y=f(x)$ 在 x 轴上方,单调减少且是凹的,如 66 题图所示.

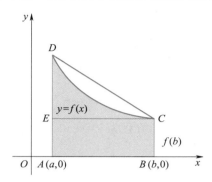

66 题图

S_1 表示曲边梯形 $ABCD$ 的面积,S_2 表示矩形 $ABCE$ 的面积,S_3 表示梯形 $ABCD$ 的面积,由图不难看出 $S_2<S_1<S_3$.应选(B).

解法 2 排除法:选择一个符合题设条件的具体 $f(x)$,排除其中的三个选项.

取 $f(x)=\dfrac{1}{x^2}$,$a=1$,$b=2$,则

$$S_1 = \int_1^2 \frac{1}{x^2}\,\mathrm{d}x = \frac{1}{2} = \frac{4}{8}, \quad S_2 = \frac{1}{4} = \frac{2}{8}, \quad S_3 = \frac{5}{8}.$$

显然有 $S_2<S_1<S_3$,排除(A)、(C)、(D),应选(B).

67 设 $I_1 = \displaystyle\int_0^{\frac{\pi}{4}} \frac{\tan x}{x}\,\mathrm{d}x$,$I_2 = \displaystyle\int_0^{\frac{\pi}{4}} \frac{x}{\tan x}\,\mathrm{d}x$,则( ). Ⓚ 2003 数学二,4 分

(A) $I_1>I_2>1$ 　　　　　　　(B) $1>I_1>I_2$

(C) $I_2>I_1>1$ 　　　　　　　(D) $1>I_2>I_1$

知识点睛 不等式 $\sin x<x<\tan x$,$x\in\left(0,\dfrac{\pi}{2}\right)$,0303 定积分的基本性质

解法 1 由不等式 $\sin x<x<\tan x$,$x\in\left(0,\dfrac{\pi}{2}\right)$ 知

$$\frac{\tan x}{x}>\frac{x}{\tan x}, \quad \frac{x}{\tan x}<1.$$

由 $\dfrac{\tan x}{x}>\dfrac{x}{\tan x}$ 知,$I_1>I_2$,因此,排除(C)、(D).

由 $\dfrac{x}{\tan x}<1$ 知,$I_2 = \displaystyle\int_0^{\frac{\pi}{4}} \frac{x}{\tan x}\,\mathrm{d}x < \frac{\pi}{4} < 1$,因此,排除(A),应选(B).

解法 2 因为当 $x>0$ 时,有 $\tan x>x$,于是 $\dfrac{\tan x}{x}>1$,$\dfrac{x}{\tan x}<1$,从而有

$$I_1 = \int_0^{\frac{\pi}{4}} \frac{\tan x}{x}\,\mathrm{d}x > \frac{\pi}{4}, \quad I_2 = \int_0^{\frac{\pi}{4}} \frac{x}{\tan x}\,\mathrm{d}x < \frac{\pi}{4},$$

可见有 $I_1 > I_2$，且 $I_2 < \dfrac{\pi}{4} < 1$.排除选项（A）、（C）、（D），应选（B）.

【评注】本题也可结合函数单调性讨论.令 $f(x) = \dfrac{\tan x}{x}$，则

$$f'(x) = \frac{x\sec^2 x - \tan x}{x^2} = \frac{x - \sin x\cos x}{x^2\cos^2 x} > 0,$$

所以 $f(x)$ 单调递增，$x \in \left(0, \dfrac{\pi}{4}\right)$.从而 $\dfrac{\tan x}{x} < f\left(\dfrac{\pi}{4}\right) = \dfrac{4}{\pi}$，则 $I_1 = \displaystyle\int_0^{\frac{\pi}{4}} \frac{\tan x}{x}\,\mathrm{d}x < \frac{4}{\pi}\int_0^{\frac{\pi}{4}}\mathrm{d}x = 1$.

K 2008 数学二、数学三,4 分

68 如 68 题图所示,曲线段的方程为 $y = f(x)$,函数 $f(x)$ 在区间 $[0, a]$ 上有连续的导数,则定积分 $\displaystyle\int_0^a xf'(x)\,\mathrm{d}x$ 等于（   ）.

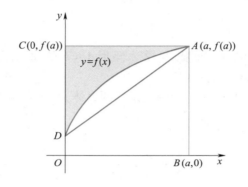

68 题图

（A）曲边梯形 $ABOD$ 的面积　　　　　　（B）梯形 $ABOD$ 的面积

（C）曲边三角形 ACD 的面积　　　　　　（D）三角形 ACD 的面积

知识点睛　0303 定积分的概念

解　$\displaystyle\int_0^a xf'(x)\,\mathrm{d}x = \int_0^a x\,\mathrm{d}f(x) = xf(x)\Big|_0^a - \int_0^a f(x)\,\mathrm{d}x = af(a) - \int_0^a f(x)\,\mathrm{d}x$，其中

$af(a)$ 等于矩形 $ABOC$ 的面积，$\displaystyle\int_0^a f(x)\,\mathrm{d}x$ 等于曲边梯形 $ABOD$ 的面积.因此,定积分

$\displaystyle\int_0^a xf'(x)\,\mathrm{d}x$ 等于曲边三角形 ACD 的面积,应选（C）.

K 2004 数学二,4 分

69 $\displaystyle\lim_{n\to\infty}\ln\sqrt[n]{\left(1 + \frac{1}{n}\right)^2\left(1 + \frac{2}{n}\right)^2\cdots\left(1 + \frac{n}{n}\right)^2}$ 等于（   ）.

（A）$\displaystyle\int_1^2 \ln^2 x\,\mathrm{d}x$　　　　　　　　　（B）$2\displaystyle\int_1^2 \ln x\,\mathrm{d}x$

（C）$2\displaystyle\int_1^2 \ln(1 + x)\,\mathrm{d}x$　　　　　　（D）$\displaystyle\int_1^2 \ln^2(1 + x)\,\mathrm{d}x$

知识点睛　0303 定积分的概念

解　$\displaystyle\lim_{n\to\infty}\ln\sqrt[n]{\left(1 + \frac{1}{n}\right)^2\left(1 + \frac{2}{n}\right)^2\cdots\left(1 + \frac{n}{n}\right)^2}$

$$= \lim_{n \to \infty} \frac{1}{n} \left[2\ln\left(1 + \frac{1}{n}\right) + 2\ln\left(1 + \frac{2}{n}\right) + \cdots + 2\ln\left(1 + \frac{n}{n}\right) \right]$$

$$= 2\int_1^2 \ln x \, \mathrm{d}x.$$

应选(B).

【评注】事实上 $\lim\limits_{n \to \infty} \ln \sqrt[n]{\left(1 + \frac{1}{n}\right)^2 \left(1 + \frac{2}{n}\right)^2 \cdots \left(1 + \frac{n}{n}\right)^2} = 2\int_0^1 \ln(1 + x) \, \mathrm{d}x.$

§3.3 定积分的计算

70 求 $\int_0^{\pi} \sqrt{\sin^3 x - \sin^5 x} \, \mathrm{d}x$.

知识点睛 分段函数的定积分

70 题精解视频

解 $\int_0^{\pi} \sqrt{\sin^3 x - \sin^5 x} \, \mathrm{d}x = \int_0^{\pi} \sin^{\frac{3}{2}} x \cdot |\cos x| \, \mathrm{d}x$

$$= \int_0^{\frac{\pi}{2}} \sin^{\frac{3}{2}} x \cos x \, \mathrm{d}x - \int_{\frac{\pi}{2}}^{\pi} \sin^{\frac{3}{2}} x \cos x \, \mathrm{d}x$$

$$= \frac{2}{5} \sin^{\frac{5}{2}} x \Big|_0^{\frac{\pi}{2}} - \frac{2}{5} \sin^{\frac{5}{2}} x \Big|_{\frac{\pi}{2}}^{\pi} = \frac{4}{5}.$$

71 求下列定积分.

(1) $\int_{-2}^{2} \max\{x, x^2\} \, \mathrm{d}x$; (2) $\int_{-3}^{2} \min\{2, x^2\} \, \mathrm{d}x$.

知识点睛 分段函数的定积分

解 (1)因为 $\max\{x, x^2\} = \begin{cases} x^2, & -2 \leqslant x < 0, \\ x, & 0 \leqslant x < 1, \\ x^2, & 1 \leqslant x \leqslant 2, \end{cases}$ 于是

$$\int_{-2}^{2} \max\{x, x^2\} \, \mathrm{d}x = \int_{-2}^{0} x^2 \, \mathrm{d}x + \int_0^1 x \, \mathrm{d}x + \int_1^2 x^2 \, \mathrm{d}x = \frac{11}{2}.$$

(2)因为 $\min\{2, x^2\} = \begin{cases} 2, & -3 \leqslant x \leqslant -\sqrt{2}, \\ x^2, & -\sqrt{2} < x \leqslant \sqrt{2}, \\ 2, & \sqrt{2} < x \leqslant 2, \end{cases}$ 于是

$$\int_{-3}^{2} \min\{2, x^2\} \, \mathrm{d}x = \int_{-3}^{-\sqrt{2}} 2 \, \mathrm{d}x + \int_{-\sqrt{2}}^{\sqrt{2}} x^2 \, \mathrm{d}x + \int_{\sqrt{2}}^{2} 2 \, \mathrm{d}x = 10 - \frac{8}{3}\sqrt{2}.$$

72 求 $\int_0^1 t \, |t - x| \, \mathrm{d}t$.

知识点睛 0303 定积分的概念

解 当 $x < 0$ 时,$\int_0^1 t \, |t - x| \, \mathrm{d}t = \int_0^1 t(t - x) \, \mathrm{d}t = \frac{1}{3} - \frac{x}{2}$;

当 $0 \leqslant x \leqslant 1$ 时，$\int_0^1 t \mid t - x \mid \mathrm{d}t = \int_0^x t(x-t)\,\mathrm{d}t + \int_x^1 t(t-x)\,\mathrm{d}t$

$$= \frac{1}{3}x^3 - \frac{1}{2}x + \frac{1}{3};$$

当 $x > 1$ 时，$\int_0^1 t \mid t - x \mid \mathrm{d}t = \int_0^1 t(x-t)\,\mathrm{d}t = \frac{x}{2} - \frac{1}{3}$. 所以

$$\int_0^1 t \mid t - x \mid \mathrm{d}t = \begin{cases} \dfrac{1}{3} - \dfrac{x}{2}, & x < 0, \\[2mm] \dfrac{1}{3}x^3 - \dfrac{1}{2}x + \dfrac{1}{3}, & 0 \leqslant x \leqslant 1, \\[2mm] \dfrac{x}{2} - \dfrac{1}{3}, & x > 1. \end{cases}$$

73 题精解视频

73 求 $\int_0^x f(t)g(x-t)\,\mathrm{d}t \quad (x \geqslant 0)$，其中当 $x \geqslant 0$ 时，$f(x) = x$，而

$$g(x) = \begin{cases} \sin x, & 0 \leqslant x < \dfrac{\pi}{2}, \\[3mm] 0, & x \geqslant \dfrac{\pi}{2}. \end{cases}$$

知识点睛　0305 分部积分法

解　令 $u = x - t$，则 $\mathrm{d}u = -\mathrm{d}t$. 于是

$$\int_0^x f(t)g(x-t)\,\mathrm{d}t = -\int_x^0 f(x-u)g(u)\,\mathrm{d}u$$
$$= \int_0^x f(x-u)g(u)\,\mathrm{d}u$$
$$= \int_0^x f(x-t)g(t)\,\mathrm{d}t.$$

当 $0 \leqslant x < \dfrac{\pi}{2}$ 时，$\int_0^x f(x-t)g(t)\,\mathrm{d}t = \int_0^x (x-t)\sin t\,\mathrm{d}t = x - \sin x$；

当 $x \geqslant \dfrac{\pi}{2}$ 时，$\int_0^x f(x-t)g(t)\,\mathrm{d}t = \int_0^{\frac{\pi}{2}} (x-t)\sin t\,\mathrm{d}t + 0 = x - 1$.

所以

$$\int_0^x f(t)g(x-t)\,\mathrm{d}t = \begin{cases} x - \sin x, & 0 \leqslant x < \dfrac{\pi}{2}, \\[3mm] x - 1, & x \geqslant \dfrac{\pi}{2}. \end{cases}$$

Ⓚ 2001 数学二，3 分

74 $\displaystyle\int_{-\frac{\pi}{2}}^{\frac{\pi}{2}} (x^3 + \sin^2 x)\cos^2 x\,\mathrm{d}x = \underline{\qquad}$.

知识点睛　0303 定积分的基本性质

解　因为 $x^3\cos^2 x$ 为奇函数，所以 $\displaystyle\int_{-\frac{\pi}{2}}^{\frac{\pi}{2}} x^3\cos^2 x\,\mathrm{d}x = 0$，

$$\int_{-\frac{\pi}{2}}^{\frac{\pi}{2}} \sin^2 x\cos^2 x\,\mathrm{d}x = 2\int_0^{\frac{\pi}{2}} \frac{1}{4}\sin^2 2x\,\mathrm{d}x = \frac{1}{2}\int_0^{\frac{\pi}{2}} \frac{1-\cos 4x}{2}\,\mathrm{d}x = \frac{\pi}{8}.$$

故应填 $\dfrac{\pi}{8}$.

75 $\displaystyle\int_{-1}^{1}\left(x^2\ln\dfrac{2-x}{2+x}+\dfrac{x}{\sqrt{5-4x}}\right)\mathrm{d}x=$ _____.

知识点睛 0303 定积分的基本性质,0305 换元积分法

解 由于 $x^2\ln\dfrac{2-x}{2+x}$ 为奇函数,所以 $\displaystyle\int_{-1}^{1}x^2\ln\dfrac{2-x}{2+x}\mathrm{d}x=0$,而

$$\int_{-1}^{1}\dfrac{x}{\sqrt{5-4x}}\mathrm{d}x\xlongequal{\sqrt{5-4x}=t}\int_{3}^{1}\dfrac{5-t^2}{4t}\cdot\left(-\dfrac{t}{2}\right)\mathrm{d}t=-\dfrac{1}{8}\left(5t-\dfrac{t^3}{3}\right)\bigg|_{3}^{1}=\dfrac{1}{6}.$$

故应填 $\dfrac{1}{6}$.

76 $\displaystyle\int_{-1}^{1}(\,|\,x\,|+x\,)\mathrm{e}^{-|x|}\mathrm{d}x=$ _____.

知识点睛 0303 定积分的基本性质,0305 分部积分法

解 $\displaystyle\int_{-1}^{1}(\,|\,x\,|+x\,)\mathrm{e}^{-|x|}\mathrm{d}x=\int_{-1}^{1}|\,x\,|\,\mathrm{e}^{-|x|}\mathrm{d}x+\int_{-1}^{1}x\mathrm{e}^{-|x|}\mathrm{d}x=\int_{-1}^{1}|\,x\,|\,\mathrm{e}^{-|x|}\mathrm{d}x$

$$=2\int_{0}^{1}x\mathrm{e}^{-x}\mathrm{d}x=-2\int_{0}^{1}x\mathrm{d}\mathrm{e}^{-x}=-2\left(x\mathrm{e}^{-x}\bigg|_{0}^{1}-\int_{0}^{1}\mathrm{e}^{-x}\mathrm{d}x\right)$$

$$=2(1-2\mathrm{e}^{-1}).$$

故应填 $2(1-2\mathrm{e}^{-1})$.

【**评注**】本题为基本题型,主要考查了对称区间上奇偶函数的积分性质和分部积分公式.

对称区间上奇偶函数的积分性质:设 $f(x)$ 在 $[-a,a]$ 上连续,则

$$\int_{-a}^{a}f(x)\mathrm{d}x=\begin{cases}0,&\text{当 }f(x)\text{ 为奇函数时},\\2\displaystyle\int_{0}^{a}f(x)\mathrm{d}x,&\text{当 }f(x)\text{ 为偶函数时}.\end{cases}$$

77 设 $f(x)=\begin{cases}x\mathrm{e}^{x^2},&-\dfrac{1}{2}\leqslant x<\dfrac{1}{2},\\-1,&x\geqslant\dfrac{1}{2},\end{cases}$ 则 $\displaystyle\int_{\frac{1}{2}}^{2}f(x-1)\mathrm{d}x=$ _____.

知识点睛 0305 换元积分法

解 $\displaystyle\int_{\frac{1}{2}}^{2}f(x-1)\mathrm{d}x\xlongequal{x-1=t}\int_{-\frac{1}{2}}^{1}f(t)\mathrm{d}t=\int_{-\frac{1}{2}}^{\frac{1}{2}}t\mathrm{e}^{t^2}\mathrm{d}t+\int_{\frac{1}{2}}^{1}(-1)\mathrm{d}t=-\dfrac{1}{2}.$ 应填 $-\dfrac{1}{2}$.

78 求定积分 $\displaystyle\int_{0}^{4}\dfrac{\sqrt{x}}{1+\sqrt{x}}\mathrm{d}x$.

知识点睛 0305 换元积分法

解 设 $\sqrt{x}=t$,则

$$\int_{0}^{4}\dfrac{\sqrt{x}}{1+\sqrt{x}}\mathrm{d}x=\int_{0}^{2}\dfrac{t\cdot 2t}{1+t}\mathrm{d}t=2\int_{0}^{2}\dfrac{t^2}{1+t}\mathrm{d}t$$

$$= 2\int_0^2 \left(t - 1 + \frac{1}{1+t} \right) dt$$

$$= 2\left[\frac{t^2}{2} - t + \ln(1+t) \right] \Bigg|_0^2$$

$$= 2\left[\frac{4}{2} - 2 + \ln(1+2) - \ln 1 \right]$$

$$= 2\ln 3.$$

⊠ 2022 数学二，
5 分
79 $\displaystyle\int_0^1 \frac{2x+3}{x^2-x+1} dx = $ _____.

知识点睛　0305 换元积分法

解法 1　$\displaystyle\int_0^1 \frac{2x+3}{x^2-x+1} dx = \int_0^1 \frac{2x+3}{\left(x-\frac{1}{2}\right)^2 + \frac{3}{4}} dx \xlongequal{\text{令 } t = x - \frac{1}{2}} \int_{-\frac{1}{2}}^{\frac{1}{2}} \frac{2t+4}{t^2 + \frac{3}{4}} dt$

$$= \int_{-\frac{1}{2}}^{\frac{1}{2}} \frac{2t}{t^2 + \frac{3}{4}} dt + \int_{-\frac{1}{2}}^{\frac{1}{2}} \frac{4}{t^2 + \frac{3}{4}} dt = 0 + 8\int_0^{\frac{1}{2}} \frac{1}{t^2 + \frac{3}{4}} dt$$

$$= \frac{16}{\sqrt{3}} \arctan \frac{2t}{\sqrt{3}} \Bigg|_0^{\frac{1}{2}} = \frac{16}{\sqrt{3}} \cdot \frac{\pi}{6} = \frac{8\sqrt{3}}{9}\pi.$$

解法 2　$\displaystyle\int_0^1 \frac{2x+3}{x^2-x+1} dx = \int_0^1 \frac{d(x^2-x+1)}{x^2-x+1} + \int_0^1 \frac{4}{x^2-x+1} dx$

$$= \ln(x^2-x+1) \Big|_0^1 + 4\int_0^1 \frac{1}{(x-1)^2 + \frac{3}{4}} dx$$

$$= \frac{8}{\sqrt{3}} \arctan \frac{2x-1}{\sqrt{3}} \Bigg|_0^1 = \frac{8\sqrt{3}}{9}\pi.$$

应填$\dfrac{8\sqrt{3}}{9}\pi$.

⊠ 2022 数学三，
5 分
80 $\displaystyle\int_0^2 \frac{2x-4}{x^2+2x+4} dx = $ _____.

知识点睛　0305 换元积分法

解法 1　$\displaystyle\int_0^2 \frac{2x-4}{x^2+2x+4} dx = \int_0^2 \frac{2x-4}{(x+1)^2+3} dx$

$$\xlongequal{\text{令 } t = x+1} \int_1^3 \frac{2t-6}{t^2+3} dt = \left[\ln(t^2+3) - \frac{6}{\sqrt{3}} \arctan \frac{t}{\sqrt{3}} \right] \Bigg|_1^3 = \ln 3 - \frac{\pi}{\sqrt{3}}.$$

解法 2　$\displaystyle\int_0^2 \frac{2x-4}{x^2+2x+4} dx = \int_0^2 \frac{d(x^2+2x+4)}{x^2+2x+4} - 6\int_0^2 \frac{1}{x^2+2x+4} dx$

$$= \left[\ln(x^2 + 2x + 4) - \frac{6}{\sqrt{3}} \arctan \frac{x+1}{\sqrt{3}} \right] \Big|_0^2 = \ln 3 - \frac{\pi}{\sqrt{3}}.$$

应填 $\ln 3 - \dfrac{\pi}{\sqrt{3}}$.

81. 计算 $\displaystyle\int_0^1 \sqrt{2x - x^2}\, dx$.

K 2000 数学一, 3 分

知识点睛 0305 换元积分法

解 原式 $= \displaystyle\int_0^1 \sqrt{1 - (1-x)^2}\, dx \xlongequal{1-x=\sin t} -\int_{\frac{\pi}{2}}^0 \cos^2 t\, dt$

$$= \int_0^{\frac{\pi}{2}} \frac{1 + \cos 2t}{2}\, dt = \left(\frac{1}{4}\sin 2t + \frac{1}{2}t \right) \Big|_0^{\frac{\pi}{2}} = \frac{\pi}{4}.$$

【评注】 本题也可由定积分的几何意义求解. 事实上, $\displaystyle\int_0^1 \sqrt{2x - x^2}\, dx$ 为图形 $(x-1)^2 + y^2 = 1$ 的面积的 $\dfrac{1}{4}$, 故 $\displaystyle\int_0^1 \sqrt{2x - x^2}\, dx = \dfrac{\pi}{4}$.

82. 求 $\displaystyle\int_1^{\sqrt{2}} \frac{x^2}{(4 - x^2)^{\frac{3}{2}}}\, dx$.

知识点睛 0305 换元积分法

解 令 $x = 2\sin t$, 则

$$\int_1^{\sqrt{2}} \frac{x^2}{(4 - x^2)^{\frac{3}{2}}}\, dx = \int_{\frac{\pi}{6}}^{\frac{\pi}{4}} \frac{4\sin^2 t}{(4 - 4\sin^2 t)^{\frac{3}{2}}} 2\cos t\, dt = \int_{\frac{\pi}{6}}^{\frac{\pi}{4}} (\sec^2 t - 1)\, dt$$

$$= (\tan t - t) \Big|_{\frac{\pi}{6}}^{\frac{\pi}{4}} = 1 - \frac{\sqrt{3}}{3} - \frac{\pi}{12}.$$

83. 求 $\displaystyle\int_1^5 \frac{x - 1}{1 + \sqrt{2x - 1}}\, dx$.

知识点睛 0305 换元积分法

解 令 $\sqrt{2x-1} = t$, $x = \dfrac{1+t^2}{2}$, $dx = t\, dt$, 则

$$\int_1^5 \frac{x - 1}{1 + \sqrt{2x - 1}}\, dx = \int_1^3 \frac{\dfrac{1+t^2}{2} - 1}{1 + t} t\, dt = \frac{1}{2}\int_1^3 (t^2 - t)\, dt = \frac{1}{2}\left(\frac{1}{3}t^3 - \frac{1}{2}t^2 \right) \Big|_1^3 = \frac{7}{3}.$$

84. 求 $I = \displaystyle\int_0^{\frac{\pi}{2}} \frac{dx}{1 + (\tan x)^{\sqrt{3}}}$.

知识点睛 0305 换元积分法

解 $I = \displaystyle\int_0^{\frac{\pi}{2}} \frac{dx}{1 + (\tan x)^{\sqrt{3}}} = \int_0^{\frac{\pi}{2}} \frac{(\cos x)^{\sqrt{3}}}{(\cos x)^{\sqrt{3}} + (\sin x)^{\sqrt{3}}}\, dx$

84 题精解视频

$$\xlongequal{x = \frac{\pi}{2} - t} -\int_{\frac{\pi}{2}}^0 \frac{(\sin t)^{\sqrt{3}}}{(\sin t)^{\sqrt{3}} + (\cos t)^{\sqrt{3}}}\, dt = \int_0^{\frac{\pi}{2}} \frac{(\sin x)^{\sqrt{3}}}{(\sin x)^{\sqrt{3}} + (\cos x)^{\sqrt{3}}}\, dx,$$

所以 $2I = \int_0^{\frac{\pi}{2}} \mathrm{d}x = \dfrac{\pi}{2}$，即 $I = \dfrac{\pi}{4}$.

85 求 $I = \int_2^4 \dfrac{\sqrt{\ln(9-x)}}{\sqrt{\ln(9-x)} + \sqrt{\ln(x+3)}}\, \mathrm{d}x$.

知识点睛 0305 换元积分法

解 $I = \int_2^4 \dfrac{\sqrt{\ln(9-x)}}{\sqrt{\ln(9-x)} + \sqrt{\ln(x+3)}}\, \mathrm{d}x$

$$\xlongequal{9-x=t+3} \int_4^2 \dfrac{\sqrt{\ln(t+3)}}{\sqrt{\ln(t+3)} + \sqrt{\ln(9-t)}}\, (-\mathrm{d}t)$$

$$= \int_2^4 \dfrac{\sqrt{\ln(x+3)}}{\sqrt{\ln(9-x)} + \sqrt{\ln(x+3)}}\, \mathrm{d}x,$$

所以 $2I = \int_2^4 \mathrm{d}x = 2$，即 $I = 1$.

86 题精解视频

86 计算 $I = \int_{-\frac{\pi}{2}}^{\frac{\pi}{2}} \dfrac{\mathrm{e}^x \sin^4 x}{1 + \mathrm{e}^x}\, \mathrm{d}x$.

知识点睛 0305 换元积分法

解 $I = \int_{-\frac{\pi}{2}}^{\frac{\pi}{2}} \dfrac{\mathrm{e}^x \sin^4 x}{1 + \mathrm{e}^x}\, \mathrm{d}x \xlongequal{x=-t} -\int_{\frac{\pi}{2}}^{-\frac{\pi}{2}} \dfrac{\mathrm{e}^{-t} \sin^4(-t)}{1 + \mathrm{e}^{-t}}\, \mathrm{d}t = \int_{-\frac{\pi}{2}}^{\frac{\pi}{2}} \dfrac{\sin^4 t}{1 + \mathrm{e}^t}\, \mathrm{d}t = \int_{-\frac{\pi}{2}}^{\frac{\pi}{2}} \dfrac{\sin^4 x}{1 + \mathrm{e}^x}\, \mathrm{d}x.$

所以

$$2I = \int_{-\frac{\pi}{2}}^{\frac{\pi}{2}} \dfrac{\mathrm{e}^x \sin^4 x}{1 + \mathrm{e}^x}\, \mathrm{d}x + \int_{-\frac{\pi}{2}}^{\frac{\pi}{2}} \dfrac{\sin^4 x}{1 + \mathrm{e}^x}\, \mathrm{d}x = \int_{-\frac{\pi}{2}}^{\frac{\pi}{2}} \sin^4 x \mathrm{d}x = 2\int_0^{\frac{\pi}{2}} \sin^4 x \mathrm{d}x = \dfrac{3}{8}\pi.$$

即 $I = \dfrac{3}{16}\pi$.

87 计算 $\int_0^{\ln 2} \sqrt{1 - \mathrm{e}^{-2x}}\, \mathrm{d}x$.

知识点睛 0305 分部积分法

解法 1 原式 $= \int_0^{\ln 2} \mathrm{e}^{-x} \sqrt{\mathrm{e}^{2x} - 1}\, \mathrm{d}x = -\int_0^{\ln 2} \sqrt{\mathrm{e}^{2x} - 1}\, \mathrm{d}(\mathrm{e}^{-x})$

$$= -\mathrm{e}^{-x} \sqrt{\mathrm{e}^{2x} - 1}\, \Big|_0^{\ln 2} + \int_0^{\ln 2} \dfrac{\mathrm{e}^x \mathrm{d}x}{\sqrt{\mathrm{e}^{2x} - 1}}$$

$$= -\dfrac{\sqrt{3}}{2} + \ln(\mathrm{e}^x + \sqrt{\mathrm{e}^{2x} - 1})\, \Big|_0^{\ln 2} = -\dfrac{\sqrt{3}}{2} + \ln(2 + \sqrt{3}).$$

解法 2 令 $t = \sqrt{1 - \mathrm{e}^{-2x}}$，则 $x = -\dfrac{1}{2}\ln(1 - t^2)$，

$$\int_0^{\ln 2} \sqrt{1 - \mathrm{e}^{-2x}}\, \mathrm{d}x = \int_0^{\frac{\sqrt{3}}{2}} \left(-\dfrac{1}{2}\right) \dfrac{-2t^2}{1 - t^2}\, \mathrm{d}t = \int_0^{\frac{\sqrt{3}}{2}} \dfrac{t^2}{1 - t^2}\, \mathrm{d}t = \int_0^{\frac{\sqrt{3}}{2}} \left(\dfrac{1}{1 - t^2} - 1\right) \mathrm{d}t$$

$$= \dfrac{1}{2}\ln\left|\dfrac{1 + t}{1 - t}\right|\, \Big|_0^{\frac{\sqrt{3}}{2}} - \dfrac{\sqrt{3}}{2} = -\dfrac{\sqrt{3}}{2} + \ln(2 + \sqrt{3}).$$

88 设 $f(x) = \int_\pi^x \dfrac{\sin t}{t}\,\mathrm{d}t$，求 $\int_0^\pi f(x)\,\mathrm{d}x$.

知识点睛 0305 分部积分法

解 $\int_0^\pi f(x)\,\mathrm{d}x = x f(x)\Big|_0^\pi - \int_0^\pi x f'(x)\,\mathrm{d}x.$

因为 $f(x) = \int_\pi^x \dfrac{\sin t}{t}\,\mathrm{d}t$，于是有 $f(\pi) = 0$，$f'(x) = \dfrac{\sin x}{x}$，所以

$$\int_0^\pi f(x)\,\mathrm{d}x = 0 - \int_0^\pi \sin x\,\mathrm{d}x = \cos x\Big|_0^\pi = -2.$$

89 设 $f(x)$ 有一个原函数 $\dfrac{\sin x}{x}$，则 $\int_{\frac{\pi}{2}}^\pi x f'(x)\,\mathrm{d}x = $ _____.

知识点睛 0305 分部积分法

解 因为 $f(x)$ 有一个原函数 $\dfrac{\sin x}{x}$，所以 $f(x) = \left(\dfrac{\sin x}{x}\right)' = \dfrac{x\cos x - \sin x}{x^2}.$

$$\int_{\frac{\pi}{2}}^\pi x f'(x)\,\mathrm{d}x = \int_{\frac{\pi}{2}}^\pi x\,\mathrm{d}f(x) = x f(x)\Big|_{\frac{\pi}{2}}^\pi - \int_{\frac{\pi}{2}}^\pi f(x)\,\mathrm{d}x$$

$$= \left(\cos x - \dfrac{\sin x}{x}\right)\Big|_{\frac{\pi}{2}}^\pi - \dfrac{\sin x}{x}\Big|_{\frac{\pi}{2}}^\pi = \dfrac{4}{\pi} - 1.$$

故应填 $\dfrac{4}{\pi} - 1$.

90 已知 $f(2) = \dfrac{1}{2}$，$f'(2) = 0$ 及 $\int_0^2 f(x)\,\mathrm{d}x = 1$，则 $\int_0^1 x^2 f''(2x)\,\mathrm{d}x = $ _____.

知识点睛 0305 分部积分法

解 两次运用分部积分公式. 设 $t = 2x$，则

$$\int_0^1 x^2 f''(2x)\,\mathrm{d}x = \dfrac{1}{2}\int_0^2 \dfrac{t^2}{4} f''(t)\,\mathrm{d}t = \dfrac{1}{8}\int_0^2 t^2\,\mathrm{d}f'(t)$$

$$= \dfrac{1}{8}\left[t^2 f'(t)\Big|_0^2 - 2\int_0^2 t f'(t)\,\mathrm{d}t \right]$$

$$= \dfrac{1}{8}\left[-2\int_0^2 t\,\mathrm{d}f(t) \right]$$

$$= -\dfrac{1}{4}\left[t f(t)\Big|_0^2 - \int_0^2 f(t)\,\mathrm{d}t \right]$$

$$= -\dfrac{1}{4}(1 - 1) = 0.$$

故应填 0.

91 如 91 题图所示，曲线 C 的方程为 $y = f(x)$，点 $(3,2)$ 是它的一个拐点，直线 L_1 与 L_2 分别是曲线 C 在点 $(0,0)$ 与 $(3,2)$ 处的切线，其交点为 $(2,4)$. 设函数 $f(x)$ 具有三阶连续导数，计算定积分 $\int_0^3 (x^2 + x) f'''(x)\,\mathrm{d}x$. ◪ 2005 数学一、数学二,11 分

知识点睛 0305 分部积分法

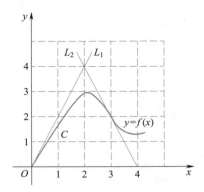

91 题图

解　$\displaystyle\int_0^3 (x^2 + x) f'''(x)\,\mathrm{d}x = \int_0^3 (x^2 + x)\,\mathrm{d}f''(x)$

$\displaystyle = (x^2 + x) f''(x) \Big|_0^3 - \int_0^3 (2x + 1) f''(x)\,\mathrm{d}x$

$\displaystyle = -\int_0^3 (2x + 1) f''(x)\,\mathrm{d}x = -\int_0^3 (2x + 1)\,\mathrm{d}f'(x)$

$\displaystyle = -(2x + 1) f'(x) \Big|_0^3 + 2\int_0^3 f'(x)\,\mathrm{d}x$

$\displaystyle = -[7 \times (-2) - 2] + 2\int_0^3 f'(x)\,\mathrm{d}x = 16 + 2 f(x) \Big|_0^3 = 16 + 4 = 20.$

92　求 $\displaystyle\int_0^1 \frac{\arctan x}{(1 + x)^2}\,\mathrm{d}x$.

知识点睛　0305 分部积分法

解　原式 $\displaystyle = -\int_0^1 \arctan x\,\mathrm{d}\left(\frac{1}{1 + x}\right) = -\frac{\arctan x}{1 + x} \Big|_0^1 + \int_0^1 \frac{1}{(1 + x)(1 + x^2)}\,\mathrm{d}x$

$\displaystyle = -\frac{\pi}{8} + \int_0^1 \frac{1}{(1 + x)(1 + x^2)}\,\mathrm{d}x$.

令 $\displaystyle\frac{1}{(1+x)(1+x^2)} = \frac{A}{1+x} + \frac{Bx+C}{1+x^2}$，可解得 $A = \frac{1}{2}, B = -\frac{1}{2}, C = \frac{1}{2}$，则

$\displaystyle\int_0^1 \frac{1}{(1 + x)(1 + x^2)}\,\mathrm{d}x = \left[\frac{1}{2}\ln(1 + x) - \frac{1}{4}\ln(1 + x^2) + \frac{1}{2}\arctan x\right] \Big|_0^1$

$\displaystyle = \frac{1}{2}\ln 2 - \frac{1}{4}\ln 2 + \frac{\pi}{8} = \frac{1}{4}\ln 2 + \frac{\pi}{8}$,

故原式 $\displaystyle = \frac{1}{4}\ln 2$.

93　$\displaystyle\int_0^1 \frac{\arctan x}{(1 + x^2)^2}\,\mathrm{d}x = $ ＿＿＿＿＿＿．

知识点睛　0305 换元积分法和分部积分法

解　令 $\arctan x = t$，则

$$原式 = \int_0^{\frac{\pi}{4}} \frac{t}{\sec^4 t} \sec^2 t \mathrm{d}t = \int_0^{\frac{\pi}{4}} \frac{1}{2} t(1 + \cos 2t) \mathrm{d}t$$

$$= \frac{t^2}{4} \Big|_0^{\frac{\pi}{4}} + \frac{1}{4} \left(t\sin 2t \Big|_0^{\frac{\pi}{4}} - \int_0^{\frac{\pi}{4}} \sin 2t \mathrm{d}t \right)$$

$$= \frac{1}{64}\pi^2 + \frac{1}{16}\pi + \frac{1}{8}\cos 2t \Big|_0^{\frac{\pi}{4}} = \frac{\pi^2}{64} + \frac{\pi}{16} - \frac{1}{8}.$$

应填 $\dfrac{\pi^2}{64} + \dfrac{\pi}{16} - \dfrac{1}{8}$.

94 已知 $f(x) = \int_1^{x^2} \dfrac{\sin t}{t} \mathrm{d}t$, 求 $\int_0^1 x f(x) \mathrm{d}x$.

知识点睛 0305 分部积分法

解 因为

$$f'(x) = 2x \cdot \frac{\sin (x^2)}{x^2} = \frac{2\sin (x^2)}{x},$$

应用分部积分法, 得 (因 $f(1) = 0$)

$$\int_0^1 x f(x) \mathrm{d}x = \frac{1}{2} \int_0^1 f(x) \mathrm{d}x^2 = \frac{1}{2} \left[x^2 f(x) \Big|_0^1 - \int_0^1 x^2 f'(x) \mathrm{d}x \right]$$

$$= -\frac{1}{2} \int_0^1 2x\sin (x^2) \mathrm{d}x = \frac{1}{2}\cos (x^2) \Big|_0^1 = \frac{1}{2}\cos 1 - \frac{1}{2}.$$

95 设 $f(t) = \int_1^t \mathrm{e}^{-x^2} \mathrm{d}x$, 求 $\int_0^1 t^2 f(t) \mathrm{d}t$.

知识点睛 0305 分部积分法

解 因为 $f'(t) = \mathrm{e}^{-t^2}$, $f(1) = 0$, 分部积分, 得

$$\int_0^1 t^2 f(t) \mathrm{d}t = \frac{1}{3} \int_0^1 f(t) \mathrm{d}t^3 = \frac{1}{3} \left[t^3 f(t) \Big|_0^1 - \int_0^1 t^3 f'(t) \mathrm{d}t \right] = -\frac{1}{3} \int_0^1 t^3 \mathrm{e}^{-t^2} \mathrm{d}t$$

$$\xlongequal{\diamondsuit t^2 = x} -\frac{1}{6} \int_0^1 x\mathrm{e}^{-x} \mathrm{d}x = \frac{1}{6} \int_0^1 x \mathrm{d}\mathrm{e}^{-x} = \frac{1}{6} \left(x\mathrm{e}^{-x} \Big|_0^1 - \int_0^1 \mathrm{e}^{-x} \mathrm{d}x \right)$$

$$= \frac{1}{6} \left(\frac{1}{\mathrm{e}} + \mathrm{e}^{-x} \Big|_0^1 \right) = \frac{1}{3\mathrm{e}} - \frac{1}{6}.$$

96 $\int_1^2 \dfrac{1}{x^3} \mathrm{e}^{\frac{1}{x}} \mathrm{d}x = $ _____ .

K 2007 数学一, 4 分

知识点睛 0305 换元积分法和分部积分法

解 令 $\dfrac{1}{x} = t$, $x = \dfrac{1}{t}$, $\mathrm{d}x = -\dfrac{1}{t^2} \mathrm{d}t$, 则

$$\int_1^2 \frac{1}{x^3} \mathrm{e}^{\frac{1}{x}} \mathrm{d}x = -\int_1^{\frac{1}{2}} t\mathrm{e}^t \mathrm{d}t = \int_{\frac{1}{2}}^1 t \mathrm{d}\mathrm{e}^t = t\mathrm{e}^t \Big|_{\frac{1}{2}}^1 - \int_{\frac{1}{2}}^1 \mathrm{e}^t \mathrm{d}t = \mathrm{e} - \frac{\sqrt{\mathrm{e}}}{2} - \mathrm{e}^t \Big|_{\frac{1}{2}}^1$$

$$= \mathrm{e} - \frac{\sqrt{\mathrm{e}}}{2} - (\mathrm{e} - \sqrt{\mathrm{e}}) = \frac{\sqrt{\mathrm{e}}}{2}.$$

应填 $\dfrac{\sqrt{\mathrm{e}}}{2}$.

K 2022 数学一，
5 分

97 $\int_1^{e^2} \dfrac{\ln x}{\sqrt{x}} \, dx = $ _____.

知识点睛 0305 换元积分法和分部积分法

解法 1 $\int_1^{e^2} \dfrac{\ln x}{\sqrt{x}} \, dx = 2\int_1^{e^2} \ln x \, d\sqrt{x} = 2\left[\sqrt{x}\ln x \,\Big|_1^{e^2} - \int_1^{e^2} \sqrt{x} \, d(\ln x) \right]$

$$= 2\left(\sqrt{e^2}\ln e^2 - \int_1^{e^2} \dfrac{1}{\sqrt{x}} \, dx \right) = 2\left(2e - 2\sqrt{x} \,\Big|_1^{e^2} \right) = 4.$$

解法 2 $\int_1^{e^2} \dfrac{\ln x}{\sqrt{x}} \, dx \xlongequal{\text{令} \, t = \sqrt{x}} 4\int_1^e \ln t \, dt = 4t\ln t \,\Big|_1^e - 4\int_1^e t \cdot \dfrac{1}{t} \, dt = 4e - 4(e-1) = 4.$

应填 4.

K 2010 数学一，
4 分

98 求 $\int_0^{\pi^2} \sqrt{x}\cos\sqrt{x} \, dx$.

知识点睛 0305 换元积分法和分部积分法

解 令 $\sqrt{x} = t$，则 $x = t^2$，$dx = 2t \, dt$，有

$$\int_0^{\pi^2} \sqrt{x}\cos\sqrt{x} \, dx = \int_0^{\pi} 2t^2\cos t \, dt = 2\int_0^{\pi} t^2 \, d(\sin t) = 2t^2\sin t \,\Big|_0^{\pi} - 4\int_0^{\pi} t\sin t \, dt$$

$$= 4t\cos t \,\Big|_0^{\pi} - 4\int_0^{\pi} \cos t \, dx = -4\pi.$$

K 2012 数学一，
4 分

99 求 $\int_0^2 x\sqrt{2x - x^2} \, dx$.

知识点睛 0305 换元积分法

解法 1 由于 $\int_0^2 x\sqrt{2x - x^2} \, dx = \int_0^2 x\sqrt{1 - (x-1)^2} \, dx$，令 $x - 1 = \sin t$，则 $dx = \cos t \, dt$，有

$$\int_0^2 x\sqrt{2x - x^2} \, dx = \int_{-\frac{\pi}{2}}^{\frac{\pi}{2}} (1 + \sin t)\cos^2 t \, dt = 2\int_0^{\frac{\pi}{2}} \cos^2 t \, dt = 2 \times \dfrac{1}{2} \times \dfrac{\pi}{2} = \dfrac{\pi}{2}.$$

解法 2 由于 $\int_0^2 x\sqrt{2x - x^2} \, dx = \int_0^2 x\sqrt{1 - (x-1)^2} \, dx$，令 $x - 1 = t$，则 $dx = dt$，有

$$\int_0^2 x\sqrt{1 - (x-1)^2} \, dx = \int_{-1}^1 (1 + t)\sqrt{1 - t^2} \, dt = 2\int_0^1 \sqrt{1 - t^2} \, dt = 2 \times \dfrac{\pi}{4} = \dfrac{\pi}{2}.$$

【评注】本题是一道定积分计算的基本题，用到定积分计算中很多常用方法和结论，如换元法 $(x-1 = \sin t, x-1 = t)$.

K 2013 数学一，
10 分

100 求 $\int_0^1 \dfrac{f(x)}{\sqrt{x}} \, dx$，其中 $f(x) = \int_1^x \dfrac{\ln(1 + t)}{t} \, dt$.

知识点睛 0305 分部积分法，0603 二重积分的计算

解法 1 因为 $f(x) = \int_1^x \dfrac{\ln(1 + t)}{t} \, dt$，所以 $f'(x) = \dfrac{\ln(1 + x)}{x}$，且 $f(1) = 0$. 从而

$$\int_0^1 \dfrac{f(x)}{\sqrt{x}} \, dx = 2\int_0^1 f(x) \, d\sqrt{x} = 2\left[\sqrt{x}f(x) \,\Big|_0^1 - \int_0^1 \sqrt{x}f'(x) \, dx \right]$$

$$= -2\int_0^1 \frac{\ln(1+x)}{\sqrt{x}}\,dx = -4\int_0^1 \ln(1+x)\,d\sqrt{x}$$

$$= -4\sqrt{x}\ln(1+x)\,\Big|_0^1 + 4\int_0^1 \frac{\sqrt{x}}{1+x}\,dx$$

$$= -4\ln 2 + 4\int_0^1 \frac{\sqrt{x}}{1+x}\,dx.$$

令 $u = \sqrt{x}$,则

$$\int_0^1 \frac{\sqrt{x}}{1+x}\,dx = 2\int_0^1 \frac{u^2}{u^2+1}\,du = 2(u - \arctan u)\,\Big|_0^1 = 2 - \frac{\pi}{2},$$

所以 $\int_0^1 \frac{f(x)}{\sqrt{x}}\,dx = 8 - 2\pi - 4\ln 2$.

解法 2 $\int_0^1 \frac{f(x)}{\sqrt{x}}\,dx = \int_0^1 dx \int_1^x \frac{\ln(1+t)}{t\sqrt{x}}\,dt$,交换累次积分的次序,得

$$\int_0^1 dx\int_1^x \frac{\ln(1+t)}{t\sqrt{x}}\,dt = -\int_0^1 dt\int_0^t \frac{\ln(1+t)}{t\sqrt{x}}\,dx = -2\int_0^1 \frac{\ln(t+1)}{\sqrt{t}}\,dt,$$

以下同解法 1.

101 求 $\displaystyle\int_{-\frac{\pi}{2}}^{\frac{\pi}{2}} \left(\frac{\sin x}{1+\cos x} + |x| \right)dx = $ _____. K 2015 数学一, 4 分

知识点睛 0303 定积分的基本性质

解 $\displaystyle\int_{-\frac{\pi}{2}}^{\frac{\pi}{2}} \left(\frac{\sin x}{1+\cos x} + |x| \right)dx = \int_{-\frac{\pi}{2}}^{\frac{\pi}{2}} \frac{\sin x}{1+\cos x}\,dx + 2\int_0^{\frac{\pi}{2}} x\,dx = 0 + x^2\,\Big|_0^{\frac{\pi}{2}} = \frac{\pi^2}{4}$.

应填 $\dfrac{\pi^2}{4}$.

102 设函数 $f(x)$ 具有 2 阶连续导数,若曲线 $y=f(x)$ 过点 $(0,0)$ 且与曲线 $y=2^x$ 在点 $(1,2)$ 处相切,则 $\int_0^1 x f''(x)\,dx = $ _____. K 2018 数学一, 4 分

知识点睛 0305 分部积分法

解 由曲线 $y=f(x)$ 过点 $(0,0)$ 且与曲线 $y=2^x$ 在点 $(1,2)$ 处相切知

$$f(0) = 0,\ f(1) = 2,\ f'(1) = (2^x)'\,\Big|_{x=1} = 2^x\ln 2\,\Big|_{x=1} = 2\ln 2,$$

则

$$\int_0^1 x f''(x)\,dx = \int_0^1 x\,d f'(x) = x f'(x)\,\Big|_0^1 - \int_0^1 f'(x)\,dx = 2\ln 2 - f(x)\,\Big|_0^1$$
$$= 2\ln 2 - 2 = 2(\ln 2 - 1).$$

应填 $2(\ln 2 - 1)$.

103 若 $\displaystyle\int_{-\pi}^{\pi} (x - a_1\cos x - b_1\sin x)^2\,dx = \min_{a,b\in\mathbf{R}}\left\{ \int_{-\pi}^{\pi} (x - a\cos x - b\sin x)^2\,dx \right\}$,则 K 2014 数学一, 4 分
$a_1\cos x + b_1\sin x = ($ \quad $)$.

(A) $2\sin x$ \qquad (B) $2\cos x$ \qquad (C) $2\pi\sin x$ \qquad (D) $2\pi\cos x$

知识点睛 0305 分部积分法,0516 多元函数的极值

解法 1 令 $Z(a,b) = \int_{-\pi}^{\pi} (x - a\cos x - b\sin x)^2 \mathrm{d}x$,

$$\begin{cases} Z_a' = -2\int_{-\pi}^{\pi} (x - a\cos x - b\sin x)\cos x \mathrm{d}x = 0, \\ Z_b' = -2\int_{-\pi}^{\pi} (x - a\cos x - b\sin x)\sin x \mathrm{d}x = 0, \end{cases}$$

$$\begin{cases} a\int_{-\pi}^{\pi} \cos^2 x \mathrm{d}x = 0, \\ \int_{-\pi}^{\pi} (x - b\sin x)\sin x \mathrm{d}x = 0, \end{cases}$$

则 $a = 0$, $b = \dfrac{\int_{-\pi}^{\pi} x\sin x \mathrm{d}x}{\int_{-\pi}^{\pi} \sin^2 x \mathrm{d}x} = \dfrac{2\int_0^{\pi} x\sin x \mathrm{d}x}{2\int_0^{\pi} \sin^2 x \mathrm{d}x} = \dfrac{\pi\int_0^{\pi} \sin x \mathrm{d}x}{4\int_0^{\frac{\pi}{2}} \sin^2 x \mathrm{d}x} = \dfrac{2\pi}{4 \times \dfrac{1}{2} \times \dfrac{\pi}{2}} = 2.$

解法 2 $\int_{-\pi}^{\pi} (x - a\cos x - b\sin x)^2 \mathrm{d}x$

$= \int_{-\pi}^{\pi} \left[(x - b\sin x)^2 - 2a\cos x(x - b\sin x) + a^2\cos^2 x \right] \mathrm{d}x$

$= \int_{-\pi}^{\pi} (x^2 - 2bx\sin x + b^2\sin^2 x + a^2\cos^2 x) \mathrm{d}x$

$= 2\int_0^{\pi} x^2 \mathrm{d}x - 4b\int_0^{\pi} x\sin x \mathrm{d}x + 4b^2\int_0^{\frac{\pi}{2}} \sin^2 x \mathrm{d}x + 4a^2\int_0^{\frac{\pi}{2}} \cos^2 x \mathrm{d}x$

$= \dfrac{2}{3}\pi^3 - 2b\pi\int_0^{\pi} \sin x \mathrm{d}x + b^2\pi + a^2\pi$

$= \dfrac{2}{3}\pi^3 - 4b\pi + b^2\pi + a^2\pi$

$= \pi\left[a^2 + (b - 2)^2 - 4 \right] + \dfrac{2}{3}\pi^3.$

由此可得, 当 $a = 0$, $b = 2$ 时积分值最小, 应选(A).

解法 3 傅里叶级数本质上就是一种均方逼近, 则使得 $\int_{-\pi}^{\pi} (x - a\cos x - b\sin x)^2 \mathrm{d}x$ 最小的 a 和 b 就是函数 $f(x) = x$ 的相应的傅里叶系数, 即

$$a = a_1 = 0,$$

$$b = b_1 = \dfrac{2}{\pi}\int_0^{\pi} x\sin x \mathrm{d}x = \int_0^{\pi} \sin x \mathrm{d}x = 2.$$

应选(A).

Ⓚ 2008 数学二, 9 分

104 计算 $\int_0^1 \dfrac{x^2 \arcsin x}{\sqrt{1 - x^2}} \mathrm{d}x$.

知识点睛 0305 换元积分法和分部积分法

解法 1 令 $x = \sin t$, 则 $\mathrm{d}x = \cos t \mathrm{d}t$

$\int_0^1 \dfrac{x^2 \arcsin x}{\sqrt{1 - x^2}} \mathrm{d}x = \int_0^{\frac{\pi}{2}} \dfrac{t\sin^2 t\cos t}{\cos t} \mathrm{d}t = \int_0^{\frac{\pi}{2}} t\sin^2 t \mathrm{d}t = \int_0^{\frac{\pi}{2}} \left(\dfrac{t}{2} - \dfrac{t\cos 2t}{2} \right) \mathrm{d}t$

$= \dfrac{t^2}{4} \Big|_0^{\frac{\pi}{2}} - \dfrac{1}{4}\int_0^{\frac{\pi}{2}} t\mathrm{d}(\sin 2t) = \dfrac{\pi^2}{16} - \dfrac{t\sin 2t}{4} \Big|_0^{\frac{\pi}{2}} + \dfrac{1}{4}\int_0^{\frac{\pi}{2}} \sin 2t \mathrm{d}t$

$$= \frac{\pi^2}{16} - \frac{1}{8} \cos 2t \Big|_0^{\frac{\pi}{2}} = \frac{\pi^2}{16} + \frac{1}{4}.$$

解法 2 $\displaystyle\int_0^1 \frac{x^2 \arcsin x}{\sqrt{1 - x^2}} \, dx = \int_0^1 \frac{(x^2 - 1) \arcsin x + \arcsin x}{\sqrt{1 - x^2}} \, dx$

$$= -\int_0^1 (\sqrt{1 - x^2} \arcsin x) \, dx + \int_0^1 \frac{\arcsin x}{\sqrt{1 - x^2}} \, dx$$

$$= -x\sqrt{1 - x^2} \arcsin x \Big|_0^1 + \int_0^1 x \left(\frac{-x \arcsin x}{\sqrt{1 - x^2}} + 1 \right) dx + \int_0^1 \frac{\arcsin x}{\sqrt{1 - x^2}} \, dx$$

$$= \int_0^1 \left(\frac{-x^2 \arcsin x}{\sqrt{1 - x^2}} + x \right) dx + \frac{1}{2} \arcsin^2 x \Big|_0^1$$

$$= -\int_0^1 \frac{x^2 \arcsin x}{\sqrt{1 - x^2}} \, dx + \frac{1}{2} + \frac{\pi^2}{8},$$

移项,得

$$2\int_0^1 \frac{x^2 \arcsin x}{\sqrt{1 - x^2}} \, dx = \frac{1}{2} + \frac{\pi^2}{8},$$

则

$$\int_0^1 \frac{x^2 \arcsin x}{\sqrt{1 - x^2}} \, dx = \frac{\pi^2}{16} + \frac{1}{4}.$$

105 设函数 $f(x)$ 连续,且 $\displaystyle\int_0^x t f(2x - t) \, dt = \frac{1}{2} \arctan x^2$,已知 $f(1) = 1$,求 $\displaystyle\int_1^2 f(x) \, dx$ 的值。

1999 数学三,
6 分

105 题精解视频

知识点睛 0305 换元积分法

分析 本题要计算的积分 $\displaystyle\int_1^2 f(x) \, dx$ 的被积函数 $f(x)$ 没给出,但给出了一个关于 $f(x)$ 的变上限积分的等式 $\displaystyle\int_0^x t f(2x - t) \, dt = \frac{1}{2} \arctan x^2$,通常通过等式两端求导可解出 $f(x)$。

解 令 $u = 2x - t$,则 $du = -dt$,

$$\int_0^x t f(2x - t) \, dt = -\int_{2x}^x (2x - u) f(u) \, du = 2x \int_x^{2x} f(u) \, du - \int_x^{2x} u f(u) \, du,$$

于是,得

$$2x \int_x^{2x} f(u) \, du - \int_x^{2x} u f(u) \, du = \frac{1}{2} \arctan x^2.$$

等式两端对 x 求导,得

$$2\int_x^{2x} f(u) \, du + 2x \left[2 f(2x) - f(x) \right] - \left[2x f(2x) \cdot 2 - x f(x) \right] = \frac{x}{1 + x^4},$$

即 $\displaystyle 2\int_x^{2x} f(u) \, du = \frac{x}{1 + x^4} + x f(x).$

令 $x = 1$ 得 $2\displaystyle\int_1^2 f(u)\,\mathrm{d}u = \dfrac{1}{2} + 1 = \dfrac{3}{2}$，故 $\displaystyle\int_1^2 f(x)\,\mathrm{d}x = \dfrac{3}{4}$.

1995 数学二，8 分

106 设 $f(x) = \displaystyle\int_0^x \dfrac{\sin t}{\pi - t}\,\mathrm{d}t$，计算 $\displaystyle\int_0^\pi f(x)\,\mathrm{d}x$.

知识点睛 0305 分部积分法，0603 二重积分的计算

解法 1 $\displaystyle\int_0^\pi f(x)\,\mathrm{d}x = x f(x) \Big|_0^\pi - \int_0^\pi x f'(x)\,\mathrm{d}x = \pi\int_0^\pi \dfrac{\sin t}{\pi - t}\,\mathrm{d}t - \int_0^\pi \dfrac{x\sin x}{\pi - x}\,\mathrm{d}x$

$$= \int_0^\pi \dfrac{\pi - x}{\pi - x}\sin x\,\mathrm{d}x = \int_0^\pi \sin x\,\mathrm{d}x = 2.$$

解法 2 $\displaystyle\int_0^\pi f(x)\,\mathrm{d}x = \int_0^\pi f(x)\,\mathrm{d}(x - \pi) = (x - \pi)f(x)\Big|_0^\pi - \int_0^\pi (x - \pi)f'(x)\,\mathrm{d}x$

$$= -\int_0^\pi \dfrac{x - \pi}{\pi - x}\sin x\,\mathrm{d}x = \int_0^\pi \sin x\,\mathrm{d}x = 2.$$

解法 3 $\displaystyle\int_0^\pi f(x)\,\mathrm{d}x = \int_0^\pi \mathrm{d}x\int_0^x \dfrac{\sin t}{\pi - t}\,\mathrm{d}t$，交换积分次序，得

$$\int_0^\pi f(x)\,\mathrm{d}x = \int_0^\pi \mathrm{d}t\int_t^\pi \dfrac{\sin t}{\pi - t}\,\mathrm{d}x = \int_0^\pi \sin t\,\mathrm{d}t = 2.$$

2019 数学二，4 分

107 已知函数 $f(x) = x\displaystyle\int_1^x \dfrac{\sin t^2}{t}\,\mathrm{d}t$，计算 $\displaystyle\int_0^1 f(x)\,\mathrm{d}x$.

知识点睛 0305 分部积分法

解 $\displaystyle\int_0^1 f(x)\,\mathrm{d}x = \int_0^1 \left(x\int_1^x \dfrac{\sin t^2}{t}\,\mathrm{d}t\right)\mathrm{d}x = \dfrac{1}{2}\int_0^1 \left(\int_1^x \dfrac{\sin t^2}{t}\,\mathrm{d}t\right)\mathrm{d}x^2$

$$= \left(\dfrac{x^2}{2}\int_1^x \dfrac{\sin t^2}{t}\,\mathrm{d}t\right)\Big|_0^1 - \dfrac{1}{2}\int_0^1 \dfrac{x^2\sin x^2}{x}\,\mathrm{d}x$$

$$= -\dfrac{1}{2}\int_0^1 x\sin x^2\,\mathrm{d}x = \dfrac{1}{4}\cos x^2\Big|_0^1 = \dfrac{1}{4}(\cos 1 - 1).$$

2008 数学三，4 分

108 设 $f\left(x + \dfrac{1}{x}\right) = \dfrac{x + x^3}{1 + x^4}$，计算 $\displaystyle\int_2^{2\sqrt{2}} f(x)\,\mathrm{d}x$.

知识点睛 0305 换元积分法（凑微分法）

解 由于 $f\left(x + \dfrac{1}{x}\right) = \dfrac{x + \dfrac{1}{x}}{x^2 + \dfrac{1}{x^2}} = \dfrac{x + \dfrac{1}{x}}{\left(x + \dfrac{1}{x}\right)^2 - 2}$，令 $x + \dfrac{1}{x} = u$，则有

$$f(u) = \dfrac{u}{u^2 - 2},$$

则 $\displaystyle\int_2^{2\sqrt{2}} f(x)\,\mathrm{d}x = \int_2^{2\sqrt{2}} \dfrac{x}{x^2 - 2}\,\mathrm{d}x = \dfrac{1}{2}\ln(x^2 - 2)\Big|_2^{2\sqrt{2}} = \dfrac{1}{2}\ln 3$.

2014 数学三，4 分

109 设 $\displaystyle\int_0^a x\mathrm{e}^{2x}\,\mathrm{d}x = \dfrac{1}{4}$，则 $a = $ _____.

知识点睛 0305 分部积分法

解 $\int_0^a x\mathrm{e}^{2x}\mathrm{d}x = \frac{1}{2}\int_0^a x\mathrm{d}(\mathrm{e}^{2x}) = \frac{1}{2}x\mathrm{e}^{2x}\Big|_0^a - \frac{1}{2}\int_0^a \mathrm{e}^{2x}\mathrm{d}x = \left(\frac{a}{2} - \frac{1}{4}\right)\mathrm{e}^{2a} + \frac{1}{4}$,由题设知

$\left(\frac{a}{2} - \frac{1}{4}\right)\mathrm{e}^{2a} = 0$,则 $a = \frac{1}{2}$.应填 $\frac{1}{2}$.

110 计算 $\int_{-\pi}^{\pi}(\sin^3 x + \sqrt{\pi^2 - x^2})\mathrm{d}x$.

K 2017 数学三, 4 分

知识点睛 0303 定积分的基本性质

解 $\int_{-\pi}^{\pi}(\sin^3 x + \sqrt{\pi^2 - x^2})\mathrm{d}x = 2\int_0^{\pi}\sqrt{\pi^2 - x^2}\mathrm{d}x$ （奇偶性）

$$= 2 \cdot \frac{1}{4}\pi \cdot \pi^2 \quad (\text{定积分的几何意义})$$

$$= \frac{\pi^3}{2}.$$

111 已知函数 $f(x) = \int_1^x \sqrt{1 + t^4}\mathrm{d}t$,则 $\int_0^1 x^2 f(x)\mathrm{d}x = $ _____.

K 2019 数学三, 4 分

知识点睛 0305 分部积分法

解 $\int_0^1 x^2 f(x)\mathrm{d}x = \frac{1}{3}\int_0^1 f(x)\mathrm{d}(x^3) = \frac{1}{3}x^3 f(x)\Big|_0^1 - \frac{1}{3}\int_0^1 x^3\sqrt{1 + x^4}\mathrm{d}x$

$$= -\frac{1}{18}(1 + x^4)^{\frac{3}{2}}\Big|_0^1 = \frac{1 - 2\sqrt{2}}{18}.$$

112 求 $\int_0^{\frac{\pi}{4}} \frac{x}{1 + \cos 2x}\mathrm{d}x$.

K 1993 数学二, 5 分

知识点睛 0305 分部积分法

解 $\int_0^{\frac{\pi}{4}} \frac{x}{1 + \cos 2x}\mathrm{d}x = \frac{1}{2}\int_0^{\frac{\pi}{4}} \frac{x}{\cos^2 x}\mathrm{d}x = \frac{1}{2}\int_0^{\frac{\pi}{4}} x\mathrm{d}(\tan x)$

$$= \frac{1}{2}x\tan x\Big|_0^{\frac{\pi}{4}} - \frac{1}{2}\int_0^{\frac{\pi}{4}}\tan x\mathrm{d}x$$

$$= \frac{\pi}{8} + \frac{1}{2}\ln(\cos x)\Big|_0^{\frac{\pi}{4}} = \frac{\pi}{8} - \frac{1}{4}\ln 2.$$

§3.4 积分上限函数及其应用

113 设 $f(x)$ 为连续函数,且 $F(x) = \int_{\frac{1}{x}}^{\ln x} f(t)\mathrm{d}t$,则 $F'(x) = ($ $)$.

(A) $\frac{1}{x}f(\ln x) + \frac{1}{x^2}f\left(\frac{1}{x}\right)$ (B) $f(\ln x) + f\left(\frac{1}{x}\right)$

(C) $\frac{1}{x}f(\ln x) - \frac{1}{x^2}f\left(\frac{1}{x}\right)$ (D) $f(\ln x) - f\left(\frac{1}{x}\right)$

知识点睛 0307 积分上限函数及其导数

解 $F'(x) = f(\ln x) \cdot \frac{1}{x} - f\left(\frac{1}{x}\right) \cdot \left(-\frac{1}{x^2}\right)$.应选(A).

114 $\dfrac{\mathrm{d}}{\mathrm{d}x}\left(\displaystyle\int_{x^2}^{0} x\cos t^2\mathrm{d}t\right) = \underline{\qquad}$.

知识点睛 0307 积分上限函数及其导数

解 $\dfrac{\mathrm{d}}{\mathrm{d}x}\left(\displaystyle\int_{x^2}^{0} x\cos t^2\mathrm{d}t\right) = \dfrac{\mathrm{d}}{\mathrm{d}x}\left(x\displaystyle\int_{x^2}^{0}\cos t^2\mathrm{d}t\right) = \displaystyle\int_{x^2}^{0}\cos t^2\mathrm{d}t - x\cos(x^2)^2\cdot 2x$.

故应填 $\displaystyle\int_{x^2}^{0}\cos t^2\mathrm{d}t - 2x^2\cos x^4$.

【评注】在使用积分上限的函数求导公式 $\left[\displaystyle\int_a^x f(t)\mathrm{d}t\right]' = f(x)$ 时,应注意被积函数中不能含上限变量 x.故本题应把被积函数 $x\cos t^2$ 中的 x 提到积分符号外面来,然后使用乘积的求导公式计算.

115 $\dfrac{\mathrm{d}}{\mathrm{d}x}\left(\displaystyle\int_0^x\sin(x-t)^2\mathrm{d}t\right) = \underline{\qquad}$.

知识点睛 0307 积分上限函数及其导数

解 $\displaystyle\int_0^x\sin(x-t)^2\mathrm{d}t \xlongequal{x-t=u} -\displaystyle\int_x^0\sin u^2\mathrm{d}u = \displaystyle\int_0^x\sin u^2\mathrm{d}u$,则

$$\dfrac{\mathrm{d}}{\mathrm{d}x}\left(\displaystyle\int_0^x\sin(x-t)^2\mathrm{d}t\right) = \sin x^2.$$

应填 $\sin x^2$.

【评注】本题中被积函数含有积分上限变量 x,通过作代换把 x 从被积函数中提出来,作代换时应注意换元的同时必须换限.

116 设可导函数 $x=x(t)$ 由方程 $\sin t - \displaystyle\int_t^{x(t)}\varphi(u)\mathrm{d}u = 0$ 确定,其中可导函数 $\varphi(u)>0$ 且 $\varphi(0)=\varphi'(0)=1$,则 $x''(0) = \underline{\qquad}$.

知识点睛 0307 积分上限函数

解 方程 $\sin t - \displaystyle\int_t^{x(t)}\varphi(u)\mathrm{d}u = 0$ 两边对 t 求导,得

$$\cos t - \varphi[x(t)]\cdot x'(t) + \varphi(t) = 0,$$

所以 $x'(t) = \dfrac{\cos t + \varphi(t)}{\varphi[x(t)]}$,进一步有

$$x''(t) = \dfrac{[-\sin t + \varphi'(t)]\varphi[x(t)] - [\cos t + \varphi(t)]\cdot\varphi'[x(t)]\cdot x'(t)}{\varphi^2[x(t)]}.$$

当 $t=0$ 时,由已知方程得 $\displaystyle\int_0^{x(0)}\varphi(u)\mathrm{d}u = 0$,因为 $\varphi(u)>0$,所以 $x(0)=0$,从而 $x'(0)=2$,$x''(0)=-3$.应填 -3.

117 设函数 $f(x)$ 在 $(-\infty,+\infty)$ 内连续,且 $F(x) = \displaystyle\int_0^x(x-2t)f(t)\mathrm{d}t$.试证:

(1)若 $f(x)$ 为偶函数,则 $F(x)$ 也是偶函数;

(2)若 $f(x)$ 单调不增,则 $F(x)$ 单调不减.

知识点睛 0304 积分中值定理,0307 积分上限函数

证 （1）因为 $f(-x)=f(x)$，则有

$$F(-x) = \int_0^{-x}(-x-2t)f(t)\mathrm{d}t \xlongequal{t=-u} -\int_0^x(-x+2u)f(-u)\mathrm{d}u$$

$$= \int_0^x(x-2u)f(u)\mathrm{d}u = \int_0^x(x-2t)f(t)\mathrm{d}t = F(x),$$

即 $F(x)$ 为偶函数．

（2） $F'(x) = \left[x\int_0^x f(t)\mathrm{d}t - 2\int_0^x t f(t)\mathrm{d}t\right]'$

$$= \int_0^x f(t)\mathrm{d}t + x f(x) - 2x f(x)$$

$$= \int_0^x f(t)\mathrm{d}t - x f(x) = x[f(\xi) - f(x)],$$

其中 ξ 介于 0 与 x 之间．

由已知 $f(x)$ 单调不增，则当 $x>0$ 时，$f(\xi)-f(x)\geqslant 0$，故 $F'(x)\geqslant 0$；当 $x=0$ 时，显然 $F'(x)=0$；当 $x<0$ 时，$f(\xi)-f(x)\leqslant 0$，故 $F'(x)\geqslant 0$．即 $x\in(-\infty,+\infty)$ 时，$F'(x)\geqslant 0$．

于是，若 $f(x)$ 单调不增，则 $F(x)$ 单调不减．

【评注】本题为综合题，考查了函数的奇偶性、单调性、定积分换元法等．

为判断 $F'(x) = \int_0^x f(t)\mathrm{d}t - x f(x)$ 的符号，对 $\int_0^x f(t)\mathrm{d}t - x f(x)$ 中的定积分应用积分中值定理，去掉积分号．

---

118 设 $F(x) = \int_0^x \dfrac{1}{1+t^2}\mathrm{d}t + \int_0^{\frac{1}{x}} \dfrac{1}{1+t^2}\mathrm{d}t \quad (x>0)$，则（　　）．

（A）$F(x)\equiv 0$ 　　　　　　　　　（B）$F(x)\equiv \dfrac{\pi}{2}$

（C）$F(x)=\arctan x$ 　　　　　　（D）$F(x)=2\arctan x$

知识点睛 0307 积分上限函数

解 所给函数 $F(x)$ 是两个变上限定积分之和，而且 $\dfrac{1}{1+t^2}\mathrm{d}t$ 是 $\arctan t$ 的微分，所以容易想到直接求出 $F(x)$ 之值，即

$$F(x) = \int_0^x \mathrm{d}(\arctan t) + \int_0^{\frac{1}{x}} \mathrm{d}(\arctan t) = \arctan x + \arctan \frac{1}{x}.$$

对照（A）、（B）、（C）、（D）四个选项，（C）和（D）显然不正确，而当取 $x=1$ 时，$F(1)=\dfrac{\pi}{2}$，故（A）也不正确，根据正确选项的唯一性，只有（B）是正确的．

更为简单的方法是直接对 $F(x)$ 关于 x 求导数，则

$$F'(x) = \frac{1}{1+x^2} + \frac{1}{1+\left(\dfrac{1}{x}\right)^2}\left(-\frac{1}{x^2}\right) = 0,$$

从而 $F(x)$ 为常数．于是 $F(x)=F(1)=\dfrac{\pi}{2}$．应选（B）．

119　设 $F(x) = \int_x^{x+2\pi} e^{\sin t} \sin t \, dt$，则 $F(x)($　　$)$.

（A）为正常数　　　（B）为负常数　　　（C）恒为零　　　（D）不为常数

知识点睛　0307 积分上限函数

解　$F'(x) = e^{\sin(x+2\pi)} \sin(x+2\pi) - e^{\sin x} \sin x = 0$，故 $F(x) = C$，C 为常数.而

$$F(0) = \int_0^{2\pi} e^{\sin t} \sin t \, dt = \int_0^{\pi} e^{\sin t} \sin t \, dt + \int_{\pi}^{2\pi} e^{\sin t} \sin t \, dt = \int_0^{\pi} (e^{\sin t} - e^{-\sin t}) \sin t \, dt > 0.$$

应选（A）.

【评注】本题主要考查周期函数的积分性质，只需确定 $F(x)$ 的符号，无需具体计算

积分 $\int_0^{2\pi} e^{\sin t} \sin t \, dt$. 一般地，若 $f(x)$ 是以 T 为周期的连续函数，则必有

$$\int_a^{a+T} f(x) \, dx = \int_0^T f(x) \, dx.$$

本题的讨论可由 $F'(x) = 0$ 得 $F(x) = C$.也可由上述周期函数的积分性质，根据被

积函数 $e^{\sin t} \sin t$ 以 2π 为周期得 $F(x) = C$.

120 题精解视频

120　设 $\int_0^y e^{t^2} \, dt = \int_0^{3x^2} \ln \sqrt{t+x^2} \, dt$　$(x>0)$，求 $\dfrac{dy}{dx}$.

知识点睛　0211 隐函数的导数，0307 积分上限函数及其导数

解　令 $u = t + x^2$，则 $\int_0^{3x^2} \ln \sqrt{t+x^2} \, dt = \int_{x^2}^{4x^2} \ln \sqrt{u} \, du$.

在等式 $\int_0^y e^{t^2} \, dt = \int_{x^2}^{4x^2} \ln \sqrt{u} \, du$ 两边对 x 求导，得

$$e^{y^2} \frac{dy}{dx} = 8x \ln \sqrt{4x^2} - 2x \ln \sqrt{x^2},$$

解得

$$\frac{dy}{dx} = \frac{8x \ln \sqrt{4x^2} - 2x \ln \sqrt{x^2}}{e^{y^2}} = \frac{8x \ln 2x - 2x \ln x}{e^{y^2}}.$$

121　设 $\begin{cases} x = \cos t^2, \\ y = t \cos t^2 - \int_1^{t^2} \dfrac{1}{2\sqrt{u}} \cos u \, du, \end{cases}$　求 $\dfrac{dy}{dx}, \dfrac{d^2 y}{dx^2}$ 在 $t = \sqrt{\dfrac{\pi}{2}}$ 的值.

知识点睛　0212 参数方程求导，0307 积分上限函数及其导数

解　因 $\dfrac{dx}{dt} = -2t \sin t^2, \dfrac{dy}{dt} = -2t^2 \sin t^2$　$(t>0)$，故

$$\frac{dy}{dx} = \frac{dy/dt}{dx/dt} = t, \quad 则 \quad \frac{dy}{dx}\Big|_{t=\sqrt{\frac{\pi}{2}}} = \sqrt{\frac{\pi}{2}}.$$

$$\frac{d^2 y}{dx^2} = \frac{\dfrac{d}{dt}\left(\dfrac{dy}{dx}\right)}{\dfrac{dx}{dt}} = \frac{\dfrac{d}{dt}(t)}{\dfrac{dx}{dt}} = -\frac{1}{2t \sin t^2}, \quad 则 \quad \frac{d^2 y}{dx^2}\Big|_{t=\sqrt{\frac{\pi}{2}}} = -\frac{1}{\sqrt{2\pi}}.$$

122 求极限 $\lim\limits_{x\to 0} \dfrac{\displaystyle\int_0^x \left(3\sin t + t^2\cos \dfrac{1}{t}\right)\mathrm{d}t}{(1+\cos x)\displaystyle\int_0^x \ln(1+t)\mathrm{d}t}$.

知识点睛 0217 洛必达法则，0307 积分上限函数及其导数

分析 先提出非零因子 $\lim\limits_{x\to 0}\dfrac{1}{1+\cos x}=\dfrac{1}{2}$. 当 $x\to 0$ 时，如果含有 $\sin\dfrac{1}{x}$，$\cos\dfrac{1}{x}$ 等项，往往不能直接用洛必达法则，须利用无穷小量乘有界变量仍为无穷小量的结论.

解 $\lim\limits_{x\to 0} \dfrac{\displaystyle\int_0^x \left(3\sin t + t^2\cos \dfrac{1}{t}\right)\mathrm{d}t}{(1+\cos x)\displaystyle\int_0^x \ln(1+t)\mathrm{d}t} = \dfrac{1}{2}\lim\limits_{x\to 0}\dfrac{\displaystyle\int_0^x \left(3\sin t + t^2\cos \dfrac{1}{t}\right)\mathrm{d}t}{\displaystyle\int_0^x \ln(1+t)\mathrm{d}t}$

$= \dfrac{1}{2}\lim\limits_{x\to 0}\dfrac{3\sin x + x^2\cos \dfrac{1}{x}}{\ln(1+x)} = \dfrac{1}{2}\lim\limits_{x\to 0}\dfrac{3\sin x + x^2\cos \dfrac{1}{x}}{x}$

$= \dfrac{1}{2}\lim\limits_{x\to 0}\left(3\dfrac{\sin x}{x} + x\cdot\cos\dfrac{1}{x}\right) = \dfrac{3}{2}$.

123 设函数 $f(x)$ 连续，且 $f(0)\neq 0$，求极限 $\lim\limits_{x\to 0}\dfrac{\displaystyle\int_0^x (x-t)f(t)\mathrm{d}t}{x\displaystyle\int_0^x f(x-t)\mathrm{d}t}$.

知识点睛 0217 洛必达法则，0307 积分上限函数及其导数

解 原式 $= \lim\limits_{x\to 0}\dfrac{x\displaystyle\int_0^x f(t)\mathrm{d}t - \displaystyle\int_0^x tf(t)\mathrm{d}t}{x\displaystyle\int_0^x f(x-t)\mathrm{d}t} \xlongequal{\text{设 } x-t=u} \lim\limits_{x\to 0}\dfrac{x\displaystyle\int_0^x f(t)\mathrm{d}t - \displaystyle\int_0^x tf(t)\mathrm{d}t}{x\displaystyle\int_0^x f(u)\mathrm{d}u}$

$\xlongequal{\frac{0}{0}} \lim\limits_{x\to 0}\dfrac{\displaystyle\int_0^x f(t)\mathrm{d}t + xf(x) - xf(x)}{\displaystyle\int_0^x f(u)\mathrm{d}u + xf(x)} = \lim\limits_{\substack{x\to 0\\(\xi\to 0)}}\dfrac{xf(\xi)}{xf(\xi) + xf(x)}$

$= \dfrac{f(0)}{f(0)+f(0)} = \dfrac{1}{2}$，其中 ξ 介于 0 与 x 之间.

124 设 $f(x) = \begin{cases} \dfrac{\sin ax}{\sqrt{1-\cos x}}, & x<0, \\[2mm] \sqrt{2}, & x=0, \\[2mm] \dfrac{1}{x-\sin x}\displaystyle\int_0^x \dfrac{t^2}{\sqrt{b+t^2}}\mathrm{d}t, & x>0 \end{cases}$，在 $x=0$ 处连续，求 a,b.

知识点睛 0217 洛必达法则，0307 积分上限函数及其导数

124 题精解视频

解 $\lim\limits_{x\to 0^-}f(x) = \lim\limits_{x\to 0^-}\dfrac{\sin ax}{\sqrt{1-\cos x}} = \lim\limits_{x\to 0^-}\dfrac{\sin ax}{\sqrt{\dfrac{x^2}{2}}} = \lim\limits_{x\to 0^-}\dfrac{\sqrt{2}ax}{-x} = -\sqrt{2}a$,

$$\lim_{x \to 0^+} f(x) = \lim_{x \to 0^+} \frac{\int_0^x \frac{t^2}{\sqrt{b+t^2}} \, dt}{x - \sin x} = \lim_{x \to 0^+} \frac{\frac{x^2}{\sqrt{b+x^2}}}{1 - \cos x} = \frac{2}{\sqrt{b}},$$

要使 $f(x)$ 在 $x = 0$ 处连续,则 $\lim\limits_{x \to 0} f(x) = f(0)$,即 $\frac{2}{\sqrt{b}} = -\sqrt{2}a$,$-\sqrt{2}a = \sqrt{2}$.所以 $a = -1, b = 2$.

125 设函数 $f(x)$ 连续,且 $\int_0^x t f(x - t) \, dt = \frac{1}{3}x^3 + \frac{1}{2}x^2$,求 $f(x)$.

知识点睛 0307 积分上限函数及其导数

解 令 $x - t = u$,则

$$\int_0^x t f(x - t) \, dt = \int_0^x (x - u) f(u) \, du = x \int_0^x f(u) \, du - \int_0^x u f(u) \, du,$$

于是

$$x \int_0^x f(u) \, du - \int_0^x u f(u) \, du = \frac{1}{3}x^3 + \frac{1}{2}x^2.$$

上式两边对 x 求导,得

$$\int_0^x f(u) \, du = x^2 + x,$$

两边再对 x 求导,得 $f(x) = 2x + 1$.

126 求 $\lim\limits_{x \to 0} \int_0^x \frac{1}{x^3} (e^{-t^2} - 1) \, dt$.

知识点睛 0217 洛必达法则,0307 积分上限函数及其导数

解
$$\lim_{x \to 0} \int_0^x \frac{1}{x^3} (e^{-t^2} - 1) \, dt = \lim_{x \to 0} \frac{\int_0^x (e^{-t^2} - 1) \, dt}{x^3} \xlongequal{\text{洛必达法则}} \lim_{x \to 0} \frac{e^{-x^2} - 1}{3x^2}$$
$$= \lim_{x \to 0} \frac{-x^2}{3x^2} = -\frac{1}{3}.$$

127 若 $a > 0$ 时,有

$$\lim_{x \to 0} \frac{1}{x - \sin x} \int_0^x \frac{t^2}{\sqrt{a+t}} \, dt = \lim_{x \to \frac{\pi}{6}} \left[\sin\left(\frac{\pi}{6} - x\right) \tan 3x \right],$$

则 $a = $ _____.

知识点睛 0112 等价无穷小代换,0217 洛必达法则,0307 积分上限函数及其导数

解
$$\lim_{x \to 0} \frac{\int_0^x \frac{t^2}{\sqrt{a+t}} \, dt}{x - \sin x} = \lim_{x \to 0} \frac{\frac{x^2}{\sqrt{a+x}}}{1 - \cos x} = \frac{1}{\sqrt{a}} \lim_{x \to 0} \frac{x^2}{\frac{x^2}{2}} = \frac{2}{\sqrt{a}},$$

$$\lim_{x \to \frac{\pi}{6}} \left[\sin\left(\frac{\pi}{6} - x\right) \tan 3x \right] = \lim_{x \to \frac{\pi}{6}} \frac{\sin\left(\frac{\pi}{6} - x\right)}{\cos 3x} \cdot \sin 3x = \lim_{x \to \frac{\pi}{6}} \frac{\frac{\pi}{6} - x}{\cos 3x}$$

$$= \lim_{x \to \frac{\pi}{6}} \frac{-1}{-3\sin 3x} = \frac{1}{3},$$

所以 $\dfrac{2}{\sqrt{a}} = \dfrac{1}{3}$，故 $a = 36$. 应填 36.

128 求函数 $f(x) = \displaystyle\int_0^{x^2} (2-t)e^{-t}dt$ 的最大值和最小值.

知识点睛 0220 函数的最大值与最小值，0307 积分上限函数及其导数

解 因为 $f(x)$ 是偶函数，故只需求 $f(x)$ 在 $[0, +\infty)$ 内的最大值与最小值.

令 $f'(x) = 2x(2-x^2)e^{-x^2} = 0$，故在区间 $(0, +\infty)$ 内有唯一的驻点 $x = \sqrt{2}$.

当 $0 < x < \sqrt{2}$ 时，$f'(x) > 0$；当 $x > \sqrt{2}$ 时，$f'(x) < 0$. 所以 $x = \sqrt{2}$ 是极大值点，即最大值点，最大值为

$$f(\sqrt{2}) = \int_0^2 (2-t)e^{-t}dt = -(2-t)e^{-t}\Big|_0^2 - \int_0^2 e^{-t}dt = 1 + e^{-2}.$$

因为 $\displaystyle\int_0^{+\infty}(2-t)e^{-t}dt = -(2-t)e^{-t}\Big|_0^{+\infty} + e^{-t}\Big|_0^{+\infty} = 2 - 1 = 1$ 以及 $f(0) = 0$，故 $x = 0$ 是最小值点，所以 $f(x)$ 的最小值为 0.

129 设 $f''(x)$ 连续，且 $f''(x) > 0$，$f(0) = f'(0) = 0$，试求极限

$$\lim_{x \to 0^+} \frac{\displaystyle\int_0^{u(x)} f(t)dt}{\displaystyle\int_0^x f(t)dt},$$

其中 $u(x)$ 是曲线 $y = f(x)$ 在点 $(x, f(x))$ 处的切线在 x 轴上的截距.

知识点睛 0216 泰勒公式，0217 洛必达法则，0307 积分上限函数及其导数

解 曲线 $y = f(x)$ 在点 $(x, f(x))$ 处切线为

$$Y - f(x) = f'(x)(X-x).$$

令 $Y = 0$，得 $X = x - \dfrac{f(x)}{f'(x)}$，即 $u(x) = x - \dfrac{f(x)}{f'(x)}$，$u'(x) = \dfrac{f(x)f''(x)}{[f'(x)]^2}$.

应用 $f(x)$ 与 $f'(x)$ 的麦克劳林公式，有

$$f(x) = f(0) + f'(0)x + \frac{1}{2}f''(0)x^2 + o(x^2) = \frac{1}{2}f''(0)x^2 + o(x^2),$$

$$f'(x) = f'(0) + f''(0)x + o(x) = f''(0)x + o(x).$$

因此，$u(x) = x - \dfrac{\dfrac{1}{2}f''(0)x^2 + o(x^2)}{f''(0)x + o(x)}$，且当 $x \to 0$ 时，有

$$\frac{u(x)}{\dfrac{x}{2}} = 2 - \frac{f''(0)x + o(x)}{f''(0)x + o(x)} \to 1,$$

故 $u(x) = \dfrac{x}{2} + o(x)$，且 $\lim\limits_{x \to 0^+} u(x) = 0$.

因此

$$\lim_{x \to 0^+} \frac{\int_0^{u(x)} f(t)\,dt}{\int_0^x f(t)\,dt} = \lim_{x \to 0^+} \frac{f(u(x))u'(x)}{f(x)} = \lim_{x \to 0^+} \frac{f(u(x))}{[f'(x)]^2} f''(x)$$

$$= \lim_{x \to 0^+} \frac{\frac{1}{2} f''(0) u^2(x) + o(u^2(x))}{[f''(0)x + o(x)]^2} \cdot f''(0)$$

$$= \lim_{x \to 0^+} \frac{\frac{1}{2} f''(0) \cdot \left[\frac{x}{2} + o(x)\right]^2 + o(x^2)}{[f''(0)x + o(x)]^2} \cdot f''(0) = \frac{1}{8}.$$

130 求 $\displaystyle\lim_{x \to +\infty} \sqrt{x} \int_x^{x+1} \frac{dt}{\sqrt{t + \sin t + x}}.$

知识点睛 0303 积分保号性, 0108 夹逼准则, 0307 积分上限函数

解 应用积分的保号性, 有

$$\varphi(x) = \int_x^{x+1} \frac{1}{\sqrt{t + \sin t + x}}\,dt \leqslant \int_x^{x+1} \frac{dt}{\sqrt{x - 1 + x}} = \frac{1}{\sqrt{2x - 1}},$$

$$\varphi(x) = \int_x^{x+1} \frac{1}{\sqrt{t + \sin t + x}}\,dt \geqslant \int_x^{x+1} \frac{1}{\sqrt{x + 1 + 1 + x}}\,dt = \frac{1}{\sqrt{2x + 2}}.$$

因为

$$\lim_{x \to +\infty} \sqrt{x}\,\frac{1}{\sqrt{2x-1}} = \frac{1}{\sqrt{2}}, \quad \lim_{x \to +\infty} \sqrt{x}\,\frac{1}{\sqrt{2x+2}} = \frac{1}{\sqrt{2}},$$

应用夹逼准则, 得

$$原式 = \lim_{x \to +\infty} \sqrt{x}\,\varphi(x) = \frac{1}{\sqrt{2}}.$$

131 设 $f(x)$ 连续, 且当 $x > -1$ 时, 有
$$f(x)\left[\int_0^x f(t)\,dt + 1\right] = \frac{x e^x}{2(1 + x)^2},$$

求 $f(x)$.

知识点睛 0305 分部积分法, 0307 积分上限函数

解 令 $y(x) = \int_0^x f(t)\,dt + 1$, 则 $y(0) = 1, y'(x) = f(x)$, 于是有

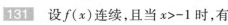

$$2y'(x)y(x) = \frac{x e^x}{(1 + x)^2},$$

两边积分, 得

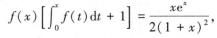

$$y^2(x) = \int \frac{x e^x}{(1 + x)^2}\,dx = -\int x e^x\,d\left(\frac{1}{1 + x}\right) = -\frac{x e^x}{1 + x} + \int \frac{1}{1 + x} e^x(1 + x)\,dx = \frac{e^x}{1 + x} + C.$$

由 $y(0) = 1$, 可得 $C = 0$, 所以 $y(x) = \sqrt{\dfrac{e^x}{1 + x}}$, 即

$$\int_0^x f(t)\,dt + 1 = \sqrt{\frac{e^x}{1 + x}},$$

故

$$f(x) = \left(\sqrt{\frac{e^x}{1+x}} - 1 \right)' = \frac{\sqrt{e^x} \cdot x}{2(1+x)^{\frac{3}{2}}}.$$

132 已知 $g(x)$ 是以 T 为周期的连续函数,且 $g(0)=1$,$f(x) = \int_0^{2x} |x - t| g(t) \mathrm{d}t$,求 $f'(T)$.

知识点晴 0307 积分上限函数及其导数

解 因为

$$f(x) = \int_0^x (x - t) g(t) \mathrm{d}t + \int_x^{2x} (t - x) g(t) \mathrm{d}t$$

$$= x \int_0^x g(t) \mathrm{d}t - \int_0^x t g(t) \mathrm{d}t + \int_x^{2x} t g(t) \mathrm{d}t - x \int_x^{2x} g(t) \mathrm{d}t,$$

$$f'(x) = \int_0^x g(t) \mathrm{d}t + x g(x) - x g(x) + 4x g(2x) - x g(x) -$$

$$\int_x^{2x} g(t) \mathrm{d}t - 2x g(2x) + x g(x)$$

$$= \int_0^x g(t) \mathrm{d}t - \int_x^{2x} g(t) \mathrm{d}t + 2x g(2x),$$

所以

$$f'(T) = \int_0^T g(t) \mathrm{d}t - \int_T^{2T} g(t) \mathrm{d}t + 2T g(2T).$$

因 $g(t)$ 以 T 为周期,故 $\int_0^T g(t) \mathrm{d}t = \int_T^{2T} g(t) \mathrm{d}t$,$g(2T) = g(0) = 1$,得 $f'(T) = 2T$.

133 设函数 $f(x) = \int_0^{x^2} \ln(2 + t) \mathrm{d}t$,则 $f'(x)$ 的零点个数为(   ).

(A) 0   (B) 1   (C) 2   (D) 3

▣ 2008 数学一,
4 分

知识点晴 0307 积分上限函数及其导数

解 由于 $f'(x) = 2x \ln(2+x^2)$ 且 $\ln(2+x^2) \neq 0$,则 $x=0$ 是 $f'(x)$ 唯一的零点,故应选 (B).

134 设函数 $y = f(x)$ 在区间 $[-1, 3]$ 上的图形如 134 题图所示:

▣ 2009 数学一、
数学二、数学三,
4 分

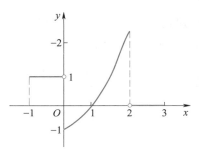

134 题图

则函数 $F(x) = \int_0^x f(t) \mathrm{d}t$ 的图形为(   ).

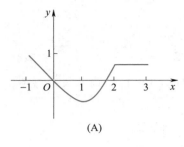

(A)

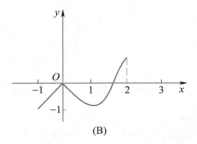

(B)

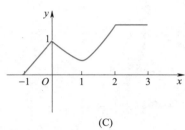

(C)

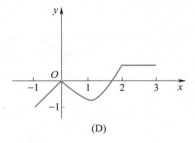

(D)

知识点睛 0307 积分上限函数

解 由 $y=f(x)$ 的图形可看出，$f(x)$ 在 $[-1,3]$ 上有界，且只有两个间断点（$x=0$，$x=2$），则 $f(x)$ 在 $[-1,3]$ 上可积，从而 $F(x)=\int_0^x f(t)\mathrm{d}t$ 应为连续函数，所以，排除（B）.

又由 $F(x)=\int_0^x f(t)\mathrm{d}t$ 知，$F(0)=0$，排除（C）.（A）与（D）选项中的 $F(x)$ 在 $[-1,0]$ 上不同，由

$$F(x)=\int_0^x 1\mathrm{d}t=x,\quad x\in[-1,0],$$

排除（A），应选（D）.

2008 数学一，10 分

135 设函数 $f(x)$ 连续.

（Ⅰ）利用定义证明：函数 $F(x)=\int_0^x f(t)\mathrm{d}t$ 可导，且 $F'(x)=f(x)$；

（Ⅱ）当 $f(x)$ 是以 2 为周期的周期函数时，证明函数 $G(x)=2\int_0^x f(t)\mathrm{d}t-x\int_0^2 f(t)\mathrm{d}t$ 也是以 2 为周期的周期函数.

知识点睛 0102 函数的周期性，0201 导数的定义

（Ⅰ）**证** 对任意的 x，由于函数 $f(x)$ 连续，所以

$$\lim_{\Delta x\to0}\frac{F(x+\Delta x)-F(x)}{\Delta x}=\lim_{\Delta x\to0}\frac{\int_0^{x+\Delta x}f(t)\mathrm{d}t-\int_0^x f(t)\mathrm{d}t}{\Delta x}=\lim_{\Delta x\to0}\frac{\int_x^{x+\Delta x}f(t)\mathrm{d}t}{\Delta x}$$

$$=\lim_{\Delta x\to0}\frac{f(\xi)\Delta x}{\Delta x}\quad\text{（积分中值定理）}$$

$$=\lim_{\Delta x\to0}f(\xi),$$

其中 ξ 介于 x 与 $x+\Delta x$ 之间.

由 $\lim\limits_{\Delta x\to0}f(\xi)=f(x)$ 可知，函数 $F(x)$ 在 x 处可导，且 $F'(x)=f(x)$.

（Ⅱ）**证法 1**　由于对任意的 x,有

$$\left[\,G(x+2)\,\right]' = \left[\,2\!\int_0^{x+2} f(t)\,\mathrm{d}t - (x+2)\!\int_0^2 f(t)\,\mathrm{d}t\,\right]'$$

$$= 2f(x+2) - \int_0^2 f(t)\,\mathrm{d}t = 2f(x) - \int_0^2 f(t)\,\mathrm{d}t,$$

$$G'(x) = \left[\,2\!\int_0^x f(t)\,\mathrm{d}t - x\!\int_0^2 f(t)\,\mathrm{d}t\,\right]' = 2f(x) - \int_0^2 f(t)\,\mathrm{d}t,$$

所以 $\left[\,G(x+2)-G(x)\,\right]'=0$,从而有

$$G(x+2)-G(x)=C \quad（常数）.$$

又 $G(0+2)-G(0)=G(2)-G(0)=0$,则

$$C=0, \quad G(x+2)-G(x)=0,$$

即 $G(x)$ 也是以 2 为周期的周期函数.

证法 2　由于对任意的 x,有

$$G(x+2) = 2\!\int_0^{x+2} f(t)\,\mathrm{d}t - (x+2)\!\int_0^2 f(t)\,\mathrm{d}t$$

$$= 2\!\int_0^2 f(t)\,\mathrm{d}t + 2\!\int_2^{x+2} f(t)\,\mathrm{d}t - x\!\int_0^2 f(t)\,\mathrm{d}t - 2\!\int_0^2 f(t)\,\mathrm{d}t$$

$$= 2\!\int_2^{x+2} f(t)\,\mathrm{d}t - x\!\int_0^2 f(t)\,\mathrm{d}t,$$

$$\int_2^{x+2} f(t)\,\mathrm{d}t \xmapsto{\ t=u+2\ } \int_0^x f(u+2)\,\mathrm{d}u = \int_0^x f(u)\,\mathrm{d}u = \int_0^x f(t)\,\mathrm{d}t,$$

则 $G(x+2) = 2\!\int_0^x f(t)\,\mathrm{d}t - x\!\int_0^2 f(t)\,\mathrm{d}t = G(x).$

故 $G(x)$ 是以 2 为周期的周期函数.

证法 3　由于对任意的 x,有

$$G(x+2) = 2\!\int_0^{x+2} f(t)\,\mathrm{d}t - (x+2)\!\int_0^2 f(t)\,\mathrm{d}t$$

$$= 2\!\int_0^x f(t)\,\mathrm{d}t + 2\!\int_x^{x+2} f(t)\,\mathrm{d}t - x\!\int_0^2 f(t)\,\mathrm{d}t - 2\!\int_0^2 f(t)\,\mathrm{d}t,$$

由于 $f(x)$ 以 2 为周期,$\int_x^{x+2} f(t)\,\mathrm{d}t = \int_0^2 f(t)\,\mathrm{d}t$,则

$$G(x+2) = 2\!\int_0^x f(t)\,\mathrm{d}t - x\!\int_0^2 f(t)\,\mathrm{d}t = G(x).$$

故 $G(x)$ 是以 2 为周期的周期函数.

证法 4　由于对任意的 x,有

$$G(x+2) = 2\!\int_0^{x+2} f(t)\,\mathrm{d}t - (x+2)\!\int_0^2 f(t)\,\mathrm{d}t,$$

$$\int_0^{x+2} f(t)\,\mathrm{d}t \xmapsto{\ u=t-2\ } \int_{-2}^x f(u+2)\,\mathrm{d}u = \int_{-2}^0 f(u)\,\mathrm{d}u + \int_0^x f(u)\,\mathrm{d}u,$$

则

$$G(x+2) = 2\!\int_{-2}^0 f(u)\,\mathrm{d}u + 2\!\int_0^x f(u)\,\mathrm{d}u - x\!\int_0^2 f(t)\,\mathrm{d}t - 2\!\int_0^2 f(t)\,\mathrm{d}t$$

$$= G(x) + 2\!\int_{-2}^0 f(u)\,\mathrm{d}u - 2\!\int_0^2 f(t)\,\mathrm{d}t = G(x),$$

故 $G(x)$ 是以 2 为周期的周期函数.

1998 数学一,
3 分

136 设 $f(x)$ 连续,则 $\dfrac{\mathrm{d}}{\mathrm{d}x}\displaystyle\int_0^x t f(x^2 - t^2)\,\mathrm{d}t = (\quad)$.

(A) $x f(x^2)$ 　　　　　　　　　　(B) $-x f(x^2)$

(C) $2x f(x^2)$ 　　　　　　　　　(D) $-2x f(x^2)$

知识点睛 0307 积分上限函数及其导数

解法 1 先作变量代换将被积式中 x 换出来,然后再求导.

令 $x^2 - t^2 = u$,则 $-2t\,\mathrm{d}t = \mathrm{d}u$,$t\,\mathrm{d}t = -\dfrac{1}{2}\,\mathrm{d}u$,

$$\int_0^x t f(x^2 - t^2)\,\mathrm{d}t = -\frac{1}{2}\int_{x^2}^0 f(u)\,\mathrm{d}u = \frac{1}{2}\int_0^{x^2} f(u)\,\mathrm{d}u,$$

则

$$\frac{\mathrm{d}}{\mathrm{d}x}\int_0^x t f(x^2 - t^2)\,\mathrm{d}t = \frac{1}{2}\frac{\mathrm{d}}{\mathrm{d}x}\int_0^{x^2} f(u)\,\mathrm{d}u = \frac{1}{2}f(x^2)\cdot 2x = x f(x^2).$$

解法 2 排除法:取 $f(x)\equiv 1$,显然满足题设条件,而

$$\frac{\mathrm{d}}{\mathrm{d}x}\int_0^x t f(x^2 - t^2)\,\mathrm{d}t = \frac{\mathrm{d}}{\mathrm{d}x}\int_0^x t\,\mathrm{d}t = x,$$

由此可知,选项(B)、(C)、(D)都是错误的,排除(B)、(C)、(D),应选(A).

2006 数学二,
4 分

137 设 $f(x)$ 是奇函数,除 $x=0$ 外处处连续,$x=0$ 是其第一类间断点,则 $\displaystyle\int_0^x f(t)\,\mathrm{d}t$ 是 (　　).

(A)连续的奇函数 　　　　　　　(B)连续的偶函数

(C)在 $x=0$ 间断的奇函数 　　　(D)在 $x=0$ 间断的偶函数

知识点睛 0307 积分上限函数

解法 1 排除法:选一个符合题设条件的具体函数,取

$$f(x) = \begin{cases} 1, & x>0, \\ 0, & x=0, \\ -1, & x<0, \end{cases}$$

则

$$F(x) = \int_0^x f(t)\,\mathrm{d}t = \begin{cases} \displaystyle\int_0^x 1\,\mathrm{d}t, & x > 0, \\ 0, & x=0, \\ \displaystyle\int_0^x (-1)\,\mathrm{d}t, & x < 0 \end{cases} = \begin{cases} x, & x > 0, \\ 0, & x=0, \\ -x, & x < 0 \end{cases} = |x|$$

是一个连续的偶函数,排除选项(A)、(C)、(D),应选(B).

解法 2 利用积分上限函数的两个基本结论:

(1)若 $f(x)$ 为 $[a,b]$ 上的可积函数,则 $\displaystyle\int_a^x f(t)\,\mathrm{d}t$ 为 $[a,b]$ 上的连续函数.

(2)若 $f(x)$ 是奇函数,则 $\displaystyle\int_0^x f(t)\,\mathrm{d}t$ 为偶函数;若 $f(x)$ 是偶函数,则 $\displaystyle\int_0^x f(t)\,\mathrm{d}t$ 为奇函数.

由于 $f(x)$ 是奇函数,则 $\int_0^x f(t)\,\mathrm{d}t$ 为偶函数,又 $f(x)$ 除 $x=0$ 外处处连续,$x=0$ 是其第一类间断点,则 $f(x)$ 可积,从而 $\int_0^x f(t)\,\mathrm{d}t$ 为连续函数.即 $\int_0^x f(t)\,\mathrm{d}t$ 为连续的偶函数,故应选(B).

【评注】本题主要考查积分上限函数的性质.解法 2 中关于积分上限函数的两个基本结论比较常用,望读者掌握.

138 设 $f(x)=\begin{cases} 2x+\dfrac{3}{2}x^2, & -1\le x<0, \\[2mm] \dfrac{x\mathrm{e}^x}{(\mathrm{e}^x+1)^2}, & 0\le x\le 1, \end{cases}$ 求函数 $F(x)=\int_{-1}^x f(t)\,\mathrm{d}t$ 的表达式.

 2002 数学二,7 分

138 题精解视频

知识点睛 0103 分段函数,0307 积分上限函数

分析 本题是求分段函数的积分上限函数的表达式,由于被积函数在不同区间上表达式不同,所以要分别讨论.

解 当 $x\in[-1,0]$ 时,
$$F(x)=\int_{-1}^x f(t)\,\mathrm{d}t=\int_{-1}^x\left(2t+\frac{3}{2}t^2\right)\mathrm{d}t=\left(t^2+\frac{t^3}{2}\right)\Big|_{-1}^x=\frac{1}{2}x^3+x^2-\frac{1}{2};$$

当 $x\in[0,1]$ 时,
$$\begin{aligned} F(x)&=\int_{-1}^x f(t)\,\mathrm{d}t=\int_{-1}^0 f(t)\,\mathrm{d}t+\int_0^x f(t)\,\mathrm{d}t\\ &=\int_{-1}^0\left(2t+\frac{3}{2}t^2\right)\mathrm{d}t+\int_0^x\frac{t\mathrm{e}^t}{(\mathrm{e}^t+1)^2}\,\mathrm{d}t\\ &=\left(t^2+\frac{t^3}{2}\right)\Big|_{-1}^0-\int_0^x t\,\mathrm{d}\left(\frac{1}{\mathrm{e}^t+1}\right)\\ &=-\frac{1}{2}-\frac{t}{\mathrm{e}^t+1}\Big|_0^x+\int_0^x\frac{\mathrm{d}t}{\mathrm{e}^t+1}\\ &=-\frac{1}{2}-\frac{x}{\mathrm{e}^x+1}+\int_0^x\frac{\mathrm{e}^{-t}\mathrm{d}t}{1+\mathrm{e}^{-t}}\\ &=-\frac{1}{2}-\frac{x}{\mathrm{e}^x+1}-\int_0^x\frac{\mathrm{d}(1+\mathrm{e}^{-t})}{1+\mathrm{e}^{-t}}\\ &=-\frac{1}{2}-\frac{x}{\mathrm{e}^x+1}-\ln(1+\mathrm{e}^{-t})\Big|_0^x\\ &=-\frac{1}{2}-\frac{x}{\mathrm{e}^x+1}-\ln(1+\mathrm{e}^{-x})+\ln 2, \end{aligned}$$

则
$$F(x)=\begin{cases} \dfrac{x^3}{2}+x^2-\dfrac{1}{2}, & -1\le x<0, \\[3mm] -\dfrac{x}{\mathrm{e}^x+1}-\ln(1+\mathrm{e}^{-x})+\ln 2-\dfrac{1}{2}, & 0\le x\le 1. \end{cases}$$

2015 数学二、数学三,4 分

139 设函数 $f(x)$ 连续,$\varphi(x) = \int_0^{x^2} x f(t)\,dt$,若 $\varphi(1) = 1$,$\varphi'(1) = 5$,则 $f(1) = $ _____.

知识点睛 0307 积分上限函数及其导数

解 $\varphi(x) = x \int_0^{x^2} f(t)\,dt$,由 $\varphi(1) = 1$ 知,$\int_0^1 f(t)\,dt = 1$,又

$$\varphi'(x) = \int_0^{x^2} f(t)\,dt + 2x^2 f(x^2),$$

由 $\varphi'(1) = 5$,知

$$5 = \int_0^1 f(t)\,dt + 2f(1) = 1 + 2f(1).$$

故 $f(1) = 2$. 应填 2.

2018 数学二,10 分

140 题精解视频

140 已知连续函数 $f(x)$ 满足 $\int_0^x f(t)\,dt + \int_0^x t f(x-t)\,dt = ax^2$.

(Ⅰ)求 $f(x)$;

(Ⅱ)若 $f(x)$ 在区间 $[0,1]$ 上的平均值为 1,求 a 的值.

知识点睛 0307 积分上限函数及其导数

解 (Ⅰ) $\int_0^x t f(x-t)\,dt \xlongequal{x-t=u} \int_0^x (x-u)f(u)\,du = x\int_0^x f(u)\,du - \int_0^x u f(u)\,du$.

代入原方程,得

$$\int_0^x f(t)\,dt + x\int_0^x f(u)\,du - \int_0^x u f(u)\,du = ax^2,$$

上式两端对 x 求导,得

$$f(x) + \int_0^x f(u)\,du + x f(x) - x f(x) = 2ax,$$

$$f(x) + \int_0^x f(u)\,du = 2ax. \qquad ①$$

等式两端再对 x 求导,得

$$f'(x) + f(x) = 2a.$$

由线性方程通解公式,得

$$f(x) = e^{-\int dx}\left(\int e^{\int dx} \cdot 2a\,dx + C\right) = e^{-x}(2ae^x + C) = 2a + Ce^{-x},$$

由①式知,$f(0) = 0$,则 $C = -2a$.

$$f(x) = 2a(1 - e^{-x}).$$

(Ⅱ)由平均值定义知

$$1 = \frac{\int_0^1 f(x)\,dx}{1 - 0} = 2a\int_0^1 (1 - e^{-x})\,dx = \frac{2a}{e},$$

则 $a = \dfrac{e}{2}$.

2016 数学二,4 分

141 已知函数 $f(x)$ 在 $(-\infty, +\infty)$ 内连续,且 $f(x) = (x+1)^2 + 2\int_0^x f(t)\,dt$,则当 $n \geqslant 2$ 时,$f^{(n)}(0) = $ _____.

知识点睛 0307 积分上限函数及其导数

解 $f'(x)=2(x+1)+2f(x)$, $f'(0)=2+2f(0)=4$,

$f''(x)=2+2f'(x)$, $f''(0)=2+2\times4=10$,

$f'''(x)=2f''(x)$, $\cdots$

$f^{(n)}(x)=2f^{(n-1)}(x)=2^2f^{(n-2)}(x)=2^{n-2}f''(x)$,

$f^{(n)}(0)=2^{n-2}f''(0)=2^{n-2}\cdot10(n>2)$,

则 $f^{(n)}(0)=2^{n-2}\cdot10(n\geqslant2)$. 应填 $2^{n-2}\cdot10$.

142 设函数 $f(x)$ 连续,则下列函数中必为偶函数的是( ). K 2002 数学二,3 分

(A) $\int_0^x f(t^2)\mathrm{d}t$ 　　(B) $\int_0^x f^2(t)\mathrm{d}t$

(C) $\int_0^x t[f(t)-f(-t)]\mathrm{d}t$ 　　(D) $\int_0^x t[f(t)+f(-t)]\mathrm{d}t$

知识点睛 0307 积分上限函数

解法1 由于 $f(t)+f(-t)$ 是偶函数,则 $t[f(t)+f(-t)]$ 是奇函数,从而

$$\int_0^x f[f(t)+f(-t)]\mathrm{d}t$$

是偶函数.

解法2 排除法:取 $f(t)=1$,则

$$\int_0^x f(t^2)\mathrm{d}t=x, \quad \int_0^x f^2(t)\mathrm{d}t=x.$$

排除(A)和(B).

取 $f(t)=t$,则

$$\int_0^x t[f(t)-f(-t)]\mathrm{d}t=\int_0^x t(t+t)\mathrm{d}t=\frac{2}{3}x^3.$$

排除(C),应选(D).

143 设可导函数 $y=y(x)$ 由方程 $\int_0^{x+y}\mathrm{e}^{-t^2}\mathrm{d}t=\int_0^x x\sin t^2\mathrm{d}t$ 确定,则 $\dfrac{\mathrm{d}y}{\mathrm{d}x}\Big|_{x=0}=$ _____. K 2010 数学三,4 分

知识点睛 0211 隐函数的导数, 0307 积分上限函数及其导数

解 在 $\int_0^{x+y}\mathrm{e}^{-t^2}\mathrm{d}t=\int_0^x x\sin t^2\mathrm{d}t$ 中令 $x=0$,得

$$\int_0^{y(0)}\mathrm{e}^{-t^2}\mathrm{d}t=0,$$

又 $\mathrm{e}^{-t^2}>0$,则 $y(0)=0$.

由于 $\int_0^x x\sin t^2\mathrm{d}t=x\int_0^x\sin t^2\mathrm{d}t$,则

$$\int_0^{x+y}\mathrm{e}^{-t^2}\mathrm{d}t=x\int_0^x\sin t^2\mathrm{d}t,$$

该式两端对 x 求导,得

$$\mathrm{e}^{-(x+y)^2}\left(1+\frac{\mathrm{d}y}{\mathrm{d}x}\right)=\int_0^x\sin t^2\mathrm{d}t+x\sin x^2.$$

将 $x=0,y=0$ 代入上式,得 $\dfrac{\mathrm{d}y}{\mathrm{d}x}\Big|_{x=0}=-1$. 应填 -1.

【评注】本题主要考查隐函数求导和积分上限函数求导.

2005 数学一、数学二,4分

144 设 $F(x)$ 是连续函数 $f(x)$ 的一个原函数,"$M \Leftrightarrow N$" 表示 M 的充分必要条件是 N,则必有( ).

(A) $F(x)$ 是偶函数 $\Leftrightarrow f(x)$ 是奇函数

(B) $F(x)$ 是奇函数 $\Leftrightarrow f(x)$ 是偶函数

(C) $F(x)$ 是周期函数 $\Leftrightarrow f(x)$ 是周期函数

(D) $F(x)$ 是单调函数 $\Leftrightarrow f(x)$ 是单调函数

知识点睛 0301 原函数的概念及性质

解法 1 若 $F(x)$ 是偶函数,由导函数的一个基本结论"可导的偶函数其导函数为奇函数"知,$F'(x)=f(x)$ 为奇函数.

反之,若 $f(x)$ 为奇函数,则 $\int_0^x f(t)\,\mathrm{d}t$ 为偶函数,$f(x)$ 的任一原函数 $F(x)$ 可表示为

$$F(x) = \int_0^x f(t)\,\mathrm{d}t + C,$$

则 $F(x)$ 是偶函数.

解法 2 排除法:取 $f(x) = \cos x + 1$,$F(x) = \sin x + x + 1$,显然 $f(x)$ 连续,$F'(x) = f(x)$,且 $f(x)$ 是偶函数、周期函数,但 $F(x)$ 不是奇函数($F(0) \neq 0$),也不是周期函数,排除(B)和(C)选项.

若取 $f(x) = x$,$F(x) = \dfrac{1}{2}x^2$,排除(D),应选(A).

【评注】本题主要考查函数和其原函数之间的关系,主要结论有:

(1)可导的偶函数的导函数为奇函数,而可导的奇函数的导函数为偶函数;

(2)奇函数的原函数都是偶函数,而偶函数的原函数之一为奇函数;

(3)可导的周期函数其导函数仍为周期函数(但周期函数的原函数并不一定是周期函数,解法 2 中已给出反例).

本题可直接利用(1)和(2)得出选项(A)正确.

§3.5 与定积分有关的证明题

145 证明:$\displaystyle\int_0^{\frac{\pi}{2}} \frac{\sin x}{\sin x + \cos x}\,\mathrm{d}x = \int_0^{\frac{\pi}{2}} \frac{\cos x}{\sin x + \cos x}\,\mathrm{d}x.$

知识点睛 0305 换元积分法

证 令 $x = \dfrac{\pi}{2} - t$,则

$$\int_0^{\frac{\pi}{2}} \frac{\sin x}{\sin x + \cos x}\,\mathrm{d}x = \int_{\frac{\pi}{2}}^0 \frac{\sin\left(\dfrac{\pi}{2} - t\right)}{\sin\left(\dfrac{\pi}{2} - t\right) + \cos\left(\dfrac{\pi}{2} - t\right)} \cdot (-\,\mathrm{d}t)$$

$$= \int_0^{\frac{\pi}{2}} \frac{\cos t}{\sin t + \cos t} dt = \int_0^{\frac{\pi}{2}} \frac{\cos x}{\sin x + \cos x} dx.$$

146 设 $f(x)$ 在 $[0,1]$ 上连续，证明：$\int_0^\pi x f(\sin x) dx = \pi \int_0^{\frac{\pi}{2}} f(\sin x) dx.$

知识点睛 0305 换元积分法

证 $\int_0^\pi x f(\sin x) dx \xlongequal{x = \pi - u} \int_\pi^0 (\pi - u) f(\sin u)(-du)$

$= \int_0^\pi (\pi - u) f(\sin u) du = \pi \int_0^\pi f(\sin x) dx - \int_0^\pi x f(\sin x) dx,$

即 $2\int_0^\pi x f(\sin x) dx = \pi \int_0^\pi f(\sin x) dx$，从而

$$\int_0^\pi x f(\sin x) dx = \frac{\pi}{2} \int_0^\pi f(\sin x) dx = \frac{\pi}{2} \left[\int_0^{\frac{\pi}{2}} f(\sin x) dx + \int_{\frac{\pi}{2}}^\pi f(\sin x) dx \right].$$

令 $x = \pi - t$，则

$$\int_0^{\frac{\pi}{2}} f(\sin x) dx = \int_\pi^{\frac{\pi}{2}} f(\sin t)(-dt) = \int_{\frac{\pi}{2}}^\pi f(\sin x) dx,$$

所以

$$\int_0^\pi x f(\sin x) dx = \frac{\pi}{2} \cdot 2\int_0^{\frac{\pi}{2}} f(\sin x) dx = \pi \int_0^{\frac{\pi}{2}} f(\sin x) dx.$$

147 设 $f(x)$ 是 $[0,1]$ 上的连续函数，证明：

$$\int_0^\pi x f(\sin x) dx = \frac{\pi}{2} \int_0^\pi f(\sin x) dx,$$

并由此计算 $\int_0^\pi \frac{x \sin x}{1 + \cos^2 x} dx.$

知识点睛 0305 换元积分法

证 作换元 $x = \pi - t$，则

$I = \int_0^\pi x f(\sin x) dx = \int_\pi^0 (\pi - t) f\left(\sin(\pi - t)\right) d(\pi - t) = \int_0^\pi (\pi - t) f(\sin t) dt$

$= \pi \int_0^\pi f(\sin t) dt - \int_0^\pi t f(\sin t) dt = \pi \int_0^\pi f(\sin t) dt - I.$

故 $2I = \pi \int_0^\pi f(\sin t) dt$，即 $I = \frac{\pi}{2} \int_0^\pi f(\sin x) dx.$ 等式得证。

利用这个公式，由于 $\frac{x \sin x}{1 + \cos^2 x} = x \frac{\sin x}{2 - \sin^2 x}$，它具有 $x f(\sin x)$ 的形式，故有

$\int_0^\pi \frac{x \sin x}{1 + \cos^2 x} dx = \frac{\pi}{2} \int_0^\pi \frac{\sin x}{1 + \cos^2 x} dx = -\frac{\pi}{2} \int_0^\pi \frac{d(\cos x)}{1 + \cos^2 x} = -\frac{\pi}{2} \arctan(\cos x) \Big|_0^\pi$

$= -\frac{\pi}{2} [\arctan(-1) - \arctan 1] = -\frac{\pi}{2} \left(-\frac{\pi}{4} - \frac{\pi}{4}\right) = \frac{\pi^2}{4}.$

148 设 $f(x)$ 在 $(-\infty, +\infty)$ 上连续，且是周期为 T 的周期函数，证明：

$$\int_a^{a+T} f(x) dx = \int_0^T f(x) dx.$$

知识点睛   0305 换元积分法

证 $\int_a^{a+T} f(x)\,dx = \int_a^0 f(x)\,dx + \int_0^T f(x)\,dx + \int_T^{a+T} f(x)\,dx = I_1 + I_2 + I_3.$

对积分 I_3，作换元 $x = t + T$，则当 $x = T, a+T$ 时，t 依次为 $0, a$. 又 $f(t+T) = f(t)$，所以

$$I_3 = \int_T^{a+T} f(x)\,dx = \int_0^a f(t)\,dt = \int_0^a f(x)\,dx.$$

而

$$I_1 = \int_a^0 f(x)\,dx = -\int_0^a f(x)\,dx,$$

故

$$\int_a^{a+T} f(x)\,dx = -\int_0^a f(x)\,dx + \int_0^T f(x)\,dx + \int_0^a f(x)\,dx = \int_0^T f(x)\,dx.$$

149   设 $f(x)$ 连续，且关于 $x = T$ 对称，$a < T < b$，证明：

$$\int_a^b f(x)\,dx = 2\int_T^b f(x)\,dx + \int_a^{2T-b} f(x)\,dx.$$

知识点睛   0305 换元积分法

证   因为 $f(x)$ 关于 $x = T$ 对称，所以 $f(T+x) = f(T-x)$. 由定积分的性质，有

$$\int_a^b f(x)\,dx = \int_a^{2T-b} f(x)\,dx + \int_{2T-b}^T f(x)\,dx + \int_T^b f(x)\,dx,$$

而

$$\int_{2T-b}^T f(x)\,dx \xrightarrow{x = 2T - t} \int_b^T f(2T - t)(-dt) = -\int_b^T f(T + (T - t))\,dt$$

$$\xrightarrow{f(T+u) = f(T-u)} -\int_b^T f(T - (T - t))\,dt$$

$$= -\int_b^T f(t)\,dt = \int_T^b f(x)\,dx,$$

故

$$\int_a^b f(x)\,dx = 2\int_T^b f(x)\,dx + \int_a^{2T-b} f(x)\,dx.$$

150   证明：$I = \int_0^{\sqrt{2\pi}} \sin(x^2)\,dx > 0.$

知识点睛   0305 换元积分法

证   令 $x^2 = t$，则 $2x\,dx = dt$，所以

$$I = \int_0^{2\pi} \frac{\sin t}{2\sqrt{t}}\,dt = \frac{1}{2}\left(\int_0^\pi \frac{\sin t}{\sqrt{t}}\,dt + \int_\pi^{2\pi} \frac{\sin t}{\sqrt{t}}\,dt \right),$$

而

$$\int_\pi^{2\pi} \frac{\sin t}{\sqrt{t}}\,dt \xrightarrow{t = \pi + u} \int_0^\pi \frac{-\sin u}{\sqrt{\pi + u}}\,du = -\int_0^\pi \frac{\sin t}{\sqrt{\pi + t}}\,dt,$$

从而

$$I = \frac{1}{2}\int_0^\pi \left(\frac{1}{\sqrt{t}} - \frac{1}{\sqrt{\pi + t}} \right)\sin t\,dt.$$

149 题精解视频

由于在 $(0,\pi)$ 内 $\sin t > 0$, $\dfrac{1}{\sqrt{t}} - \dfrac{1}{\sqrt{\pi+t}} > 0$,故 $I > 0$.

151 设 $f(x)$, $g(x)$ 在 $[a,b]$ 上连续,且满足

$$\int_a^x f(t)\,\mathrm{d}t \geqslant \int_a^x g(t)\,\mathrm{d}t, \quad x \in [a,b], \quad \int_a^b f(t)\,\mathrm{d}t = \int_a^b g(t)\,\mathrm{d}t,$$

证明: $\displaystyle\int_a^b x f(x)\,\mathrm{d}x \leqslant \int_a^b x g(x)\,\mathrm{d}x$.

知识点睛 积分不等式

证 令 $F(x) = f(x) - g(x)$, $G(x) = \displaystyle\int_a^x F(t)\,\mathrm{d}t$,由题设知 $G(x) \geqslant 0$, $x \in [a,b]$, $G(a) = G(b) = 0$, $G'(x) = F(x)$.从而

$$\int_a^b x F(x)\,\mathrm{d}x = \int_a^b x\,\mathrm{d}G(x) = xG(x)\,\Big|_a^b - \int_a^b G(x)\,\mathrm{d}x = -\int_a^b G(x)\,\mathrm{d}x.$$

由于 $G(x) \geqslant 0$, $x \in [a,b]$,故有 $-\displaystyle\int_a^b G(x)\,\mathrm{d}x \leqslant 0$,即 $\displaystyle\int_a^b xF(x)\,\mathrm{d}x \leqslant 0$. 因此

$$\int_a^b x f(x)\,\mathrm{d}x \leqslant \int_a^b x g(x)\,\mathrm{d}x.$$

【评注】本题为基本证明题题型.一般地,证明积分等式或不等式,都应引入变限积分,将其转化为函数等式或不等式.

152 设 $f(x)$ 在 $[0,1]$ 上可导, $F(x) = \displaystyle\int_0^x t^2 f(t)\,\mathrm{d}t$,且 $F(1) = f(1)$.证明:在 $(0,1)$ 内至少存在一点 ξ,使 $f'(\xi) = -\dfrac{2f(\xi)}{\xi}$.

知识点睛 0214 罗尔定理, 0304 定积分中值定理

证 $F(x) = \displaystyle\int_0^x t^2 f(t)\,\mathrm{d}t \xlongequal{\text{定积分中值定理}} x\eta^2 f(\eta)$,从而 $F(1) = \eta^2 f(\eta)$.令 $G(x) = x^2 f(x)$,则

$$G(1) = f(1) = F(1) = \eta^2 f(\eta) = G(\eta), \eta \in (0,x).$$

对函数 $G(x)$ 在 $[\eta,1] \subset [0,1]$ 上运用罗尔定理得, $\exists \xi \in (\eta,1) \subset (0,1)$,有 $G'(\xi) = 0$,即 $f'(\xi) = -\dfrac{2f(\xi)}{\xi}$.原题得证.

153 设 $f(x)$ 在区间 $[0,1]$ 上连续,在 $(0,1)$ 内可导,且满足

$$f(1) = 3\int_0^{\frac{1}{3}} \mathrm{e}^{1-x^2} f(x)\,\mathrm{d}x,$$

证明:存在 $\xi \in (0,1)$,使得 $f'(\xi) = 2\xi f(\xi)$.

知识点睛 0214 罗尔定理, 0304 定积分中值定理

153 题精解视频

证 由定积分中值定理,得 $f(1) = \mathrm{e}^{1-\xi_1^2} f(\xi_1)$, $\xi_1 \in \left[0,\dfrac{1}{3}\right]$,即 $f(1)\mathrm{e}^{-1} = \mathrm{e}^{-\xi_1^2} f(\xi_1)$.

令 $F(x) = \mathrm{e}^{-x^2} f(x)$,则 $F(x)$ 在 $[\xi_1,1]$ 上连续,在 $(\xi,1)$ 内可导,且

$$F(1) = f(1)\mathrm{e}^{-1} = \mathrm{e}^{-\xi_1^2} f(\xi_1) = F(\xi_1),$$

由罗尔定理,在 $(\xi_1,1)$ 内至少有一点 ξ,使得

$$F'(\xi) = e^{-\xi^2}[f'(\xi) - 2\xi f(\xi)] = 0,$$

于是, $f'(\xi) = 2\xi f(\xi), \xi \in (\xi_1, 1) \subset (0, 1)$.

154 设 $f(x)$ 在 $[a, b]$ 上连续, 对一切 α, β $(a \leqslant \alpha < \beta \leqslant b)$, 有

$$\left| \int_{\alpha}^{\beta} f(x) \mathrm{d}x \right| \leqslant M \mid \beta - \alpha \mid^{1+\delta},$$

其中 M, δ 为正常数. 求证: $f(x) \equiv 0, x \in [a, b]$.

知识点睛 0304 定积分中值定理

证 $\forall x_0 \in [a, b]$, 应用定积分中值定理, 有

$$\int_{x_0}^{x_0+h} f(x) \mathrm{d}x = f(x_0 + \theta h) h,$$

这里 $x_0 + h \in [a, b], h \neq 0, 0 < \theta < 1$, 所以

$$\left| \int_{x_0}^{x_0+h} f(x) \mathrm{d}x \right| = \mid f(x_0 + \theta h) h \mid \leqslant M \mid h \mid^{1+\delta},$$

$$\mid f(x_0 + \theta h) \mid \leqslant M \mid h \mid^{\delta}.$$

由于 $M > 0, \delta > 0, \lim\limits_{h \to 0} M \mid h \mid^{\delta} = 0$, 且 $f(x)$ 在 x_0 处连续, 得

$$\lim_{h \to 0} \mid f(x_0 + \theta h) \mid = 0, \lim_{h \to 0} f(x_0 + \theta h) = f(x_0) = 0.$$

由 $x_0 \in [a, b]$ 的任意性得 $f(x) \equiv 0, x \in [a, b]$.

155 设 $f(x)$ 为 $[0, +\infty)$ 上单调减少的连续函数, 证明:

$$\int_{0}^{x} (x^2 - 3t^2) f(t) \mathrm{d}t \geqslant 0.$$

知识点睛 0304 定积分中值定理, 0307 积分上限函数及其导数

证 令 $F(x) = \int_{0}^{x} (x^2 - 3t^2) f(t) \mathrm{d}t$, 则 $F(0) = 0$, 且

$$F'(x) = \left[x^2 \int_{0}^{x} f(t) \mathrm{d}t - \int_{0}^{x} 3t^2 f(t) \mathrm{d}t \right]'$$

$$= 2x \int_{0}^{x} f(t) \mathrm{d}t + x^2 f(x) - 3x^2 f(x)$$

$$= 2x \int_{0}^{x} f(t) \mathrm{d}t - 2x^2 f(x)$$

$$\xlongequal{\text{定积分中值定理}} 2x^2 f(\xi) - 2x^2 f(x)$$

$$= 2x^2 [f(\xi) - f(x)], \ \xi \in (0, x).$$

因为 $f(x)$ 单调减少, 所以 $f(\xi) \geqslant f(x)$, 从而 $F'(x) \geqslant 0$, 所以 $F(x)$ 在 $[0, +\infty)$ 上单调增加, $F(x) \geqslant F(0)$, 即

$$\int_{0}^{x} (x^2 - 3t^2) f(t) \mathrm{d}t \geqslant 0.$$

156 设 $f(x)$ 在 $[0, 1]$ 上连续且递减, 证明: 当 $0 < \lambda < 1$ 时,

$$\int_{0}^{\lambda} f(x) \mathrm{d}x \geqslant \lambda \int_{0}^{1} f(x) \mathrm{d}x.$$

知识点睛 0304 定积分中值定理

证 $\int_{0}^{\lambda} f(x) \mathrm{d}x - \lambda \int_{0}^{1} f(x) \mathrm{d}x$

$$= \int_0^\lambda f(x)\,\mathrm{d}x - \lambda \int_0^\lambda f(x)\,\mathrm{d}x - \lambda \int_\lambda^1 f(x)\,\mathrm{d}x = (1-\lambda)\int_0^\lambda f(x)\,\mathrm{d}x - \lambda \int_\lambda^1 f(x)\,\mathrm{d}x$$

$$= (1-\lambda)\lambda f(\xi_1) - \lambda(1-\lambda)f(\xi_2) = \lambda(1-\lambda)[f(\xi_1) - f(\xi_2)],$$

其中 $0 \leqslant \xi_1 \leqslant \lambda \leqslant \xi_2 \leqslant 1$，因 $f(x)$ 递减，则有 $f(\xi_1) \geqslant f(\xi_2)$. 又 $\lambda>0, 1-\lambda>0$，因此

$$\lambda(1-\lambda)[f(\xi_1) - f(\xi_2)] \geqslant 0,$$

即原不等式成立.

157 证明：(1) 设 $f(x)$ 在 $[a,b]$ 上连续，则 $\left[\int_a^b f(x)\,\mathrm{d}x\right]^2 \leqslant (b-a)\int_a^b f^2(x)\,\mathrm{d}x$；

(2) 设 $f(x)$ 在 $[a,b]$ 上连续，且严格单增，则 $(a+b)\int_a^b f(x)\,\mathrm{d}x < 2\int_a^b x f(x)\,\mathrm{d}x$.

知识点睛 0307 积分上限函数及其导数

证 (1) 令 $F(x) = \left[\int_a^x f(t)\,\mathrm{d}t\right]^2 - (x-a)\int_a^x f^2(t)\,\mathrm{d}t$. 因为

$$F'(x) = 2\int_a^x f(t)\,\mathrm{d}t \cdot f(x) - \int_a^x f^2(t)\,\mathrm{d}t - (x-a)f^2(x)$$

$$= \int_a^x 2f(x)f(t)\,\mathrm{d}t - \int_a^x f^2(t)\,\mathrm{d}t - \int_a^x f^2(x)\,\mathrm{d}t$$

$$= -\int_a^x [f(t) - f(x)]^2\,\mathrm{d}t \leqslant 0,$$

所以，$F(x)$ 单调递减，$x \in [a,b]$，而 $F(a) = 0$，则 $F(b) \leqslant 0$. 故有

$$\left[\int_a^b f(x)\,\mathrm{d}x\right]^2 \leqslant (b-a)\int_a^b f^2(x)\,\mathrm{d}x.$$

(2) 令 $F(x) = (a+x)\int_a^x f(t)\,\mathrm{d}t - 2\int_a^x t f(t)\,\mathrm{d}t$. 因为

$$F'(x) = \int_a^x f(t)\,\mathrm{d}t + (a+x)f(x) - 2x f(x)$$

$$= \int_a^x f(t)\,\mathrm{d}t + (a-x)f(x)$$

$$= \int_a^x [f(t) - f(x)]\,\mathrm{d}t < 0,$$

所以 $F(x)$ 严格单调递减. 又 $F(a) = 0$，故 $F(b) < F(a) = 0$，即

$$(a+b)\int_a^b f(x)\,\mathrm{d}x < 2\int_a^b x f(x)\,\mathrm{d}x.$$

158 $f(x)$ 在区间 $[0,1]$ 上可导，$f(0)=0, 0<f'(x)\leqslant 1$，试证：

$$\left[\int_0^1 f(x)\,\mathrm{d}x\right]^2 \geqslant \int_0^1 f^3(x)\,\mathrm{d}x.$$

知识点睛 0307 积分上限函数及其导数

证 令 $F(x) = \left[\int_0^x f(t)\,\mathrm{d}t\right]^2 - \int_0^x f^3(t)\,\mathrm{d}t$，则

$$F'(x) = 2\int_0^x f(t)\,\mathrm{d}t \cdot f(x) - f^3(x) = f(x)\left[2\int_0^x f(t)\,\mathrm{d}t - f^2(x)\right].$$

再令 $G(x) = 2\int_0^x f(t)\,\mathrm{d}t - f^2(x)$，则

$$G'(x) = 2f(x) - 2f(x)f'(x) = 2f(x)[1 - f'(x)].$$

158 题精解视频

因为 $f'(x)>0$，且 $f(0)=0$，所以 $f(x)\geqslant0$；又 $f'(x)\leqslant1$，故 $G(x)$ 单调增加，而 $G(0)=0$，所以 $G(x)\geqslant0$，故 $F'(x)\geqslant0$，$F(x)$ 单调增加，于是 $F(1)\geqslant F(0)$，即

$$\left[\int_0^1 f(x)\mathrm{d}x\right]^2 \geqslant \int_0^1 f^3(x)\mathrm{d}x.$$

159 设函数 $f(x)$ 在 $[0,2\pi]$ 上的导数连续，$f'(x)\geqslant0$，求证：对任意正整数 n，有

$$\left|\int_0^{2\pi} f(x)\sin nx\mathrm{d}x\right| \leqslant \frac{2}{n}[f(2\pi)-f(0)].$$

知识点睛 0305 分部积分法

证 由题意可得

$$\int_0^{2\pi} f(x)\sin nx\mathrm{d}x = -\frac{1}{n}\int_0^{2\pi} f(x)\mathrm{d}(\cos nx)$$

$$= -\frac{1}{n}f(x)\cos nx\Big|_0^{2\pi} + \frac{1}{n}\int_0^{2\pi} f'(x)\cos nx\mathrm{d}x$$

$$= -\frac{1}{n}[f(2\pi)-f(0)] + \frac{1}{n}\int_0^{2\pi} f'(x)\cos nx\mathrm{d}x,$$

因 $f'(x)\geqslant0$，故 $f(x)$ 在 $[0,2\pi]$ 上单调增加，$f(2\pi)\geqslant f(0)$. 于是

$$\left|\int_0^{2\pi} f(x)\sin nx\mathrm{d}x\right| \leqslant \frac{1}{n}[f(2\pi)-f(0)] + \frac{1}{n}\int_0^{2\pi} f'(x)\,|\cos nx|\,\mathrm{d}x$$

$$\leqslant \frac{1}{n}[f(2\pi)-f(0)] + \frac{1}{n}\int_0^{2\pi} f'(x)\mathrm{d}x$$

$$= \frac{2}{n}[f(2\pi)-f(0)].$$

160 设 $a_n = \int_{n\pi}^{(n+1)\pi} \frac{\sin x}{x}\mathrm{d}x$，$n$ 为自然数，求证：$(1)\,|a_{n+1}|<|a_n|$；$(2)\,\lim\limits_{n\to\infty}a_n=0$.

知识点睛 0305 换元积分法

证 （1）作积分变换，令 $x-n\pi=t$，则

$$a_n = \int_0^\pi \frac{\sin(n\pi+t)}{n\pi+t}\mathrm{d}t = (-1)^n\int_0^\pi \frac{\sin t}{n\pi+t}\mathrm{d}t,$$

$$|a_{n+1}| = \int_0^\pi \frac{\sin t}{(n+1)\pi+t}\mathrm{d}t < \int_0^\pi \frac{\sin t}{n\pi+t}\mathrm{d}t = |a_n|.$$

（2）因为 $0\leqslant|a_n| = \int_0^\pi \frac{\sin t}{n\pi+t}\mathrm{d}t \leqslant \int_0^\pi \frac{\sin t}{n\pi}\mathrm{d}t = \frac{2}{n\pi}$，而 $\lim\limits_{n\to\infty}\frac{2}{n\pi}=0$，由夹逼准则得 $\lim\limits_{n\to\infty}|a_n|=0$，此式等价于 $\lim\limits_{n\to\infty}a_n=0$.

161 设 $f(x)$ 在 $[a,b]$ 上可导，$f'(x)$ 在 $[a,b]$ 上可积，$f(a)=f(b)=0$，求证：$\forall x\in[a,b]$，有

$$|f(x)| \leqslant \frac{1}{2}\int_a^b |f'(x)|\,\mathrm{d}x.$$

知识点睛 0216 泰勒公式

证 由于

$$\int_a^x f'(t)\mathrm{d}t = f(x)-f(a)=f(x), \quad a\leqslant x\leqslant b,$$

$$\int_x^b f'(t)\,\mathrm{d}t = f(b) - f(x) = -f(x), \quad a \le x \le b,$$

所以 $\forall x \in [a,b]$,有

$$|f(x)| = \left| \int_a^x f'(t)\,\mathrm{d}t \right| \le \int_a^x |f'(t)|\,\mathrm{d}t,$$

$$|f(x)| = \left| \int_x^b f'(t)\,\mathrm{d}t \right| \le \int_x^b |f'(t)|\,\mathrm{d}t.$$

两式相加,得

$$2|f(x)| \le \int_a^b |f'(t)|\,\mathrm{d}t = \int_a^b |f'(x)|\,\mathrm{d}x,$$

即

$$|f(x)| \le \frac{1}{2}\int_a^b |f'(x)|\,\mathrm{d}x.$$

162　设函数 $f(x)$ 在 $(-\infty, +\infty)$ 上具有 2 阶连续导数,证明: $f''(x) \ge 0$ 的充分必 　K 2022 数学一、要条件是对任意不同的实数 a,b,有 $f\left(\dfrac{a+b}{2}\right) \le \dfrac{1}{b-a}\displaystyle\int_a^b f(x)\,\mathrm{d}x$. 　数学二,12分

知识点睛　0216 泰勒公式

证　不妨设 $a<b$.先证必要性

法 1　令 $F(x) = (x-a)f\left(\dfrac{a+x}{2}\right) - \displaystyle\int_a^x f(t)\,\mathrm{d}t$,则 $F(a) = 0$.

$$\begin{aligned}
F'(x) &= f\left(\frac{a+x}{2}\right) + \frac{1}{2}(x-a)f'\left(\frac{a+x}{2}\right) - f(x) \\
&= \frac{1}{2}(x-a)f'\left(\frac{a+x}{2}\right) + f\left(\frac{a+x}{2}\right) - f(x) \\
&= \frac{1}{2}(x-a)f'\left(\frac{a+x}{2}\right) - f'(\xi) \cdot \frac{1}{2}(x-a) \\
&= \frac{1}{2}(x-a)\left[f'\left(\frac{a+x}{2}\right) - f'(\xi) \right],
\end{aligned}$$

由于 $f''(x) \ge 0$,所以 $f'(x)$ 单调不减,从而 $f'\left(\dfrac{a+x}{2}\right) \le f'(\xi)$,故 $F'(x) \le 0$,$F(x)$ 单调

不增.因此当 $x > a$ 时,$F(x) \le 0$,则 $F(b) \le 0$,即 $f\left(\dfrac{a+b}{2}\right) \le \dfrac{1}{b-a}\displaystyle\int_a^b f(x)\,\mathrm{d}x$.

法 2　将函数 $f(x)$ 在点 $x = \dfrac{a+b}{2}$ 处用泰勒公式展开,有

$$f(x) = f\left(\frac{a+b}{2}\right) + f'\left(\frac{a+b}{2}\right)\left(x - \frac{a+b}{2}\right) + \frac{f''(\xi)}{2!}\left(x - \frac{a+b}{2}\right)^2,$$

其中 ξ 介于 x 与 $\dfrac{a+b}{2}$ 之间. 由于 $f''(x) \ge 0$,所以

$$f(x) \ge f\left(\frac{a+b}{2}\right) + f'\left(\frac{a+b}{2}\right)\left(x - \frac{a+b}{2}\right),$$

两边在 $[a,b]$ 积分,得

$$\int_a^b f(x)\,\mathrm{d}x \geqslant \int_a^b \left[f\left(\frac{a+b}{2}\right) + f'\left(\frac{a+b}{2}\right)\left(x - \frac{a+b}{2}\right) \right]\mathrm{d}x = (b-a)f\left(\frac{a+b}{2}\right),$$

故 $f\left(\dfrac{a+b}{2}\right) \leqslant \dfrac{1}{b-a}\displaystyle\int_a^b f(x)\,\mathrm{d}x.$

再证充分性.

法 1 $\forall x_0 \in (-\infty, +\infty)$, 取 $a = x_0 - h, b = x_0 + h$, 其中 $h > 0$, 则

$$f\left(\frac{a+b}{2}\right) \leqslant \frac{1}{b-a}\int_a^b f(x)\,\mathrm{d}x \Leftrightarrow \int_{x_0-h}^{x_0+h} f(x)\,\mathrm{d}x - 2f(x_0)h \geqslant 0,$$

从而 $\dfrac{\displaystyle\int_{x_0-h}^{x_0+h} f(x)\,\mathrm{d}x - 2f(x_0)h}{h^3} \geqslant 0.$ 对上式左端求极限, 得

$$\lim_{h\to 0^+} \frac{\displaystyle\int_{x_0-h}^{x_0+h} f(x)\,\mathrm{d}x - 2f(x_0)h}{h^3} = \lim_{h\to 0^+} \frac{f(x_0+h) + f(x_0-h) - 2f(x_0)}{3h^2}$$

$$= \lim_{h\to 0^+} \frac{f'(x_0+h) - f'(x_0-h)}{6h} = \lim_{h\to 0^+} \frac{f''(x_0+h) + f''(x_0-h)}{6} = \frac{1}{3}f''(x_0),$$

由极限的保号性知 $\dfrac{1}{3}f''(x_0) \geqslant 0$, 即 $f''(x_0) \geqslant 0$. 由 x_0 的任意性知 $f''(x) \geqslant 0$.

法 2 反证法. 假设存在点 x_0, 使得 $f''(x_0) < 0$, 则由 $f''(x)$ 的连续性可知, 存在包含 x_0 的区间 $[x_1, x_2]$ $(x_1 < x_2)$, 使得 $f''(x) < 0, x \in [x_1, x_2]$ 恒成立. 类似必要性的证明, 可得

$$f(x) < f\left(\frac{x_1+x_2}{2}\right) + f'\left(\frac{x_1+x_2}{2}\right)\left(x - \frac{x_1+x_2}{2}\right),$$

再两端积分, 有

$$\int_{x_1}^{x_2} f(x)\,\mathrm{d}x < (x_2 - x_1)f\left(\frac{x_1+x_2}{2}\right),$$

与题设矛盾, 故假设不成立, 充分性得证.

§3.6 反常积分的概念与计算

K 2013 数学一、
数学三, 4 分

163 求 $\displaystyle\int_1^{+\infty} \frac{\ln x}{(1+x)^2}\,\mathrm{d}x.$

知识点睛 0309 反常积分的计算

解 $\displaystyle\int_1^{+\infty} \frac{\ln x}{(1+x)^2}\,\mathrm{d}x = -\int_1^{+\infty} \ln x\,\mathrm{d}\left(\frac{1}{1+x}\right) = -\frac{\ln x}{1+x}\bigg|_1^{+\infty} + \int_1^{+\infty} \frac{\mathrm{d}x}{x(1+x)}$

$$= \ln\frac{x}{1+x}\bigg|_1^{+\infty} = -\ln\frac{1}{2} = \ln 2.$$

K 2017 数学二,
4 分

164 求 $\displaystyle\int_0^{+\infty} \frac{\ln(1+x)}{(1+x)^2}\,\mathrm{d}x.$

知识点睛 0309 反常积分的计算

解 $\int_0^{+\infty} \dfrac{\ln(1+x)}{(1+x)^2}\,dx = -\int_0^{+\infty} \ln(1+x)\,d\left(\dfrac{1}{1+x}\right)$

$\qquad = -\dfrac{\ln(1+x)}{1+x}\Big|_0^{+\infty} + \int_0^{+\infty} \dfrac{dx}{(1+x)^2}$

$\qquad = -\dfrac{1}{1+x}\Big|_0^{+\infty} = 1.$

165 求 $\int_e^{+\infty} \dfrac{dx}{x\ln^2 x}$.

K 2002 数学一，3分

知识点睛　0309 反常积分的计算

解 $\int_e^{+\infty} \dfrac{dx}{x\ln^2 x} = \int_e^{+\infty} \dfrac{d(\ln x)}{\ln^2 x} = -\dfrac{1}{\ln x}\Big|_e^{+\infty} = 1.$

166 求 $\int_5^{+\infty} \dfrac{1}{x^2-4x+3}\,dx$.

K 2018 数学二，4分

知识点睛　0309 反常积分的计算

解 $\int_5^{+\infty} \dfrac{dx}{x^2-4x+3} = \dfrac{1}{2}\int_5^{+\infty} \dfrac{(x-1)-(x-3)}{(x-1)(x-3)}\,dx = \dfrac{1}{2}\int_5^{+\infty}\left(\dfrac{1}{x-3}-\dfrac{1}{x-1}\right)dx$

$\qquad = \dfrac{1}{2}\ln\dfrac{x-3}{x-1}\Big|_5^{+\infty} = \dfrac{1}{2}\left(0-\ln\dfrac{2}{4}\right) = \dfrac{1}{2}\ln 2.$

167 计算反常积分 $\int_0^{+\infty} \dfrac{x\,dx}{(1+x^2)^2}$.

K 2006 数学二，4分

知识点睛　0309 反常积分的计算

解法1 $\int_0^{+\infty} \dfrac{x\,dx}{(1+x^2)^2} = \lim_{a\to+\infty}\int_0^a \dfrac{x\,dx}{(1+x^2)^2} = \dfrac{1}{2}\lim_{a\to+\infty}\int_0^a \dfrac{d(1+x^2)}{(1+x^2)^2}$

$\qquad = \dfrac{1}{2}\lim_{a\to+\infty}\left(-\dfrac{1}{1+x^2}\right)\Big|_0^a = \dfrac{1}{2}\lim_{a\to+\infty}\left(1-\dfrac{1}{1+a^2}\right)$

$\qquad = \dfrac{1}{2}.$

解法2 $\int_0^{+\infty} \dfrac{x\,dx}{(1+x^2)^2} = \dfrac{1}{2}\int_0^{+\infty} \dfrac{d(1+x^2)}{(1+x^2)^2}$

$\qquad = \dfrac{1}{2}\left(-\dfrac{1}{1+x^2}\right)\Big|_0^{+\infty} = \dfrac{1}{2}.$

【评注】本题主要考查反常积分的概念与计算.解法2较简单.

168 已知 $\int_{-\infty}^{+\infty} e^{k|x|}\,dx = 1$,则 $k =$ _____.

K 2009 数学二，4分

知识点睛　0309 反常积分的计算

解 因为 $1 = \int_{-\infty}^{+\infty} e^{k|x|}\,dx = 2\int_0^{+\infty} e^{kx}\,dx = 2\lim_{a\to+\infty}\dfrac{1}{k}e^{kx}\Big|_0^a$,要极限 $\lim_{a\to+\infty}\dfrac{1}{k}e^{ka}$ 存在,必有

$k<0$,从而得 $1 = -\dfrac{2}{k}$,所以 $k=-2.$应填-2.

Ⓚ 2011 数学二,
4 分

169 设函数 $f(x) = \begin{cases} \lambda e^{-\lambda x}, & x > 0, \\ 0, & x \leqslant 0, \end{cases}$ $\lambda > 0$, 则 $\int_{-\infty}^{+\infty} x f(x) dx = $ _____.

知识点睛 0309 反常积分的计算

解 $\int_{-\infty}^{+\infty} x f(x) dx = \int_0^{+\infty} \lambda x e^{-\lambda x} dx = -\int_0^{+\infty} x d(e^{-\lambda x})$

$$= -x e^{-\lambda x} \Big|_0^{+\infty} + \int_0^{+\infty} e^{-\lambda x} dx$$

$$= -\frac{1}{\lambda} e^{-\lambda x} \Big|_0^{+\infty} = \frac{1}{\lambda}.$$

应填 $\dfrac{1}{\lambda}$.

Ⓚ 2014 数学二,
4 分

170 求 $\int_{-\infty}^1 \dfrac{1}{x^2 + 2x + 5} dx$.

知识点睛 0309 反常积分的计算

解 $\int_{-\infty}^1 \dfrac{1}{x^2 + 2x + 5} dx = \int_{-\infty}^1 \dfrac{dx}{(x+1)^2 + 4}$

$$= \frac{1}{2} \arctan \frac{x+1}{2} \Big|_{-\infty}^1 = \frac{3}{8} \pi.$$

Ⓚ 2000 数学三,
3 分

171 求 $\int_1^{+\infty} \dfrac{dx}{e^x + e^{2-x}}$.

知识点睛 0309 反常积分的计算

解 $\int_1^{+\infty} \dfrac{dx}{e^x + e^{2-x}} = \int_1^{+\infty} \dfrac{e^x dx}{e^2 + e^{2x}} = \int_1^{+\infty} \dfrac{d(e^x)}{e^2 + e^{2x}}$

$$= \frac{1}{e} \arctan \frac{e^x}{e} \Big|_1^{+\infty} = \frac{1}{e} \left(\frac{\pi}{2} - \frac{\pi}{4} \right) = \frac{\pi}{4e}.$$

【评注】本题主要考查反常积分计算. 求解中用到常用积分公式

$$\int \frac{dx}{a^2 + x^2} = \frac{1}{a} \arctan \frac{x}{a} + C \quad (a \neq 0),$$

望读者掌握.

Ⓚ 2019 数学二,
4 分

172 下列反常积分中发散的是(　　).

(A) $\int_0^{+\infty} x e^{-x} dx$　　(B) $\int_0^{+\infty} x e^{-x^2} dx$　　(C) $\int_0^{+\infty} \dfrac{\arctan x}{1 + x^2} dx$　　(D) $\int_0^{+\infty} \dfrac{x}{1 + x^2} dx$

知识点睛 0309 反常积分的概念

解 $\int_0^{+\infty} \dfrac{x}{1 + x^2} dx = \dfrac{1}{2} \ln(1 + x^2) \Big|_0^{+\infty} = \infty$, 则该反常积分发散. 应选(D).

Ⓚ 2015 数学二,
4 分

173 下列反常积分中收敛的是(　　).

(A) $\int_2^{+\infty} \dfrac{1}{\sqrt{x}} dx$　　(B) $\int_2^{+\infty} \dfrac{\ln x}{x} dx$　　(C) $\int_2^{+\infty} \dfrac{1}{x \ln x} dx$　　(D) $\int_2^{+\infty} \dfrac{x}{e^x} dx$

知识点睛 0309 反常积分的概念

解 直接验证(D).

$$\int_2^{+\infty} \frac{x}{e^x} dx = \int_2^{+\infty} x e^{-x} dx = -\int_2^{+\infty} x d(e^{-x})$$

$$= -x e^{-x} \Big|_2^{+\infty} + \int_2^{+\infty} e^{-x} dx = 2e^{-2} - e^{-x} \Big|_2^{+\infty} = 3e^{-2},$$

则该反常积分收敛,应选(D).

174 反常积分①$\int_{-\infty}^0 \frac{1}{x^2} e^{\frac{1}{x}} dx$,②$\int_0^{+\infty} \frac{1}{x^2} e^{\frac{1}{x}} dx$ 的敛散性为(　　). K 2016 数学二,4 分

(A) ①收敛,②收敛　　　　　　(B) ①收敛,②发散

(C) ①发散,②收敛　　　　　　(D) ①发散,②发散

知识点睛 0309 反常积分的概念

解 $\int_{-\infty}^0 \frac{1}{x^2} e^{\frac{1}{x}} dx = -\int_{-\infty}^0 e^{\frac{1}{x}} d\left(\frac{1}{x}\right) = -e^{\frac{1}{x}} \Big|_{-\infty}^0 = 1$,收敛.

$\int_0^{+\infty} \frac{1}{x^2} e^{\frac{1}{x}} dx = -e^{\frac{1}{x}} \Big|_0^{+\infty} = +\infty$,发散.应选(B).

175 计算 $\int_0^{+\infty} \frac{x e^{-x}}{(1 + e^{-x})^2} dx$. K 1996 数学三,6 分

知识点睛 0309 反常积分的计算

分析 本题的被积函数是由幂函数和指数函数两类不同函数相乘,应该用分部积分.

解法 1 由于

$$\int \frac{x e^{-x}}{(1 + e^{-x})^2} dx = \int x d\left(\frac{1}{1 + e^{-x}}\right) = \frac{x}{1 + e^{-x}} - \int \frac{dx}{1 + e^{-x}}$$

$$= \frac{x}{1 + e^{-x}} - \int \frac{e^x}{1 + e^x} dx = \frac{x}{1 + e^{-x}} - \ln(1 + e^x) + C,$$

则

$$\int_0^{+\infty} \frac{x e^{-x}}{(1 + e^{-x})^2} dx = \lim_{x \to +\infty} \left[\frac{x e^x}{1 + e^x} - \ln(1 + e^x) \right] + \ln 2$$

$$= \lim_{x \to +\infty} \left\{ \frac{x e^x}{1 + e^x} - \ln \left[e^x (1 + e^{-x}) \right] \right\} + \ln 2$$

$$= \lim_{x \to +\infty} \left[\frac{x e^x}{1 + e^x} - x - \ln(1 + e^{-x}) \right] + \ln 2$$

$$= \lim_{x \to +\infty} \left[\frac{-x}{1 + e^x} - \ln(1 + e^{-x}) \right] + \ln 2 = 0 + \ln 2 = \ln 2,$$

故 $\int_0^{+\infty} \frac{x e^{-x}}{(1 + e^{-x})^2} dx = \ln 2$.

解法 2 $\int_0^{+\infty} \frac{x e^{-x}}{(1 + e^{-x})^2} dx = \int_0^{+\infty} \frac{x e^x}{(1 + e^x)^2} dx = -\int_0^{+\infty} x d\left(\frac{1}{1 + e^x}\right)$

$$= -\frac{x}{1 + e^x} \Big|_0^{+\infty} + \int_0^{+\infty} \frac{dx}{1 + e^x}$$

$$= \int_0^{+\infty} \frac{\mathrm{d}x}{1 + \mathrm{e}^x} = \int_0^{+\infty} \frac{\mathrm{e}^{-x}}{1 + \mathrm{e}^{-x}} \, \mathrm{d}x$$

$$= - \ln(1 + \mathrm{e}^{-x}) \Big|_0^{+\infty} = \ln 2.$$

Ⓚ 2000 数学二，
3 分

176 $\int_2^{+\infty} \frac{\mathrm{d}x}{(x+7)\sqrt{x-2}} = $ _____.

知识点睛 0309 反常积分的计算

解法 1 令 $\sqrt{x-2} = t$，则 $x = t^2 + 2$，$\mathrm{d}x = 2t\mathrm{d}t$，有

$$\int_2^{+\infty} \frac{\mathrm{d}x}{(x+7)\sqrt{x-2}} = \int_0^{+\infty} \frac{2t}{t(9+t^2)} \, \mathrm{d}t = \frac{2}{3} \int_0^{+\infty} \frac{\mathrm{d}\left(\frac{t}{3}\right)}{1 + \left(\frac{t}{3}\right)^2}$$

$$= \frac{2}{3} \arctan \frac{t}{3} \Big|_0^{+\infty} = \frac{\pi}{3}.$$

解法 2 $\int_2^{+\infty} \frac{\mathrm{d}x}{(x+7)\sqrt{x-2}} = 2 \int_2^{+\infty} \frac{\mathrm{d}(\sqrt{x-2})}{9 + (\sqrt{x-2})^2}$

$$= \frac{2}{3} \arctan \frac{\sqrt{x-2}}{3} \Big|_2^{+\infty} = \frac{\pi}{3}.$$

应填 $\frac{\pi}{3}$.

【评注】 本题主要考查反常积分的计算. 解法 2 中用到一个基本积分公式：

$$\int \frac{\mathrm{d}x}{a^2 + x^2} = \frac{1}{a} \arctan \frac{x}{a} + C \quad (a \neq 0).$$

Ⓚ 1999 数学二，
6 分

177 题精解视频

177 计算 $\int_1^{+\infty} \frac{\arctan x}{x^2} \, \mathrm{d}x$.

知识点睛 0309 反常积分的计算

解 $\int_1^{+\infty} \frac{\arctan x}{x^2} \, \mathrm{d}x = - \int_1^{+\infty} \arctan x \mathrm{d}\left(\frac{1}{x}\right)$

$$= - \frac{\arctan x}{x} \Big|_1^{+\infty} + \int_1^{+\infty} \frac{\mathrm{d}x}{x(1+x^2)}$$

$$= \frac{\pi}{4} + \int_1^{+\infty} \frac{\mathrm{d}x}{x(1+x^2)},$$

而

$$\int \frac{\mathrm{d}x}{x(1+x^2)} = \int \frac{(1+x^2) - x^2}{x(1+x^2)} \, \mathrm{d}x = \int \frac{\mathrm{d}x}{x} - \int \frac{x}{1+x^2} \, \mathrm{d}x$$

$$= \ln x - \frac{1}{2} \ln(1+x^2) + C = \ln \frac{x}{\sqrt{1+x^2}} + C,$$

则

$$\int_1^{+\infty} \frac{dx}{x(1+x^2)} = \ln \frac{x}{\sqrt{1+x^2}} \Big|_1^{+\infty} = -\ln \frac{1}{\sqrt{2}} = \frac{1}{2}\ln 2,$$

或

$$\int_1^{+\infty} \frac{dx}{x(1+x^2)} = \int_1^{+\infty} \frac{dx}{x^3\left(1+\frac{1}{x^2}\right)} = -\frac{1}{2}\int_1^{+\infty} \frac{d\left(\frac{1}{x^2}\right)}{1+\frac{1}{x^2}}$$

$$= -\frac{1}{2}\ln\left(1+\frac{1}{x^2}\right) \Big|_1^{+\infty} = \frac{1}{2}\ln 2.$$

故 $\int_1^{+\infty} \frac{\arctan x}{x^2} dx = \frac{\pi}{4} + \frac{1}{2}\ln 2.$

178 下列结论中正确的是(   ).

(A) $\int_1^{+\infty} \frac{dx}{x(x+1)}$ 与 $\int_0^1 \frac{dx}{x(x+1)}$ 都收敛

(B) $\int_1^{+\infty} \frac{dx}{x(1+x)}$ 与 $\int_0^1 \frac{dx}{x(1+x)}$ 都发散

(C) $\int_1^{+\infty} \frac{dx}{x(1+x)}$ 发散,$\int_0^1 \frac{dx}{x(1+x)}$ 收敛

(D) $\int_1^{+\infty} \frac{dx}{x(1+x)}$ 收敛,$\int_0^1 \frac{dx}{x(1+x)}$ 发散

知识点睛 0309 反常积分的概念

解 $\int \frac{dx}{x(1+x)} = \int \frac{1}{x} dx - \int \frac{dx}{x+1} = \ln x - \ln(x+1) + C = \ln \frac{x}{x+1} + C$, 则

$$\int_1^{+\infty} \frac{dx}{x(x+1)} = \ln \frac{x}{x+1} \Big|_1^{+\infty} = -\ln \frac{1}{2} = \ln 2,$$

即 $\int_1^{+\infty} \frac{dx}{x(x+1)}$ 收敛.

$\int_0^1 \frac{dx}{x(x+1)} = \ln \frac{x}{x+1} \Big|_0^1 = \infty$, 即 $\int_0^1 \frac{dx}{x(x+1)}$ 发散.应选(D).

179 设函数 $f(x) = \begin{cases} \dfrac{1}{(x-1)^{\alpha-1}}, & 1<x<e, \\ \dfrac{1}{x\ln^{\alpha+1} x}, & x\geq e. \end{cases}$ 若反常积分 $\int_1^{+\infty} f(x) dx$ 收敛, 2013 数学二,4 分

则(   ).

(A) $\alpha<-2$ (B) $\alpha>2$ (C) $-2<\alpha<0$ (D) $0<\alpha<2$

知识点睛 0309 反常积分的概念

解 $$\int_1^{+\infty} f(x) dx = \int_1^e \frac{dx}{(x-1)^{\alpha-1}} + \int_e^{+\infty} \frac{dx}{x\ln^{\alpha+1} x},$$

当 $\alpha-1<1$,即 $\alpha<2$ 时,$\int_1^e \frac{dx}{(x-1)^{\alpha-1}}$ 收敛,

$$\int_e^{+\infty}\frac{\mathrm{d}x}{x\ln^{\alpha+1}x}=\int_e^{+\infty}\frac{\mathrm{d}(\ln x)}{\ln^{\alpha+1}x}=\int_1^{+\infty}\frac{\mathrm{d}u}{u^{\alpha+1}},$$

则当 $\alpha>0$ 时，$\displaystyle\int_e^{+\infty}\frac{\mathrm{d}x}{x\ln^{\alpha+1}x}$ 收敛，故 $0<\alpha<2$ 时原积分收敛.应选（D）.

【评注】本题主要考查用定义判定反常积分的敛散性.这里不仅用到反常积分的概念，而且还用到两个基本结论：

（1）$\displaystyle\int_a^{+\infty}\frac{1}{x^p}\mathrm{d}x\begin{cases}p>1,&收敛,\\p\leqslant1,&发散,\end{cases}a>0.$　　（2）$\displaystyle\int_a^b\frac{1}{(x-a)^p}\mathrm{d}x\begin{cases}p<1,&收敛,\\p\geqslant1,&发散.\end{cases}$

Ⓚ 2016 数学一，4 分

180 若反常积分 $\displaystyle\int_0^{+\infty}\frac{1}{x^a(1+x)^b}\mathrm{d}x$ 收敛，则（　　）.

（A）$a<1$ 且 $b>1$　　　　　　　　　　（B）$a>1$ 且 $b>1$

（C）$a<1$ 且 $a+b>1$　　　　　　　　（D）$a>1$ 且 $a+b>1$

知识点睛　0309 反常积分的概念

解　$\displaystyle\int_0^{+\infty}\frac{1}{x^a(1+x)^b}\mathrm{d}x=\int_0^1\frac{\mathrm{d}x}{x^a(1+x)^b}+\int_1^{+\infty}\frac{\mathrm{d}x}{x^a(1+x)^b}.$

由于 $\displaystyle\lim_{x\to0^+}\frac{\frac{1}{x^a(1+x)^b}}{\frac{1}{x^a}}=1$，则当 $a<1$ 时，$\displaystyle\int_0^1\frac{\mathrm{d}x}{x^a(1+x)^b}$ 收敛；

由于 $\displaystyle\lim_{x\to+\infty}\frac{\frac{1}{x^a(1+x)^b}}{\frac{1}{x^{a+b}}}=\lim_{x\to+\infty}\frac{1}{\left(1+\frac{1}{x}\right)^b}=1$，则当 $a+b>1$ 时，$\displaystyle\int_1^{+\infty}\frac{\mathrm{d}x}{x^a(1+x)^b}$ 收敛.

故当 $a<1$ 且 $a+b>1$ 时，$\displaystyle\int_0^{+\infty}\frac{\mathrm{d}x}{x^a(1+x)^b}$ 收敛.应选（C）.

Ⓚ 2022 数学二，5 分

181 设 p 为常数，若反常积分 $\displaystyle\int_0^1\frac{\ln x}{x^p(1-x)^{1-p}}\mathrm{d}x$ 收敛，则 p 的取值范围是（　　）.

（A）$(-1,1)$　　　　（B）$(-1,2)$　　　　（C）$(-\infty,1)$　　　　（D）$(-\infty,2)$

知识点睛　0309 反常积分的概念

解法 1　$\displaystyle\int_0^1\frac{\ln x}{x^p(1-x)^{1-p}}\mathrm{d}x=\int_0^{\frac{1}{2}}\frac{\ln x}{x^p(1-x)^{1-p}}\mathrm{d}x+\int_{\frac{1}{2}}^1\frac{\ln x}{x^p(1-x)^{1-p}}\mathrm{d}x=I_1+I_2.$

对于 $\displaystyle I_1=\int_0^{\frac{1}{2}}\frac{\ln x}{x^p(1-x)^{1-p}}\mathrm{d}x$，$x=0$ 是瑕点，

$$\lim_{x\to0^+}x^\alpha\cdot\frac{\ln x}{x^p(1-x)^{1-p}}=\begin{cases}0,&\alpha-p>0,\\\infty,&\alpha-p\leqslant0,\end{cases}$$

所以当 $0<p<1$ 时 $\displaystyle I_1=\int_0^{\frac{1}{2}}\frac{\ln x}{x^p(1-x)^{1-p}}\mathrm{d}x$ 收敛.

对于 $\displaystyle I_2=\int_{\frac{1}{2}}^1\frac{\ln x}{x^p(1-x)^{1-p}}\mathrm{d}x$，$x=1$ 是瑕点，

$$\lim_{x \to 1^-} (1-x)^\beta \cdot \frac{|\ln x|}{x^p (1-x)^{1-p}} = \lim_{x \to 1^-} (1-x)^{\beta+p} = \begin{cases} 0, & p+\beta > 0, \\ 1, & p+\beta = 0, \\ +\infty, & p+\beta < 0, \end{cases}$$

所以,当 $0 < -p < 1$,即 $-1 < p < 0$ 时,$I_2 = \int_{\frac{1}{2}}^1 \frac{\ln x}{x^p (1-x)^{1-p}} \mathrm{d}x$ 收敛.

当 $p = 0$ 时,反常积分 $\int_0^1 \frac{\ln x}{x^p (1-x)^{1-p}} \mathrm{d}x$ 变为 $\int_0^1 \frac{\ln x}{1-x} \mathrm{d}x$,由于 $\lim_{x \to 1^-} (1-x)^{\frac{1}{2}} \cdot$

$\frac{\ln x}{1-x} = 0, \frac{1}{2} < 1$,所以反常积分 $\int_0^1 \frac{\ln x}{1-x} \mathrm{d}x$ 收敛.

综上可得,当 $-1 < p < 1$ 时,反常积分 $\int_0^1 \frac{\ln x}{x^p (1-x)^{1-p}} \mathrm{d}x$ 收敛.应选(A).

解法 2 当 $p = 1$ 时,$\int_0^1 \frac{\ln x}{x^p (1-x)^{1-p}} \mathrm{d}x = \int_0^1 \frac{\ln x}{x} \mathrm{d}x$ 发散,排除(B)和(D);

当 $p = -1$ 时,

$$\int_0^1 \frac{\ln x}{x^p (1-x)^{1-p}} \mathrm{d}x = \int_0^1 \frac{x\ln x}{(1-x)^2} \mathrm{d}x = \int_0^1 \frac{(1-t)\ln(1-t)}{t^2} \mathrm{d}t,$$

$$\lim_{t \to 0^+} t \cdot \frac{(1-t)\ln(1-t)}{t^2} = -1,$$

故当 $p = -1$ 时,反常积分 $\int_0^1 \frac{\ln x}{x^p (1-x)^{1-p}} \mathrm{d}x$ 发散,排除(C).应选(A).

182 计算 $\int_1^{+\infty} \frac{1}{x^3} \arccos \frac{1}{x} \mathrm{d}x$.

知识点睛 0309 反常积分的计算

解 $\displaystyle\int_1^{+\infty} \frac{1}{x^3} \arccos \frac{1}{x} \mathrm{d}x = -\int_1^{+\infty} \frac{1}{x} \arccos \frac{1}{x} \mathrm{d}\left(\frac{1}{x}\right) \xlongequal[]{\frac{1}{x}=t} \int_0^1 t\arccos t \mathrm{d}t$

$$= \frac{1}{2} \int_0^1 \arccos t \mathrm{d}(t^2) = \frac{1}{2} t^2 \cdot \arccos t \Big|_0^1 + \frac{1}{2} \int_0^1 \frac{t^2}{\sqrt{1-t^2}} \mathrm{d}t$$

$$= \frac{1}{2} \int_0^1 \frac{t^2}{\sqrt{1-t^2}} \mathrm{d}t \xlongequal[]{t=\sin u} \frac{1}{2} \int_0^{\frac{\pi}{2}} \sin^2 u \mathrm{d}u$$

$$= \frac{\pi}{8}.$$

183 $\int_0^2 \sqrt{\dfrac{x}{2-x}} \mathrm{d}x = \underline{\qquad}$.

知识点睛 0309 反常积分的计算

解 令 $\sqrt{\dfrac{x}{2-x}} = t$,则 $x = 2 - \dfrac{2}{1+t^2}$,$\mathrm{d}x = -2\mathrm{d}\left(\dfrac{1}{1+t^2}\right)$,且 $x: 0 \to 2$ 时,$t: 0 \to +\infty$.故原式变为

$$-2\int_0^{+\infty} t\mathrm{d}\left(\frac{1}{1+t^2}\right) = -2 \frac{t}{1+t^2} \Big|_0^{+\infty} + 2\int_0^{+\infty} \frac{1}{1+t^2} \mathrm{d}t = 2\arctan t \Big|_0^{+\infty} = \pi.$$

应填 π.

184 求 $\displaystyle\int_0^{+\infty} x^7 e^{-x^2} \mathrm{d}x$.

知识点睛　0309 反常积分的计算,Γ 函数

解法 1　$\displaystyle\int_0^{+\infty} x^7 e^{-x^2} \mathrm{d}x = \frac{1}{2}\int_0^{+\infty} x^6 e^{-x^2} \mathrm{d}(x^2) \xlongequal{t=x^2} \frac{1}{2}\int_0^{+\infty} t^3 e^{-t} \mathrm{d}t$

$$= -\frac{1}{2}\int_0^{+\infty} t^3 \mathrm{d}(e^{-t}) = -\frac{1}{2}\left(t^3 e^{-t}\Big|_0^{+\infty} - 3\int_0^{+\infty} t^2 e^{-t}\mathrm{d}t\right)$$

$$= -\frac{3}{2}\int_0^{+\infty} t^2 \mathrm{d}(e^{-t}) = -\frac{3}{2}\left(t^2 e^{-t}\Big|_0^{+\infty} - 2\int_0^{+\infty} t e^{-t}\mathrm{d}t\right)$$

$$= -3\int_0^{+\infty} t\,\mathrm{d}(e^{-t}) = -3\left(t e^{-t}\Big|_0^{+\infty} - \int_0^{+\infty} e^{-t}\mathrm{d}t\right)$$

$$= 3\int_0^{+\infty} e^{-t}\mathrm{d}t = -3e^{-t}\Big|_0^{+\infty} = 3.$$

解法 2　令 $t = x^2$,则 $\mathrm{d}t = 2x\mathrm{d}x$,于是

$$\int_0^{+\infty} x^7 e^{-x^2}\mathrm{d}x = \frac{1}{2}\int_0^{+\infty} t^3 e^{-t}\mathrm{d}t = \frac{1}{2}\Gamma(4) = \frac{1}{2}\times 3! = 3.$$

185 求反常积分 $\displaystyle\int_0^{+\infty} \frac{1}{(1+x^2)(1+x^\alpha)}\mathrm{d}x$ $(\alpha \neq 0)$.

知识点睛　0309 反常积分的计算

解　令 $x = \dfrac{1}{t}$,则

$$I = \int_0^{+\infty} \frac{1}{(1+x^2)(1+x^\alpha)}\mathrm{d}x = \int_0^{+\infty} \frac{t^\alpha}{(1+t^2)(1+t^\alpha)}\mathrm{d}t$$

$$= \int_0^{+\infty} \frac{x^\alpha}{(1+x^2)(1+x^\alpha)}\mathrm{d}x,$$

于是

$$I = \frac{1}{2}\int_0^{+\infty} \frac{1+x^\alpha}{(1+x^2)(1+x^\alpha)}\mathrm{d}x = \frac{1}{2}\int_0^{+\infty} \frac{1}{1+x^2}\mathrm{d}x$$

$$= \frac{1}{2}\arctan x\,\Big|_0^{+\infty} = \frac{\pi}{4}.$$

186 $\displaystyle\int_1^{+\infty} \frac{\mathrm{d}x}{x(x^2+1)} = $ _____.

知识点睛　0309 反常积分的计算

解　这是无穷区间上的反常积分.根据定义: $\displaystyle\int_1^{+\infty} \frac{\mathrm{d}x}{x(x^2+1)} = \lim_{b\to+\infty}\int_1^b \frac{\mathrm{d}x}{x(x^2+1)}$,而

$$\int_1^b \frac{\mathrm{d}x}{x(x^2+1)} = \int_1^b \left(\frac{1}{x} - \frac{x}{x^2+1}\right)\mathrm{d}x = \ln x\,\Big|_1^b - \int_1^b \frac{\mathrm{d}(x^2+1)}{2(x^2+1)}$$

$$= \ln\frac{b}{\sqrt{b^2+1}} + \frac{1}{2}\ln 2,$$

所以

$$\int_1^{+\infty} \frac{\mathrm{d}x}{x(x^2+1)} = \lim_{b \to +\infty} \int_1^b \frac{\mathrm{d}x}{x(x^2+1)}$$

$$= \frac{1}{2}\ln 2 + \lim_{b \to +\infty} \ln \frac{b}{\sqrt{b^2+1}} = \frac{1}{2}\ln 2.$$

故应填 $\frac{1}{2}\ln 2$.

187 求 $\int_1^{+\infty} \frac{\mathrm{d}x}{x\sqrt{x^2-1}}$.

知识点睛 0309 反常积分的计算

解法 1 $\int_1^{+\infty} \frac{\mathrm{d}x}{x\sqrt{x^2-1}} = \lim_{b \to +\infty} \int_1^b \frac{\mathrm{d}x}{x\sqrt{x^2-1}} = \lim_{b \to +\infty} \int_1^b \frac{-1}{\sqrt{1-\dfrac{1}{x^2}}} \mathrm{d}\left(\frac{1}{x}\right)$

$$= \lim_{b \to +\infty} \left(-\arcsin \frac{1}{x}\right) \Big|_1^b = \lim_{b \to +\infty} \left(-\arcsin \frac{1}{b}\right) + \frac{\pi}{2} = \frac{\pi}{2}.$$

解法 2 $\int_1^{+\infty} \frac{\mathrm{d}x}{x\sqrt{x^2-1}} \xlongequal{x = \sec t} \int_0^{\frac{\pi}{2}} \frac{\sec t \cdot \tan t}{\sec t \cdot \tan t} \mathrm{d}t = \int_0^{\frac{\pi}{2}} \mathrm{d}t = \frac{\pi}{2}.$

188 已知 $\int_0^{+\infty} \mathrm{e}^{-x^2}\mathrm{d}x = \frac{\sqrt{\pi}}{2}$，则 $\int_0^{+\infty} \frac{\mathrm{e}^{-x} - \mathrm{e}^{-\sqrt{x}}}{\sqrt{x}} \mathrm{d}x = $ _____.

知识点睛 0309 反常积分的计算

解 $\int_0^{+\infty} \frac{\mathrm{e}^{-x} - \mathrm{e}^{-\sqrt{x}}}{\sqrt{x}} \mathrm{d}x = \int_0^{+\infty} \frac{\mathrm{e}^{-x}}{\sqrt{x}} \mathrm{d}x - \int_0^{+\infty} \frac{\mathrm{e}^{-\sqrt{x}}}{\sqrt{x}} \mathrm{d}x$，由于

$$\int_0^{+\infty} \frac{\mathrm{e}^{-x}}{\sqrt{x}} \mathrm{d}x = \int_0^{+\infty} \frac{\mathrm{e}^{-(\sqrt{x})^2}}{\sqrt{x}} \mathrm{d}x \xlongequal{\sqrt{x} = t} 2\int_0^{+\infty} \mathrm{e}^{-t^2}\mathrm{d}t = \sqrt{\pi},$$

而

$$\int_0^{+\infty} \frac{\mathrm{e}^{-\sqrt{x}}}{\sqrt{x}} \mathrm{d}x = \lim_{b \to +\infty} \int_0^b \frac{\mathrm{e}^{-\sqrt{x}}}{\sqrt{x}} \mathrm{d}x = \lim_{b \to +\infty} 2\int_0^b \mathrm{e}^{-\sqrt{x}} \mathrm{d}(\sqrt{x}) = \lim_{b \to +\infty} \left(-2\mathrm{e}^{-\sqrt{x}}\right) \Big|_0^b = 2,$$

所以，原式 $= \sqrt{\pi} - 2$. 应填 $\sqrt{\pi} - 2$.

189 计算积分 $\int_{\frac{1}{2}}^{\frac{3}{2}} \frac{\mathrm{d}x}{\sqrt{|x - x^2|}}$.

知识点睛 绝对值函数的积分，0309 反常积分的计算

解 注意到被积函数含有绝对值号且 $x = 1$ 是其无穷间断点，故

原式 $= \int_{\frac{1}{2}}^1 \frac{\mathrm{d}x}{\sqrt{x - x^2}} + \int_1^{\frac{3}{2}} \frac{\mathrm{d}x}{\sqrt{x^2 - x}}$，而

189 题精解视频

$$\int_{\frac{1}{2}}^1 \frac{\mathrm{d}x}{\sqrt{x - x^2}} = \lim_{\varepsilon_1 \to 0^+} \int_{\frac{1}{2}}^{1-\varepsilon_1} \frac{\mathrm{d}x}{\sqrt{\dfrac{1}{4} - \left(x - \dfrac{1}{2}\right)^2}} = \lim_{\varepsilon_1 \to 0^+} \arcsin(2x - 1) \Big|_{\frac{1}{2}}^{1-\varepsilon_1} = \frac{\pi}{2},$$

$$\int_1^{\frac{3}{2}} \frac{\mathrm{d}x}{\sqrt{x^2-x}} = \lim_{\varepsilon_2 \to 0^+} \int_{1+\varepsilon_2}^{\frac{3}{2}} \frac{\mathrm{d}x}{\sqrt{\left(x-\dfrac{1}{2}\right)^2-\dfrac{1}{4}}}$$

$$= \lim_{\varepsilon_2 \to 0^+} \ln\left[\left(x-\frac{1}{2}\right)+\sqrt{\left(x-\frac{1}{2}\right)^2-\frac{1}{4}}\right]\Bigg|_{1+\varepsilon_2}^{\frac{3}{2}}$$

$$= \ln(2+\sqrt{3}),$$

因此，$\int_{\frac{1}{2}}^{\frac{3}{2}} \dfrac{\mathrm{d}x}{\sqrt{|x-x^2|}} = \dfrac{\pi}{2} + \ln(2+\sqrt{3})$.

【评注】由于被积函数中含有绝对值，故应先将其分段表示为

$$|x-x^2| = \begin{cases} x-x^2, & 0 \leqslant x \leqslant 1, \\ x^2-x, & x<0 \text{ 或 } x>1. \end{cases}$$

应用积分的可加性化为两个反常积分，分别进行计算.

被积函数在积分区间内的 $x=1$ 处无界，属于瑕积分. 计算瑕积分时，均需要先计算用 ε 表示某端点的积分区间上的定积分，然后对于所得结果求 $\varepsilon \to 0$ 时的极限，亦可以瑕点为分段点，在每一分段上用牛顿-莱布尼茨公式计算. 如果各段积分都存在，则原积分收敛；如果有某段积分不存在，则原积分发散.

190 $\displaystyle\int_0^1 \frac{x\mathrm{d}x}{(2-x^2)\sqrt{1-x^2}} = $ _____ .

知识点睛 0309 反常积分的计算

解 $\displaystyle\int_0^1 \frac{x\mathrm{d}x}{(2-x^2)\sqrt{1-x^2}} \xlongequal{x=\sin t} \int_0^{\frac{\pi}{2}} \frac{\sin t\cos t}{(2-\sin^2 t)\cos t}\mathrm{d}t$

$$= \int_0^{\frac{\pi}{2}} \frac{\sin t}{1+\cos^2 t}\mathrm{d}t = -\int_0^{\frac{\pi}{2}} \frac{\mathrm{d}(\cos t)}{1+\cos^2 t} = -\arctan(\cos t)\Bigg|_0^{\frac{\pi}{2}} = \frac{\pi}{4}.$$

故应填 $\dfrac{\pi}{4}$.

【评注】本题直观看像是定积分，但实为瑕积分. 因为在区间的右端点处被积函数有第二类间断点.

§3.7　定积分的应用

191 曲线 $y=x(x-1)(2-x)$ 与 x 轴所围图形的面积 A 可表示为（　　）.

(A) $-\displaystyle\int_0^2 x(x-1)(2-x)\mathrm{d}x$

(B) $\displaystyle\int_0^1 x(x-1)(2-x)\mathrm{d}x - \int_1^2 x(x-1)(2-x)\mathrm{d}x$

(C) $-\displaystyle\int_0^1 x(x-1)(2-x)\mathrm{d}x + \int_1^2 x(x-1)(2-x)\mathrm{d}x$

(D) $\int_0^2 x(x-1)(2-x)\mathrm{d}x$

知识点睛 0310 利用定积分表达平面图形的面积

解 曲线 $y=x(x-1)(2-x)$ 与 x 轴交点为 $x=0,x=1,x=2.$

当 $0<x<1$ 时, $y<0$;当 $1<x<2$ 时, $y>0.$

$$A=\int_0^2 |y| \,\mathrm{d}x=-\int_0^1 x(x-1)(2-x)\mathrm{d}x+\int_1^2 x(x-1)(2-x)\mathrm{d}x.$$

应选(C).

192 曲线 $y=-x^3+x^2+2x$ 与 x 轴所围图形的面积 $A=$ _____.

知识点睛 0310 利用定积分计算平面图形的面积

解 令 $y=0$ 得, $x=-1,0,2.$且 $-1<x<0$ 时, $y<0$;$0<x<2$ 时, $y>0.$所以

$$A=\int_{-1}^2 |y| \,\mathrm{d}x=-\int_{-1}^0 y\mathrm{d}x+\int_0^2 y\mathrm{d}x=\frac{37}{12}.$$

应填 $\dfrac{37}{12}.$

193 求曲线 $y=|\ln x|$ 与直线 $x=\dfrac{1}{\mathrm{e}},x=\mathrm{e}$ 及 $y=0$ 所围成的区域的面积 $S.$

知识点睛 0310 利用定积分计算平面图形的面积

解 $y=|\ln x|=\begin{cases}\ln x, & x\geqslant 1, \\ -\ln x, & 0<x<1,\end{cases}$ 则所求面积

$$S=\int_{\frac{1}{\mathrm{e}}}^1 (-\ln x)\mathrm{d}x+\int_1^{\mathrm{e}} \ln x\mathrm{d}x=-(x\ln x-x)\Big|_{\frac{1}{\mathrm{e}}}^1+(x\ln x-x)\Big|_1^{\mathrm{e}}=2-\frac{2}{\mathrm{e}}.$$

194 从点 $(2,0)$ 引两条直线与曲线 $y=x^3$ 相切,求由此两条切线与曲线 $y=x^3$ 所围图形的面积 $S.$

知识点睛 0203 平面曲线的切线, 0310 利用定积分计算平面图形的面积

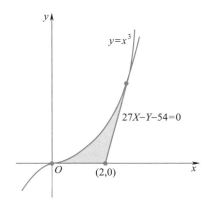

194 题图

解 如 194 题图所示,设切点为 (α,α^3),则切线方程为

$$Y-\alpha^3=3\alpha^2(X-\alpha),$$

因为它通过点 $(2,0)$,即满足

$$0-\alpha^3=3\alpha^2(2-\alpha), \quad 即 \quad \alpha^3+3\alpha^2(2-\alpha)=0.$$

可得 $\alpha=0$ 或 $\alpha=3$，即两切点坐标为 $(0,0)$ 与 $(3,27)$，相应的两条切线方程为

$$Y=0 \quad 与 \quad 27X-Y-54=0.$$

选取 y 为积分变量，则有

$$S=\int_0^{27}\left(\frac{y}{27}+2-\sqrt[3]{y}\right)dy=\left(\frac{y^2}{54}+2y-\frac{3}{4}y^{\frac{4}{3}}\right)\Bigg|_0^{27}=\frac{27}{4}.$$

【评注】求面积问题与利用导数求切线方程问题相结合，增加了问题的综合性，读者应提高解决这种综合问题的能力.

195题精解视频

195 在第一象限内，求曲线 $y=-x^2+1$ 上的一点，使该点处的切线与所给曲线及两坐标轴围成的图形面积为最小，并求此最小面积.

知识点睛 0220 函数的最小值，0310 利用定积分计算平面图形的面积

解 设所求点 $P(x,y)$，因为 $y'=-2x(x>0)$，故过点 $P(x,y)$ 的切线方程为

$$Y-y=-2x(X-x).$$

当 $X=0$ 时，得切线在 y 轴上的截距：$b=x^2+1$；当 $Y=0$ 时，得切线在 x 轴上的截距：$a=\dfrac{x^2+1}{2x}$. 故所求面积为

$$S(x)=\frac{1}{2}ab-\int_0^1(-x^2+1)dx=\frac{1}{4}\left(x^3+2x+\frac{1}{x}\right)-\frac{2}{3},$$

求导，得

$$S'(x)=\frac{1}{4}\left(3x-\frac{1}{x}\right)\cdot\left(x+\frac{1}{x}\right)\xlongequal{令}0,得驻点：x_0=\frac{1}{\sqrt{3}},$$

再由 $S''\left(\dfrac{1}{\sqrt{3}}\right)>0$ 知，$S\left(\dfrac{1}{\sqrt{3}}\right)$ 为极小值，且当 $0<x<1$ 时，仅有这一个极小值点，故此极小值即为 $S(x)$ 在 $0<x<1$ 上的最小值.

又 $x_0=\dfrac{1}{\sqrt{3}}$ 时，$y_0=\dfrac{2}{3}$，$S\left(\dfrac{1}{\sqrt{3}}\right)=\dfrac{2}{9}(2\sqrt{3}-3)$. 故所求点为 $\left(\dfrac{1}{\sqrt{3}},\dfrac{2}{3}\right)$，所求最小面积为 $\dfrac{2}{9}(2\sqrt{3}-3)$.

196 已知曲线 $y=a\sqrt{x}(a>0)$ 与曲线 $y=\ln\sqrt{x}$ 在点 (x_0,y_0) 处有公共切线，求
(1) 常数 a 及切点 (x_0,y_0)；
(2) 两曲线与 x 轴围成的平面图形的面积 S.

知识点睛 0310 利用定积分计算平面图形的面积

解 (1) 分别对 $y=a\sqrt{x}$ 和 $y=\ln\sqrt{x}$ 求导，得

$$y'=\frac{a}{2\sqrt{x}} \quad 和 \quad y'=\frac{1}{2x}.$$

由于两曲线在点 (x_0,y_0) 处有公共切线，可见

$$\frac{a}{2\sqrt{x_0}} = \frac{1}{2x_0}, \quad 得 \quad x_0 = \frac{1}{a^2}.$$

将 $x_0 = \dfrac{1}{a^2}$ 分别代入两曲线方程,有

$$y_0 = a\sqrt{\frac{1}{a^2}} = \frac{1}{2}\ln\frac{1}{a^2},$$

于是 $a = \dfrac{1}{e}$;$x_0 = \dfrac{1}{a^2} = e^2$,$y_0 = a\sqrt{x_0} = \dfrac{1}{e}\sqrt{e^2} = 1$.从而切点为 $(e^2,1)$.

(2)如 196 题图所示,两曲线与 x 轴围成的平面图形的面积

$$S = \int_0^1 (e^{2y} - e^2 y^2)\,\mathrm{d}y = \frac{1}{2}e^{2y}\Big|_0^1 - \frac{1}{3}e^2 y^3\Big|_0^1 = \frac{1}{6}e^2 - \frac{1}{2}.$$

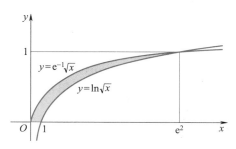

196 题图

197 位于曲线 $y = xe^{-x}$ $(0 \leqslant x < +\infty)$ 下方,x 轴上方的无界图形的面积 A 是_____.

知识点睛 0310 利用定积分计算平面图形的面积

解 $A = \displaystyle\int_0^{+\infty} xe^{-x}\mathrm{d}x = -(x+1)e^{-x}\Big|_0^{+\infty} = 1.$ 应填 1.

198 双纽线 $(x^2 + y^2)^2 = x^2 - y^2$ 所围成的区域面积 A 可用定积分表示为(   ).

(A) $2\displaystyle\int_0^{\frac{\pi}{4}} \cos 2\theta\,\mathrm{d}\theta$

(B) $4\displaystyle\int_0^{\frac{\pi}{4}} \cos 2\theta\,\mathrm{d}\theta$

(C) $2\displaystyle\int_0^{\frac{\pi}{4}} \sqrt{\cos 2\theta}\,\mathrm{d}\theta$

(D) $\dfrac{1}{2}\displaystyle\int_0^{\frac{\pi}{4}} (\cos 2\theta)^2\,\mathrm{d}\theta$

知识点睛 双纽线,0310 利用定积分表达平面图形的面积

解 双纽线的极坐标方程为 $r^2 = \cos 2\theta$.根据对称性,

$$A = 4 \cdot \frac{1}{2}\int_0^{\frac{\pi}{4}} r^2\,\mathrm{d}\theta = 2\int_0^{\frac{\pi}{4}} \cos 2\theta\,\mathrm{d}\theta.$$

应选(A).

199 已知曲线 L 的极坐标方程为 $r = \sin 3\theta$ $\left(0 \leqslant \theta \leqslant \dfrac{\pi}{3}\right)$,则 L 围成有界区域的面积为_____.　　　　　　　　　　　　　　　K 2022 数学二,5 分

知识点睛 0310 利用定积分计算平面图形的面积

解 所求面积为

$$S = \frac{1}{2} \int_0^{\frac{\pi}{3}} \sin^2 3\theta d\theta = \frac{1}{6} \int_0^{\pi} \sin^2 t dt$$

$$= \frac{1}{3} \int_0^{\frac{\pi}{2}} \sin^2 t dt = \frac{1}{3} \cdot \frac{1}{2} \cdot \frac{\pi}{2} = \frac{\pi}{12}.$$

应填 $\frac{\pi}{12}$.

200 设曲线的极坐标方程为 $r = e^{a\theta}(a>0)$,则该曲线上相应于 θ 从 0 变到 2π 的一段弧与极轴所围成的图形的面积为_____.

知识点睛 0310 利用定积分计算平面图形的面积

解 所求面积为 $S = \frac{1}{2} \int_0^{2\pi} r^2(\theta) d\theta = \frac{1}{2} \int_0^{2\pi} e^{2a\theta} d\theta = \frac{1}{4a} e^{2a\theta} \Big|_0^{2\pi} = \frac{1}{4a}(e^{4\pi a} - 1).$

应填 $\frac{1}{4a}(e^{4\pi a}-1)$.

201 求心脏线 $r = a(1+\cos\varphi)$ 与圆 $r = a$ 所围成各部分的面积($a>0$).

知识点睛 心脏线,0310 利用定积分计算平面图形的面积

解 如 201 题图所示,所求面积分为三部分:

(1)圆内,心脏线内部分 A_1;

(2)圆内,心脏线外部分 A_2;

(3)圆外,心脏线内部分 A_3.

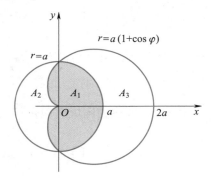

201 题图

(1) $A_1 = 2 \int_{\frac{\pi}{2}}^{\pi} \frac{1}{2} r^2(\varphi) d\varphi + \frac{\pi}{2} a^2$

$$= a^2 \int_{\frac{\pi}{2}}^{\pi} (1 + \cos\varphi)^2 d\varphi + \frac{\pi}{2} a^2$$

$$= \frac{\pi}{2} a^2 + a^2 \int_{\frac{\pi}{2}}^{\pi} \left(1 + 2\cos\varphi + \frac{1 + \cos 2\varphi}{2}\right) d\varphi$$

$$= \frac{\pi}{2} a^2 + a^2 \left(\frac{3}{2}\varphi + 2\sin\varphi + \frac{1}{4}\sin 2\varphi\right) \Big|_{\frac{\pi}{2}}^{\pi}$$

$$= \frac{\pi}{2}a^2 + a^2\left(\frac{3}{4}\pi - 2\right) = a^2\left(\frac{5}{4}\pi - 2\right).$$

（2）$A_2 = \pi a^2 - A_1 = a^2\left(2 - \frac{\pi}{4}\right).$

（3）$A_3 = 2\int_0^{\frac{\pi}{2}} \frac{1}{2}\left[a^2(1 + \cos\varphi)^2 - a^2\right]\mathrm{d}\varphi = a^2\int_0^{\frac{\pi}{2}}(1 + 2\cos\varphi + \cos^2\varphi - 1)\mathrm{d}\varphi$

$$= a^2\int_0^{\frac{\pi}{2}}(2\cos\varphi + \cos^2\varphi)\mathrm{d}\varphi = a^2\left(2 + \frac{\pi}{4}\right).$$

202 求曲线 $r = 3\cos\theta$ 及 $r = 1 + \cos\theta$ 所围成图形的公共部分的面积.

知识点睛 0310 利用定积分计算平面图形的面积

解 如 202 题图所示,公共部分为心脏线与圆周所围成,解方程组

$$\begin{cases} r = 3\cos\theta, \\ r = 1 + \cos\theta, \end{cases}$$

得交点 $\left(\frac{3}{2}, \pm\frac{\pi}{3}\right)$.再由对称性,所求面积为

$$A = 2(A_1 + A_2)$$

$$= 2\left[\frac{1}{2}\int_0^{\frac{\pi}{3}}(1 + \cos\theta)^2\mathrm{d}\theta + \frac{1}{2}\int_{\frac{\pi}{3}}^{\frac{\pi}{2}}(3\cos\theta)^2\mathrm{d}\theta\right]$$

$$= \int_0^{\frac{\pi}{3}}\left(1 + 2\cos\theta + \frac{1 + \cos 2\theta}{2}\right)\mathrm{d}\theta + 9\int_{\frac{\pi}{3}}^{\frac{\pi}{2}}\frac{1 + \cos 2\theta}{2}\mathrm{d}\theta$$

$$= \left(\frac{3}{2}\theta + 2\sin\theta + \frac{1}{4}\sin 2\theta\right)\Big|_0^{\frac{\pi}{3}} + 9\left(\frac{\theta}{2} + \frac{1}{4}\sin 2\theta\right)\Big|_{\frac{\pi}{3}}^{\frac{\pi}{2}} = \frac{5}{4}\pi.$$

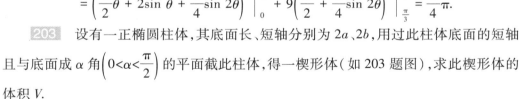

202 题图

203 设有一正椭圆柱体,其底面长、短轴分别为 $2a$、$2b$,用过此柱体底面的短轴且与底面成 α 角 $\left(0 < \alpha < \frac{\pi}{2}\right)$ 的平面截此柱体,得一楔形体(如 203 题图),求此楔形体的体积 V.

知识点睛 0310 利用定积分计算立体体积

解 底面椭圆的方程为 $\frac{x^2}{a^2} + \frac{y^2}{b^2} = 1$,以垂直于 y 轴的平行平面截此楔形体所得的截面为直角三角形,其一直角边长为 $a\sqrt{1 - \frac{y^2}{b^2}}$,另一直角边长为 $a\sqrt{1 - \frac{y^2}{b^2}}\tan\alpha$,故截面面积

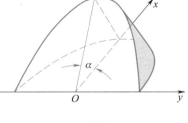

203 题图

$$S(y) = \frac{a^2}{2}\left(1 - \frac{y^2}{b^2}\right)\tan\alpha.$$

楔形体的体积 $\quad V = 2\int_0^b \frac{a^2}{2}\left(1 - \frac{y^2}{b^2}\right)\tan\alpha\mathrm{d}y = \frac{2a^2 b}{3}\tan\alpha.$

204 求曲线 $y=x^2-2x, y=0, x=1, x=3$ 所围成的平面图形的面积 S,并求该平面图形绕 y 轴旋转一周所得旋转体的体积 V.

知识点睛 0310 利用定积分计算平面图形的面积及旋转体体积

解 如204题图所示,所求面积 $S=S_1+S_2$.易见

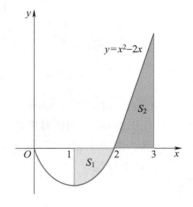

$$S_1 = \int_1^2 (2x - x^2)\,\mathrm{d}x = x^2 \Big|_1^2 - \frac{1}{3}x^3 \Big|_1^2 = \frac{2}{3},$$

$$S_2 = \int_2^3 (x^2 - 2x)\,\mathrm{d}x = \frac{1}{3}x^3 \Big|_2^3 - x^2 \Big|_2^3 = \frac{4}{3},$$

故所求图形的面积 $S=S_1+S_2=2$.

平面图形 S_1 绕 y 轴旋转一周所得旋转体体积

$$V_1 = \pi \int_{-1}^0 (1 + \sqrt{1+y})^2 \mathrm{d}y - \pi = \frac{11\pi}{6}.$$

平面图形 S_2 绕 y 轴旋转一周所得旋转体体积

$$V_2 = 27\pi - \pi \int_0^3 (1 + \sqrt{1+y})^2 \mathrm{d}y = \frac{43\pi}{6}.$$

204 题图

故所求旋转体体积 $V=V_1+V_2=9\pi$.

【评注】对于几何应用题均应先画出草图,再用有关公式进行计算.画图时应尽可能画出相关的平面图形,这对选取面积、体积公式及确定积分上下限都非常有用.

205 已知一抛物线通过 x 轴上的两点 $A(1,0), B(3,0)$.

(1)求证:两坐标轴与该抛物线所围图形的面积等于 x 轴与该抛物线所围图形的面积;

(2)计算上述两个平面图形绕 x 轴旋转一周所产生的两个旋转体体积之比.

知识点睛 0310 利用定积分计算平面图形的面积及旋转体体积

解 (1)设过两点 A, B 的抛物线方程为 $y=a(x-1)(x-3)$,则抛物线与两坐标轴所围图形的面积为

$$S_1 = \int_0^1 |a(x-1)(x-3)|\,\mathrm{d}x = |a| \int_0^1 (x^2 - 4x + 3)\,\mathrm{d}x = \frac{4}{3}|a|,$$

抛物线与 x 轴所围图形的面积为

$$S_2 = \int_1^3 |a(x-1)(x-3)|\,\mathrm{d}x = |a| \int_1^3 (4x - x^2 - 3)\,\mathrm{d}x = \frac{4}{3}|a|,$$

数值相等,所以 $S_1=S_2$.

(2)抛物线与两坐标轴所围图形绕 x 轴旋转所得旋转体体积为

$$V_1 = \pi \int_0^1 a^2 [(x-1)(x-3)]^2 \mathrm{d}x$$

$$= \pi a^2 \int_0^1 [(x-1)^4 - 4(x-1)^3 + 4(x-1)^2]\,\mathrm{d}x$$

$$= \pi a^2 \left[\frac{(x-1)^5}{5} - (x-1)^4 + \frac{4}{3}(x-1)^3 \right] \Big|_0^1 = \frac{38}{15}\pi a^2.$$

抛物线与 x 轴所围图形绕 x 轴旋转所得旋转体体积为

$$V_2 = \pi \int_1^3 a^2 [(x-1)(x-3)]^2 dx$$

$$= \pi a^2 \left[\frac{(x-1)^5}{5} - (x-1)^4 + \frac{4}{3}(x-1)^3 \right] \Big|_1^3 = \frac{16}{15}\pi a^2.$$

所以 $\dfrac{V_1}{V_2} = \dfrac{19}{8}$.

206 已知曲线 $y = a\sqrt{x}\,(a>0)$ 与曲线 $y = \ln\sqrt{x}$ 在点 (x_0, y_0) 处有公共切线,求

(1)常数 a 及切点 (x_0, y_0);

(2)两曲线与 x 轴围成的平面图形绕 x 轴旋转所得旋转体的体积 V_x.

知识点睛 0310 利用定积分计算旋转体体积

解 (1)分别对 $y = a\sqrt{x}$ 和 $y = \ln\sqrt{x}$ 求导,得

$$y' = \frac{a}{2\sqrt{x}} \quad 和 \quad y' = \frac{1}{2x}.$$

由于两条曲线在点 (x_0, y_0) 处有公共切线,可见

$$\frac{a}{2\sqrt{x_0}} = \frac{1}{2x_0}, \quad 得 x_0 = \frac{1}{a^2}.$$

将 $x_0 = \dfrac{1}{a^2}$ 分别代入两曲线方程,有

$$y_0 = a\sqrt{\frac{1}{a^2}} = \frac{1}{2}\ln\frac{1}{a^2},$$

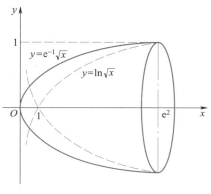

206 题图

于是 $a = \dfrac{1}{e}$;$x_0 = \dfrac{1}{a^2} = e^2$,$y_0 = a\sqrt{x_0} = \dfrac{1}{e} \cdot \sqrt{e^2} = 1$.从而切点为 $(e^2, 1)$,如 206 题图所示.

(2)旋转体的体积为

$$V_x = \int_0^{e^2} \pi \left(\frac{1}{e}\sqrt{x} \right)^2 dx - \int_1^{e^2} \pi (\ln\sqrt{x})^2 dx$$

$$= \frac{\pi x^2}{2e^2} \Big|_0^{e^2} - \frac{\pi}{4} \left(x\ln^2 x \Big|_1^{e^2} - 2\int_1^{e^2} \ln x\, dx \right)$$

$$= \frac{1}{2}\pi e^2 - \frac{\pi}{4} \left(4e^2 - 2x\ln x \Big|_1^{e^2} + 2\int_0^{e^2} dx \right) = \frac{1}{2}\pi e^2 - \frac{\pi}{2} x \Big|_1^{e^2} = \frac{\pi}{2}.$$

207 求曲线 $y = 3 - |x^2 - 1|$ 与 x 轴围成的封闭图形绕直线 $y=3$ 旋转所得的旋转体体积.

知识点睛 微元法,0310 利用定积分计算旋转体体积

解 如 207 题图所示.$\overset{\frown}{AB}$ 与 $\overset{\frown}{BC}$ 的方程分别为

$$y = x^2 + 2 (0 \le x \le 1), \quad 与 \quad y = 4 - x^2 (1 \le x \le 2).$$

设旋转体在区间 $[0,1]$ 上的体积为 V_1,在区间 $[1,2]$ 上的体积为 V_2,则它们的体积元素分别为

$$dV_1 = \pi \{3^2 - [3-(x^2+2)]^2\} dx,$$

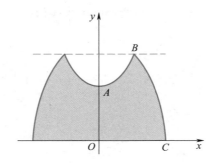

207 题图

$$dV_2 = \pi\{3^2 - [3-(4-x^2)]^2\}\,dx.$$

由对称性,得

$$V = 2(V_1 + V_2)$$

$$= 2\pi\int_0^1\{3^2 - [3-(x^2+2)]^2\}\,dx + 2\pi\int_1^2\{3^2 - [3-(4-x^2)]^2\}\,dx$$

$$= 2\pi\int_0^2(8+2x^2-x^4)\,dx$$

$$= 2\pi\left(8x + \frac{2}{3}x^3 - \frac{1}{5}x^5\right)\Big|_0^2 = \frac{448}{15}\pi.$$

【评注】本题应注意体积元素在不同区间上的表达式不一样.

208 设平面图形 A 由 $x^2+y^2 \leqslant 2x$ 与 $y \geqslant x$ 所确定,求图形 A 绕直线 $x=2$ 旋转一周所得旋转体的体积.

知识点晴 微元法,0310 利用定积分计算旋转体体积

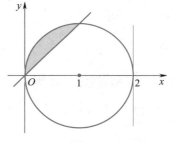

208 题图

解 A 的图形如 208 题图所示.

取 y 为积分变量,它的变化区间为 $[0,1]$,易见 A 的两条边界曲线方程分别为

$$x = 1-\sqrt{1-y^2} \quad \text{及} \quad x = y(0 \leqslant y \leqslant 1).$$

于是相应于 $[0,1]$ 区间上任一小区间 $[y, y+dy]$ 的薄片的体积元素为

$$\{\pi[2-(1-\sqrt{1-y^2})]^2 - \pi(2-y)^2\}\,dy = 2\pi[\sqrt{1-y^2} - (1-y)^2]\,dy,$$

即有 $dV = 2\pi[\sqrt{1-y^2} - (1-y)^2]\,dy.$ 于是,所求体积为

$$V = \int_0^1 2\pi[\sqrt{1-y^2} - (1-y)^2]\,dy$$

$$= 2\pi\int_0^1\sqrt{1-y^2}\,dy - 2\pi\int_0^1(1-y)^2\,dy$$

$$= 2\pi \cdot \frac{\pi}{4} - 2\pi \cdot \frac{1}{3} \quad (\text{几何意义})$$

$$= \frac{\pi^2}{2} - \frac{2\pi}{3}.$$

209 设曲线 $y = ax^2 (a > 0, x \geqslant 0)$ 与 $y = 1 - x^2$ 交于点 A，过坐标原点 O 和点 A 的直线与曲线 $y = ax^2$ 围成一平面图形.问 a 为何值时，该图形绕 x 轴旋转一周所得的旋转体体积最大？最大体积是多少？

知识点睛 0220 函数的最值问题，0310 利用定积分计算旋转体体积

209 题精解视频

解 当 $x \geqslant 0$ 时，由 $\begin{cases} y = ax^2 \\ y = 1 - x^2 \end{cases}$，解得 $x = \dfrac{1}{\sqrt{1+a}}, y = \dfrac{a}{1+a}$，故直线 OA 的方程为 $y = \dfrac{ax}{\sqrt{1+a}}$.

旋转体的体积

$$V = \pi \int_0^{\frac{1}{\sqrt{1+a}}} \left(\frac{a^2 x^2}{1+a} - a^2 x^4 \right) dx = \pi \left[\frac{a^2}{3(1+a)} x^3 - \frac{a^2}{5} x^5 \right] \Bigg|_0^{\frac{1}{\sqrt{1+a}}} = \frac{2\pi}{15} \cdot \frac{a^2}{(1+a)^{\frac{5}{2}}},$$

$$\frac{dV}{da} = \frac{2\pi}{15} \cdot \frac{2a(1+a)^{\frac{5}{2}} - a^2 \cdot \frac{5}{2}(1+a)^{\frac{3}{2}}}{(1+a)^5} = \frac{\pi(4a - a^2)}{15(1+a)^{\frac{7}{2}}} \quad (a > 0),$$

令 $\dfrac{dV}{da} = 0$，并由 $a > 0$ 得唯一驻点 $a = 4$.

由题意知此旋转体在 $a = 4$ 时取最大值，其最大体积为

$$V = \frac{2\pi}{15} \cdot \frac{16}{5^{\frac{5}{2}}} = \frac{32\sqrt{5}}{1875} \pi.$$

【评注】 本题考查旋转体的体积公式及求最大值问题.旋转体的体积依赖于两抛物线交点位置，而交点位置由参数 a 确定，所以首先要求出两抛物线的交点坐标（参数 a 的函数），再写出直线 OA 的方程及旋转体的体积（均为参数 a 的函数），最后求出最大值.

210 设 D_1 是由抛物线 $y = 2x^2$ 和直线 $x = a, x = 2$ 及 $y = 0$ 所围成的平面区域；D_2 是由抛物线 $y = 2x^2$ 和直线 $y = 0, x = a$ 所围成的平面区域，其中 $0 < a < 2$.

2002 数学三，7 分

(1) 试求 D_1 绕 x 轴旋转而成的旋转体体积 V_1；D_2 绕 y 轴旋转而成的旋转体体积 V_2；

(2) 问当 a 为何值时，$V_1 + V_2$ 取最大值？试求此最大值.

知识点睛 0220 函数的最值问题，0310 利用定积分计算旋转体体积

解 (1) 如 210 题图所示.

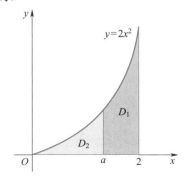

210 题图

$$V_1 = \pi\int_a^2(2x^2)^2\mathrm{d}x = \frac{4\pi}{5}(32-a^5);$$

$$V_2 = \pi a^2\cdot 2a^2 - \pi\int_0^{2a^2}\frac{y}{2}\mathrm{d}y = 2\pi a^4 - \pi a^4 = \pi a^4.$$

（2）设 $V = V_1+V_2 = \dfrac{4\pi}{5}(32-a^5)+\pi a^4.$ 由

$$V' = 4\pi a^3(1-a) = 0,$$

得区间 $(0,2)$ 内的唯一驻点 $a=1.$

当 $0<a<1$ 时，$V'>0$；当 $a>1$ 时，$V'<0.$ 因此 $a=1$ 是极大值点即最大值点.此时，V_1+V_2 取得最大值，等于 $\dfrac{129}{5}\pi.$

211　设有曲线 $y=\sqrt{x-1}$，过原点作其切线，求由此曲线、切线及 x 轴围成的平面图形绕 x 轴旋转一周所得到的旋转体的表面积.

知识点睛　0203 平面曲线的切线，0310 利用定积分计算旋转体的侧面积

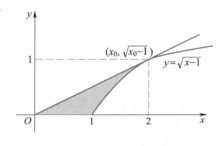

211 题图

解　如 211 题图所示.设切点为 $(x_0,\sqrt{x_0-1})$，则过原点的切线方程为

$$y = \frac{1}{2\sqrt{x_0-1}}x.$$

再以点 $(x_0,\sqrt{x_0-1})$ 代入，解得

$$x_0 = 2, y_0 = \sqrt{x_0-1} = 1,$$

则上述切线方程为 $y=\dfrac{1}{2}x.$

由曲线 $y=\sqrt{x-1}$（$1\leqslant x\leqslant 2$）绕 x 轴旋转一周，所得到的旋转面的面积

$$S_1 = \int_1^2 2\pi y\sqrt{1+y'^2}\,\mathrm{d}x = \pi\int_1^2\sqrt{4x-3}\,\mathrm{d}x = \frac{\pi}{6}(5\sqrt{5}-1);$$

由直线段 $y=\dfrac{1}{2}x$（$0\leqslant x\leqslant 2$）绕 x 轴旋转一周所得到的旋转面的面积

$$S_2 = \int_0^2 2\pi\cdot\frac{1}{2}x\frac{\sqrt{5}}{2}\,\mathrm{d}x = \sqrt{5}\pi.$$

因此，所求旋转体的表面积为

$$S = S_1+S_2 = \frac{\pi}{6}(11\sqrt{5}-1).$$

212 求摆线 $\begin{cases} x=1-\cos t, \\ y=t-\sin t \end{cases}$ 一拱($0 \le t \le 2\pi$)的弧长.

知识点睛 摆线,0310 利用定积分计算曲线的弧长.

解 $\dfrac{\mathrm{d}x}{\mathrm{d}t}=\sin t$, $\dfrac{\mathrm{d}y}{\mathrm{d}t}=1-\cos t$,所以

$$\mathrm{d}s=\sqrt{\sin^2 t+(1-\cos t)^2}\,\mathrm{d}t=\sqrt{2(1-\cos t)}\,\mathrm{d}t=2\sin\frac{t}{2}\,\mathrm{d}t \quad (0 \le t \le 2\pi).$$

从而 $s=\displaystyle\int_0^{2\pi} 2\sin\frac{t}{2}\,\mathrm{d}t=8.$

213 求心脏线 $r=a(1+\cos\theta)$ 的全长,其中 $a>0$ 是常数.

知识点睛 0310 利用定积分计算曲线的弧长.

解 $r'(\theta)=-a\sin\theta$,

$$\mathrm{d}s=\sqrt{r^2+(r')^2}\,\mathrm{d}\theta=a\sqrt{(1+\cos\theta)^2+(-\sin\theta)^2}\,\mathrm{d}\theta=2a\left|\cos\frac{\theta}{2}\right|\mathrm{d}\theta.$$

利用对称性知,所求心脏线的全长

$$s=2\int_0^\pi 2a\cos\frac{\theta}{2}\,\mathrm{d}\theta=8a\sin\frac{\theta}{2}\Big|_0^\pi=8a.$$

214 设位于第一象限的曲线 $y=f(x)$ 过点 $\left(\dfrac{\sqrt{2}}{2},\dfrac{1}{2}\right)$,其上任一点 $P(x,y)$ 处的法线与 y 轴的交点为 Q,且线段 PQ 被 x 轴平分.

(1)求曲线 $y=f(x)$ 的方程;

(2)已知曲线 $y=\sin x$ 在 $[0,\pi]$ 上的弧长为 l,试用 l 表示曲线 $y=f(x)$ 的弧长 s.

知识点睛 0203 曲线的法线,0310 利用定积分计算曲线的弧长

解 (1)曲线 $y=f(x)$ 在点 $P(x,y)$ 处的法线方程为

$$Y-y=-\frac{1}{y'}(X-x),$$

其中 (X,Y) 为法线上任意一点的坐标.令 $X=0$,则

$$Y=y+\frac{x}{y'},$$

故点 Q 坐标为 $\left(0,y+\dfrac{x}{y'}\right)$.

由题设知

$$y+y+\frac{x}{y'}=0, \quad 即 \quad 2y\mathrm{d}y+x\mathrm{d}x=0,$$

积分,得 $x^2+2y^2=C$(C 为任意常数).

由 $y\Big|_{x=\frac{\sqrt{2}}{2}}=\dfrac{1}{2}$ 知 $C=1$,故曲线 $y=f(x)$ 的方程为 $x^2+2y^2=1$.

(2)曲线 $y=\sin x$ 在 $[0,\pi]$ 上的弧长为 $l=2\displaystyle\int_0^{\frac{\pi}{2}}\sqrt{1+\cos^2 x}\,\mathrm{d}x.$

曲线 $y=f(x)$ 的参数方程为 $\begin{cases} x=\cos\theta, \\ y=\dfrac{\sqrt{2}}{2}\sin\theta, \end{cases}$ 故

$$s = \int_0^{\frac{\pi}{2}} \sqrt{\sin^2\theta + \frac{1}{2}\cos^2\theta}\,\mathrm{d}\theta = \frac{1}{\sqrt{2}} \int_0^{\frac{\pi}{2}} \sqrt{1 + \sin^2\theta}\,\mathrm{d}\theta.$$

令 $\theta = \dfrac{\pi}{2} - t$，则

$$s = \frac{1}{\sqrt{2}} \int_{\frac{\pi}{2}}^0 \sqrt{1 + \cos^2 t}\,(-\mathrm{d}t) = \frac{1}{\sqrt{2}} \int_0^{\frac{\pi}{2}} \sqrt{1 + \cos^2 t}\,\mathrm{d}t = \frac{l}{2\sqrt{2}} = \frac{\sqrt{2}}{4}l.$$

215 如215题图所示，C_1 和 C_2 分别是 $y=\dfrac{1}{2}(1+\mathrm{e}^x)$ 和 $y=\mathrm{e}^x$ 的图像，过点 $(0,1)$ 的曲线 C_3 是一单调增函数的图像. 过 C_2 上任一点 $M(x,y)$ 分别作垂直于 x 轴和 y 轴的直线 l_x 和 l_y，记 C_1，C_2 与 l_x 所围图形的面积为 $S_1(x)$；C_2，C_3 与 l_y 所围图形的面积为 $S_2(y)$. 如果总有 $S_1(x)=S_2(y)$，求曲线 C_3 的方程 $x=\varphi(y)$.

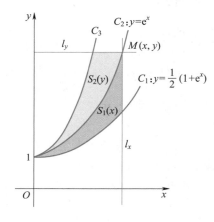

215 题图

知识点睛 0310 利用定积分表示平面图形的面积

解 由题设 $S_1(x)=S_2(y)$，知

$$\int_0^x \left[\mathrm{e}^x - \frac{1}{2}(1+\mathrm{e}^x) \right]\mathrm{d}x = \int_1^y \left[\ln y - \varphi(y) \right]\mathrm{d}y,$$

即

$$\int_0^x \left(\frac{1}{2}\mathrm{e}^x - \frac{1}{2} \right)\mathrm{d}x = \int_1^y \left[\ln y - \varphi(y) \right]\mathrm{d}y,$$

两边对 x 求导，得

$$\frac{1}{2}\mathrm{e}^x - \frac{1}{2} = \left[\ln y - \varphi(y) \right]\frac{\mathrm{d}y}{\mathrm{d}x}.$$

由 $y=\mathrm{e}^x$ 得

$$\frac{1}{2}\mathrm{e}^x - \frac{1}{2} = \left[x - \varphi(\mathrm{e}^x) \right]\mathrm{e}^x,$$

于是 $\varphi(\mathrm{e}^x)=x+\dfrac{1}{2\mathrm{e}^x}-\dfrac{1}{2}$,从而 $\varphi(y)=\ln y+\dfrac{1}{2y}-\dfrac{1}{2}$.

故曲线 C_3 的方程为 $x=\ln y+\dfrac{1}{2y}-\dfrac{1}{2}$.

【评注】用定积分表示面积得到一个方程,再通过积分上限函数求导化为方程求解. 此题解题思路比较明显,根据题设条件逐步求解即可.

216 设 $y=f(x)$ 是区间 $[0,1]$ 上的任一非负连续函数. 1998 数学一, 6分

(1)试证:存在 $x_0\in(0,1)$,使得在区间 $[0,x_0]$ 上以 $f(x_0)$ 为高的矩形面积,等于在区间 $[x_0,1]$ 上以 $y=f(x)$ 为曲边的曲边梯形面积.

(2)又设 $f(x)$ 在区间 $(0,1)$ 内可导,且 $f'(x)>-\dfrac{2f(x)}{x}$,证明(1)中的 x_0 是唯一的.

知识点睛　0117 介值定理,0310 利用定积分表示平面图形的面积

证　(1)设 $F(x)=x\displaystyle\int_x^1 f(t)\mathrm{d}t$,则 $F(0)=F(1)=0$,且 $F'(x)=\displaystyle\int_x^1 f(t)\mathrm{d}t-xf(x)$. 对 $F(x)$ 在区间 $[0,1]$ 上应用罗尔定理知,存在一点 $x_0\in(0,1)$,使 $F'(x_0)=0$,因而

$$\int_{x_0}^1 f(x)\mathrm{d}x-x_0 f(x_0)=0,$$

即矩形面积 $x_0 f(x_0)$ 等于曲边梯形面积 $\displaystyle\int_{x_0}^1 f(x)\mathrm{d}x$.

(2)设 $\varphi(x)=\displaystyle\int_x^1 f(t)\mathrm{d}t-xf(x)$,则当 $x\in(0,1)$ 时,有

$$\varphi'(x)=-f(x)-f(x)-xf'(x)<0,$$

所以 $\varphi(x)$ 在区间 $(0,1)$ 内单调减少,故此时(1)中的 x_0 是唯一的.

217 已知星形线 $\begin{cases}x=a\cos^3 t,\\ y=a\sin^3 t\end{cases}$ $(a>0)$,求:

(1)它所围的面积;

(2)它的弧长;

(3)它绕 x 轴旋转而成的旋转体的表面积.

知识点睛　0310 利用定积分计算平面图形的面积、曲线的弧长、旋转曲面的侧面积

解　(1)如 217 题图所示.

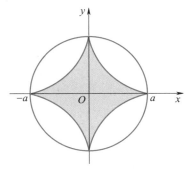

217 题图

$$A = 4\int_0^a y\,dx = 4\int_{\frac{\pi}{2}}^0 a\sin^3 t \cdot 3a\cos^2 t(-\sin t)\,dt$$

$$= 12\int_0^{\frac{\pi}{2}} a^2(\sin^4 t - \sin^6 t)\,dt$$

$$= 12a^2\left[\frac{3}{4}\cdot\frac{1}{2}\cdot\frac{\pi}{2}\left(1-\frac{5}{6}\right)\right] = \frac{3}{8}\pi a^2.$$

（2）其弧长等于第一象限弧长的 4 倍，即

$$L = 4\int_0^{\frac{\pi}{2}}\sqrt{(x')^2+(y')^2}\,dt = 4\int_0^{\frac{\pi}{2}}3a\cos t\sin t\,dt = 6a(\sin t)^2\Big|_0^{\frac{\pi}{2}} = 6a.$$

（3）$S = 2\int_0^a 2\pi y\sqrt{1+(y_x')^2}\,dx = 4\pi\int_0^{\frac{\pi}{2}}a\sin^3 t\cdot 3a\cos t\sin t\,dt$

$$= 12\pi a^2\cdot\frac{1}{5}\sin^5 t\Big|_0^{\frac{\pi}{2}} = \frac{12}{5}\pi a^2.$$

218 设直线 $y=ax$ 与抛物线 $y=x^2$ 所围成图形的面积为 S_1，它们与直线 $x=1$ 所围成的图形面积为 S_2，并且 $a<1$.

（1）试确定 a 的值，使 S_1+S_2 达到最小，并求出最小值.

（2）求该最小值所对应的平面图形绕 x 轴旋转一周所得旋转体的体积.

知识点睛 0310 利用定积分计算旋转体体积

解 （1）当 $0<a<1$ 时（如 218 题图(1)所示），

$$S = S_1 + S_2 = \int_0^a (ax-x^2)\,dx + \int_a^1 (x^2-ax)\,dx$$

$$= \left(\frac{ax^2}{2}-\frac{x^3}{3}\right)\Big|_0^a + \left(\frac{x^3}{3}-\frac{ax^2}{2}\right)\Big|_a^1$$

$$= \frac{a^3}{3}-\frac{a}{2}+\frac{1}{3}.$$

令 $S' = a^2-\dfrac{1}{2}=0$，得 $a=\dfrac{1}{\sqrt{2}}$. 又 $S''\left(\dfrac{1}{\sqrt{2}}\right)=\sqrt{2}>0$，则 $S\left(\dfrac{1}{\sqrt{2}}\right)$ 是极小值即最小值，其值为

$$S\left(\frac{1}{\sqrt{2}}\right) = \frac{1}{6\sqrt{2}}-\frac{1}{2\sqrt{2}}+\frac{1}{3} = \frac{2-\sqrt{2}}{6}.$$

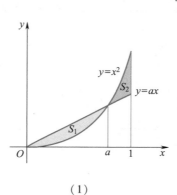
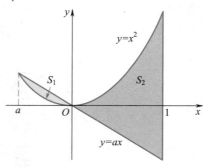

（1）	（2）

218 题图

当 $a \leqslant 0$ 时(如 218 题图(2)所示),

$$S = S_1 + S_2 = \int_a^0 (ax - x^2)\,\mathrm{d}x + \int_0^1 (x^2 - ax)\,\mathrm{d}x = -\frac{a^3}{6} - \frac{a}{2} + \frac{1}{3}.$$

$$S' = -\frac{a^2}{2} - \frac{1}{2} = -\frac{1}{2}(a^2 + 1) < 0,$$

S 单调减少,故 $a = 0$ 时,S 取得最小值,此时 $S = \dfrac{1}{3}$.

综合上述,当 $a = \dfrac{1}{\sqrt{2}}$ 时,$S\left(\dfrac{1}{\sqrt{2}}\right)$ 为所求最小值,最小值为 $\dfrac{2-\sqrt{2}}{6}$.

(2) $V_x = \pi \int_0^{\frac{1}{\sqrt{2}}} \left(\dfrac{1}{2}x^2 - x^4\right) \mathrm{d}x + \pi \int_{\frac{1}{\sqrt{2}}}^1 \left(x^4 - \dfrac{1}{2}x^2\right) \mathrm{d}x$

$\qquad = \pi \left(\dfrac{1}{6}x^3 - \dfrac{x^5}{5}\right) \Big|_0^{\frac{1}{\sqrt{2}}} + \pi \left(\dfrac{x^5}{5} - \dfrac{1}{6}x^3\right) \Big|_{\frac{1}{\sqrt{2}}}^1 = \dfrac{\sqrt{2}+1}{30}\pi.$

219 曲线 $y = \dfrac{\mathrm{e}^x + \mathrm{e}^{-x}}{2}$ 与直线 $x = 0, x = t\,(t > 0)$ 及 $y = 0$ 围成一曲边梯形,该曲边梯形绕 x 轴旋转一周得一旋转体,其体积为 $V(t)$,侧面积为 $S(t)$,在 $x = t$ 处的底面积为 $F(t)$.

(1) 求 $\dfrac{S(t)}{V(t)}$ 的值;

(2) 计算极限 $\lim\limits_{t \to +\infty} \dfrac{S(t)}{F(t)}$.

知识点睛 0310 利用定积分计算旋转体的侧面积

解 (1) $S(t) = \int_0^t 2\pi y \sqrt{1 + (y')^2}\,\mathrm{d}x$

$\qquad\qquad = 2\pi \int_0^t \left(\dfrac{\mathrm{e}^x + \mathrm{e}^{-x}}{2}\right) \sqrt{1 + \dfrac{\mathrm{e}^{2x} - 2 + \mathrm{e}^{-2x}}{4}}\,\mathrm{d}x$

$\qquad\qquad = 2\pi \int_0^t \left(\dfrac{\mathrm{e}^x + \mathrm{e}^{-x}}{2}\right)^2 \mathrm{d}x,$

$\qquad\quad V(t) = \pi \int_0^t \left(\dfrac{\mathrm{e}^x + \mathrm{e}^{-x}}{2}\right)^2 \mathrm{d}x,$

所以 $\dfrac{S(t)}{V(t)} = 2.$

(2) $F(t) = \pi y^2 \Big|_{x=t} = \pi \left(\dfrac{\mathrm{e}^t + \mathrm{e}^{-t}}{2}\right)^2,$

$$\lim_{t \to +\infty} \frac{S(t)}{F(t)} = \lim_{t \to +\infty} \frac{2\pi \int_0^t \left(\dfrac{\mathrm{e}^x + \mathrm{e}^{-x}}{2}\right)^2 \mathrm{d}x}{\pi \left(\dfrac{\mathrm{e}^t + \mathrm{e}^{-t}}{2}\right)^2}$$

$$= \lim_{t \to +\infty} \frac{2\left(\dfrac{e^t + e^{-t}}{2}\right)^2}{2\left(\dfrac{e^t + e^{-t}}{2}\right)\left(\dfrac{e^t - e^{-t}}{2}\right)}$$

$$= \lim_{t \to +\infty} \frac{e^t + e^{-t}}{e^t - e^{-t}} = 1.$$

【评注】曲线 $y = f(x) \geqslant 0, x = a, x = b$ 所围区域绕 x 轴旋转所得旋转体的侧面积公式为

$$S = \int_a^b 2\pi f(x) \sqrt{1 + f'^2(x)} \, \mathrm{d}x.$$

Ⓚ 2011 数学一、数学二,4 分

220 曲线 $y = \displaystyle\int_0^x \tan t \, \mathrm{d}t \left(0 \leqslant x \leqslant \dfrac{\pi}{4}\right)$ 的弧长 $s = $ _____.

知识点睛　0310 利用定积分计算曲线的弧长

解　由 $\mathrm{d}s = \sqrt{1 + y'^2} \, \mathrm{d}x = \sqrt{1 + \tan^2 x} \, \mathrm{d}x = \sec x \, \mathrm{d}x \left(0 \leqslant x \leqslant \dfrac{\pi}{4}\right)$,所以

$$s = \int_0^{\frac{\pi}{4}} \sec x \, \mathrm{d}x = \ln |\sec x + \tan x| \Big|_0^{\frac{\pi}{4}} = \ln(1 + \sqrt{2}).$$

应填 $\ln(1 + \sqrt{2})$.

【评注】本题主要考查曲线弧长的计算,计算中用到一个基本积分公式

$$\int \sec x \, \mathrm{d}x = \ln |\sec x + \tan x| + C.$$

Ⓚ 2007 数学二,11 分

221 设 D 是位于曲线 $y = \sqrt{x} \, a^{-\frac{x}{2a}} (a > 1, 0 \leqslant x < +\infty)$ 下方,x 轴上方的无界区域.

（Ⅰ）求区域 D 绕 x 轴旋转一周所成旋转体的体积 $V(a)$;

（Ⅱ）当 a 为何值时,$V(a)$ 最小? 并求此最小值.

知识点睛　0310 利用定积分计算旋转体体积

解　（Ⅰ）所求旋转体的体积为

$$V(a) = \pi \int_0^{+\infty} y^2(x) \, \mathrm{d}x = \pi \int_0^{+\infty} x a^{-\frac{x}{a}} \, \mathrm{d}x$$

$$= -\frac{a\pi}{\ln a} \int_0^{+\infty} x \, \mathrm{d}\left(a^{-\frac{x}{a}}\right)$$

$$= -\frac{a\pi}{\ln a} \left(x a^{-\frac{x}{a}}\right) \Big|_0^{+\infty} + \frac{a\pi}{\ln a} \int_0^{+\infty} a^{-\frac{x}{a}} \, \mathrm{d}x$$

$$= \pi \left(\frac{a}{\ln a}\right)^2.$$

（Ⅱ）$V'(a) = 2\pi \dfrac{a(\ln a - 1)}{\ln^3 a}$.

令 $V'(a) = 0$,得 $\ln a = 1$,从而 $a = \mathrm{e}$.

当 $1 < a < \mathrm{e}$ 时,$V'(a) < 0$,$V(a)$ 单调减少;当 $a > \mathrm{e}$ 时,$V'(a) > 0$,$V(a)$ 单调增加,所以,

当 $a=\mathrm{e}$ 时,$V(a)$ 最小,最小体积为

$$V(\mathrm{e}) = \pi\left(\frac{\mathrm{e}}{\ln\mathrm{e}}\right)^2 = \pi\mathrm{e}^2.$$

222 当 $0\le\theta\le\pi$ 时,计算对数螺线 $r=\mathrm{e}^\theta$ 的弧长.

K 2010 数学二,
4 分

知识点睛 0310 利用定积分计算曲线的弧长

解 $\mathrm{d}s = \sqrt{r^2+r'^2}\,\mathrm{d}\theta = \sqrt{\mathrm{e}^{2\theta}+\mathrm{e}^{2\theta}}\,\mathrm{d}\theta = \sqrt{2}\,\mathrm{e}^\theta\,\mathrm{d}\theta$,则 $s = \int_0^\pi \sqrt{2}\,\mathrm{e}^\theta\,\mathrm{d}\theta = \sqrt{2}\,(\mathrm{e}^\pi - 1)$.

223 一个高为 l 的柱体形贮油罐,底面是长轴为 $2a$,短轴为 $2b$ 的椭圆.现将贮油

K 2010 数学二,
10 分

罐平放,当油罐中油面高度为 $\frac{3}{2}b$ 时,如 223 题图(1)所示,计算油的质量.(长度单位为 m,质量单位为 kg,油的密度为常数 ρ kg/m³.)

知识点睛 0310 利用定积分表达物理量——油的质量

分析 本题的关键是计算出图中阴影部分的面积,就可以得到油的体积,进而得到油的质量.

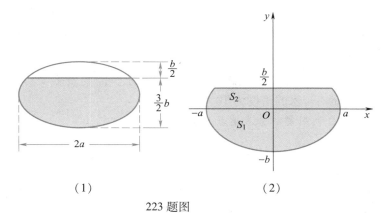

（1）　　　　　　　　　（2）

223 题图

解 如 223 题图(2)建立坐标系,则油罐底面椭圆方程为 $\frac{x^2}{a^2}+\frac{y^2}{b^2}=1$.图中阴影部分

为油面与椭圆所围成的图形.记 S_1 为下半椭圆面积,则 $S_1 = \frac{1}{2}\pi ab$.

记 S_2 是位于 x 轴上方阴影部分的面积,则

$$S_2 = 2\int_0^{\frac{b}{2}} a\sqrt{1-\frac{y^2}{b^2}}\,\mathrm{d}y.$$

令 $y=b\sin t$,则 $\mathrm{d}y=b\cos t\,\mathrm{d}t$,

$$S_2 = 2ab\int_0^{\frac{\pi}{6}}\sqrt{1-\sin^2 t}\,\cos t\,\mathrm{d}t = 2ab\int_0^{\frac{\pi}{6}}\cos^2 t\,\mathrm{d}t$$

$$= ab\int_0^{\frac{\pi}{6}}(1+\cos 2t)\,\mathrm{d}t = ab\left(\frac{\pi}{6}+\frac{\sqrt{3}}{4}\right),$$

于是油的质量为

$$(S_1+S_2)l\rho = \left(\frac{1}{2}\pi ab+\frac{\pi}{6}ab+\frac{\sqrt{3}}{4}ab\right)l\rho = \left(\frac{2}{3}\pi+\frac{\sqrt{3}}{4}\right)abl\rho.$$

【评注】本题是要计算油的质量(物理量).但问题的核心是计算阴影部分的面积(几何量),所以,本题实质是考查定积分在几何上的应用.读者的错误大多都出在定积分的计算上,可见还是要提升基本功的训练.

2011 数学二,11 分

224　一容器的内侧是由 224 题图中曲线绕 y 轴旋转一周而成的曲面,该曲线由 $x^2+y^2=2y$ $\left(y\geqslant\dfrac{1}{2}\right)$ 与 $x^2+y^2=1$ $\left(y\leqslant\dfrac{1}{2}\right)$ 连接而成.

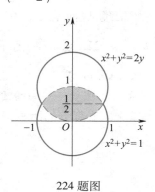

224 题图

(Ⅰ)求容器的容积;

(Ⅱ)若将容器内盛满的水从容器顶部全部抽出,至少需要做多少功?(长度单位: m,重力加速度为 g m/s^2,水的密度为 10^3 kg/m^3.)

知识点睛　0310 利用定积分表达物理量——功

解　(Ⅰ)由对称性知容器位于 $y=\dfrac{1}{2}$ 上、下两侧部分的容积相等,因此,只需考查 $-1\leqslant y\leqslant\dfrac{1}{2}$ 部分,曲线可表示为 $x=f(y)=\sqrt{1-y^2}$ $\left(-1\leqslant y\leqslant\dfrac{1}{2}\right)$,则容积

$$V=2\int_{-1}^{\frac{1}{2}}\pi f^2(y)\mathrm{d}y=2\pi\int_{-1}^{\frac{1}{2}}(1-y^2)\mathrm{d}y=\frac{9}{4}\pi.$$

(Ⅱ)容器内侧曲线记为 $x=f(y)$,在 y 轴取小区间 $[y,y+\mathrm{d}y]$,对应容器内小薄片水的重量为 $\rho g\pi f^2(y)\mathrm{d}y$($\rho$ 为水的密度),抽出这部分水需走的路程近似为 $2-y$,将此薄层水抽出需做的功近似等于

$$\mathrm{d}W=\rho g\pi f^2(y)(2-y)\mathrm{d}y$$

$$=\begin{cases}\rho g\pi(1-y^2)(2-y)\mathrm{d}y, & -1\leqslant y\leqslant\dfrac{1}{2},\\[2mm]\rho g\pi(2y-y^2)(2-y)\mathrm{d}y, & \dfrac{1}{2}\leqslant y\leqslant 2,\end{cases}$$

则

$$W=\pi\rho g\int_{-1}^{\frac{1}{2}}(1-y^2)(2-y)\mathrm{d}y+\pi\rho g\int_{\frac{1}{2}}^{2}(2y-y^2)(2-y)\mathrm{d}y$$

$$=\pi\rho g\left[\int_{-1}^{\frac{1}{2}}(y^3-2y^2-y+2)\mathrm{d}y+\int_{\frac{1}{2}}^{2}(y^3-4y^2+4y)\mathrm{d}y\right]$$

$$= \frac{27}{8}\pi\rho g = \frac{27 \times 10^3}{8}\pi g(\text{J}).$$

225 半径等于 r m 的半球形水池,其中充满了水.把池内的水完全吸尽,需做多少功?(水的密度 $\rho = 1000$ kg/m³,设重力加速度为 g.)

知识点睛　0310 利用定积分计算功

解法 1　建立坐标系如 225 题图(1)所示,所做功为

$$W = 1000\pi g \int_r^0 (r-h)[r^2 - (r-h)^2]\mathrm{d}h$$

$$= 1000\pi g \int_r^0 [r^2(r-h) - (r-h)^3]\mathrm{d}h$$

$$= 1000\pi g \cdot \left[-\frac{r^2}{2}(r-h)^2 + \frac{1}{4}(r-h)^4 \right]\bigg|_r^0$$

$$= 250\pi g r^4.$$

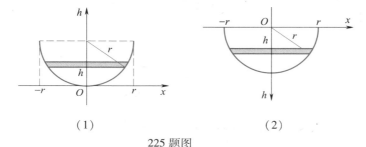

（1）　　　　　　　　（2）

225 题图

解法 2　建立坐标系如 225 题图(2)所示,所做功为

$$W = 1000\pi g \int_0^r (r^2 - h^2)h\mathrm{d}h = 1000\pi g \cdot \left(\frac{r^2}{2}h^2 - \frac{h^4}{4} \right)\bigg|_0^r = 250\pi g r^4,$$

故吸尽池内的水做的功为 $250\ \pi g r^4(\text{J})$.

226　某闸门的形状与大小如 226 题图所示,其中直线 l 为对称轴,闸门的上部为矩形 $ABCD$,下部由二次抛物线与线段 AB 所围成.当水面与闸门的上端相平时,欲使闸

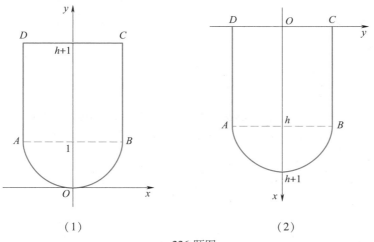

（1）　　　　　　　　（2）

226 题图

门矩形部分承受的水压力与闸门下部承受的水压力之比为 5∶4,闸门矩形部分的高 $h(\mathrm{m})$ 应为多少?

知识点睛 0310 利用定积分求水压力

解法 1 建立坐标系如 226 题图(1)所示,则抛物线的方程为

$$y = x^2.$$

闸门矩形部分承受的水压力

$$P_1 = 2\int_1^{h+1} \rho g(h+1-y)\mathrm{d}y = 2\rho g\left[(h+1)y - \frac{y^2}{2}\right]\Big|_1^{h+1} = \rho gh^2,$$

其中 ρ 为水的密度,g 为重力加速度.

闸门下部承受的水压力

$$P_2 = 2\int_0^1 \rho g(h+1-y)\sqrt{y}\mathrm{d}y$$

$$= 2\rho g\left[\frac{2}{3}(h+1)y^{\frac{3}{2}} - \frac{2}{5}y^{\frac{5}{2}}\right]\Big|_0^1 = 4\rho g\left(\frac{1}{3}h + \frac{2}{15}\right).$$

由题意知

$$\frac{P_1}{P_2} = \frac{5}{4}, \quad \text{即} \quad \frac{h^2}{4\left(\frac{1}{3}h + \frac{2}{15}\right)} = \frac{5}{4},$$

解之得 $h=2,h=-\dfrac{1}{3}$(舍去),故 $h=2$.即闸门矩形部分的高应为 2m.

解法 2 建立坐标系如 226 题图(2)所示,则抛物线方程为

$$x = h+1-y^2.$$

闸门矩形部分承受的水压力为 $P_1 = 2\int_0^h \rho gx\mathrm{d}x = \rho gh^2$.闸门下部承受的水压力为

$$P_2 = 2\int_h^{h+1} \rho gx\sqrt{h+1-x}\mathrm{d}x.$$

设 $\sqrt{h+1-x}=t$,得

$$P_2 = 4\rho g\int_0^1 (h+1-t^2)t^2\mathrm{d}t = 4\rho g\left[(h+1)\frac{t^3}{3} - \frac{t^5}{5}\right]\Big|_0^1 = 4\rho g\left(\frac{1}{3}h + \frac{2}{15}\right).$$

以下同解法 1.

227 设星形线 $\begin{cases} x = a\cos^3 t \\ y = a\sin^3 t \end{cases}$ 上每一点处的线密度的大小等于该点到原点的距离的立方,在原点 O 处有一单位质点,求星形线在第一象限的弧段对这质点的引力.

知识点睛 微元法,0310 利用定积分求引力

解 如 227 题图所示.在弧上取一小段 $\mathrm{d}s$,将其近似地看成质点 (x,y),其质量为 $(x^2+y^2)^{\frac{3}{2}}\mathrm{d}s$,由两质点间的引力计算公式,此小段对在原点处的单位质点的引力 $\mathrm{d}F$ 的大小为

$$\mathrm{d}F = k\frac{(x^2+y^2)^{\frac{3}{2}}\mathrm{d}s}{x^2+y^2} = k(x^2+y^2)^{\frac{1}{2}}\mathrm{d}s \quad \text{(其中 } k \text{ 为引力系数)},$$

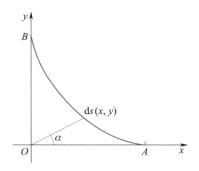

227 题图

从而可求出 dF 在水平方向和垂直方向的分力分别为

$$dF_x = dF \cdot \cos \alpha = k(x^2 + y^2)^{\frac{1}{2}} \cdot \frac{x}{\sqrt{x^2 + y^2}} ds = kx ds,$$

$$dF_y = dF \cdot \sin \alpha = k(x^2 + y^2)^{\frac{1}{2}} \cdot \frac{y}{\sqrt{x^2 + y^2}} ds = ky ds.$$

从而

$$F_x = \int_A^B kx ds = k\int_0^{\frac{\pi}{2}} a\cos^3 t \sqrt{[3a\cos^2 t \cdot (-\sin t)]^2 + [3a\sin^2 t \cdot \cos t]^2} dt$$

$$= 3a^2 k\int_0^{\frac{\pi}{2}} \cos^4 t \cdot \sin t dt = -3a^2 k\int_0^{\frac{\pi}{2}} \cos^4 t d(\cos t) = \frac{3}{5} ka^2,$$

$$F_y = \int_A^B ky ds = k\int_0^{\frac{\pi}{2}} a\sin^3 t \sqrt{[3a\cos^2 t(-\sin t)]^2 + [3a\sin^2 t \cdot \cos t]^2} dt$$

$$= 3a^2 k\int_0^{\frac{\pi}{2}} \sin^4 t \cdot \cos t dt = 3a^2 k\int_0^{\frac{\pi}{2}} \sin^4 t d(\sin t) = \frac{3}{5} ka^2.$$

所以星形线在第一象限的弧段对位于原点处的单位质点的引力为

$$\boldsymbol{F} = \frac{3}{5} ka^2 \boldsymbol{i} + \frac{3}{5} ka^2 \boldsymbol{j}.$$

【评注】对于几何、物理学中的实际问题,定积分的微元法提供了一个解决问题的很好的途径.在微元法的使用过程中,选取积分变量 x 与积分区间 $[a,b]$ 及寻求所求量 u 的积分元素 d$u=f(x)$dx 的表达式是最为关键的两点.

特别是在确定积分元素的表达式时,需先把最简单的情况下如何计算相应的量搞清楚,例如变力作功的计算,就要先搞清楚质点沿直线运动时常力所做的功为 $\boldsymbol{F} \cdot \boldsymbol{S}$,这样才清楚变力在小曲线段上做功的近似值为 $\boldsymbol{F} \cdot \boldsymbol{n}ds$,其中 $\boldsymbol{n}$ 为曲线的切向量,其它如面积、弧长、体积、引力、压力等都是如此.

228 过点 $(0,1)$ 作曲线 $L:y=\ln x$ 的切线,切点为 A,又 L 与 x 轴交于点 B,区域 D 由 L 与直线 AB 围成.求区域 D 的面积及 D 绕 x 轴旋转一周所得旋转体体积. ⓚ 2012 数学二,12 分

知识点睛 0310 利用定积分计算旋转体的体积

解 设切点 A 的坐标为 (x_1, y_1)，则切线方程为

$$y - y_1 = \frac{1}{x_1}(x - x_1),$$

将点 $(0, 1)$ 代入，得 $x_1 = e^2, y_1 = 2.$

所求面积为

$$\begin{aligned}
S &= \int_1^{e^2} \ln x \, dx - \frac{1}{2}(e^2 - 1) \cdot 2 \\
&= x\ln x \Big|_1^{e^2} - \int_1^{e^2} dx - e^2 + 1 \\
&= 2e^2 - e^2 + 1 - e^2 + 1 \\
&= 2.
\end{aligned}$$

所求体积为

$$\begin{aligned}
V &= \pi \int_1^{e^2} \ln^2 x \, dx - \frac{\pi}{3} \cdot 4 \cdot (e^2 - 1) \\
&= \pi(x\ln^2 x - 2x\ln x + 2x) \Big|_1^{e^2} - \frac{4\pi}{3}(e^2 - 1) \\
&= \frac{2\pi}{3}(e^2 - 1).
\end{aligned}$$

[K] 2013 数学二，4 分

229 设封闭曲线 L 的极坐标方程为 $r = \cos 3\theta$ $\left(-\dfrac{\pi}{6} \leqslant \theta \leqslant \dfrac{\pi}{6}\right)$，则 L 所围成的平面图形的面积为_____.

知识点睛 0310 利用定积分计算平面图形的面积

解 曲线 L：$r = \cos 3\theta$ $\left(-\dfrac{\pi}{6} \leqslant \theta \leqslant \dfrac{\pi}{6}\right)$ 所围图形面积为

$$\begin{aligned}
S &= \frac{1}{2}\int_{-\frac{\pi}{6}}^{\frac{\pi}{6}} \cos^2 3\theta \, d\theta = \int_0^{\frac{\pi}{6}} \cos^2 3\theta \, d\theta \\
&= \frac{1}{2}\int_0^{\frac{\pi}{6}} (1 + \cos 6\theta) \, d\theta = \frac{\pi}{12}.
\end{aligned}$$

应填 $\dfrac{\pi}{12}.$

【评注】本题主要考查极坐标方程所表示的曲线围成的面积计算.

[K] 2013 数学二、数学三，10 分

230 设 D 是由曲线 $y = x^{\frac{1}{3}}$，直线 $x = a(a>0)$ 及 x 轴所围成的平面图形，V_x, V_y 分别是 D 绕 x 轴，y 轴旋转一周所得旋转体的体积，若 $V_y = 10V_x$，求 a 的值.

知识点睛 0310 利用定积分计算旋转体体积

解 $V_x = \pi \int_0^a x^{\frac{2}{3}} \, dx = \dfrac{3\pi a^{\frac{5}{3}}}{5},$

$V_y = \pi a^{\frac{7}{3}} - \pi \int_0^{\sqrt[3]{a}} y^6 \, dy = \pi a^{\frac{7}{3}} - \dfrac{\pi a^{\frac{7}{3}}}{7} = \dfrac{6\pi a^{\frac{7}{3}}}{7}.$

因 $V_y = 10V_x$，即 $\dfrac{6\pi a^{\frac{7}{3}}}{7} = 10 \cdot \dfrac{3\pi a^{\frac{5}{3}}}{5}$，解得 $a = 7\sqrt{7}$.

【评注】本题主要考查旋转体体积的计算.

231 设曲线 L 的方程为 $y = \dfrac{1}{4}x^2 - \dfrac{1}{2}\ln x$ $(1 \leqslant x \leqslant e)$.

(Ⅰ) 求 L 的弧长；

(Ⅱ) 设 D 是由曲线 L，直线 $x=1$，$x=e$ 及 x 轴所围平面图形，求 D 的形心的横坐标.

知识点睛 形心，0310 利用定积分求曲线的弧长，0616 二重积分的应用

分析 (Ⅰ) 直接用求弧长的公式；(Ⅱ) 用二重积分计算 D 的形心的横坐标.

解 (Ⅰ) 由曲线的弧长公式，所求 L 的弧长为

$$l = \int_1^e \sqrt{1 + y'^2(x)}\,\mathrm{d}x = \int_1^e \sqrt{1 + \frac{1}{4}\left(x - \frac{1}{x}\right)^2}\,\mathrm{d}x = \frac{1}{2}\int_1^e \left(x + \frac{1}{x}\right)\mathrm{d}x$$

$$= \frac{1}{2}\left(\frac{1}{2}x^2 + \ln x\right)\Big|_1^e = \frac{1}{4}(e^2 + 1).$$

(Ⅱ) D 的形心的横坐标 $\bar{x} = \dfrac{\iint\limits_D x\,\mathrm{d}x\,\mathrm{d}y}{\iint\limits_D \mathrm{d}x\,\mathrm{d}y}$，而

$$\iint\limits_D x\,\mathrm{d}x\,\mathrm{d}y = \int_1^e x\,\mathrm{d}x \int_0^{\frac{1}{4}x^2 - \frac{1}{2}\ln x}\mathrm{d}y = \int_1^e x\left(\frac{1}{4}x^2 - \frac{1}{2}\ln x\right)\mathrm{d}x$$

$$= \frac{1}{16}x^4\Big|_1^e - \frac{1}{4}\int_1^e \ln x\,\mathrm{d}x^2 = \frac{1}{16}(e^4 - 1) - \frac{1}{4}x^2\ln x\Big|_1^e + \frac{1}{4}\int_1^e x\,\mathrm{d}x$$

$$= \frac{1}{16}(e^4 - 1) - \frac{1}{4}e^2 + \frac{1}{8}x^2\Big|_1^e = \frac{1}{16}e^4 - \frac{1}{8}e^2 - \frac{3}{16}.$$

$$\iint\limits_D \mathrm{d}x\,\mathrm{d}y = \int_1^e \mathrm{d}x \int_0^{\frac{1}{4}x^2 - \frac{1}{2}\ln x}\mathrm{d}y = \int_1^e \left(\frac{1}{4}x^2 - \frac{1}{2}\ln x\right)\mathrm{d}x$$

$$= \frac{1}{12}x^3\Big|_1^e - \frac{1}{2}\int_1^e \ln x\,\mathrm{d}x = \frac{1}{12}(e^3 - 1) - \frac{1}{2}x\ln x\Big|_1^e + \frac{1}{2}(e - 1)$$

$$= \frac{1}{12}e^3 - \frac{7}{12}.$$

所以，D 的形心的横坐标 $\bar{x} = \dfrac{\dfrac{1}{16}e^4 - \dfrac{1}{8}e^2 - \dfrac{3}{16}}{\dfrac{1}{12}e^3 - \dfrac{7}{12}} = \dfrac{3(e^4 - 2e^2 - 3)}{4(e^3 - 7)}$.

232 一根长度为 1 的细棒位于 x 轴的区间 $[0,1]$ 上，若其线密度 $\rho(x) = -x^2 + 2x + 1$，则该细棒的质心坐标 $\bar{x} = \underline{\hspace{2cm}}$.

知识点睛 0310 利用定积分计算质心坐标

解 由细棒的质心坐标公式，得

$$\bar{x} = \frac{\int_0^1 x\rho(x)\,dx}{\int_0^1 \rho(x)\,dx} = \frac{\int_0^1 (-x^3 + 2x^2 + x)\,dx}{\int_0^1 (-x^2 + 2x + 1)\,dx} = \frac{11}{20}.$$

应填 $\dfrac{11}{20}$.

【评注】本题考查定积分在物理学上的简单应用，"记住公式，小心计算"就能得到正确答案.

233 已知函数 $f(x,y)$ 满足 $\dfrac{\partial f}{\partial y} = 2(y+1)$，且 $f(y,y) = (y+1)^2 - (2-y)\ln y$，求曲线 $f(x,y) = 0$ 所围图形绕直线 $y = -1$ 旋转所成旋转体的体积.

知识点睛 0310 利用定积分计算旋转体的体积

解 由 $\dfrac{\partial f}{\partial y} = 2(y+1)$ 得

$$f(x,y) = \int 2(y+1)\,dy = (y+1)^2 + g(x).$$

又 $f(y,y) = (y+1)^2 - (2-y)\ln y$，得

$$g(y) = -(2-y)\ln y,$$

因此

$$f(x,y) = (y+1)^2 - (2-x)\ln x.$$

于是，曲线 $f(x,y) = 0$ 的方程为

$$(y+1)^2 = (2-x)\ln x \,(1 \leqslant x \leqslant 2),$$

其所围图形绕直线 $y = -1$ 旋转所成旋转体的体积

$$V = \pi \int_1^2 (y+1)^2\,dx = \pi \int_1^2 (2-x)\ln x\,dx$$

$$= \pi\left[-\frac{1}{2}(2-x)^2\ln x + \frac{1}{4}x^2 - 2x + 2\ln x \right]\Bigg|_1^2 = \left(2\ln 2 - \frac{5}{4}\right)\pi.$$

234 设 D 是由曲线 $y = \sqrt{1-x^2}\,(0 \leqslant x \leqslant 1)$ 与 $\begin{cases} x = \cos^3 t, \\ y = \sin^3 t, \end{cases} \left(0 \leqslant t \leqslant \dfrac{\pi}{2}\right)$ 围成的平面区域，求 D 绕 x 轴旋转一周所得旋转体的体积和表面积.

知识点睛 0310 利用定积分计算旋转体体积和侧面积

解 如 234 题图所示，设 D 绕 x 轴旋转一周所得旋转体的体积为 V，表面积为 S，则

$$V = \pi \int_0^1 y^2\,dx - \pi \int_{\frac{\pi}{2}}^0 \sin^6 t\,d\cos^3 t$$

$$= \pi \int_0^1 (1-x^2)\,dx - 3\pi \int_0^{\frac{\pi}{2}} \sin^7 t\cos^2 t\,dt$$

$$= \frac{2}{3}\pi - 3\pi \left(\int_0^{\frac{\pi}{2}} \sin^7 t\,dt - \int_0^{\frac{\pi}{2}} \sin^9 t\,dt \right)$$

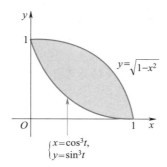

234 题图

$$= \frac{2}{3}\pi - 3\pi\left(\frac{6}{7}\ \frac{4}{5}\ \frac{2}{3} - \frac{8}{9}\ \frac{6}{7}\ \frac{4}{5}\ \frac{2}{3}\right)$$

$$= \frac{2}{3}\pi - \frac{16}{105}\pi = \frac{18}{35}\pi,$$

$$S = 2\pi\int_0^{\frac{\pi}{2}}\sin t\sqrt{\sin^2 t + \cos^2 t}\,\mathrm{d}t + 2\pi\int_0^{\frac{\pi}{2}}\sin^3 t\sqrt{9\cos^4 t\sin^2 t + 9\sin^4 t\cos^2 t}\,\mathrm{d}t$$

$$= 2\pi\int_0^{\frac{\pi}{2}}\sin t\mathrm{d}t + 6\pi\int_0^{\frac{\pi}{2}}\sin^4 t\cos t\,\mathrm{d}t = 2\pi + \frac{6}{5}\pi = \frac{16}{5}\pi.$$

235 设 $A>0$，D 是由曲线段 $y = A\sin x\ \left(0 \leqslant x \leqslant \frac{\pi}{2}\right)$ 及直线 $y = 0$，$x = \frac{\pi}{2}$ 所围成的平 Ⓚ 2015 数学二，10 分

面区域，V_1，V_2 分别表示 D 绕 x 轴与绕 y 轴旋转所成旋转体的体积. 若 $V_1 = V_2$，求 A 的值.

知识点睛 0310 利用定积分计算旋转体的体积

解 $V_1 = \pi\int_0^{\frac{\pi}{2}} A^2\sin^2 x\mathrm{d}x = \pi A^2\int_0^{\frac{\pi}{2}}\sin^2 x\mathrm{d}x = \pi A^2 \cdot \frac{1}{2} \cdot \frac{\pi}{2} = \frac{\pi^2 A^2}{4}.$

$V_2 = 2\pi\int_0^{\frac{\pi}{2}} xA\sin x\mathrm{d}x = 2\pi A\int_0^{\frac{\pi}{2}} x\sin x\mathrm{d}x = 2\pi A.$

由 $V_1 = V_2$，知 $A = \dfrac{8}{\pi}.$

236 曲线 $y = \ln\cos x\ \left(0 \leqslant x \leqslant \frac{\pi}{6}\right)$ 的弧长 s 为_____. Ⓚ 2019 数学二，4 分

知识点睛 0310 利用定积分计算曲线的弧长

解 $s = \int_0^{\frac{\pi}{6}}\sqrt{1 + y'^2}\,\mathrm{d}x = \int_0^{\frac{\pi}{6}}\sqrt{1 + \tan^2 x}\,\mathrm{d}x$

$$= \int_0^{\frac{\pi}{6}}\sec x\mathrm{d}x = \ln(\sec x + \tan x)\ \bigg|_0^{\frac{\pi}{6}}$$

$$= \ln\sqrt{3} = \frac{1}{2}\ln 3.$$

应填 $\dfrac{1}{2}\ln 3.$

2010 数学三,
4 分

237 设位于曲线 $y = \dfrac{1}{\sqrt{x(1+\ln^2 x)}}$（$e \leqslant x < +\infty$）下方，$x$ 轴上方的无界区域 G，则 G 绕 x 轴旋转一周所得空间区域的体积为 _____.

知识点睛 0310 利用定积分计算旋转体的体积

解 由旋转体体积公式，得所求体积

$$V = \int_e^{+\infty} \pi y^2 \, dx = \pi \int_e^{+\infty} \frac{dx}{x(1+\ln^2 x)}$$

$$= \pi \int_e^{+\infty} \frac{d\ln x}{1+\ln^2 x} = \pi \arctan(\ln x) \Big|_e^{+\infty} = \frac{\pi^2}{4}.$$

应填 $\dfrac{\pi^2}{4}$.

2011 数学三,
4 分

238 曲线 $y = \sqrt{x^2-1}$，直线 $x = 2$ 及 x 轴所围成的平面图形绕 x 轴旋转所成的旋转体的体积为 _____.

知识点睛 0310 利用定积分计算旋转体体积

解 由旋转体体积公式，得

$$V = \pi \int_1^2 y^2 \, dx = \pi \int_1^2 (x^2-1) \, dx = \pi \left(\frac{1}{3}x^3 - x \right) \Big|_1^2 = \frac{4}{3}\pi.$$

应填 $\dfrac{4}{3}\pi$.

2012 数学三,
4 分

239 由曲线 $y = \dfrac{4}{x}$ 和直线 $y = x$ 及 $y = 4x$ 在第一象限中围成的平面图形的面积为 _____.

知识点睛 0310 利用定积分计算平面图形的面积

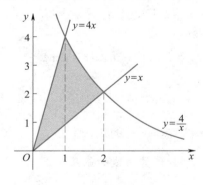

239 题图

解 曲线 $y = \dfrac{4}{x}$ 和直线 $y = x$ 及 $y = 4x$ 在第一象限围成的平面区域如 239 题图所示，则所围面积

$$S = \int_0^1 (4x - x) \, dx + \int_1^2 \left(\frac{4}{x} - x \right) \, dx = 4\ln 2.$$

应填 $4\ln 2$.

240 设 D 是由曲线 $xy+1=0$ 与直线 $y+x=0$ 及 $y=2$ 围成的有界区域,则 D 的面 K 2014 数学三,
4 分
积为_____.

知识点晴 0310 利用定积分计算平面图形的面积,0616 利用二重积分计算平面
图形的面积

解法 1 曲线 $xy+1=0$ 与直线 $y+x=0$ 及 $y=2$ 围成的区域
D 如 240 题图所示,则 D 的面积为

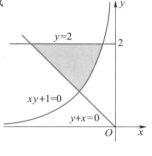

$$S = \int_{-2}^{-1}(2+x)\mathrm{d}x + \int_{-1}^{-\frac{1}{2}}\left(2+\frac{1}{x}\right)\mathrm{d}x = \frac{3}{2} - \ln 2.$$

解法 2 用二重积分计算面积,即

$$S = \iint_D \mathrm{d}x\mathrm{d}y = \int_1^2 \mathrm{d}y \int_{-y}^{-\frac{1}{y}}\mathrm{d}x = \int_1^2\left(-\frac{1}{y}+y\right)\mathrm{d}y = \frac{3}{2} - \ln 2.$$

应填 $\dfrac{3}{2}-\ln 2$.

240 题图

§3.8 综合提高题

241 求 $\int x^3\sqrt{1+x^2}\,\mathrm{d}x$.

知识点晴 0305 换元积分法

241 题精解视频

解法 1 $\displaystyle\int x^3\sqrt{1+x^2}\,\mathrm{d}x = \frac{1}{2}\int x^2\sqrt{1+x^2}\,\mathrm{d}x^2 = \frac{1}{2}\int(1+x^2-1)\sqrt{1+x^2}\,\mathrm{d}(1+x^2)$

$\displaystyle\qquad = \frac{1}{2}\int(1+x^2)^{3/2}\mathrm{d}(1+x^2) - \frac{1}{2}\int(1+x^2)^{1/2}\mathrm{d}(1+x^2)$

$\displaystyle\qquad = \frac{1}{5}(1+x^2)^{\frac{5}{2}} - \frac{1}{3}(1+x^2)^{\frac{3}{2}} + C = \frac{1}{15}(3x^4+x^2-2)\sqrt{1+x^2} + C.$

解法 2 设 $x=\tan t$,则 $\mathrm{d}x=\sec^2 t\mathrm{d}t$,于是

$$\int x^3\sqrt{1+x^2}\,\mathrm{d}x = \int \tan^3 t\cdot\sec^3 t\mathrm{d}t = \int\sec^2 t\tan^2 t\mathrm{d}(\sec t)$$

$$= \int(\sec^4 t - \sec^2 t)\mathrm{d}(\sec t) = \frac{1}{5}\sec^5 t - \frac{1}{3}\sec^3 t + C$$

$$= \frac{1}{5}(1+x^2)^{5/2} - \frac{1}{3}(1+x^2)^{3/2} + C = \frac{1}{15}(3x^4+x^2-2)\sqrt{1+x^2} + C.$$

242 求 $\displaystyle\int \frac{\arctan\dfrac{1}{x}}{1+x^2}\,\mathrm{d}x$.

知识点晴 0305 换元积分法和分部积分法

242 题精解视频

分析 $f(x) = \dfrac{\arctan\dfrac{1}{x}}{1+x^2}$ 与 $\dfrac{\arctan u}{1+u^2}$ 类似,而后者的积分为

$$\int \frac{\arctan u}{1+u^2}\,\mathrm{d}u = \int \arctan u\mathrm{d}(\arctan u) = \frac{1}{2}(\arctan u)^2 + C.$$

因此,可设法利用这一积分公式.

解法 1　利用第一换元法.

$$\int \frac{\arctan \frac{1}{x}}{1+x^2}\,\mathrm{d}x = \int \frac{\arctan \frac{1}{x}}{1+\left(\frac{1}{x}\right)^2}\frac{\mathrm{d}x}{x^2} = -\int \arctan \frac{1}{x}\,\mathrm{d}\left(\arctan \frac{1}{x}\right) = -\frac{1}{2}\left(\arctan \frac{1}{x}\right)^2 + C.$$

解法 2　利用分部积分法.

$$\int \frac{\arctan \frac{1}{x}}{1+x^2}\,\mathrm{d}x = \int \arctan \frac{1}{x}\,\mathrm{d}(\arctan x)$$

$$= \arctan \frac{1}{x}\cdot \arctan x - \int \arctan x \frac{1}{1+\left(\frac{1}{x}\right)^2}\left(-\frac{1}{x^2}\right)\mathrm{d}x$$

$$= \arctan \frac{1}{x}\cdot \arctan x + \int \frac{\arctan x}{1+x^2}\,\mathrm{d}x$$

$$= \arctan \frac{1}{x}\cdot \arctan x + \int \arctan x\,\mathrm{d}(\arctan x)$$

$$= \arctan \frac{1}{x}\cdot \arctan x + \frac{1}{2}(\arctan x)^2 + C.$$

243　计算不定积分 $\int \dfrac{x+5}{x^2-6x+13}\,\mathrm{d}x$.

知识点睛　0306 有理函数的积分

解　$\int \dfrac{x+5}{x^2-6x+13}\,\mathrm{d}x = \int \dfrac{x+5}{(x-3)^2+4}\,\mathrm{d}x$

$$\xlongequal{\text{令}\,t=x-3} \int \frac{t+8}{t^2+4}\,\mathrm{d}t = \frac{1}{2}\ln(t^2+4) + 4\arctan \frac{t}{2} + C$$

$$= \frac{1}{2}\ln(x^2-6x+13) + 4\arctan \frac{x-3}{2} + C.$$

244　计算不定积分 $\int \mathrm{e}^{-|x|}\,\mathrm{d}x$.

知识点睛　分段函数的不定积分

解　由于 $\mathrm{e}^{-|x|}=\begin{cases}\mathrm{e}^{-x}, & x\geqslant 0,\\ \mathrm{e}^{x}, & x<0,\end{cases}$ 所以 $\int \mathrm{e}^{-|x|}\,\mathrm{d}x=\begin{cases}-\mathrm{e}^{-x}+C, & x\geqslant 0,\\ \mathrm{e}^{x}+C_1, & x<0.\end{cases}$ 根据原函数的连续性,有 $-1+C=1+C_1$,即 $C_1=C-2$,因此

$$\int \mathrm{e}^{-|x|}\,\mathrm{d}x=\begin{cases}-\mathrm{e}^{-x}+C, & x\geqslant 0,\\ \mathrm{e}^{x}+C-2, & x<0.\end{cases}$$

【评注】对于分段函数的不定积分,各区间段内利用不定积分公式,在分界点处根据原函数的连续性确定各积分常数之间的关系.

245 求 $\int \arcsin x \cdot \arccos x\mathrm{d}x$.

知识点睛 0305 分部积分法

解 分部积分,得

$$
原式 = x\arcsin x \cdot \arccos x - \int x \cdot \left(\frac{\arccos x}{\sqrt{1-x^2}} - \frac{\arcsin x}{\sqrt{1-x^2}}\right)\mathrm{d}x
$$

$$
= x\arcsin x \cdot \arccos x + \int (\arccos x - \arcsin x)\,\mathrm{d}\sqrt{1-x^2}
$$

$$
= x\arcsin x \cdot \arccos x + (\arccos x - \arcsin x)\sqrt{1-x^2} -
$$

$$
\int \sqrt{1-x^2}\left(\frac{-1}{\sqrt{1-x^2}} - \frac{1}{\sqrt{1-x^2}}\right)\mathrm{d}x
$$

$$
= x\arcsin x \cdot \arccos x + (\arccos x - \arcsin x)\sqrt{1-x^2} + 2x + C.
$$

246 设 y 是由方程 $y^3(x+y)=x^3$ 所确定的隐函数,求 $\int \dfrac{1}{y^3}\,\mathrm{d}x$.

知识点睛 0305 换元积分法

解 令 $x=ty$,代入原方程有 $(1+t)y^4=t^3y^3$,从而

$$
y=\frac{t^3}{1+t},x=\frac{t^4}{1+t}\Rightarrow \mathrm{d}x=\frac{t^3(3t+4)}{(1+t)^2}\,\mathrm{d}t,
$$

所以

$$
\int \frac{1}{y^3}\,\mathrm{d}x = \int \frac{(1+t)^3}{t^9}\cdot \frac{t^3(3t+4)}{(1+t)^2}\,\mathrm{d}t = \int \left(\frac{3}{t^4} + \frac{7}{t^5} + \frac{4}{t^6}\right)\mathrm{d}t
$$

$$
= -\left(\frac{1}{t^3} + \frac{7}{4}\cdot\frac{1}{t^4} + \frac{4}{5}\cdot\frac{1}{t^5}\right) + C
$$

$$
= -\left[\left(\frac{y}{x}\right)^3 + \frac{7}{4}\left(\frac{y}{x}\right)^4 + \frac{4}{5}\left(\frac{y}{x}\right)^5\right] + C.
$$

247 求 $\int \dfrac{1+x}{x(1+x\mathrm{e}^x)}\,\mathrm{d}x$.

知识点睛 0305 换元积分法

解 $(x\mathrm{e}^x)'=\mathrm{e}^x(x+1)$. 令 $x\mathrm{e}^x=t$,则

$$
\int \frac{1+x}{x(1+x\mathrm{e}^x)}\,\mathrm{d}x = \int \frac{\mathrm{e}^x(1+x)}{x\mathrm{e}^x(1+x\mathrm{e}^x)}\,\mathrm{d}x = \int \frac{\mathrm{d}t}{t(1+t)} = \int \left(\frac{1}{t} - \frac{1}{1+t}\right)\mathrm{d}t
$$

$$
= \ln\left|\frac{t}{1+t}\right| + C = \ln\left|\frac{x\mathrm{e}^x}{1+x\mathrm{e}^x}\right| + C.
$$

247 题精解视频

248 求 $\int \dfrac{\arctan\sqrt{x}}{\sqrt{x}(1+x)}\,\mathrm{d}x$.

知识点睛 0305 换元积分法

解 $\displaystyle\int \frac{\arctan\sqrt{x}}{\sqrt{x}(1+x)}\,\mathrm{d}x = \int \frac{\arctan\sqrt{x}}{1+x}\cdot\frac{1}{\sqrt{x}}\,\mathrm{d}x = 2\int \frac{\arctan\sqrt{x}}{1+x}\,\mathrm{d}\sqrt{x}$

$$= 2\int \arctan\sqrt{x} \cdot \frac{1}{1+(\sqrt{x})^2} \, \mathrm{d}\sqrt{x} = 2\int \arctan\sqrt{x} \, \mathrm{d}\arctan\sqrt{x}$$

$$= (\arctan\sqrt{x})^2 + C.$$

249 求 $\displaystyle\int \frac{x^5 - x}{x^8 + 1} \, \mathrm{d}x$.

知识点睛 0305 换元积分法

解 $\displaystyle\int \frac{x^5 - x}{x^8 + 1} \, \mathrm{d}x \xlongequal{t = x^2} \frac{1}{2} \int \frac{t^2 - 1}{t^4 + 1} \, \mathrm{d}t = \frac{1}{2} \int \frac{1 - \dfrac{1}{t^2}}{t^2 + \dfrac{1}{t^2}} \, \mathrm{d}t$

$$= \frac{1}{2} \int \frac{\mathrm{d}\left(t + \dfrac{1}{t}\right)}{\left(t + \dfrac{1}{t}\right)^2 - (\sqrt{2})^2} = \frac{1}{4\sqrt{2}} \ln\left| \frac{\sqrt{2} - \left(t + \dfrac{1}{t}\right)}{\sqrt{2} + \left(t + \dfrac{1}{t}\right)} \right| + C$$

$$= \frac{1}{4\sqrt{2}} \ln\left| \frac{\sqrt{2}\,x^2 - x^4 - 1}{\sqrt{2}\,x^2 + x^4 + 1} \right| + C.$$

250 已知 $f''(x)$ 连续，$f'(x) \neq 0$，求

$$\int \left[\frac{f(x)}{f'(x)} - \frac{f^2(x)f''(x)}{(f'(x))^3} \right] \mathrm{d}x.$$

250 题精解视频

知识点睛 0305 分部积分法

解 对被积函数的第二项分部积分，有

$$\int \frac{f^2(x)f''(x)}{[f'(x)]^3} \, \mathrm{d}x = \int \frac{f^2(x)}{[f'(x)]^3} \, \mathrm{d}f'(x) = -\frac{1}{2} \int f^2(x) \, \mathrm{d}\frac{1}{[f'(x)]^2}$$

$$= -\frac{f^2(x)}{2[f'(x)]^2} + \int \frac{1}{2[f'(x)]^2} \, \mathrm{d}f^2(x)$$

$$= -\frac{f^2(x)}{2[f'(x)]^2} + \int \frac{f(x)}{f'(x)} \, \mathrm{d}x,$$

于是

$$原式 = \int \frac{f(x)}{f'(x)} \, \mathrm{d}x + \frac{f^2(x)}{2[f'(x)]^2} - \int \frac{f(x)}{f'(x)} \, \mathrm{d}x = \frac{f^2(x)}{2[f'(x)]^2} + C.$$

251 计算 $\displaystyle\int \frac{x\mathrm{e}^x}{\sqrt{\mathrm{e}^x - 2}} \, \mathrm{d}x$.

知识点睛 0305 分部积分法和换元积分

解 先分部积分后变量代换：

$$\int \frac{x\mathrm{e}^x}{\sqrt{\mathrm{e}^x - 2}} \, \mathrm{d}x = \int x \mathrm{d}\left(2\sqrt{\mathrm{e}^x - 2}\right) = 2x\sqrt{\mathrm{e}^x - 2} - 2\int \sqrt{\mathrm{e}^x - 2} \, \mathrm{d}x.$$

令 $\mathrm{e}^x - 2 = t^2$，则 $\mathrm{e}^x = 2 + t^2$，$x = \ln(2 + t^2)$，$\mathrm{d}x = \dfrac{2t}{2 + t^2} \, \mathrm{d}t$，于是

$$\int \sqrt{e^x - 2}\, dx = \int t\, \frac{2t}{2 + t^2}\, dt = 2\int \frac{t^2 + 2 - 2}{2 + t^2}\, dt = 2t - \frac{4}{\sqrt{2}} \arctan \frac{t}{\sqrt{2}} + C,$$

所以，$\displaystyle\int \frac{x e^x}{\sqrt{e^x - 2}}\, dx = 2x\sqrt{e^x - 2} - 4\sqrt{e^x - 2} + 4\sqrt{2} \arctan \sqrt{\frac{e^x - 2}{2}} + C.$

252　计算 $\displaystyle\int \frac{e^{-\sin x} \sin 2x}{\sin^4\left(\dfrac{\pi}{4} - \dfrac{x}{2}\right)}\, dx.$

知识点睛　0305 换元积分法

解　$\displaystyle\int \frac{e^{-\sin x} \sin 2x}{\sin^4\left(\dfrac{\pi}{4} - \dfrac{x}{2}\right)}\, dx = \int \frac{8\sin x \cdot e^{-\sin x}}{(1 - \sin x)^2} \cos x\, dx$

$$\xlongequal{t = \sin x - 1} \int \frac{8(t + 1) e^{-(t+1)}}{t^2}\, dt$$

$$= \frac{8}{e}\left(\int \frac{e^{-t}}{t^2}\, dt + \int \frac{e^{-t}}{t}\, dt\right)$$

$$= \frac{8}{e}\left[\int \frac{e^{-t}}{t}\, dt + \left(-\int \frac{e^{-t}}{t}\, dt - \frac{e^{-t}}{t}\right)\right]$$

$$= -\frac{8}{e} \cdot \frac{e^{-t}}{t} + C = -\frac{8 e^{-\sin x}}{\sin x - 1} + C.$$

253　求下列不定积分.

$(1)\ \displaystyle\int \frac{2x + 2}{(x - 1)(x^2 + 1)^2}\, dx;$　　$(2)\ \displaystyle\int \frac{x^3 + 2x^2 + 1}{(x - 1)(x - 2)(x - 3)^2}\, dx.$

知识点睛　有理分式分解为部分分式之和，0306 有理函数的积分

解　(1) 设 $\dfrac{2x+2}{(x-1)(x^2+1)^2} = \dfrac{A}{x-1} + \dfrac{Bx+C}{x^2+1} + \dfrac{Dx+E}{(x^2+1)^2}$，通分，得

$$\frac{2x+2}{(x-1)(x^2+1)^2} = \frac{A}{x-1} + \frac{Bx+C}{x^2+1} + \frac{Dx+E}{(x^2+1)^2}$$

$$= \frac{A(x^2+1)^2 + (Bx+C)(x-1)(x^2+1) + (Dx+E)(x-1)}{(x-1)(x^2+1)^2},$$

所以，有

$$2x+2 = A(x^2+1)^2 + (Bx+C)(x-1)(x^2+1) + (Dx+E)(x-1).$$

令 $x = 1$，得 $A = 1$.

比较两边 x^4 的系数，得 $A + B = 0$，所以 $B = -1$.

比较两边 x^3 的系数，得 $-B + C = 0$，所以 $C = -1$.

比较两边 x^2 的系数，得 $2A + B - C + D = 0$，所以 $D = -2$.

比较两边常数项，得 $C + E = -1$，所以 $E = 0$.

因此，$\dfrac{2x+2}{(x-1)(x^2+1)^2} = \dfrac{1}{x-1} - \dfrac{x+1}{x^2+1} - \dfrac{2x}{(x^2+1)^2}$，从而

$$\int \frac{2x+2}{(x-1)(x^2+1)^2}dx = \int \left[\frac{1}{x-1} - \frac{x+1}{x^2+1} - \frac{2x}{(x^2+1)^2}\right]dx$$

$$= \int \frac{1}{x-1}dx - \int \frac{x+1}{x^2+1}dx - \int \frac{2x}{(x^2+1)^2}dx$$

$$= \frac{1}{2}\ln\frac{(x-1)^2}{x^2+1} - \arctan x + \frac{1}{x^2+1} + C.$$

(2) 设 $\dfrac{x^3+2x^2+1}{(x-1)(x-2)(x-3)^2} = \dfrac{A}{x-1} + \dfrac{B}{x-2} + \dfrac{C}{x-3} + \dfrac{D}{(x-3)^2}$,通分,得

$$\frac{x^3+2x^2+1}{(x-1)(x-2)(x-3)^2} = \frac{A}{x-1} + \frac{B}{x-2} + \frac{C}{x-3} + \frac{D}{(x-3)^2}$$

$$= \frac{A(x-2)(x-3)^2 + B(x-1)(x-3)^2 + C(x-1)(x-2)(x-3) + D(x-1)(x-2)}{(x-1)(x-2)(x-3)^2},$$

所以,有

$$x^3+2x^2+1 = A(x-2)(x-3)^2 + B(x-1)(x-3)^2 + C(x-1)(x-2)(x-3) + D(x-1)(x-2).$$

令 $x=1$,得 $A=-1$;令 $x=2$,得 $B=17$;令 $x=3$,得 $D=23$;令 $x=0$,得 $C=-15$.

因此,$\dfrac{x^3+2x^2+1}{(x-1)(x-2)(x-3)^2} = -\dfrac{1}{x-1} + \dfrac{17}{x-2} - \dfrac{15}{x-3} + \dfrac{23}{(x-3)^2}$,从而

$$\int \frac{x^3+2x^2+1}{(x-1)(x-2)(x-3)^2}dx$$

$$= \int \left[-\frac{1}{x-1} + \frac{17}{x-2} - \frac{15}{x-3} + \frac{23}{(x-3)^2}\right]dx$$

$$= -\int \frac{1}{x-1}dx + \int \frac{17}{x-2}dx - \int \frac{15}{x-3}dx + \int \frac{23}{(x-3)^2}dx$$

$$= \ln\left|\frac{(x-2)^{17}}{(x-1)(x-3)^{15}}\right| - \frac{23}{x-3} + C.$$

【评注】计算有理函数的积分时,要将有理分式分解为部分分式,要熟悉分解原理,最终化为 $\int \dfrac{A}{x-a}dx, \int \dfrac{A}{(x-a)^n}dx\ (n>1), \int \dfrac{A}{x^2+px+q}dx\ (n>1), \int \dfrac{A}{(x^2+px+q)^n}dx\ (n>1)$ 这四种形式,以便于积分.

254 导出不定积分 $I_n = \int \dfrac{x^n}{\sqrt{1-x^2}}dx$ (n 为正整数)的递推公式.

知识点睛 0305 分部积分法

解 易得 $I_1 = \int \dfrac{x}{\sqrt{1-x^2}}dx = -\sqrt{1-x^2} + C,$

$$I_2 = \int \frac{x^2}{\sqrt{1-x^2}}dx = \frac{1}{2}\arcsin x - \frac{1}{2}x\sqrt{1-x^2} + C.$$

当 $n \geqslant 3$ 时,由分部积分公式,有

$$I_n = \int \frac{x^n}{\sqrt{1-x^2}} \mathrm{d}x = -\int x^{n-1} \mathrm{d}\sqrt{1-x^2} = -x^{n-1}\sqrt{1-x^2} + (n-1)\int x^{n-2}\sqrt{1-x^2}\,\mathrm{d}x$$

$$= -x^{n-1}\sqrt{1-x^2} + (n-1)\int \frac{x^{n-2}(1-x^2)}{\sqrt{1-x^2}}\,\mathrm{d}x$$

$$= -x^{n-1}\sqrt{1-x^2} + (n-1)I_{n-2} - (n-1)I_n,$$

从而得到递推公式 $I_n = -\dfrac{x^{n-1}}{n}\sqrt{1-x^2} + \dfrac{n-1}{n}I_{n-2}.$

【评注】牵扯到递推公式方面的题目,首先考虑分部积分法.

255 已知函数 $f(x) = \begin{cases} 2(x-1), & x<1, \\ \ln x, & x \geq 1, \end{cases}$ 则 $f(x)$ 的一个原函数是( ).

K 2016 数学一、数学二,4 分

(A) $F(x) = \begin{cases} (x-1)^2, & x<1, \\ x(\ln x - 1), & x \geq 1 \end{cases}$ 　　(B) $F(x) = \begin{cases} (x-1)^2, & x<1, \\ x(\ln x + 1) - 1, & x \geq 1 \end{cases}$

(C) $F(x) = \begin{cases} (x-1)^2, & x<1, \\ x(\ln x + 1) + 1, & x \geq 1 \end{cases}$ 　　(D) $F(x) = \begin{cases} (x-1)^2, & x<1, \\ x(\ln x - 1) + 1, & x \geq 1 \end{cases}$

知识点睛　0301 原函数的概念

解　$F(x) = \begin{cases} \int 2(x-1)\,\mathrm{d}x, & x < 1, \\ \int \ln x\,\mathrm{d}x, & x \geq 1, \end{cases}$

$= \begin{cases} (x-1)^2 + C_1, & x < 1, \\ x(\ln x - 1) + C_2, & x \geq 1, \end{cases}$

$\lim\limits_{x \to 1^-}\left[(x-1)^2 + C_1\right] = C_1, \lim\limits_{x \to 1^+}\left[x(\ln x - 1) + C_2\right] = -1 + C_2,$

则 $C_1 = -1 + C_2$, 令 $C_1 = C$, 则 $C_2 = 1 + C$, 有

$$F(x) = \begin{cases} (x-1)^2 + C, & x<1, \\ x(\ln x - 1) + 1 + C, & x \geq 1. \end{cases}$$

令 $C = 0$, 则 $F(x) = \begin{cases} (x-1)^2, & x<1, \\ x(\ln x - 1) + 1, & x \geq 1. \end{cases}$ 应选(D).

256 求 $\int \mathrm{e}^{2x}\arctan\sqrt{\mathrm{e}^x - 1}\,\mathrm{d}x.$

K 2018 数学一、数学二,10 分

知识点睛　0305 换元积分法与分部积分法

解　令 $\sqrt{\mathrm{e}^x - 1} = t$, 则 $\mathrm{e}^x = 1 + t^2, x = \ln(1 + t^2), \mathrm{d}x = \dfrac{2t}{1+t^2}\,\mathrm{d}t.$ 有

$$\int \mathrm{e}^{2x}\arctan\sqrt{\mathrm{e}^x - 1}\,\mathrm{d}x = \int (1+t^2)^2 \frac{2t}{1+t^2}\arctan t\,\mathrm{d}t = \int(1+t^2)\arctan t\,\mathrm{d}(1+t^2)$$

$$= \frac{1}{2}\int \arctan t\,\mathrm{d}(1+t^2)^2 = \frac{1}{2}(1+t^2)^2\arctan t - \frac{1}{2}\int \frac{(1+t^2)^2}{1+t^2}\,\mathrm{d}t$$

$$= \frac{1}{2}(1+t^2)^2\arctan t - \frac{1}{2}\int(1+t^2)\,\mathrm{d}t$$

$$= \frac{1}{2}(1 + t^2)^2 \arctan t - \frac{1}{2}\left(t + \frac{1}{3}t^3\right) + C$$

$$= \frac{1}{2}\left[e^{2x}\arctan\sqrt{e^x - 1} - \sqrt{e^x - 1} - \frac{1}{3}(e^x - 1)^{\frac{3}{2}}\right] + C.$$

Ⓚ 2001 数学一，
6 分

257 求 $\int \dfrac{\arctan e^x}{e^{2x}}\,dx$.

知识点睛 0305 换元积分法和分部积分法

解法 1 令 $e^x = t$，则 $x = \ln t$，有

$$\int \frac{\arctan e^x}{e^{2x}}\,dx = \int \frac{\arctan t}{t^2}\,d\ln t = -\frac{1}{2}\int \arctan t\,d\frac{1}{t^2}$$

$$= -\frac{1}{2}\left[\frac{\arctan t}{t^2} - \int \frac{dt}{t^2(1 + t^2)}\right]$$

$$= -\frac{1}{2}\left(\frac{\arctan t}{t^2} - \int \frac{dt}{t^2} + \int \frac{dt}{1 + t^2}\right)$$

$$= -\frac{1}{2}\left(\frac{\arctan t}{t^2} + \frac{1}{t} + \arctan t\right) + C$$

$$= -\frac{1}{2}\left(\frac{\arctan e^x}{e^{2x}} + \frac{1}{e^x} + \arctan e^x\right) + C.$$

解法 2 $\int \dfrac{\arctan e^x}{e^{2x}}\,dx = -\dfrac{1}{2}\int \arctan e^x\,de^{-2x} = -\dfrac{1}{2}e^{-2x}\arctan e^x + \dfrac{1}{2}\int \dfrac{e^{-x}}{1 + e^{2x}}\,dx$

$$= -\frac{1}{2}e^{-2x}\arctan e^x + \frac{1}{2}\int \frac{de^x}{e^{2x}(1 + e^{2x})}$$

$$= -\frac{1}{2}e^{-2x}\arctan e^x + \frac{1}{2}\left(-\int \frac{de^x}{1 + e^{2x}} + \int \frac{de^x}{e^{2x}}\right)$$

$$= -\frac{1}{2}\left(e^{-2x}\arctan e^x + \arctan e^x + \frac{1}{e^x}\right) + C.$$

Ⓚ 2009 数学二、
数学三,10 分

258 求 $\int \ln\left(1 + \sqrt{\dfrac{1 + x}{x}}\right) dx \ (x > 0)$.

知识点睛 0305 换元积分法和分部积分法

解 设 $\sqrt{\dfrac{1+x}{x}} = t$，则 $x = \dfrac{1}{t^2 - 1}$，有

$$\int \ln\left(1 + \sqrt{\frac{1 + x}{x}}\right) dx = \int \ln(1 + t)\,d\frac{1}{t^2 - 1} = \frac{\ln(1 + t)}{t^2 - 1} - \int \frac{1}{t^2 - 1} \cdot \frac{1}{t + 1}\,dt.$$

而

$$\int \frac{1}{(t^2 - 1)(t + 1)}\,dt = \frac{1}{2}\int \frac{(t + 1) - (t - 1)}{(t^2 - 1)(t + 1)}\,dt$$

$$= \frac{1}{2}\int \left[\frac{1}{t^2 - 1} - \frac{1}{(t + 1)^2}\right] dt$$

$$= \frac{1}{4} \int \left[\frac{1}{t-1} - \frac{1}{t+1} - \frac{2}{(t+1)^2} \right] dt$$

$$= \frac{1}{4} \ln(t-1) - \frac{1}{4} \ln(t+1) + \frac{1}{2(t+1)} + C,$$

所以

$$\int \ln \left(1 + \sqrt{\frac{1+x}{x}} \right) dx$$

$$= \frac{\ln(1+t)}{t^2-1} + \frac{1}{4} \ln \frac{t+1}{t-1} - \frac{1}{2(t+1)} + C$$

$$= x\ln \left(1 + \sqrt{\frac{1+x}{x}} \right) + \frac{1}{2} \ln(\sqrt{1+x} + \sqrt{x}) - \frac{1}{2} \frac{\sqrt{x}}{\sqrt{1+x} + \sqrt{x}} + C$$

$$= x\ln \left(1 + \sqrt{\frac{1+x}{x}} \right) + \frac{1}{2} \ln(\sqrt{1+x} + \sqrt{x}) + \frac{1}{2} x - \frac{1}{2} \sqrt{x+x^2} + C.$$

【评注】本题主要考查计算不定积分的两种基本方法,换元法和分部积分法.

259 求 $\int \frac{dx}{\sin(2x) + 2\sin x}$.

知识点睛 0306 三角函数有理式积分

K 1994 数学一、数学二,5 分

259 题精解视频

解法 1 原式 $= \int \frac{dx}{2\sin x(\cos x + 1)} = \frac{1}{4} \int \frac{d\left(\frac{x}{2}\right)}{\sin \frac{x}{2} \cos^3 \frac{x}{2}} = \frac{1}{4} \int \frac{d\left(\tan \frac{x}{2}\right)}{\tan \frac{x}{2} \cos^2 \frac{x}{2}}$

$$= \frac{1}{4} \int \frac{1 + \tan^2 \frac{x}{2}}{\tan \frac{x}{2}} d\left(\tan \frac{x}{2}\right) = \frac{1}{8} \tan^2 \frac{x}{2} + \frac{1}{4} \ln \left| \tan \frac{x}{2} \right| + C.$$

解法 2 原式 $= \int \frac{dx}{2\sin x(\cos x + 1)} = \int \frac{\sin x \, dx}{2(1 - \cos^2 x)(1 + \cos x)}$

$$\xlongequal{\diamond \cos x = u} -\frac{1}{2} \int \frac{du}{(1-u)(1+u)^2} = -\frac{1}{8} \int \left[\frac{1}{1-u} + \frac{3+u}{(1+u)^2} \right] du$$

$$= \frac{1}{8} \left(\ln|1-u| - \ln|1+u| + \frac{2}{1+u} \right) + C$$

$$= \frac{1}{8} \ln \frac{1-\cos x}{1+\cos x} + \frac{1}{4(1+\cos x)} + C.$$

260 求不定积分 $\int \frac{x^2 e^x}{(x+2)^2} dx$.

知识点睛 0305 分部积分法

解 $\int \frac{x^2 e^x}{(x+2)^2} dx = -\int x^2 e^x d\frac{1}{x+2} = -\frac{x^2 e^x}{x+2} + \int \frac{1}{x+2}(2x + x^2) e^x dx$

$$= -\frac{x^2 e^x}{x+2} + \int x e^x dx = -\frac{x^2 e^x}{x+2} + (x-1)e^x + C$$

$$= \frac{x-2}{x+2} e^x + C.$$

2003 数学二，
9 分

261 题精解视频

261 计算不定积分 $\int \dfrac{x e^{\arctan x}}{(1+x^2)^{\frac{3}{2}}} dx$.

知识点睛 0305 换元积分法和分部积分法

解法 1 令 $x = \tan t$，则 $dx = \sec^2 t dt$，故

$$\int \frac{x e^{\arctan x}}{(1+x^2)^{\frac{3}{2}}} dx = \int \frac{\tan t \cdot e^t}{(1+\tan^2 t)^{\frac{3}{2}}} \sec^2 t dt = \int e^t \sin t dt,$$

又

$$\int e^t \sin t dt = \int \sin t de^t = e^t \sin t - \int e^t \cos t dt$$

$$= e^t \sin t - \int \cos t de^t = e^t \sin t - e^t \cos t - \int e^t \sin t dt,$$

则 $\int e^t \sin t dt = \dfrac{e^t}{2}(\sin t - \cos t) + C$，所以

$$\int \frac{x e^{\arctan x}}{(1+x^2)^{\frac{3}{2}}} dx = \frac{1}{2} e^{\arctan x}\left(\frac{x}{\sqrt{1+x^2}} - \frac{1}{\sqrt{1+x^2}}\right) + C.$$

解法 2 $\displaystyle\int \frac{x e^{\arctan x}}{(1+x^2)^{\frac{3}{2}}} dx = \int \frac{x}{\sqrt{1+x^2}} de^{\arctan x}$

$$= \frac{x e^{\arctan x}}{\sqrt{1+x^2}} - \int \frac{e^{\arctan x}}{(1+x^2)^{\frac{3}{2}}} dx$$

$$= \frac{x e^{\arctan x}}{\sqrt{1+x^2}} - \int \frac{1}{\sqrt{1+x^2}} de^{\arctan x}$$

$$= \frac{x e^{\arctan x}}{\sqrt{1+x^2}} - \frac{e^{\arctan x}}{\sqrt{1+x^2}} - \int \frac{x e^{\arctan x}}{(1+x^2)^{\frac{3}{2}}} dx,$$

移项整理，得

$$\int \frac{x e^{\arctan x}}{(1+x^2)^{\frac{3}{2}}} dx = \frac{(x-1) e^{\arctan x}}{2\sqrt{1+x^2}} + C.$$

2006 数学二，
10 分

262 求 $\int \dfrac{\arcsin e^x}{e^x} dx$.

知识点睛 0305 换元积分法和分部积分法

解法 1 $\displaystyle\int \frac{\arcsin e^x}{e^x} dx = -\int \arcsin e^x d(e^{-x}) = -\frac{\arcsin e^x}{e^x} + \int \frac{dx}{\sqrt{1-e^{2x}}},$

令 $\sqrt{1-e^{2x}} = t$，则 $dx = \dfrac{-t}{1-t^2} dt$，有

$$\int \frac{\mathrm{d}x}{\sqrt{1 - \mathrm{e}^{2x}}} = \int \frac{\mathrm{d}t}{t^2 - 1} = \frac{1}{2}\ln\left|\frac{1 - t}{1 + t}\right| + C,$$

则 $\displaystyle\int \frac{\arcsin \mathrm{e}^x}{\mathrm{e}^x}\mathrm{d}x = \frac{-\arcsin \mathrm{e}^x}{\mathrm{e}^x} + \frac{1}{2}\ln \frac{1 - \sqrt{1 - \mathrm{e}^{2x}}}{1 + \sqrt{1 - \mathrm{e}^{2x}}} + C.$

计算积分 $\displaystyle\int \frac{\mathrm{d}x}{\sqrt{1 - \mathrm{e}^{2x}}}$ 还有另一方法.

$$\int \frac{\mathrm{d}x}{\sqrt{1 - \mathrm{e}^{2x}}} = \int \frac{-\mathrm{d}\mathrm{e}^{-x}}{\sqrt{(\mathrm{e}^{-x})^2 - 1}} = -\ln(\mathrm{e}^{-x} + \sqrt{\mathrm{e}^{-2x} - 1}) + C.$$

【评注】这里用了积分公式 $\displaystyle\int \frac{\mathrm{d}x}{\sqrt{x^2 - a^2}} = \ln|x + \sqrt{x^2 - a^2}| + C.$

解法 2 令 $\mathrm{e}^x = t$,则 $\mathrm{d}x = \dfrac{1}{t}\mathrm{d}t$,有

$$\int \frac{\arcsin \mathrm{e}^x}{\mathrm{e}^x}\mathrm{d}x = \int \frac{\arcsin t}{t^2}\mathrm{d}t = -\int \arcsin t\,\mathrm{d}\left(\frac{1}{t}\right)$$

$$= -\frac{\arcsin t}{t} + \int \frac{\mathrm{d}t}{t\sqrt{1 - t^2}}$$

$$= -\frac{\arcsin t}{t} + \int \frac{\mathrm{d}t}{t^2 \sqrt{\left(\dfrac{1}{t}\right)^2 - 1}} \quad (\text{本题中 } t > 0)$$

$$= -\frac{\arcsin t}{t} - \int \frac{\mathrm{d}\left(\dfrac{1}{t}\right)}{\sqrt{\left(\dfrac{1}{t}\right)^2 - 1}}$$

$$= -\frac{\arcsin t}{t} - \ln\left(\frac{1}{t} + \sqrt{\frac{1}{t^2} - 1}\right) + C$$

$$= -\frac{\arcsin \mathrm{e}^x}{\mathrm{e}^x} - \ln(\mathrm{e}^{-x} + \sqrt{\mathrm{e}^{-2x} - 1}) + C.$$

解法 3 令 $\arcsin \mathrm{e}^x = t$,则 $x = \ln\sin t$,$\mathrm{d}x = \dfrac{\cos t}{\sin t}\mathrm{d}t$.有

$$\int \frac{\arcsin \mathrm{e}^x}{\mathrm{e}^x}\mathrm{d}x = \int \frac{t}{\sin t}\cdot\frac{\cos t}{\sin t}\mathrm{d}t = -\int t\,\mathrm{d}\left(\frac{1}{\sin t}\right) = -\frac{t}{\sin t} + \int \frac{\mathrm{d}t}{\sin t}$$

$$= -\frac{t}{\sin t} + \ln|\csc t - \cot t| + C$$

$$= -\frac{\arcsin \mathrm{e}^x}{\mathrm{e}^x} + \ln\left|\frac{1}{\mathrm{e}^x} - \frac{\sqrt{1 - \mathrm{e}^{2x}}}{\mathrm{e}^x}\right| + C.$$

【评注】本题用到以下几个常用的积分公式

（1）$\int \dfrac{\mathrm{d}x}{x^2-a^2}=\dfrac{1}{2a}\ln\left|\dfrac{x-a}{x+a}\right|+C$；

（2）$\int \dfrac{\mathrm{d}x}{\sqrt{x^2-a^2}}=\ln\left|x+\sqrt{x^2-a^2}\right|+C$；

（3）$\int \dfrac{\mathrm{d}x}{\sin x}=\ln|\csc x-\cot x|+C$.

2019 数学二，10 分

263 求不定积分 $\displaystyle\int \dfrac{3x+6}{(x-1)^2(x^2+x+1)}\,\mathrm{d}x$.

知识点睛 0306 有理函数的积分

解 设 $\dfrac{3x+6}{(x-1)^2(x^2+x+1)}=\dfrac{A}{x-1}+\dfrac{B}{(x-1)^2}+\dfrac{Cx+D}{x^2+x+1}$，由上式求得

$$A=-2,\ B=3,\ C=2,\ D=1,$$

则

$$原式=-2\int \dfrac{1}{x-1}\,\mathrm{d}x+3\int \dfrac{1}{(x-1)^2}\,\mathrm{d}x+\int \dfrac{2x+1}{x^2+x+1}\,\mathrm{d}x$$

$$=-2\ln|x-1|-\dfrac{3}{x-1}+\int \dfrac{\mathrm{d}(x^2+x+1)}{x^2+x+1}$$

$$=-2\ln|x-1|-\dfrac{3}{x-1}+\ln(x^2+x+1)+C.$$

2000 数学二，5 分

264 设 $f(\ln x)=\dfrac{\ln(1+x)}{x}$，计算 $\displaystyle\int f(x)\,\mathrm{d}x$.

知识点睛 0305 分部积分法

解法 1 令 $\ln x=t$，则 $x=\mathrm{e}^t$，$f(t)=\dfrac{\ln(1+\mathrm{e}^t)}{\mathrm{e}^t}$. 从而

$$\int f(x)\,\mathrm{d}x=\int \dfrac{\ln(1+\mathrm{e}^x)}{\mathrm{e}^x}\,\mathrm{d}x=-\int \ln(1+\mathrm{e}^x)\,\mathrm{d}\mathrm{e}^{-x}$$

$$=-\mathrm{e}^{-x}\ln(1+\mathrm{e}^x)+\int \dfrac{\mathrm{d}x}{1+\mathrm{e}^x}$$

$$=-\mathrm{e}^{-x}\ln(1+\mathrm{e}^x)+\int\left(1-\dfrac{\mathrm{e}^x}{1+\mathrm{e}^x}\right)\mathrm{d}x$$

$$=-\mathrm{e}^{-x}\ln(1+\mathrm{e}^x)+x-\ln(1+\mathrm{e}^x)+C$$

$$=x-(1+\mathrm{e}^{-x})\ln(1+\mathrm{e}^x)+C.$$

解法 2 $\displaystyle\int f(x)\,\mathrm{d}x \xlongequal{x=\ln t} \int f(\ln t)\cdot \dfrac{\mathrm{d}t}{t}=\int \dfrac{\ln(1+t)}{t^2}\,\mathrm{d}t$

$$=-\int \ln(1+t)\,\mathrm{d}\dfrac{1}{t}=-\dfrac{\ln(1+t)}{t}+\int \dfrac{\mathrm{d}t}{t(1+t)}$$

$$=-\dfrac{\ln(1+t)}{t}+\int\left(\dfrac{1}{t}-\dfrac{1}{1+t}\right)\mathrm{d}t$$

$$= -\frac{\ln(1 + t)}{t} + \ln t - \ln(1 + t) + C$$

$$= x - (e^{-x} + 1)\ln(1 + e^x) + C.$$

265 求不定积分 $\int \dfrac{\arcsin\sqrt{x} + \ln x}{\sqrt{x}}\,\mathrm{d}x.$

K 2011 数学三,
10 分

知识点睛 0305 分部积分法

解法 1 令 $\sqrt{x} = t$,则 $x = t^2$,$\mathrm{d}x = 2t\mathrm{d}t$,从而

$$\int \frac{\arcsin\sqrt{x} + \ln x}{\sqrt{x}}\,\mathrm{d}x = 2\int (\arcsin t + 2\ln t)\,\mathrm{d}t$$

$$= 2t(\arcsin t + 2\ln t) - 2\int \left(\frac{t}{\sqrt{1 - t^2}} + 2\right)\mathrm{d}t$$

$$= 2t(\arcsin t + 2\ln t) + \int \frac{\mathrm{d}(1 - t^2)}{\sqrt{1 - t^2}} - 4t$$

$$= 2t(\arcsin t + 2\ln t) + 2\sqrt{1 - t^2} - 4t + C$$

$$= 2\sqrt{x}\arcsin\sqrt{x} + 2\sqrt{x}\ln x + 2\sqrt{1 - x} - 4\sqrt{x} + C.$$

解法 2 $\int \dfrac{\arcsin\sqrt{x} + \ln x}{\sqrt{x}}\,\mathrm{d}x = 2\int (\arcsin\sqrt{x} + \ln x)\,\mathrm{d}(\sqrt{x})$

$$= 2\sqrt{x}(\arcsin\sqrt{x} + \ln x) - 2\int \left(\frac{1}{2\sqrt{1 - x}} + \frac{1}{\sqrt{x}}\right)\mathrm{d}x$$

$$= 2\sqrt{x}(\arcsin\sqrt{x} + \ln x) + 2\sqrt{1 - x} - 4\sqrt{x} + C.$$

266 设 $f(\sin^2 x) = \dfrac{x}{\sin x}$,求 $\int \dfrac{\sqrt{x}}{\sqrt{1 - x}}f(x)\,\mathrm{d}x.$

K 2002 数学三,
6 分

知识点睛 0305 换元积分法

解法 1 令 $\sin^2 x = u$,则 $\sin x = \sqrt{u}$,$x = \arcsin\sqrt{u}$,$f(x) = \dfrac{\arcsin\sqrt{x}}{\sqrt{x}}$,于是

$$\int \frac{\sqrt{x}}{\sqrt{1 - x}}f(x)\,\mathrm{d}x = \int \frac{\arcsin\sqrt{x}}{\sqrt{1 - x}}\,\mathrm{d}x = -2\int \arcsin\sqrt{x}\,\mathrm{d}\sqrt{1 - x}$$

$$= -2\sqrt{1 - x}\arcsin\sqrt{x} + 2\int \sqrt{1 - x}\cdot\frac{1}{\sqrt{1 - x}}\,\mathrm{d}\sqrt{x}$$

$$= -2\sqrt{1 - x}\arcsin\sqrt{x} + 2\sqrt{x} + C.$$

解法 2 令 $\sin^2 t = x$,则

$$\int \frac{\sqrt{x}}{\sqrt{1 - x}}f(x)\,\mathrm{d}x = \int \frac{\sin t}{\cos t}f(\sin^2 t)2\sin t\cos t\,\mathrm{d}t = 2\int t\sin t\,\mathrm{d}t = -2\int t\,\mathrm{d}\cos t$$

$$= -2t\cos t + 2\int \cos t\,\mathrm{d}t = -2t\cos t + 2\sin t + C$$

$$= -2\sqrt{1-x}\arcsin\sqrt{x} + 2\sqrt{x} + C.$$

Ⓚ 2001 数学二, 6 分

267 求 $\displaystyle\int \frac{\mathrm{d}x}{(2x^2+1)\sqrt{x^2+1}}$.

知识点睛 0305 换元积分法

解 令 $x = \tan t$，则 $\mathrm{d}x = \sec^2 t\,\mathrm{d}t$，于是

$$\int \frac{\mathrm{d}x}{(2x^2+1)\sqrt{x^2+1}} = \int \frac{\mathrm{d}t}{\cos t(2\tan^2 t + 1)}$$

$$= \int \frac{\cos t\,\mathrm{d}t}{2\sin^2 t + \cos^2 t} = \int \frac{\mathrm{d}\sin t}{1 + \sin^2 t}$$

$$= \arctan(\sin t) + C$$

$$= \arctan \frac{x}{\sqrt{1+x^2}} + C.$$

【评注】 本题主要考查不定积分的换元积分法

268 设函数 $f(x)$ 连续，$g(x) = \displaystyle\int_0^1 f(x^a t)\,\mathrm{d}t$，且 $\displaystyle\lim_{x\to 0}\frac{f(x)}{x^b} = A$，其中 A, a, b 均为正常数，求 $g'(x)$.

知识点睛 0217 洛必达法则，0307 积分上限函数及其导数

解 由 $\displaystyle\lim_{x\to 0}\frac{f(x)}{x^b} = A\,(b>0)$ 和 $f(x)$ 连续，有

$$f(0) = \lim_{x\to 0}f(x) = \lim_{x\to 0}x^b \lim_{x\to 0}\frac{f(x)}{x^b} = 0,$$

因 $g(x) = \displaystyle\int_0^1 f(x^a t)\,\mathrm{d}t$，故

$$g(0) = \int_0^1 f(0)\,\mathrm{d}t = f(0) = 0.$$

当 $x \neq 0$ 时，$g(x) = \dfrac{1}{x^a}\displaystyle\int_0^{x^a} f(u)\,\mathrm{d}u$，故

$$g(x) = \begin{cases} \dfrac{\displaystyle\int_0^{x^a} f(u)\,\mathrm{d}u}{x^a}, & x \neq 0, \\[2mm] 0, & x = 0. \end{cases}$$

当 $x \neq 0$ 时，

$$g'(x) = \frac{ax^{a-1}f(x^a)x^a - ax^{a-1}\displaystyle\int_0^{x^a} f(u)\,\mathrm{d}u}{x^{2a}} = \frac{af(x^a)}{x} - \frac{a\displaystyle\int_0^{x^a} f(u)\,\mathrm{d}u}{x^{a+1}}.$$

当 $x = 0$ 时，

$$g'(0) = \lim_{x\to 0}\frac{g(x) - g(0)}{x} = \lim_{x\to 0}\frac{\dfrac{1}{x^a}\displaystyle\int_0^{x^a} f(u)\,\mathrm{d}u}{x}$$

$$= \lim_{x \to 0} \frac{\int_0^{x^a} f(u)\,du}{x^{a+1}} = \lim_{x \to 0} \frac{ax^{a-1}f(x^a)}{(a+1)x^a} = \lim_{x \to 0} \frac{af(x^a)}{(a+1)x},$$

令 $x^a = t$，则

$$\lim_{x \to 0} \frac{af(x^a)}{(a+1)x} = \lim_{t \to 0} \frac{af(t)}{(a+1)t^{\frac{1}{a}}} = \frac{a}{a+1} \lim_{t \to 0} \frac{At^b}{t^{\frac{1}{a}}},$$

从而当 $b > \dfrac{1}{a}$ 时，即 $ab > 1$ 时，$g'(0) = 0$；当 $ab = 1$ 时，$g'(0) = \dfrac{Aa}{a+1}$；当 $ab < 1$ 时，$g'(0)$ 不存在. 综上可得

$$g'(x) = \begin{cases} \dfrac{af(x^a)}{x} - \dfrac{a\int_0^{x^a} f(u)\,du}{x^{a+1}}, & x \neq 0, \\[2mm] \begin{cases} 0, & ab > 1, \\ \dfrac{Aa}{a+1}, & ab = 1, \\ \text{不存在}, & ab < 1, \end{cases} & x = 0. \end{cases}$$

269 设函数 $f(x) = \begin{cases} \sin x, & 0 \le x < \pi, \\ 2, & \pi \le x \le 2\pi, \end{cases}$ $F(x) = \int_0^x f(t)\,dt$，则（　　）. 〖K〗2013 数学二，4 分

（A）$x = \pi$ 是函数 $F(x)$ 的跳跃间断点

（B）$x = \pi$ 是函数 $F(x)$ 的可去间断点

（C）$F(x)$ 在 $x = \pi$ 处连续但不可导

（D）$F(x)$ 在 $x = \pi$ 处可导

知识点睛 0307 积分上限函数及其导数

解法 1 $F(x) = \int_0^x f(t)\,dt = \begin{cases} \int_0^x \sin t\,dt, & 0 \le x < \pi \\ \int_0^\pi \sin t\,dt + \int_\pi^x 2\,dt, & \pi \le x \le 2\pi \end{cases}$

$$= \begin{cases} 1 - \cos x, & 0 \le x < \pi, \\ 2 + 2x - 2\pi, & \pi \le x \le 2\pi. \end{cases}$$

因为

$$\lim_{x \to \pi^-} F(x) = \lim_{x \to \pi^+} F(x) = F(\pi) = 2,$$

所以，$F(x)$ 在 $x = \pi$ 处连续.

而

$$\lim_{x \to \pi^-} \frac{F(x) - F(\pi)}{x - \pi} = \lim_{x \to \pi^-} \frac{1 - \cos x - 2}{x - \pi} = \lim_{x \to \pi^-} \frac{\sin x}{1} = 0,$$

$$\lim_{x \to \pi^+} \frac{F(x) - F(\pi)}{x - \pi} = \lim_{x \to \pi^+} \frac{2 + 2x - 2\pi - 2}{x - \pi} = 2,$$

由此可知 $F'_-(\pi) \neq F'_+(\pi)$，即 $F(x)$ 在 $x = \pi$ 处不可导，故应选（C）.

解法 2 由于 $x = \pi$ 为 $f(x)$ 的跳跃间断点，则 $F(x) = \int_0^x f(t)\,dt$ 在 $x = \pi$ 处连续但不

可导,故应选(C).

【评注】本题主要考查变上限积分函数的连续性和可导性.两种方法中显然解法 2 简单,解法 2 用到一个关于变上限积分函数的连续性和可导性的结论,即

(1)若 x_0 为 $f(x)$ 的可去间断点,则 $F(x) = \int_0^x f(t)\mathrm{d}t$ 在 x_0 处可导;

(2)若 x_0 为 $f(x)$ 的跳跃间断点,则 $F(x) = \int_0^x f(t)\mathrm{d}t$ 在 x_0 处连续但不可导.

2007 数学二,
10 分

270 设 $f(x)$ 是区间 $\left[0, \dfrac{\pi}{4}\right]$ 上的单调、可导函数,且满足

$$\int_0^{f(x)} f^{-1}(t)\,\mathrm{d}t = \int_0^x t\,\frac{\cos t - \sin t}{\sin t + \cos t}\,\mathrm{d}t,$$

其中 f^{-1} 是 f 的反函数,求 $f(x)$.

知识点睛 0307 积分上限函数及其导数

解 等式 $\displaystyle\int_0^{f(x)} f^{-1}(t)\,\mathrm{d}t = \int_0^x t\,\frac{\cos t - \sin t}{\sin t + \cos t}\,\mathrm{d}t$ 两端对 x 求导,得

$$f^{-1}[f(x)] \cdot f'(x) = x\,\frac{\cos x - \sin x}{\sin x + \cos x},$$

即 $xf'(x) = x\,\dfrac{\cos x - \sin x}{\sin x + \cos x}$,有

$$f'(x) = \frac{\cos x - \sin x}{\sin x + \cos x}, \quad x \in \left(0, \frac{\pi}{4}\right].$$

故

$$f(x) = \int \frac{\cos x - \sin x}{\sin x + \cos x}\,\mathrm{d}x = \ln(\sin x + \cos x) + C.$$

由题设知,$f(0) = 0$,于是 $C = 0$,因此

$$f(x) = \ln(\sin x + \cos x), \quad x \in \left[0, \frac{\pi}{4}\right].$$

【评注】这里用到一个常用结论:$f^{-1}[f(x)] = x$,事实上 $f[f^{-1}(x)] = x$.

2010 数学一、
数学二、数学三,
10 分

271 (Ⅰ)比较 $\displaystyle\int_0^1 |\ln t|\,[\ln(1 + t)]^n\,\mathrm{d}t$ 与 $\displaystyle\int_0^1 t^n\,|\ln t|\,\mathrm{d}t$ $(n = 1, 2, \cdots)$ 的大小,说明理由;

(Ⅱ)记 $u_n = \displaystyle\int_0^1 |\ln t|\,[\ln(1 + t)]^n\,\mathrm{d}t$ $(n = 1, 2, \cdots)$,求极限 $\displaystyle\lim_{n \to \infty} u_n$.

知识点睛 0108 极限存在准则——夹逼准则,0303 定积分的基本性质

(Ⅰ) 证 当 $0 \leqslant t \leqslant 1$ 时,因为 $0 \leqslant \ln(1+t) \leqslant t$.所以

$$0 \leqslant |\ln t|\,[\ln(1+t)]^n \leqslant t^n\,|\ln t|,$$

从而有

$$\int_0^1 |\ln t|\,[\ln(1 + t)]^n\,\mathrm{d}t \leqslant \int_0^1 t^n\,|\ln t|\,\mathrm{d}t.$$

（Ⅱ） **解法 1** 由（Ⅰ）知

$$0 \leqslant u_n = \int_0^1 |\ln t| \, [\ln(1+t)]^n \, dt \leqslant \int_0^1 t^n |\ln t| \, dt,$$

而

$$\int_0^1 t^n |\ln t| \, dt = -\int_0^1 t^n \ln t \, dt$$

$$= -\frac{t^{n+1}}{n+1} \ln t \, \Big|_0^1 + \frac{1}{n+1} \int_0^1 t^n dt = \frac{1}{(n+1)^2},$$

所以 $\lim\limits_{n\to\infty} \int_0^1 t^n |\ln t| \, dt = 0$，由夹逼准则知 $\lim\limits_{n\to\infty} u_n = 0$.

解法 2 由于 $\ln x$ 为单调增加函数，则当 $t \in [0,1]$ 时，$\ln(1+t) \leqslant \ln 2$，从而有

$$0 \leqslant u_n = \int_0^1 |\ln t| \, [\ln(1+t)]^n \, dt \leqslant \ln^n 2 \int_0^1 |\ln t| \, dt,$$

又

$$\int_0^1 |\ln t| \, dt = -\int_0^1 \ln t \, dt = -t\ln t \, \Big|_0^1 + \int_0^1 dt = 1,$$

且 $\lim\limits_{n\to\infty} \ln^n 2 = 0$，由夹逼准则知 $\lim\limits_{n\to\infty} u_n = 0$.

解法 3 由（Ⅰ）知

$$0 \leqslant u_n = \int_0^1 |\ln t| \, [\ln(1+t)]^n \, dt \leqslant \int_0^1 t^n |\ln t| \, dt.$$

又因为 $\lim\limits_{t\to 0^+} t\ln t = \lim\limits_{t\to 0^+} \dfrac{\ln t}{\dfrac{1}{t}} = \lim\limits_{t\to 0^+} \dfrac{\dfrac{1}{t}}{-\dfrac{1}{t^2}} = 0$，且 $t\ln t$ 在 $(0,1]$ 上连续，则 $t\ln t$ 在 $(0,1]$ 上有

界，从而存在 $M>0$，使

$$0 \leqslant |t\ln t| \leqslant M, \quad t \in (0,1],$$

则 $\int_0^1 t^n |\ln t| \, dt \leqslant M \int_0^1 t^{n-1} dt = \dfrac{M}{n}$，由 $\lim\limits_{n\to\infty} \dfrac{M}{n} = 0$ 及夹逼准则知 $\lim\limits_{n\to\infty} u_n = 0$.

【评注】本题是一道综合题，主要考查定积分的不等式性质和求极限的夹逼准则，同时这里用到一个常用的不等式

$$\frac{x}{1+x} < \ln(1+x) < x, \quad x \in (0, +\infty).$$

此不等式多次用到，望读者熟知。

272 设函数 $f(x)$ 在闭区间 $[a,b]$ 上连续，在开区间 (a,b) 内可导，且 $f'(x)>0$，若极限 $\lim\limits_{x\to a^+} \dfrac{f(2x-a)}{x-a}$ 存在，证明：

（Ⅰ）在 (a,b) 内 $f(x)>0$；

（Ⅱ）在 (a,b) 内存在 ξ，使 $\dfrac{b^2-a^2}{\displaystyle\int_a^b f(x)\,dx} = \dfrac{2\xi}{f(\xi)}$；

🅚 2003 数学二，10 分

（Ⅲ）在 (a,b) 内存在与（Ⅱ）中 ξ 相异的点 η，使 $f'(\eta)(b^2-a^2)=\dfrac{2\xi}{\xi-a}\displaystyle\int_a^b f(x)\,\mathrm{d}x$.

知识点睛　0214 拉格朗日中值定理，0215 柯西中值定理

证　（Ⅰ）因为 $\displaystyle\lim_{x\to a^+}\dfrac{f(2x-a)}{x-a}$ 存在，则 $\displaystyle\lim_{x\to a^+}f(2x-a)=0$，由于 $f(x)$ 在 $[a,b]$ 上连续，从而 $f(a)=0$，又 $f'(x)>0$，则 $f(x)$ 在 $[a,b]$ 上单调增加，故

$$f(x)>f(a)=0,\quad x\in(a,b).$$

（Ⅱ）设 $F(x)=x^2$，$g(x)=\displaystyle\int_a^x f(t)\,\mathrm{d}t\ (a\leqslant x\leqslant b)$，则 $g'(x)=f(x)>0$，故 $F(x),g(x)$ 满足柯西中值定理条件，于是在 (a,b) 内存在 ξ，使

$$\frac{F(b)-F(a)}{g(b)-g(a)}=\frac{b^2-a^2}{\displaystyle\int_a^b f(t)\,\mathrm{d}t-\int_a^a f(t)\,\mathrm{d}t}=\left.\frac{(x^2)'}{\left(\displaystyle\int_a^x f(t)\,\mathrm{d}t\right)'}\right|_{x=\xi},$$

即 $\dfrac{b^2-a^2}{\displaystyle\int_a^b f(x)\,\mathrm{d}x}=\dfrac{2\xi}{f(\xi)}$.

（Ⅲ）因为 $f(\xi)=f(\xi)-f(a)$，在 $[a,\xi]$ 上应用拉格朗日中值定理，在 (a,ξ) 内存在一点 η，使

$$f(\xi)=f'(\eta)(\xi-a).$$

从而由（Ⅱ）的结论，得

$$\frac{b^2-a^2}{\displaystyle\int_a^b f(x)\,\mathrm{d}x}=\frac{2\xi}{f'(\eta)(\xi-a)},$$

故 $f'(\eta)(b^2-a^2)=\dfrac{2\xi}{\xi-a}\displaystyle\int_a^b f(x)\,\mathrm{d}x$.

Ⓚ 2000 数学一、数学二、数学三，6 分

273　设函数 $f(x)$ 在 $[0,\pi]$ 上连续，且 $\displaystyle\int_0^\pi f(x)\,\mathrm{d}x=\int_0^\pi f(x)\cos x\,\mathrm{d}x=0$. 证明：在 $(0,\pi)$ 内至少存在两个不同的点 ξ_1,ξ_2，使 $f(\xi_1)=f(\xi_2)=0$.

知识点睛　0304 定积分中值定理

证法 1　由 $\displaystyle\int_0^\pi f(x)\,\mathrm{d}x=0$ 及积分中值定理知，存在 $\xi_1\in(0,\pi)$，使 $f(\xi_1)=0$.若在 $(0,\pi)$ 内 $f(x)$ 只有一个零点 ξ_1，则由 $\displaystyle\int_0^\pi f(x)\,\mathrm{d}x=0$ 知，$f(x)$ 在 $(0,\xi_1)$ 与 (ξ_1,π) 内异号.

不妨设在 $(0,\xi_1)$ 内 $f(x)>0$，在 (ξ_1,π) 内 $f(x)<0$，又在 $(0,\xi_1)$ 内 $(\cos x-\cos\xi_1)>0$，在 (ξ_1,π) 内 $(\cos x-\cos\xi_1)<0$，则

$$\int_0^\pi f(x)(\cos x-\cos\xi_1)\,\mathrm{d}x>0.$$

另一方面，

$$\int_0^\pi f(x)(\cos x-\cos\xi_1)\,\mathrm{d}x=\int_0^\pi f(x)\cos x\,\mathrm{d}x-\cos\xi_1\int_0^\pi f(x)\,\mathrm{d}x,$$

由 $\displaystyle\int_0^\pi f(x)\cos x\,\mathrm{d}x=0$ 及 $\displaystyle\int_0^\pi f(x)\,\mathrm{d}x=0$ 知 $\displaystyle\int_0^\pi f(x)(\cos x-\cos\xi_1)\,\mathrm{d}x=0$，矛盾，原题得证.

证法 2   令 $F(x) = \int_0^x f(t)\,\mathrm{d}t, 0 \leqslant x \leqslant \pi$, 则有 $F(0) = 0, F(\pi) = 0$, 又

$$0 = \int_0^\pi f(x)\cos x\,\mathrm{d}x = \int_0^\pi \cos x\,\mathrm{d}F(x)$$

$$= F(x)\cos x\,\Big|_0^\pi + \int_0^\pi F(x)\sin x\,\mathrm{d}x$$

$$= \int_0^\pi F(x)\sin x\,\mathrm{d}x$$

$$= \pi F(\xi)\sin \xi, \quad \xi \in (0, \pi).$$

这里应用了定积分中值定理,由于 $\sin \xi \neq 0$,则 $F(\xi) = 0$,由以上证明得 $0 < \xi < \pi$, $F(0) = F(\xi) = F(\pi) = 0$.

对 $F(x)$ 分别在区间 $[0, \xi]$ 和 $[\xi, \pi]$ 上用罗尔定理知,存在 $\xi_1 \in (0, \xi)$ 和 $\xi_2 \in (\xi, \pi)$,使

$$F'(\xi_1) = F'(\xi_2) = 0,$$

即 $f(\xi_1) = f(\xi_2) = 0$. 原题得证.

274   设函数 $f(x), g(x)$ 在区间 $[a, b]$ 上连续,且 $f(x)$ 单调增加,$0 \leqslant g(x) \leqslant 1$. 证明: Ⓚ 2014 数学二、 数学三,10 分

(Ⅰ) $0 \leqslant \int_a^x g(t)\,\mathrm{d}t \leqslant x - a, \quad x \in [a, b]$;

(Ⅱ) $\int_a^{a + \int_a^b g(t)\,\mathrm{d}t} f(x)\,\mathrm{d}x \leqslant \int_a^b f(x)g(x)\,\mathrm{d}x$.

知识点睛   0307 积分上限函数及其导数

证   (Ⅰ) 由 $0 \leqslant g(x) \leqslant 1$ 得

$$0 \leqslant \int_a^x g(t)\,\mathrm{d}t \leqslant \int_a^x 1\,\mathrm{d}t = x - a, \quad x \in [a, b].$$

(Ⅱ) 令 $F(u) = \int_a^u f(x)g(x)\,\mathrm{d}x - \int_a^{a + \int_a^u g(t)\,\mathrm{d}t} f(x)\,\mathrm{d}x$.

只要证明 $F(b) \geqslant 0$,显然 $F(a) = 0$,只要证明 $F(u)$ 单调增加,又

$$F'(u) = f(u)g(u) - f\left(a + \int_a^u g(t)\,\mathrm{d}t\right)g(u)$$

$$= g(u)\left[f(u) - f\left(a + \int_a^u g(t)\,\mathrm{d}t\right)\right].$$

由 (Ⅰ) 的结论 $0 \leqslant \int_a^x g(t)\,\mathrm{d}t \leqslant x - a$ 知,$a \leqslant a + \int_a^x g(t)\,\mathrm{d}t \leqslant x$,即

$$a \leqslant a + \int_a^u g(t)\,\mathrm{d}t \leqslant u.$$

又 $f(x)$ 单调增加,则 $f(u) \geqslant f\left(a + \int_a^u g(t)\,\mathrm{d}t\right)$,因此,$F'(u) \geqslant 0$, $F(b) \geqslant 0$. 故

$$\int_a^{a + \int_a^b g(t)\,\mathrm{d}t} f(x)\,\mathrm{d}x \leqslant \int_a^b f(x)g(x)\,\mathrm{d}x.$$

Ⓚ 2008 数学二,

275   (Ⅰ) 证明积分中值定理:若函数 $f(x)$ 在闭区间 $[a, b]$ 上连续,则至少存在 11 分

一个点 $\eta \in [a,b]$，使得 $\int_a^b f(x)\mathrm{d}x = f(\eta)(b-a)$；

（Ⅱ）若函数 $\varphi(x)$ 具有二阶导数，且满足 $\varphi(2) > \varphi(1)$，$\varphi(2) > \int_2^3 \varphi(x)\mathrm{d}x$，则至少存在一点 $\xi \in (1,3)$，使得 $\varphi''(\xi) < 0$.

知识点睛 0304 定积分中值定理

证 （Ⅰ）设 M 与 m 为连续函数 $f(x)$ 在 $[a,b]$ 上的最大值和最小值，即

$$m \leqslant f(x) \leqslant M, \quad x \in [a,b],$$

由定积分性质，有

$$m(b-a) \leqslant \int_a^b f(x)\mathrm{d}x \leqslant M(b-a),$$

即 $m \leqslant \dfrac{\int_a^b f(x)\mathrm{d}x}{b-a} \leqslant M.$ 由连续函数的介值定理，至少存在一点 $\eta \in [a,b]$，使得

$$f(\eta) = \frac{1}{b-a}\int_a^b f(x)\mathrm{d}x,$$

即 $\int_a^b f(x)\mathrm{d}x = f(\eta)(b-a).$ 原题得证.

（Ⅱ）由（Ⅰ）的结论，可知至少存在一点 $\eta \in [2,3]$，使

$$\int_2^3 \varphi(x)\mathrm{d}x = \varphi(\eta)(3-2) = \varphi(\eta),$$

又由 $\varphi(2) > \int_2^3 \varphi(x)\mathrm{d}x = \varphi(\eta)$，知 $2 < \eta \leqslant 3$.

对 $\varphi(x)$ 在 $[1,2]$ 和 $[2,\eta]$ 上分别应用拉格朗日中值定理，并注意到 $\varphi(1) < \varphi(2)$，$\varphi(\eta) < \varphi(2)$，得

$$\varphi'(\xi_1) = \frac{\varphi(2)-\varphi(1)}{2-1} > 0 \quad (1 < \xi_1 < 2),$$

$$\varphi'(\xi_2) = \frac{\varphi(\eta)-\varphi(2)}{\eta-2} < 0 \quad (2 < \xi_2 < \eta \leqslant 3),$$

在 $[\xi_1, \xi_2]$ 上对 $\varphi'(x)$ 应用拉格朗日中值定理，有

$$\varphi''(\xi) = \frac{\varphi'(\xi_2)-\varphi'(\xi_1)}{\xi_2-\xi_1} < 0, \ \xi \in (\xi_1,\xi_2) \subset (1,3).$$

Ⓚ 2010 数学一、数学二，4 分

276 设 m,n 均为正整数，则反常积分 $\int_0^1 \dfrac{\sqrt[m]{\ln^2(1-x)}}{\sqrt[n]{x}}\mathrm{d}x$ 的收敛性（　　）.

（A）仅与 m 的取值有关 　　　　　（B）仅与 n 的取值有关

（C）与 m,n 的取值都有关 　　　　（D）与 m,n 的取值都无关

知识点睛 0309 反常积分的概念

解 本题主要考查反常积分的敛散性，题中的被积函数分别在 $x \to 0^+$ 和 $x \to 1^-$ 时无界.

$$\int_0^1 \frac{\sqrt[m]{\ln^2(1-x)}}{\sqrt[n]{x}}\mathrm{d}x = \int_0^{\frac{1}{2}} \frac{\sqrt[m]{\ln^2(1-x)}}{\sqrt[n]{x}}\mathrm{d}x + \int_{\frac{1}{2}}^1 \frac{\sqrt[m]{\ln^2(1-x)}}{\sqrt[n]{x}}\mathrm{d}x.$$

在反常积分 $\displaystyle\int_0^{\frac{1}{2}}\frac{\sqrt[m]{\ln^2(1-x)}}{\sqrt[n]{x}}\mathrm{d}x$ 中,由于 $\dfrac{\sqrt[m]{\ln^2(1-x)}}{\sqrt[n]{x}}\geq 0$,当 $x\to 0$ 时,$\sqrt[m]{\ln^2(1-x)}\sim$

$x^{\frac{2}{m}}$,则 $\displaystyle\int_0^{\frac{1}{2}}\frac{\sqrt[m]{\ln^2(1-x)}}{\sqrt[n]{x}}\mathrm{d}x$ 与 $\displaystyle\int_0^{\frac{1}{2}}\frac{x^{\frac{2}{m}}}{\sqrt[n]{x}}\mathrm{d}x=\int_0^{\frac{1}{2}}\frac{\mathrm{d}x}{x^{\frac{1}{n}-\frac{2}{m}}}$ 同敛散.

而 m,n 为正整数,$\dfrac{1}{n}-\dfrac{2}{m}<1$,则 $\displaystyle\int_0^{\frac{1}{2}}\frac{\mathrm{d}x}{x^{\frac{1}{n}-\frac{2}{m}}}$ 收敛,于是 $\displaystyle\int_0^{\frac{1}{2}}\frac{\sqrt[m]{\ln^2(1-x)}}{\sqrt[n]{x}}\mathrm{d}x$ 收敛.

在反常积分 $\displaystyle\int_{\frac{1}{2}}^1\frac{\sqrt[m]{\ln^2(1-x)}}{\sqrt[n]{x}}\mathrm{d}x$ 中,由于 $\dfrac{\sqrt[m]{\ln^2(1-x)}}{\sqrt[n]{x}}\geq 0$,且

$$\lim_{x\to 1^-}\frac{\dfrac{\sqrt[m]{\ln^2(1-x)}}{\sqrt[n]{x}}}{\dfrac{1}{\sqrt{1-x}}}=\lim_{x\to 1^-}\frac{\ln^{\frac{2}{m}}(1-x)}{(1-x)^{-\frac{1}{2}}}=0\quad(\text{洛必达法则}),$$

反常积分 $\displaystyle\int_{\frac{1}{2}}^1\frac{\mathrm{d}x}{\sqrt{1-x}}$ 收敛,所以 $\displaystyle\int_{\frac{1}{2}}^1\frac{\sqrt[m]{\ln^2(1-x)}}{\sqrt[n]{x}}\mathrm{d}x$ 收敛.

综上所述,无论 m,n 取何正整数,反常积分 $\displaystyle\int_0^1\frac{\sqrt[m]{\ln^2(1-x)}}{\sqrt[n]{x}}\mathrm{d}x$ 都收敛,应选(D).

277 已知曲线 $L:\begin{cases}x=f(t),\\ y=\cos t\end{cases}\left(0\leq t<\dfrac{\pi}{2}\right)$,其中函数 $f(t)$ 具有连续导数,且 Ⓚ 2012 数学一,
10 分

$f(0)=0,f'(t)>0\left(0<t<\dfrac{\pi}{2}\right)$.若曲线 L 的切线与 x 轴的交点到切点的距离恒为 1,求函

数 $f(t)$ 的表达式,并求以曲线 L 及 x 轴和 y 轴为边界的区域的面积.

知识点睛 0202 导数的几何意义,0310 利用定积分计算平面图形的面积

分析 先求切线方程,然后根据两点间的距离恒为 1 得到微分方程.

解 (1)由参数方程的求导公式,有

$$y'=\frac{\mathrm{d}y}{\mathrm{d}x}=-\frac{\sin t}{f'(t)}.$$

于是,L 上任意一点 $(x,y)=(f(t),\cos t)$ 处的切线方程为

$$Y-\cos t=-\frac{\sin t}{f'(t)}[X-f(t)],$$

令 $Y=0$,得此切线与 x 轴的交点为 $(f'(t)\cot t+f(t),0)$.

由 $(f'(t)\cot t+f(t),0)$ 到切点 $(f(t),\cos t)$ 的距离恒为 1,有

$$(f'(t)\cot t+f(t)-f(t))^2+(0-\cos t)^2=1,$$

解得 $f'(t)=\pm\dfrac{\sin^2 t}{\cos t}$.由 $f'(t)>0\left(0<t<\dfrac{\pi}{2}\right)$ 且 $f(0)=0$,知 $f(t)>0\left(0<t<\dfrac{\pi}{2}\right)$.所以

$$f'(t)=\frac{\sin^2 t}{\cos t}\quad\left(0\leq t<\frac{\pi}{2}\right),$$

于是

$$f(t) = \int \frac{\sin^2 t}{\cos t} \, dt = \int \frac{1 - \cos^2 t}{\cos t} \, dt = \int (\sec t - \cos t) \, dt$$

$$= \ln(\sec t + \tan t) - \sin t + C.$$

由 $f(0) = 0$ 得 $C = 0$,故

$$f(t) = \ln(\sec t + \tan t) - \sin t.$$

(2)以曲线 L 及 x 轴和 y 轴为边界的区域的面积

$$S = \int_0^{\frac{\pi}{2}} \cos t \cdot f'(t) \, dt = \int_0^{\frac{\pi}{2}} \cos t \cdot \frac{\sin^2 t}{\cos t} \, dt = \int_0^{\frac{\pi}{2}} \frac{1 - \cos 2t}{2} \, dt = \frac{\pi}{4} - \frac{\sin 2t}{4} \Big|_0^{\frac{\pi}{2}} = \frac{\pi}{4}.$$

2019 数学一、数学三,10 分

278 求曲线 $y = e^{-x} \sin x \, (x \geq 0)$ 与 x 轴之间图形的面积.

知识点睛 0309 反常积分的计算, 0310 利用定积分计算平面图形的面积

解 所求面积为

$$S = \int_0^{+\infty} |e^{-x} \sin x| \, dx = \int_0^{+\infty} e^{-x} |\sin x| \, dx = \sum_{n=0}^{\infty} \int_{n\pi}^{(n+1)\pi} e^{-x} |\sin x| \, dx.$$

又

$$\int e^{-x} \sin x \, dx = -\frac{e^{-x}}{2}(\cos x + \sin x) + C,$$

则

$$\int_{n\pi}^{(n+1)\pi} e^{-x} |\sin x| \, dx = (-1)^n \int_{n\pi}^{(n+1)\pi} e^{-x} \sin x \, dx$$

$$= (-1)^{n+1} \frac{e^{-x}}{2}(\cos x + \sin x) \Big|_{n\pi}^{(n+1)\pi}$$

$$= \frac{1}{2} \left[e^{-(n+1)\pi} + e^{-n\pi} \right] = \frac{1 + e^{-\pi}}{2} e^{-n\pi},$$

于是,$S = \dfrac{1 + e^{-\pi}}{2} \displaystyle\sum_{n=0}^{\infty} e^{-n\pi} = \dfrac{1 + e^{-\pi}}{2(1 - e^{-\pi})} = \dfrac{e^{\pi} + 1}{2(e^{\pi} - 1)}.$

2006 数学二,12 分

279 已知曲线 L 的方程为 $\begin{cases} x = t^2 + 1, \\ y = 4t - t^2 \end{cases} (t \geq 0).$

(Ⅰ)讨论 L 的凹凸性;

(Ⅱ)过点 $(-1, 0)$ 引 L 的切线,求切点 (x_0, y_0),并写出切线的方程;

(Ⅲ)求此切线与 L(对应于 $x \leq x_0$ 的部分)及 x 轴所围成的平面图形的面积.

知识点睛 0202 导数的几何意义, 0310 利用定积分计算平面图形的面积

分析 为确定 L 的凹凸性,须先求二阶导数 $\dfrac{d^2 y}{dx^2}$ 并确定其正负,要解第(Ⅱ)问,首先要求出曲线上点 (x_0, y_0) 对应的参数 t_0 处的斜率,然后求出切线方程,由(Ⅰ)和(Ⅱ)可知所求平面图形的基本形状,从而求出其面积.

解法 1 (Ⅰ)由于

$$\frac{dy}{dx} = \frac{y'(t)}{x'(t)} = \frac{4 - 2t}{2t} = \frac{2}{t} - 1,$$

$$\frac{d^2 y}{dx^2} = \frac{d}{dt}\left(\frac{2}{t} - 1\right) \cdot \frac{dt}{dx} = \left(-\frac{2}{t^2}\right) \cdot \frac{1}{x'(t)} = -\frac{1}{t^3},$$

当 $t>0$ 时，$\dfrac{\mathrm{d}^2 y}{\mathrm{d}x^2}<0$，故 L 是凸的.

（Ⅱ）当 $t=0$ 时，$x'(0)=0$，$y'(0)=4$，$x(0)=1$，$y(0)=0$，$\dfrac{\mathrm{d}y}{\mathrm{d}x}\Big|_{t=0}=\infty$，则当 $t=0$ 时，L 在对应点处切线方程为 $x=1$，不合题意，故设切点 (x_0,y_0) 对应的参数为 $t_0>0$，则 L 在点 (x_0,y_0) 处的切线方程为

$$y-(4t_0-t_0^2)=\left(\frac{2}{t_0}-1\right)(x-t_0^2-1),$$

令 $x=-1$，$y=0$，得 $t_0^2+t_0-2=0$，解得 $t_0=1$ 或 $t_0=-2$（舍去）.

由 $t_0=1$ 知，切点为 $(2,3)$，切线方程为 $y=x+1$.

（Ⅲ）令 $y=4t-t^2=0$，得 $t_1=0$，$t_2=4$，对应曲线 L 与 x 轴的两个交点 $(1,0)$ 和 $(17,0)$，由以上讨论知曲线 L 和所求的切线如 279 题图所示，故所求平面图形的面积为

$$\begin{aligned}
S &= \int_{-1}^{2}(x+1)\mathrm{d}x-\int_{1}^{2}y\mathrm{d}x\\
&= \frac{9}{2}-\int_{0}^{1}(4t-t^2)\mathrm{d}(t^2+1)\\
&= \frac{9}{2}-\int_{0}^{1}(4t-t^2)\cdot 2t\mathrm{d}t\\
&= \frac{7}{3}.
\end{aligned}$$

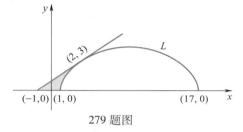

279 题图

解法 2 （Ⅰ）同解法 1.

（Ⅱ）由 $\begin{cases} x=t^2+1,\\ y=4t-t^2 \end{cases}$ $(t\geqslant 0)$ 知 $t=\sqrt{x-1}$，所以

$$y=4t-t^2=4\sqrt{x-1}-(x-1).$$

由于当 $x_0=1$ 时，L 在对应点处切线方程为 $x=1$，不合题意，故可设 L 在点 (x_0,y_0) 处的切线方程为

$$y-y_0=\left(\frac{2}{\sqrt{x_0-1}}-1\right)(x-x_0)\quad(x_0>1),$$

将 $x=-1$，$y=0$ 代入上式，得

$$-y_0=\left(\frac{2}{\sqrt{x_0-1}}-1\right)(-1-x_0),$$

有

$$-4\sqrt{x_0-1}+(x_0-1)=\frac{-2+\sqrt{x_0-1}}{\sqrt{x_0-1}}(x_0+1).$$

整理得 $(x_0-1)+\sqrt{x_0-1}-2=0$，即 $(\sqrt{x_0-1}+2)(\sqrt{x_0-1}-1)=0$，解得 $x_0=2$，并得 $y_0=3$，因此切线方程为 $y=x+1$.

（Ⅲ）在 $y=4\sqrt{x-1}-(x-1)$ 中令 $y=0$，得 L 与 x 轴的交点为 $(1,0)$ 和 $(17,0)$，故所求平面图形的面积为

$$S = \int_{-1}^{2} (x+1)\,\mathrm{d}x - \int_{1}^{2} \left[4\sqrt{x-1} - (x-1) \right]\mathrm{d}x$$

$$= \frac{9}{2} - \left[\frac{8}{3}(x-1)^{\frac{3}{2}} - \frac{1}{2}(x-1)^2 \right]\Big|_{1}^{2}$$

$$= \frac{9}{2} - \frac{13}{6} = \frac{7}{3}.$$

【评注】本题主要考查参数方程确定的函数的导数,参数方程所表示的曲线的切线及所围的面积.由于曲线是用参数方程表示的,因此,在解第(Ⅱ)(Ⅲ)两问时应用参数方程比较方便,即解法1较方便,而把参数方程化为直角坐标方程(即解法2)稍繁一些.

读者的主要问题是:

(1)部分读者将参数方程二阶导数求错;

(2)不少读者搞不清参数方程所表示的曲线 L 的基本形状,当然面积也就求错了,所以,如有可能可绘草图.

第一届数学竞赛预赛,5分

280题精解视频

280 设 $f(x)$ 是连续函数,且满足 $f(x) = 3x^2 - \int_{0}^{2} f(x)\,\mathrm{d}x - 2$,则 $f(x) = $ _____.

知识点睛 0303 定积分的概念

解 令 $a = \int_{0}^{2} f(x)\,\mathrm{d}x$,则 $f(x) = 3x^2 - a - 2$,两端积分解出 $a = \frac{4}{3}$,从而 $f(x) = 3x^2 - \frac{10}{3}$.

应填 $3x^2 - \frac{10}{3}$.

第一届数学竞赛预赛,10分

281题精解视频

281 设抛物线 $y = ax^2 + bx + 2\ln c$ 过原点,当 $0 \le x \le 1$ 时,$y \ge 0$,又已知该抛物线与 x 轴及直线 $x = 1$ 所围图形的面积为 $\frac{1}{3}$.试确定 a, b, c,使此图形绕 x 轴旋转一周而成的旋转体的体积 V 最小.

知识点睛 0310 利用定积分计算旋转体的体积

解 因抛物线过原点,故 $c = 1$,由题设有

$$\int_{0}^{1} (ax^2 + bx)\,\mathrm{d}x = \frac{a}{3} + \frac{b}{2} = \frac{1}{3},$$

即 $b = \frac{2}{3}(1-a)$,而

$$V = \pi \int_{0}^{1} (ax^2 + bx)^2\,\mathrm{d}x = \pi \left(\frac{1}{5}a^2 + \frac{1}{2}ab + \frac{1}{3}b^2 \right)$$

$$= \pi \left[\frac{1}{5}a^2 + \frac{1}{3}a(1-a) + \frac{1}{3} \times \frac{4}{9}(1-a)^2 \right].$$

令 $\dfrac{\mathrm{d}V}{\mathrm{d}a} = \pi \left[\dfrac{2}{5}a + \dfrac{1}{3} - \dfrac{2}{3}a - \dfrac{8}{27}(1-a) \right] = 0$,得 $a = -\dfrac{5}{4}$,代入 b 的表达式得 $b = \dfrac{3}{2}$.

又因 $\dfrac{\mathrm{d}^2 V}{\mathrm{d}a^2}\Big|_{a = -\frac{5}{4}} = \pi \left(\dfrac{2}{5} - \dfrac{2}{3} + \dfrac{8}{27} \right) = \dfrac{4}{135}\pi > 0$ 及实际情况,当 $a = -\dfrac{5}{4}, b = \dfrac{3}{2}, c = 1$ 时,体

积最小.

282 设 $s>0$,求 $I_n = \int_0^{+\infty} x^n e^{-sx} dx$ $(n=1,2,\cdots)$.

知识点睛 0309 反常积分的计算

解 因为 $s>0$ 时,$\lim\limits_{x\to+\infty} x^n e^{-sx} = 0$,所以

$$I_n = -\frac{1}{s}\int_0^{+\infty} x^n \mathrm{d}e^{-sx} = -\frac{1}{s}\left[x^n e^{-sx}\Big|_0^{+\infty} - \int_0^{+\infty} e^{-sx}\mathrm{d}x^n\right] = \frac{n}{s}I_{n-1},$$

由此得到 $I_n = \dfrac{n}{s}I_{n-1} = \dfrac{n}{s}\cdot\dfrac{n-1}{s}I_{n-2} = \cdots = \dfrac{n!}{s^n}I_0 = \dfrac{n!}{s^{n+1}}.$

283 过曲线 $y=\sqrt[3]{x}$ $(x\geq 0)$ 上的点 A 作切线,使该切线与曲线及 x 轴所围成的平面图形的面积为 $\dfrac{3}{4}$,求点 A 的坐标.

知识点睛 0310 利用定积分计算平面图形的面积

解 设切点 A 的坐标为 $(t,\sqrt[3]{t})$,曲线过点 A 的切线方程为

$$y-\sqrt[3]{t} = \frac{1}{3\sqrt[3]{t^2}}(x-t),$$

令 $y=0$,由上式可得切线与 x 轴交点 B 的横坐标 $x_0 = -2t$.设点 A 在 x 轴上的投影点为 C,如 283 题图所示,依题意,$\dfrac{3}{4} = \triangle ABC$ 的面积-曲边三角形 OCA 的面积,即

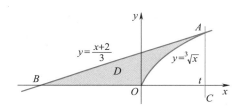

283 题图

$$\frac{3}{4} = \frac{1}{2}\sqrt[3]{t}\cdot 3t - \int_0^t \sqrt[3]{x}\,\mathrm{d}x = \frac{3}{4}t\sqrt[3]{t},$$

解得 $t=1$,故点 A 的坐标为 $(1,1)$.

284 求定积分 $I = \int_{-\pi}^{\pi} \dfrac{x\sin x \cdot \arctan e^x}{1+\cos^2 x}\,\mathrm{d}x$.

知识点睛 0305 换元积分法

解 $I = \int_{-\pi}^0 \dfrac{x\sin x \cdot \arctan e^x}{1+\cos^2 x}\,\mathrm{d}x + \int_0^\pi \dfrac{x\sin x \cdot \arctan e^x}{1+\cos^2 x}\,\mathrm{d}x$

$\qquad = \int_0^\pi \dfrac{x\sin x \cdot \arctan e^{-x}}{1+\cos^2 x}\,\mathrm{d}x + \int_0^\pi \dfrac{x\sin x \cdot \arctan e^x}{1+\cos^2 x}\,\mathrm{d}x$

$\qquad = \int_0^\pi (\arctan e^x + \arctan e^{-x})\dfrac{x\sin x}{1+\cos^2 x}\,\mathrm{d}x$

$$= \frac{\pi}{2} \int_0^\pi \frac{x\sin x}{1+\cos^2 x} \mathrm{d}x = \left(\frac{\pi}{2}\right)^2 \int_0^\pi \frac{\sin x}{1+\cos^2 x} \mathrm{d}x$$

$$= \left(\frac{\pi}{2}\right)^2 \left[-\arctan(\cos x)\Big|_0^\pi\right] = \frac{\pi^3}{8}.$$

♪第五届数学
竞赛预赛,10分

285　设 $|f(x)| \leqslant \pi$, $f'(x) \geqslant m > 0$ $(a \leqslant x \leqslant b)$, 证明 $\left|\int_a^b \sin f(x)\mathrm{d}x\right| \leqslant \frac{2}{m}$.

知识点睛　0305 换元积分法

证法1　因为 $f'(x) \geqslant m > 0$ $(a \leqslant x \leqslant b)$, 所以 $f(x)$ 在 $[a,b]$ 上严格单增,从而有反函数.

设 $A = f(a)$, $B = f(b)$, $\varphi(x)$ 是 $f(x)$ 的反函数,则 $0 < \varphi'(y) = \frac{1}{f'(x)} \leqslant \frac{1}{m}$,又 $|f(x)| \leqslant \pi$,则 $-\pi \leqslant A < B \leqslant \pi$,所以

$$\left|\int_a^b \sin f(x)\mathrm{d}x\right| \xlongequal{x=\varphi(y)} \left|\int_A^B \varphi'(y)\sin y \mathrm{d}y\right| \leqslant \int_0^\pi \frac{1}{m}\sin y \mathrm{d}y = \frac{2}{m}.$$

证法2　由题意,有

$$\left|\int_a^b \sin f(x)\mathrm{d}x\right| = \left|\int_a^b \frac{f'(x)\sin f(x)}{f'(x)}\mathrm{d}x\right| \leqslant \frac{1}{m}\left|\int_a^b \sin f(x)\mathrm{d}f(x)\right|$$

$$= \frac{1}{m}\left|\left[-\cos f(x)\right]\Big|_a^b\right| \leqslant \frac{2}{m}.$$

♪第六届数学
竞赛预赛,12分

286　设 n 为正整数,计算 $I = \int_{e^{-2n\pi}}^1 \left|\frac{\mathrm{d}}{\mathrm{d}x}\cos\left(\ln\frac{1}{x}\right)\right|\mathrm{d}x$.

知识点睛　0305 换元积分法

解　$I = \int_{e^{-2n\pi}}^1 \left|\frac{\mathrm{d}}{\mathrm{d}x}\cos\left(\ln\frac{1}{x}\right)\right|\mathrm{d}x = \int_{e^{-2n\pi}}^1 \left|\frac{\mathrm{d}}{\mathrm{d}x}\cos(\ln x)\right|\mathrm{d}x$

$$= \int_{e^{-2n\pi}}^1 |\sin(\ln x)|\frac{1}{x}\mathrm{d}x = \int_{e^{-2n\pi}}^1 |\sin(\ln x)|\,\mathrm{d}\ln x,$$

令 $\ln x = u$,则有 $I = \int_{-2n\pi}^0 |\sin u|\,\mathrm{d}u = \int_0^{2n\pi} |\sin t|\,\mathrm{d}t = 4n\int_0^{\frac{\pi}{2}} |\sin t|\,\mathrm{d}t = 4n$.

♪第六届数学
竞赛预赛,15分

287　设 $A_n = \frac{n}{n^2+1} + \frac{n}{n^2+2^2} + \cdots + \frac{n}{n^2+n^2}$,求 $\lim\limits_{n\to\infty} n\left(\frac{\pi}{4} - A_n\right)$.

知识点睛　0303 定积分的概念

解　令 $f(x) = \frac{1}{1+x^2}$,因为 $A_n = \frac{1}{n}\sum\limits_{i=1}^n \frac{1}{1+\dfrac{i^2}{n^2}}$,所以有 $\lim\limits_{n\to\infty}A_n = \int_0^1 f(x)\mathrm{d}x = \frac{\pi}{4}$.

记 $x_i = \frac{i}{n}$,则 $x_i - x_{i-1} = \frac{1}{n}$, $A_n = \sum\limits_{i=1}^n \int_{x_{i-1}}^{x_i} f(x_i)\mathrm{d}x$.令

$$J_n = n\left(\frac{\pi}{4} - A_n\right) = n\sum\limits_{i=1}^n \int_{x_{i-1}}^{x_i} [f(x) - f(x_i)]\mathrm{d}x,$$

由拉格朗日中值定理，$\exists \xi_i \in (x_{i-1}, x_i)$ 使得 $J_n = n \sum\limits_{i=1}^{n} \int_{x_{i-1}}^{x_i} f'(\xi_i)(x - x_i) \mathrm{d}x.$

设 m_i, M_i 分别是 $f'(x)$ 在 $[x_{i-1}, x_i]$ 上的最小值和最大值，则 $m_i \leq f'(\xi_i) \leq M_i$，故积分 $\int_{x_{i-1}}^{x_i} f'(\xi_i)(x - x_i) \mathrm{d}x$ 介于 $m_i \int_{x_{i-1}}^{x_i} (x - x_i) \mathrm{d}x, M_i \int_{x_{i-1}}^{x_i} (x - x_i) \mathrm{d}x$ 之间，所以 $\exists \eta_i \in (x_{i-1}, x_i)$，使得

$$\int_{x_{i-1}}^{x_i} f'(\xi_i)(x - x_i) \mathrm{d}x = -f'(\eta_i) \frac{(x_i - x_{i-1})^2}{2}.$$

于是，有 $J_n = -\dfrac{n}{2} \sum\limits_{i=1}^{n} f'(\eta_i)(x_i - x_{i-1})^2 = -\dfrac{1}{2n} \sum\limits_{i=1}^{n} f'(\eta_i).$ 从而

$$\lim_{n \to \infty} n\left(\frac{\pi}{4} - A_n \right) = \lim_{n \to \infty} J_n = -\frac{1}{2} \int_0^1 f'(x) \mathrm{d}x = -\frac{1}{2} [f(1) - f(0)] = \frac{1}{4}.$$

288　设 $f(x)$ 在 $[0,1]$ 上可导，$f(0) = 0$，且当 $x \in (0,1)$ 时，$0 < f'(x) < 1$. 试证：当 $a \in (0,1)$ 时，有 $\left(\int_0^a f(x) \mathrm{d}x \right)^2 > \int_0^a f^3(x) \mathrm{d}x.$

♪ 第八届数学竞赛预赛,14 分

288 题精解视频

知识点睛　0307 积分上限函数及其导数

证　设 $F(x) = \left(\int_0^x f(t) \mathrm{d}t \right)^2 - \int_0^x f^3(t) \mathrm{d}t$，则 $F(0) = 0$，

$$F'(x) = f(x) \left[2 \int_0^x f(t) \mathrm{d}t - f^2(x) \right].$$

下证 $F'(x) > 0.$ 设 $g(x) = 2\int_0^x f(t) \mathrm{d}t - f^2(x)$，则 $F'(x) = f(x)g(x)$，由于 $f'(x) > 0$，$f(0) = 0$，故 $f(x) > 0$. 从而只要证明 $g(x) > 0 (x > 0).$ 而 $g(0) = 0.$ 因此只要证明 $g'(x) > 0$ $(0 < x < a).$ 而

$$g'(x) = 2f(x)[1 - f'(x)] > 0,$$

所以 $g(x) > 0, F'(x) > 0, F(x)$ 单调增加，$F(a) \geq F(0)$，即

$$\left(\int_0^a f(x) \mathrm{d}x \right)^2 \geq \int_0^a f^3(x) \mathrm{d}x.$$

289　设函数 $f(x)$ 在闭区间 $[0,1]$ 上具有连续导数，$f(0) = 0$，$f(1) = 1$，证明：

$$\lim_{n \to \infty} n \left(\int_0^1 f(x) \mathrm{d}x - \frac{1}{n} \sum_{k=1}^{n} f\left(\frac{k}{n} \right) \right) = -\frac{1}{2}.$$

♪ 第八届数学竞赛预赛,14 分

知识点睛　0303 定积分的概念

证　将区间 $[0,1]$ 分成 n 等份，设分点为 $x_k = \dfrac{k}{n}$ $(k = 0,1,2,\cdots,n)$，则 $\Delta x_k = \dfrac{1}{n}$. 且

$$\lim_{n \to \infty} n \left(\int_0^1 f(x) \mathrm{d}x - \frac{1}{n} \sum_{k=1}^{n} f\left(\frac{k}{n} \right) \right)$$

$$= \lim_{n \to \infty} n \left(\sum_{k=1}^{n} \int_{x_{k-1}}^{x_k} f(x) \mathrm{d}x - \sum_{k=1}^{n} f\left(\frac{k}{n} \right) \Delta x_k \right)$$

$$= \lim_{n \to \infty} n \left(\sum_{k=1}^{n} \int_{x_{k-1}}^{x_k} (f(x) - f(x_k)) \mathrm{d}x \right)$$

$$= \lim_{n \to \infty} n \left(\sum_{k=1}^{n} \int_{x_{k-1}}^{x_k} \frac{f(x) - f(x_k)}{x - x_k} (x - x_k) \, dx \right)$$

$$= \lim_{n \to \infty} n \left(\sum_{k=1}^{n} \frac{f(\xi_k) - f(x_k)}{\xi_k - x_k} \int_{x_{k-1}}^{x_k} (x - x_k) \, dx \right) \quad (\xi_k \in (x_{k-1}, x_k))$$

$$= \lim_{n \to \infty} n \left(\sum_{k=1}^{n} f'(\eta_k) \int_{x_{k-1}}^{x_k} (x - x_k) \, dx \right) \quad (\eta_k \in (\xi_k, x_k))$$

$$= \lim_{n \to \infty} n \left(\sum_{k=1}^{n} f'(\eta_k) \left[-\frac{1}{2} (x_{k-1} - x_k)^2 \right] \right)$$

$$= -\frac{1}{2} \lim_{n \to \infty} \left(\sum_{k=1}^{n} f'(\eta_k) \Delta x_k \right)$$

$$= -\frac{1}{2} \int_0^1 f'(x) \, dx = -\frac{1}{2} [f(1) - f(0)] = -\frac{1}{2}.$$

⬛第九届数学
竞赛预赛,7 分

290 求不定积分 $I = \int \dfrac{e^{-\sin x} \sin 2x}{(1 - \sin x)^2} \, dx$.

知识点睛 0305 换元积分法和分部积分法

解 $I = \int \dfrac{e^{-\sin x} \sin 2x}{(1 - \sin x)^2} \, dx \xrightarrow{\sin x = v} 2 \int \dfrac{v e^{-v}}{(1-v)^2} \, dv = 2 \int \dfrac{(v-1+1) e^{-v}}{(1-v^2)} \, dv$

$$= 2 \int \frac{e^{-v}}{v-1} \, dv + 2 \int \frac{e^{-v}}{(v-1)^2} \, dv = 2 \int \frac{e^{-v}}{v-1} \, dv - 2 \int e^{-v} \, d\frac{1}{v-1}$$

$$= 2 \int \frac{e^{-v}}{v-1} \, dv - 2 \left(e^{-v} \frac{1}{v-1} + \int \frac{e^{-v}}{v-1} \, dv \right)$$

$$= -\frac{2 e^{-v}}{v-1} + C = \frac{2 e^{-\sin x}}{1 - \sin x} + C.$$

⬛第十届数学
竞赛预赛,6 分

291 计算不定积分 $\int \dfrac{\ln(x + \sqrt{1 + x^2})}{(1 + x^2)^{\frac{3}{2}}} \, dx$.

知识点睛 0305 换元积分法和分部积分法

解法 1 $\int \dfrac{\ln(x + \sqrt{1 + x^2})}{(1 + x^2)^{\frac{3}{2}}} \, dx \xrightarrow{x = \tan t} \int \dfrac{\ln(\tan t + \sec t)}{\sec t} \, dt$

$$= \int \ln(\tan t + \sec t) \, d\sin t$$

$$= \sin t \ln(\tan t + \sec t) - \int \sin t \, d\ln(\tan t + \sec t)$$

$$= \sin t \ln(\tan t + \sec t) - \int \sin t \frac{1}{\tan t + \sec t} (\sec^2 t + \tan t \sec t) \, dt$$

$$= \sin t \ln(\tan t + \sec t) - \int \frac{\sin t}{\cos t} \, dt$$

$$= \sin t \ln(\tan t + \sec t) + \ln |\cos t| + C$$

$$= \frac{x}{\sqrt{1 + x^2}} \ln(x + \sqrt{1 + x^2}) - \frac{1}{2} \ln(1 + x^2) + C.$$

解法 2　$\displaystyle\int \frac{\ln(x+\sqrt{1+x^2})}{(1+x^2)^{\frac{3}{2}}}\mathrm{d}x = \int \ln(x+\sqrt{1+x^2})\,\mathrm{d}\frac{x}{\sqrt{1+x^2}}$

$$= \frac{x}{\sqrt{1+x^2}}\ln(x+\sqrt{1+x^2}) - \int \frac{x}{\sqrt{1+x^2}}\frac{1}{x+\sqrt{1+x^2}}\Big(1+\frac{x}{\sqrt{1+x^2}}\Big)\,\mathrm{d}x$$

$$= \frac{x}{\sqrt{1+x^2}}\ln(x+\sqrt{1+x^2}) - \int \frac{x}{1+x^2}\,\mathrm{d}x$$

$$= \frac{x}{\sqrt{1+x^2}}\ln(x+\sqrt{1+x^2}) - \frac{1}{2}\ln(1+x^2) + C.$$

🄹 第十届数学
竞赛预赛,14 分

292　设 $f(x)$ 在区间 $[0,1]$ 上连续,且 $1\leqslant f(x)\leqslant 3$. 证明:
$$1 \leqslant \int_0^1 f(x)\,\mathrm{d}x\int_0^1 \frac{1}{f(x)}\,\mathrm{d}x \leqslant \frac{4}{3}.$$

知识点睛　柯西不等式

证　由柯西不等式,得
$$\int_0^1 f(x)\,\mathrm{d}x\int_0^1 \frac{1}{f(x)}\,\mathrm{d}x \geqslant \Big(\int_0^1 \sqrt{f(x)}\cdot\frac{1}{\sqrt{f(x)}}\,\mathrm{d}x\Big)^2 = 1.$$

又由于 $(f(x)-1)(f(x)-3)\leqslant 0$,则 $\dfrac{(f(x)-1)(f(x)-3)}{f(x)}\leqslant 0$,即 $f(x)+\dfrac{3}{f(x)}\leqslant 4$,

从而
$$\int_0^1 \Big[f(x)+\frac{3}{f(x)}\Big]\mathrm{d}x \leqslant 4.$$

由于
$$3\int_0^1 f(x)\,\mathrm{d}x\int_0^1 \frac{1}{f(x)}\,\mathrm{d}x = \int_0^1 f(x)\,\mathrm{d}x\int_0^1 \frac{3}{f(x)}\,\mathrm{d}x \leqslant \frac{1}{4}\Big(\int_0^1 f(x)\,\mathrm{d}x + \int_0^1 \frac{3}{f(x)}\,\mathrm{d}x\Big)^2 \leqslant 4,$$

故
$$1 \leqslant \int_0^1 f(x)\,\mathrm{d}x\int_0^1 \frac{1}{f(x)}\,\mathrm{d}x \leqslant \frac{4}{3}.$$

🄹 第十届数学
竞赛预赛,14 分

293　证明:对于连续函数 $f(x)>0$,有
$$\ln\int_0^1 f(x)\,\mathrm{d}x \geqslant \int_0^1 \ln f(x)\,\mathrm{d}x.$$

知识点睛　0303 定积分的概念

证　由于 $f(x)$ 在 $[0,1]$ 上连续,所以
$$\int_0^1 f(x)\,\mathrm{d}x = \lim_{n\to\infty}\frac{1}{n}\sum_{k=1}^{n}f(x_k),\ \ 其中\ x_k \in \Big[\frac{k-1}{n},\frac{k}{n}\Big].$$

由不等式 $(f(x_1)f(x_2)\cdots f(x_n))^{\frac{1}{n}} \leqslant \dfrac{1}{n}\sum_{k=1}^{n}f(x_k)$,根据 $\ln x$ 的单调性,有
$$\frac{1}{n}\sum_{k=1}^{n}\ln f(x_k) \leqslant \ln\Big(\frac{1}{n}\sum_{k=1}^{n}f(x_k)\Big).$$

根据 $\ln x$ 的连续性,两边取极限,有

$$\lim_{n \to \infty} \frac{1}{n} \sum_{k=1}^{n} \ln f(x_k) \leqslant \lim_{n \to \infty} \ln \left(\frac{1}{n} \sum_{k=1}^{n} f(x_k) \right),$$

即得 $\int_0^1 \ln f(x) \, dx \leqslant \ln \int_0^1 f(x) \, dx.$

♩第十一届数学
竞赛预赛,6 分

294 题精解视频

294 求定积分 $\int_0^{\frac{\pi}{2}} \frac{e^x(1 + \sin x)}{1 + \cos x} \, dx.$

知识点睛 0305 分部积分法

解 $\int_0^{\frac{\pi}{2}} \frac{e^x(1 + \sin x)}{1 + \cos x} \, dx = \int_0^{\frac{\pi}{2}} \frac{e^x}{1 + \cos x} \, dx + \int_0^{\frac{\pi}{2}} \frac{\sin x}{1 + \cos x} \, de^x$

$= \int_0^{\frac{\pi}{2}} \frac{e^x}{1 + \cos x} \, dx + \frac{e^x \sin x}{1 + \cos x} \Big|_0^{\frac{\pi}{2}} - \int_0^{\frac{\pi}{2}} e^x \frac{\cos x(1 + \cos x) + \sin^2 x}{(1 + \cos x)^2} \, dx$

$= \int_0^{\frac{\pi}{2}} \frac{e^x}{1 + \cos x} \, dx + \frac{e^x \sin x}{1 + \cos x} \Big|_0^{\frac{\pi}{2}} - \int_0^{\frac{\pi}{2}} \frac{e^x}{1 + \cos x} \, dx = e^{\frac{\pi}{2}}.$

♩第一届数学
竞赛决赛,5 分

295 题精解视频

295 已知 $f(x)$ 在 $\left(\frac{1}{4}, \frac{1}{2} \right)$ 内满足 $f'(x) = \frac{1}{\sin^3 x + \cos^3 x}$，求 $f(x)$.

知识点睛 0305 换元积分法

解 由 $\sin^3 x + \cos^3 x = \sqrt{2} \cos \left(\frac{\pi}{4} - x \right) \left[\frac{1}{2} + \sin^2 \left(\frac{\pi}{4} - x \right) \right]$，得

$$f(x) = \frac{1}{\sqrt{2}} \int \frac{dx}{\cos \left(\frac{\pi}{4} - x \right) \left[\frac{1}{2} + \sin^2 \left(\frac{\pi}{4} - x \right) \right]}.$$

令 $u = \frac{\pi}{4} - x$，得

$$f(x) = -\frac{1}{\sqrt{2}} \int \frac{du}{\left(\frac{1}{2} + \sin^2 u \right) \cos u} = -\frac{1}{\sqrt{2}} \int \frac{d\sin u}{\left(\frac{1}{2} + \sin^2 u \right) \cos^2 u}$$

$$\xlongequal{\text{令 } t = \sin u} -\frac{1}{\sqrt{2}} \int \frac{dt}{(1 - t^2) \left(\frac{1}{2} + t^2 \right)}$$

$$= -\frac{\sqrt{2}}{3} \left[\int \frac{dt}{1 - t^2} + \int \frac{2dt}{1 + 2t^2} \right]$$

$$= -\frac{\sqrt{2}}{3} \left[\frac{1}{2} \ln \left| \frac{1 + t}{1 - t} \right| + \sqrt{2} \arctan \sqrt{2} t \right] + C$$

$$= -\frac{\sqrt{2}}{6} \ln \left| \frac{1 + \sin \left(\frac{\pi}{4} - x \right)}{1 - \sin \left(\frac{\pi}{4} - x \right)} \right| - \frac{2}{3} \arctan \left[\sqrt{2} \sin \left(\frac{\pi}{4} - x \right) \right] + C.$$

♩第三届数学
竞赛决赛,6 分

296 求不定积分 $I = \int \left(1 + x - \frac{1}{x} \right) e^{x + \frac{1}{x}} \, dx$

知识点睛 0305 分部积分法

解 $I = \int\left(1 + x - \dfrac{1}{x}\right)\mathrm{e}^{x+\frac{1}{x}}\mathrm{d}x = \int\mathrm{e}^{x+\frac{1}{x}}\mathrm{d}x + \int x\left(1 - \dfrac{1}{x^2}\right)\mathrm{e}^{x+\frac{1}{x}}\mathrm{d}x$

$\qquad = \int\mathrm{e}^{x+\frac{1}{x}}\mathrm{d}x + x\mathrm{e}^{x+\frac{1}{x}} - \int\mathrm{e}^{x+\frac{1}{x}}\mathrm{d}x = x\mathrm{e}^{x+\frac{1}{x}} + C.$

296 题精解视频

297 计算不定积分 $\int x\arctan x\ln(1 + x^2)\mathrm{d}x.$

第四届数学
竞赛决赛,5 分

知识点睛 0305 分部积分法

解 由于

$$\int x\ln(1 + x^2)\mathrm{d}x = \frac{1}{2}\int\ln(1 + x^2)\mathrm{d}(1 + x^2)$$
$$= \frac{1}{2}(1 + x^2)\ln(1 + x^2) - \frac{1}{2}x^2 + C,$$

297 题精解视频

则

$$原式 = \int\arctan x\,\mathrm{d}\left[\frac{1}{2}(1 + x^2)\ln(1 + x^2) - \frac{1}{2}x^2\right]$$
$$= \frac{1}{2}\left[(1 + x^2)\ln(1 + x^2) - x^2\right]\arctan x - \frac{1}{2}\int\left[\ln(1 + x^2) - \frac{x^2}{1 + x^2}\right]\mathrm{d}x$$
$$= \frac{1}{2}\arctan x\left[(1 + x^2)\ln(1 + x^2) - x^2 - 3\right] - \frac{x}{2}\ln(1 + x^2) + \frac{3x}{2} + C.$$

298 求不定积分 $I = \int\dfrac{x^2 + 1}{x^4 + 1}\mathrm{d}x.$

第六届数学
竞赛决赛,5 分

知识点睛 0305 换元积分法

解 $I = \displaystyle\int\frac{1 + \dfrac{1}{x^2}}{x^2 + \dfrac{1}{x^2}}\mathrm{d}x = \int\frac{1}{2 + \left(x - \dfrac{1}{x}\right)^2}\mathrm{d}\left(x - \frac{1}{x}\right)$

$\qquad = \dfrac{1}{\sqrt{2}}\arctan\dfrac{1}{\sqrt{2}}\left(x - \dfrac{1}{x}\right) + C.$

298 题精解视频

或者

$$I = \frac{1}{2}\int\frac{\mathrm{d}x}{x^2 - \sqrt{2}x + 1} + \frac{1}{2}\int\frac{\mathrm{d}x}{x^2 + \sqrt{2}x + 1}$$
$$= \frac{1}{2}\int\frac{\mathrm{d}x}{\left(x - \dfrac{\sqrt{2}}{2}\right)^2 + \left(\dfrac{\sqrt{2}}{2}\right)^2} + \frac{1}{2}\int\frac{\mathrm{d}x}{\left(x + \dfrac{\sqrt{2}}{2}\right)^2 + \left(\dfrac{\sqrt{2}}{2}\right)^2}$$
$$= \frac{\sqrt{2}}{2}\arctan(\sqrt{2}x - 1) + \frac{\sqrt{2}}{2}\arctan(\sqrt{2}x + 1) + C.$$

299 设 $f(x)$ 为 $(-\infty, +\infty)$ 上连续的周期为 1 的周期函数,且满足 $0 \leqslant f(x) \leqslant 1$ 第八届数学
竞赛决赛,14 分

与 $\int_0^1 f(x)\mathrm{d}x = 1.$ 证明:当 $0 \leqslant x \leqslant 13$ 时,有

$$\int_0^{\sqrt{x}} f(t)\mathrm{d}t + \int_0^{\sqrt{x+27}} f(t)\mathrm{d}t + \int_0^{\sqrt{13-x}} f(t)\mathrm{d}t \leqslant 11,$$

并给出取等号的条件.

知识点睛 柯西不等式

证 由条件 $0 \leqslant f(x) \leqslant 1$，有

$$\int_0^{\sqrt{x}} f(t)\,\mathrm{d}t + \int_0^{\sqrt{x+27}} f(t)\,\mathrm{d}t + \int_0^{\sqrt{13-x}} f(t)\,\mathrm{d}t \leqslant \sqrt{x} + \sqrt{x+27} + \sqrt{13-x}.$$

利用离散柯西不等式，即 $\left(\sum\limits_{i=1}^n a_i b_i \right)^2 \leqslant \sum\limits_{i=1}^n a_i^2 \cdot \sum\limits_{i=1}^n b_i^2$，等号当且仅当 a_i 与 b_i 对应成比例时成立，得

$$\sqrt{x} + \sqrt{x+27} + \sqrt{13-x} = 1 \cdot \sqrt{x} + \sqrt{2} \cdot \sqrt{\frac{1}{2}(x+27)} + \sqrt{\frac{2}{3}} \cdot \sqrt{\frac{3}{2}(13-x)}$$

$$\leqslant \sqrt{1 + 2 + \frac{2}{3}} \cdot \sqrt{x + \frac{1}{2}(x+27) + \frac{3}{2}(13-x)} = 11,$$

且等号成立的充分必要条件是：$\sqrt{x} = \frac{3}{2}\sqrt{13-x} = \frac{1}{2}\sqrt{x+27}$，即 $x = 9$.

所以 $\int_0^{\sqrt{x}} f(t)\,\mathrm{d}t + \int_0^{\sqrt{x+27}} f(t)\,\mathrm{d}t + \int_0^{\sqrt{13-x}} f(t)\,\mathrm{d}t \leqslant 11$. 特别当 $x = 9$ 时，有

$$\int_0^{\sqrt{x}} f(t)\,\mathrm{d}t + \int_0^{\sqrt{x+27}} f(t)\,\mathrm{d}t + \int_0^{\sqrt{13-x}} f(t)\,\mathrm{d}t = \int_0^3 f(t)\,\mathrm{d}t + \int_0^6 f(t)\,\mathrm{d}t + \int_0^2 f(t)\,\mathrm{d}t.$$

根据周期性，及 $\int_0^1 f(t)\,\mathrm{d}t = 1$，有

$$\int_0^3 f(t)\,\mathrm{d}t + \int_0^6 f(t)\,\mathrm{d}t + \int_0^2 f(t)\,\mathrm{d}t = 11\int_0^1 f(t)\,\mathrm{d}t = 11,$$

所以取等号的充分必要条件是 $x = 9$.

♩第十届数学竞赛决赛,6 分

300 设 $a > 0$，求 $\int_0^{+\infty} \dfrac{\ln x}{x^2 + a^2}\,\mathrm{d}x$.

知识点睛 0309 反常积分的计算

解 $\displaystyle\int_0^{+\infty} \frac{\ln x}{x^2 + a^2}\,\mathrm{d}x \xlongequal{\text{令 } x = at} \int_0^{+\infty} \frac{\ln a + \ln t}{a(t^2 + 1)}\,\mathrm{d}t$

$$= \frac{\ln a}{a} \int_0^{+\infty} \frac{\mathrm{d}t}{t^2 + 1} + \frac{1}{a} \int_0^{+\infty} \frac{\ln t}{t^2 + 1}\,\mathrm{d}t$$

$$= \frac{\ln a}{a} \arctan t \,\Big|_0^{+\infty} + \frac{1}{a}\left(\int_0^1 \frac{\ln t}{t^2 + 1}\,\mathrm{d}t + \int_1^{+\infty} \frac{\ln t}{t^2 + 1}\,\mathrm{d}t \right)$$

$$= \frac{\pi \ln a}{2a} + \frac{1}{a}\left(\int_0^1 \frac{\ln t}{t^2 + 1}\,\mathrm{d}t + \int_1^{+\infty} \frac{\ln t}{t^2 + 1}\,\mathrm{d}t \right).$$

又

$$\int_1^{+\infty} \frac{\ln t}{t^2 + 1}\,\mathrm{d}t \xlongequal{u = \frac{1}{t}} \int_1^0 \frac{\ln \frac{1}{u}}{\frac{1}{u^2} + 1}\left(-\frac{1}{u^2} \right)\mathrm{d}u$$

$$= -\int_0^1 \frac{\ln u}{u^2 + 1}\,\mathrm{d}u = -\int_0^1 \frac{\ln t}{t^2 + 1}\,\mathrm{d}t,$$

故 $\displaystyle\int_0^{+\infty} \frac{\ln x}{x^2 + a^2}\,\mathrm{d}x = \frac{\pi \ln a}{2a}$.

郑重声明

高等教育出版社依法对本书享有专有出版权。任何未经许可的复制、销售行为均违反《中华人民共和国著作权法》,其行为人将承担相应的民事责任和行政责任;构成犯罪的,将被依法追究刑事责任。为了维护市场秩序,保护读者的合法权益,避免读者误用盗版书造成不良后果,我社将配合行政执法部门和司法机关对违法犯罪的单位和个人进行严厉打击。社会各界人士如发现上述侵权行为,希望及时举报,我社将奖励举报有功人员。

反盗版举报电话　(010)58581999　58582371
反盗版举报邮箱　dd@hep.com.cn
通信地址　北京市西城区德外大街4号　高等教育出版社法律事务部
邮政编码　100120

读者意见反馈

为收集对教材的意见建议,进一步完善教材编写并做好服务工作,读者可将对本教材的意见建议通过如下渠道反馈至我社。

咨询电话　400-810-0598
反馈邮箱　hepsci@pub.hep.cn
通信地址　北京市朝阳区惠新东街4号富盛大厦1座
　　　　　高等教育出版社理科事业部
邮政编码　100029

防伪查询说明

用户购书后刮开封底防伪涂层,使用手机微信等软件扫描二维码,会跳转至防伪查询网页,获得所购图书详细信息。

防伪客服电话　(010)58582300